전산응용기계제도
실기 출제도면집

예문사

주요 저서

1996 전산응용기계설계제도
1997 제도박사 98 개발
1998 기계도면 실기/실습 「도서출판 일진사」
2001 전산응용기계제도 실기 「고시연구원」
2002 Practical Engineering Drawing 시리즈(2권) 저
2006 Creative Engineering Drawing 시리즈(5권) 저
　　　 KS규격집 기계설계 「예문사」
2007 전산응용기계제도 실기/실무 「예문사」
　　　 전산응용기계제도 실기 출제도면집 「예문사」
2012 AutoCAD-2D 활용서 「예문사」
　　　 AutoCAD-2D와 기계설계제도 「예문사」
2015 기능경기대회 공개과제 도면집 「예문사」
2018 권사부의 인벤터-3D 실기 「예문사」
2020 컴퓨터응용가공선반/밀링기능사 필기 「예문사」
2023 기계 인벤터 3D/2D 실기 활용서 「예문사」

저자 약력

다솔유캠퍼스 대표
고용노동부 과정평가형 자격 지정종목 검토위원
산업통상자원부 기술표준원 ISO 기계제도 표준위원

대표 강좌

권사부의 도면해독 실기이론
기계AutoCAD-2D 3일 완성
인벤터-3D/2D 실기
인벤터-3D 실기
기계제도-2D

늘 기본에 충실히
탑을 쌓듯이 차근차근

아무리 훌륭한 CAD 솔루션이라 할지라도 설계자 위에 있을 수는 없습니다.
그것은 설계를 하기 위한 툴이고 도구일 뿐입니다.
중요한 것은 창조적인 설계 능력과 도면화할 수 있는 설계 제도 기술입니다.

이 책은 기계설계제도의 기본에서 기하공차 적용 부분까지 자격증취득은 물론
실무에서도 활용할 수 있도록 심도 있게 구성해 놓았으며,
과제도면은 유형별 분류 및 부품명 해설을 통해 도면 분석에 보다 쉽게 접근할 수 있도록 하였습니다.

이 책이 기계설계분야에 첫발을 내딛는 입문자, 비전공자들에게 밝은 빛이 되어줄 것이라 믿습니다.

다솔유캠퍼스 연구진들의 땀과 정성으로 만든 이 책이 누군가에게는 기회를 만들 수 있는 초석이 되었으면 하는 바람입니다.

권신혁

Creative Engineering Drawing
Dasol U-Campus Book

1996
전산응용기계설계제도

1998
제도박사 98 개발
기계도면 실기/실습

2001
전산응용기계제도 실기
전산응용기계제도기능사 필기
기계설계산업기사 필기

2007
KS규격집 기계설계
전산응용기계제도 실기 출제도면집

2008
전산응용기계제도 실기/실무
AutoCAD-2D 활용서

2011
전산응용제도 실기/실무(신간)
KS규격집 기계설계
KS규격집 기계설계 실무(신간)

2012
AutoCAD-2D와 기계설계제도

2013
전산응용기계제도실기 출제도면집

   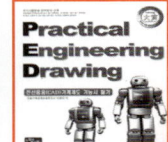 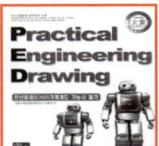

  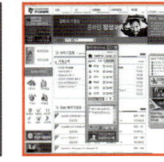 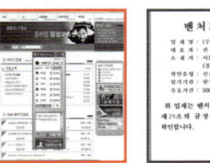 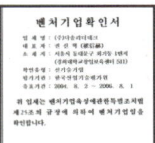 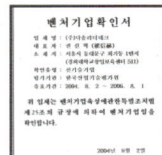         

1996
다솔기계설계교육연구소

2000
㈜다솔리더테크
설계교육부설연구소 설립

2001
다솔유캠퍼스 오픈
국내 최초 기계설계제도
교육 사이트

2002
(주)다솔리더테크
신기술벤처기업 승인

2008
다솔유캠퍼스 통합

2010
자동차정비분야
강의 서비스 시작

2012
홈페이지 1차 개편

Since 1996
Dasol U-Campus

다솔유캠퍼스는 기계설계공학의 상향 평준화라는 한결같은 목표를 가지고 1996년 이래 교재 집필과 교육에 매진해 왔습니다.
앞으로도 여러분의 꿈을 실현하는 데 다솔유캠퍼스가 기회가 될 수 있도록 교육자로서 사명감을 가지고 더욱 노력하는 전문교육기업이 되겠습니다.

2014
NX-3D 실기활용서
인벤터-3D 실기/실무
인벤터-3D 실기활용서
솔리드웍스-3D 실기/실무
솔리드웍스-3D 실기활용서
CATIA-3D 실기/실무

2015
CATIA-3D 실기활용서
기능경기대회 공개과제 도면집

2017
CATIA-3D 실무 실습도면집
3D 실기 활용서 시리즈(신간)

2018
기계설계 필답형 실기
권사부의 인벤터-3D 실기

2019
박성일마스터의 기계 3역학
홍쌤의 솔리드웍스-3D 실기

2020
일반기계기사 필기
컴퓨터응용가공선반기능사
컴퓨터응용가공밀링기능사

2021
건설기계설비기사 필기
기계설계산업기사 필기
전산응용기계제도기능사 필기

2022
UG NX-3D 실기 활용서
GV-CNC 실기/실무 활용서

2023
인벤터 3D/2D 실기 활용서

2013
홈페이지 2차 개편

2015
홈페이지 3차 개편
단체수강시스템 개발

2016
오프라인 원데이클래스

2017
오프라인 투데이클래스

2018
국내 최초 기술교육전문
2018 브랜드선호도 1위

2020
홈페이지 4차 개편
Live클래스
E-Book사이트(교사/교수용)

2021
모바일 최적화 1차 개편
YouTube 채널다솔 개편

2022
모바일 최적화 2차 개편

이 책의 **특징과 구성**

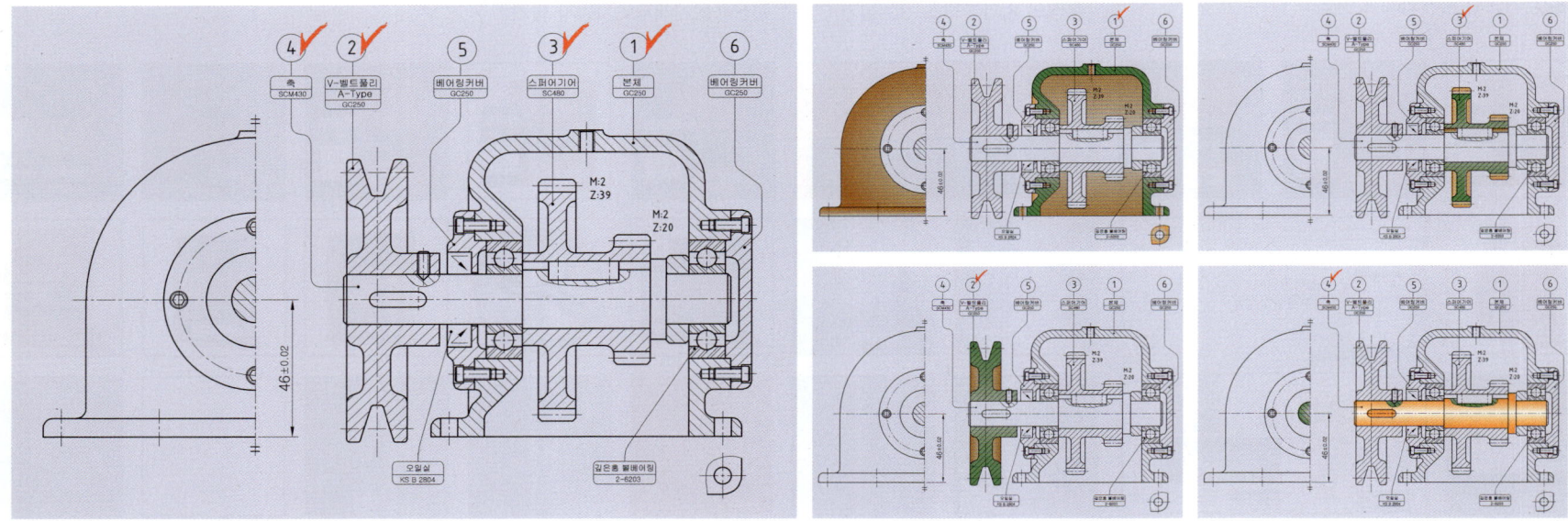

> 77개의 실전 과제도면

시험에 자주 출제되는 유형별로 과제도면, 2D부품도(모범답안), 3D조립도, 3D구조도 등으로 구성했으며, 형상의 이해를 돕기 위해 주요 부품 별로 채색이 되어 있습니다.
또한 과제도면에 부품명 및 적용된 재질을 표기했습니다.(교육용이며 실제 시험에서는 제시되지 않습니다.)

기계제도 교육의 상향 평준화를 선도하는 동영상 강의 교재

관련 강좌 인벤터-3D/2D 실기, 기계제도-2D 실기

01 2D 부품도
다양한 투상 기법과 치수기입법, 표면거칠기 및 공차 적용법 등을 시험 뿐만 아니라 실무적인 난이도에 맞게 적용했습니다.

02 2D 부품도(채색)
부품의 단면부를 한 눈에 알아볼 수 있도록 부품별로 채색을 하여 부품도를 스스로 분석하고 이해할 수 있도록 했습니다.

03 3D 조립도
과제의 전체 형상을 3D 조립도로 구현하여 내부와 외부의 구조를 한 눈에 보고 이해 할 수 있습니다.

04 3D 구조도
조립된 전체 부품들을 분해하여 각 부품 간의 관계와 위치를 이해하도록 구조도를 배치했습니다.

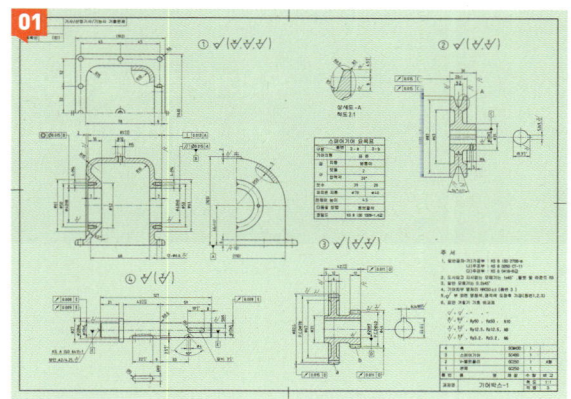
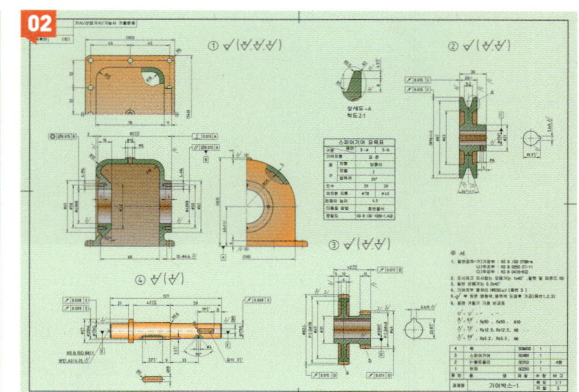
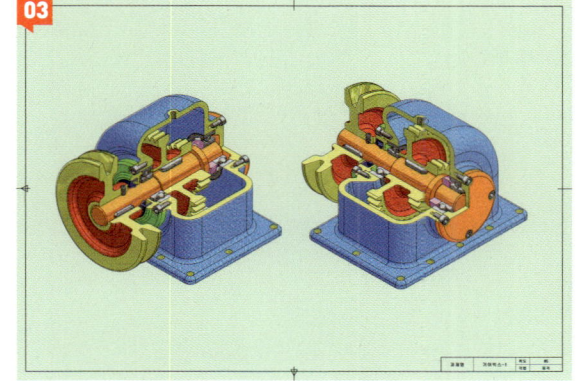
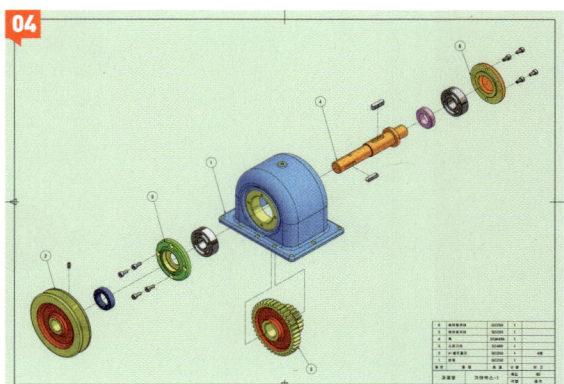

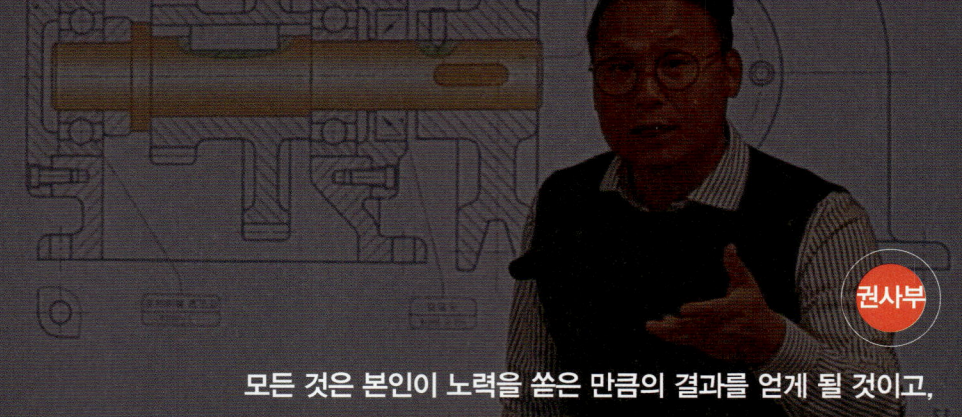

합격으로 가는 작업형 로드맵

교육으로 서비스하는 다솔 최고의 이벤트

다솔 클래스는 어떤 수업일까요?

권사부

모든 것은 본인이 노력을 쏟은 만큼의 결과를 얻게 될 것이고,
우리가 기본에 충실하면서 노력 한다면 합격이라는 결과로 돌아올 것입니다.
모든 것에 대한 기회는 스스로 만들어 가는 것이지 그냥 얻어지지 않습니다.
다솔을 통해 그 기회를 만들어가시기 바랍니다.

01 AutoCAD-2D
2D 부품도 작성을 위한 캐드의 기능을 학습하는 기초 강좌입니다.
기초강좌가 필요하신 분은 고객센터로 요청해 주세요!(무료제공)

03 기계제도-2D+첨삭
합격을 좌우하는 필수 강좌로
내용적으로 완성도 있는 도면을 작성하는 기법이 전수된다.
권사부의 명품 첨삭지도를 받고, 다솔클래스에 참석할 수 있는 다솔의 대표강좌이다.

START — 3일 — 5일 — 7일 — 15일 완성

02 3D 모델링
도면에 핵심을 두고 하는 모델링 강좌.
투상과 모델링이 동시에 되면서 도면을 쉽고 빠르게 하는 기법을 제시한다.
전공자도 입문자도 바로 시작할 수 있는 다솔만의 커리큘럼을 확인하세요!
(인벤터3D, 솔리드웍스3D, 카티아3D)

03★ 인벤터3D/2D실기+첨삭
AutoCAD가 불필요한 강좌,
도면해독 강좌가 포함되어 있고,
인벤터 하나로 3D와 2D를 한 번에 끝내는
권사부의 초특급 최단기 작업형 실기 강좌로
합격률을 최대치로 끌어 올린 강좌!

유튜브 채널다솔

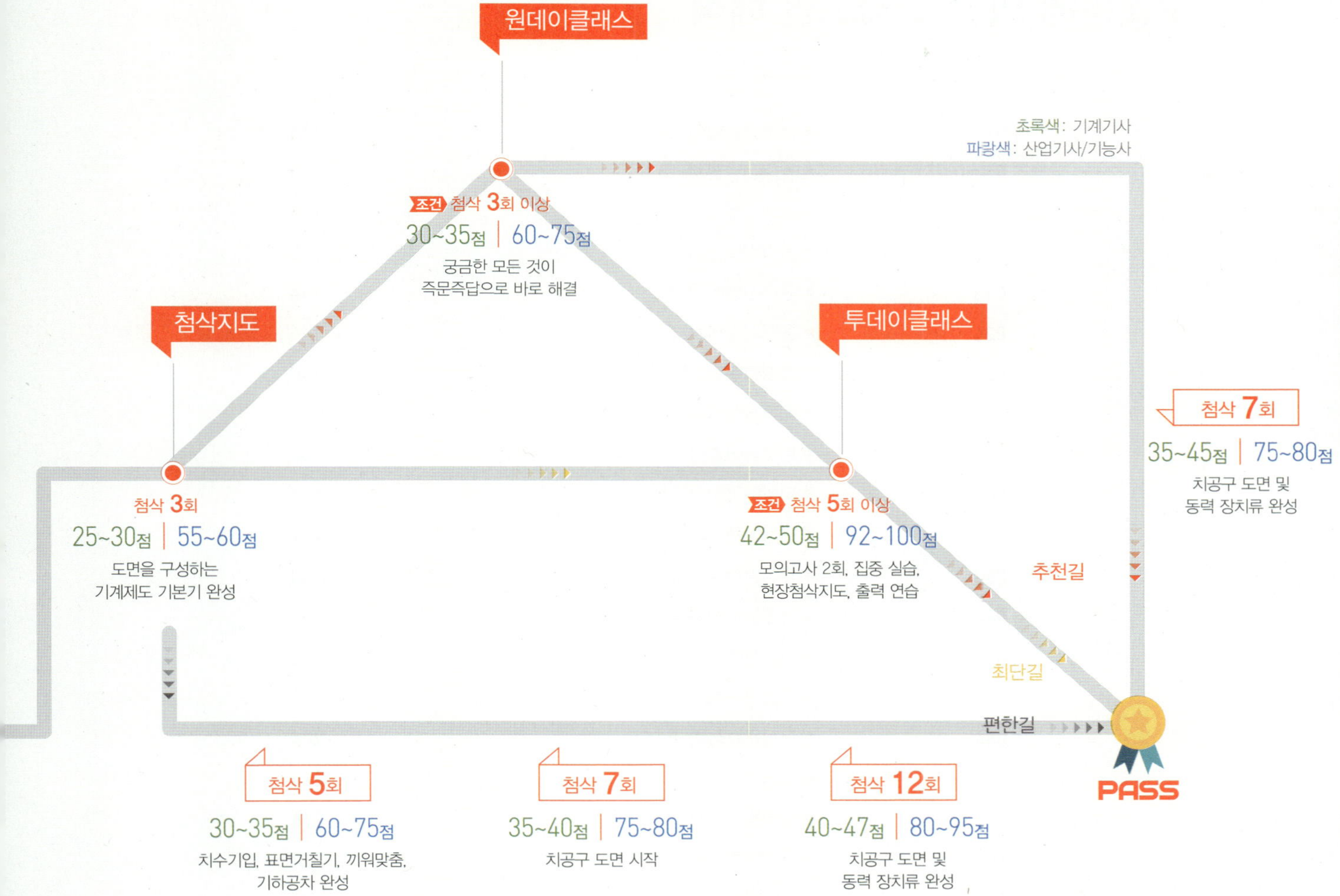

원데이클래스

초록색: 기계기사
파랑색: 산업기사/기능사

조건 첨삭 3회 이상
30~35점 | 60~75점
궁금한 모든 것이
즉문즉답으로 바로 해결

첨삭지도

투데이클래스

첨삭 7회
35~45점 | 75~80점
치공구 도면 및
동력 장치류 완성

첨삭 3회
25~30점 | 55~60점
도면을 구성하는
기계제도 기본기 완성

조건 첨삭 5회 이상
42~50점 | 92~100점
모의고사 2회, 집중 실습,
현장첨삭지도, 출력 연습

추천길

최단길

편한길

PASS

첨삭 5회
30~35점 | 60~75점
치수기입, 표면거칠기, 끼워맞춤,
기하공차 완성

첨삭 7회
35~40점 | 75~80점
치공구 도면 시작

첨삭 12회
40~47점 | 80~95점
치공구 도면 및
동력 장치류 완성

첨삭지도

20년 교육 노하우로 정립된 권사부의 명품 첨삭지도.
제도의 기본부터 어떤 도면에도 대응하는 실력이
갖춰지는 다솔의 대표적인 교육 코스.
단계별로 그룹 지도가 진행되고 동영상으로 녹화된
첨삭지도 파일이 개별적으로 전송된다.

원데이클래스

혼자서 해결되지 않았던 것들이
즉석에서 답변이 되고, 시험 2~3주 남은
시점에서 효율적인 학습방향을 잡아준다.
조급함이 사라지고 간결한 전략만 남는
다솔 사부님들의 명강이다.

투데이클래스

교육으로 서비스 되는 다솔 최고의 이벤트!
합격은 기본이며, 자격증 그 이상의
감동과 교육을 경험하는 클래스.
먹여주고 재워주고 가르쳐주는 전국 유일의
O2O 교육 시스템이다.

모델링에 의한 과제도면 해석

과제명 해설	**014**
표면처리	**014**
도면에 사용된 부품명 해설	**015**
■ 기어박스–1	018
■ 기어박스–2	024
■ 기어박스–3	030
■ V–벨트전동장치–1	036
■ V–벨트전동장치–2	042
■ 아이들러풀리	048
■ 기어펌프–1	054
■ 기어펌프–2	060
■ 기어펌프–3	066
■ 동력전달장치–1	072
■ 동력전달장치–2	078
■ 동력전달장치–3	084
■ 동력전달장치–4	090
■ 동력전달장치–5	096
■ 동력전달장치–6	102
■ 동력전달장치–7	108
■ 동력전달장치–8	114
■ 동력전달장치–9	120
■ 동력전달장치–10	126
■ 동력전달장치–11	132
■ 동력전달장치–12	138
■ 동력전달장치–13	144
■ 소형탁상그라인더–1	150
■ 소형탁상그라인더–2	156
■ 피벗베어링하우징–1	162
■ 피벗베어링하우징–2	168
■ 편심왕복장치–1	174
■ 편심왕복장치–2	180
■ 편심왕복장치–3	186
■ 편심왕복장치–4	192
■ 편심왕복장치–5	198
■ 편심왕복장치–6	204
■ 편심왕복장치–7	210
■ 편심왕복장치–8	216
■ 동력변환장치–1	222
■ 동력변환장치–2	228

- 래크와 피니언-1　　　　238
- 래크와 피니언-2　　　　244
- 펀칭머신　　　　250
- 축받침대　　　　256
- 롤러블록　　　　262
- 심압대-1　　　　268
- 심압대-2　　　　274
- 연속접점장치　　　　280
- 밀링잭-1　　　　286
- 밀링잭-2　　　　292
- V-블록클램프　　　　298
- 클램프-1　　　　304
- 클램프-2　　　　310
- 클램프-3　　　　316
- 클램프-4　　　　322
- 클램프-5　　　　328
- 클램프-6　　　　334
- 클램프-7　　　　340
- 탁상클램프-1　　　　350
- 탁상클램프-2　　　　360
- 바이스-1　　　　370
- 바이스-2　　　　376
- 바이스-3　　　　382
- 바이스-4　　　　388
- 바이스-5　　　　394
- 공압바이스　　　　400
- 드릴지그-1　　　　406
- 드릴지그-2　　　　412
- 드릴지그-3　　　　418
- 드릴지그-4　　　　424
- 드릴지그-5　　　　430
- 드릴지그-6　　　　436
- 드릴지그-7　　　　442
- 드릴지그-8　　　　448
- 리밍지그-1　　　　454
- 리밍지그-2　　　　460
- 소형레버에어척　　　　466
- 2지형 단동레버에어척　　　　472
- 3지형 레버에어척-1　　　　478
- 3지형 레버에어척-2　　　　484
- 요동장치　　　　490
- 스윙레버　　　　496

CHAPTER 01

전 산 응 용 기 계 제 도 실 기 출 제 도 면 집

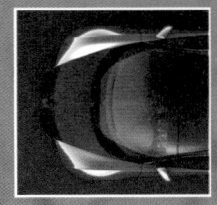

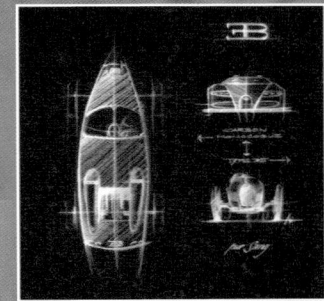

모델링에 의한 과제도면 해석

BRIEF SUMMARY

이 장에서는 일반기계기사/기계설계산업기사/전산응용기계제도기능사 실기시험에서 출제빈도가 높은 과제도면들을 부품 모델링, 각 부품에서 중요한 치수들을 체계적으로 구성해 놓았다.

참고 : 과제도면에 따른 해답도면은 다솔유캠퍼스에서 작도한 참고 모범답안이며 해석하는 사람에 따라 다를 수 있다.

- 기본 투상도법은 3각법을 준수했고, 여러 가지 단면기법을 적용했다.
- 베어링 끼워맞춤공차는 적용 (KS B 2051 : 규격폐지)
- 기타 KS 규격치수를 준수했다.
- 기하공차는 IT5급을 적용했다.
- 표면거칠기 : 산술(중심선), 평균거칠기(Ra), 최대높이(Ry), 10점평균거칠기(Rz) 적용
- 중심거리 허용차 KS B 0420 2급을 적용했다.

01 과제명 해설

과제명	해설
동력전달장치	원동기에서 발생한 동력을 운전하려는 기계의 축에 전달하는 장치
편심왕복장치	원동기에서 발생한 회전운동을 수직왕복 운동으로 바꿔주는 기계장치
펀칭머신(Punching machine)	판금에 펀치로 구멍을 내거나 일정한 모양의 조각을 따내는 기계
치공구(治工具)	어떤 물건을 고정할 때 사용하는 공구를 통틀어 이르는 말
지그(Jig)	기계의 부품을 가공할 때에 그 부품을 일정한 자리에 고정하여 공구가 닿을 위치를 쉽고 정확하게 정하는 데에 쓰는 보조용 기구
클램프(Clamp)	① 공작물을 공작기계의 테이블 위에 고정하는 장치 ② 손으로 다듬을 때에 작은 물건을 고정하는 데 쓰는 바이스
잭(Jack)	기어, 나사, 유압 등을 이용해서 무거운 것을 수직으로 들어올리는 기구
바이스(Vice)	공작물을 절단하거나 구멍을 뚫을 때 공작물을 끼워 고정하는 공구

02 표면처리

표면처리법	해설
알루마이트 처리	알루미늄합금(ALDC)의 표면처리법
파커라이징 처리	강의 표면에 인산염의 피막을 형성시켜 부식을 방지하는 표면처리법

03 도면에 사용된 부품명 해설

부품명(품명)	해설
가이드(안내, Guide)	절삭공구 또는 기타 장치의 위치를 올바르게 안내하는 부속품
가이드부시(Guide bush)	본체와 축 사이에 끼워져 안내 역할을 하는 부시, 드릴지그에서 삽입부시를 안내하는 부시
가이드블록(Guide block)	안내 역할을 하는 사각형 블록
가이드볼트(Guide bolt)	안내 역할을 하는 볼트
가이드축(Guide shaft)	안내 역할을 하는 축
가이드핀(Guide pin)	안내 역할을 하는 핀
기어축(Gear shaft)	기어가 가공된 축
고정축(Fixed shaft)	부품 또는 제품을 고정하는 축
고정부시(Fixed bush)	드릴지그에서 본체에 압입하여 드릴을 안내하는 부시
고정라이너(Fixed liner)	드릴지그에서 본체와 삽입부시 사이에 끼워놓은 얇은 끼움쇠
고정대	제품 또는 부품을 고정하는 부분 또는 부품
고정조(오)(Fixed jaw)	바이스 또는 슬라이더에서 제품을 고정하기 위해 움직이지 않고 고정되어 있는 조
게이지축(Gauge shaft)	부품의 위치와 모양을 정확하게 결정하기 위해 설치하는 축
게이지판(Gauge sheet)	부품의 모양이나 치수 측정용으로 사용하기 위해 설치한 정밀한 강판
게이지핀(Gauge pin)	부품의 위치를 정확하게 결정하기 위해 설치하는 핀
드릴부시(Drill bush)	드릴, 리머 등을 공작물에 정확히 안내하기 위해 이용되는 부시
레버(Lever)	지지점을 중심으로 회전하는 힘의 모멘트를 이용하여 부품을 움직이는 데 사용되는 막대
라이너(끼움쇠, Liner)	두 개의 부품 관계를 일정하게 유지하기 위해 끼워놓은 얇은 끼움쇠 베어링 커버와 본체 사이에 끼우는 베어링라이너, 실린더 본체와 피스톤 사이에 끼우는 실린더 라이너 등이 있다.
리드스크류(Lead screw)	나사 붙임축
링크(Link)	운동(회전, 직선)하는 두 개의 구조품을 연결하는 기계부품
롤러(Roller)	원형단면의 전동체로 물체를 지지하거나 운반하는 데 사용한다.
본체(몸체)	구조물의 몸이 되는 부분(부품)

부품명(품명)	해설
베어링커버(Cover)	내부 부품을 보호하는 덮개
베어링하우징(Bearing housing)	기계부품 및 베어링을 둘러싸고 있는 상자형 프레임
베어링부시(Bearing bush)	원통형의 간단한 베어링 메탈
베이스(Base)	치공구에서 부품을 조립하기 위해 기반이 되는 기본 틀
부시(Bush)	회전운동을 하는 축과 본체 또는 축과 베어링 사이에 끼워넣는 얇은 원통
부시홀더(Bush holder)	드릴지그에서 부시를 지지하는 부품
브래킷(브라켓, Bracket)	벽이나 기둥 등에 돌출하여 축 등을 받칠 목적으로 쓰이는 부품
V-블록(V-block)	금긋기에서 둥근 재료를 지지하여 그 중심을 구할 때 사용하는 V자형 블록
서포터(Support)	지지대, 버팀대
서포터부시(Support bush)	지지 목적으로 사용되는 부시
삽입부시(Spigot bush)	드릴지그에 부착되어 있는 가이드부시(고정라이너)에 삽입하여 드릴을 지지하는 데 사용하는 부시
실린더(Cylinder)	유체를 밀폐한 속이 빈 원통 모양의 용기. 증기기관, 내연기관, 공기 압축기관, 펌프 등 왕복 기관의 주요부품
실린더 헤드(Cylinder head)	실린더의 윗부분에 씌우는 덮개. 압축가스가 새는 것을 막기 위하여 실린더 블록과의 사이에 개스킷(gasket) 또는 오링(O-ring)을 끼워 볼트로 고정한다.
슬라이드, 슬라이더(Slide, Slider)	홈, 평면, 원통, 봉 등의 구조품 표면을 따라 끊임없이 접촉 운동하는 부품
슬리브(Sleeve)	축 등의 외부에 끼워 사용하는 길쭉한 원통 부품. 축이음 목적으로 사용되기도 한다.
새들(Saddle)	① 선반에서 테이블, 절삭 공구대, 이송 장치, 베드 등의 사이에 위치하면서 안내면을 따라서 이동하는 역할을 하는 부분 또는 부품 ② 치공구에서 가공품이 안내면을 따라 이동하는 역할을 하는 부분 또는 부품
섹터기어(Sector gear)	톱니바퀴 원주의 일부를 사용한 부채꼴 모양의 기어. 간헐 기구(間敫機構) 등에 이용된다.
센터(Center)	주로 선반에서 공작물 지지용으로 상용되는 끝이 원뿔형인 강편
이음쇠	부품을 서로 연결하거나 접속할 때 이용되는 부속품
이동조(오)	바이스 또는 슬라이더에서 제품을 고정하기 위해 움직이는 조

부품명(품명)	해설
어댑터(Adapter)	어떤 장치나 부품을 다른 것에 연결시키기 위해 사용되는 중계 부품
조(오)(Jaw)	물건(제품) 등을 끼워서 집는 부분
조정축	기계장치나 치공구에서 사용되는 조정용 축
조정너트	기계장치나 치공구에서 사용되는 조정용 너트
조임너트	기계장치나 치공구에서 사용되는 조임과 풀림을 반복하는 너트
중공축	속이 빈 봉이나 관으로 만들어진 축. 안에 다른 축을 설치할 수 있다.
커버(Cover)	덮개, 씌우개
칼라(Collar)	간격 유지 목적으로 주로 축이나 관 등에 끼워지는 원통모양의 고리
콜릿(Collet)	드릴이나 엔드밀을 끼워넣고 고정시키는 공구
크랭크판(Crank board)	회전운동을 왕복운동으로 바꾸는 기능을 하는 판
캠(Cam)	회전운동을 다른 형태의 왕복운동이나 요동운동으로 변환하기 위해 평면 또는 입체적으로 모양을 내거나 홈을 판 기계부품
편심축(Eccentric shaft)	회전운동을 수직운동으로 변환하는 기능을 가지는 축
피니언(Pinion)	① 맞물리는 크고 작은 두 개의 기어 중에서 작은 쪽 기어 ② 래크(rack)와 맞물리는 기어
피스톤(Piston)	실린더 내에서 기밀을 유지하면서 왕복운동을 하는 원통
피스톤로드(Piston rod)	피스톤에 고정되어 피스톤의 운동을 실린더 밖으로 전달하는 작용을 하는 축 또는 봉
핑거(Finger)	에어척에서 부품을 직접 쥐는 손가락 모양의 부품
펀치(Punch)	판금에 구멍을 뚫기 위해 공구강으로 만든 막대모양의 공구
펀칭다이(Punching die)	펀치로 구멍을 뚫을 때 사용되는 안내 틀
플랜지(Flange)	축 이음이나 관 이음 목적으로 사용되는 부품
하우징(Housing)	기계부품을 둘러싸고 있는 상자형 프레임
홀더(지지대, Holder)	절삭공구류, 게이지류, 기타 부속품 등을 지지하는 부분 또는 부품

기어박스-1

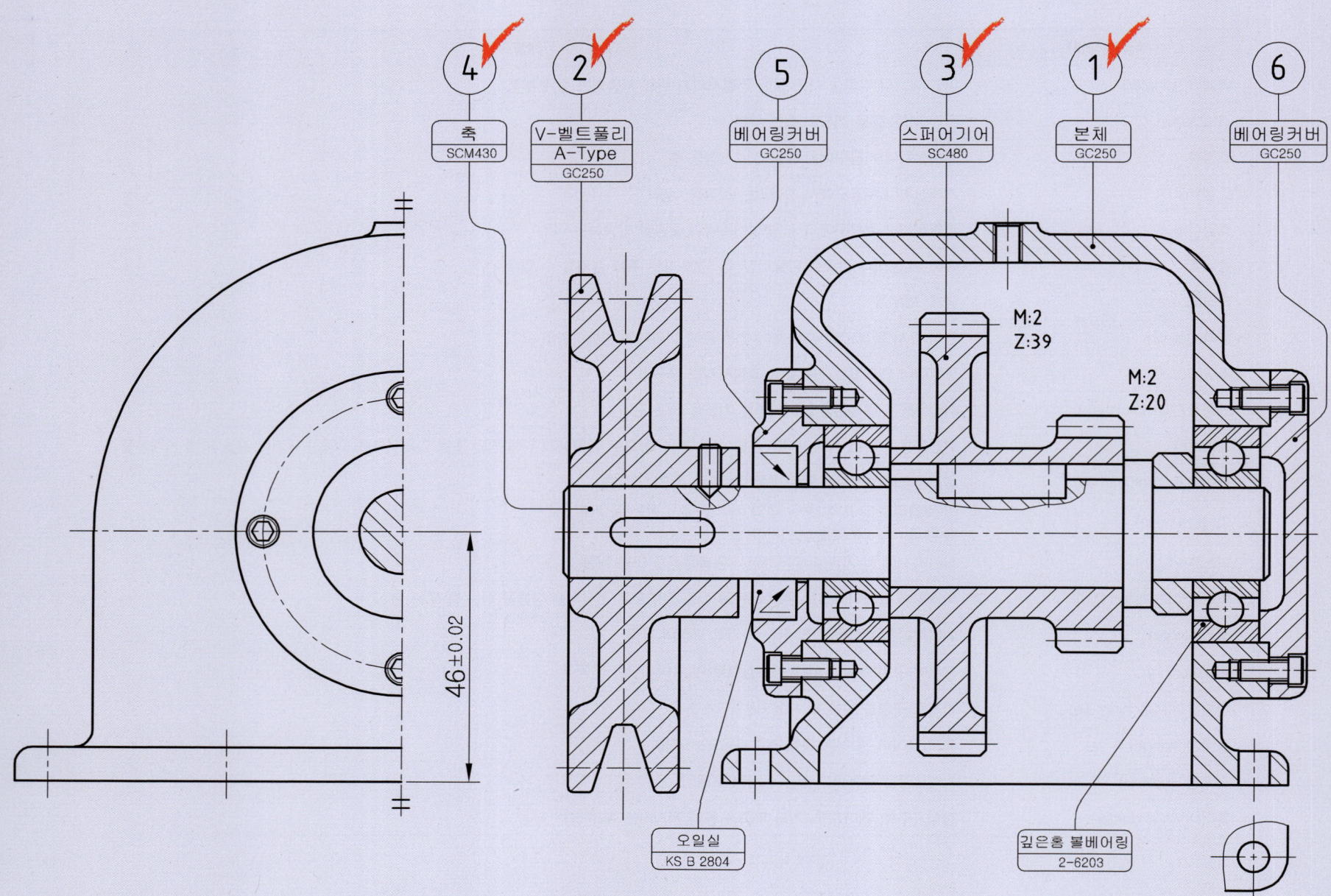

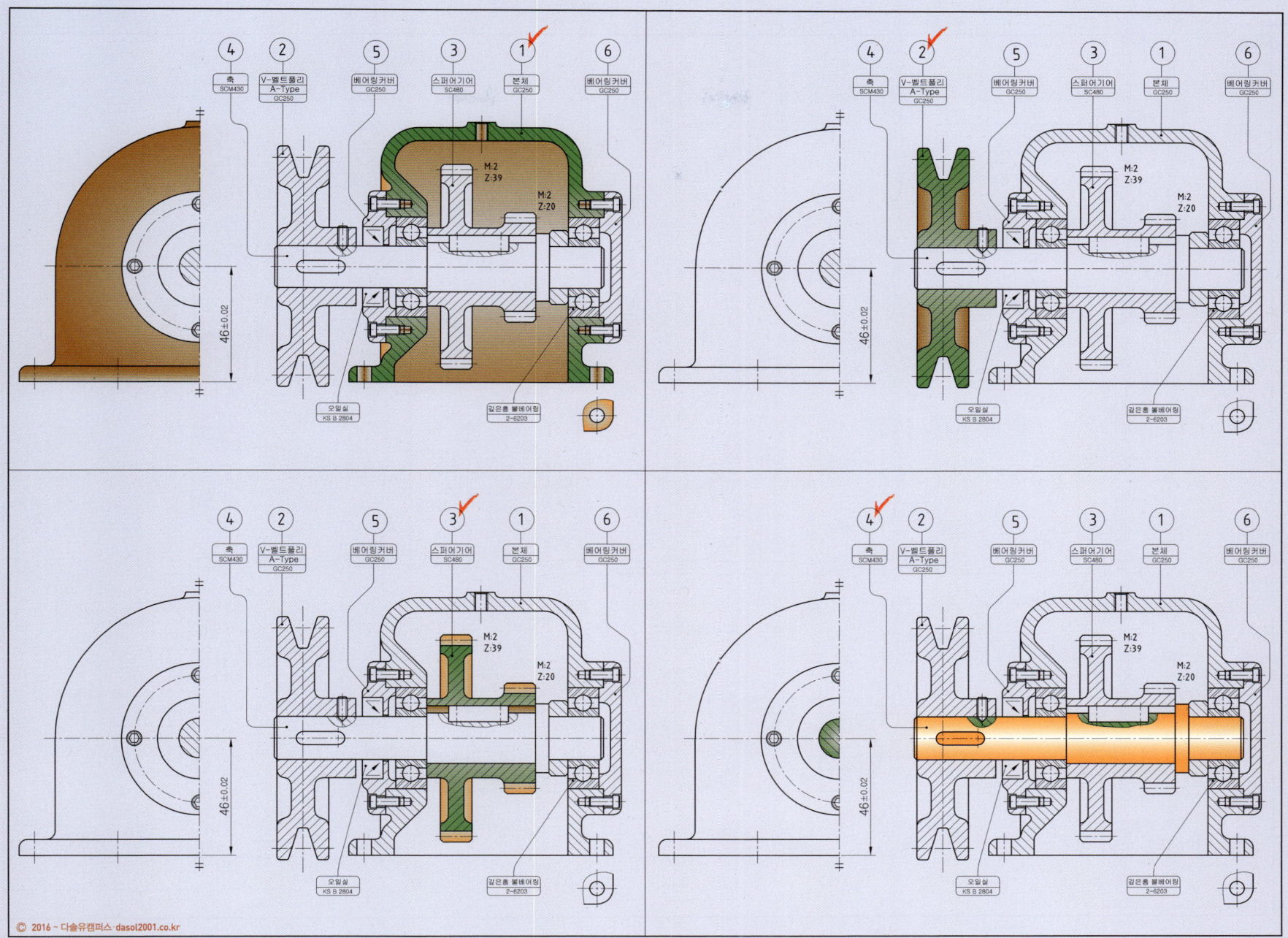

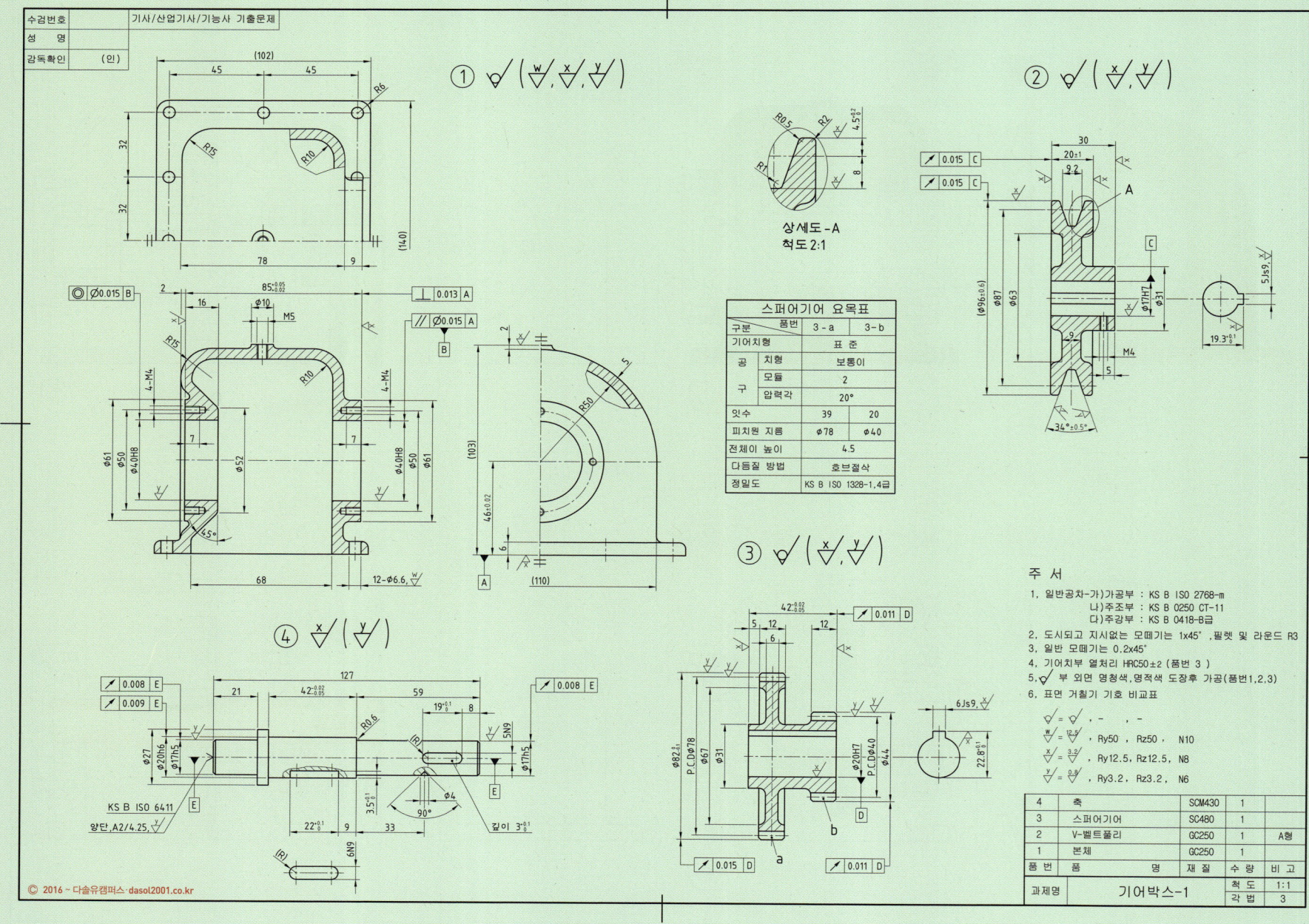

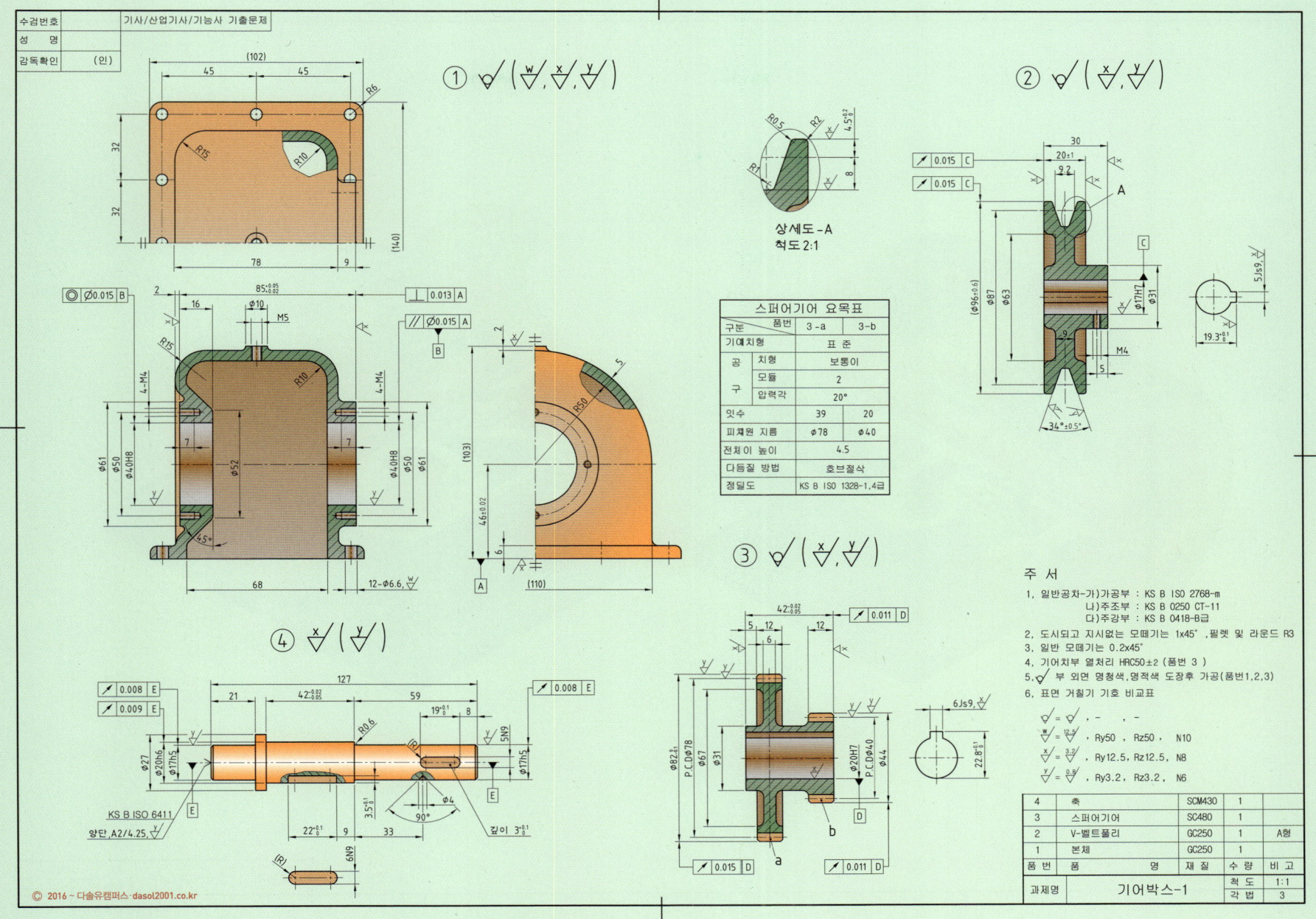

기어박스-1

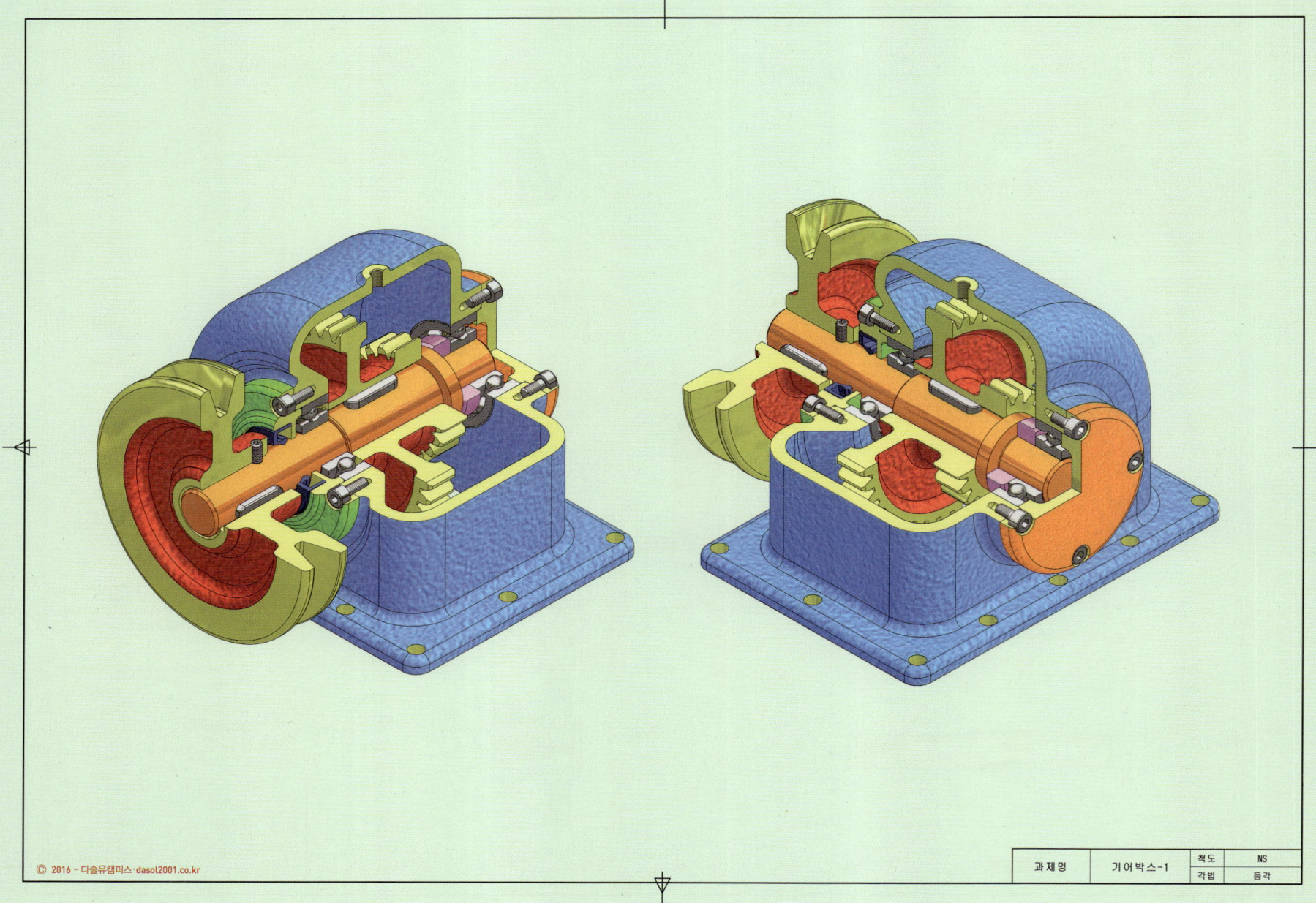

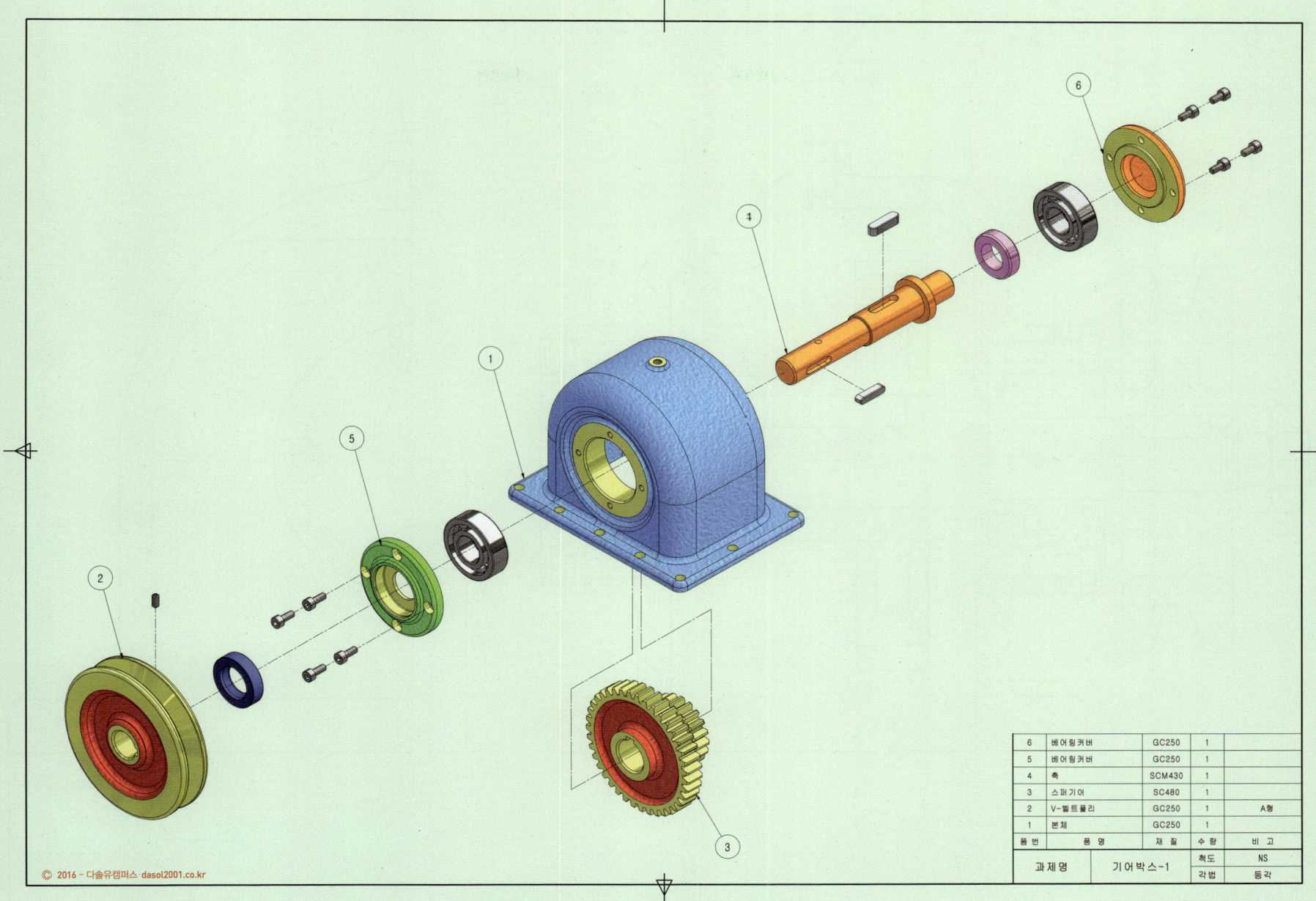

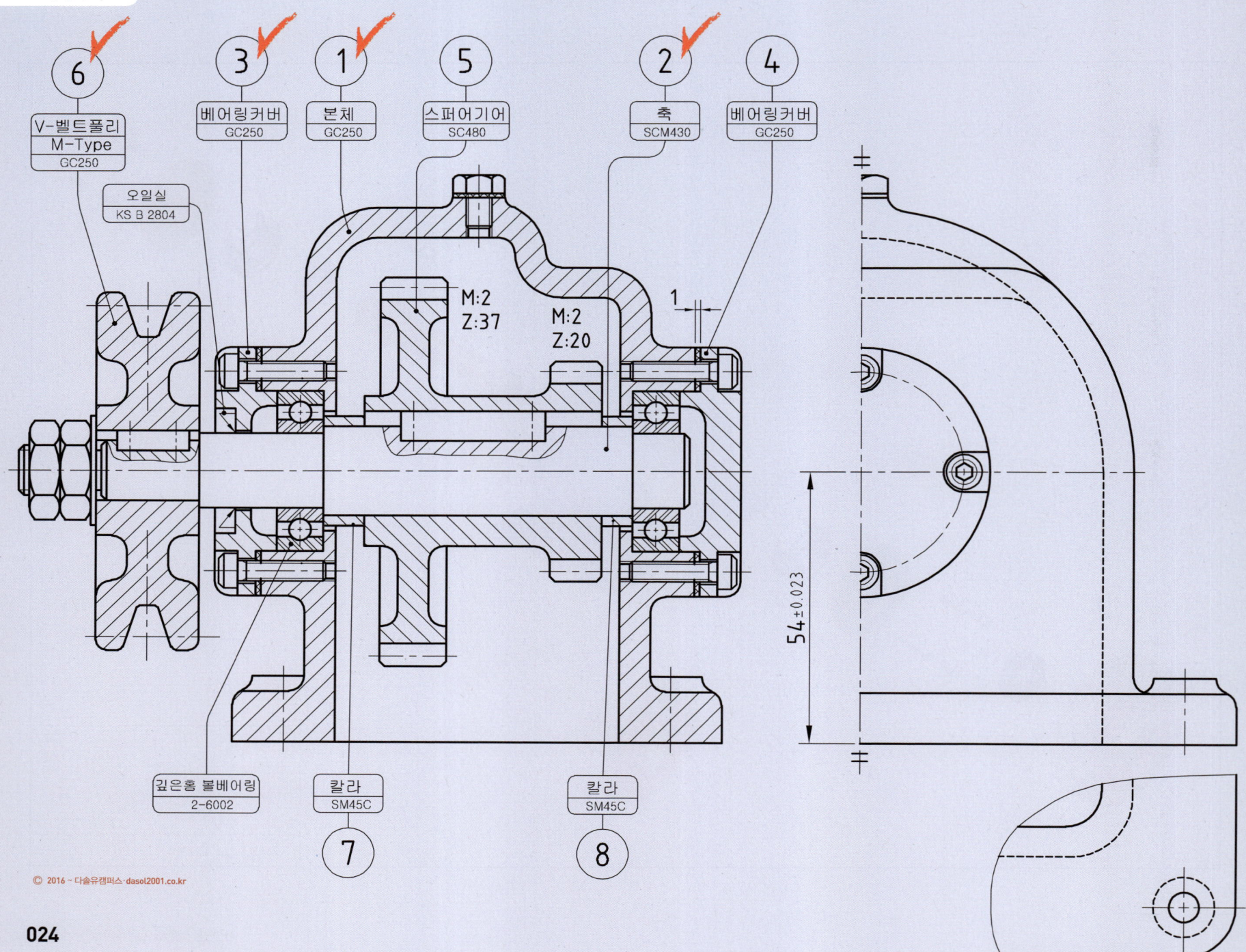

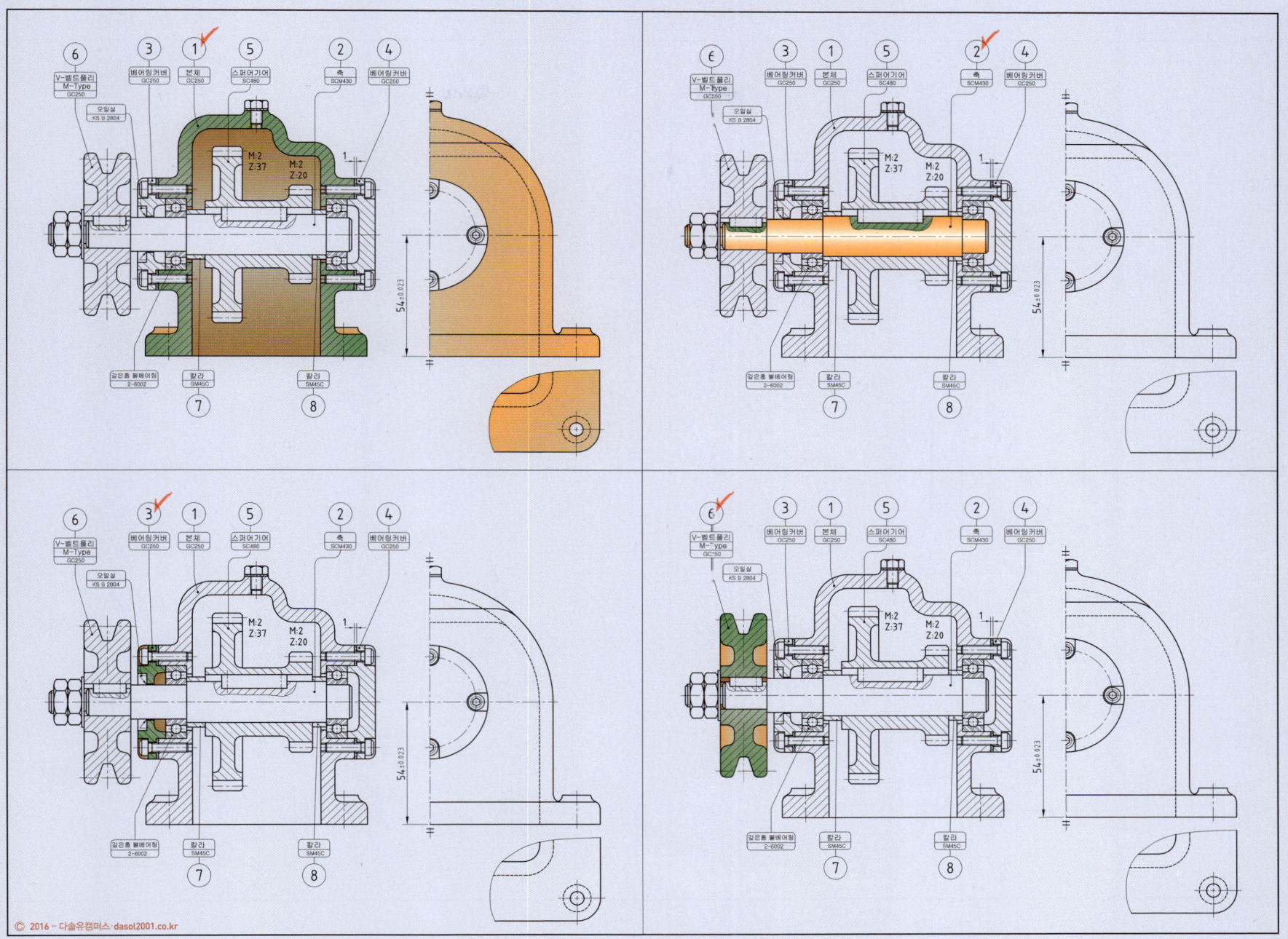

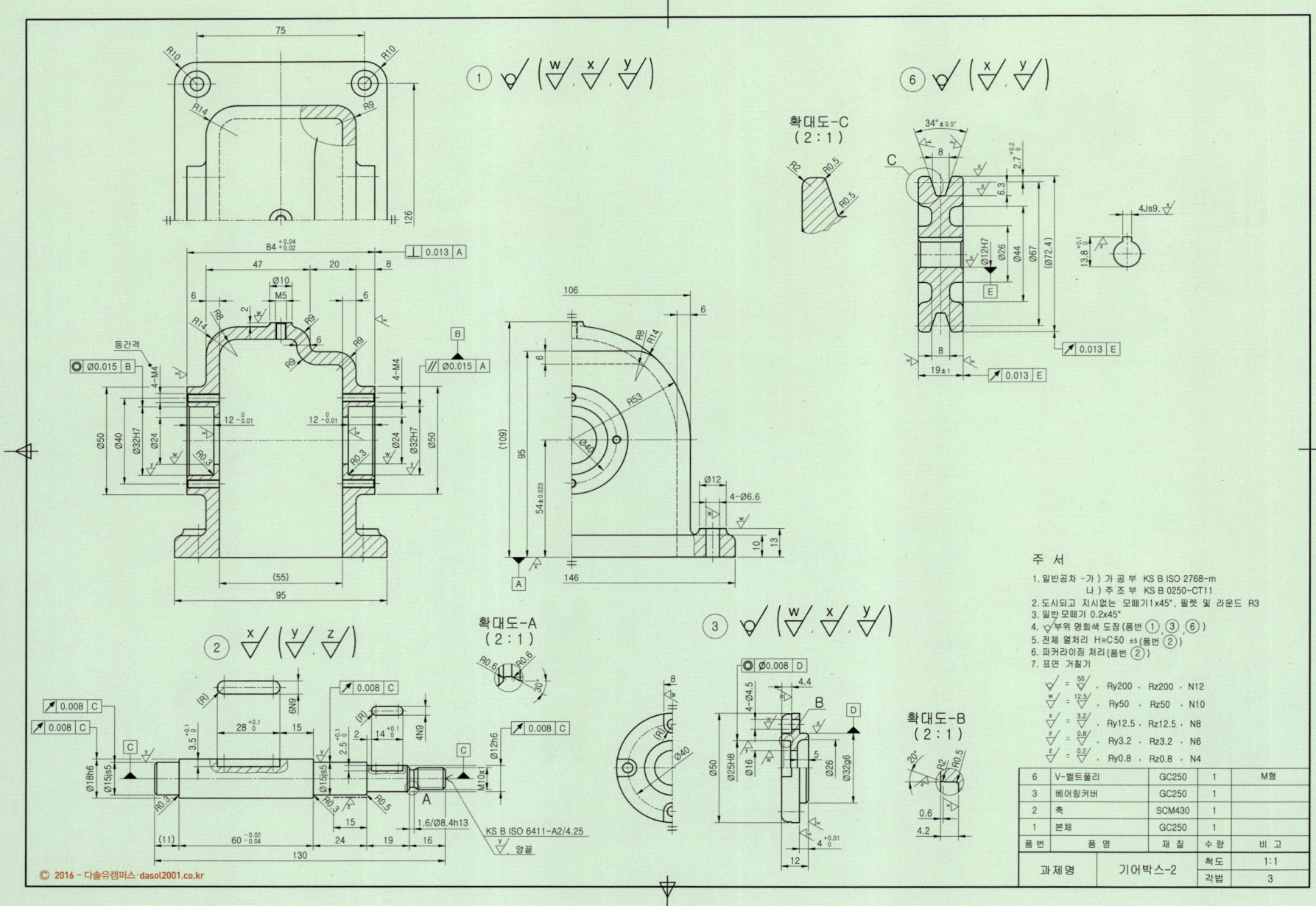

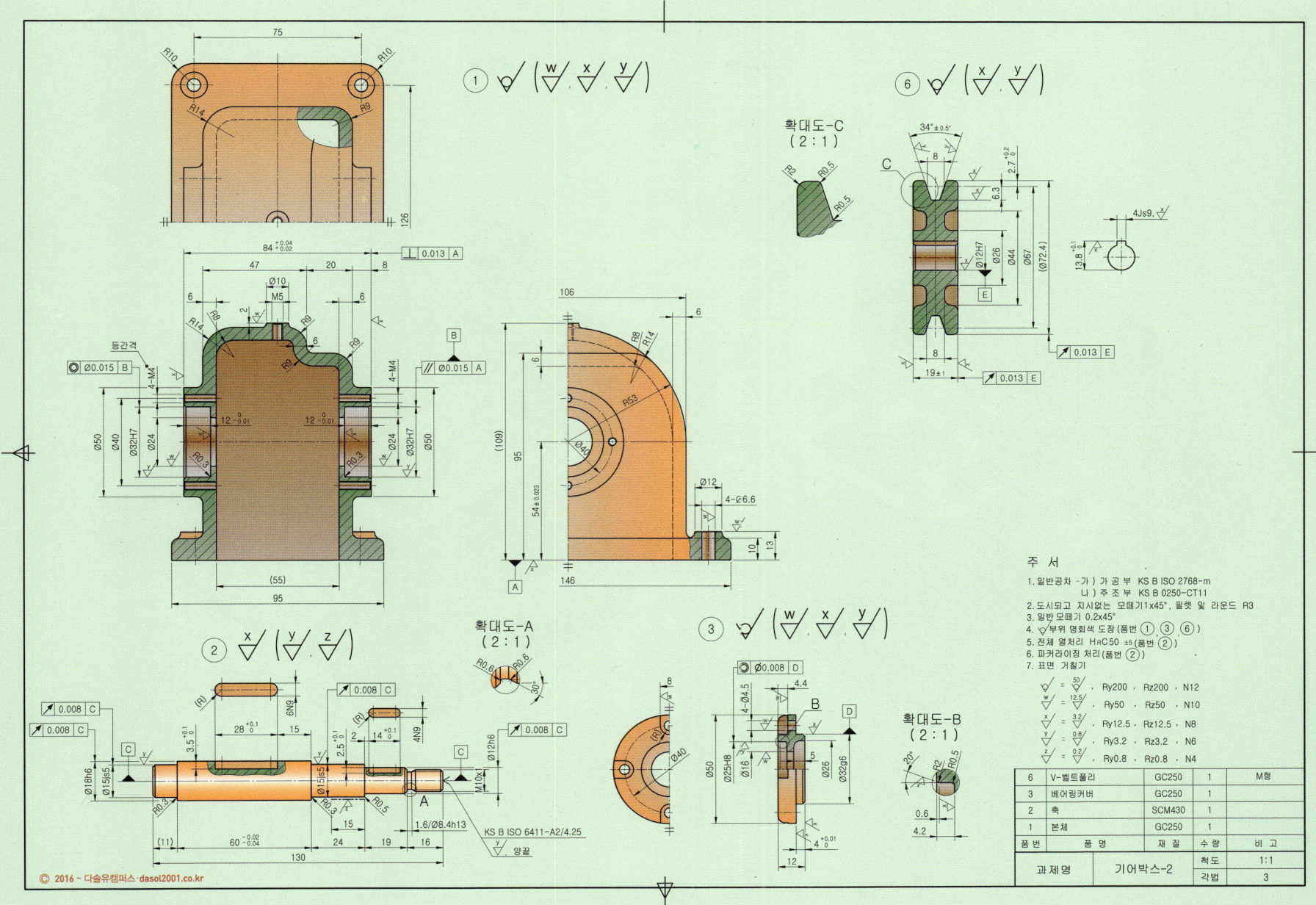

기어박스-2

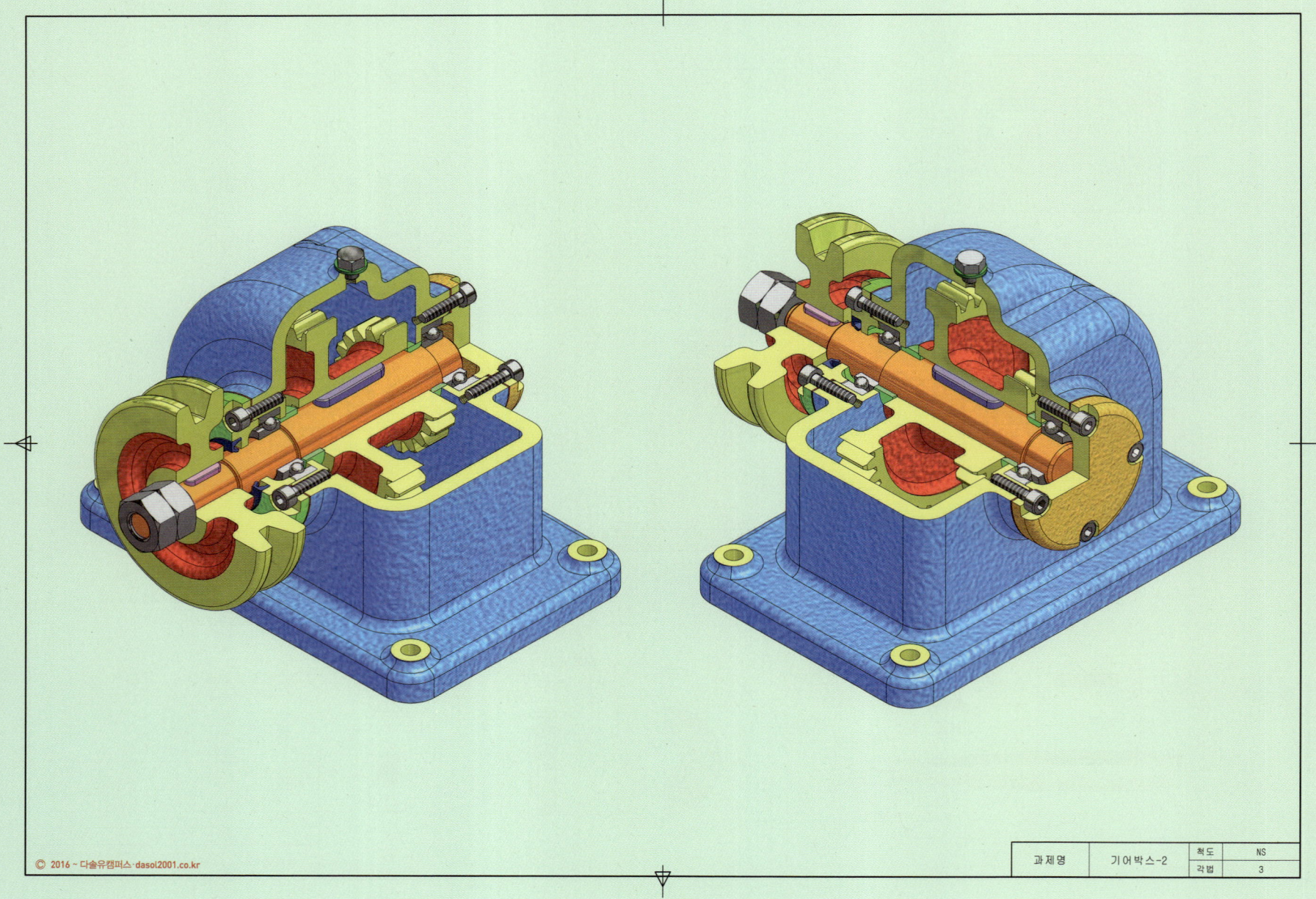

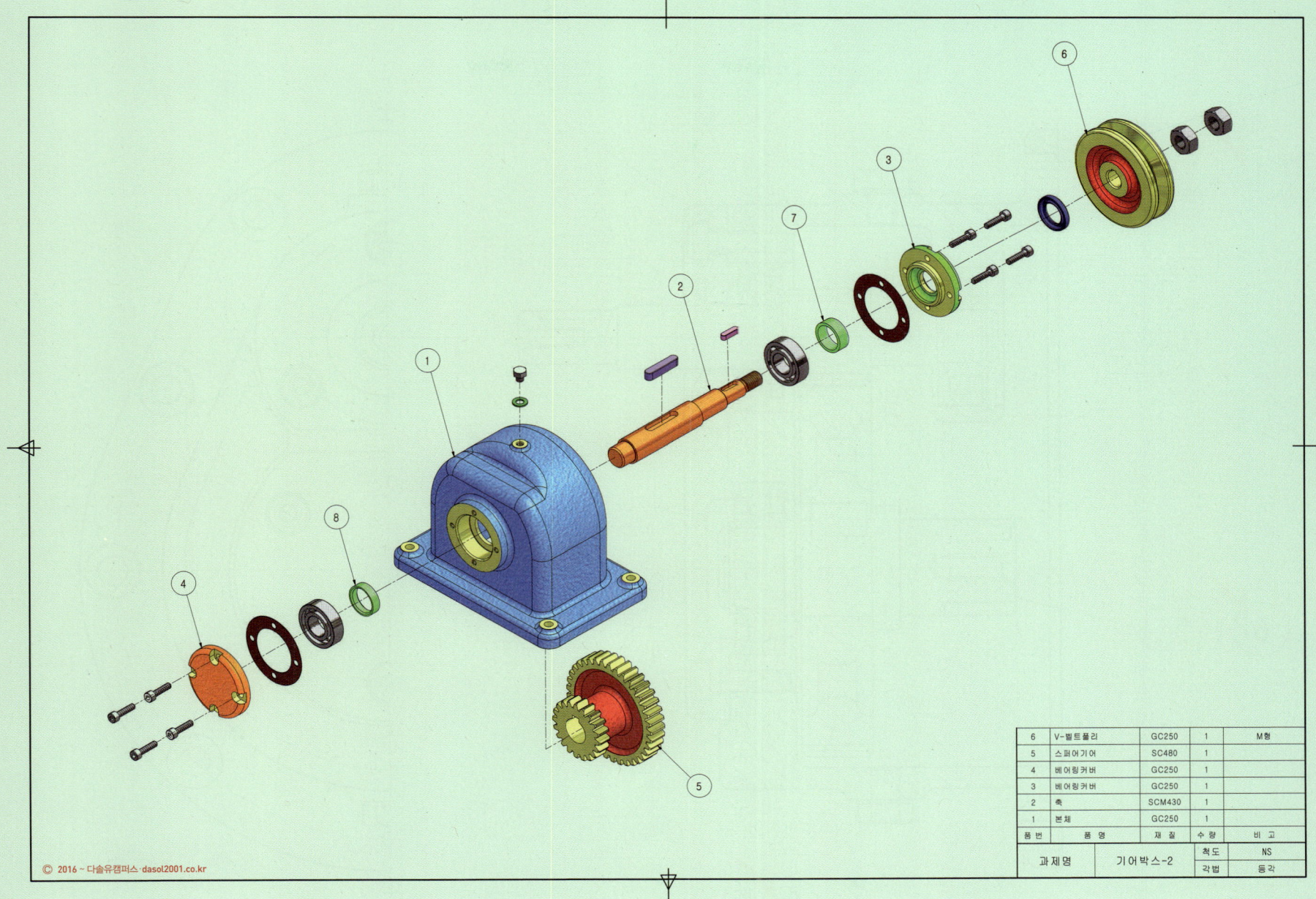

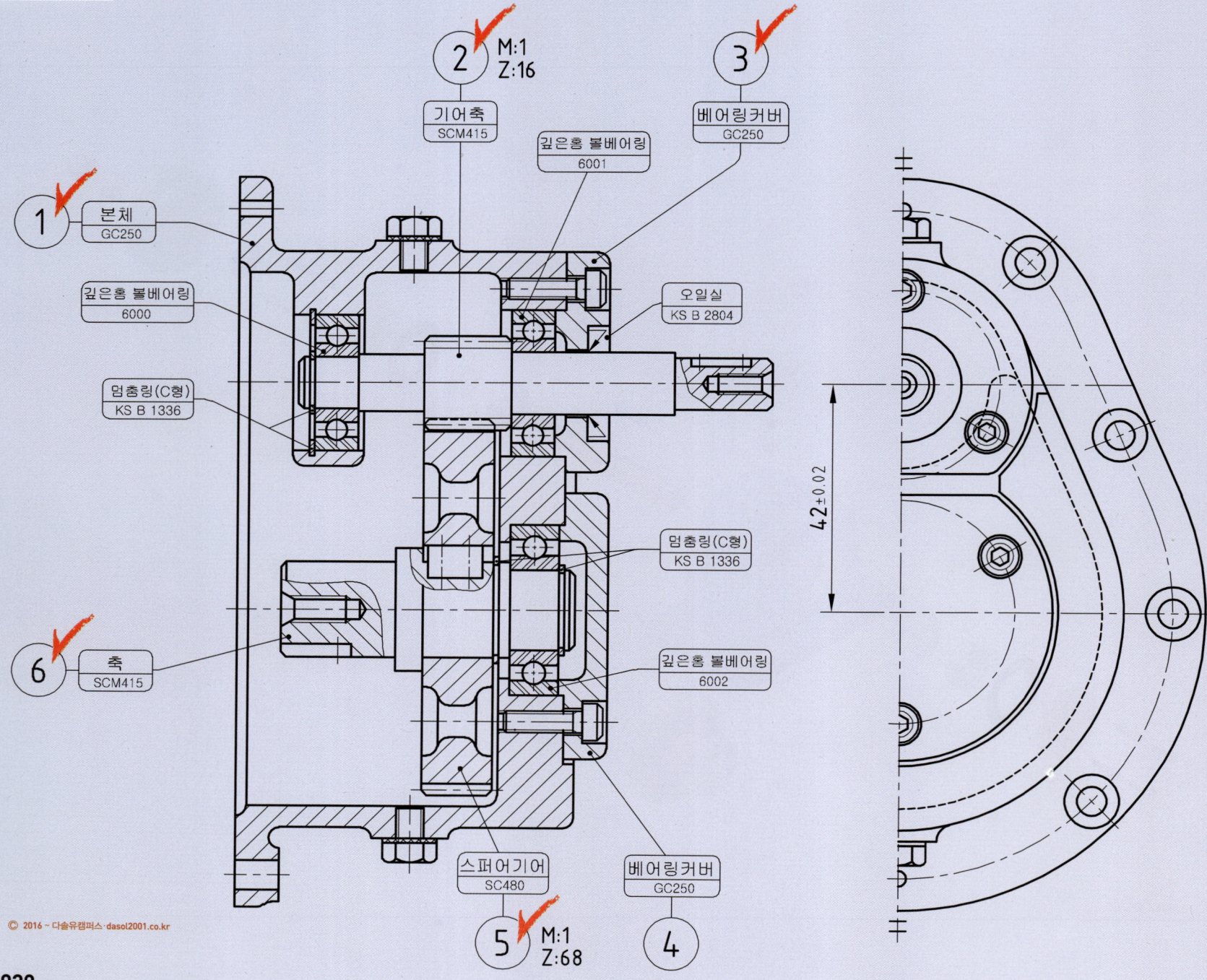

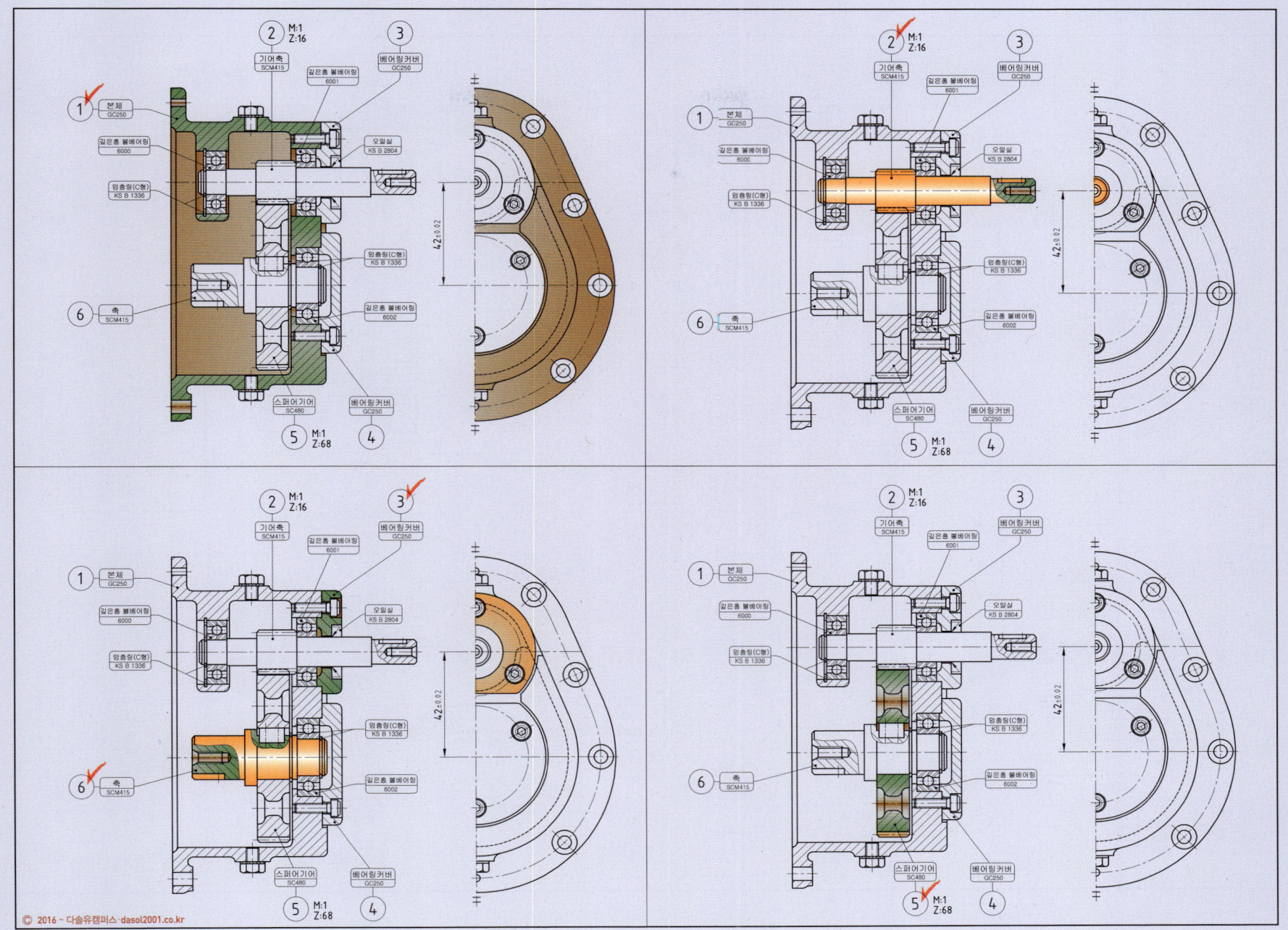

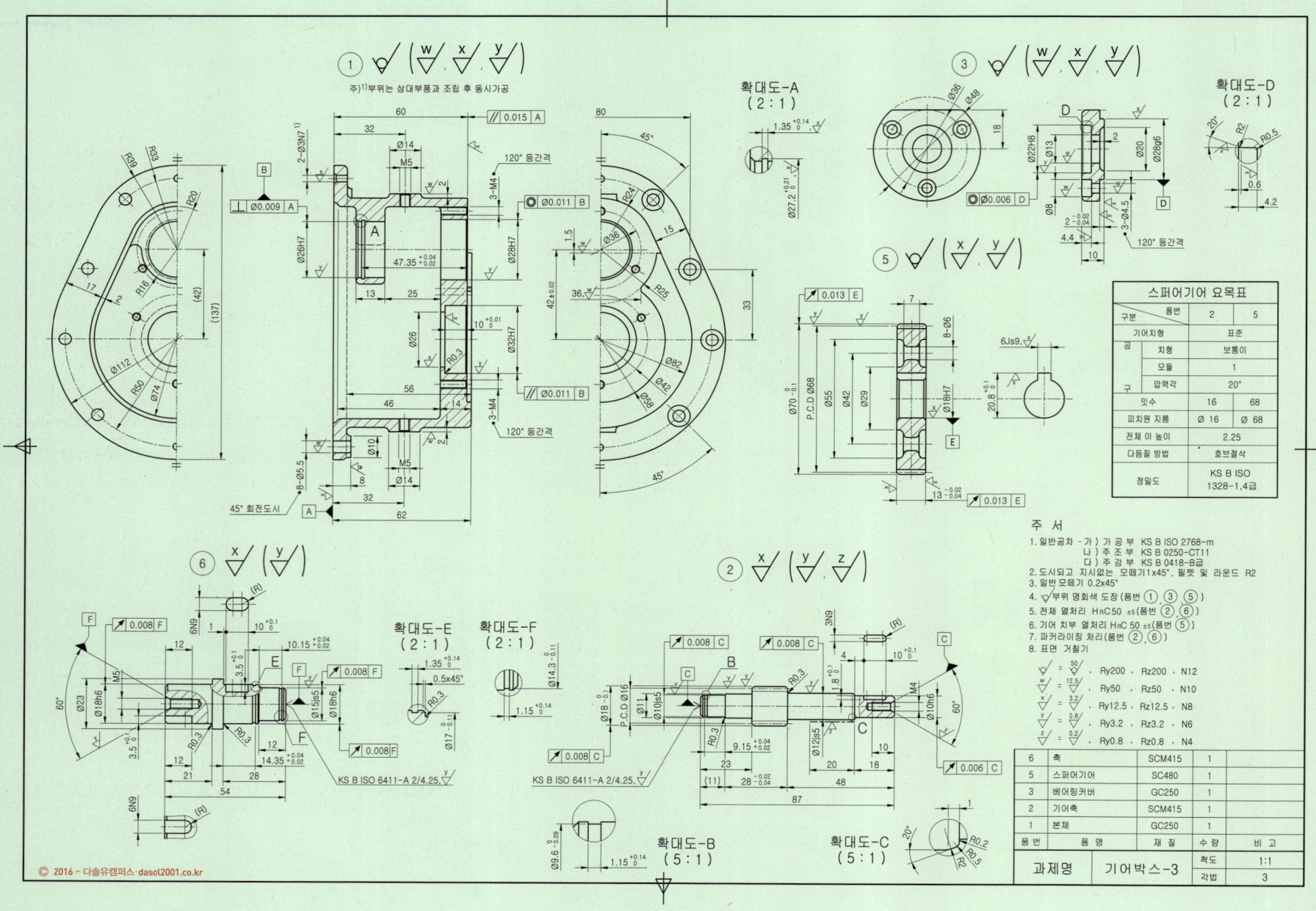

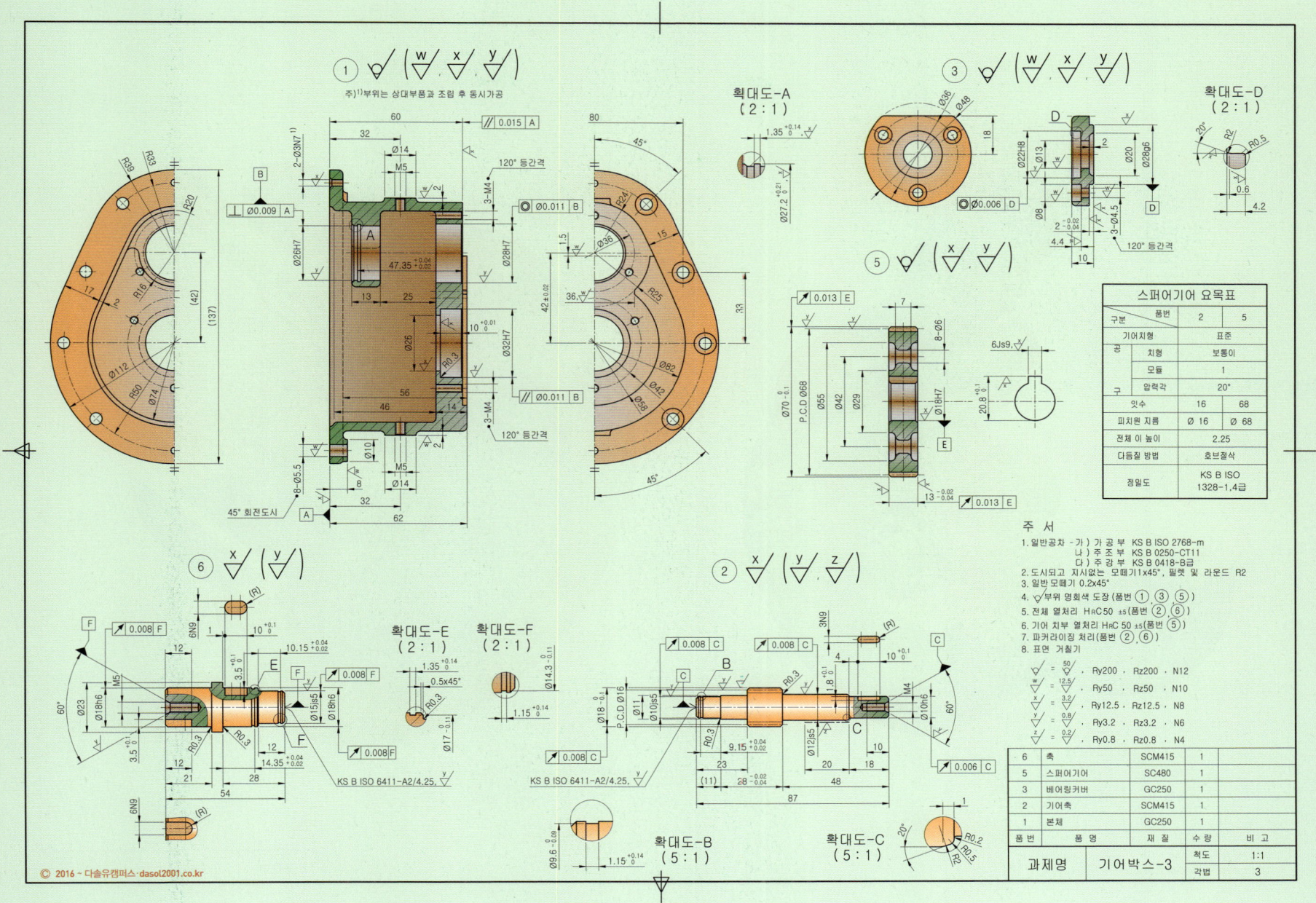

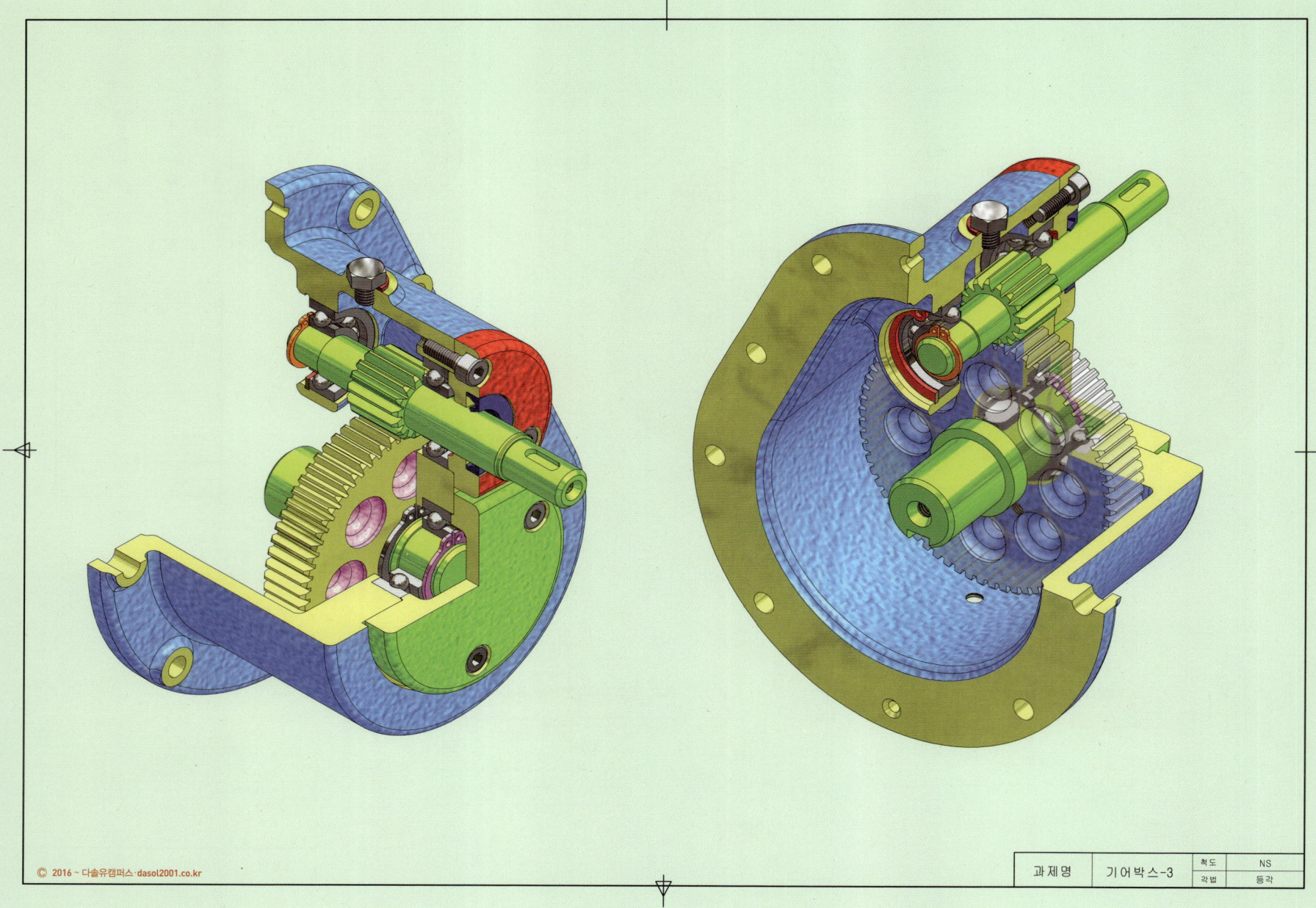

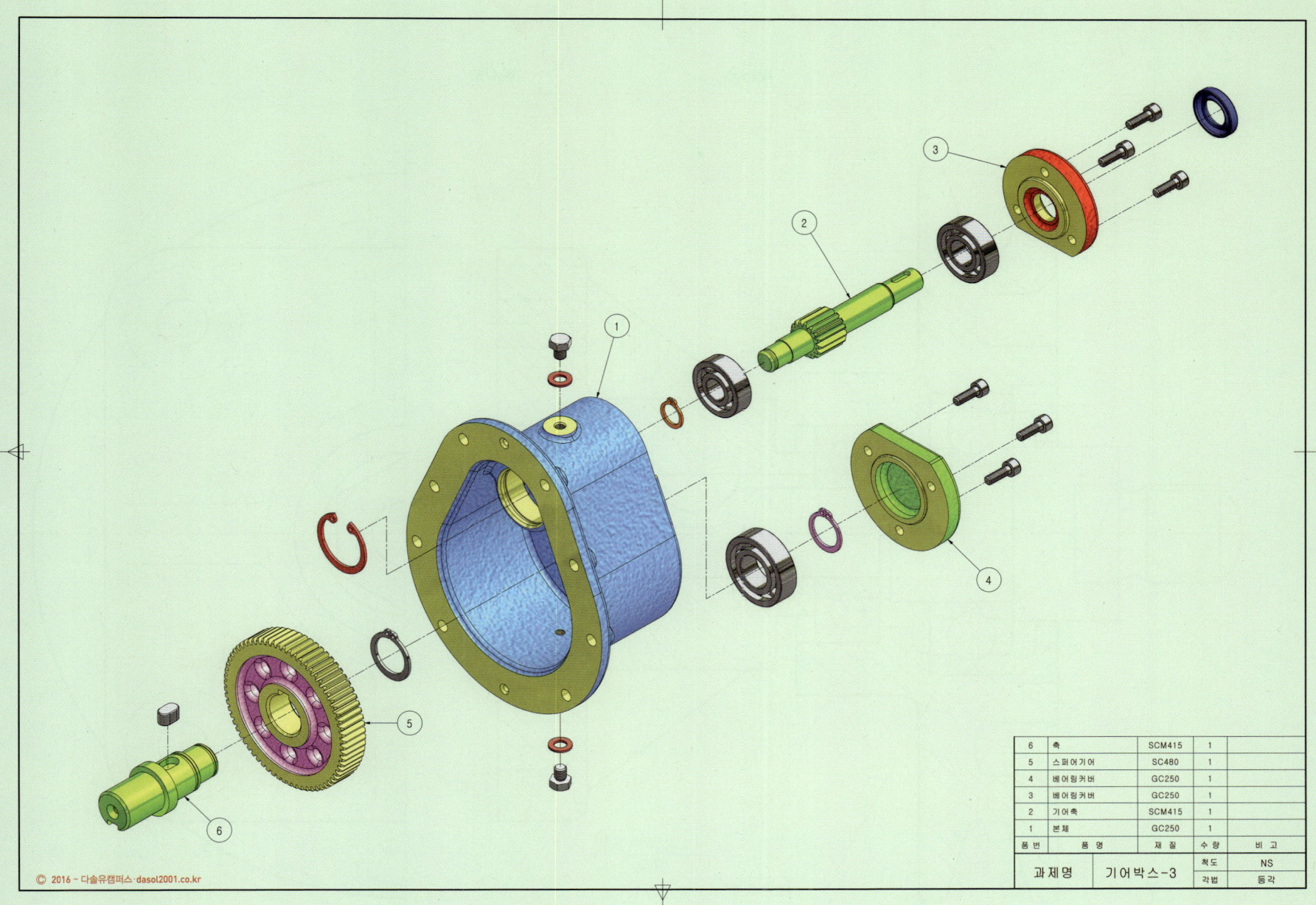

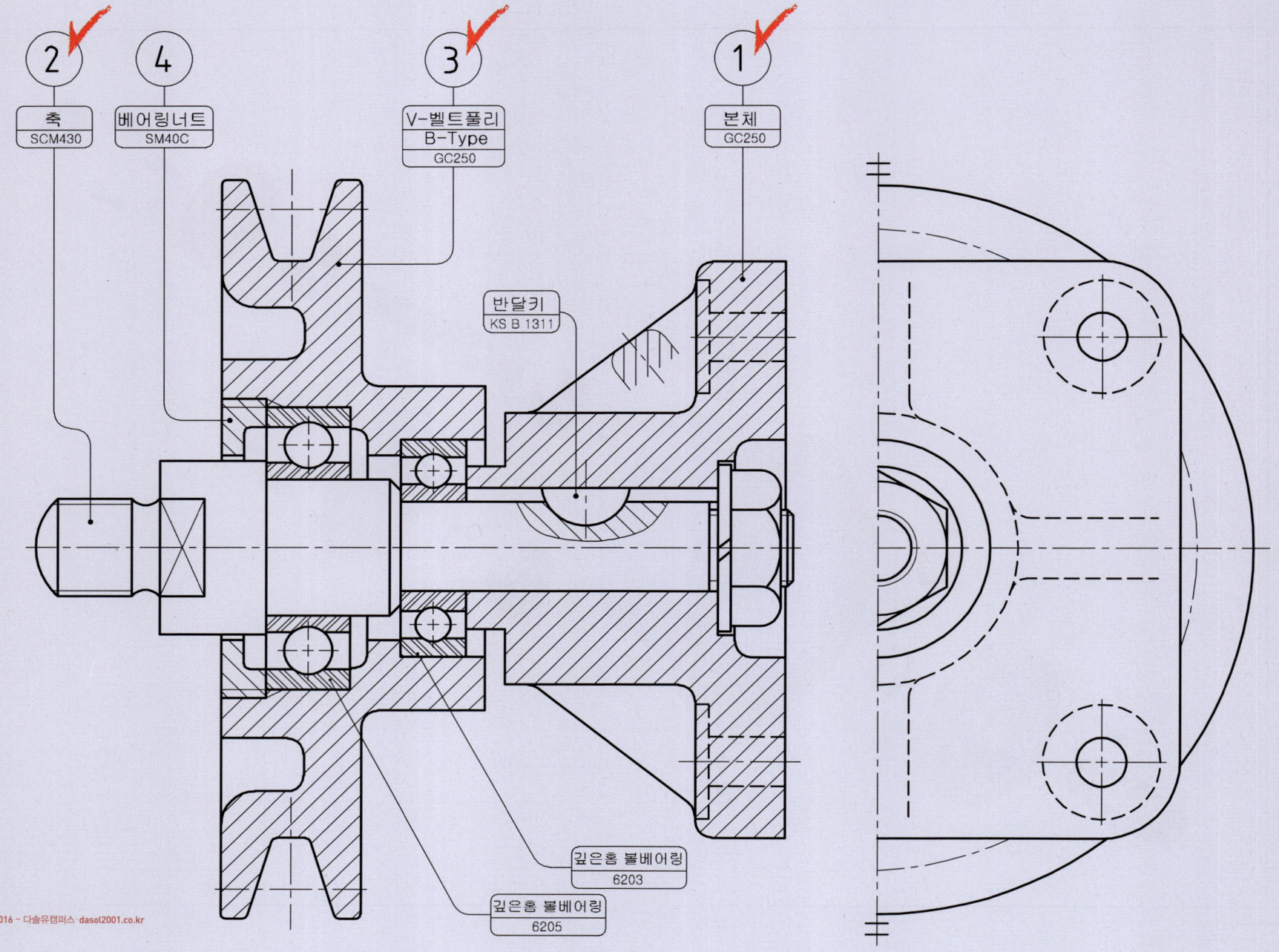

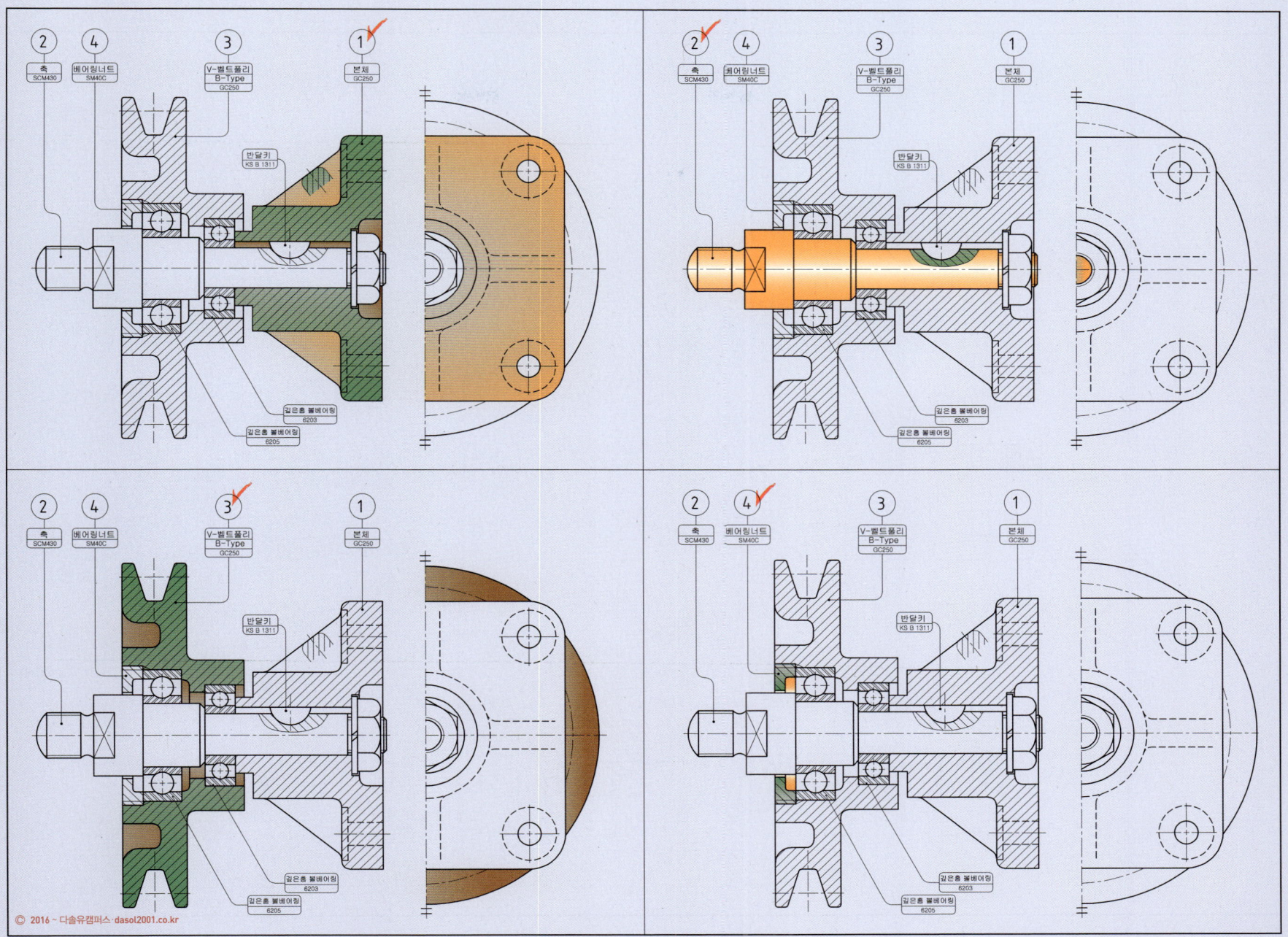

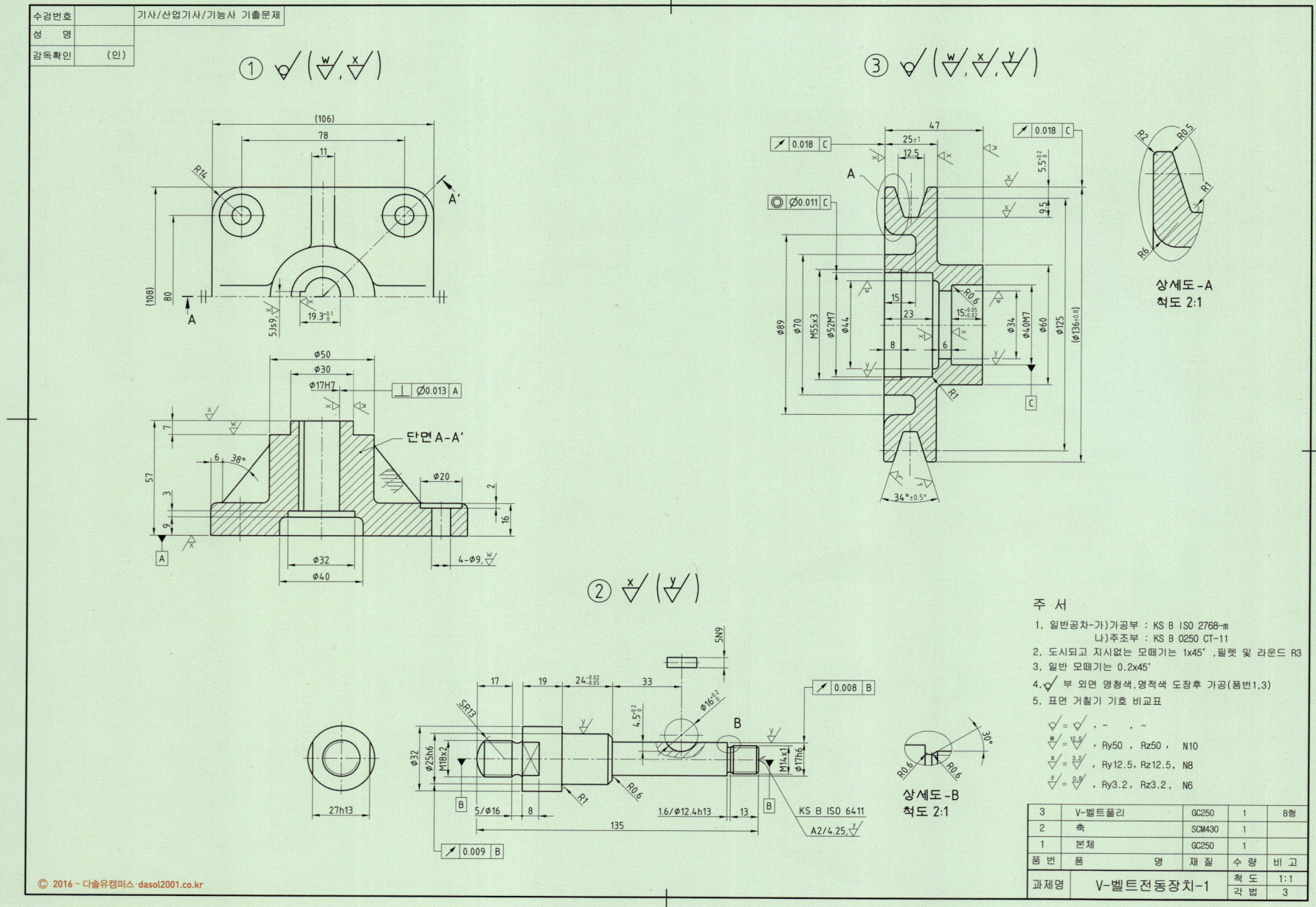

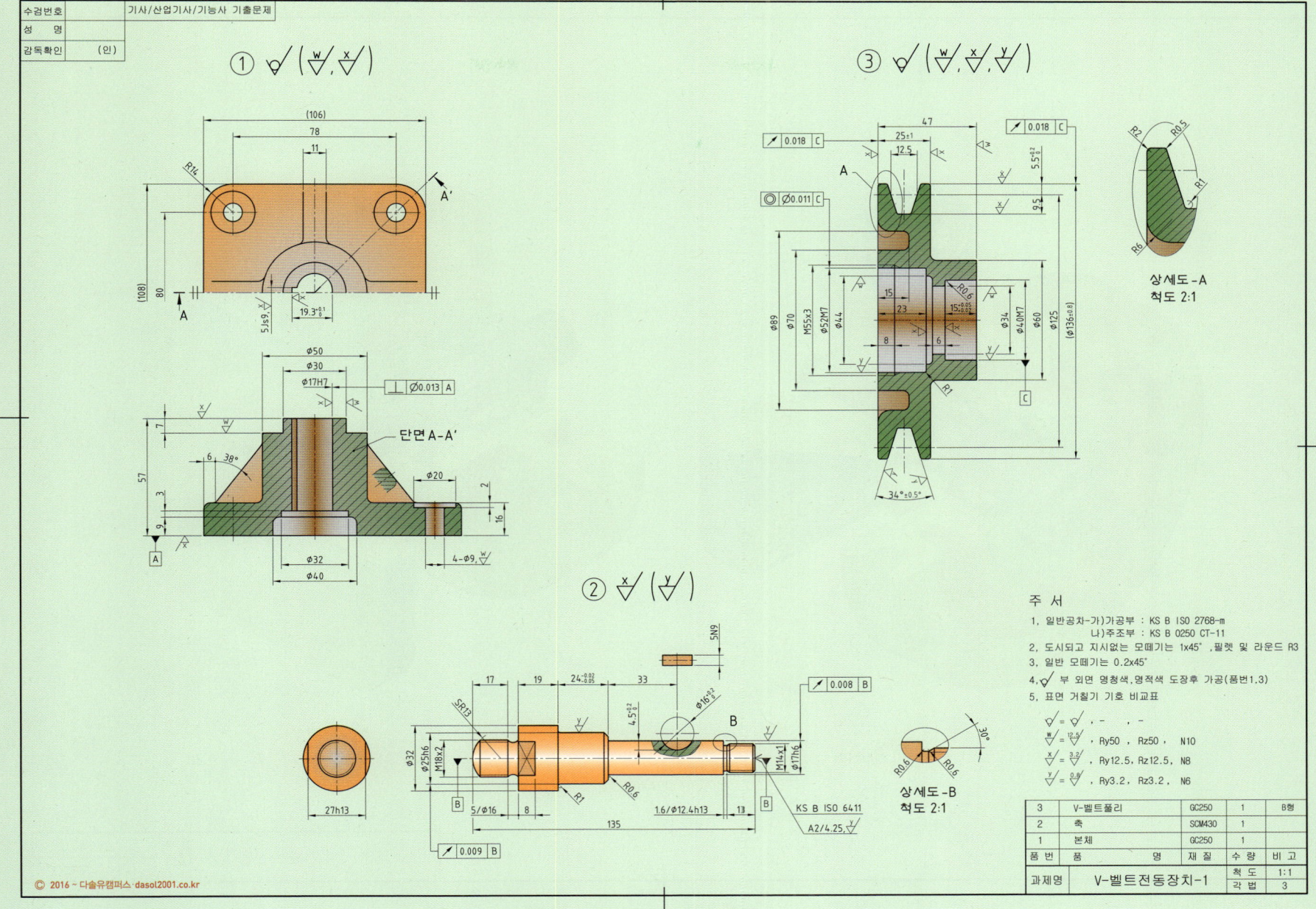

V-벨트전동장치-1

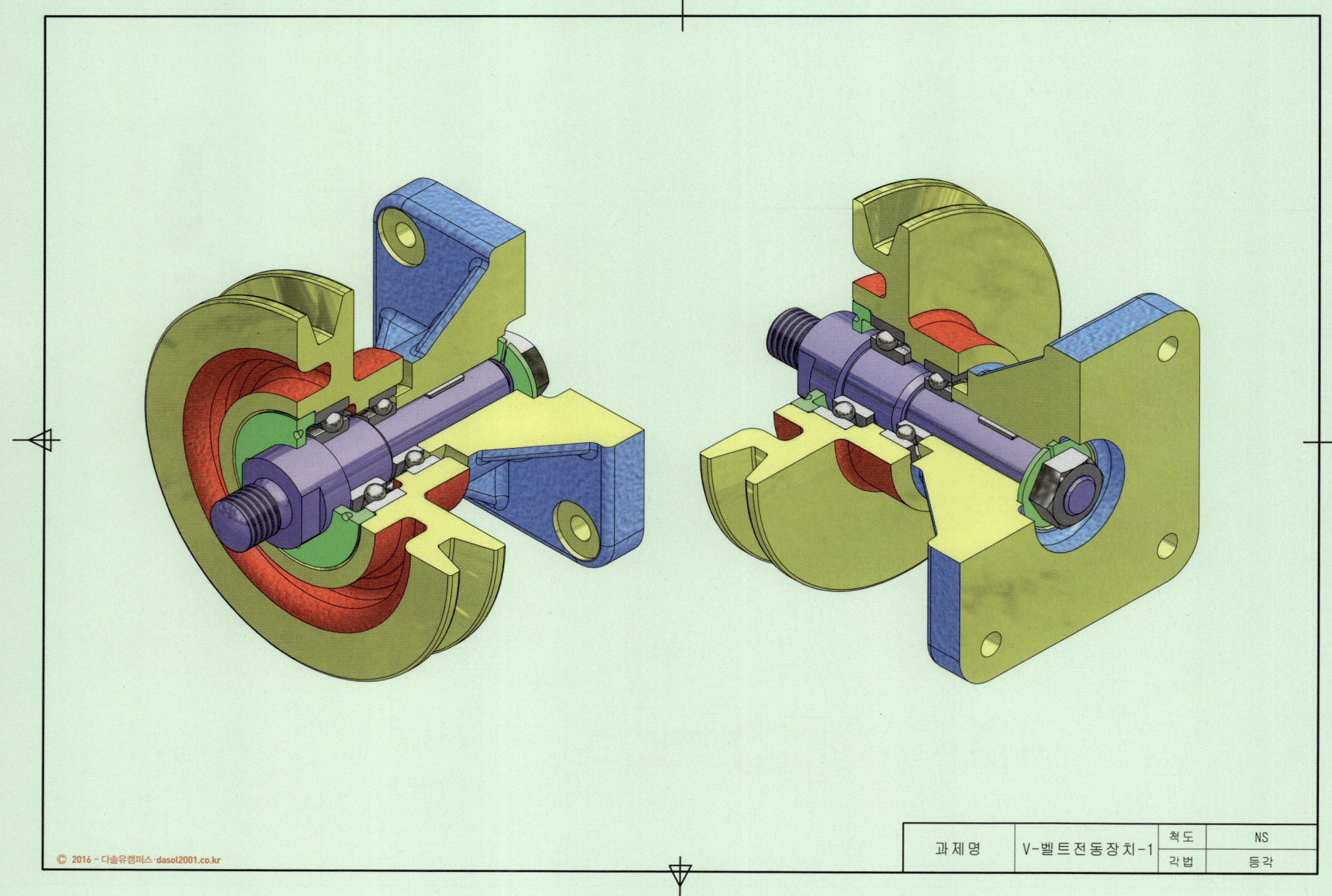

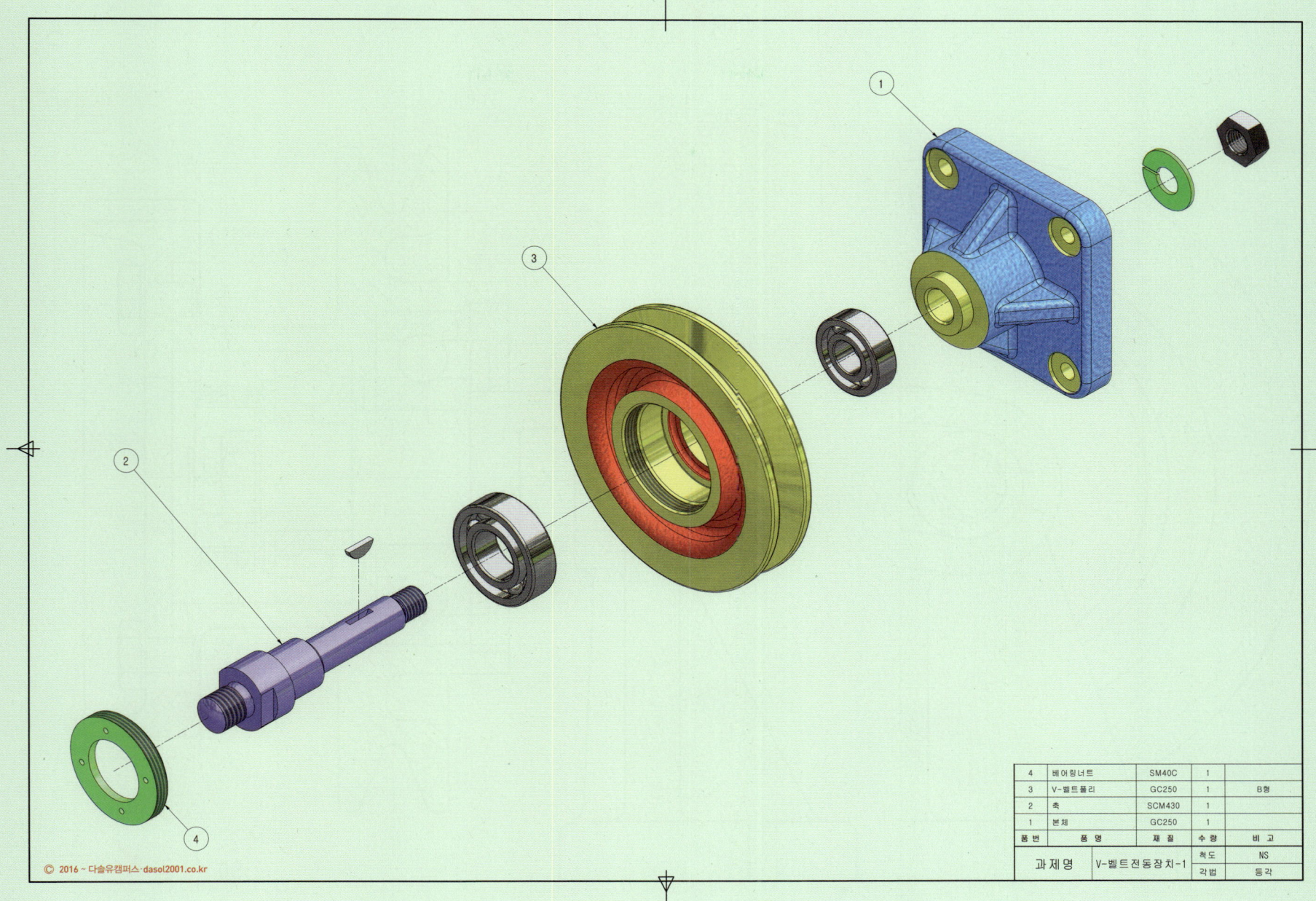

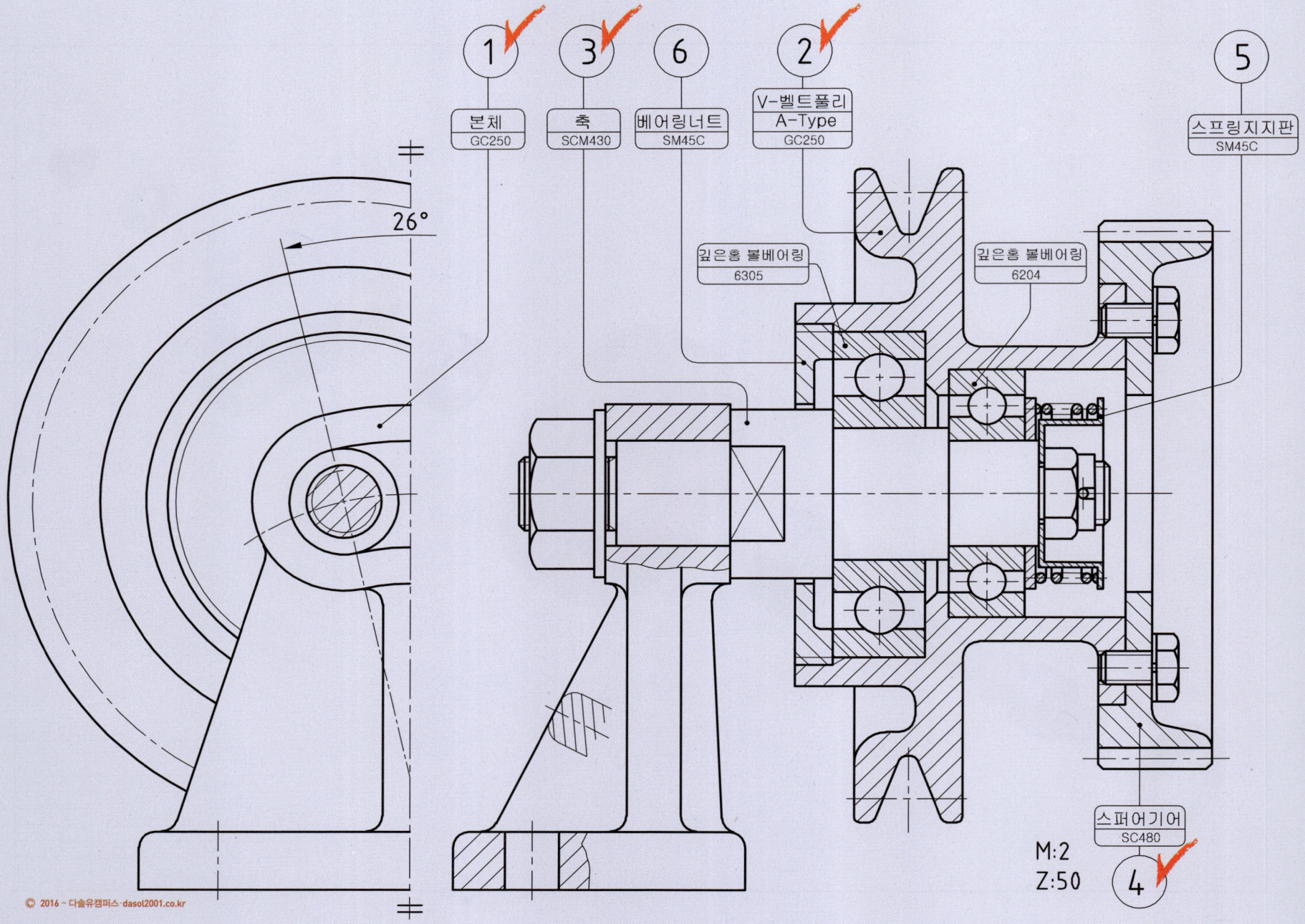

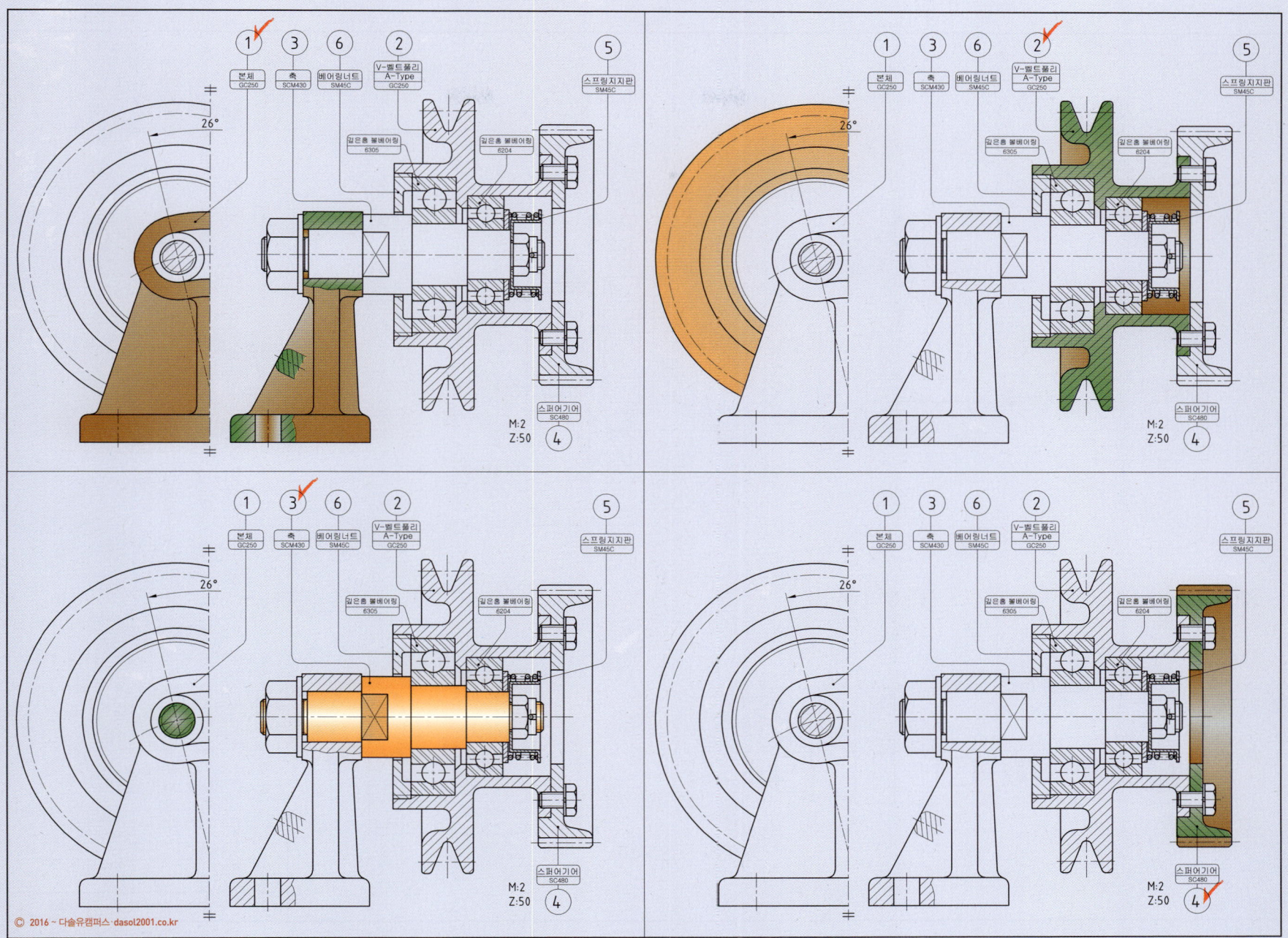

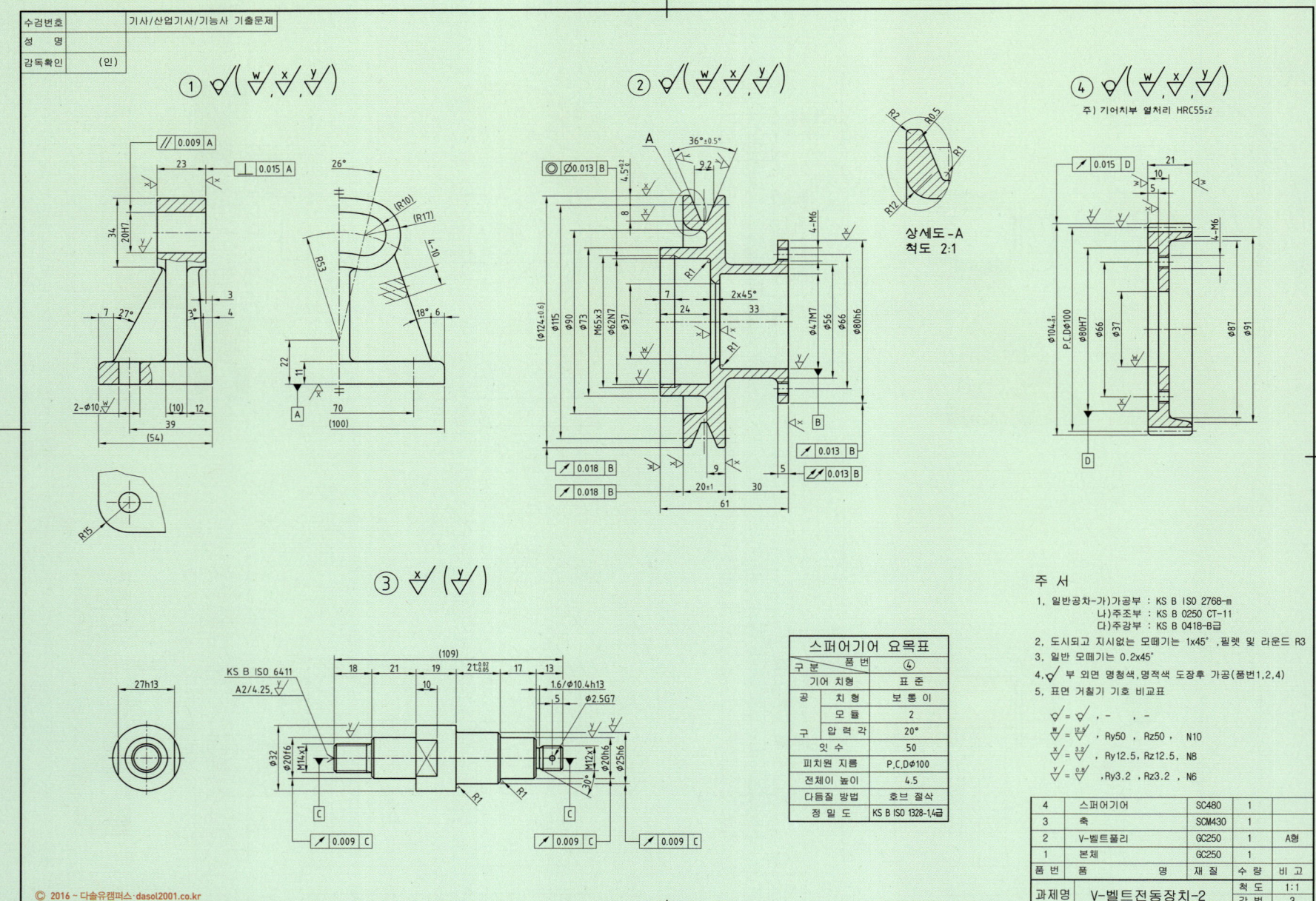

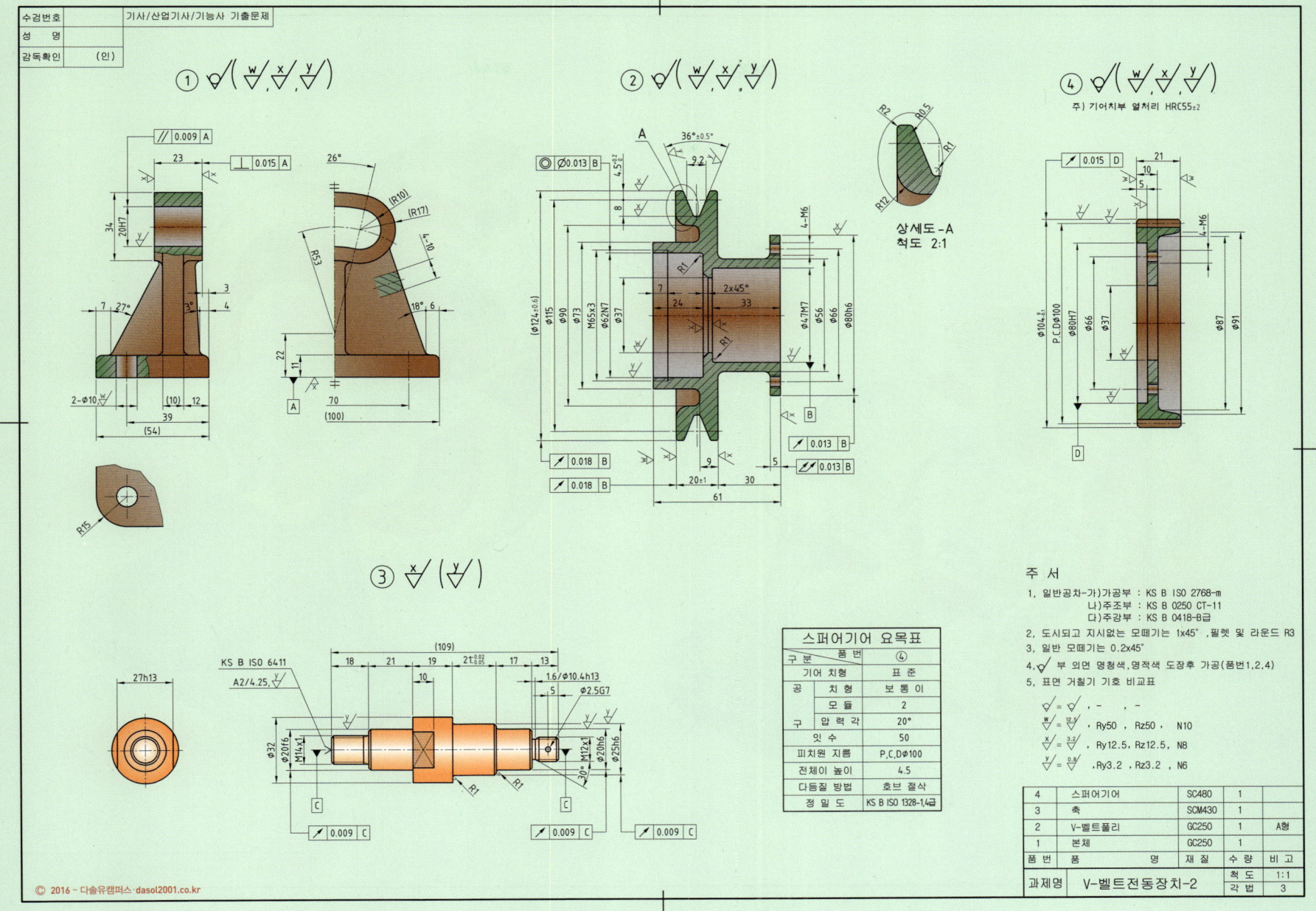

V-벨트전동장치-2

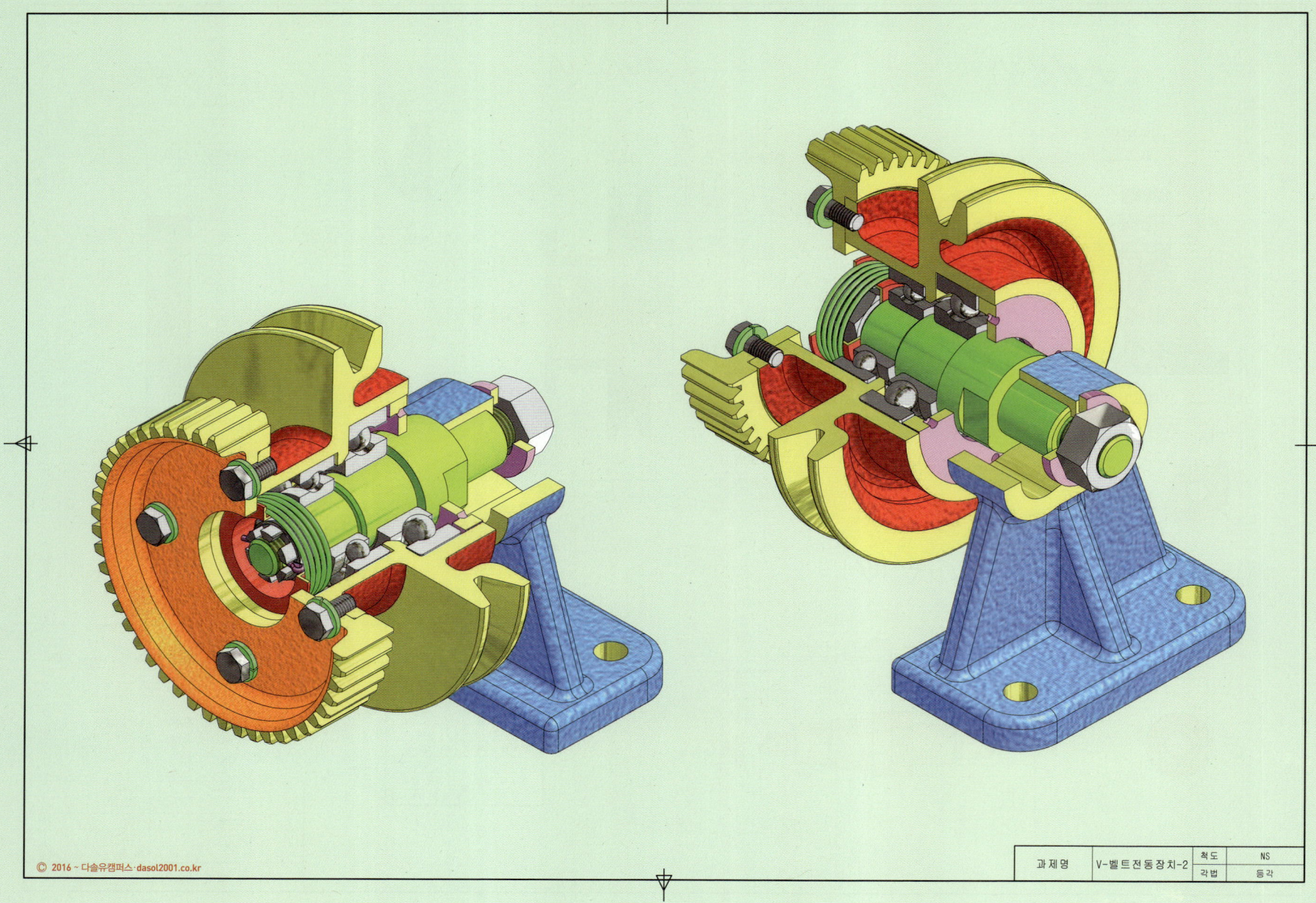

과제명	V-벨트전동장치-2	척도	NS
		각법	등각

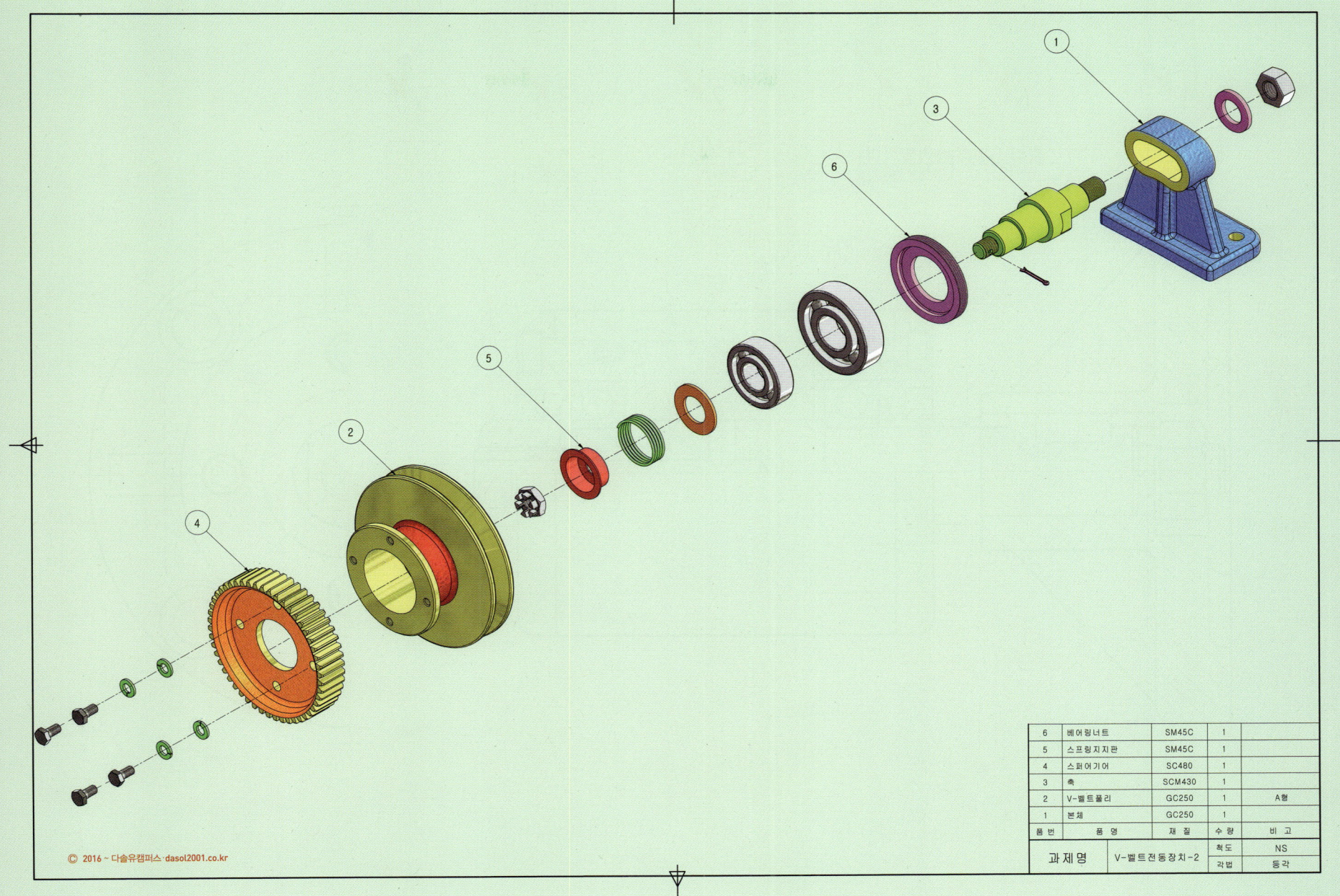

■ 아이들러풀리

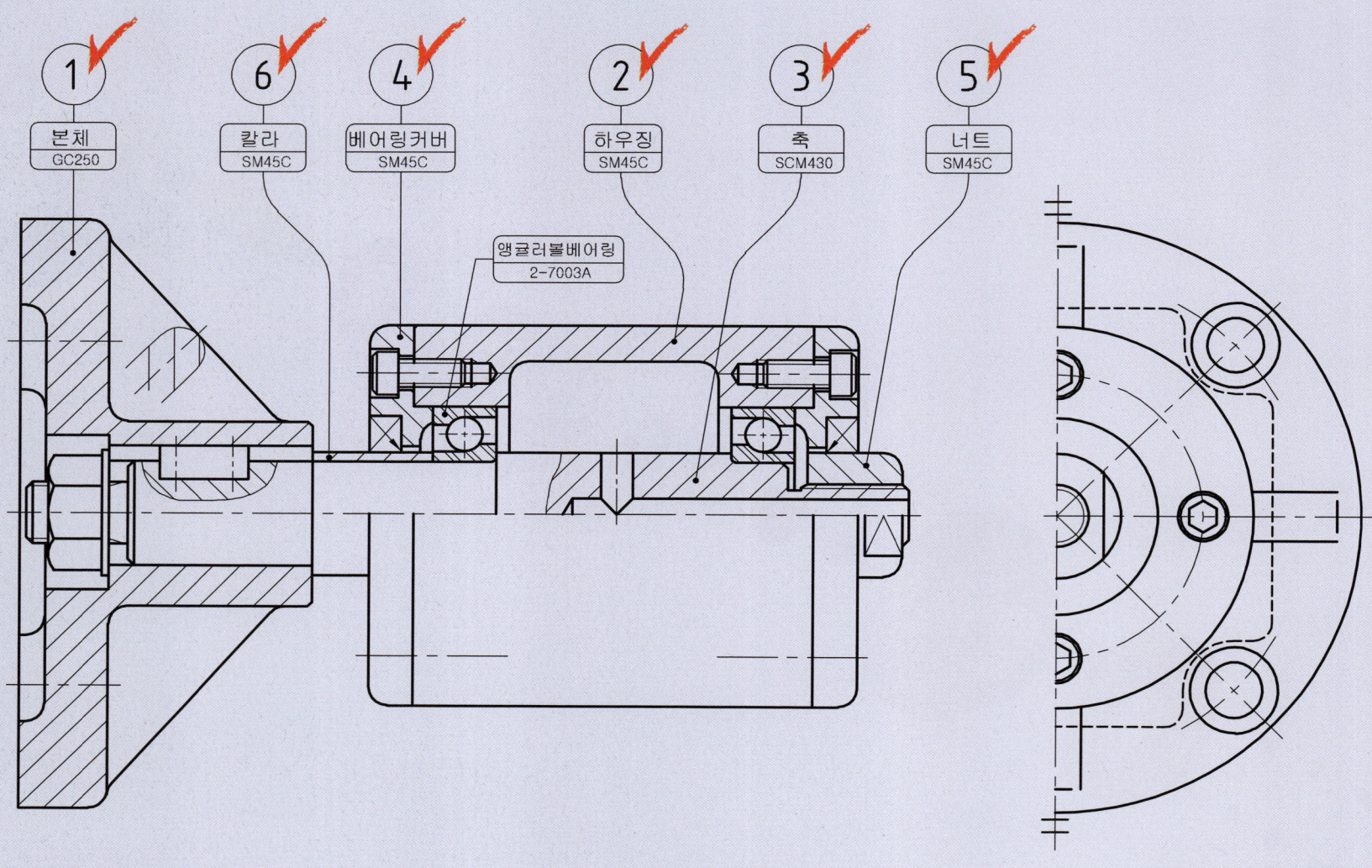

아이들러풀리

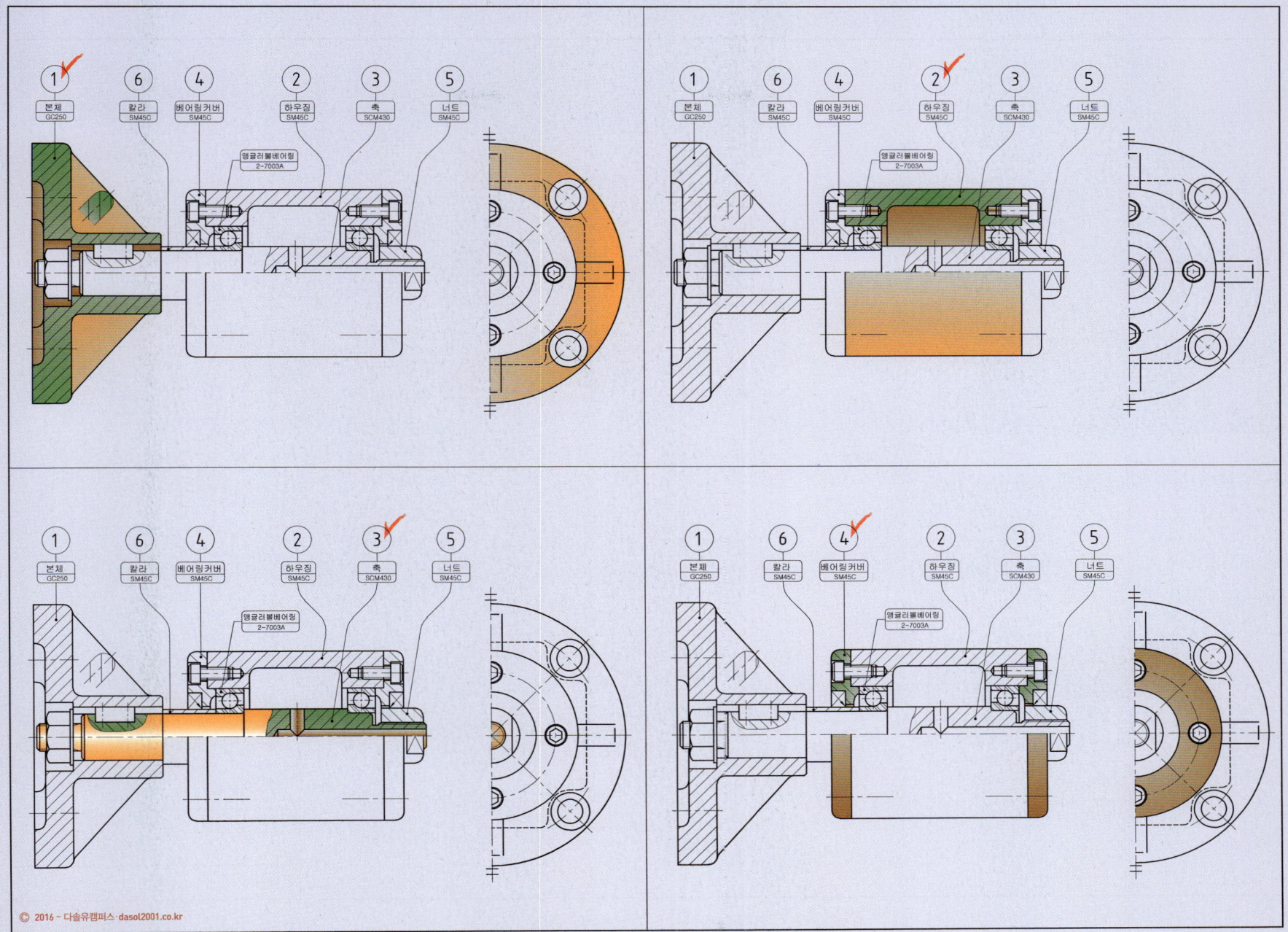

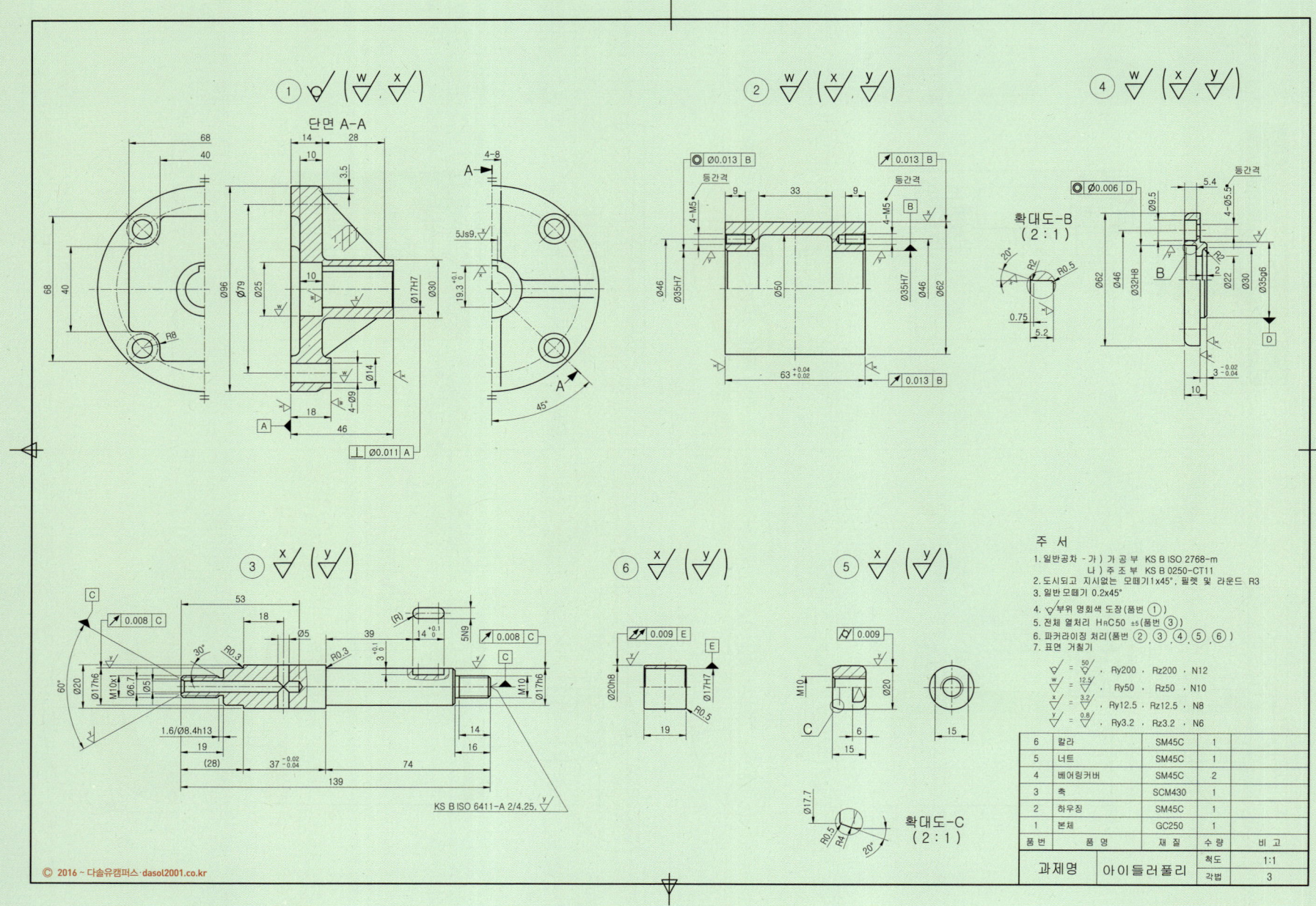

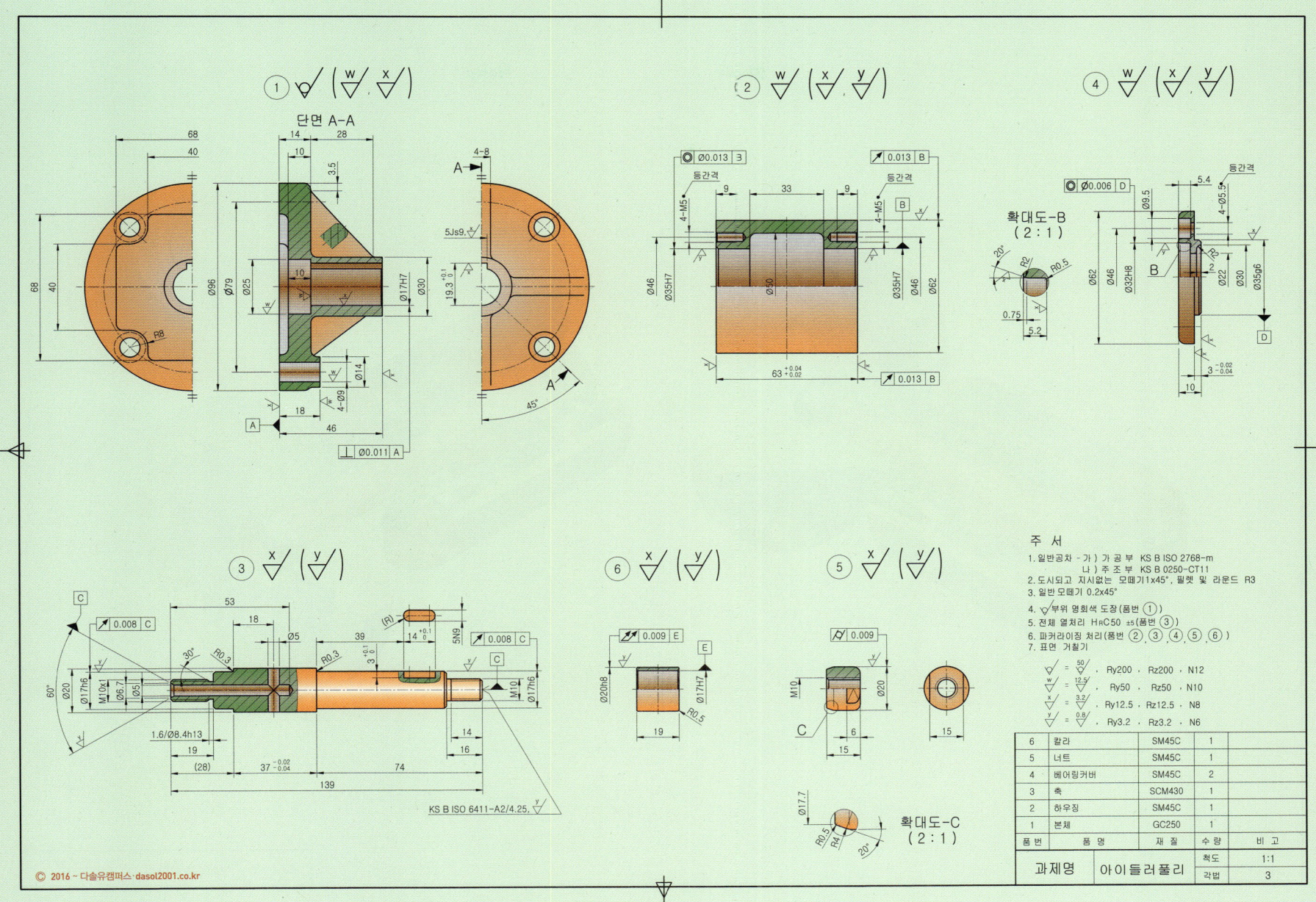

아이들러풀리

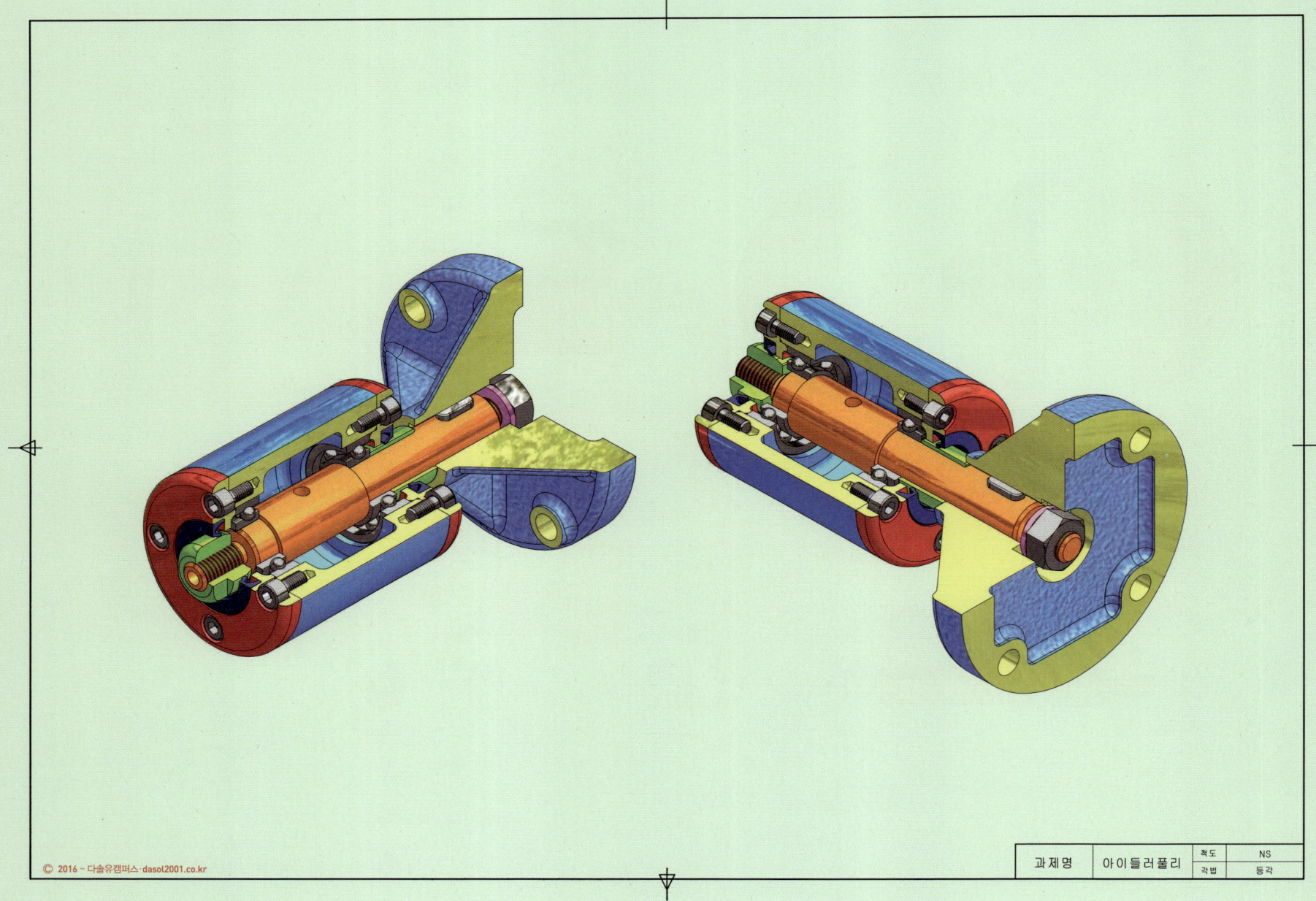

과제명: 아이들러 풀리
척도: NS
각법: 등각

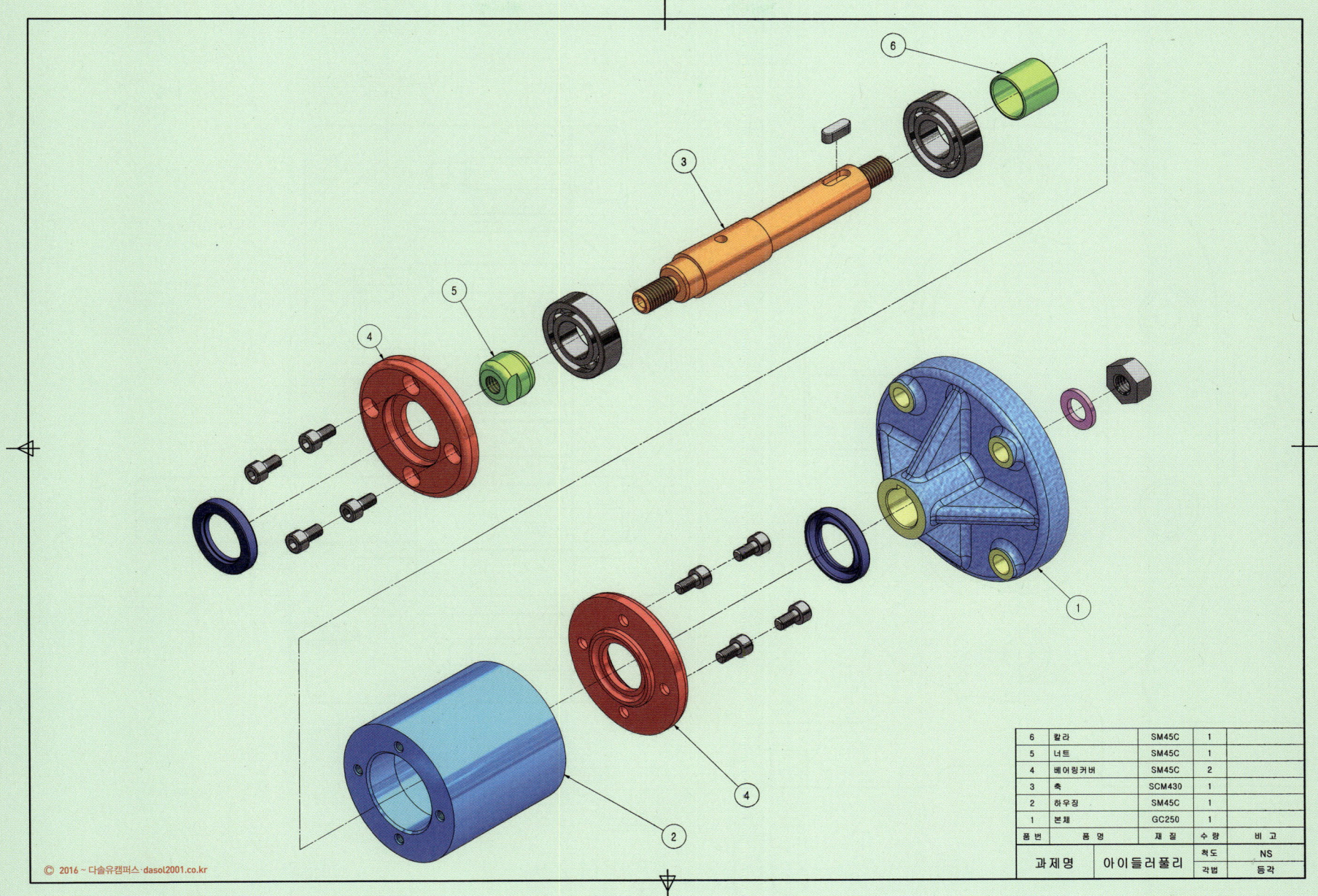

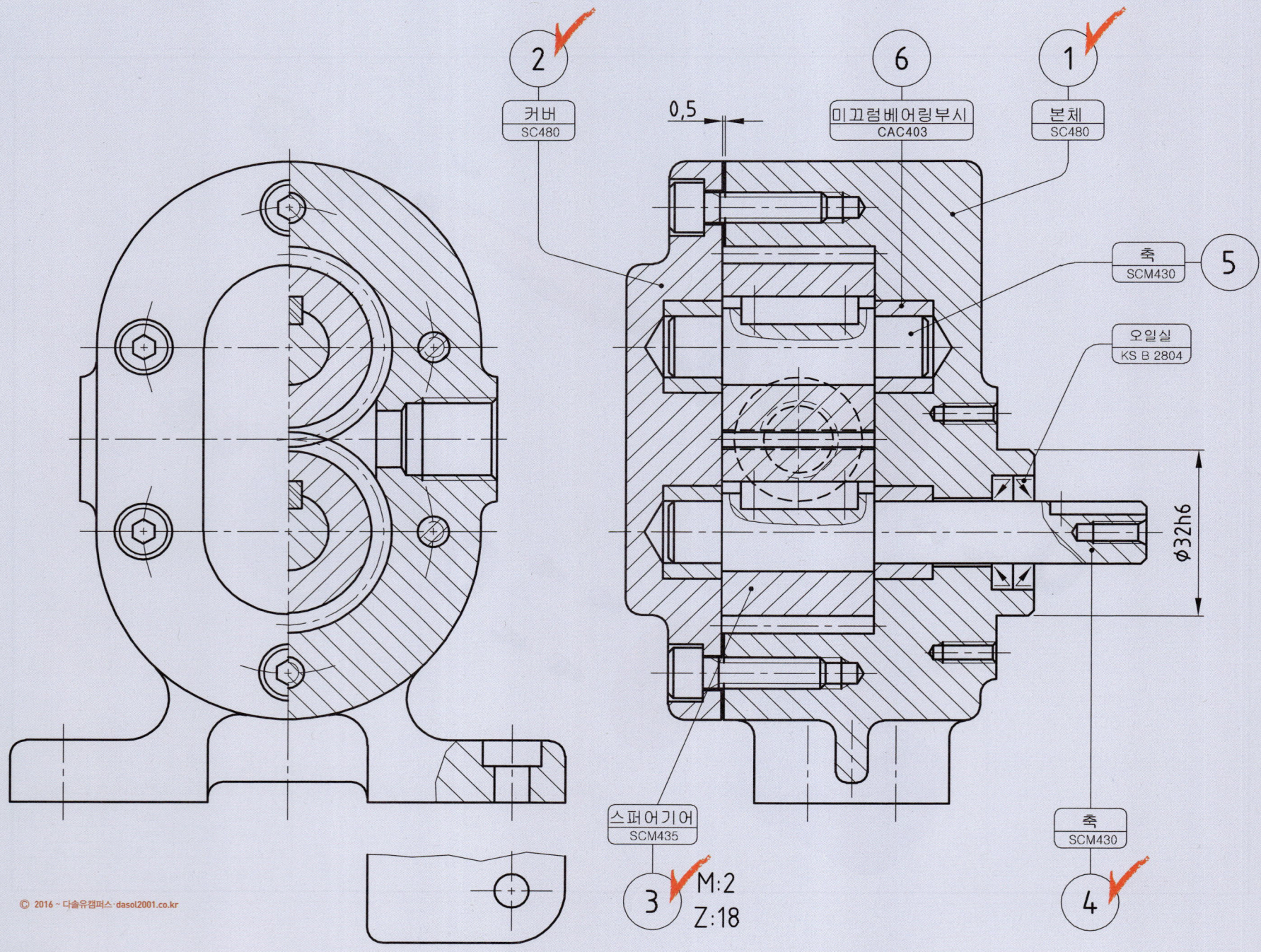

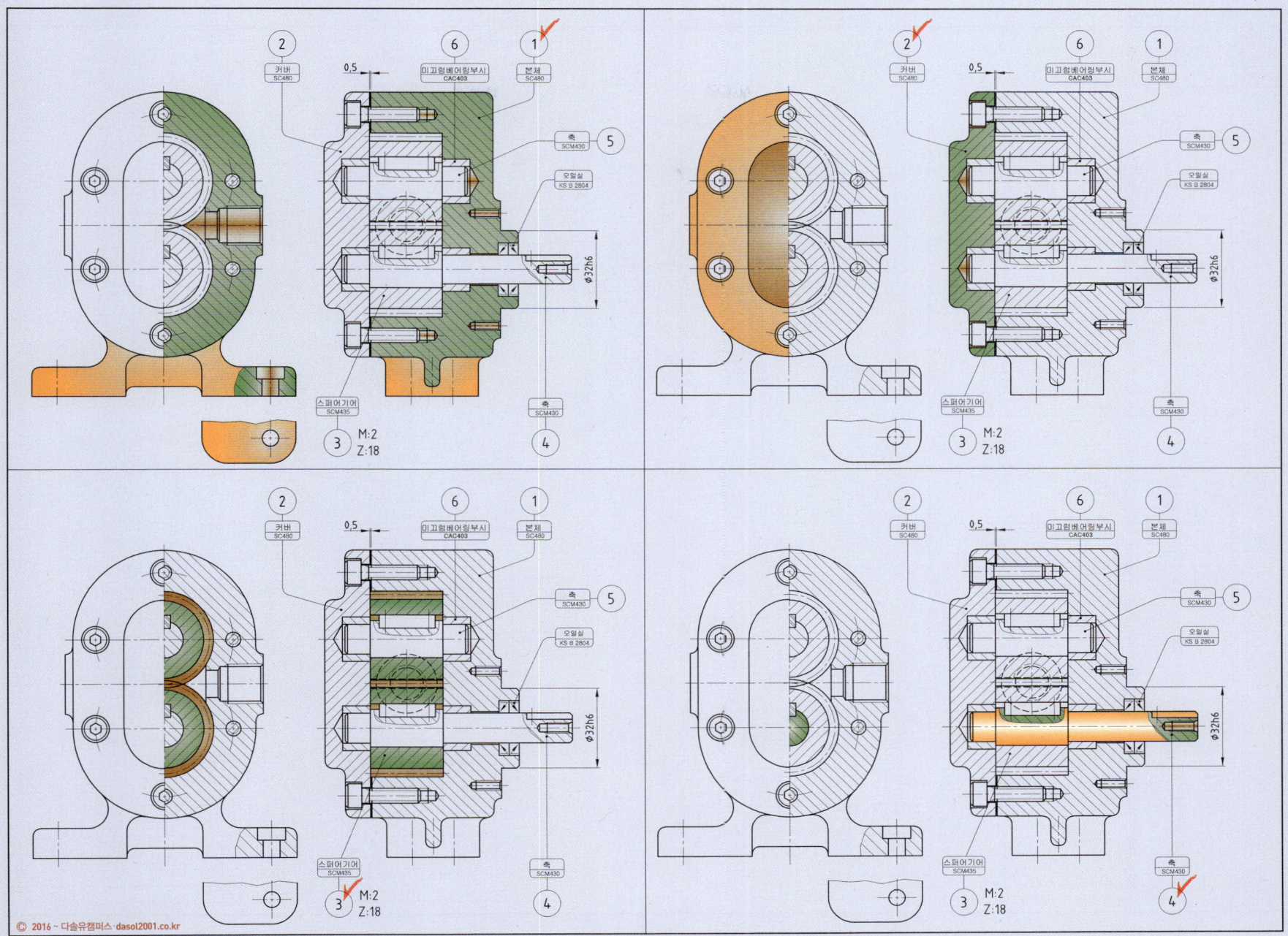

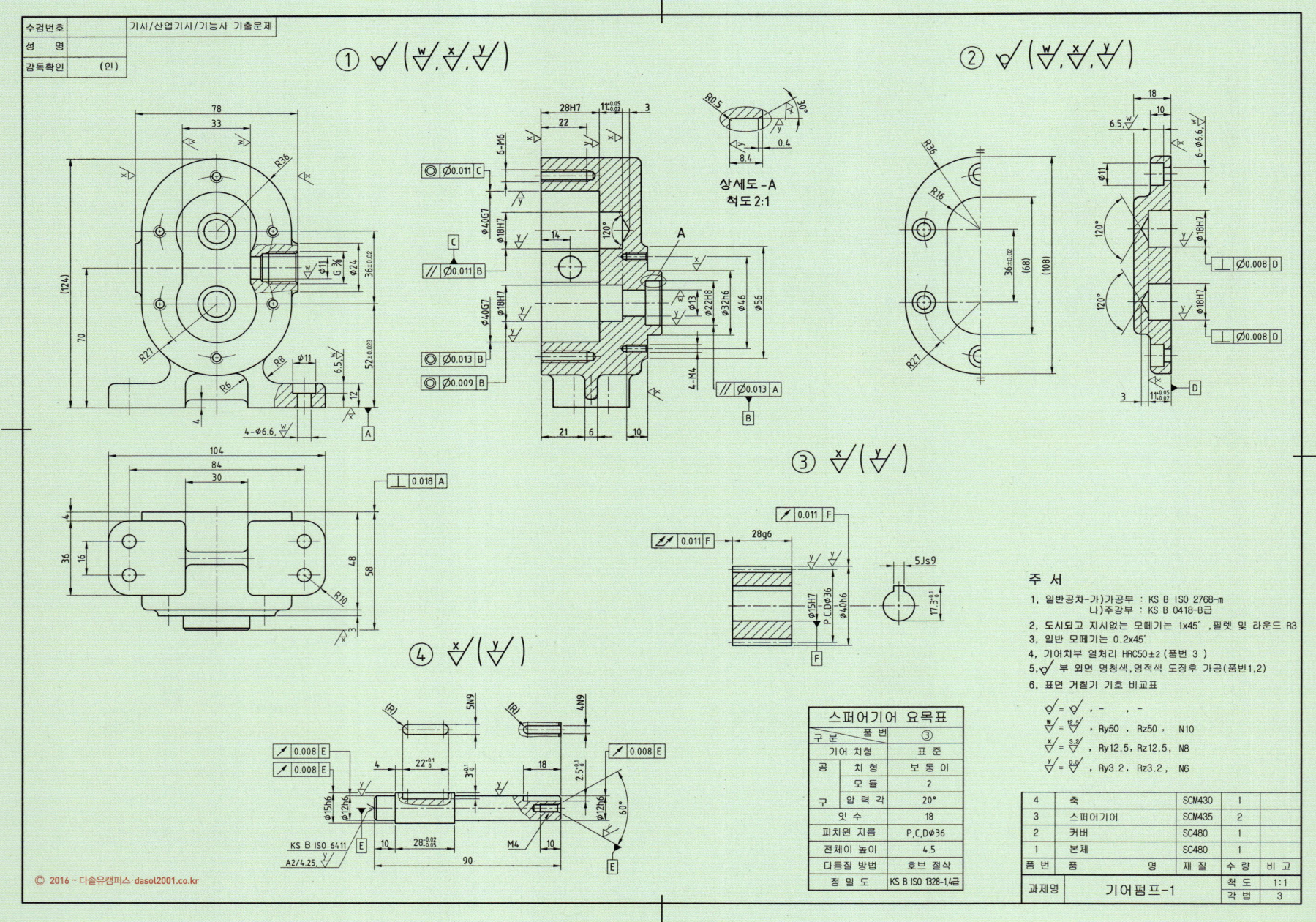

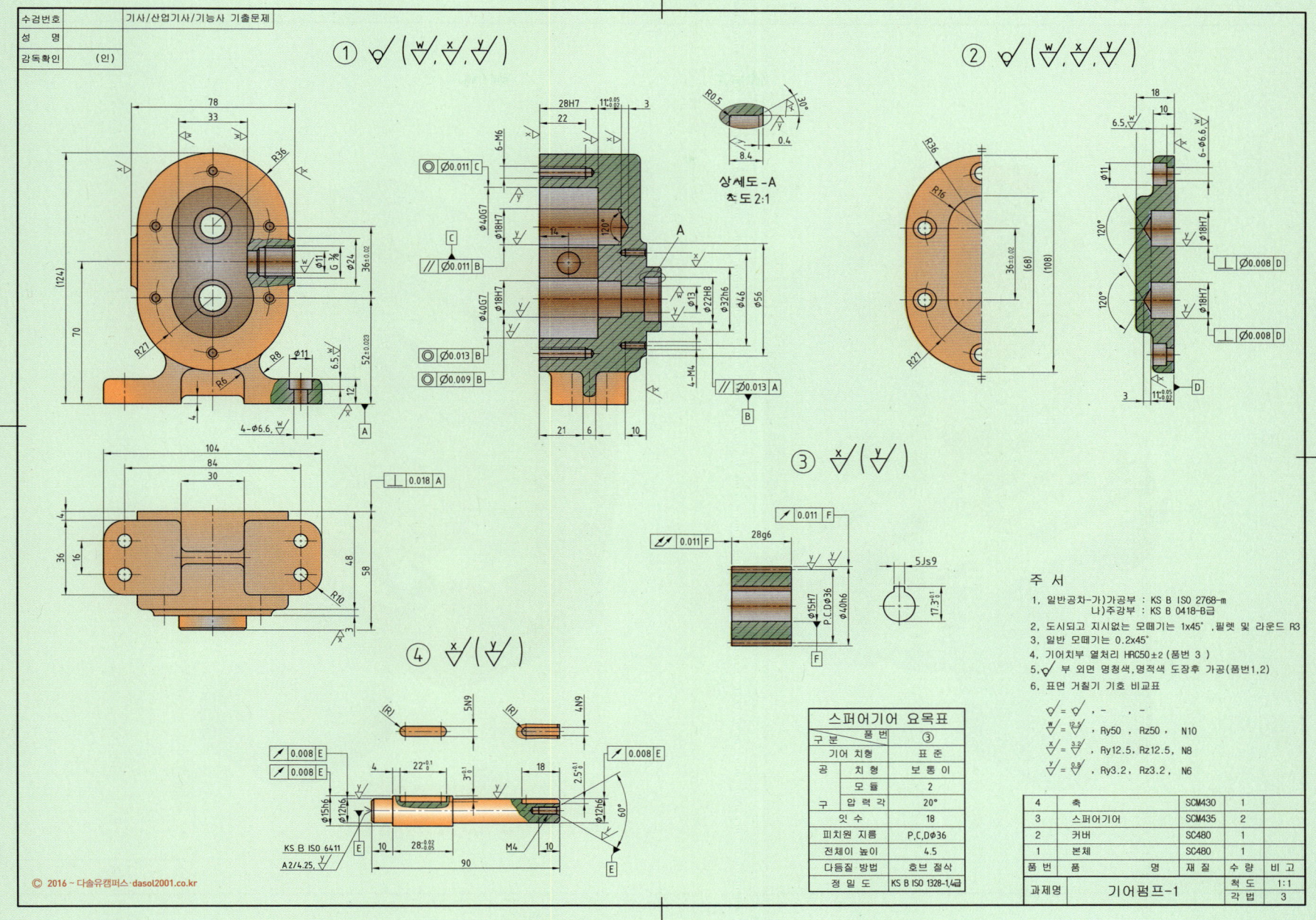

기어펌프-1

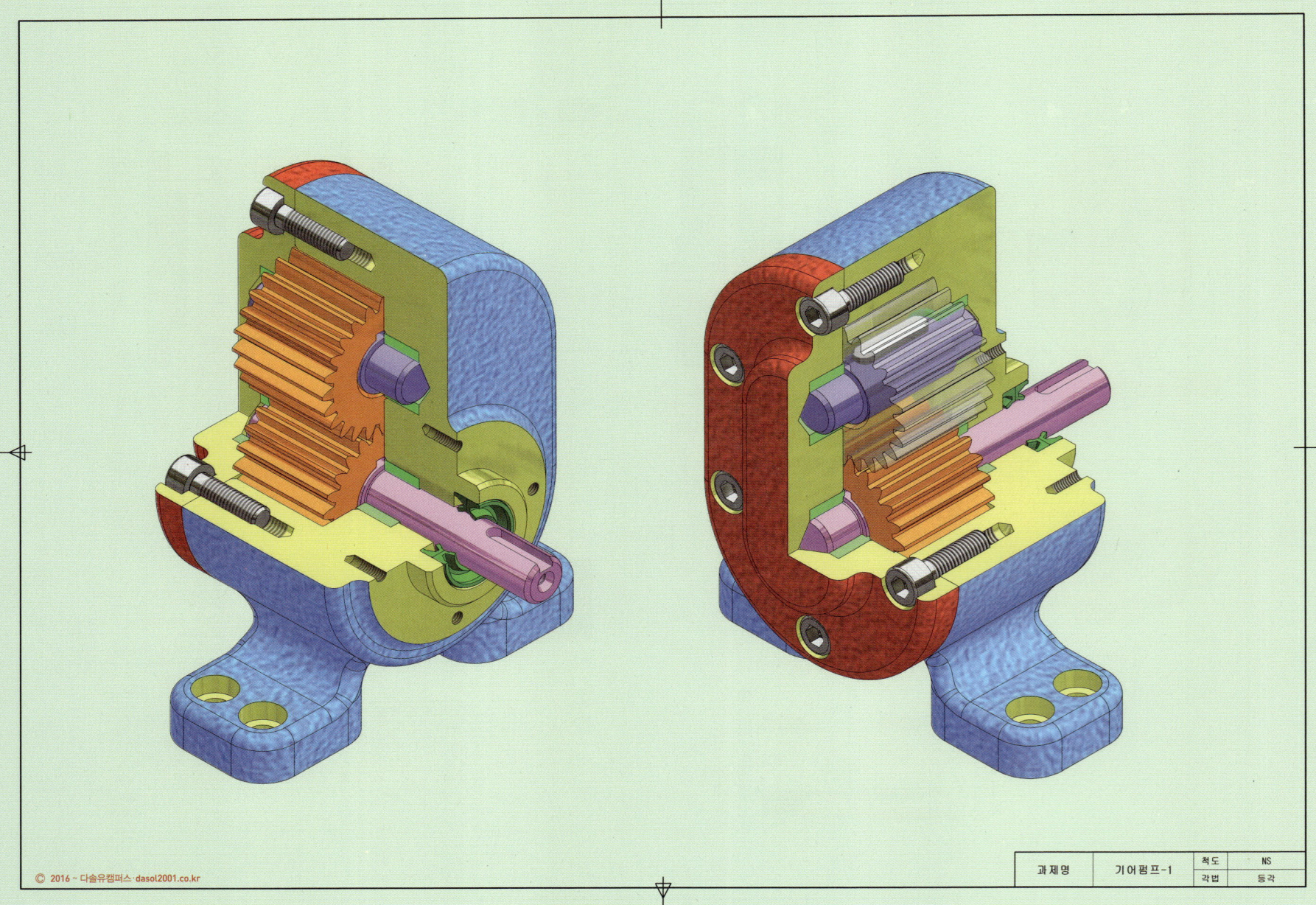

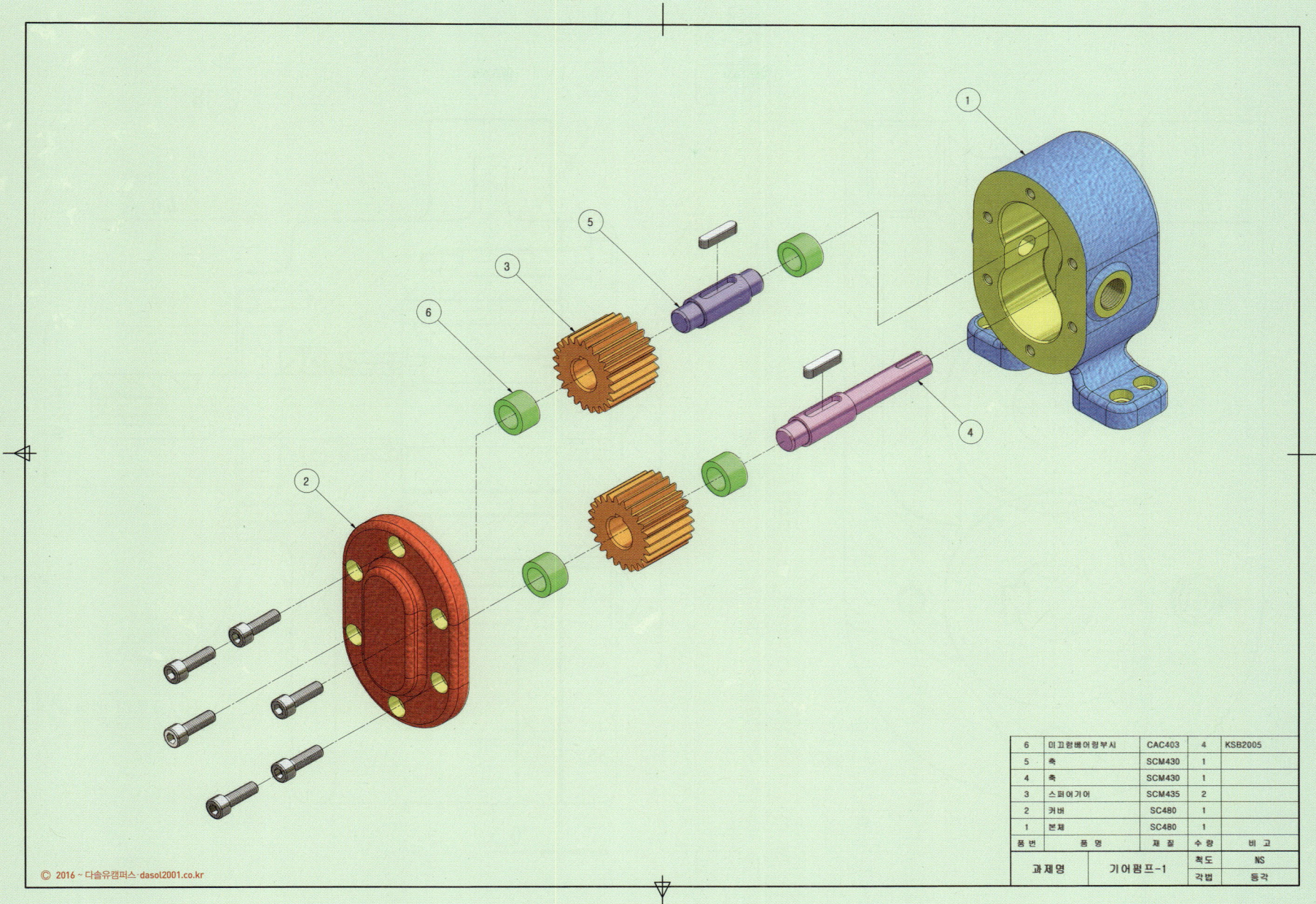

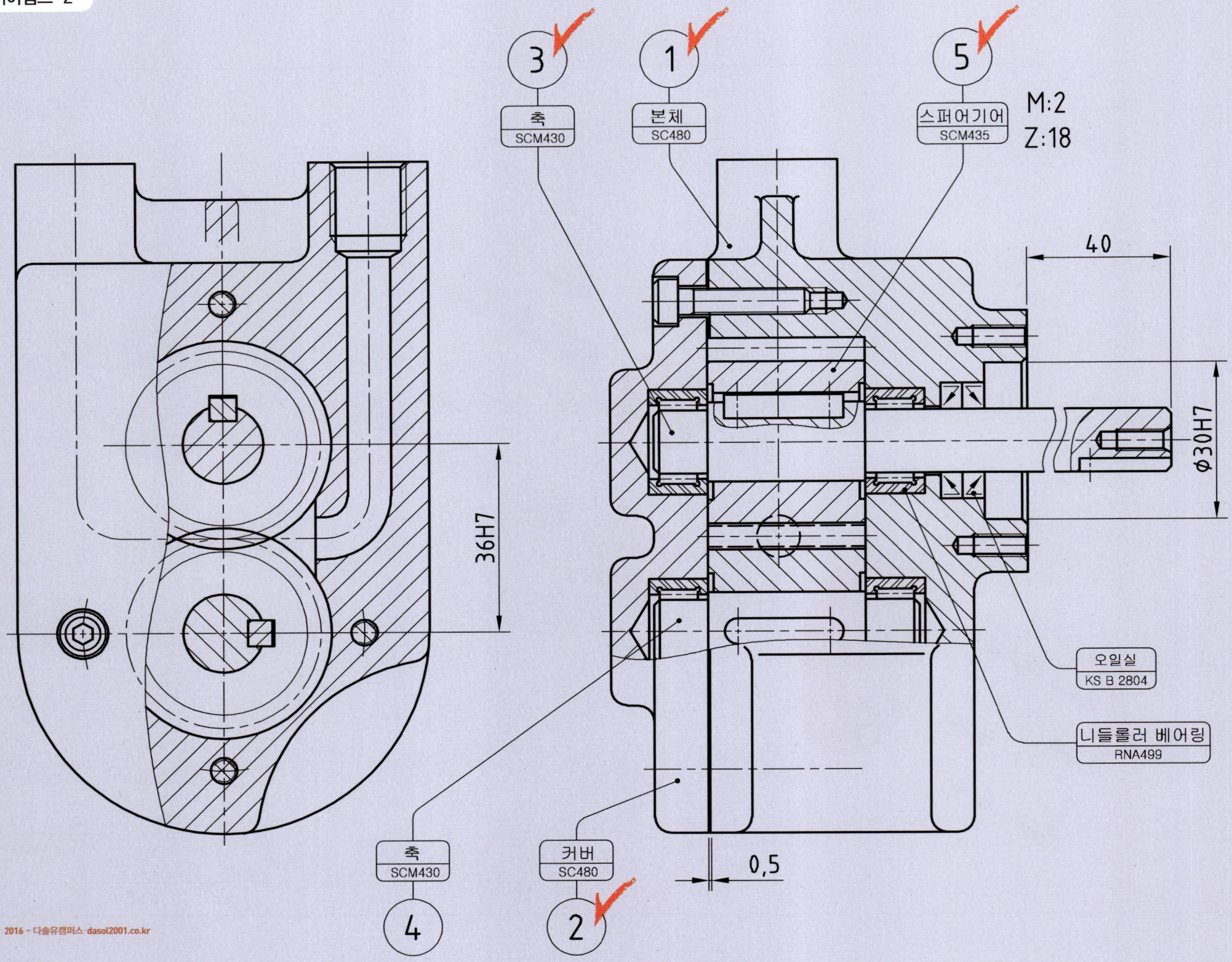

기어펌프-2

3	1	5
축 SCM430	본체 SC480	스퍼어기어 SCM435

M:2
Z:18

40

ϕ30H7

36H7

오일실
KS B 2804

니들롤러 베어링
RNA499

0.5

4	2
축 SCM430	커버 SC480

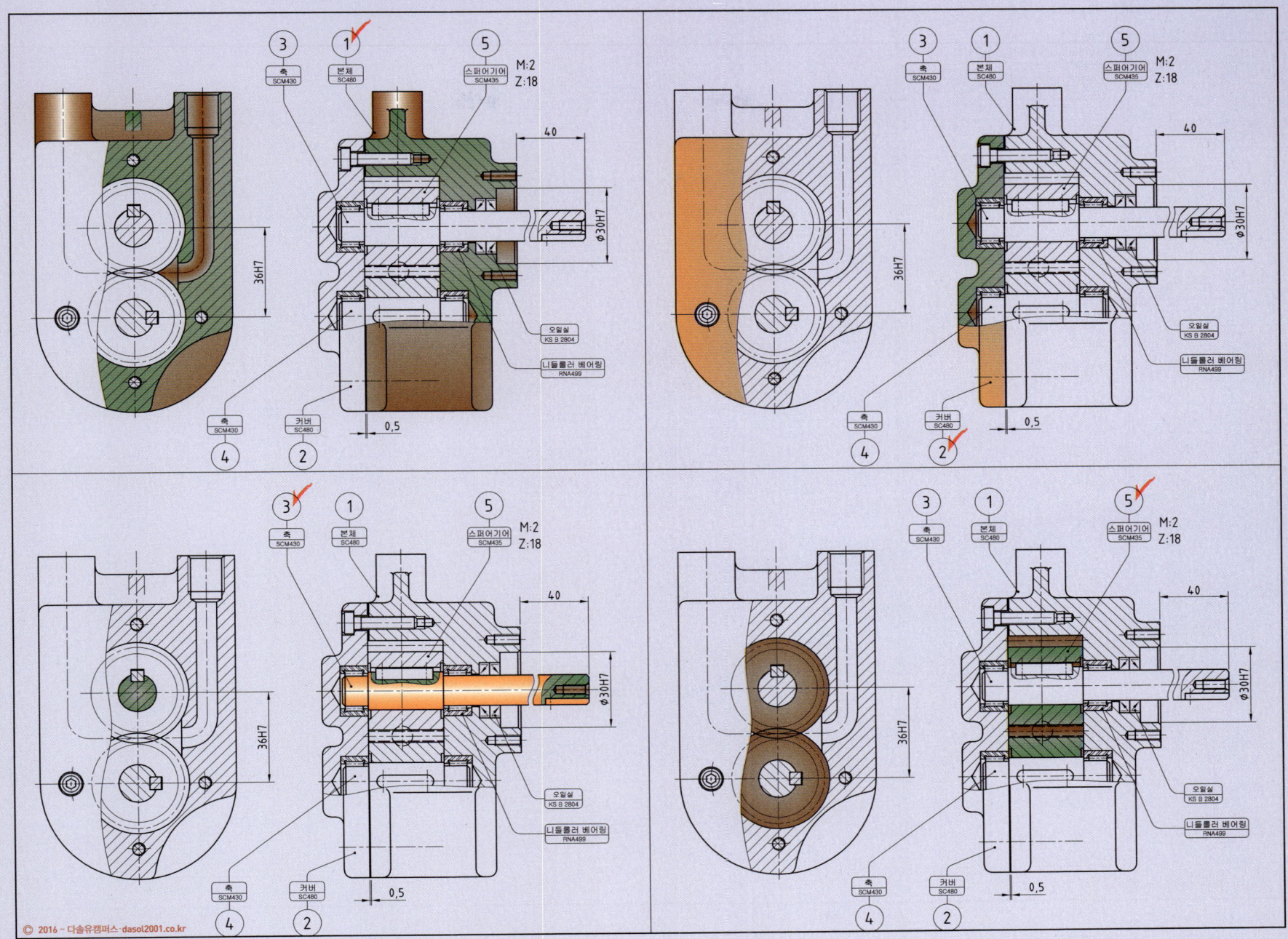

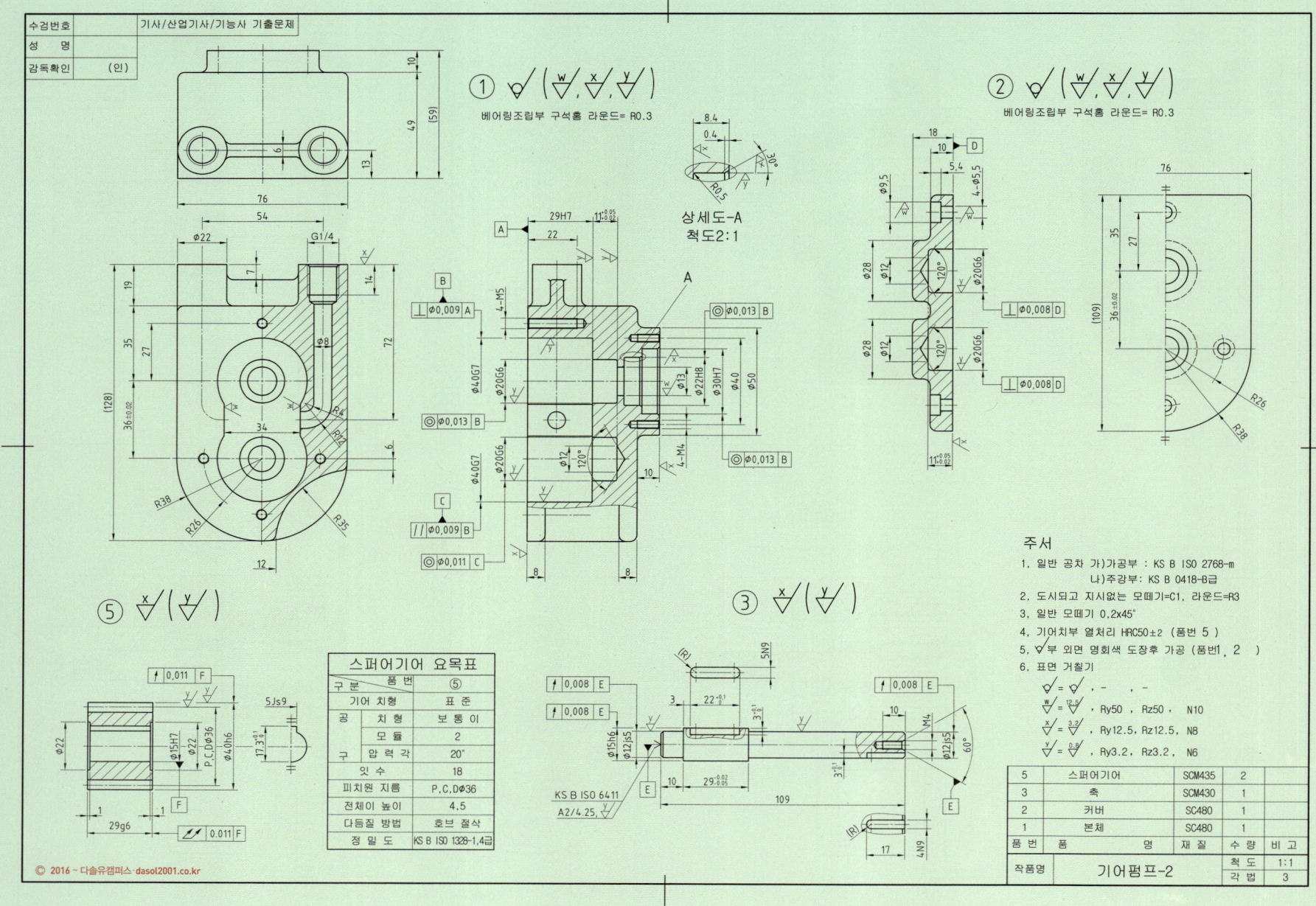

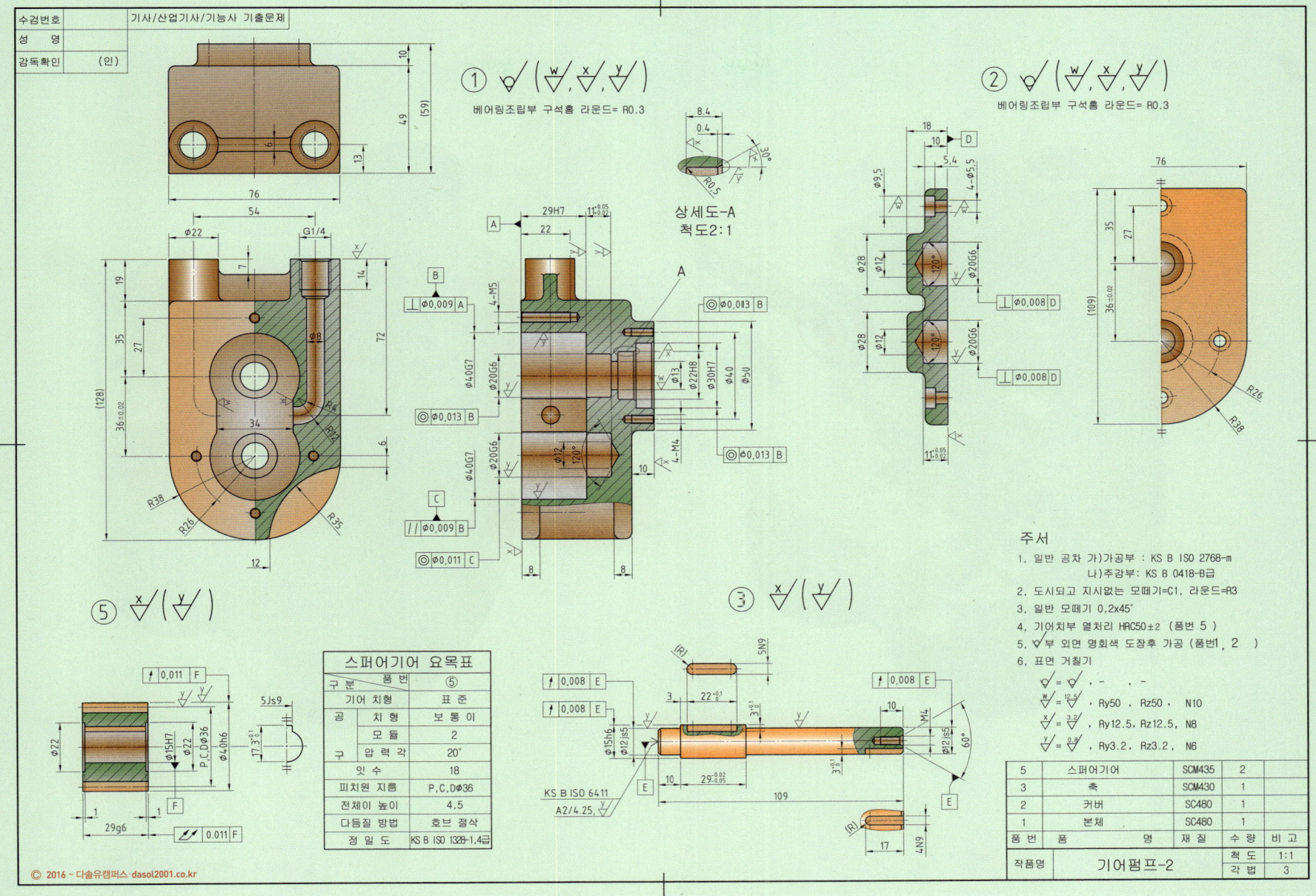

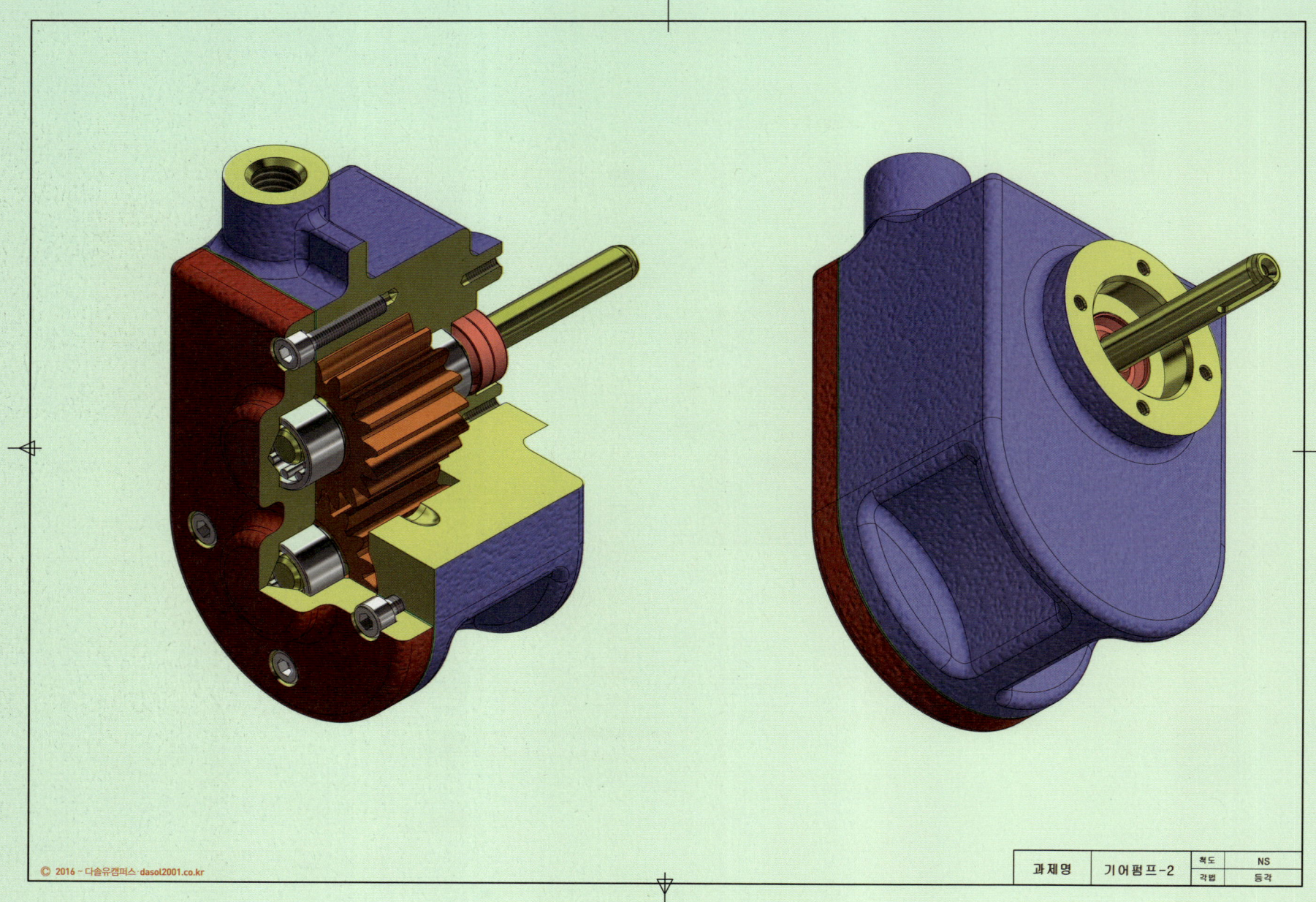

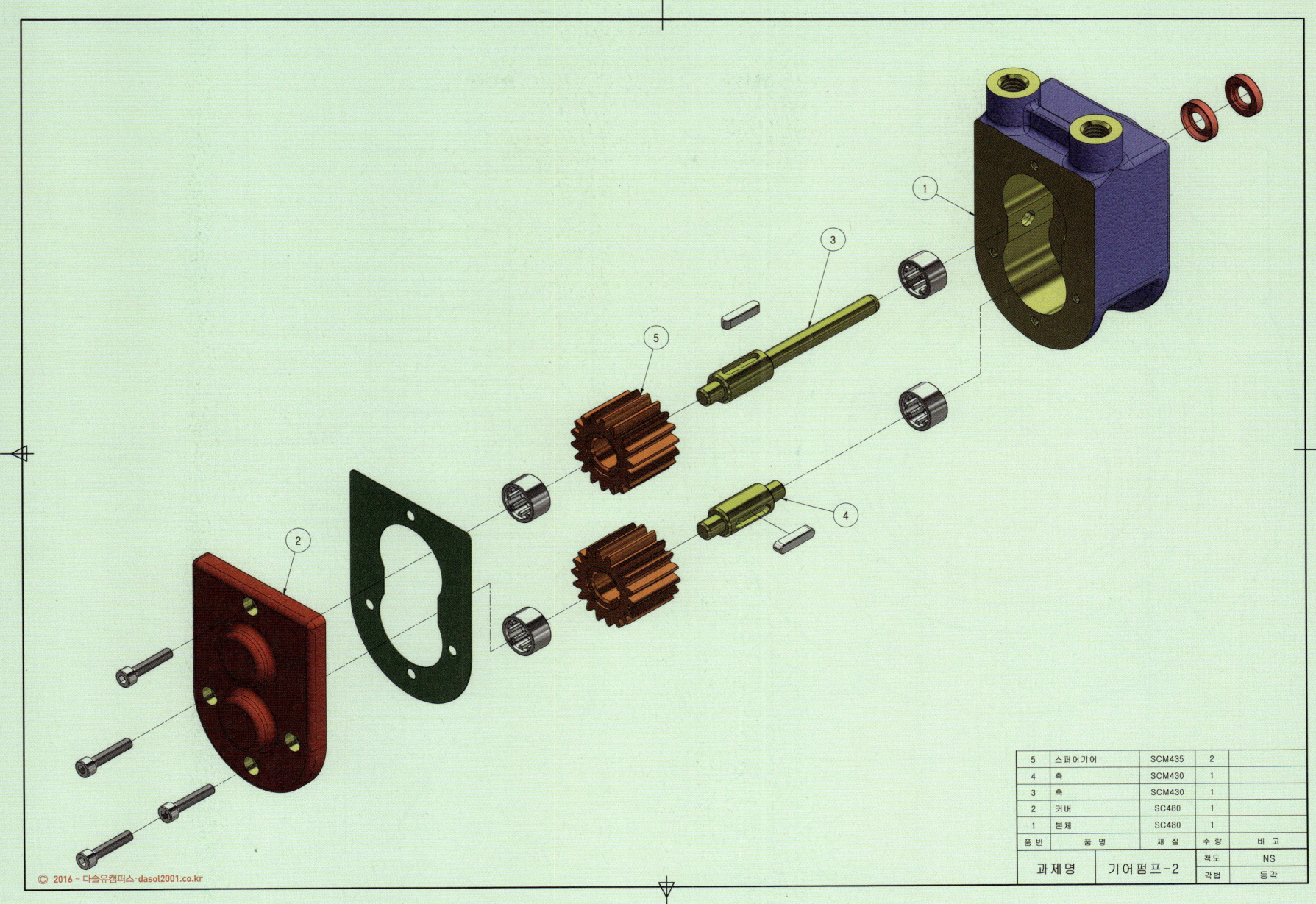

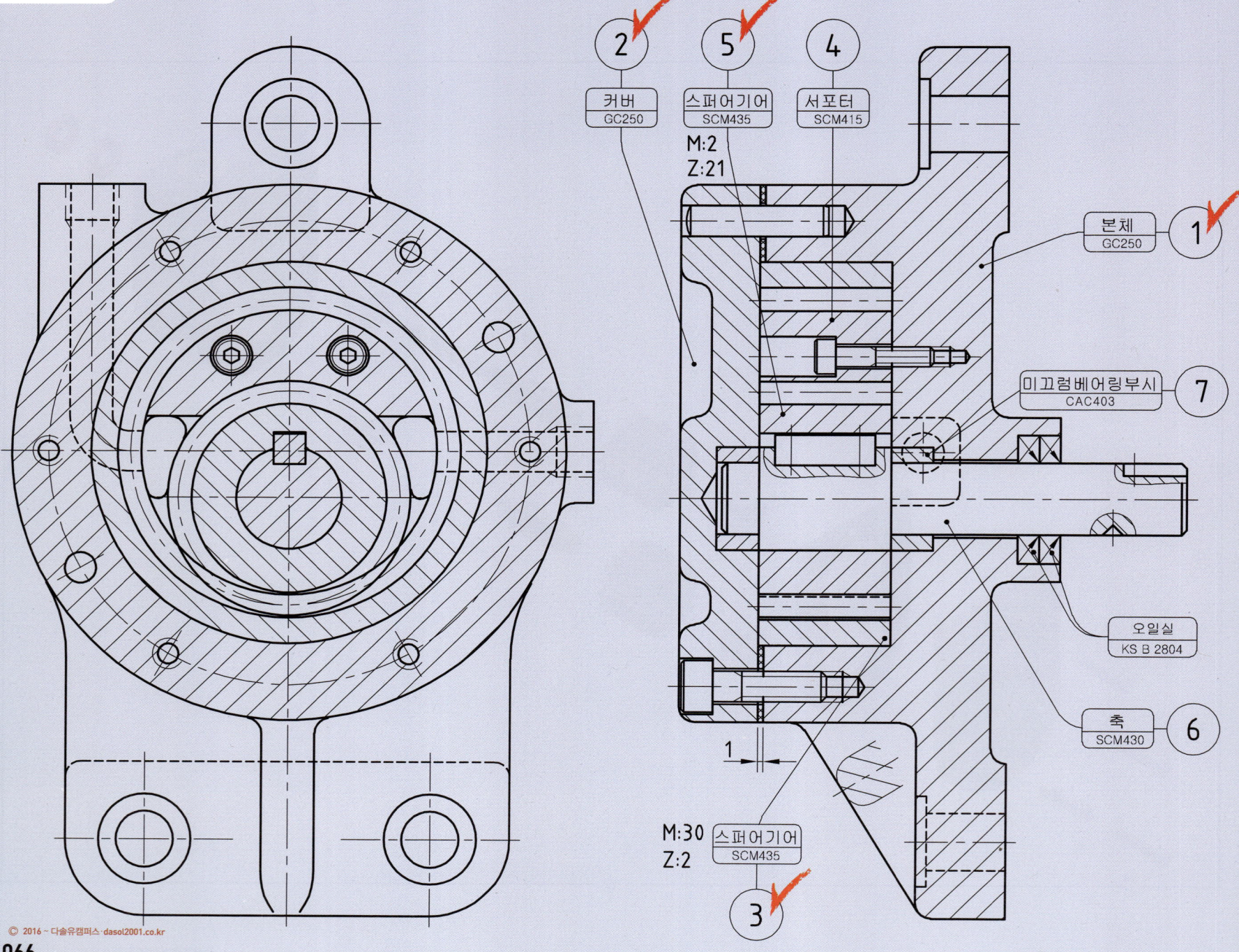

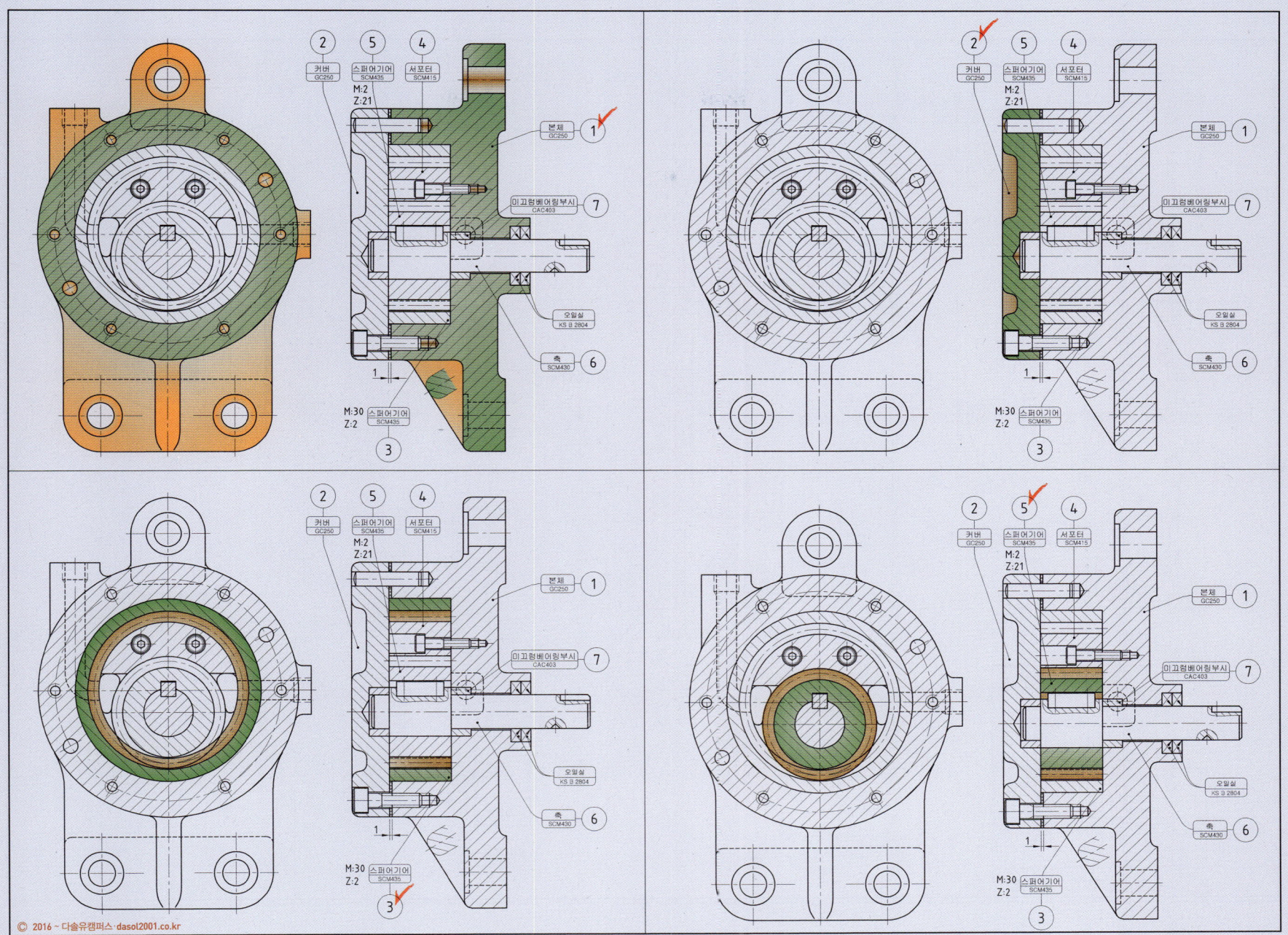

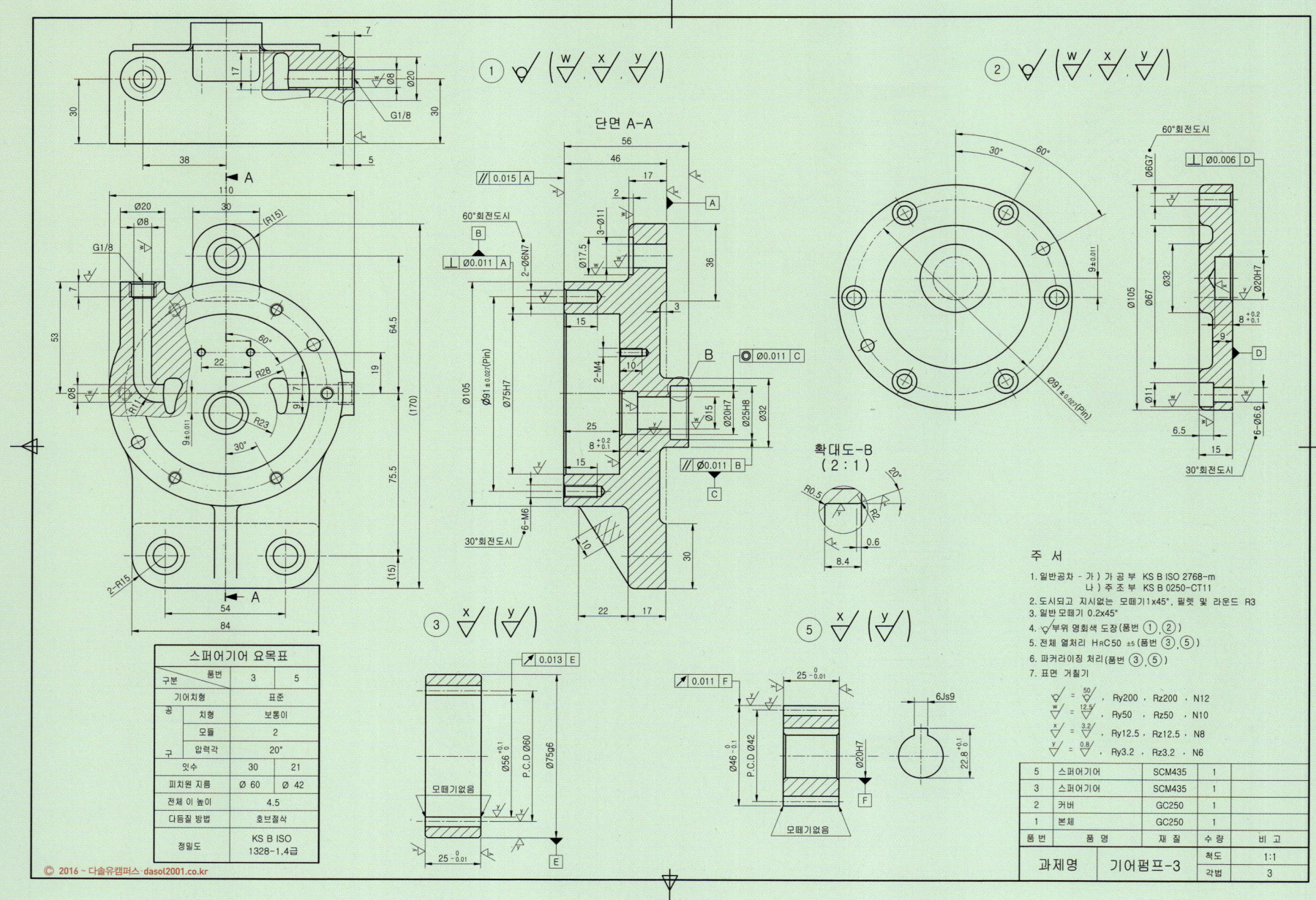

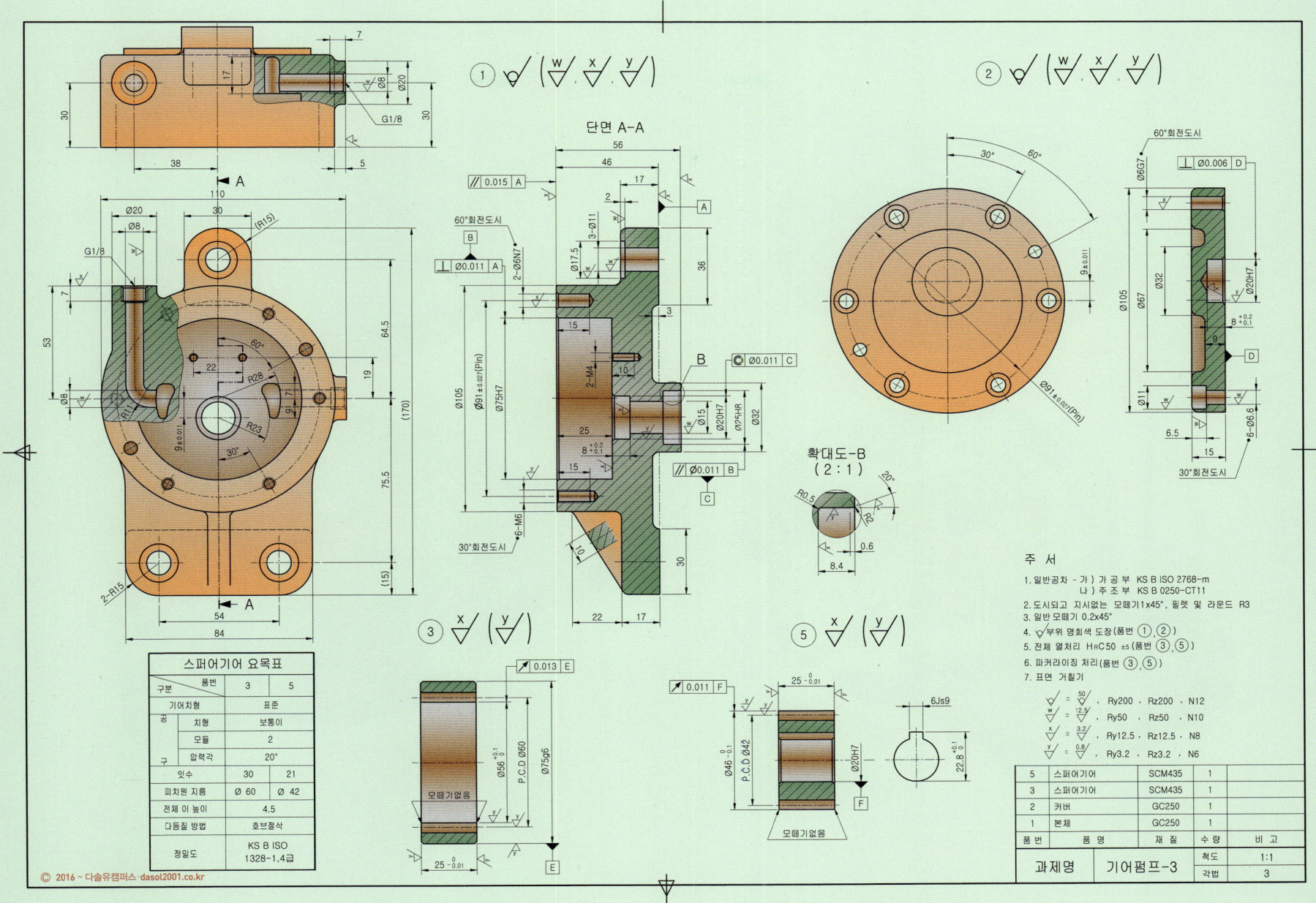

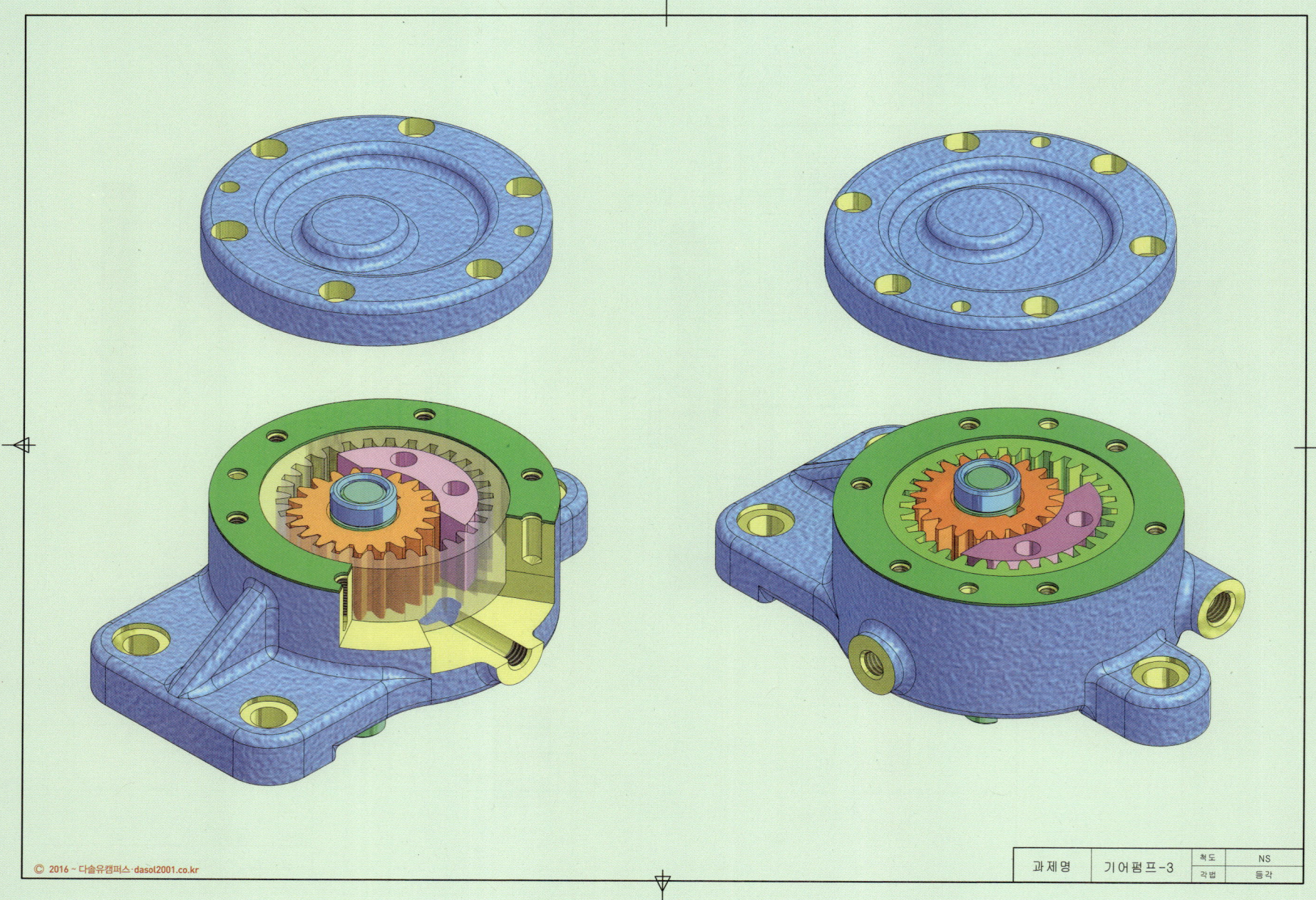

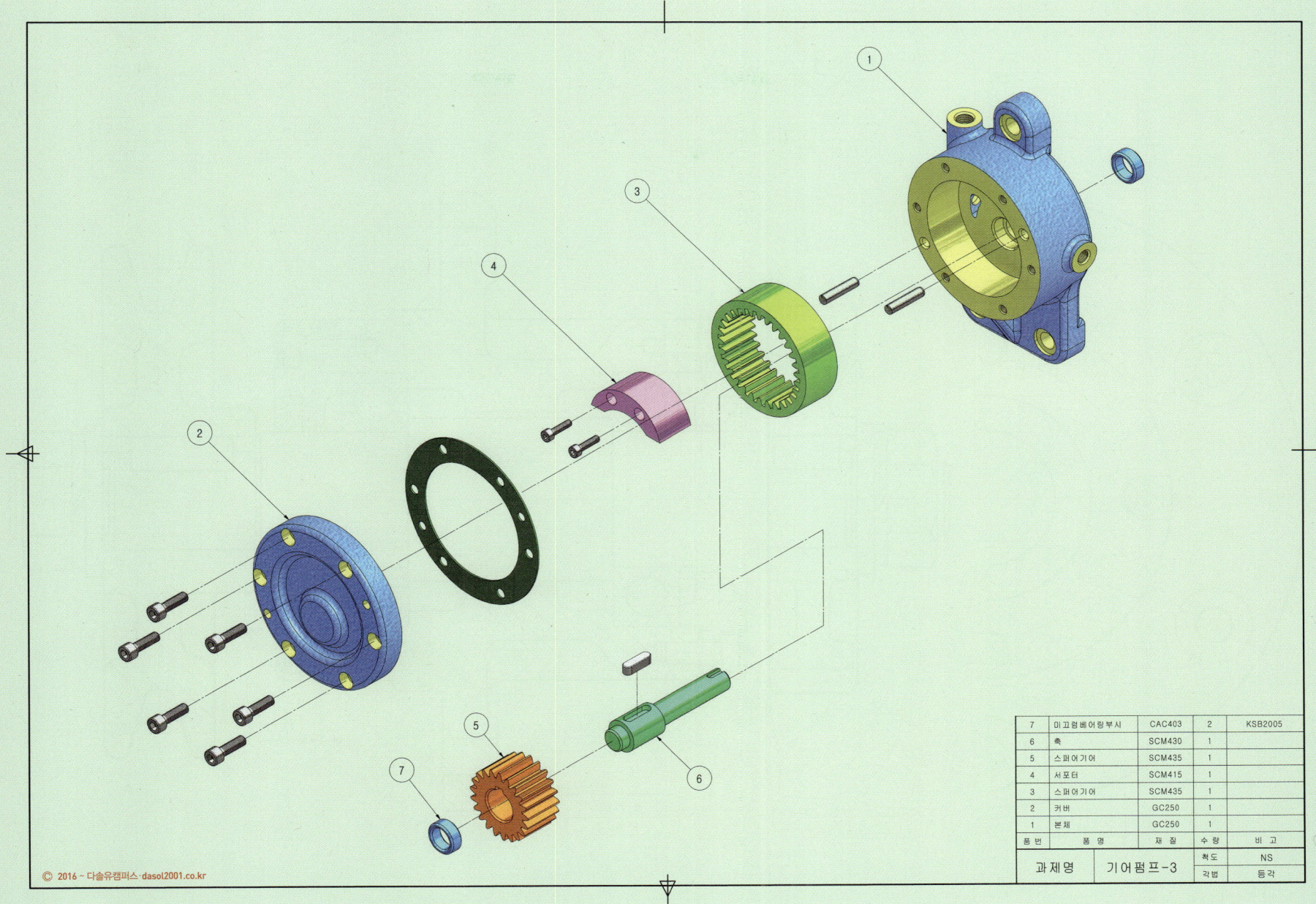

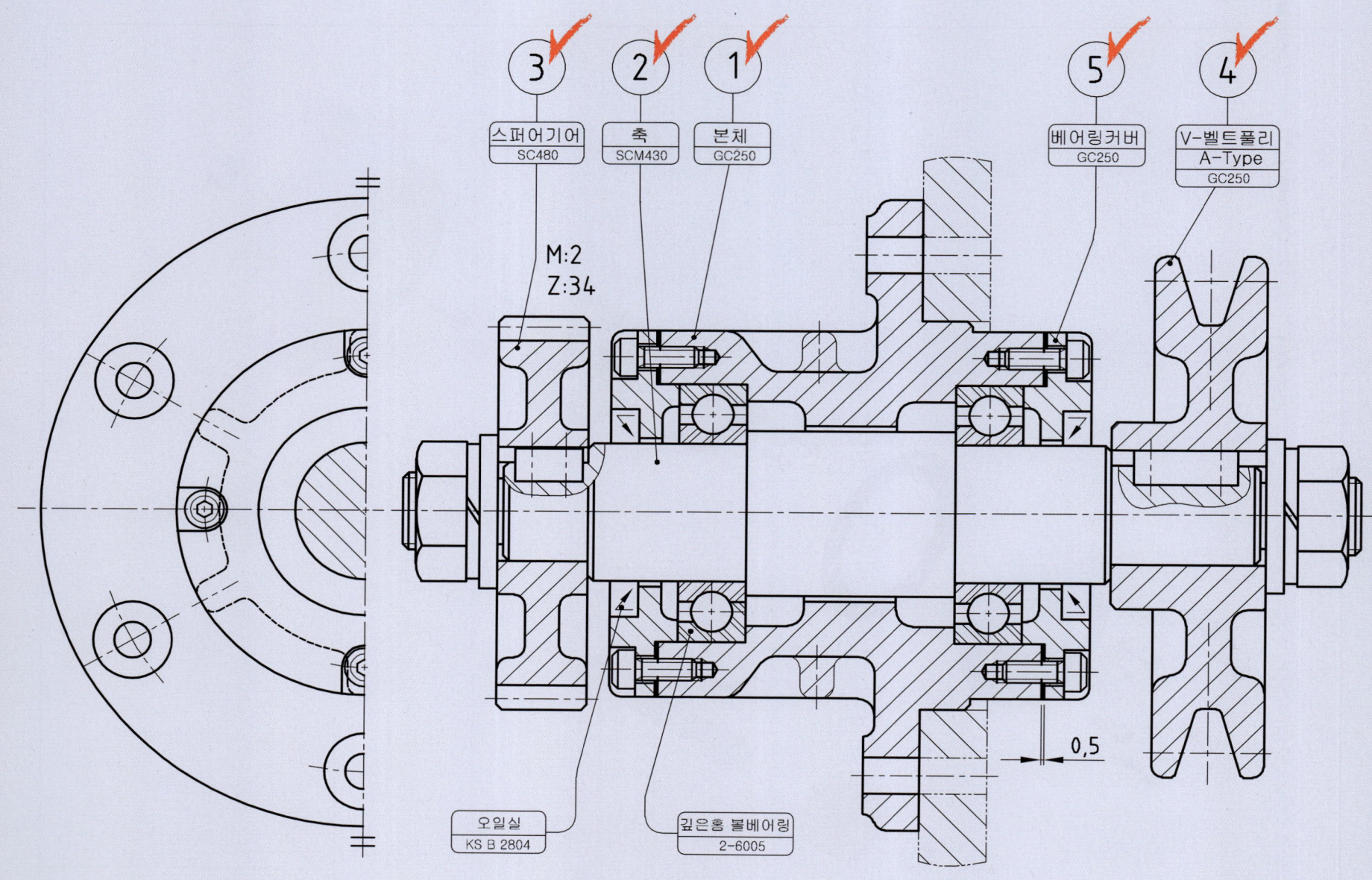

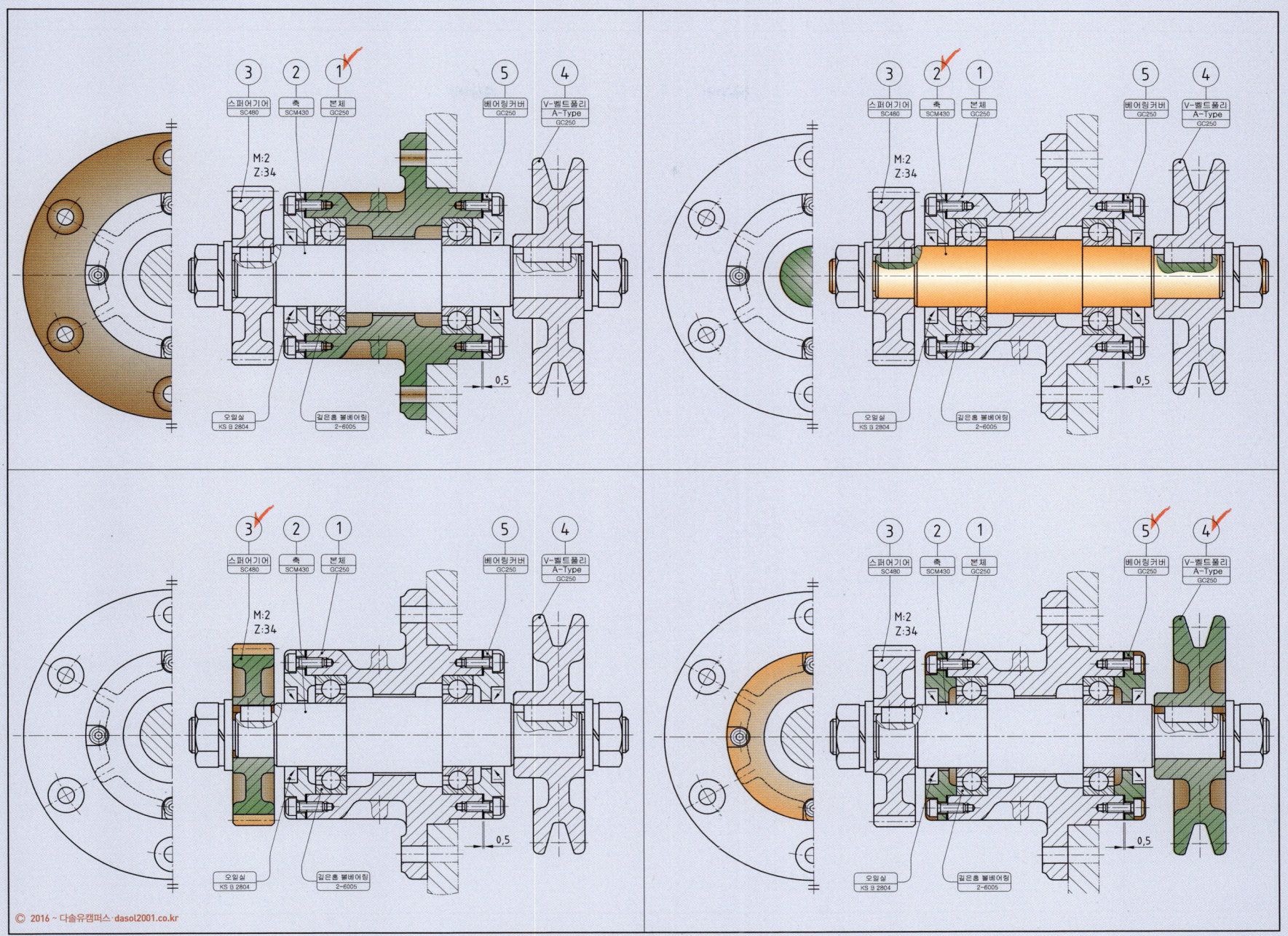

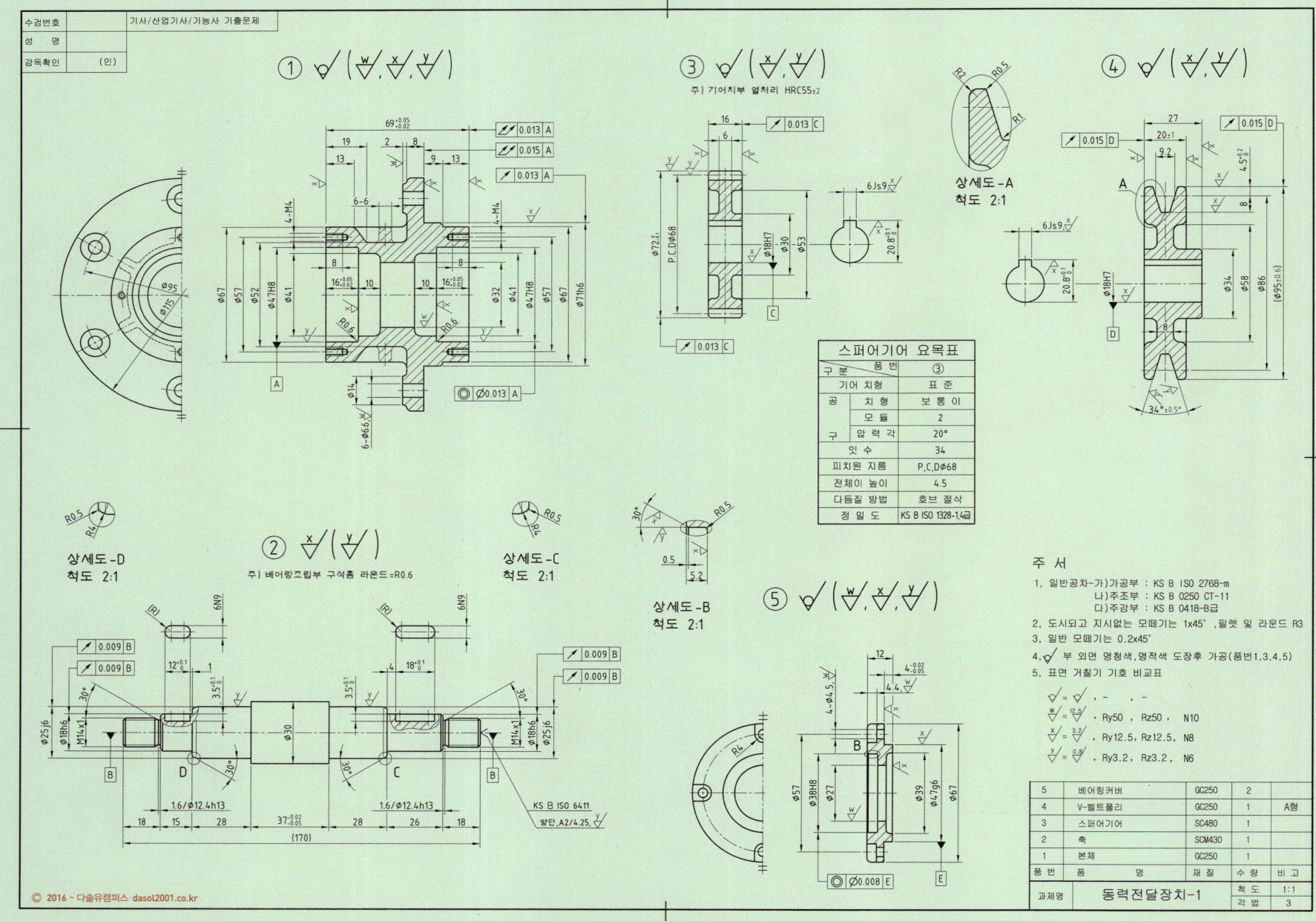

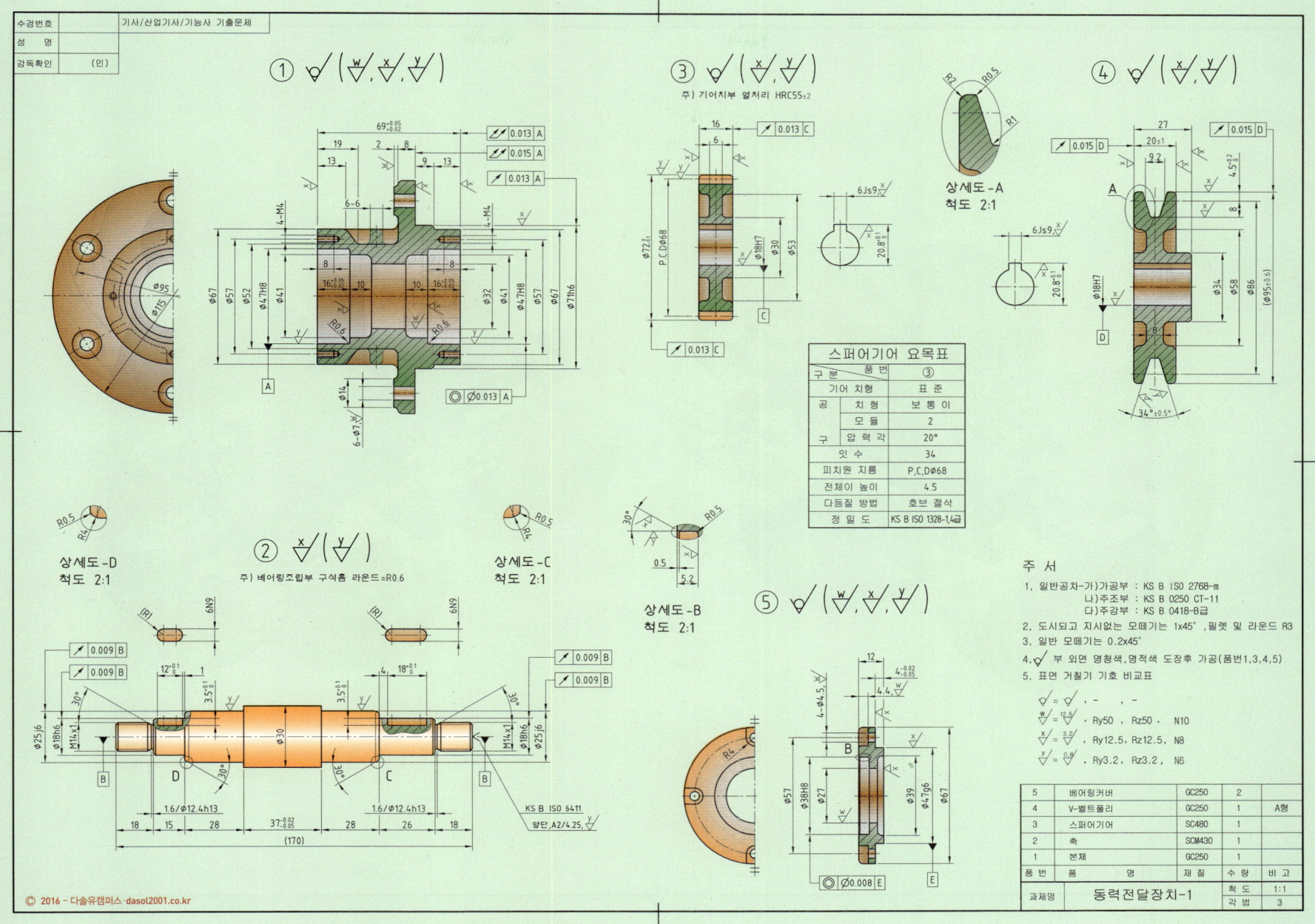

동력전달장치-1

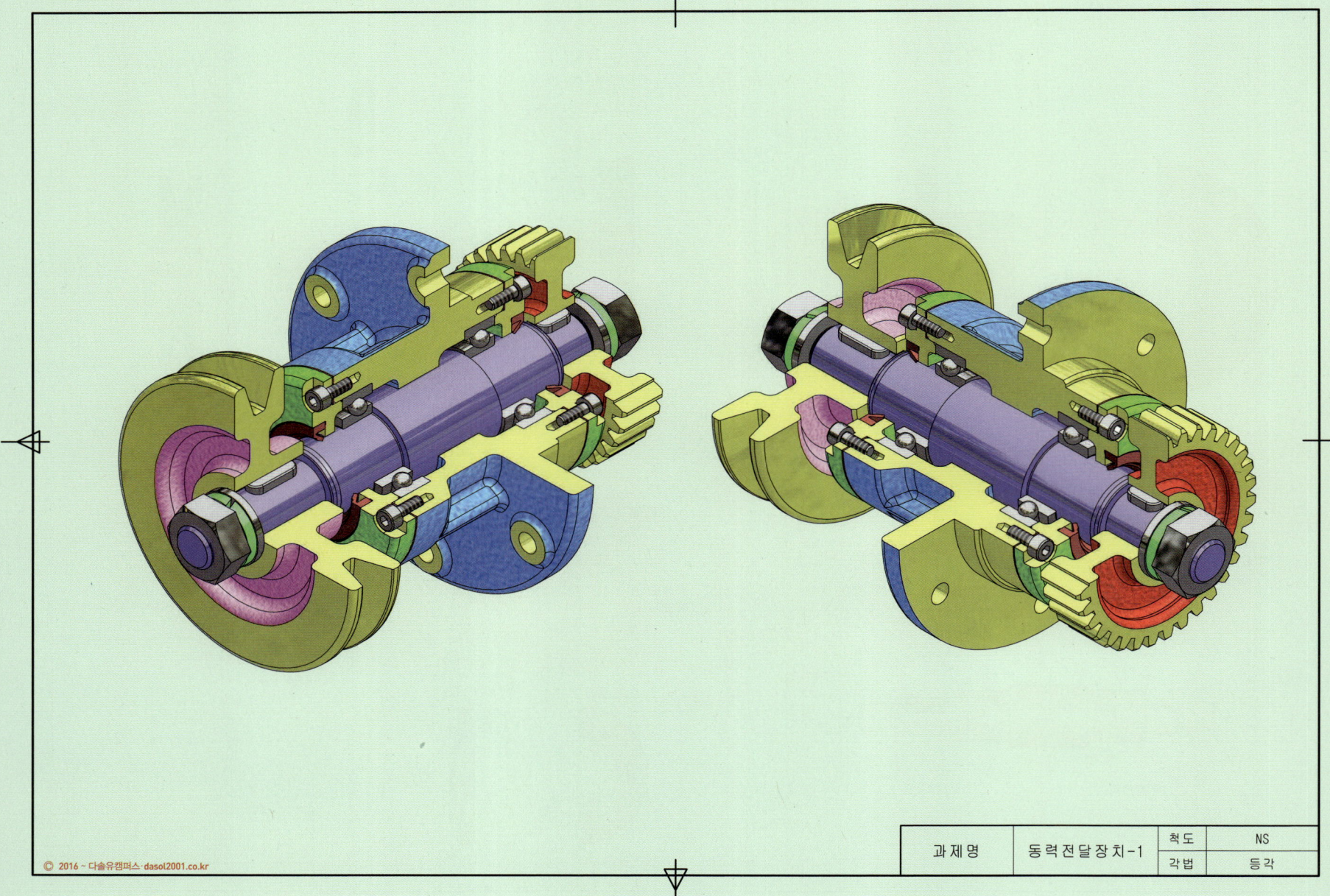

과제명	동력전달장치-1	척도	NS
		각법	등각

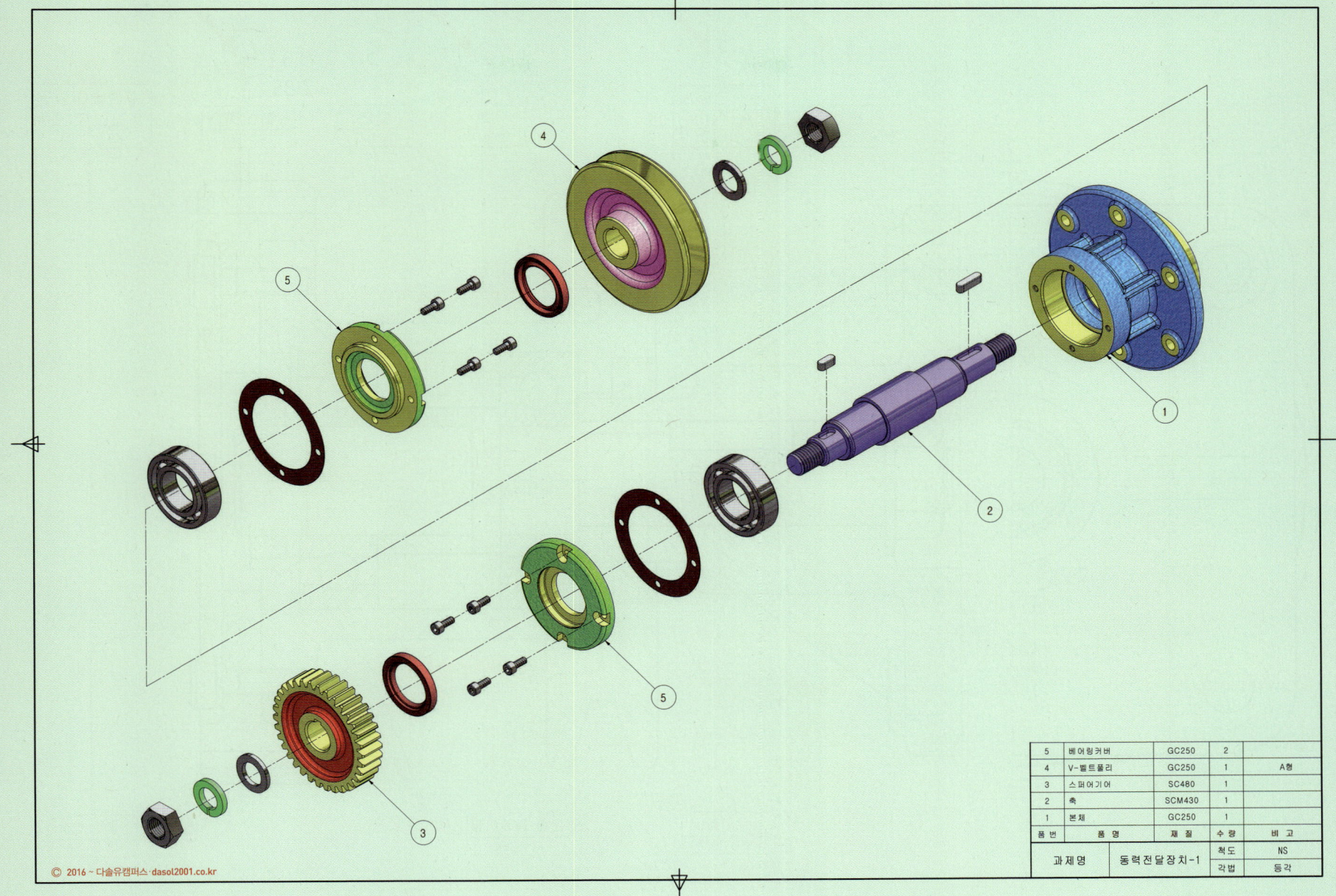

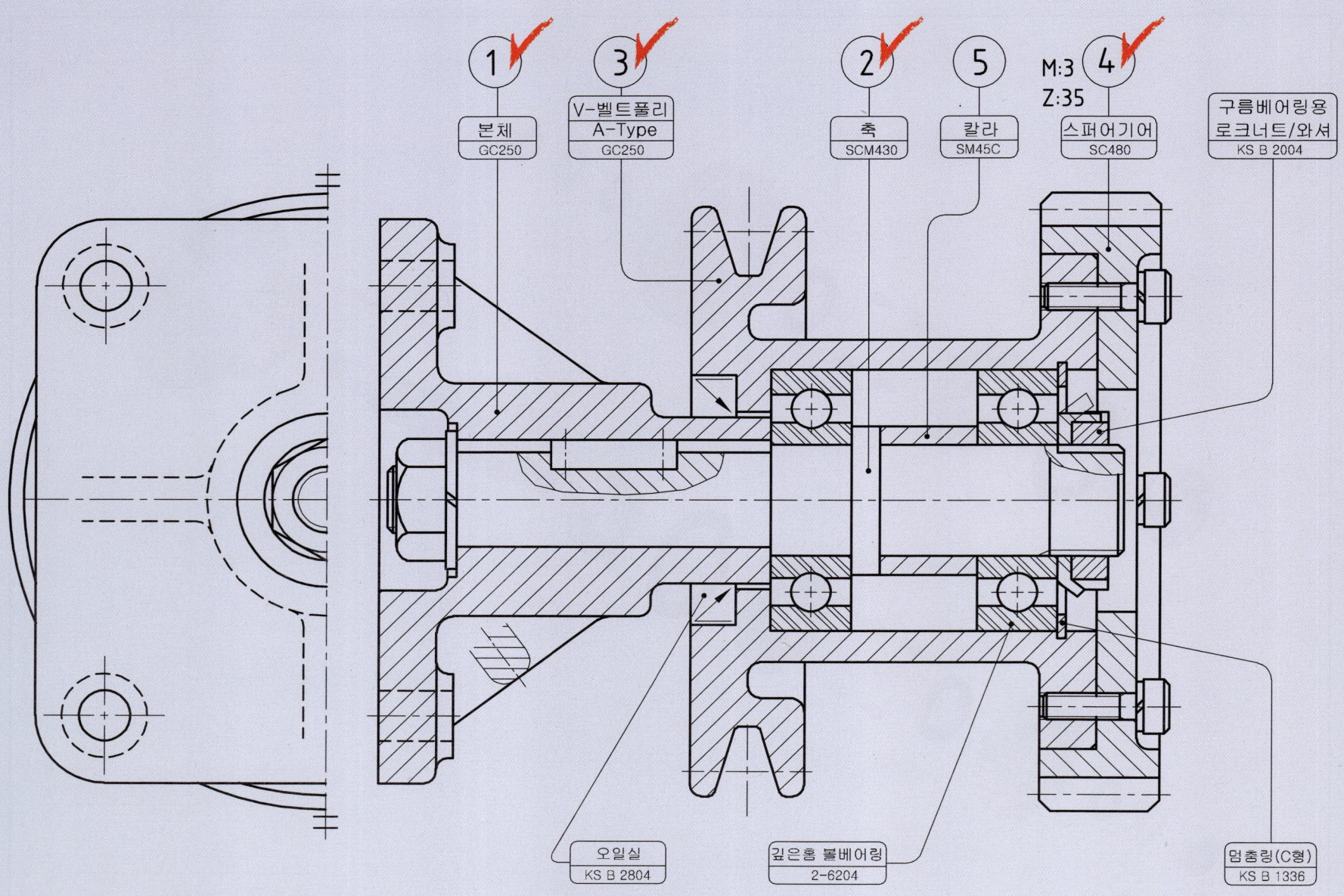

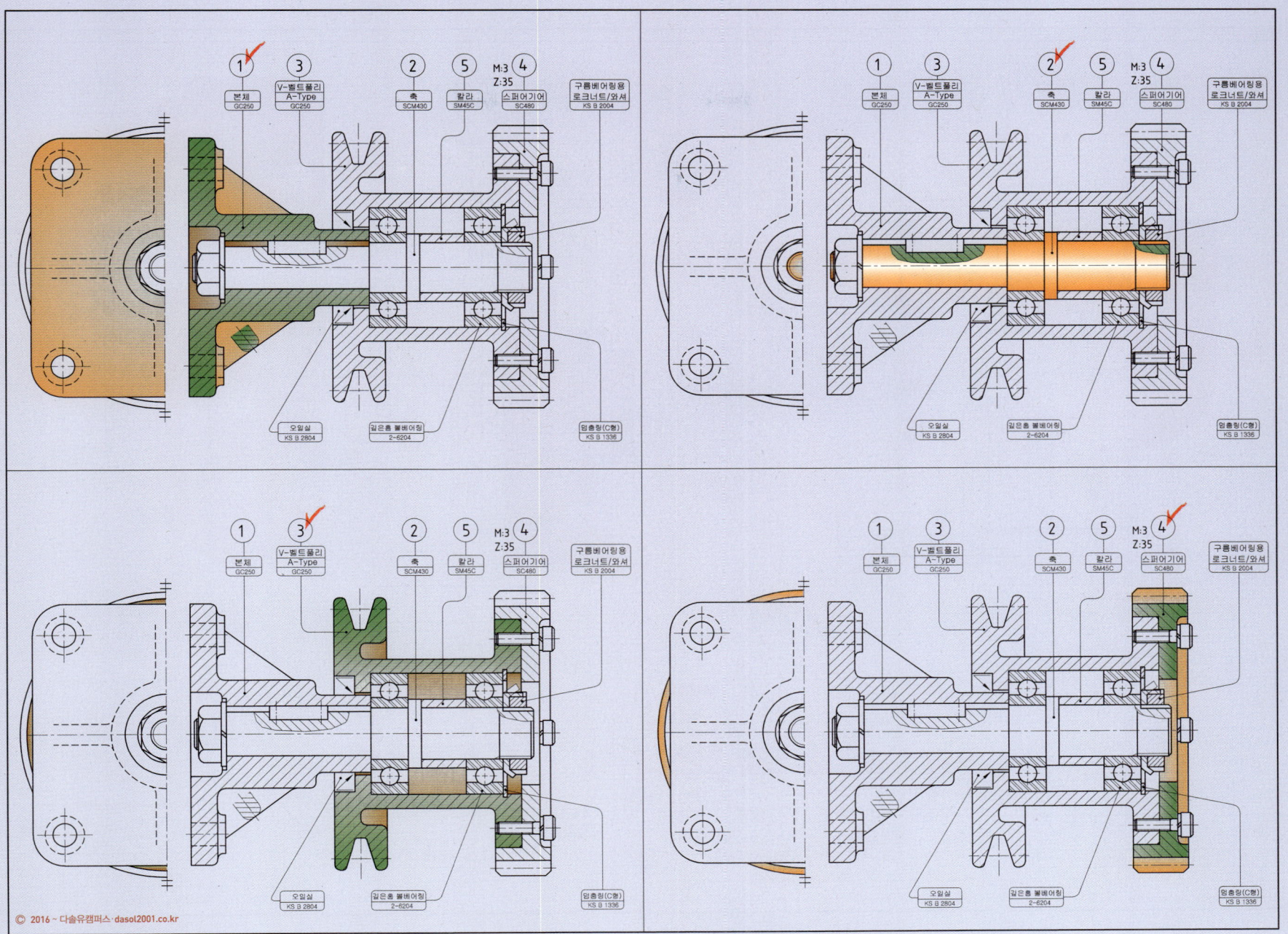

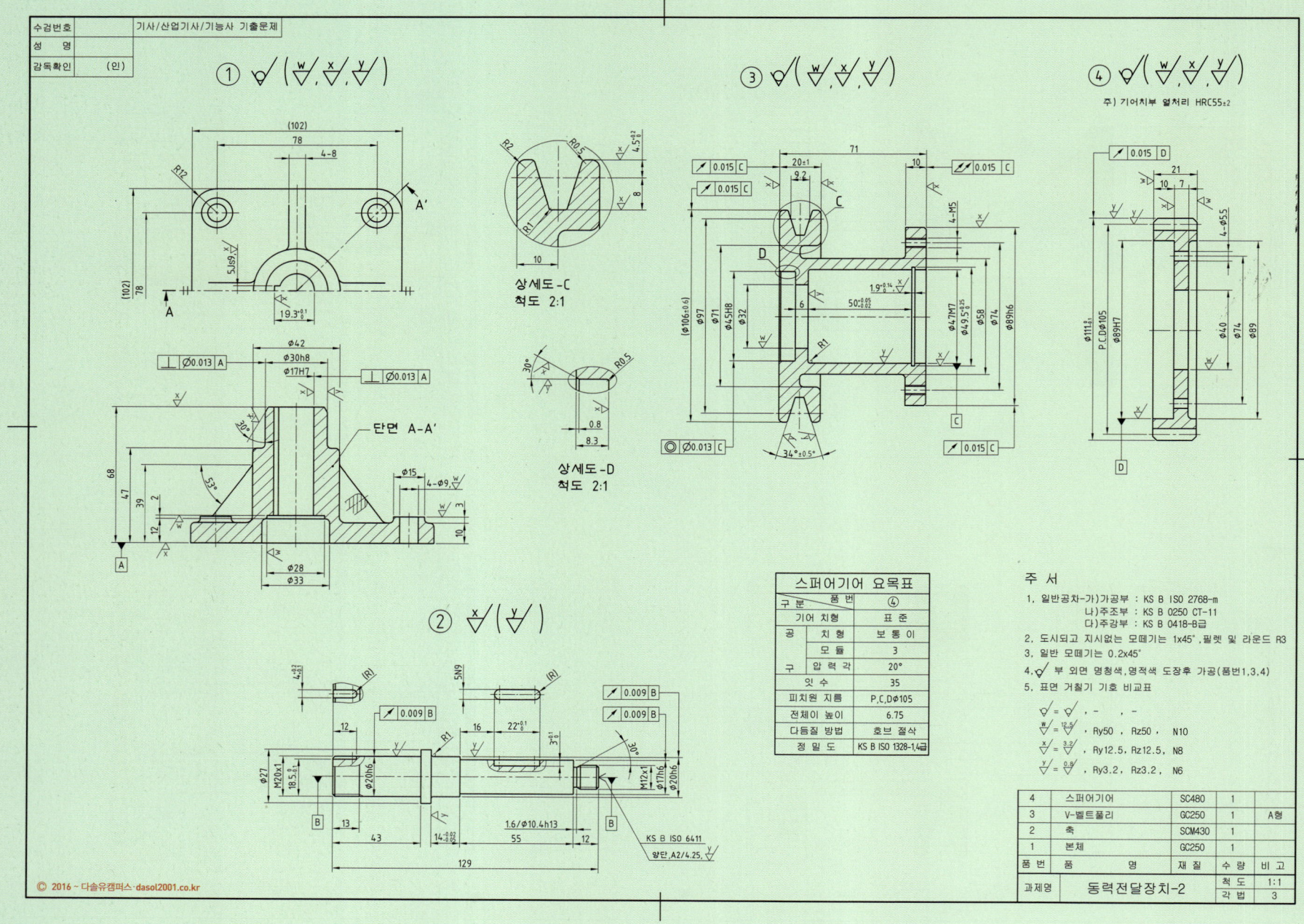

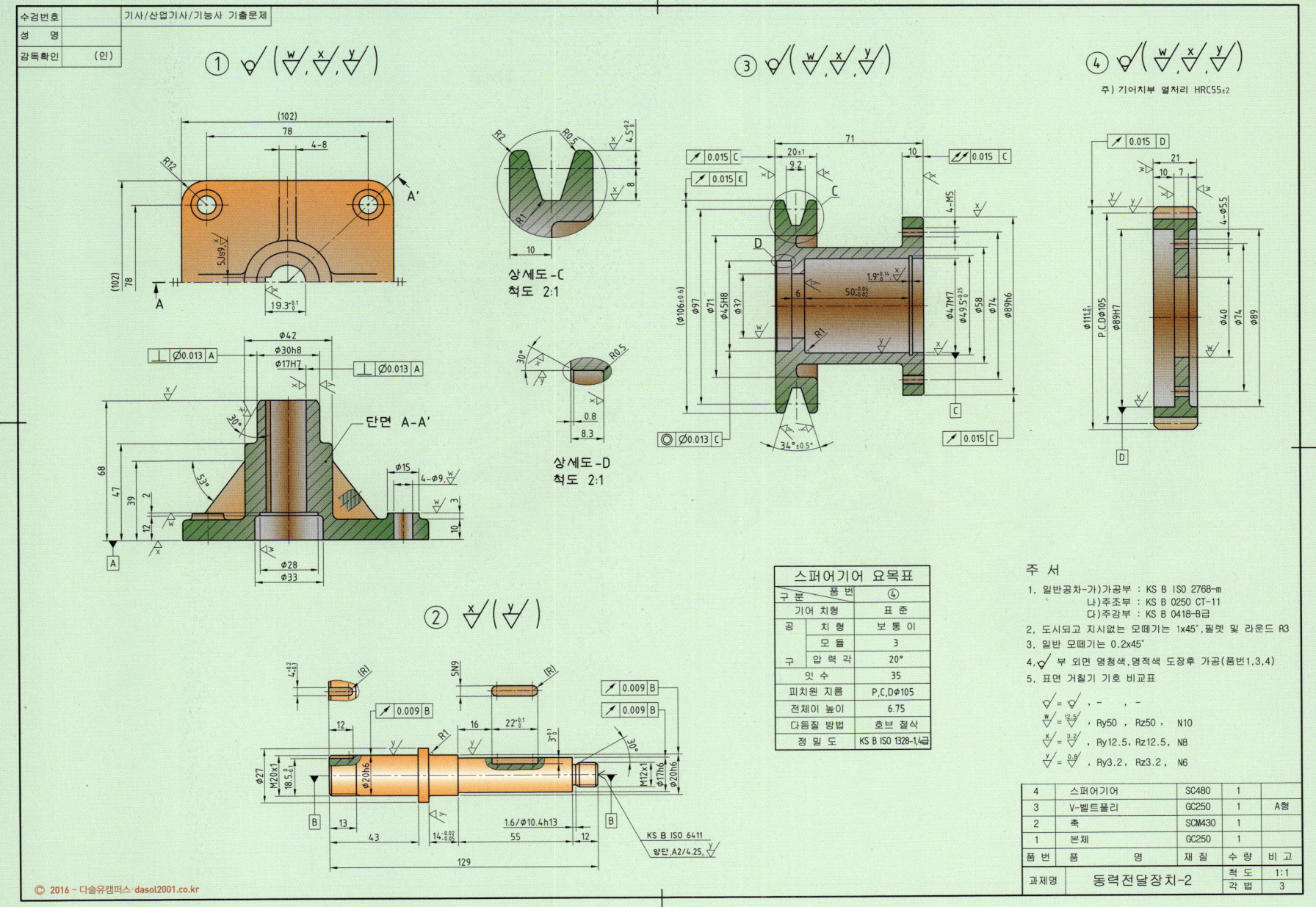

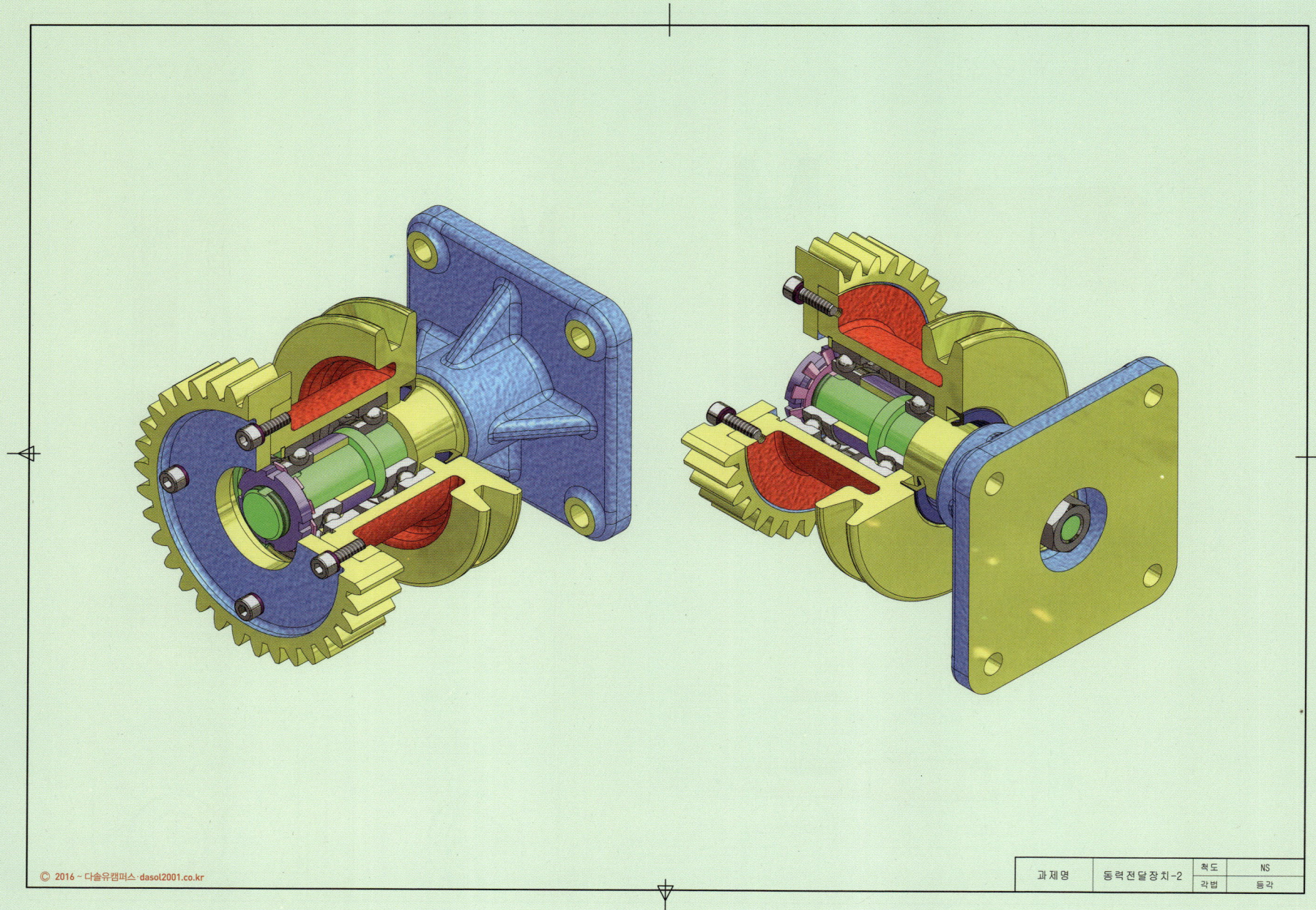

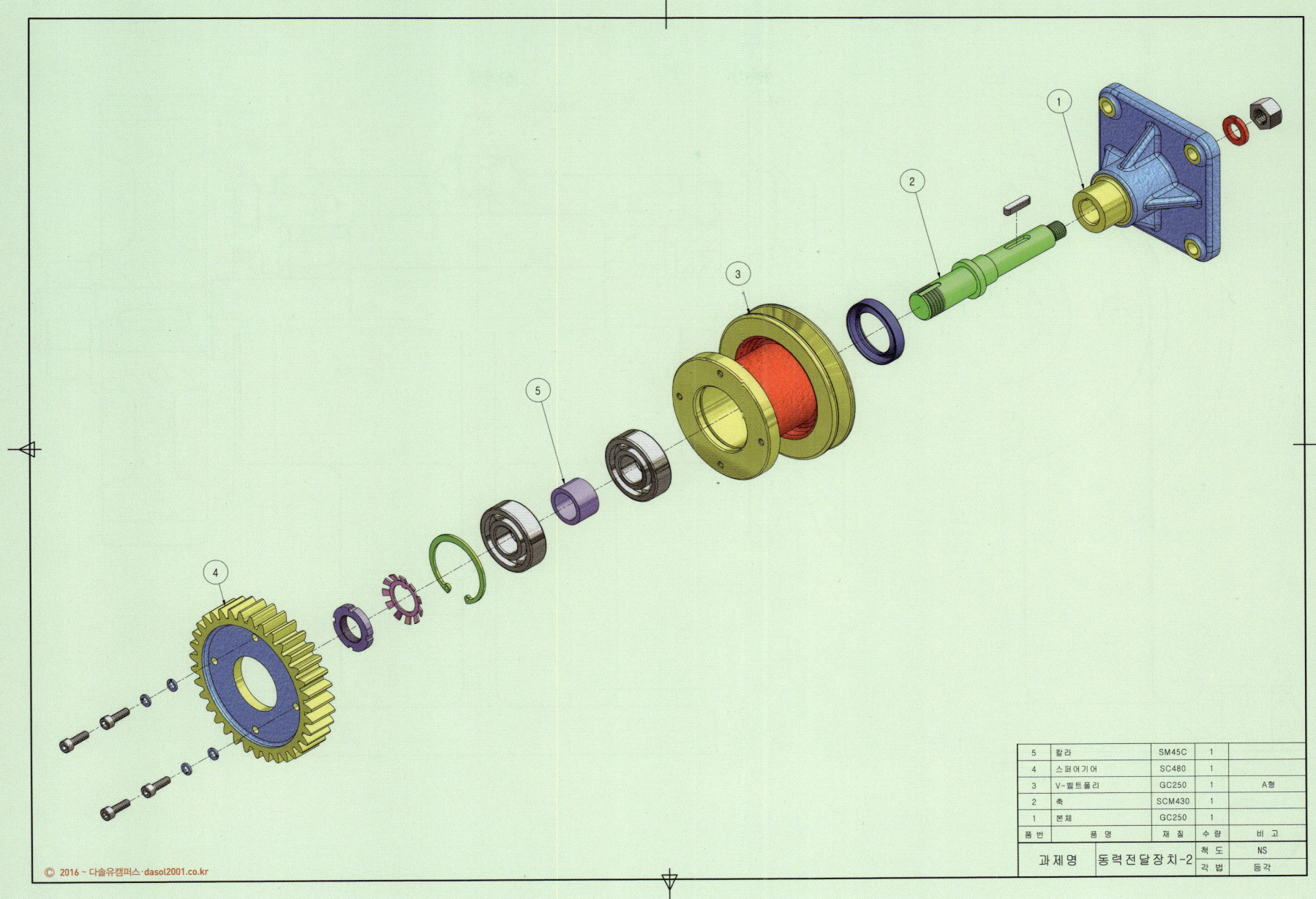

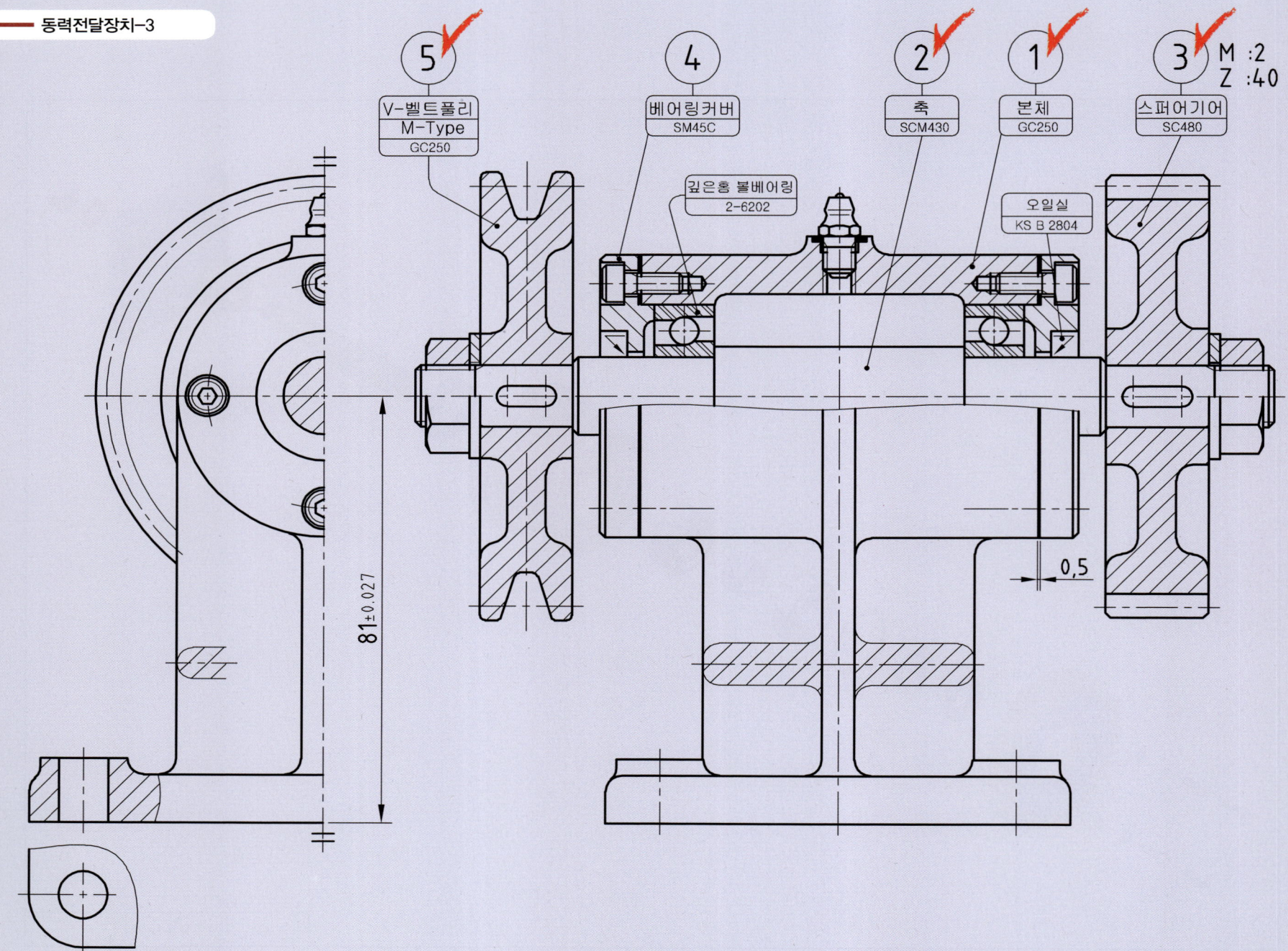

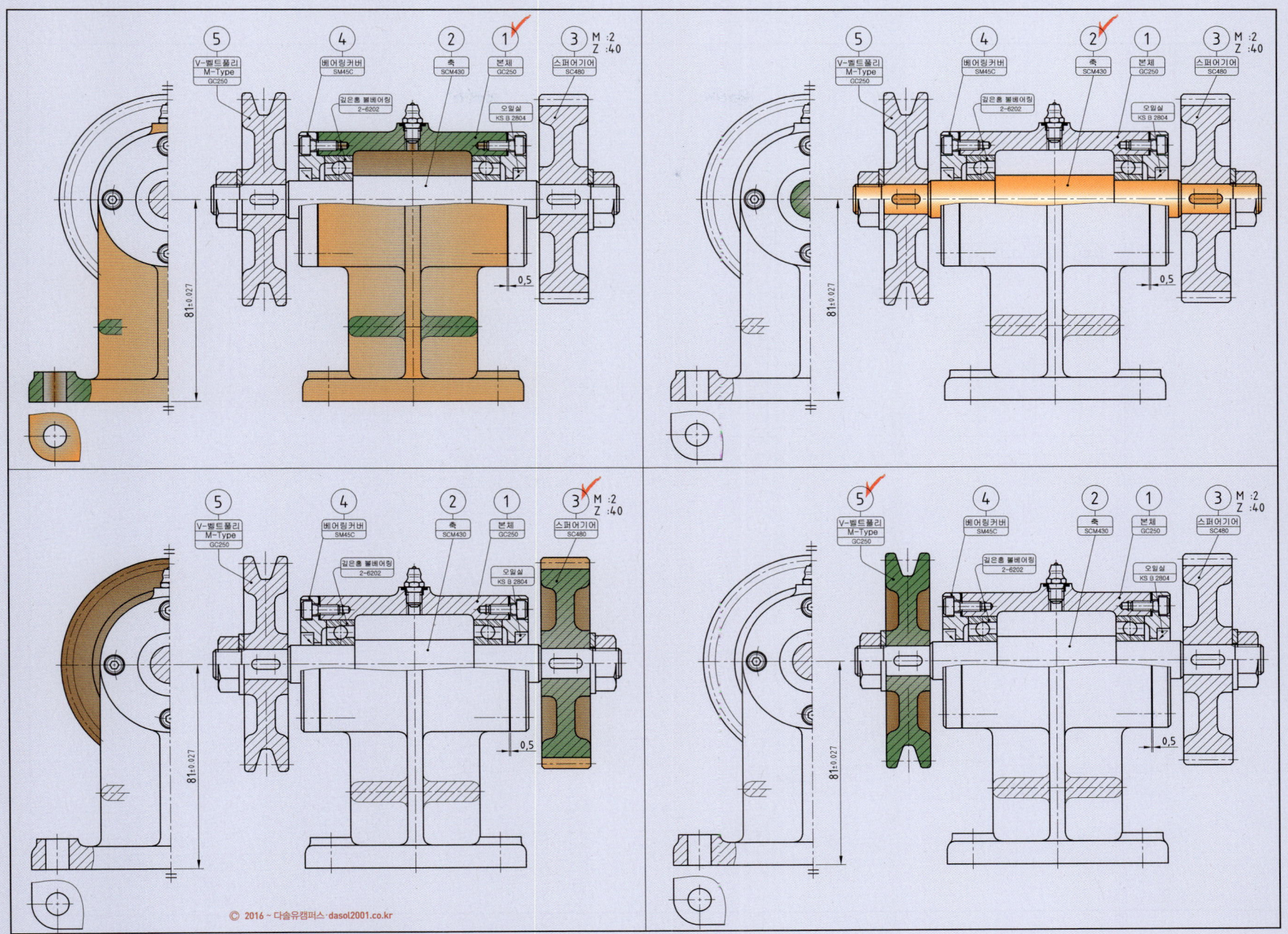

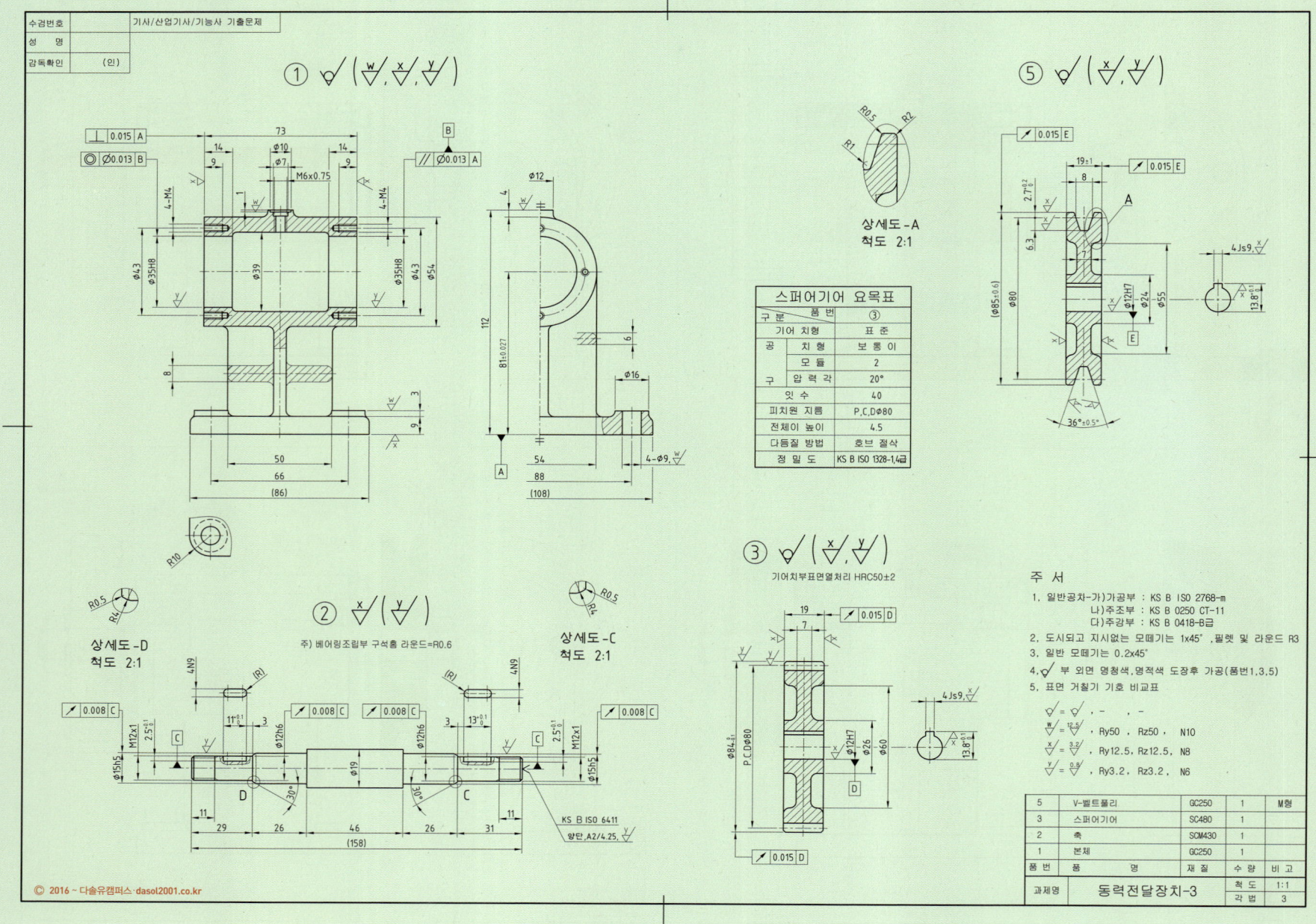

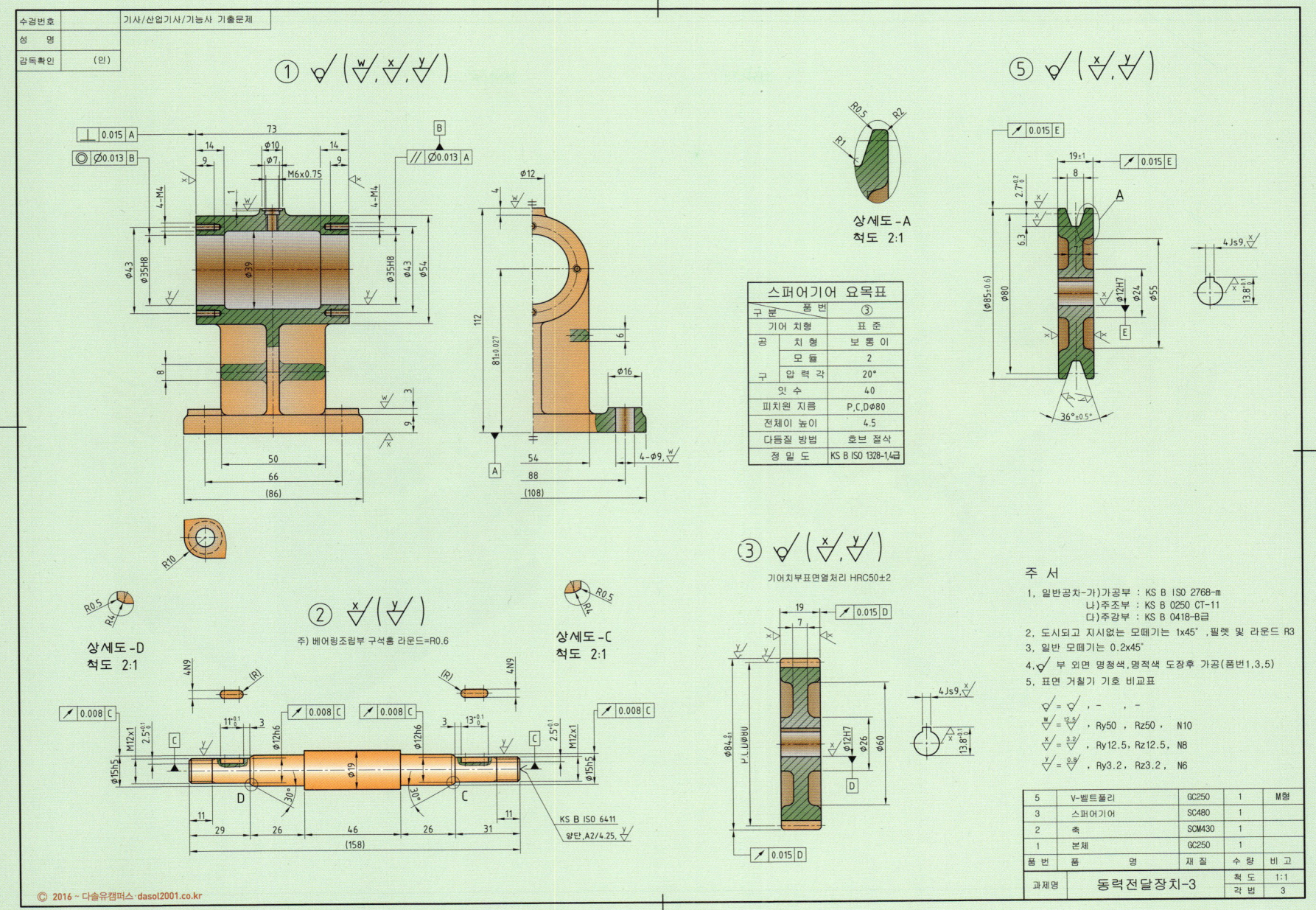

동력전달장치-3

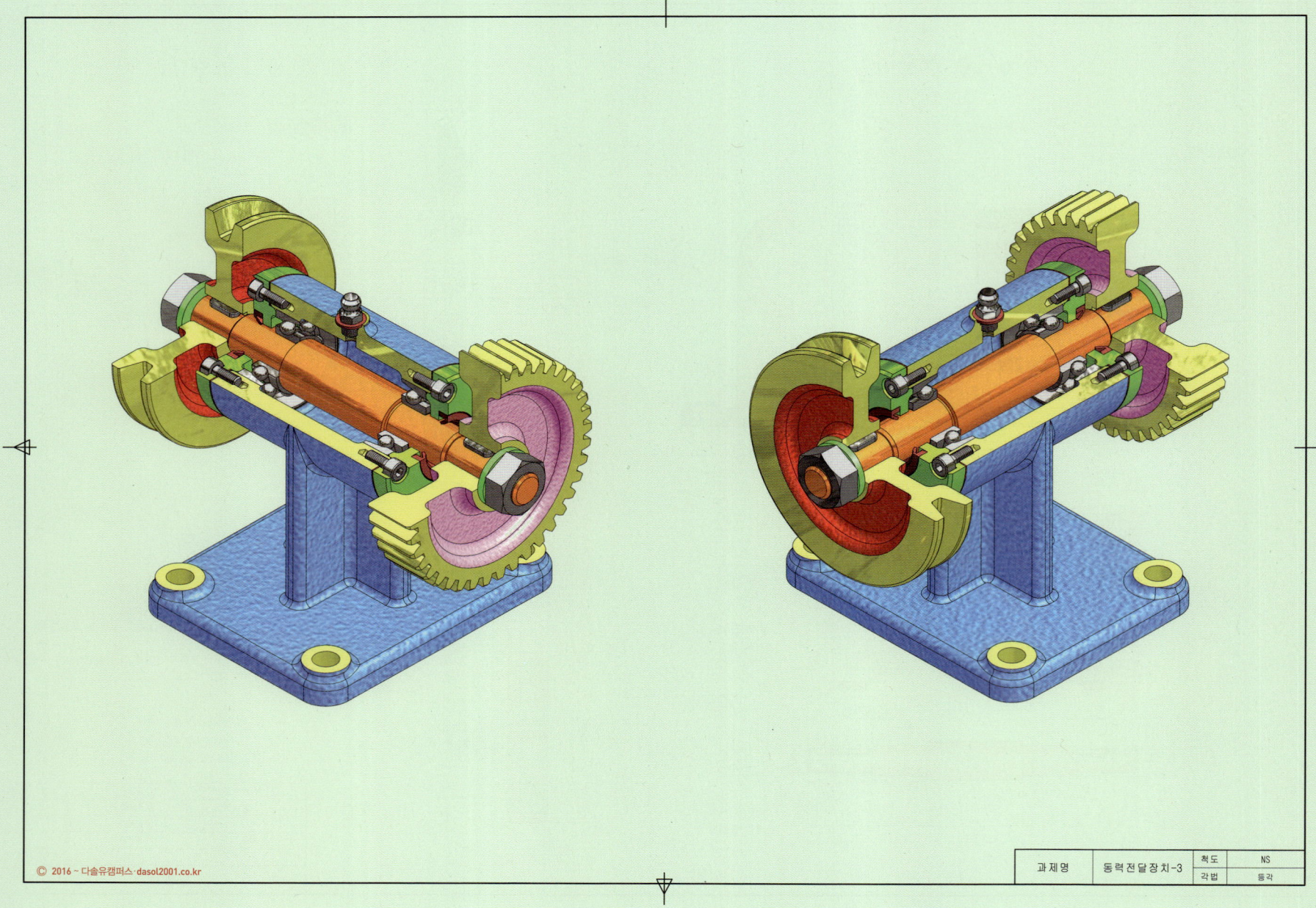

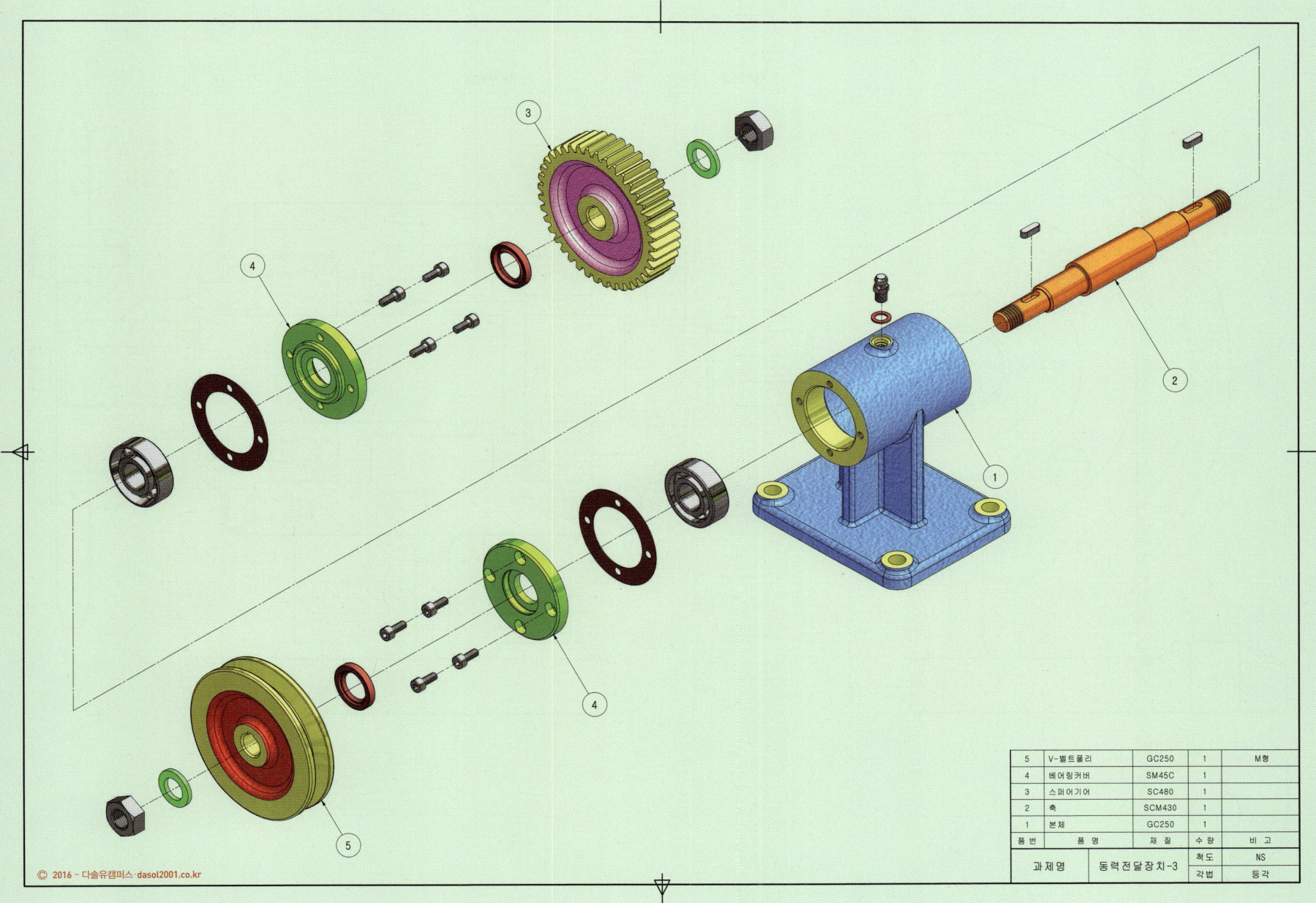

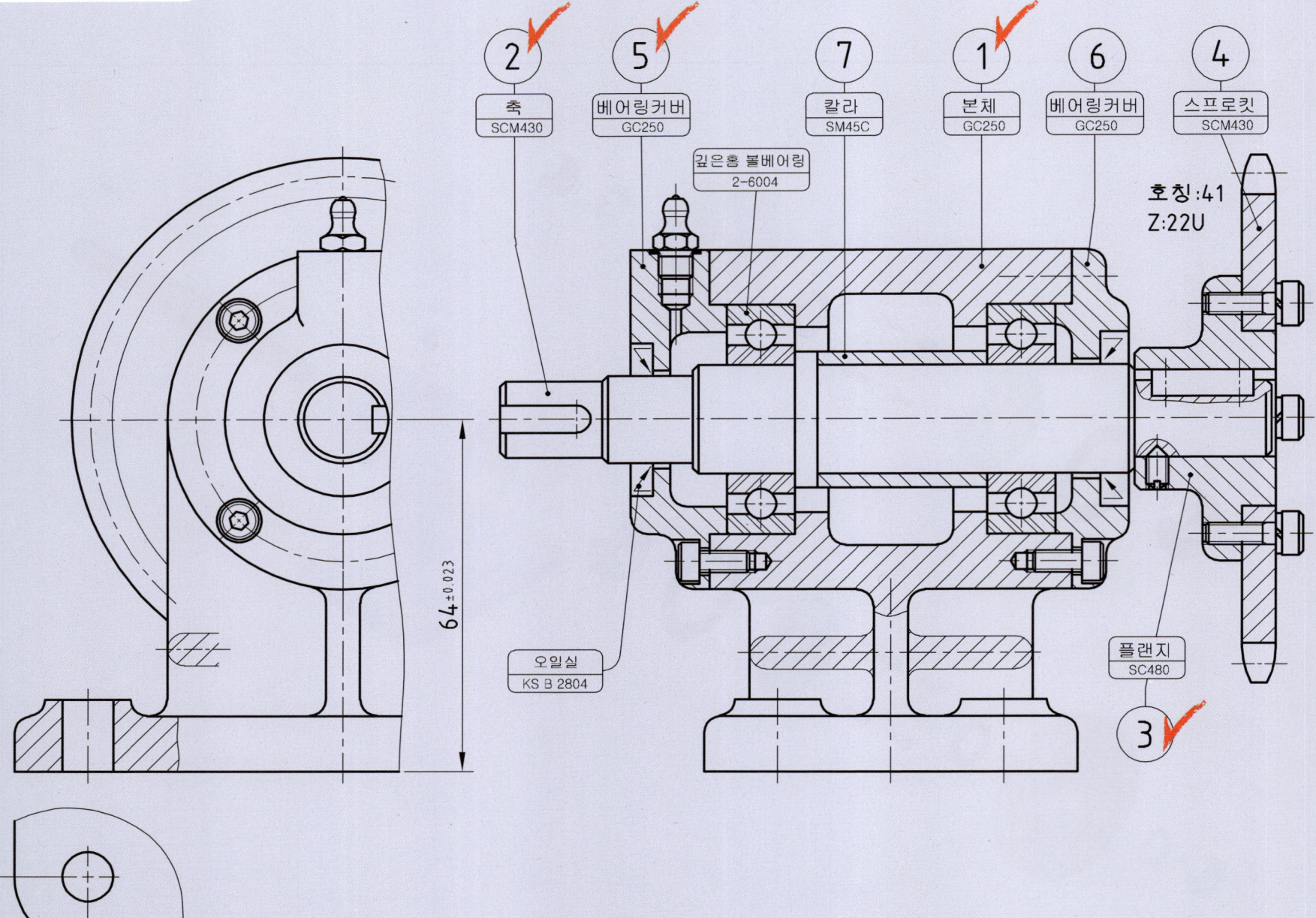

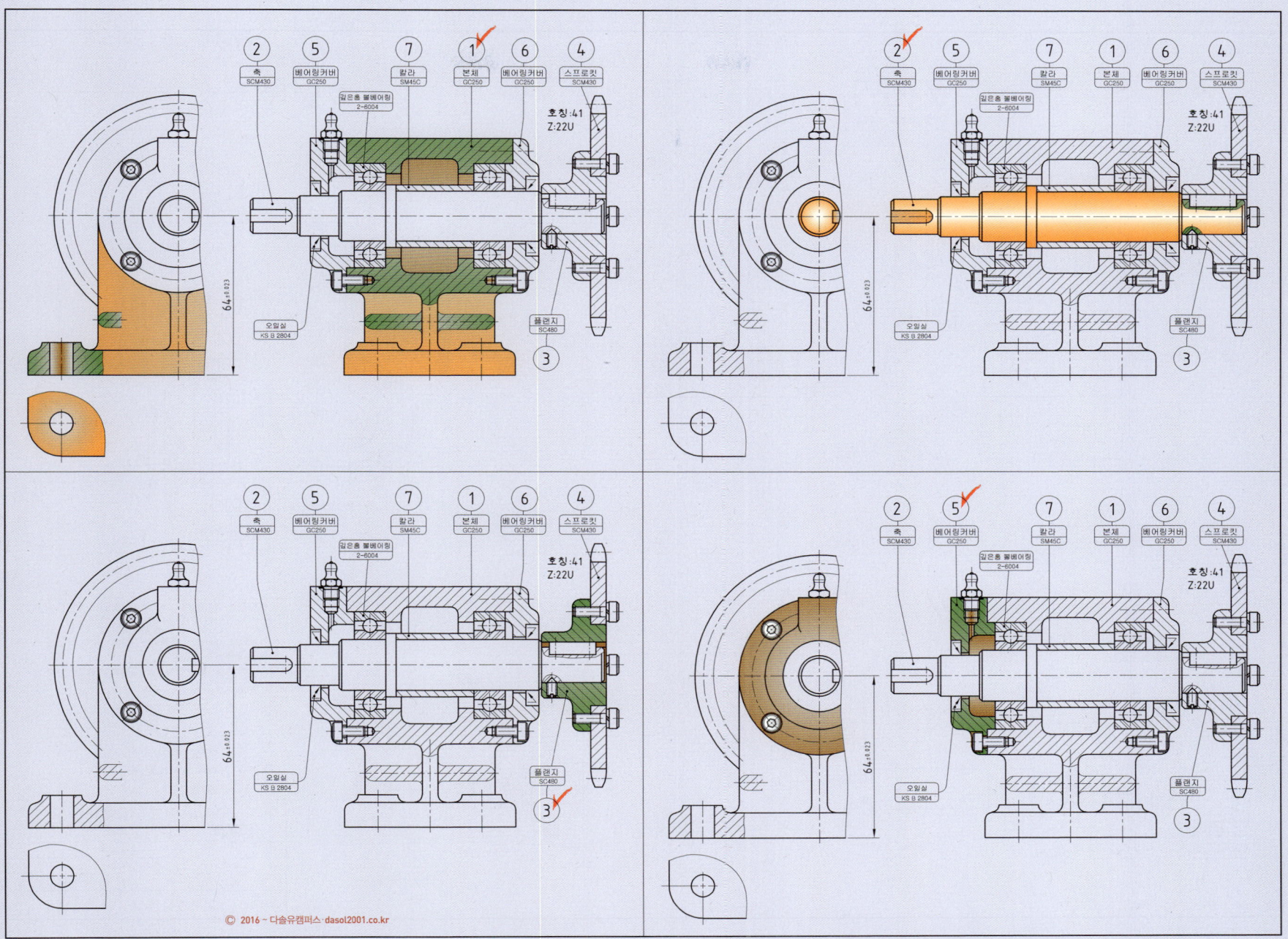

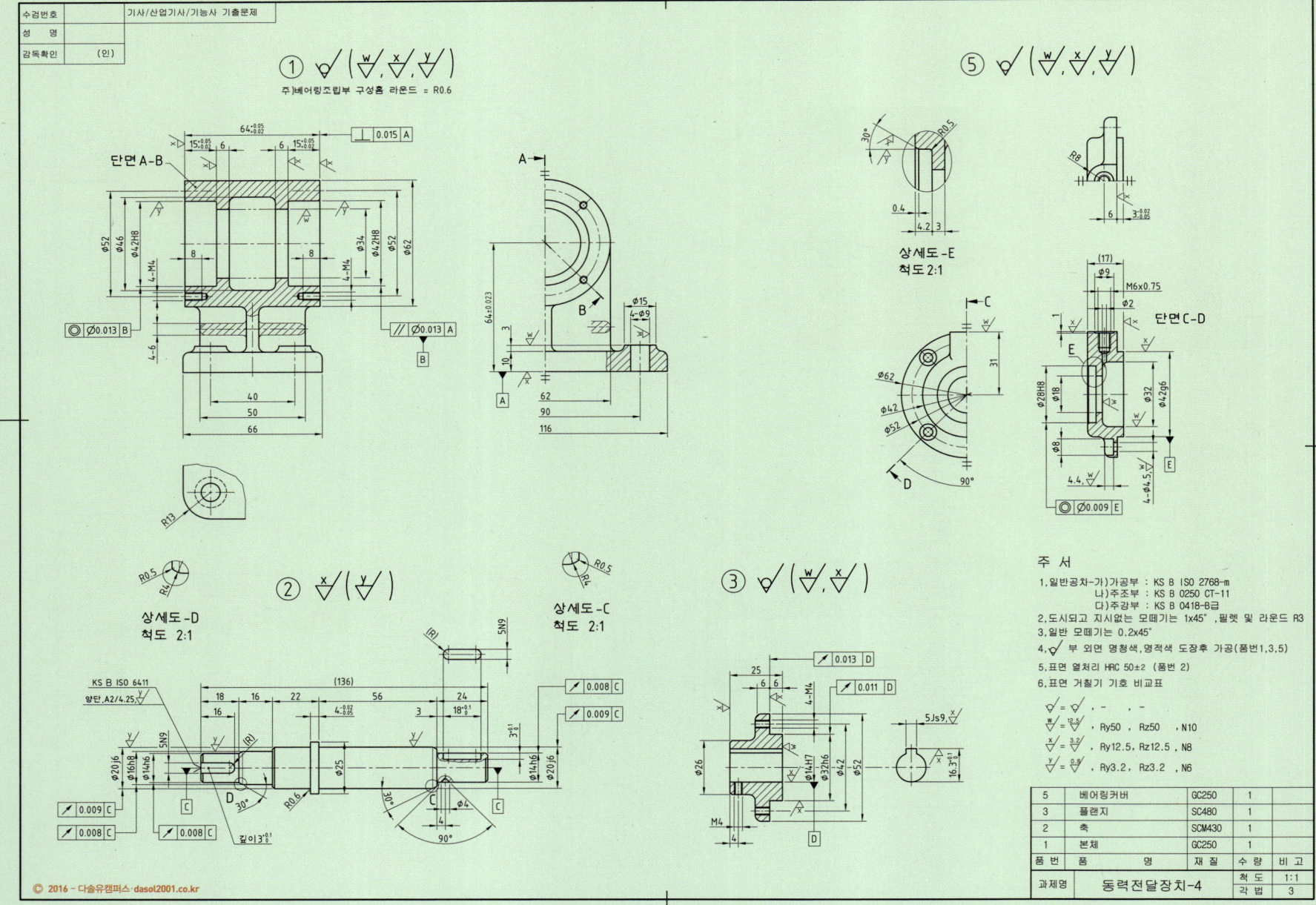

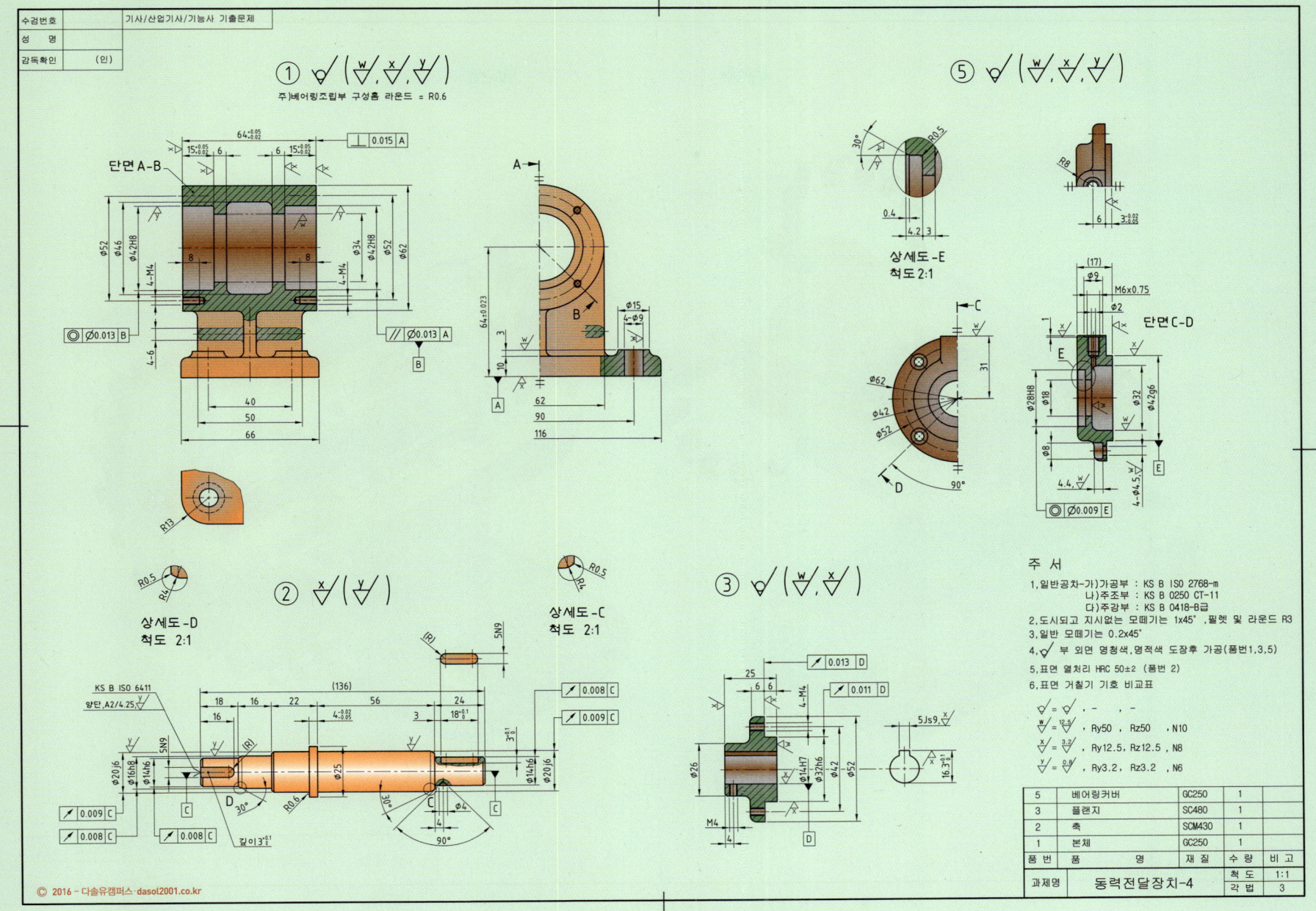

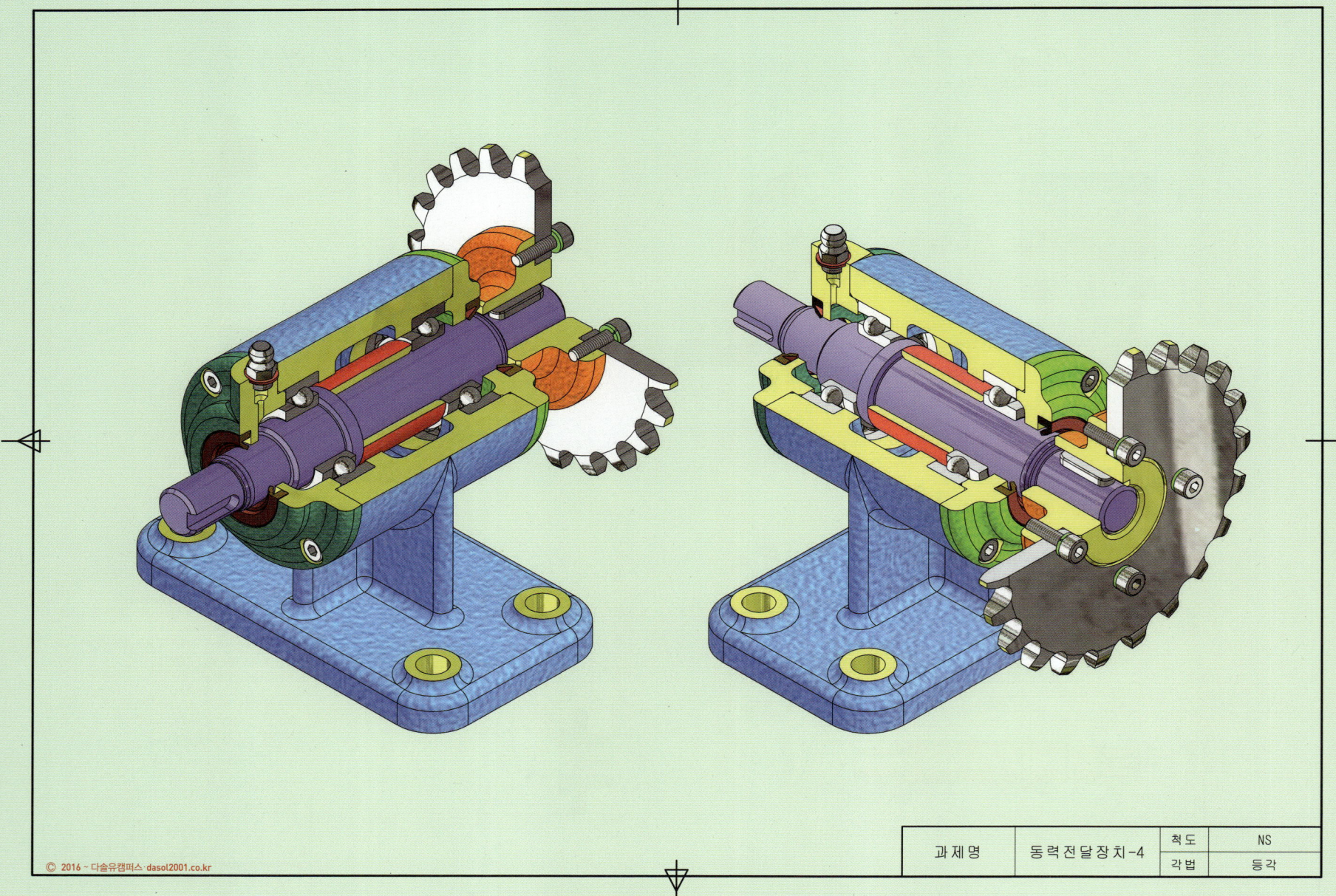

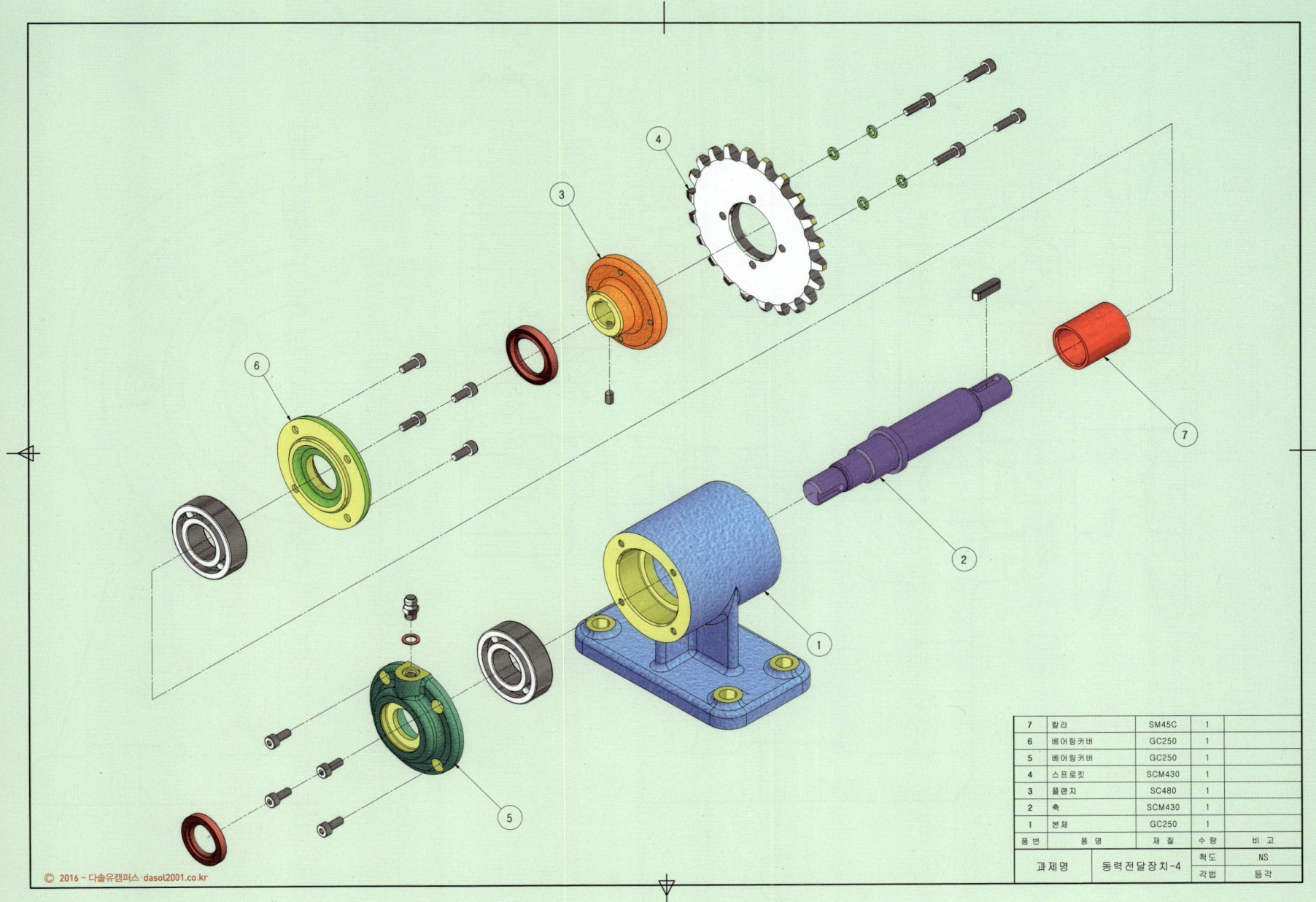

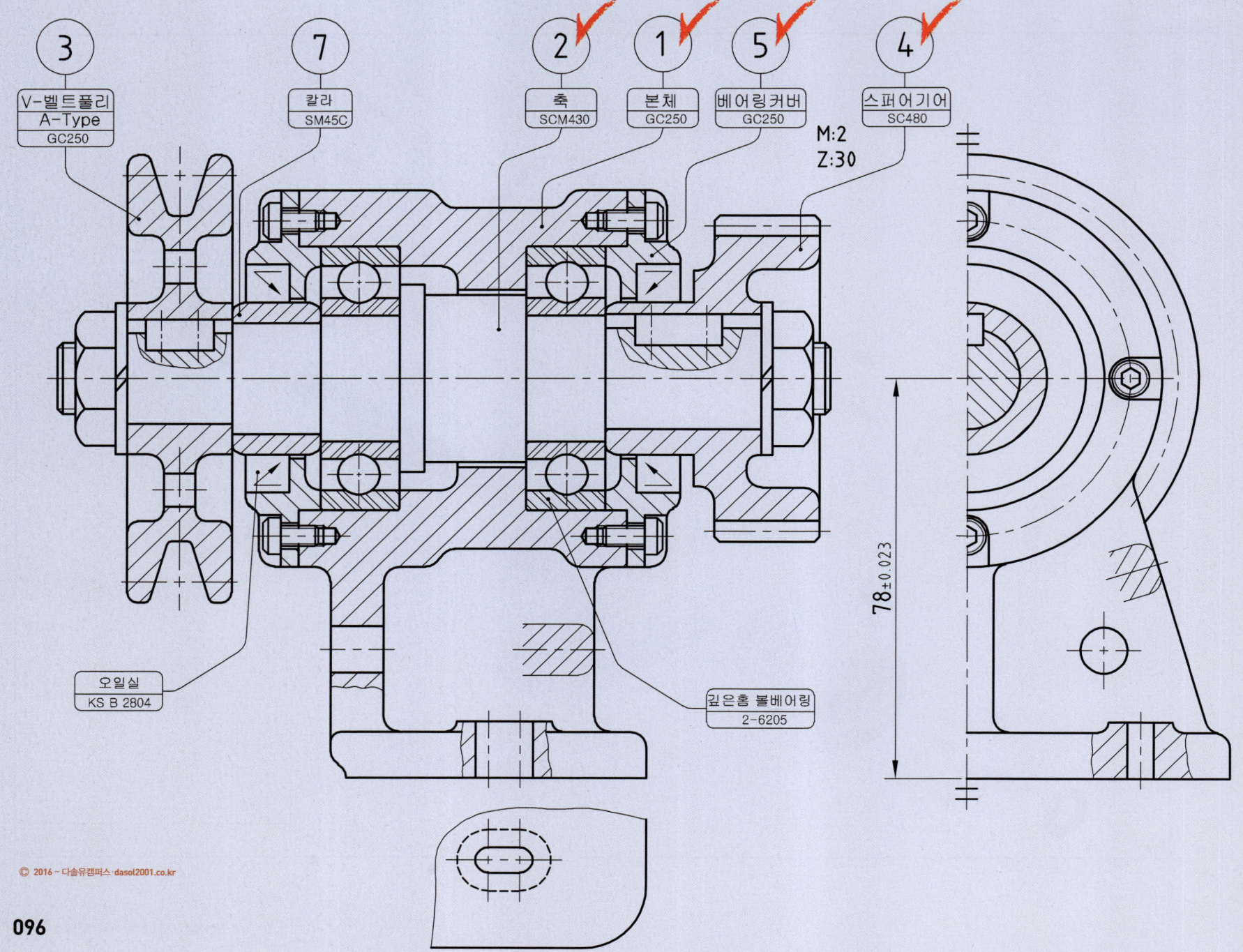

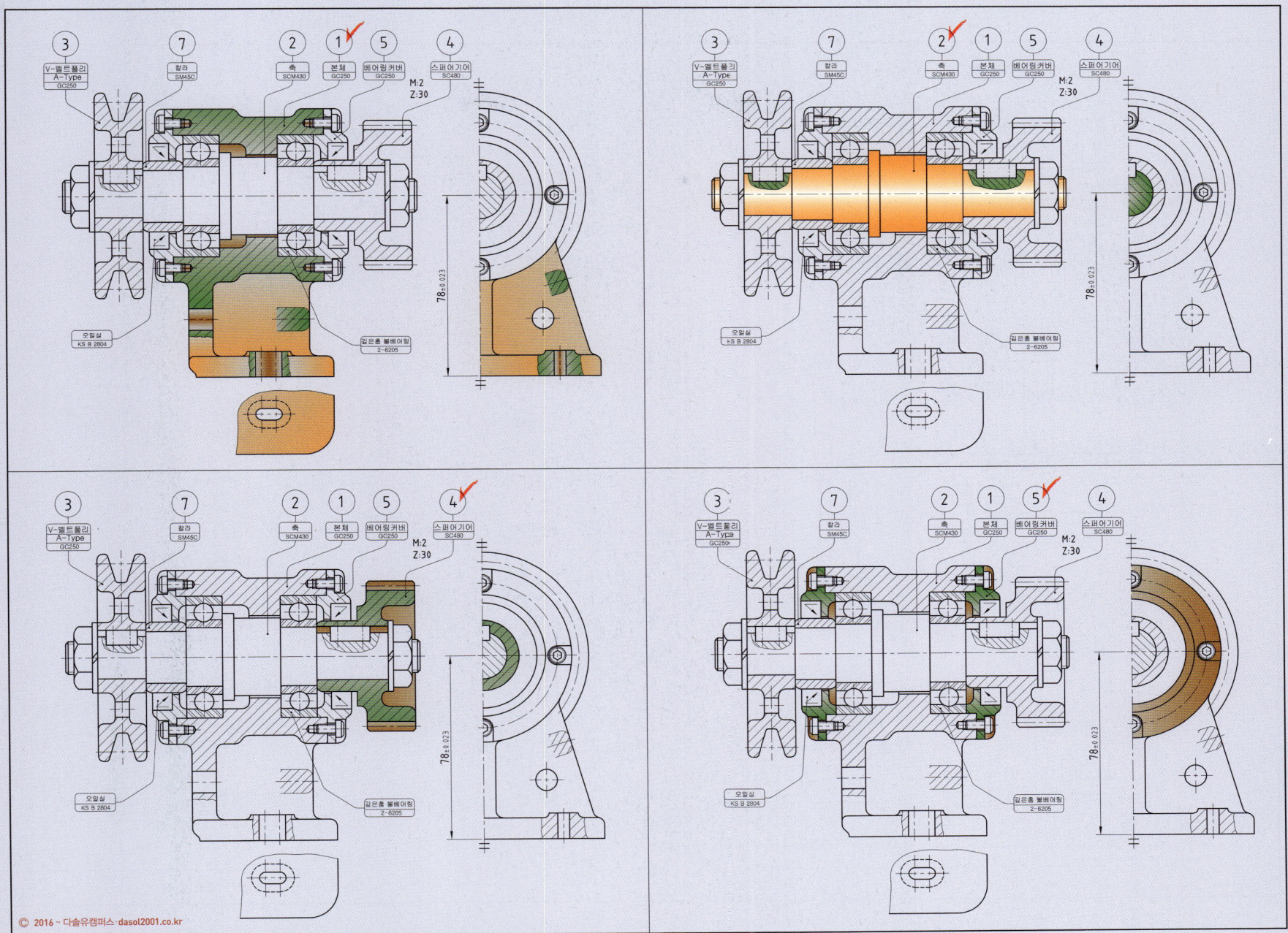

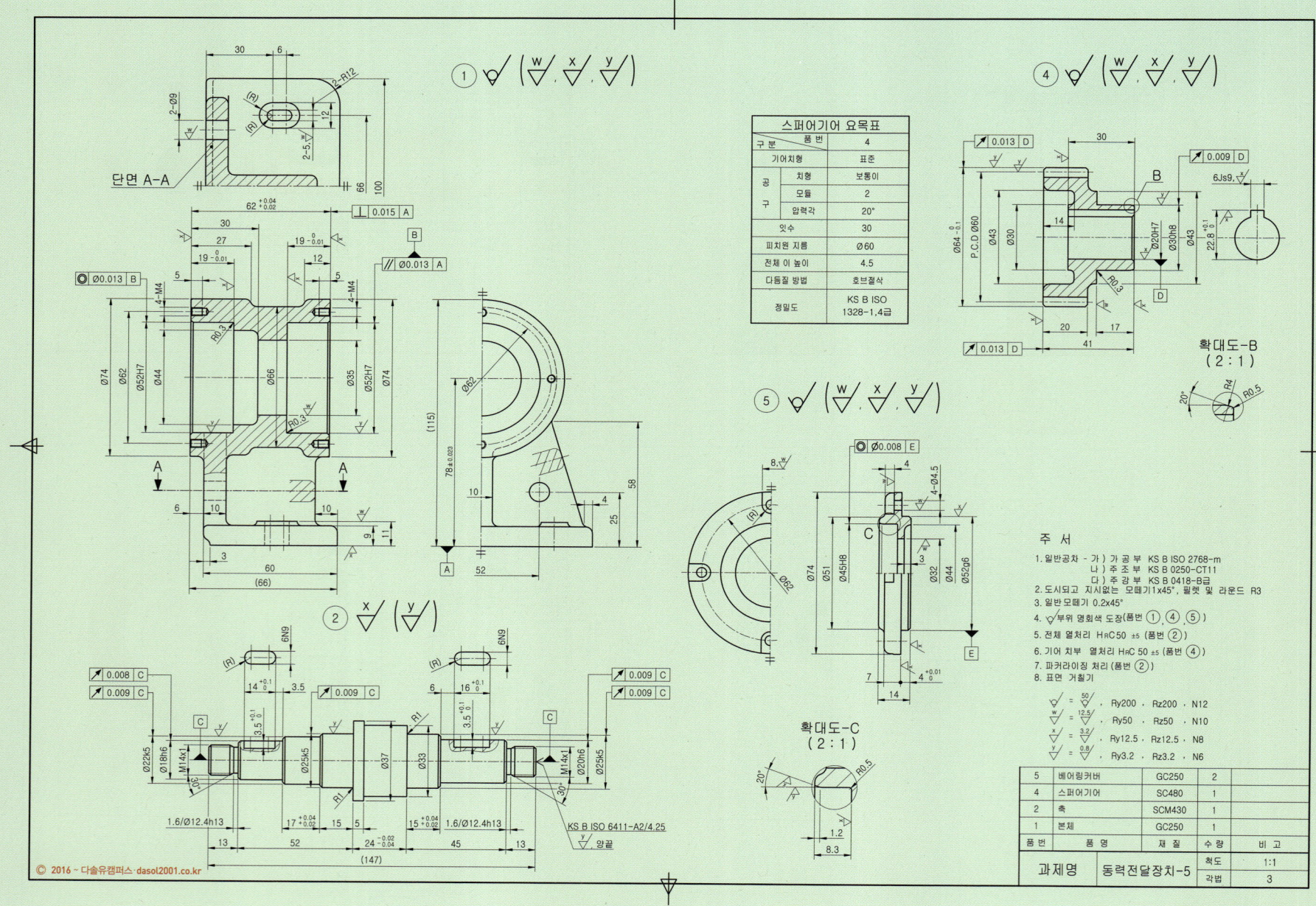

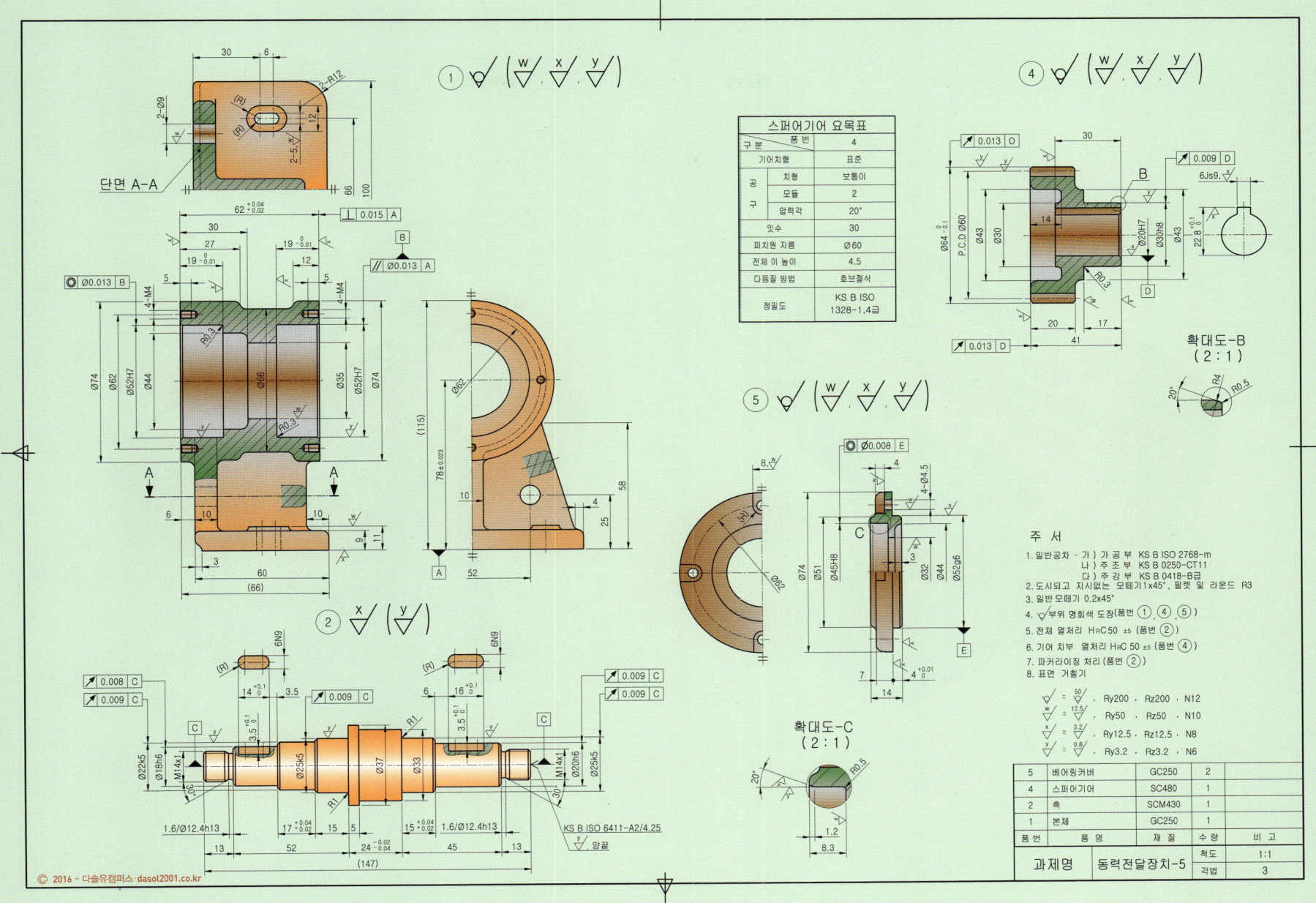

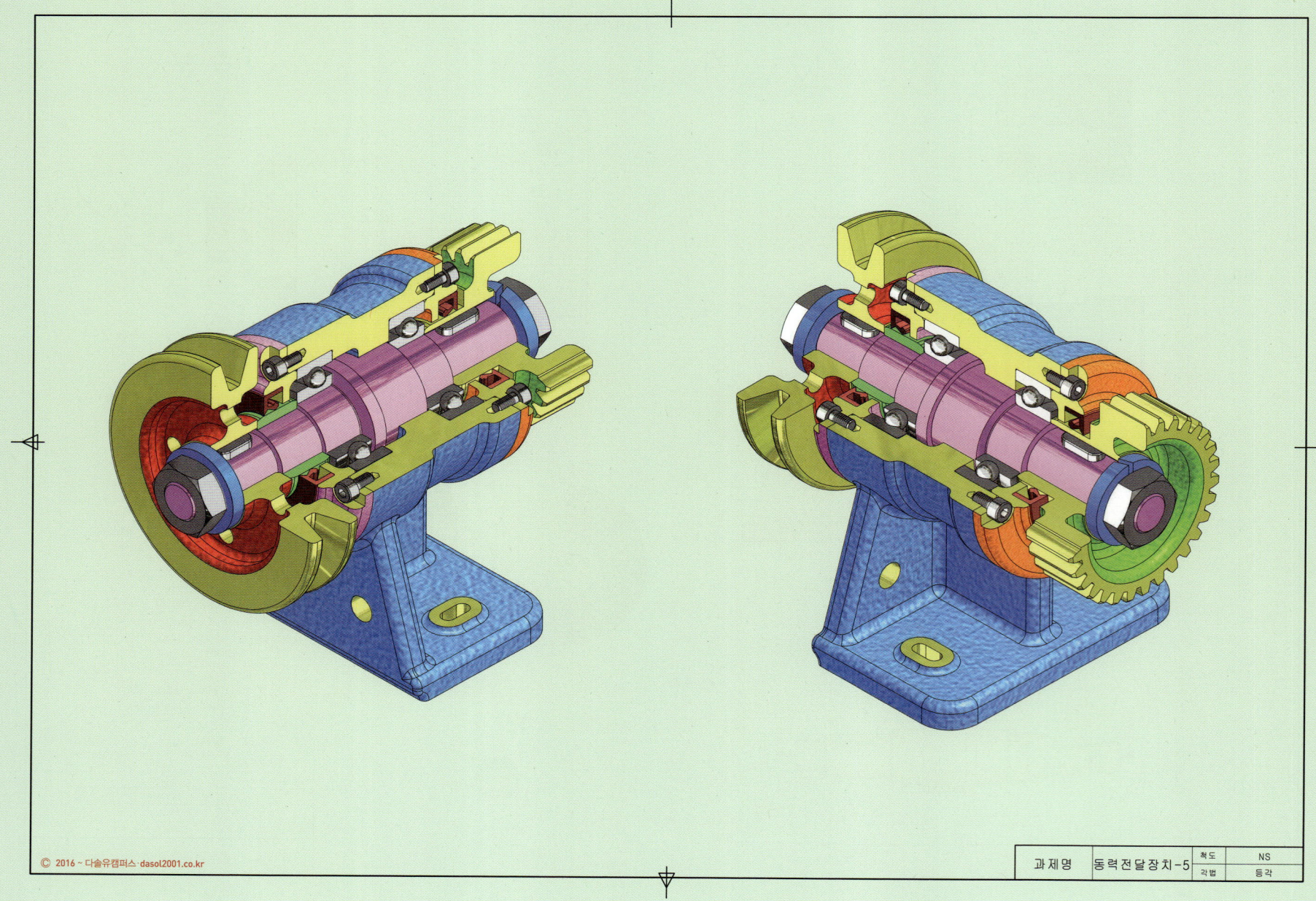

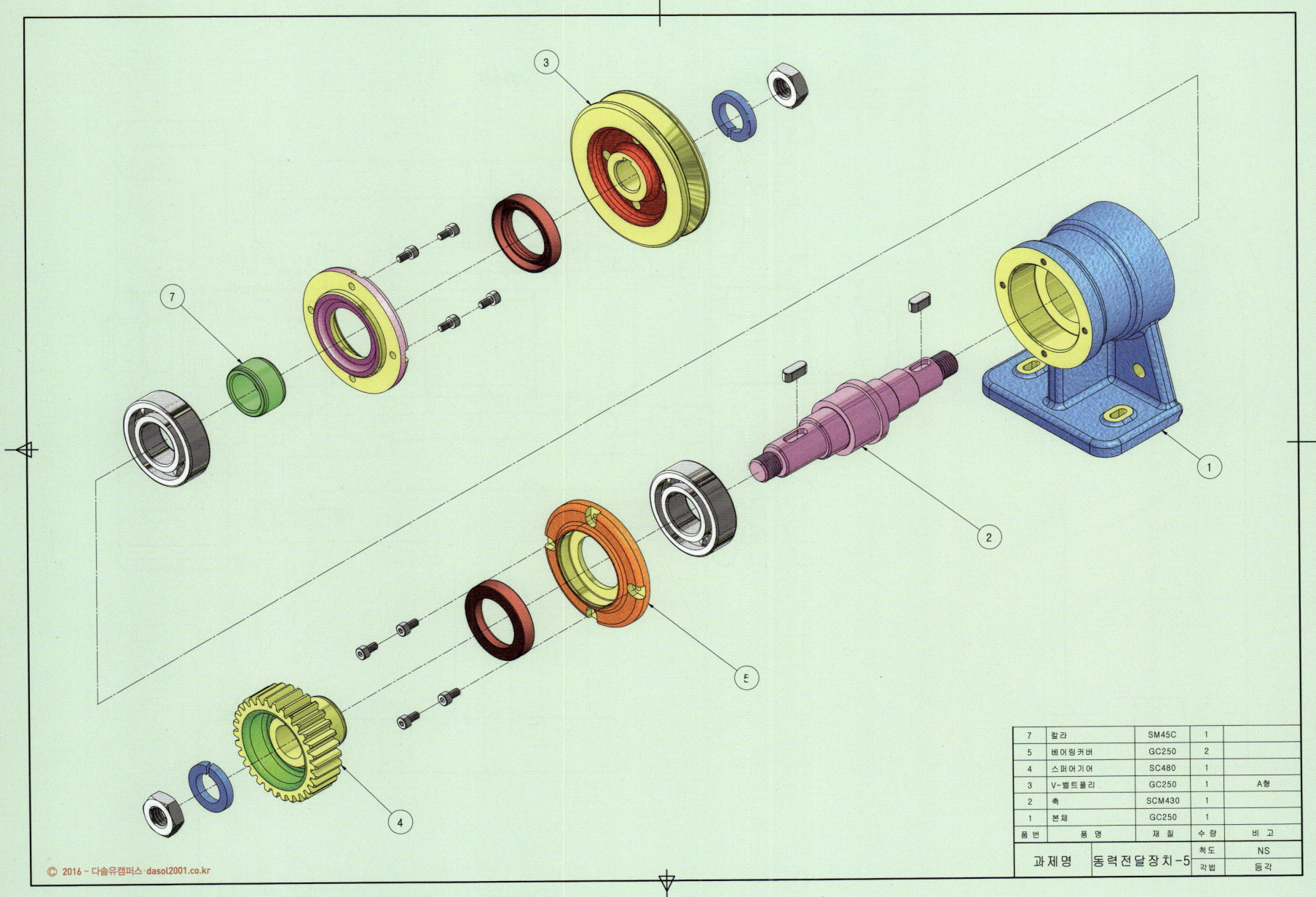

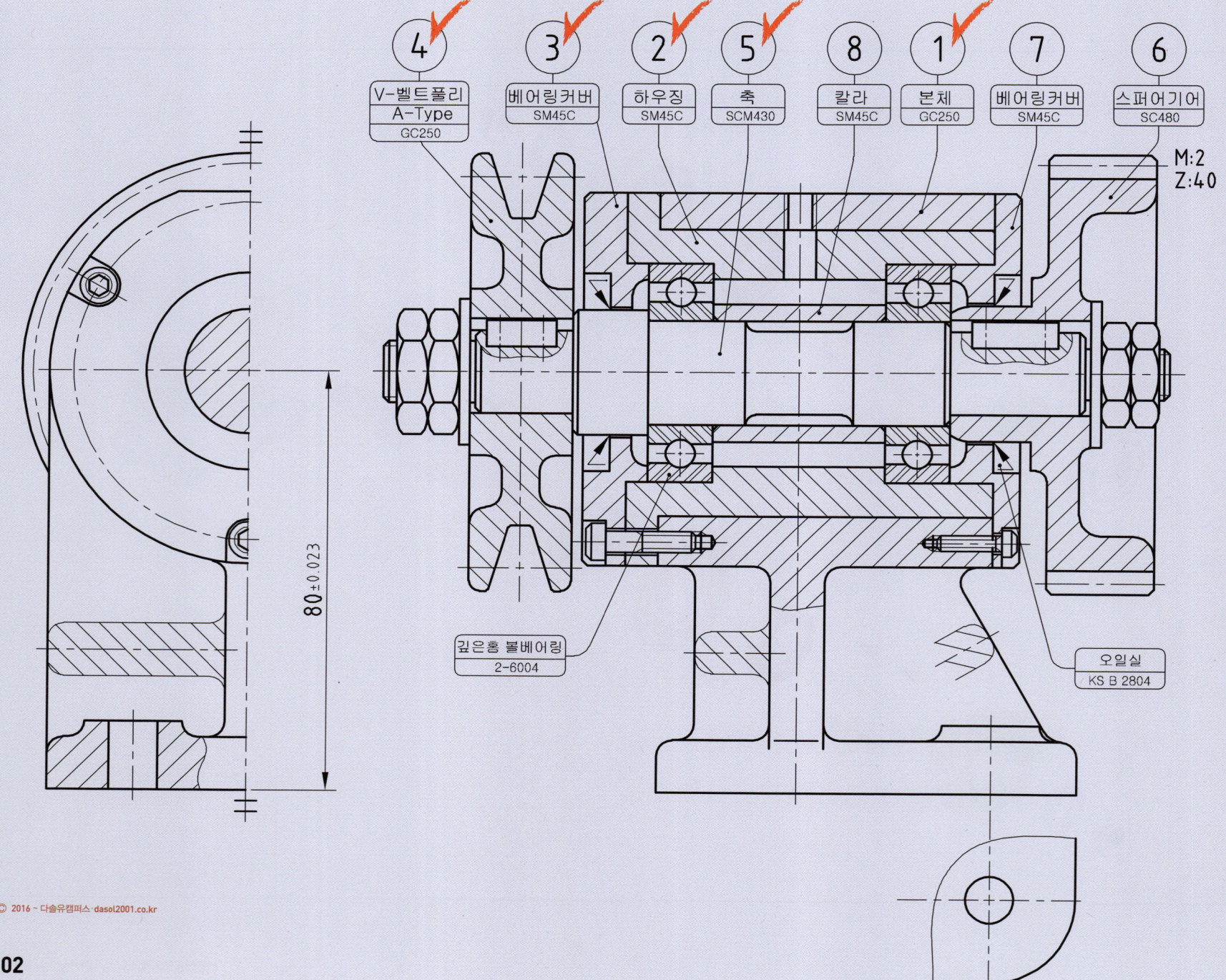

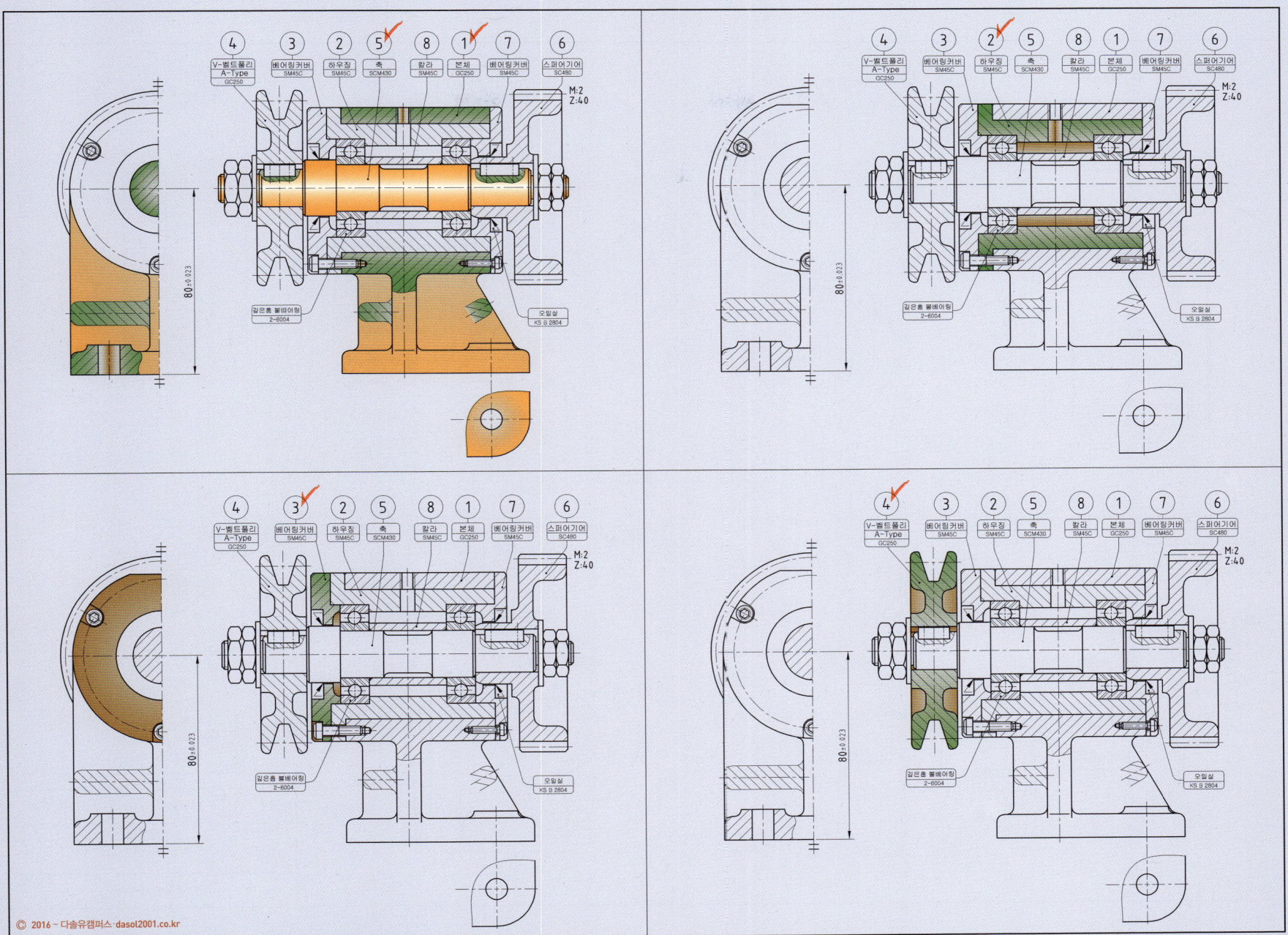

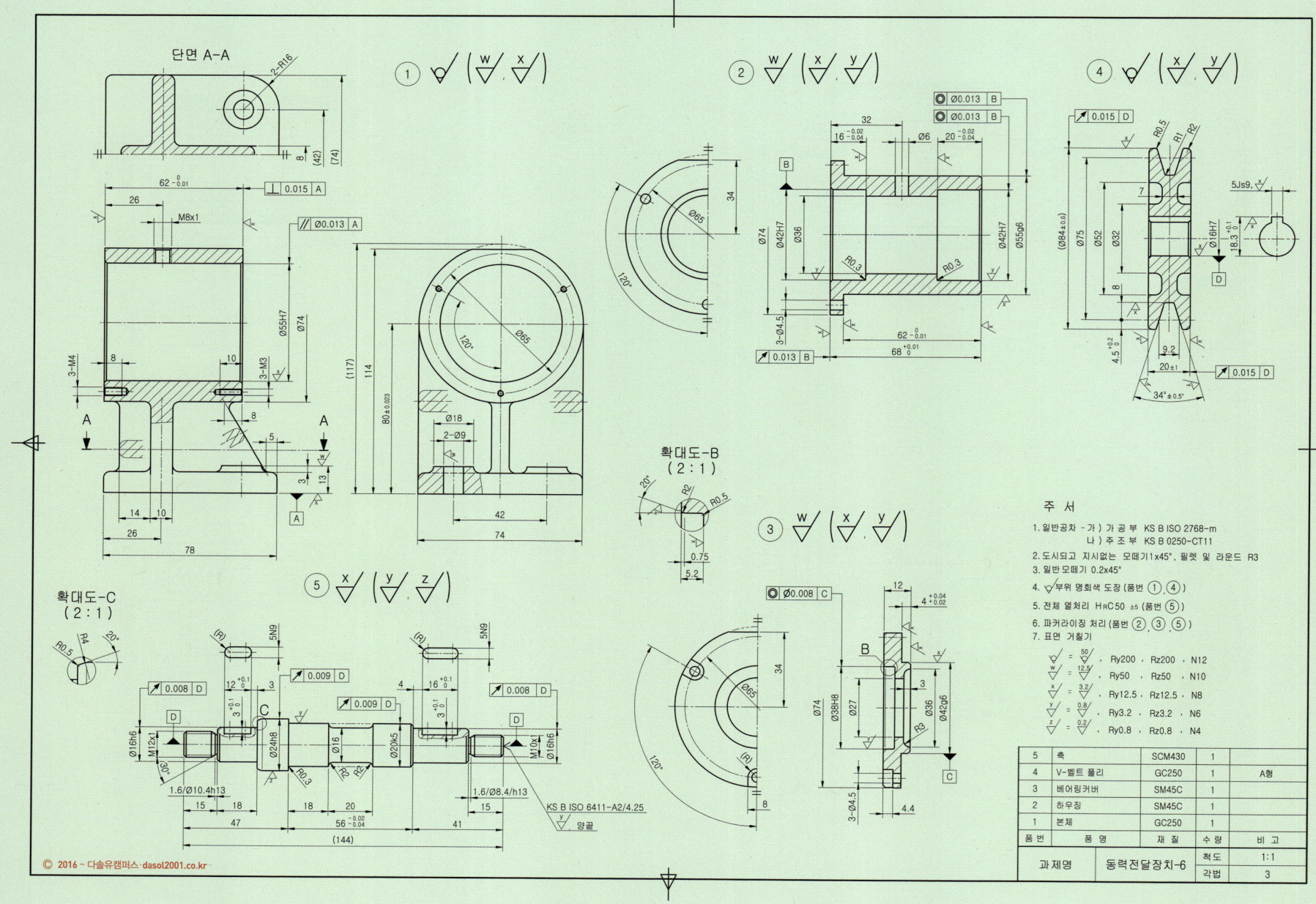

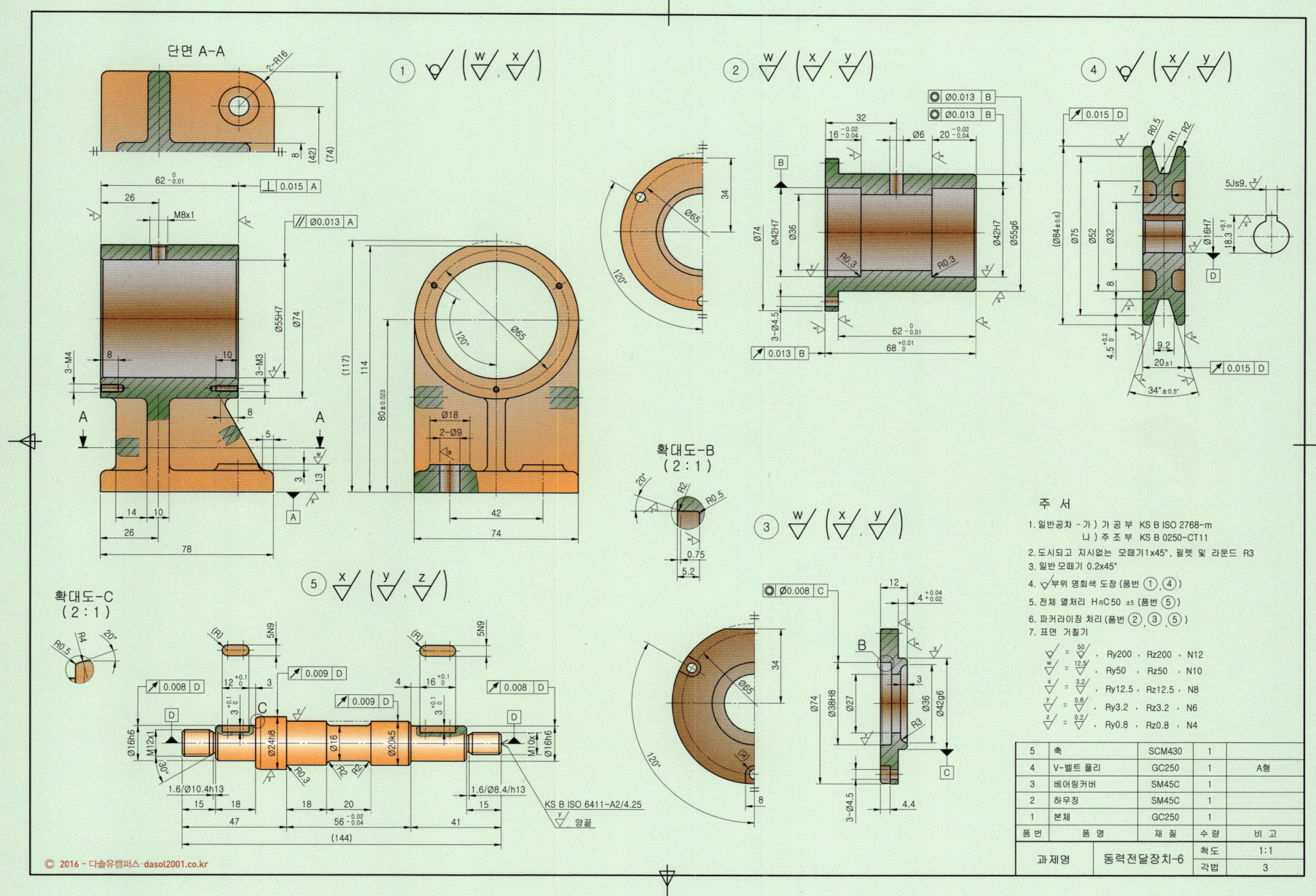

동력전달장치-6

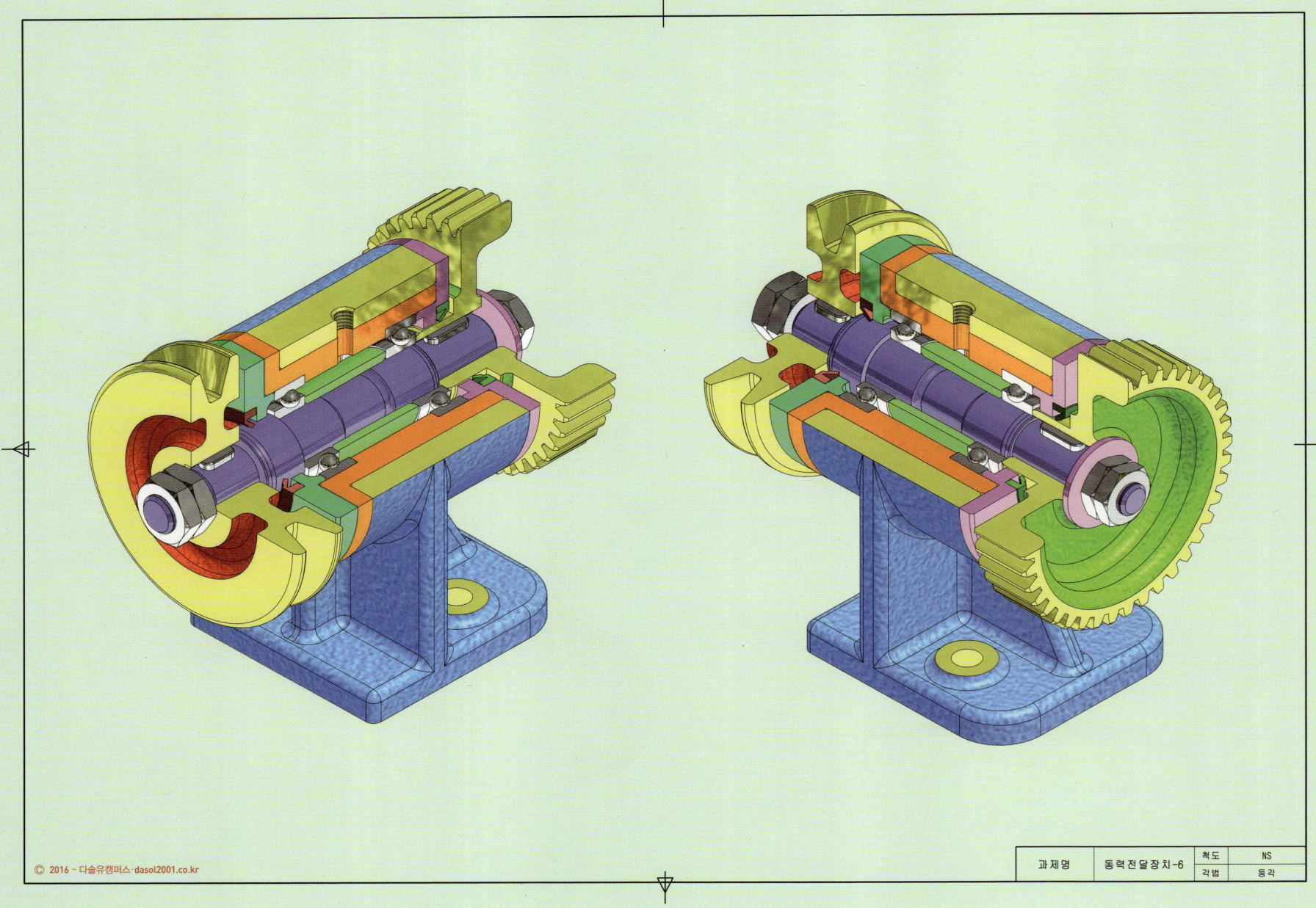

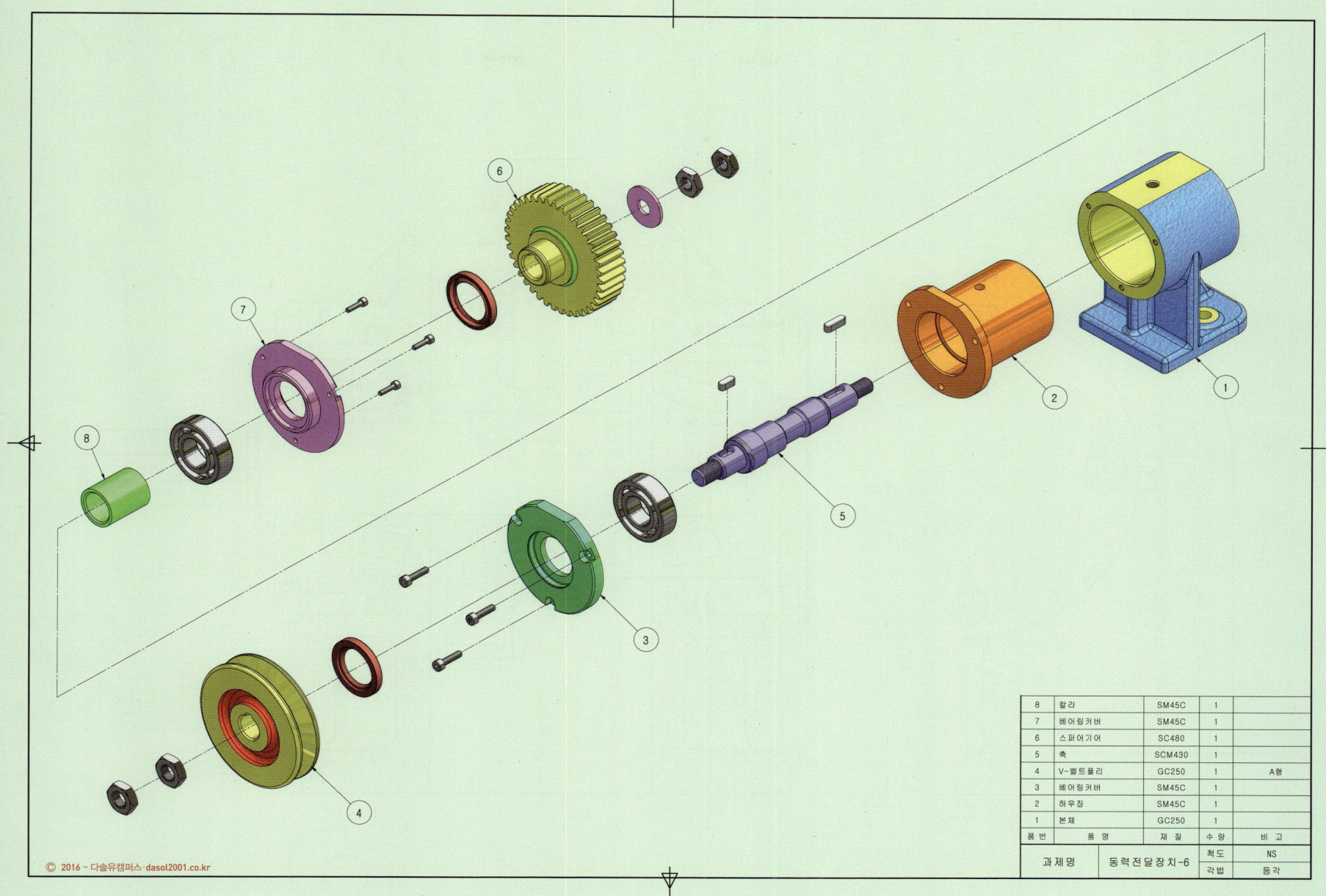

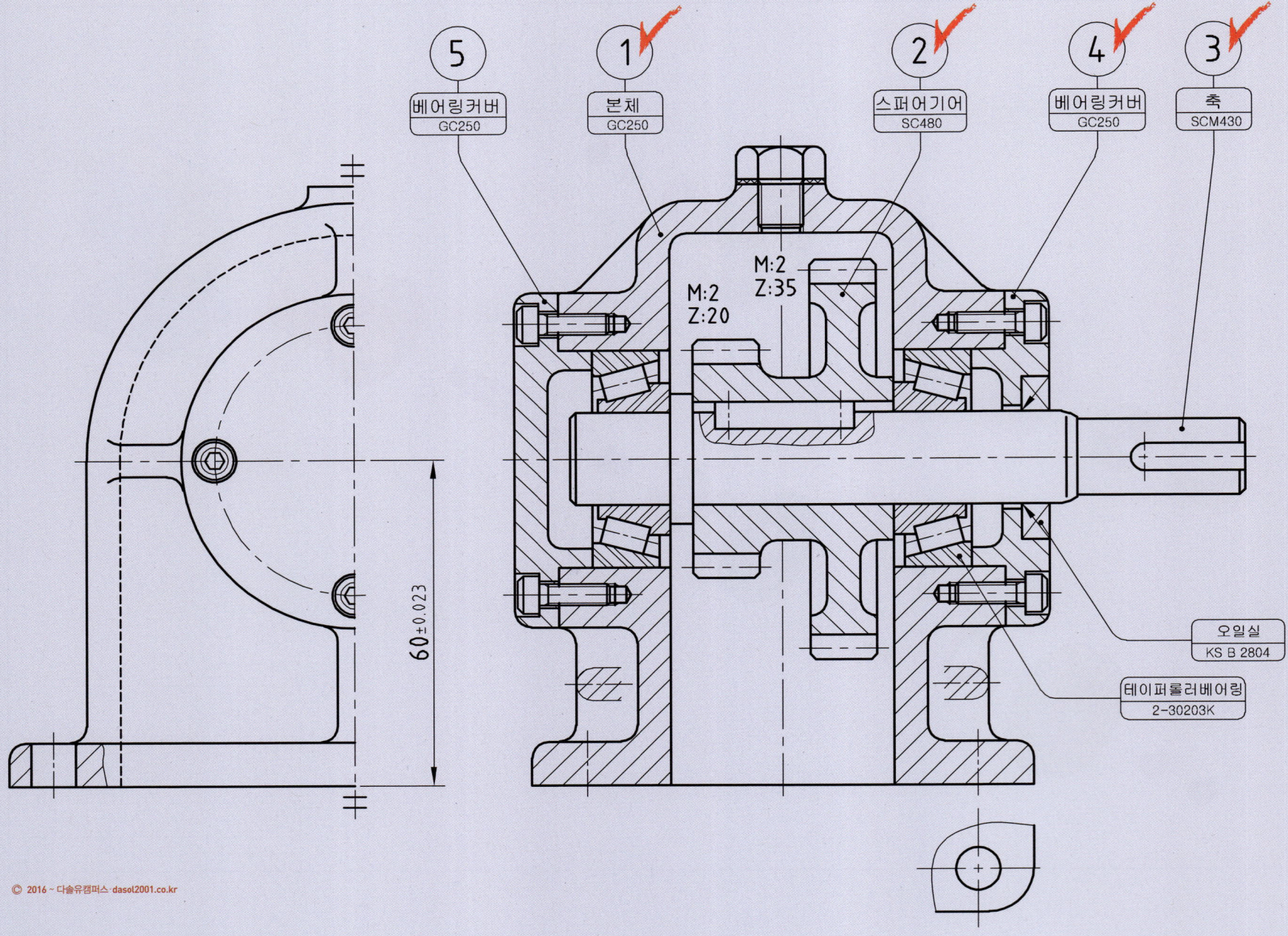

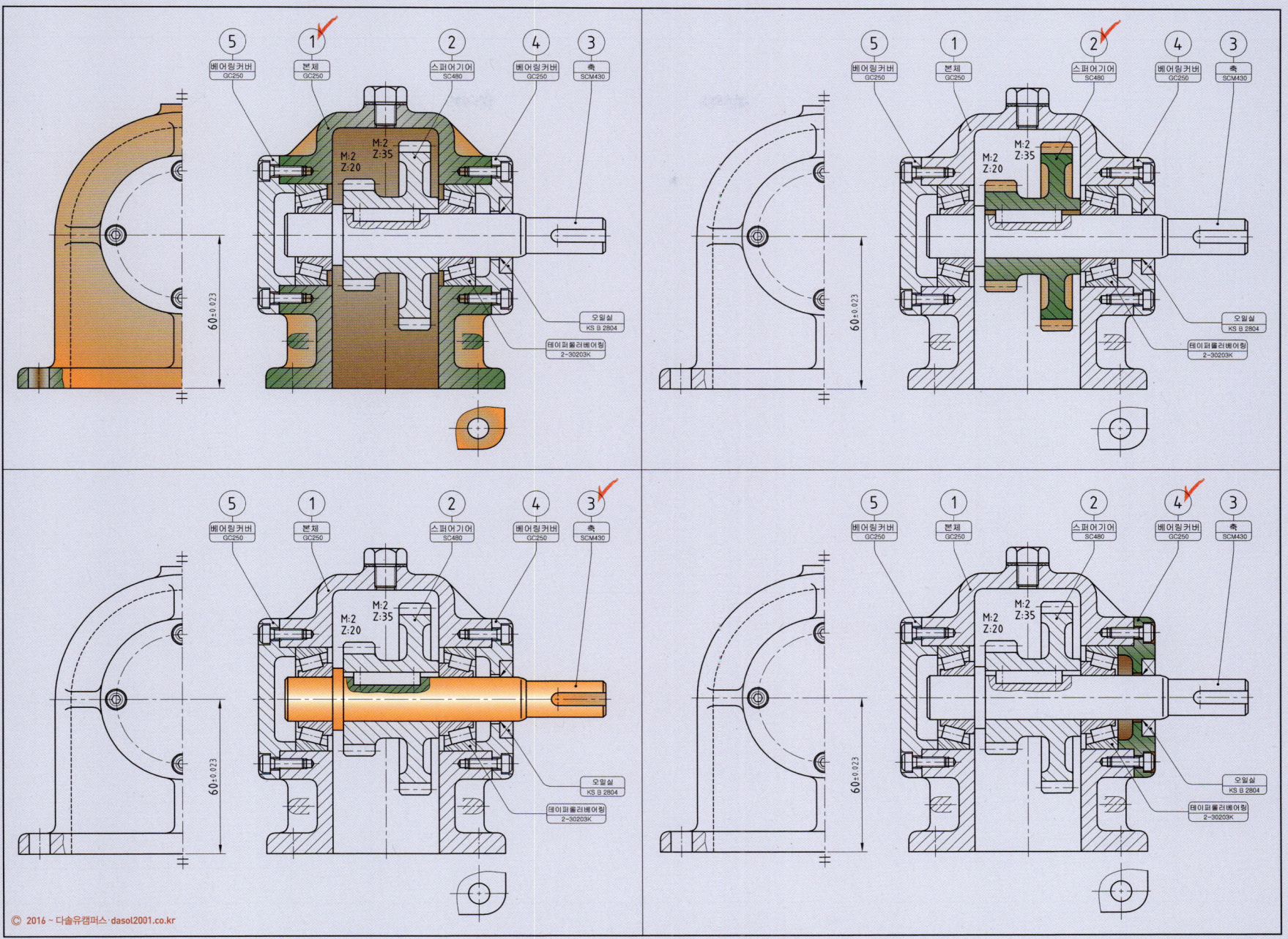

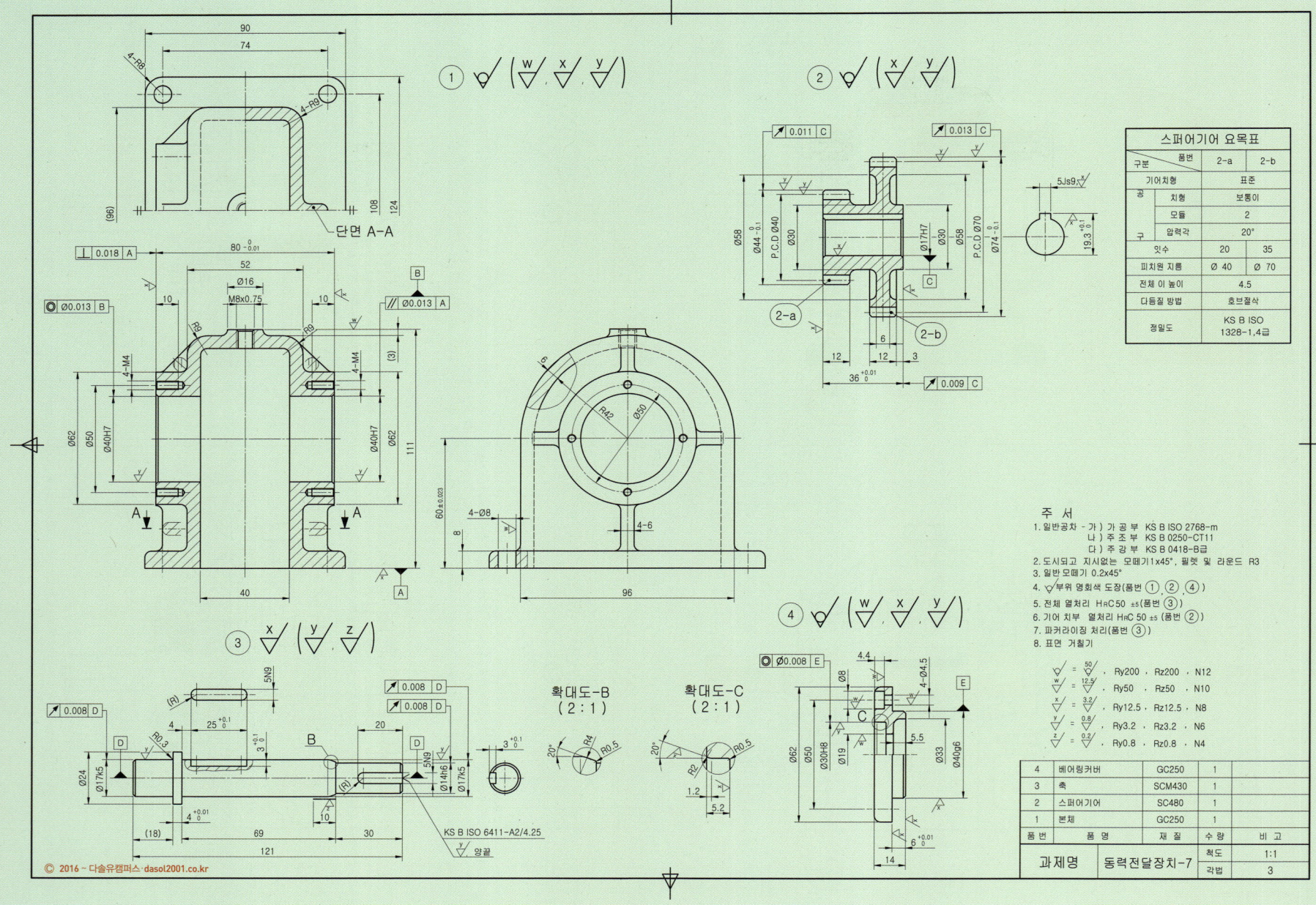

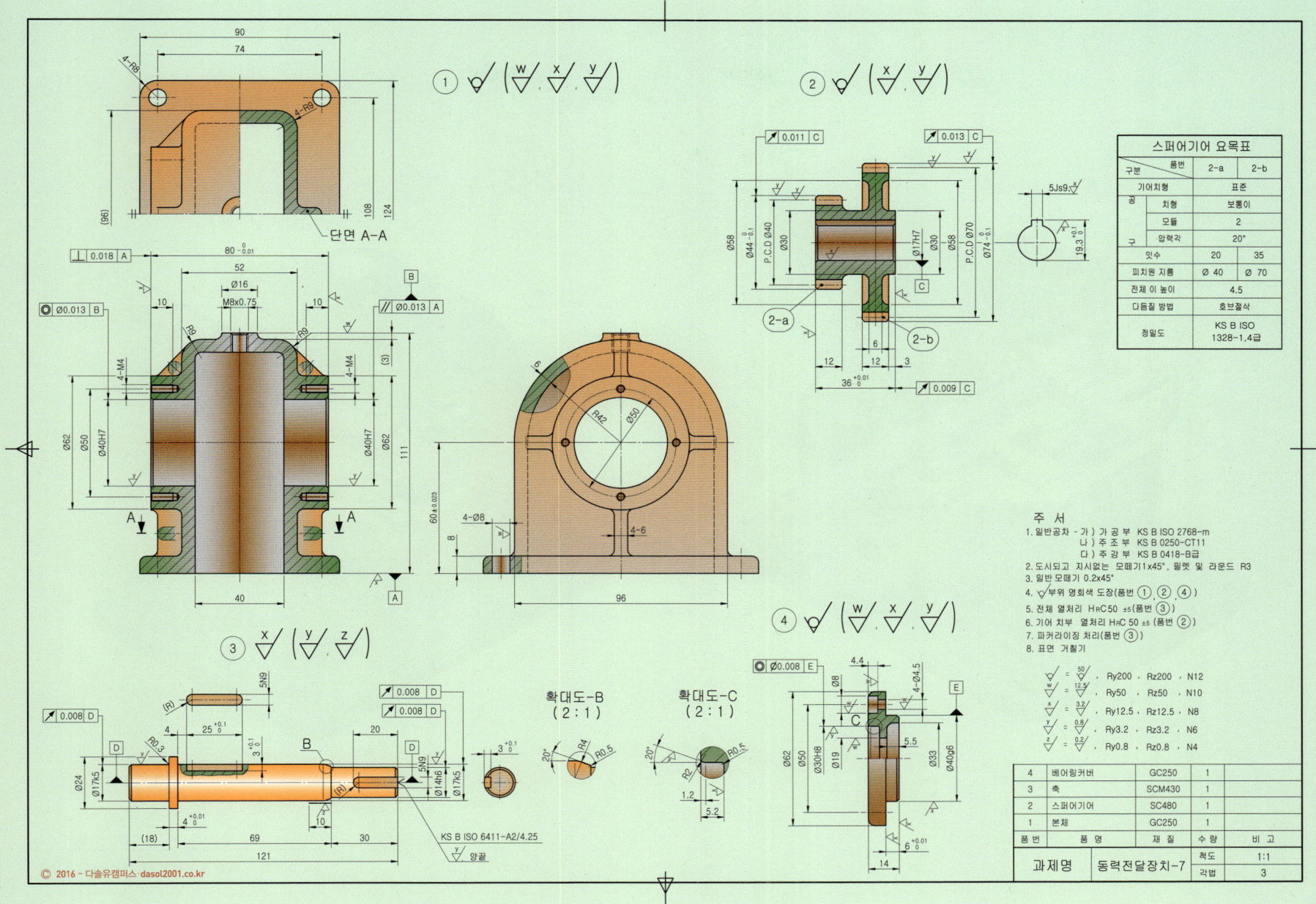

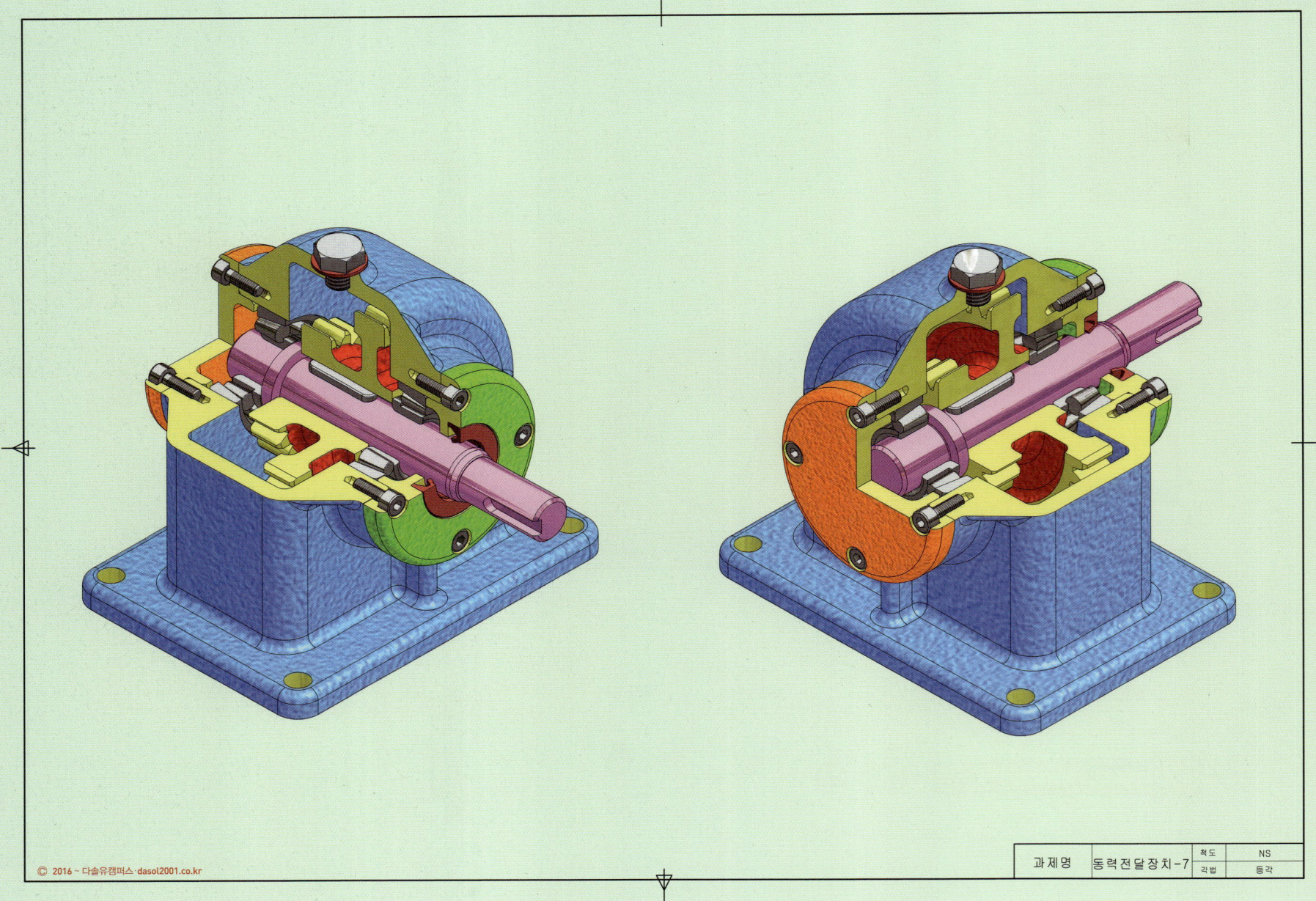

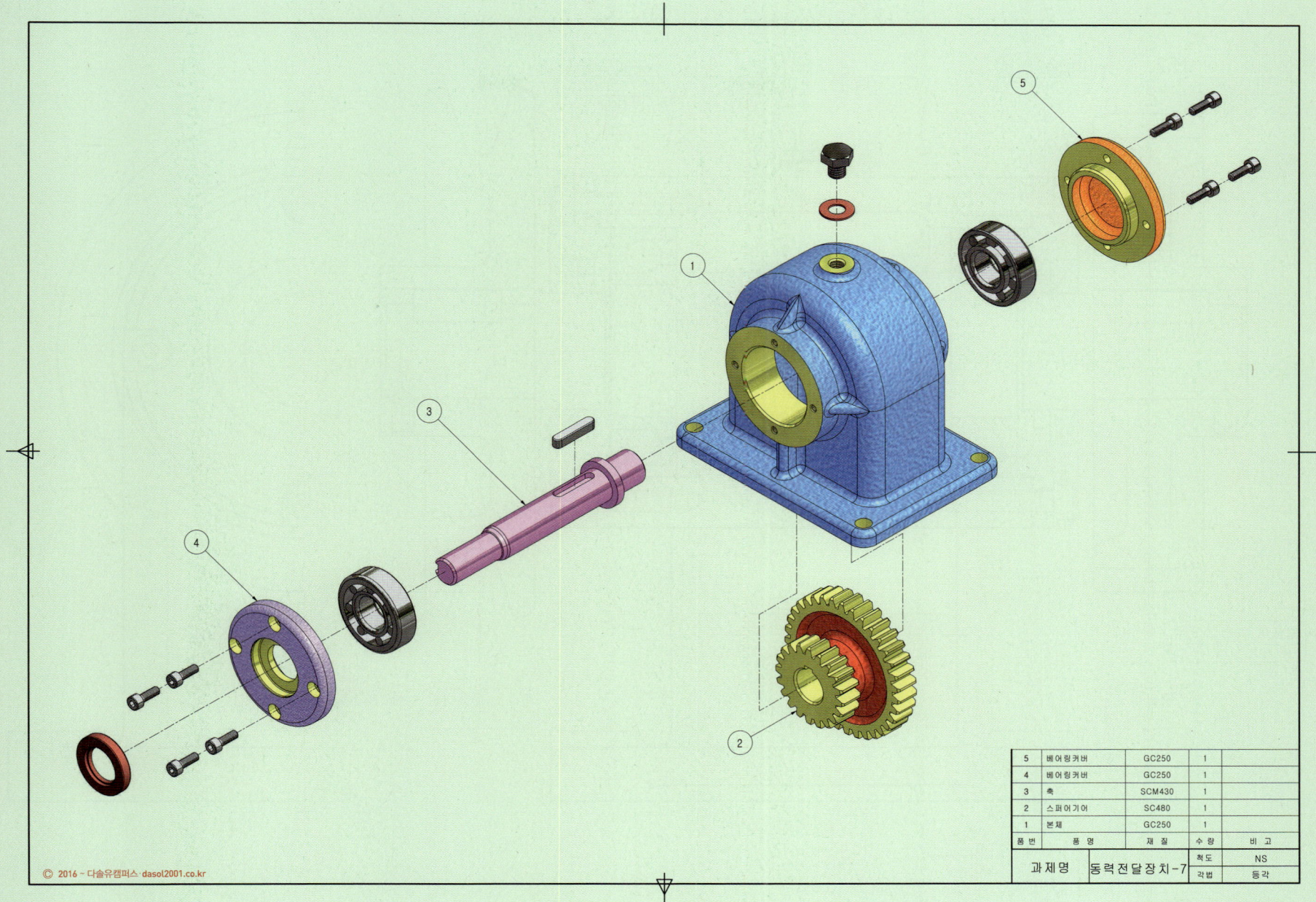

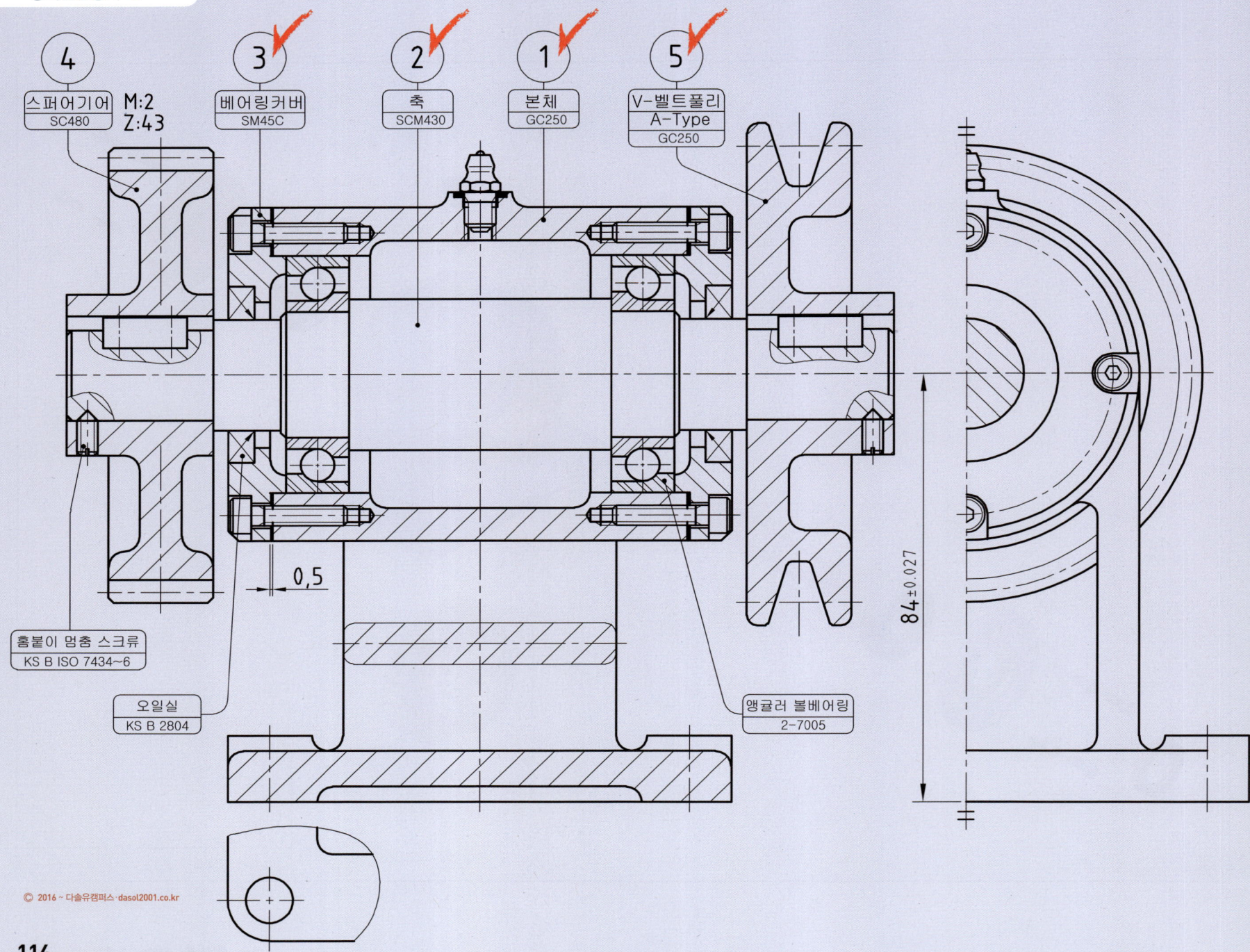

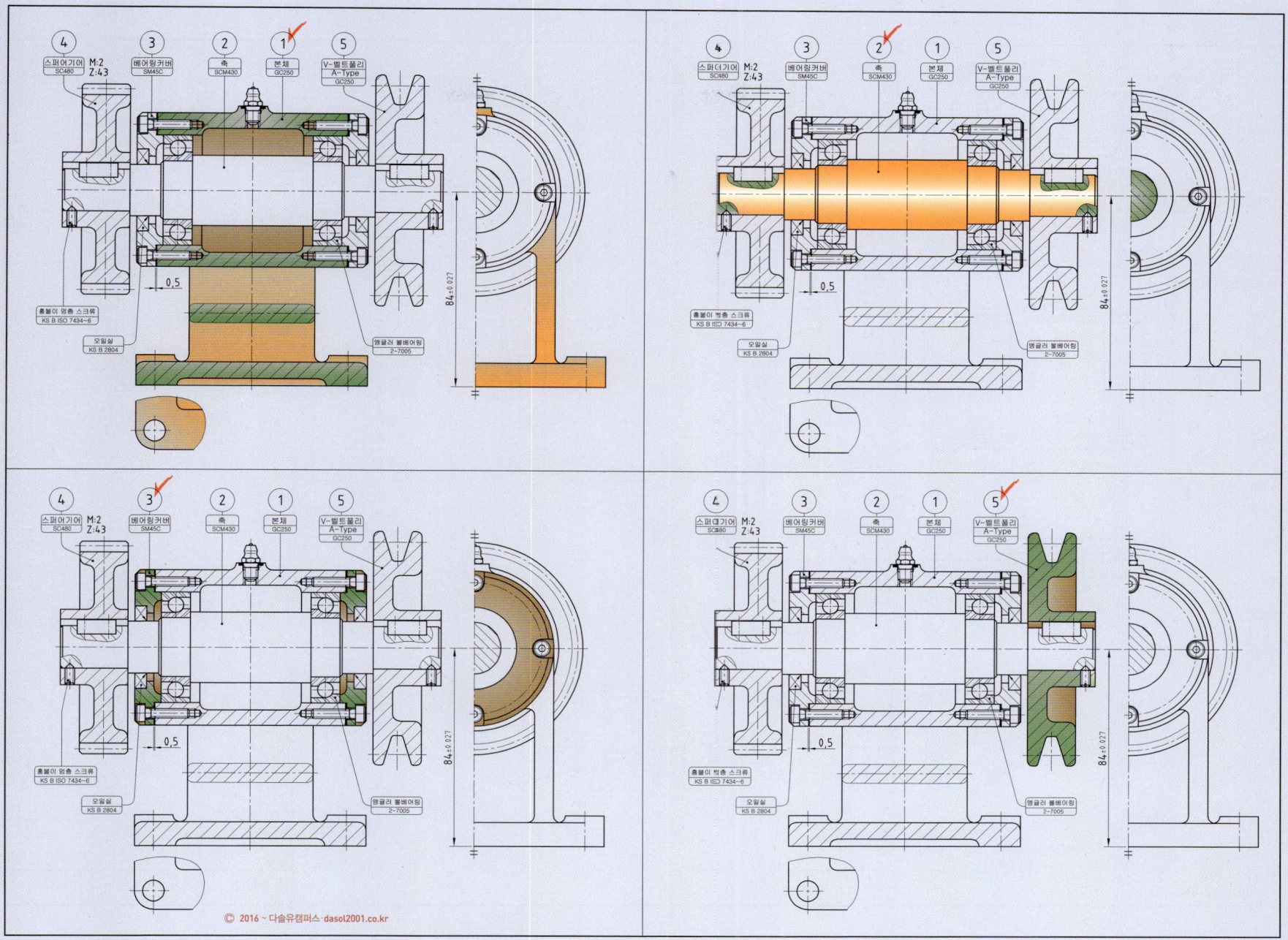

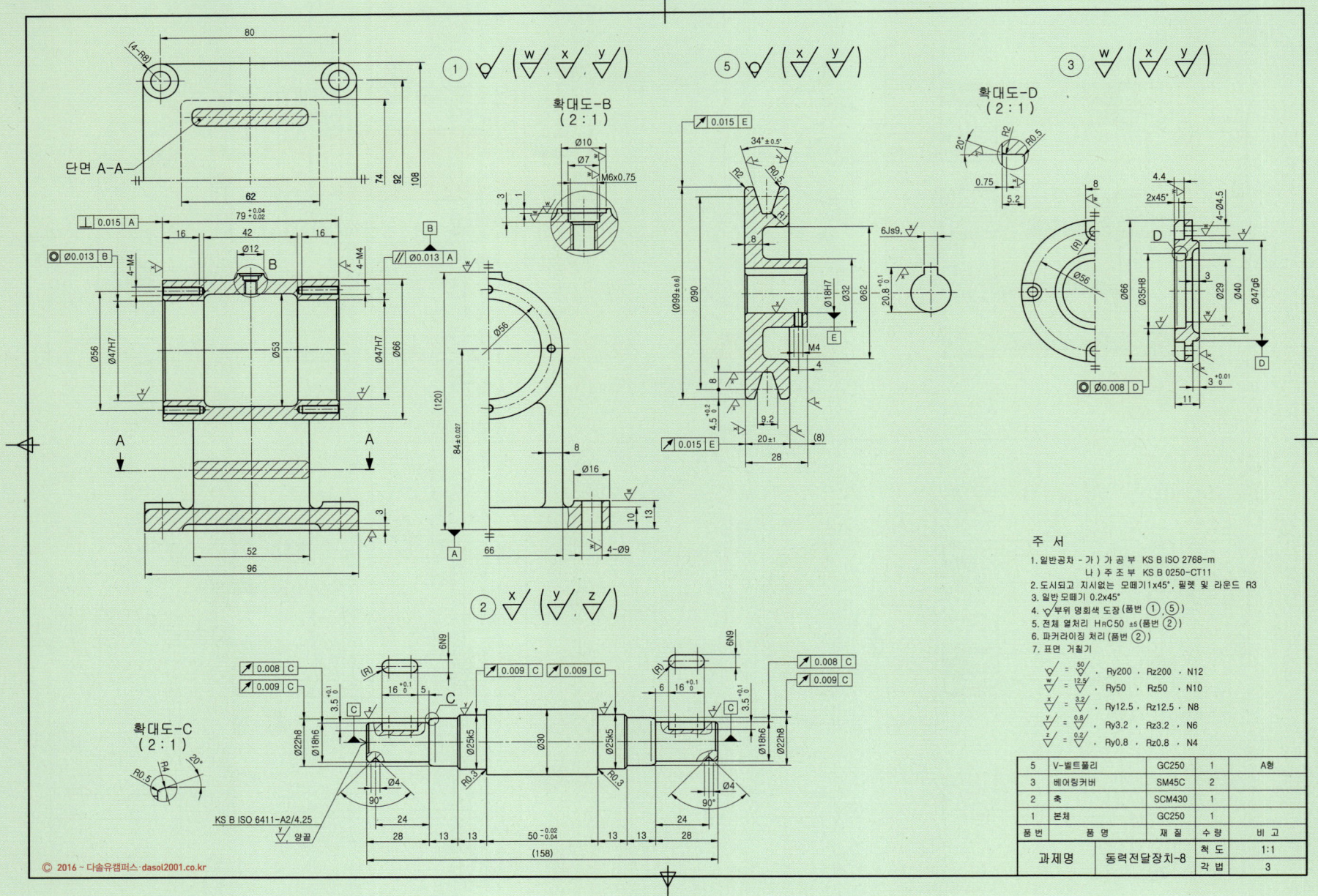

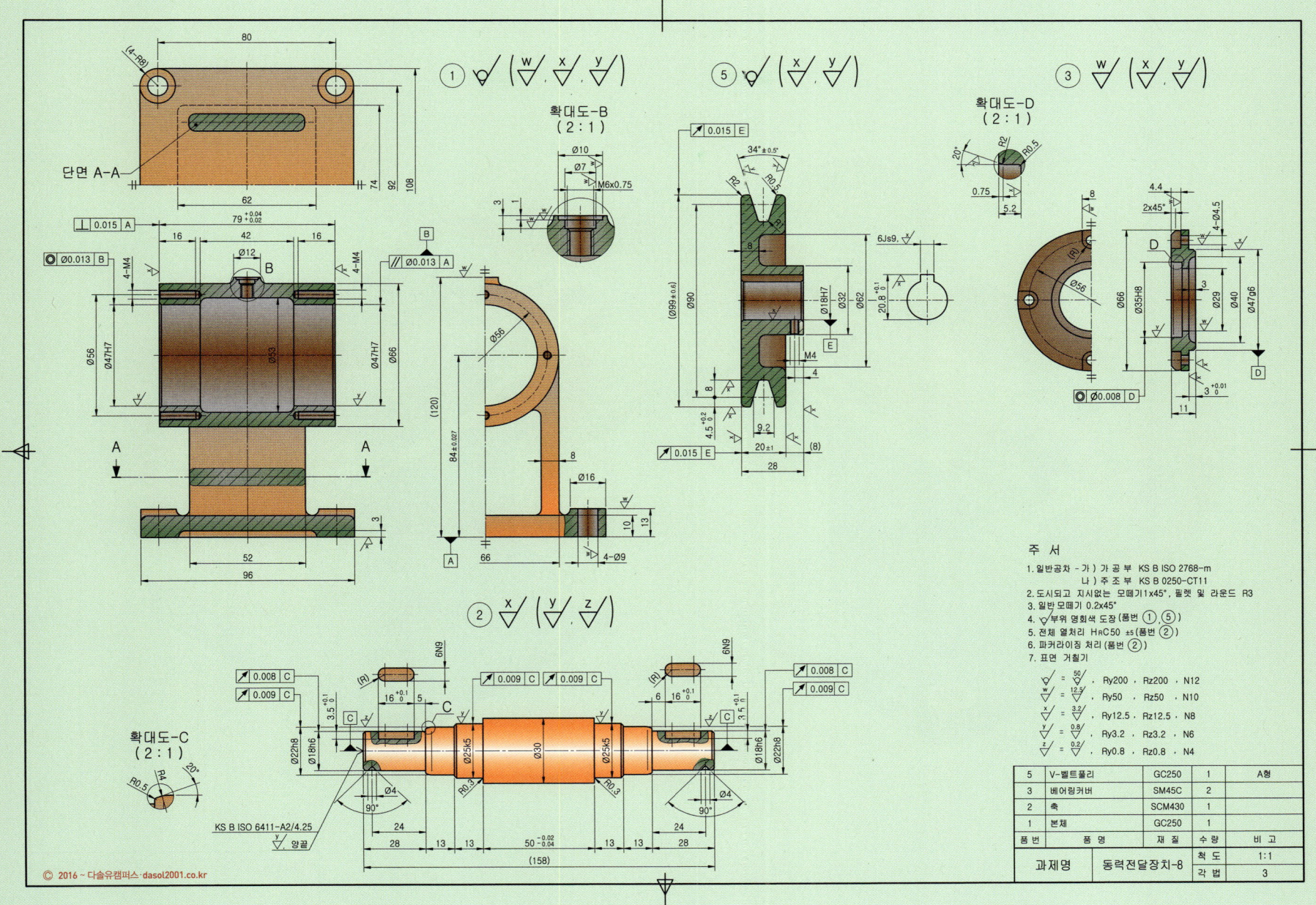

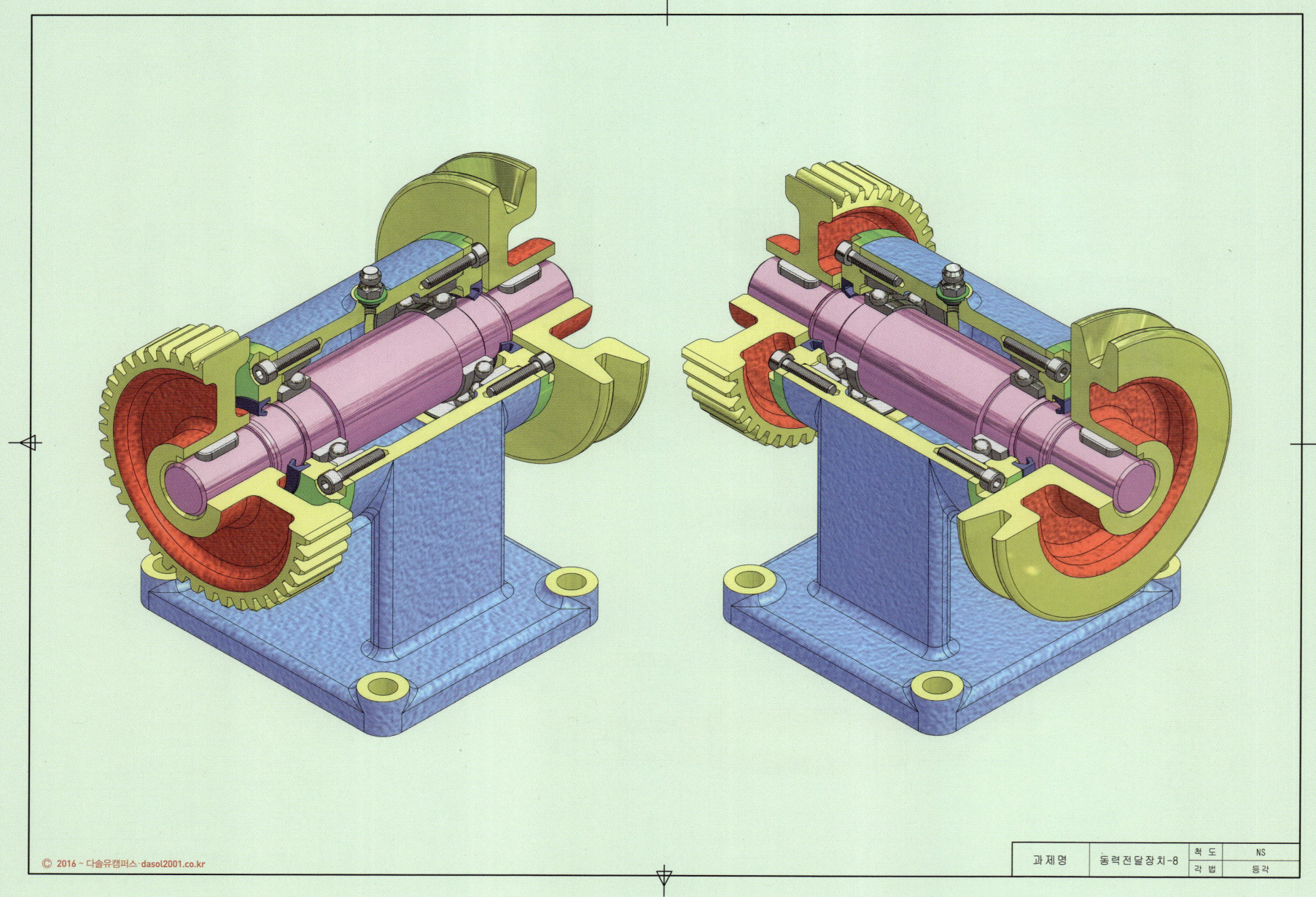

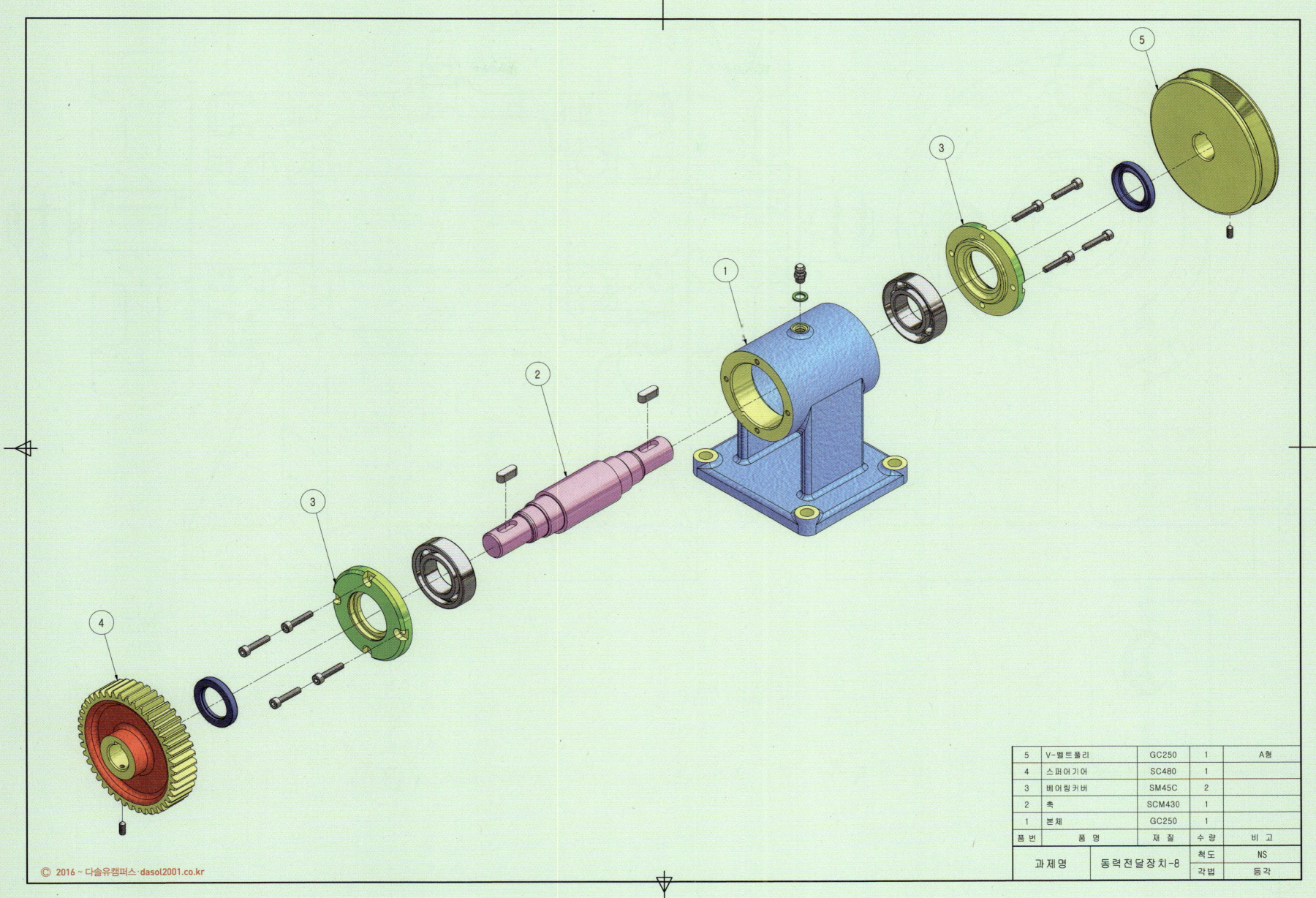

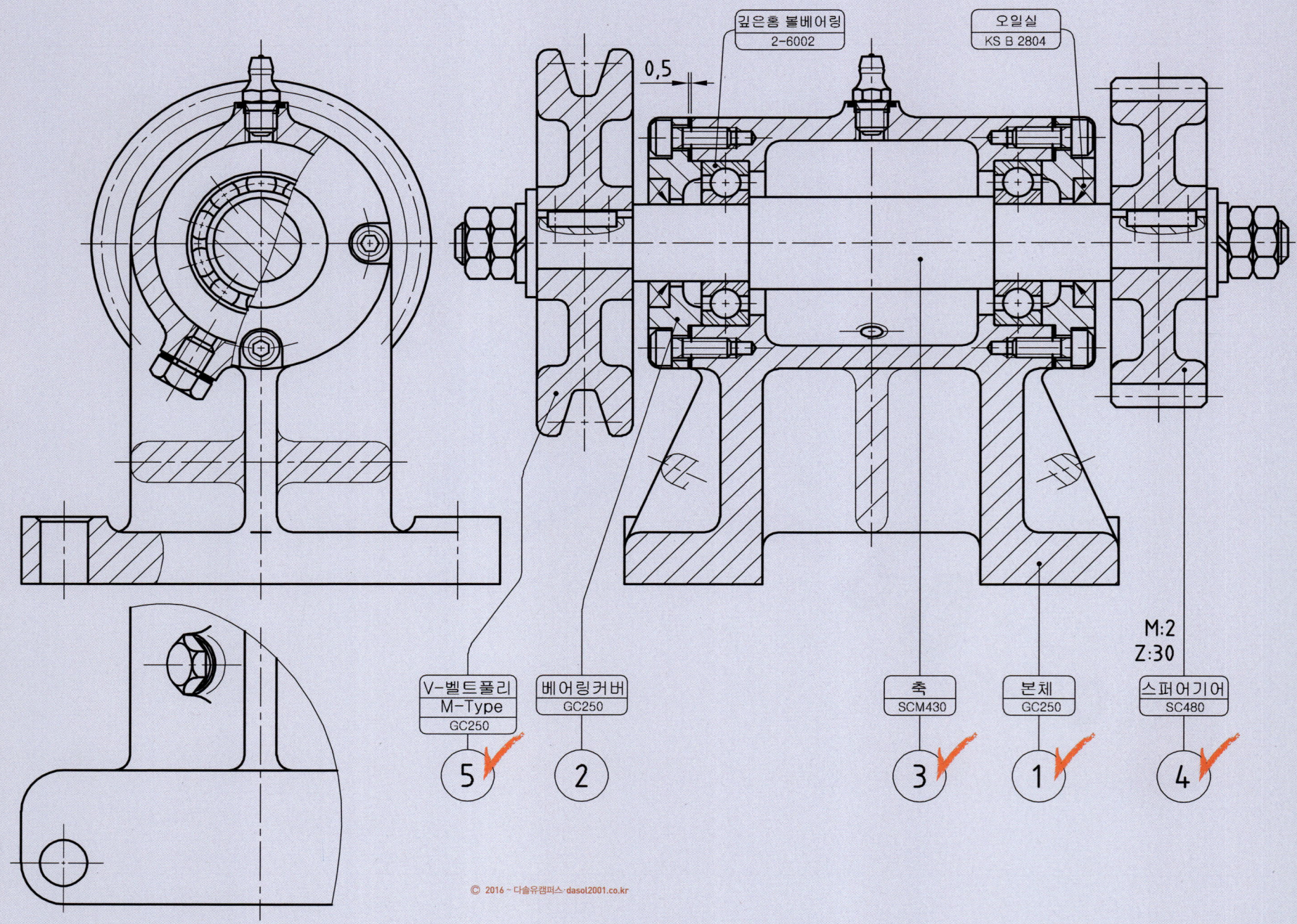

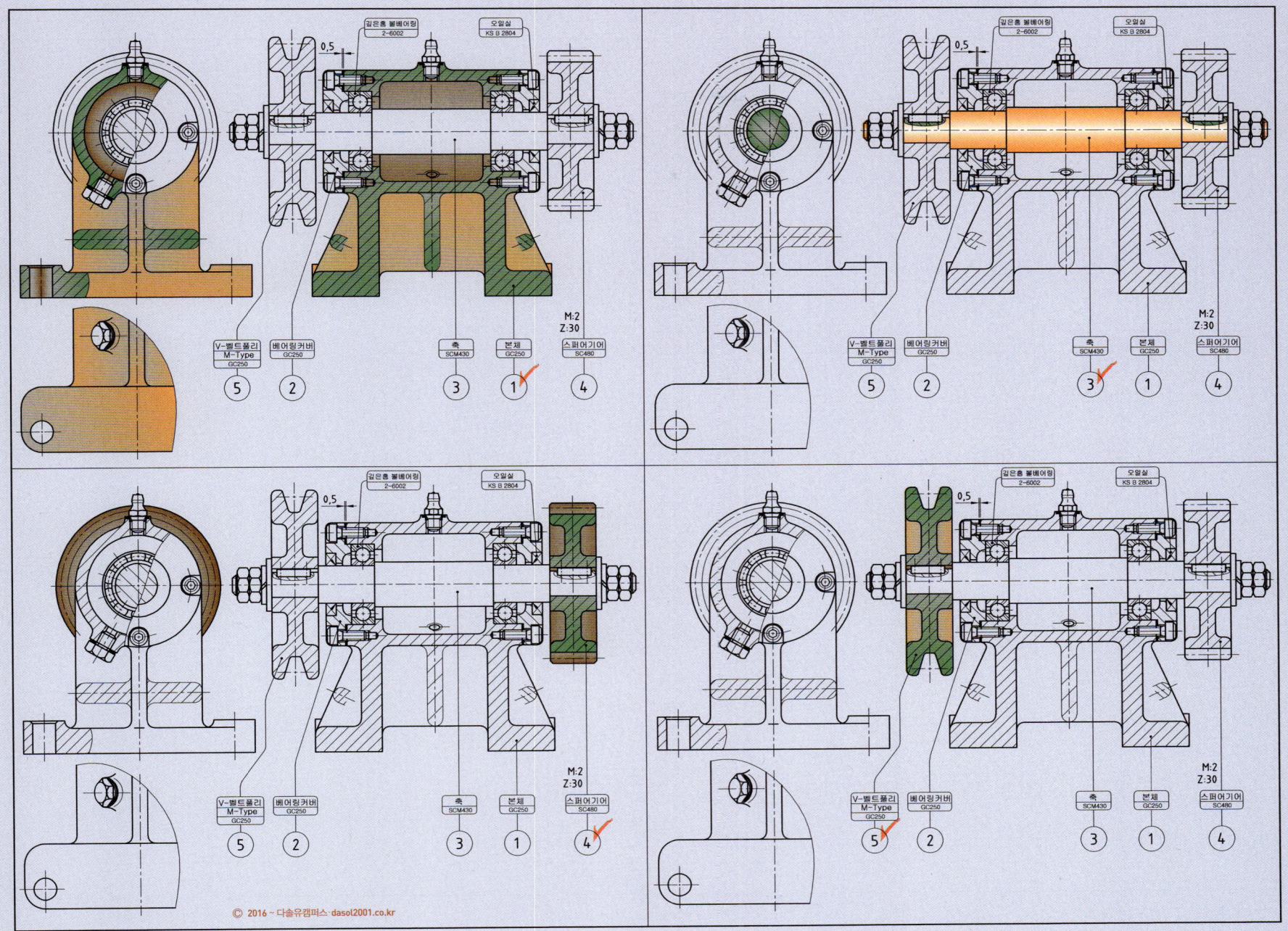

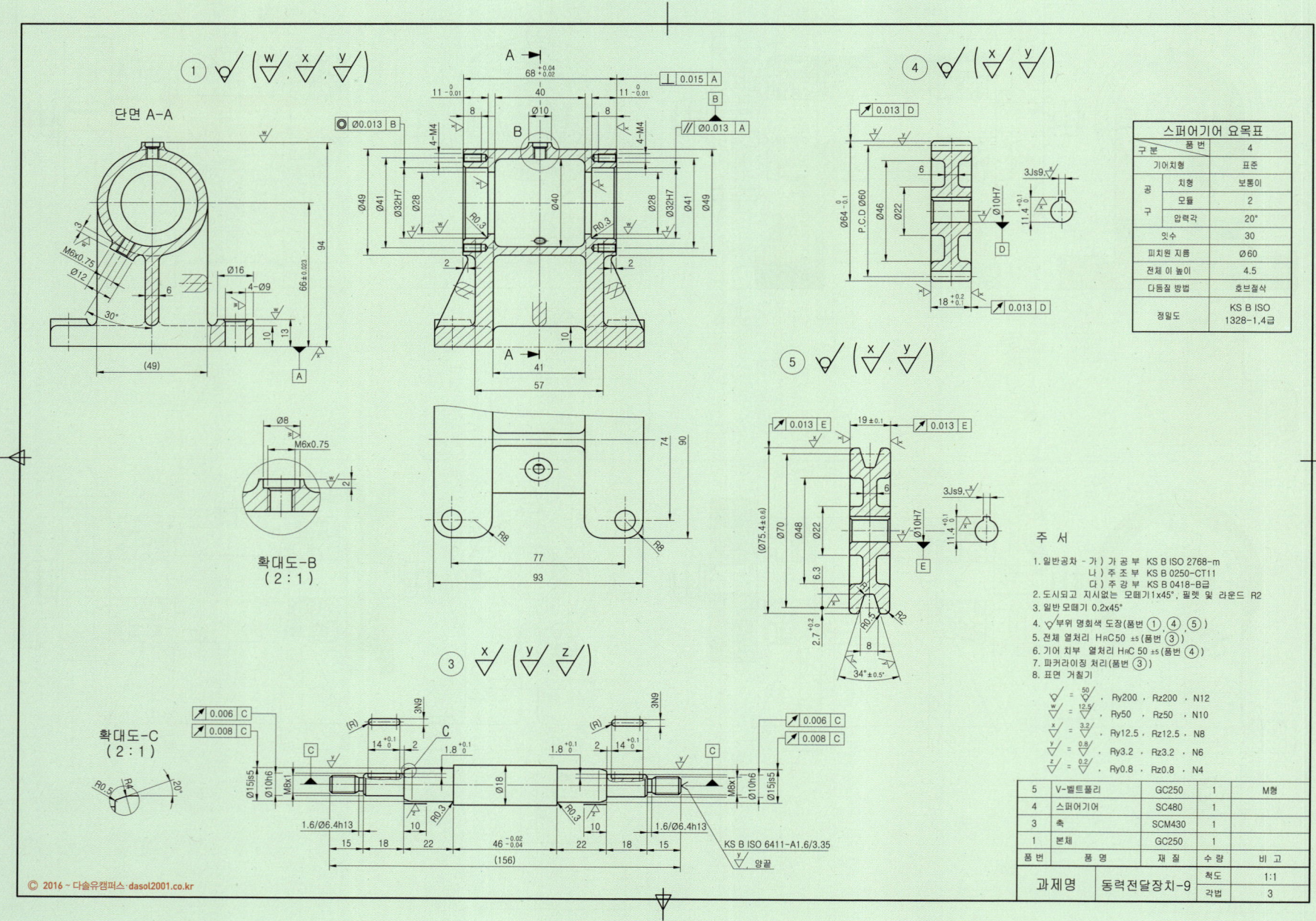

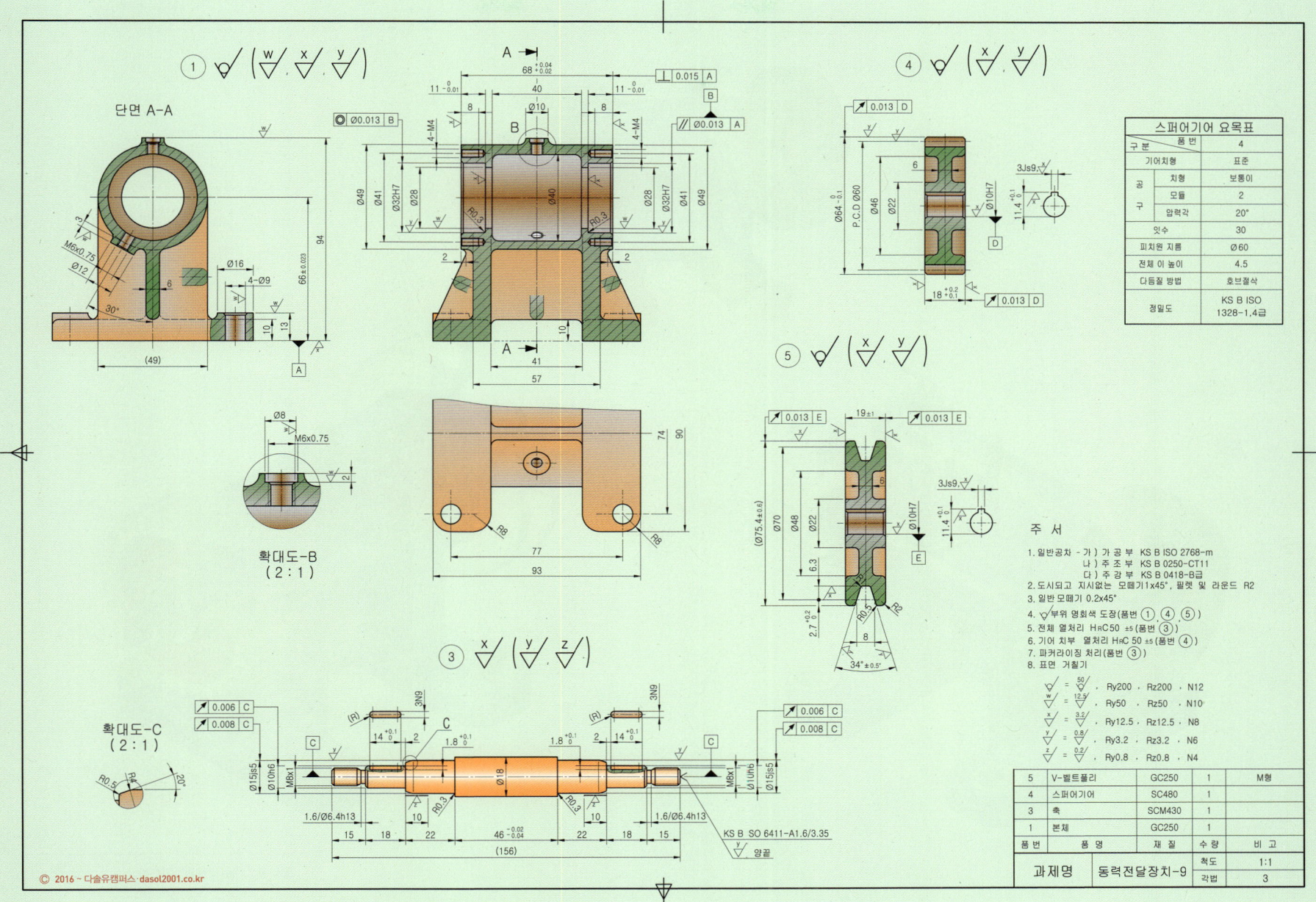

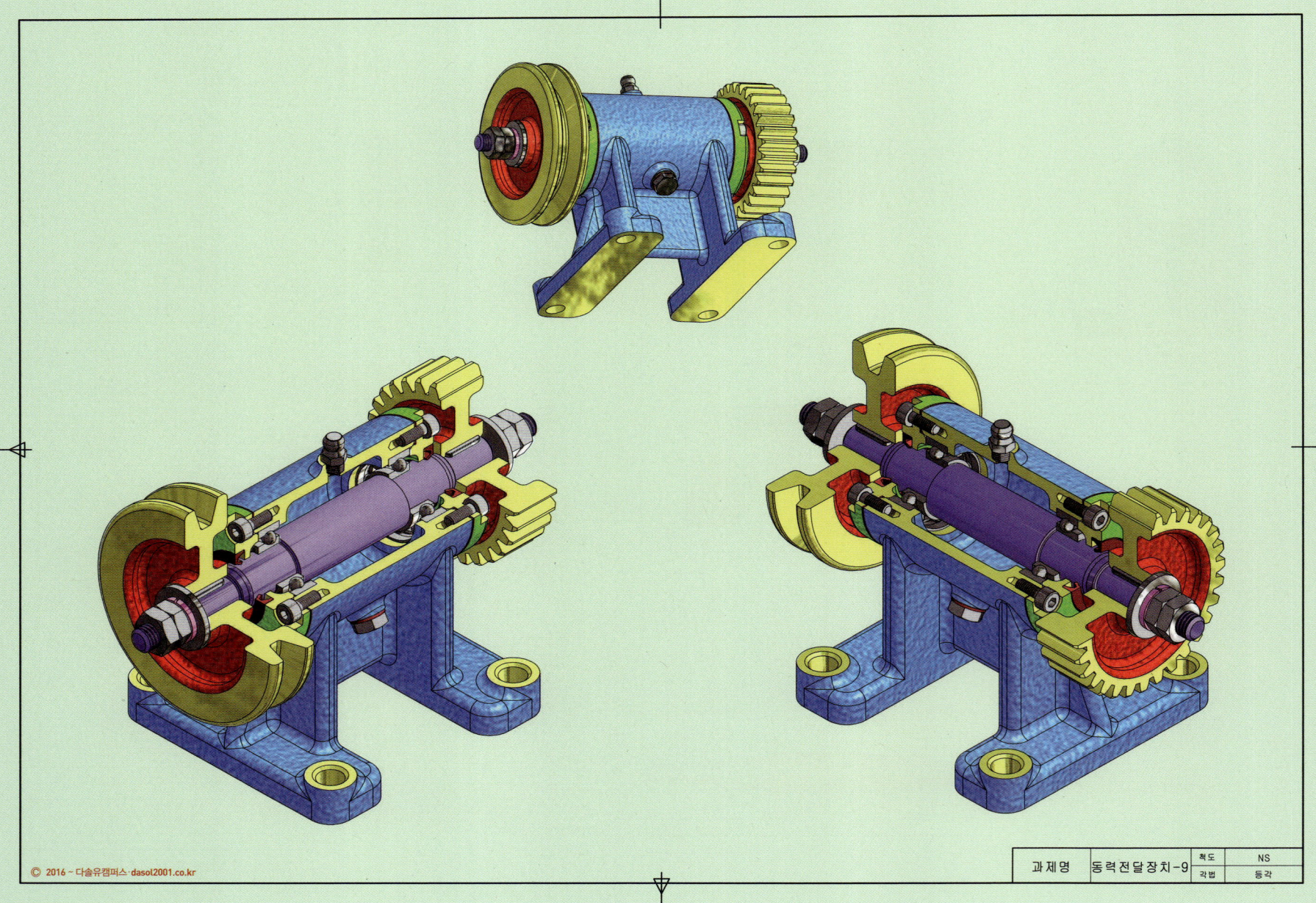

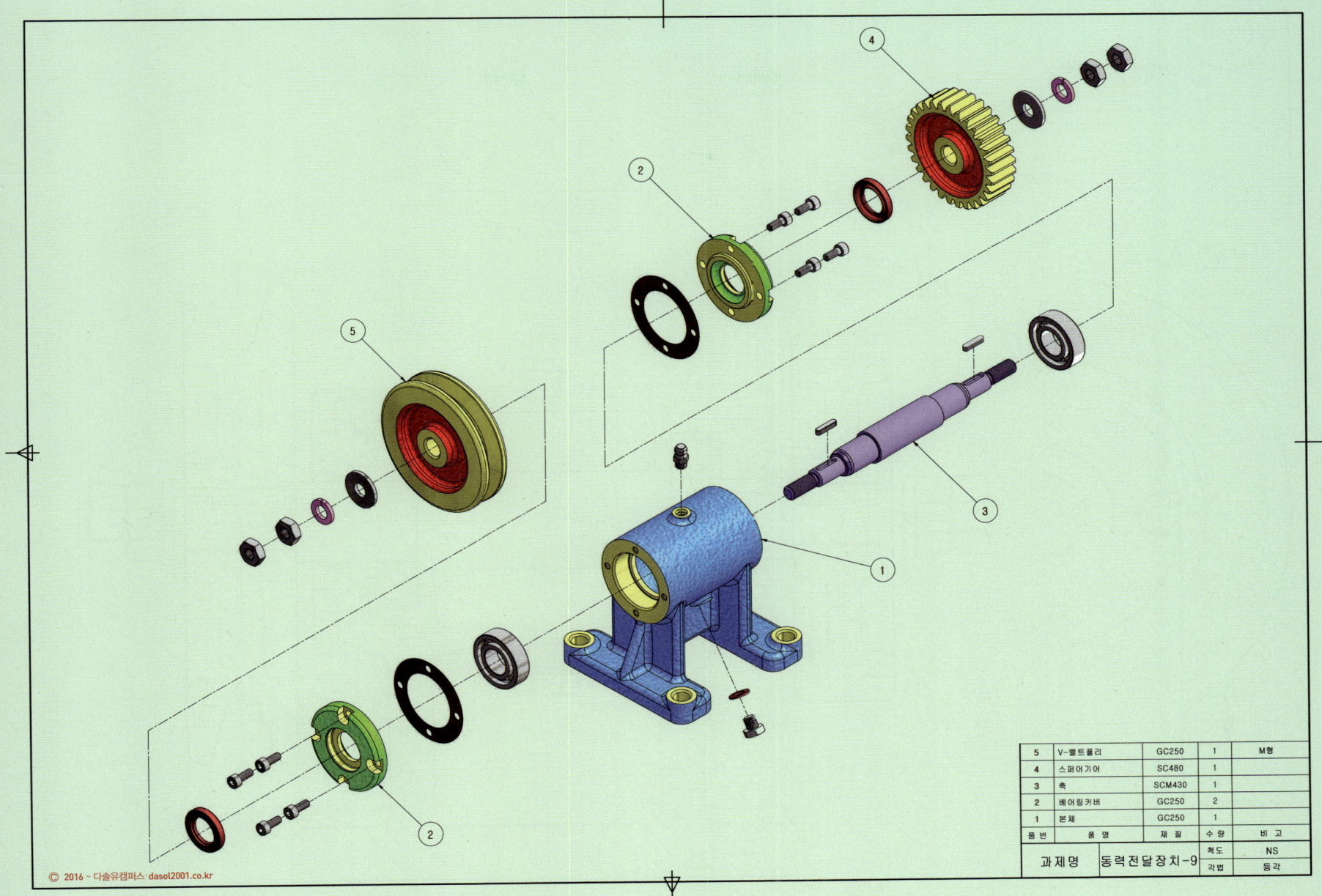

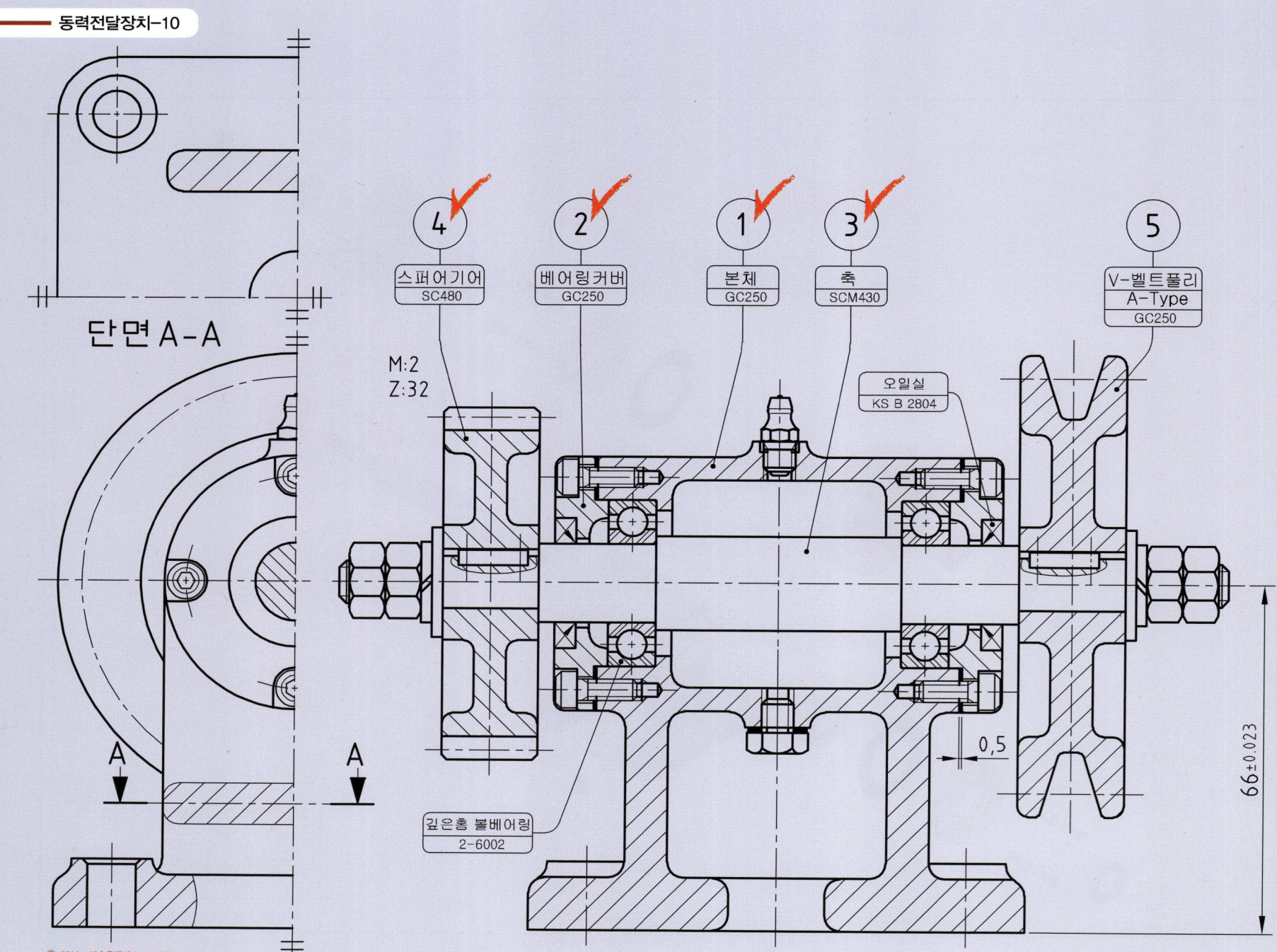

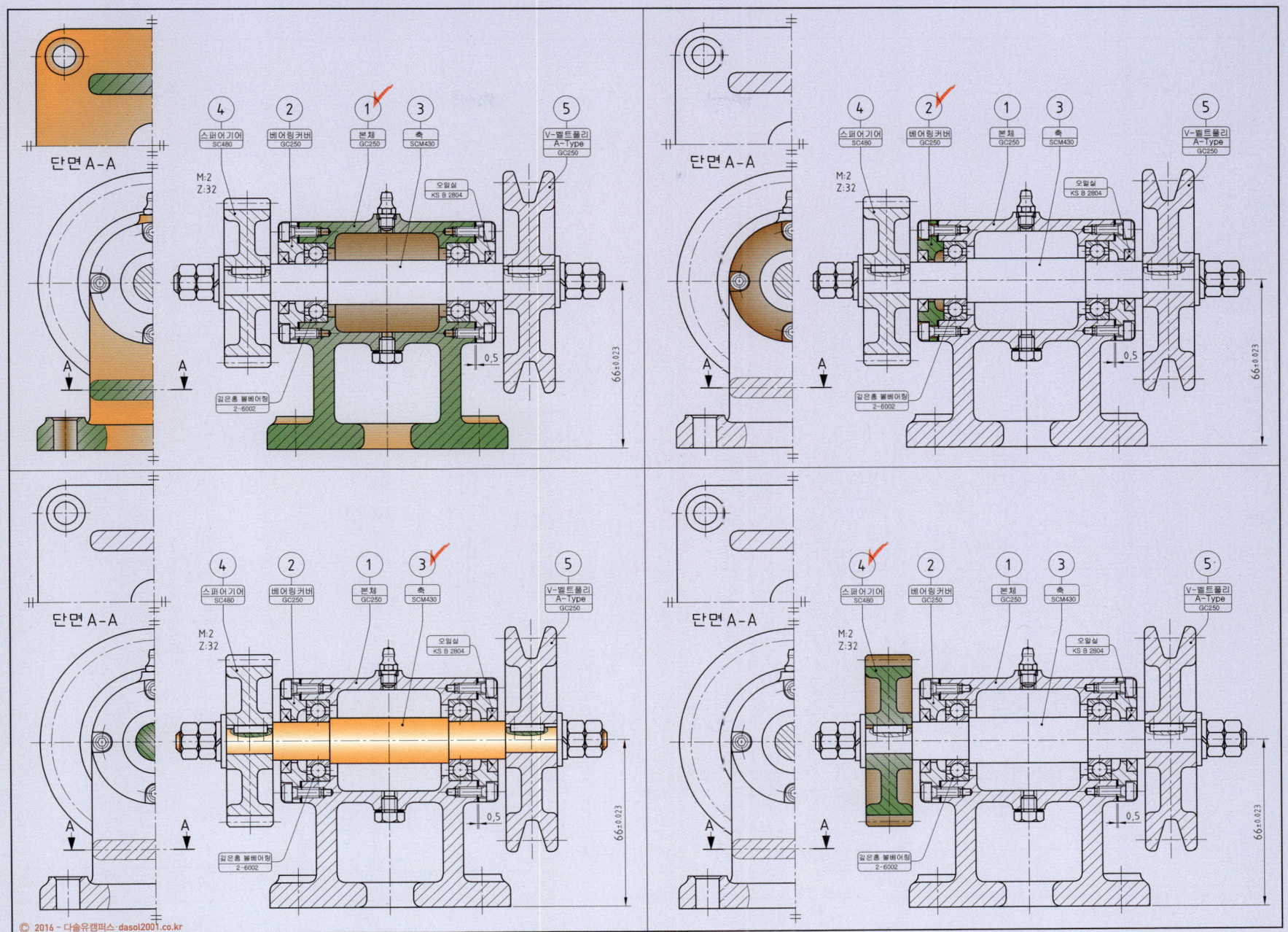

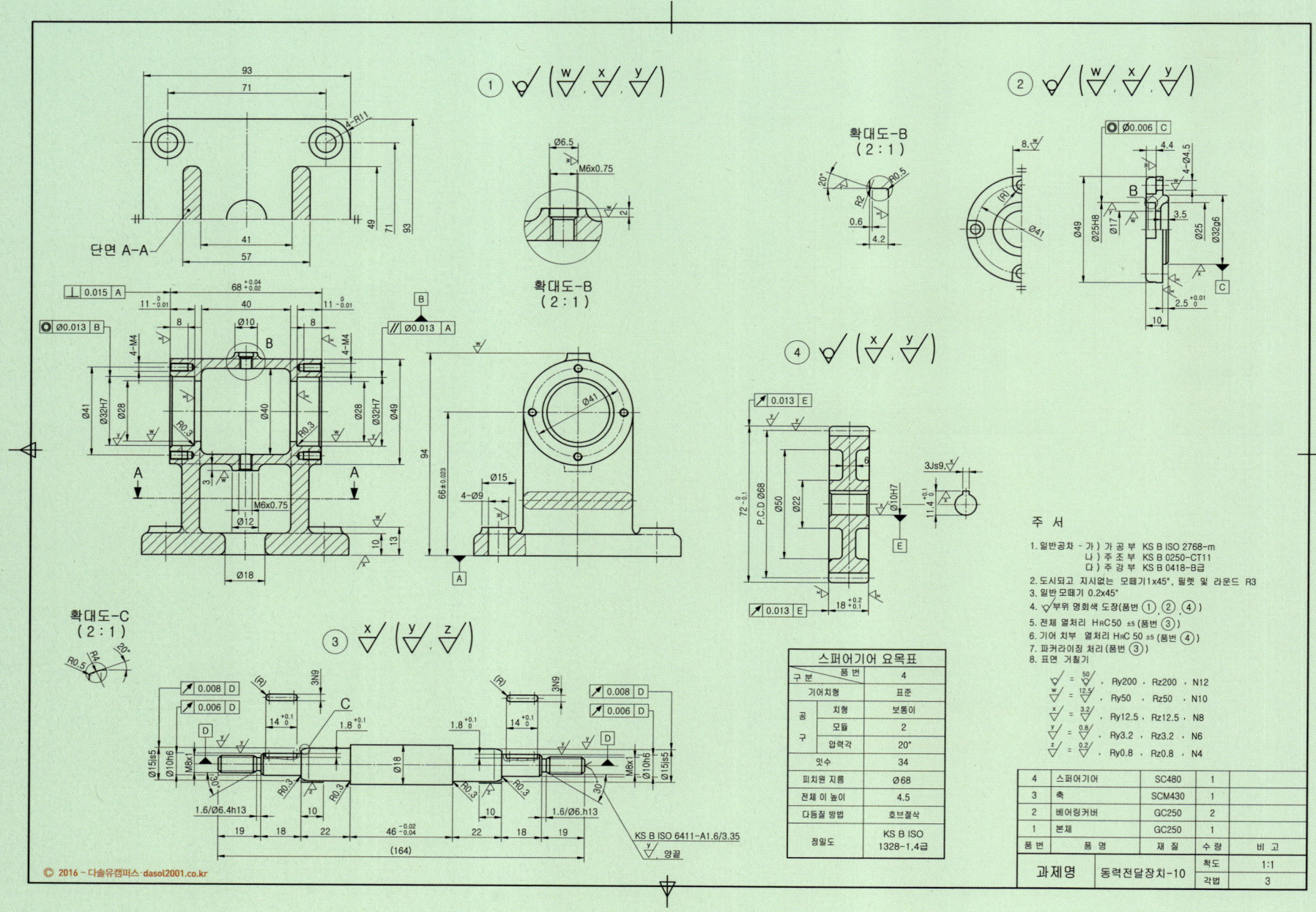

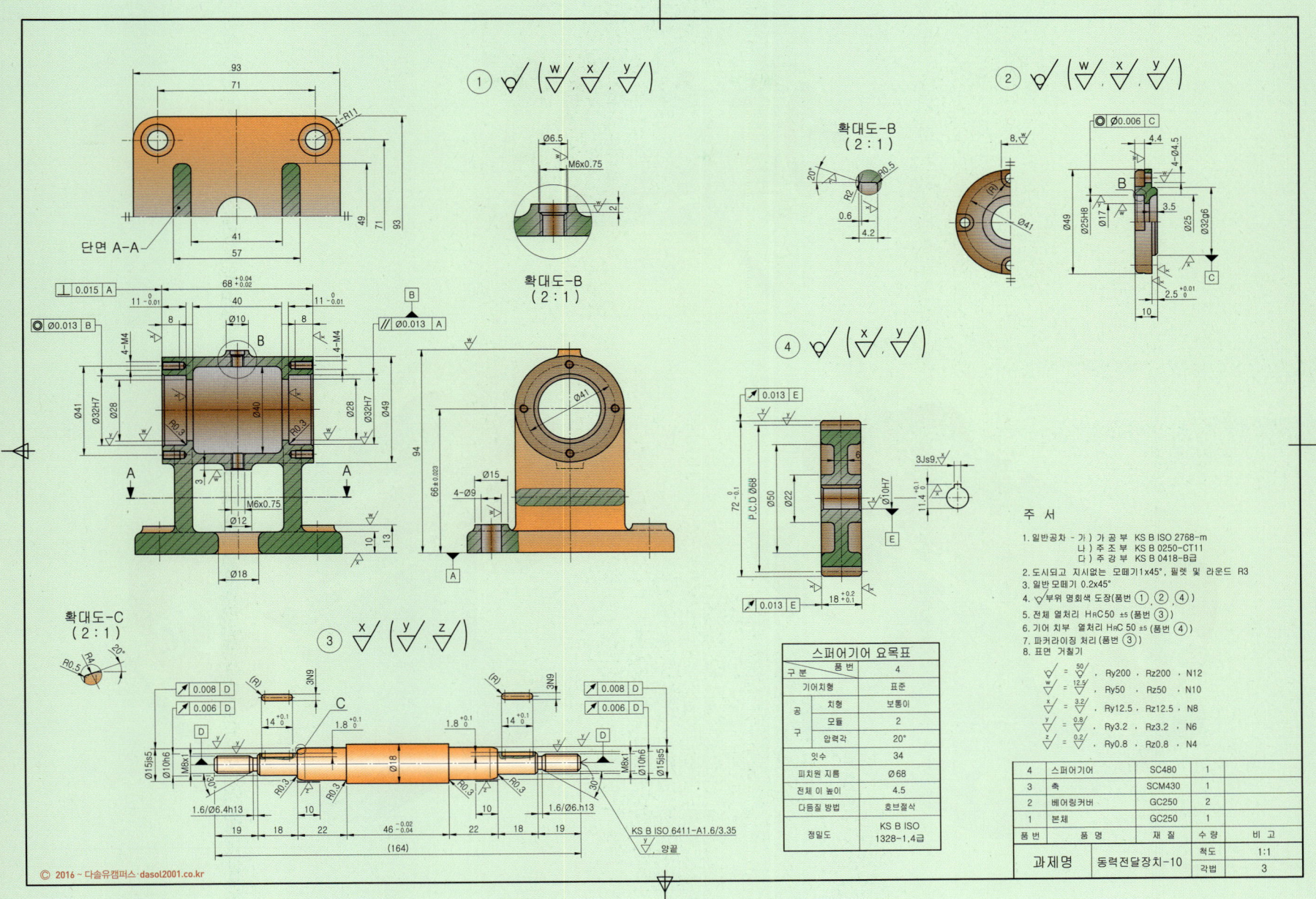

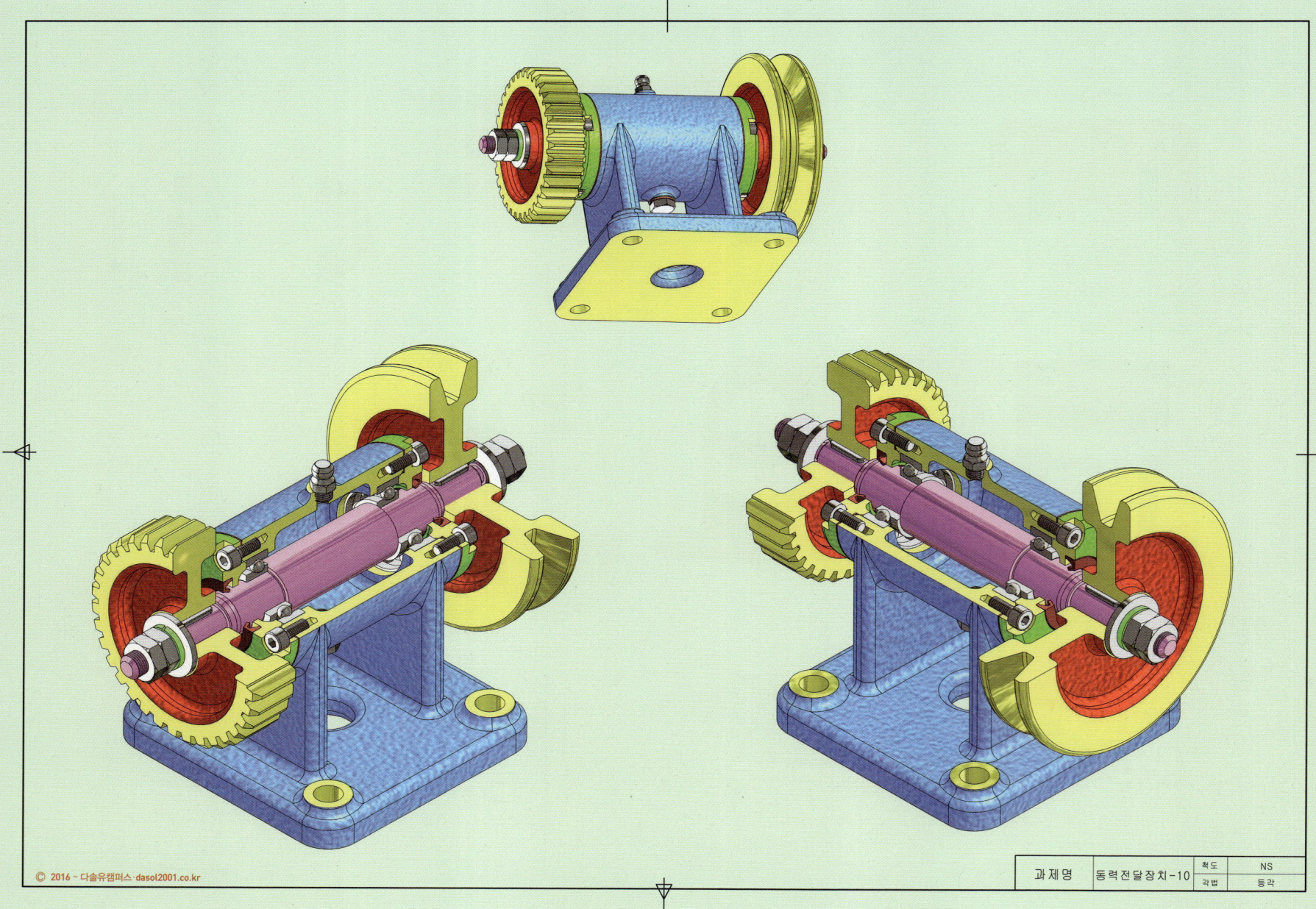

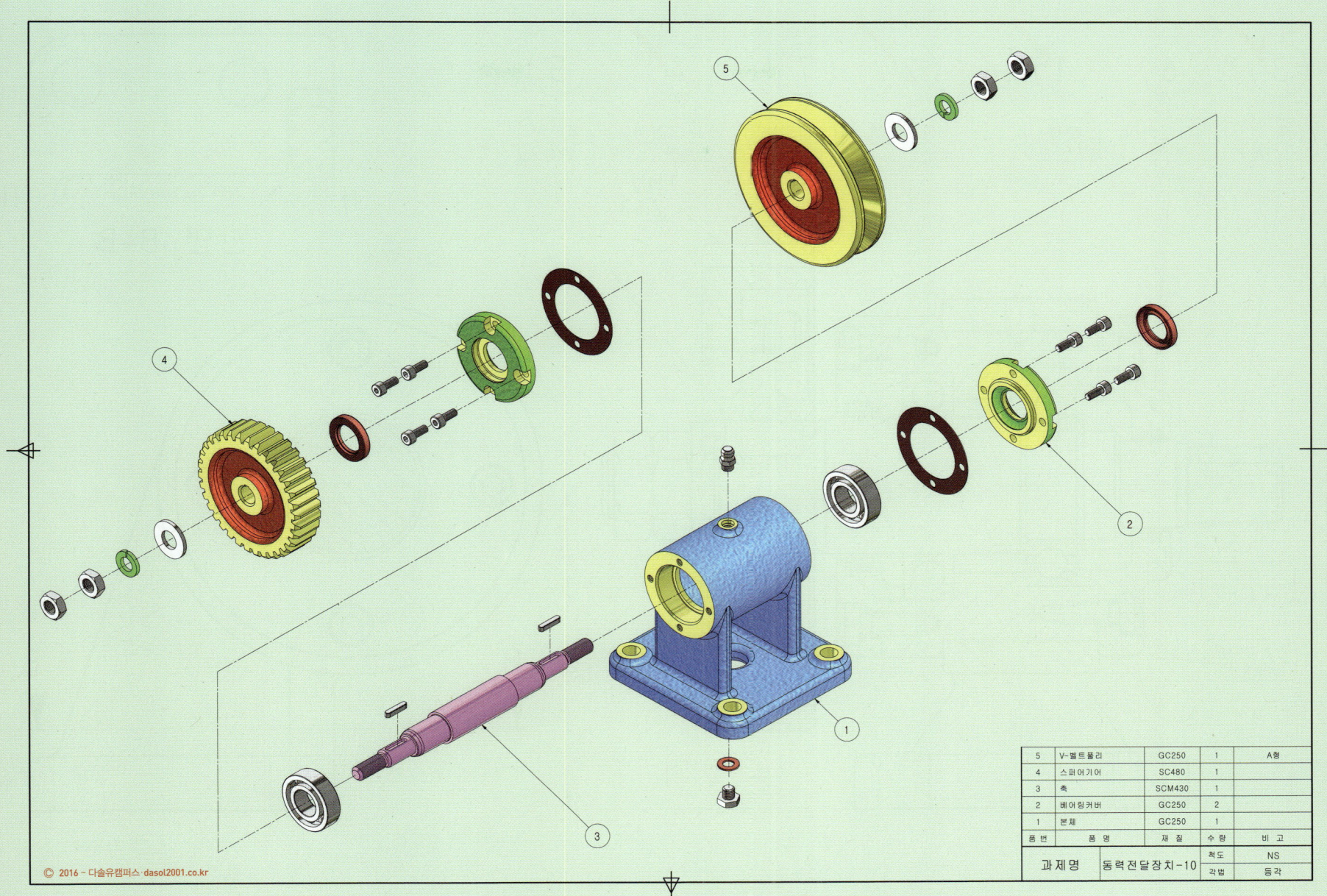

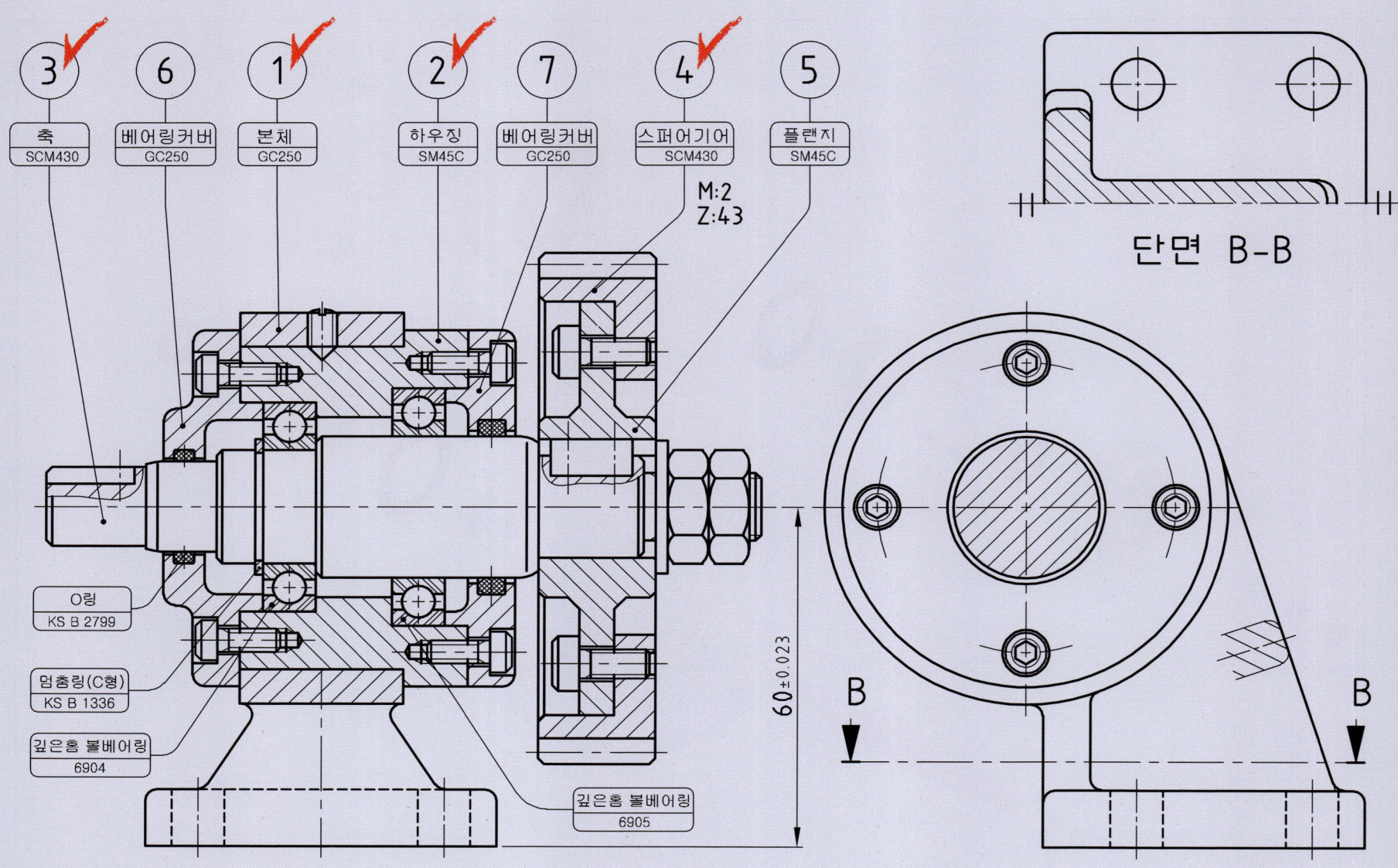

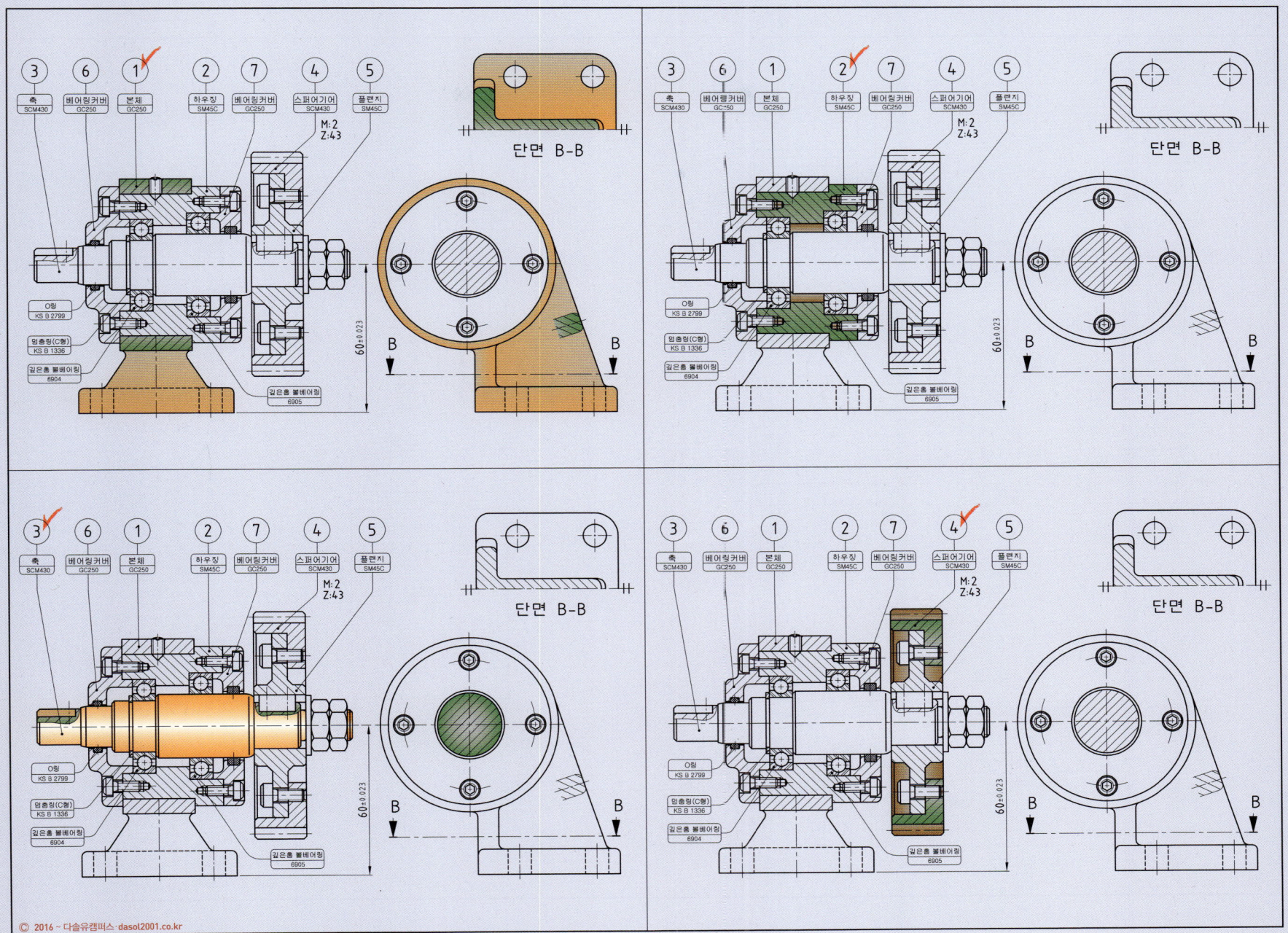

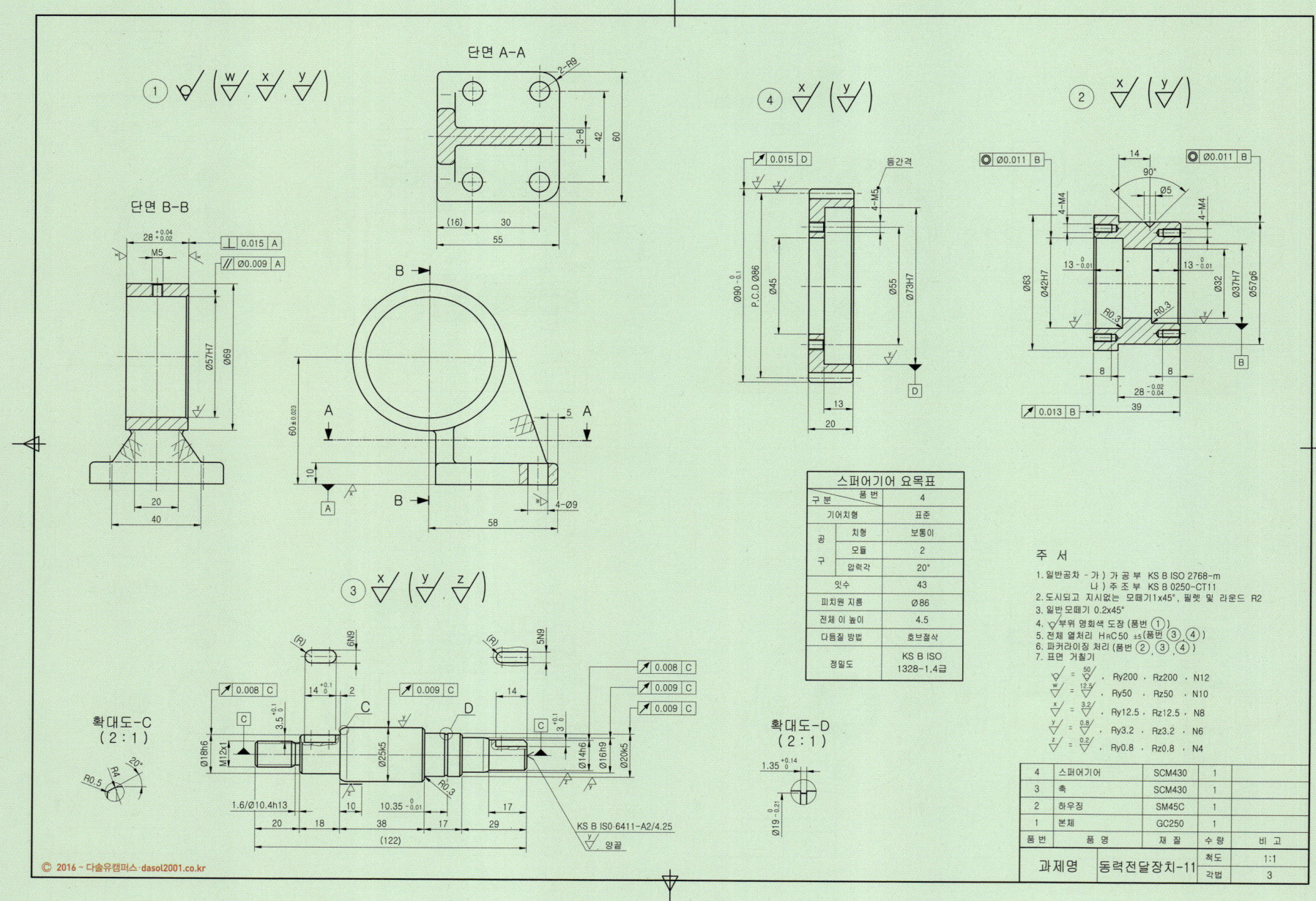

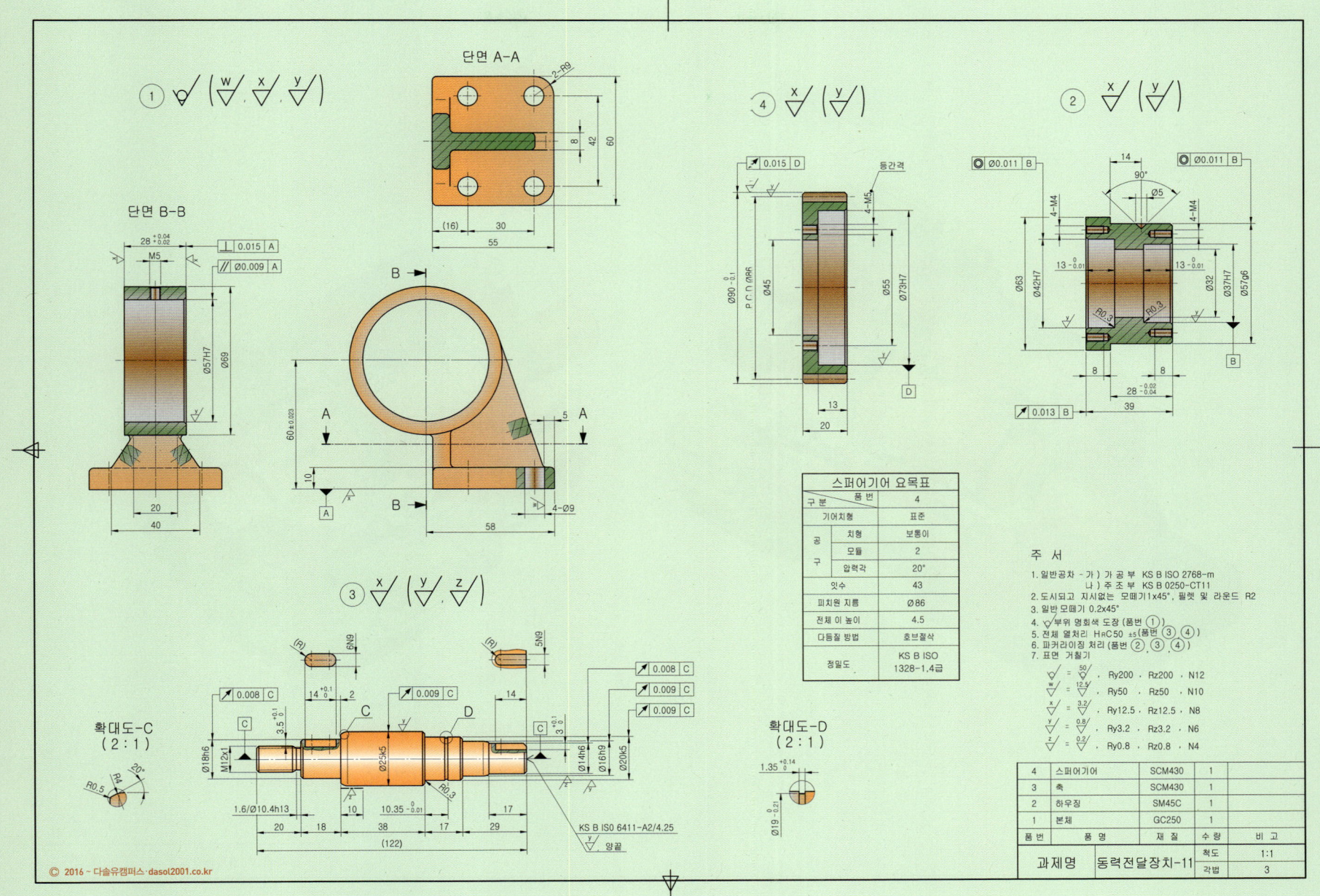

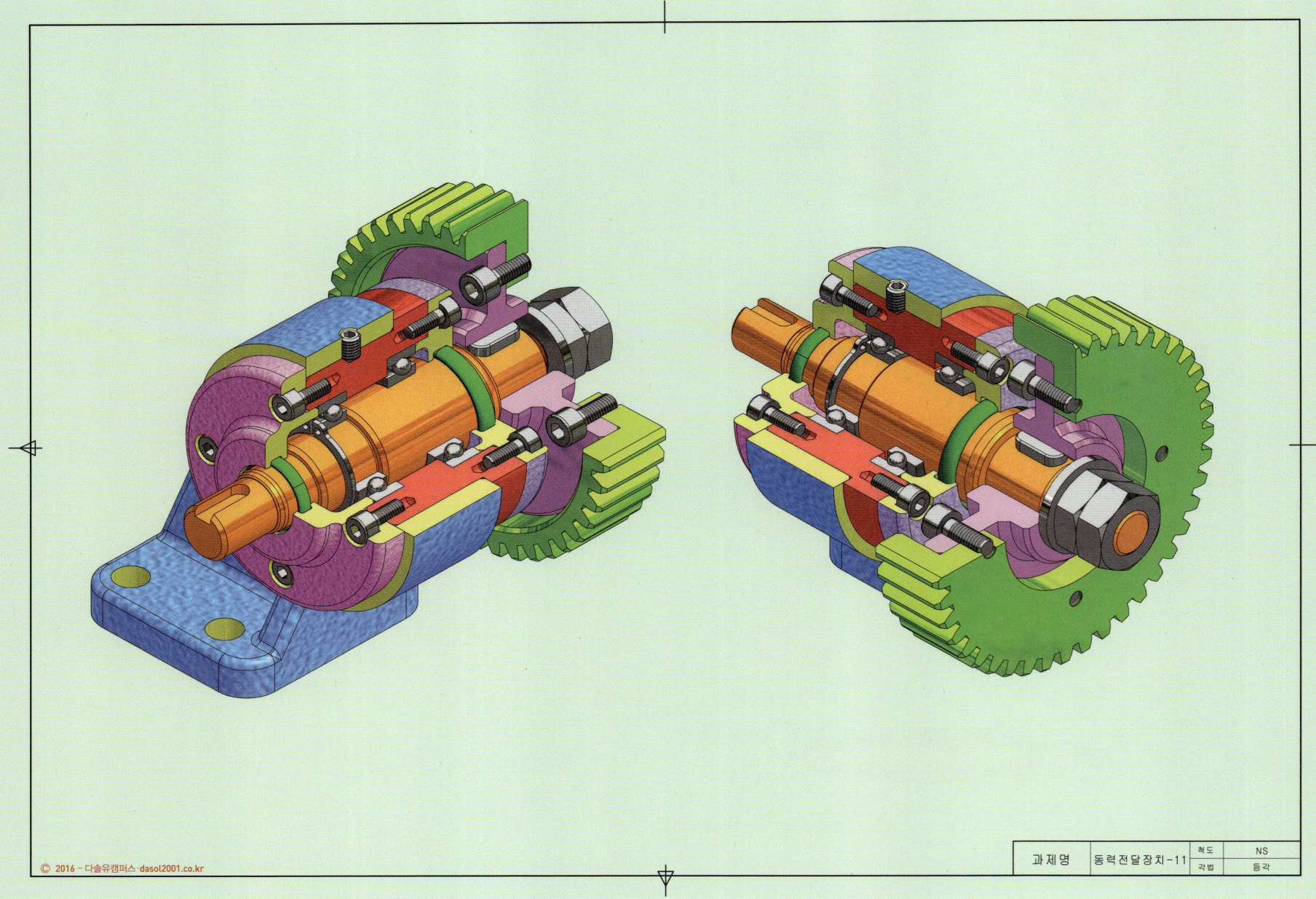

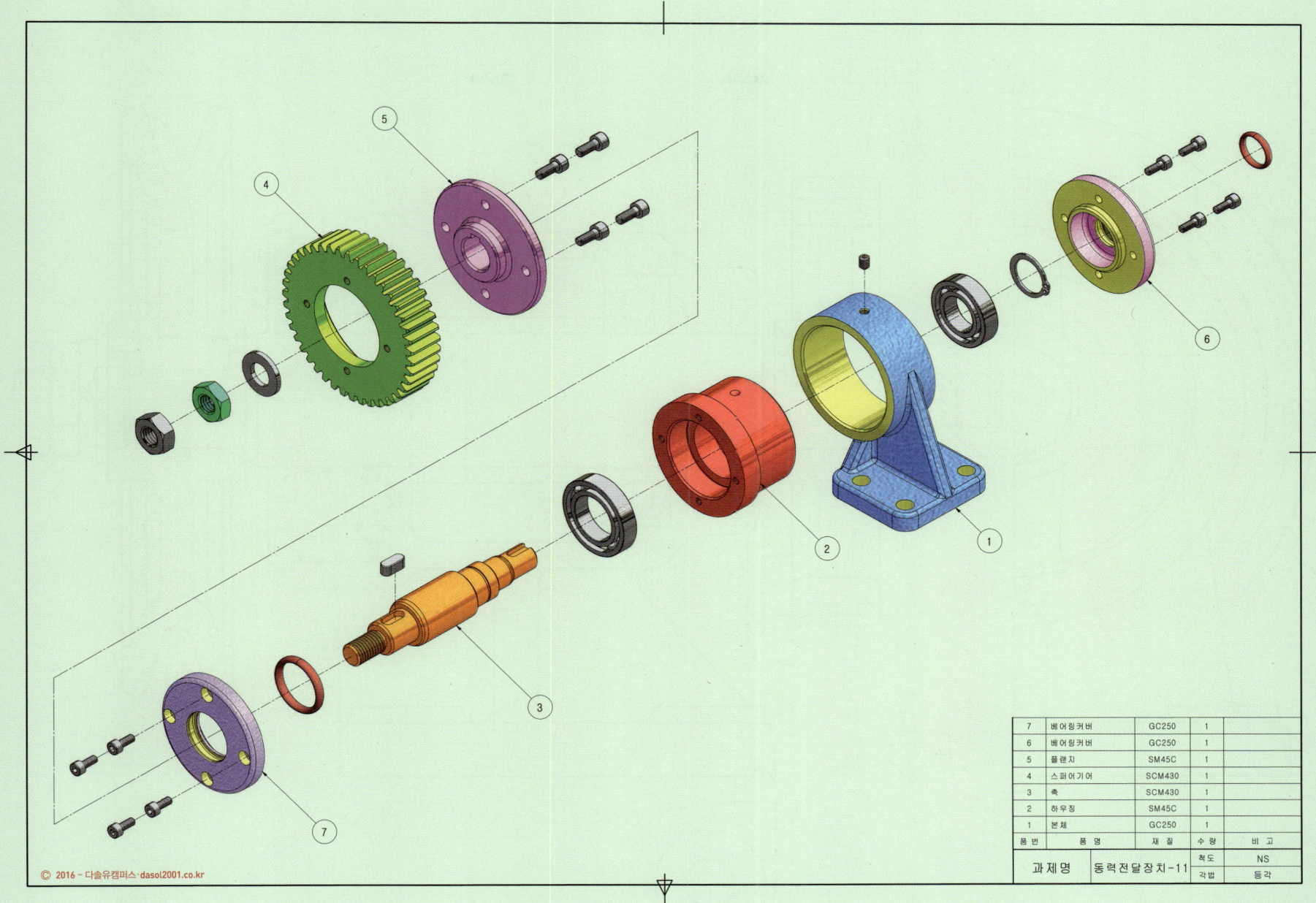

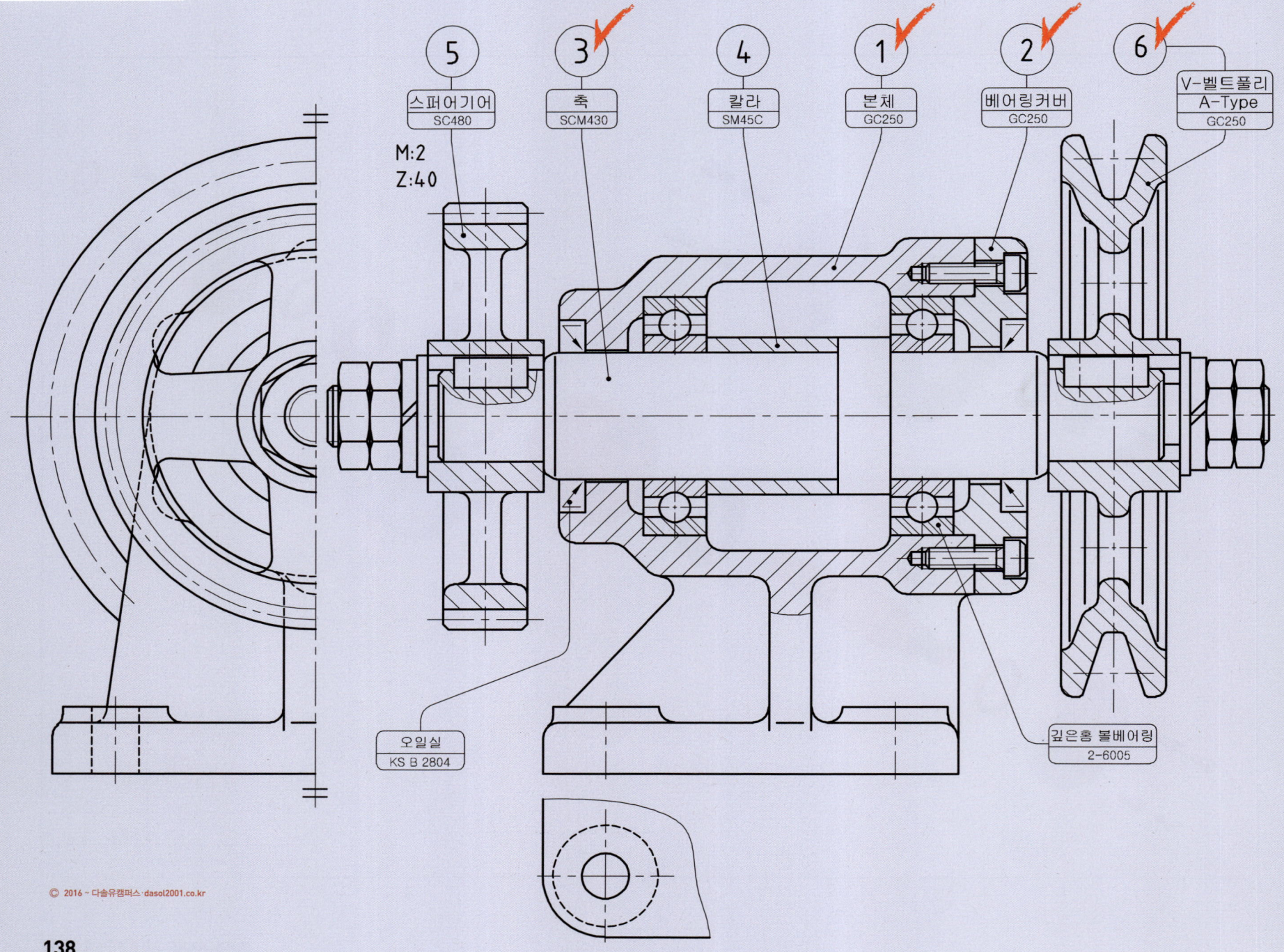

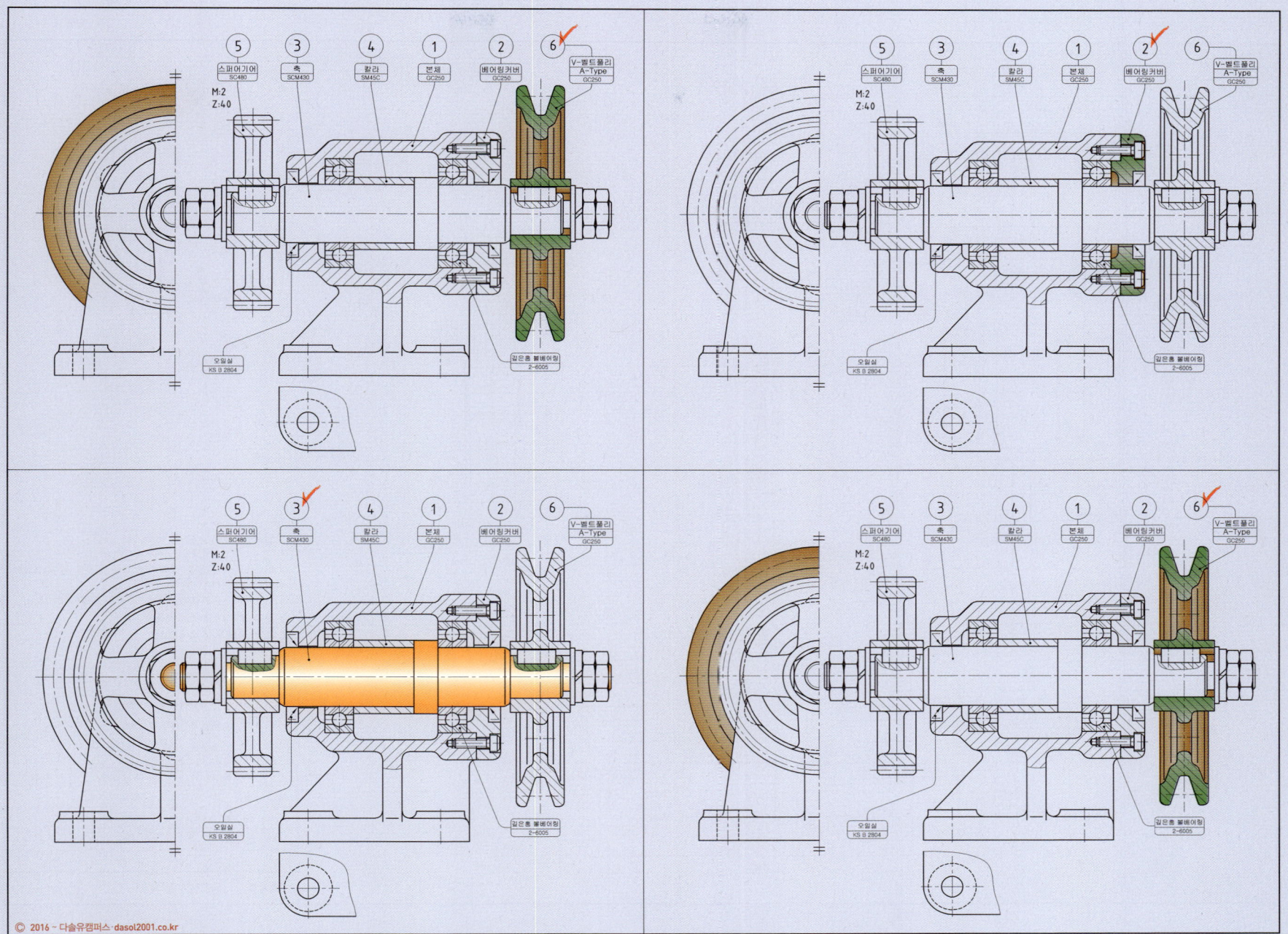

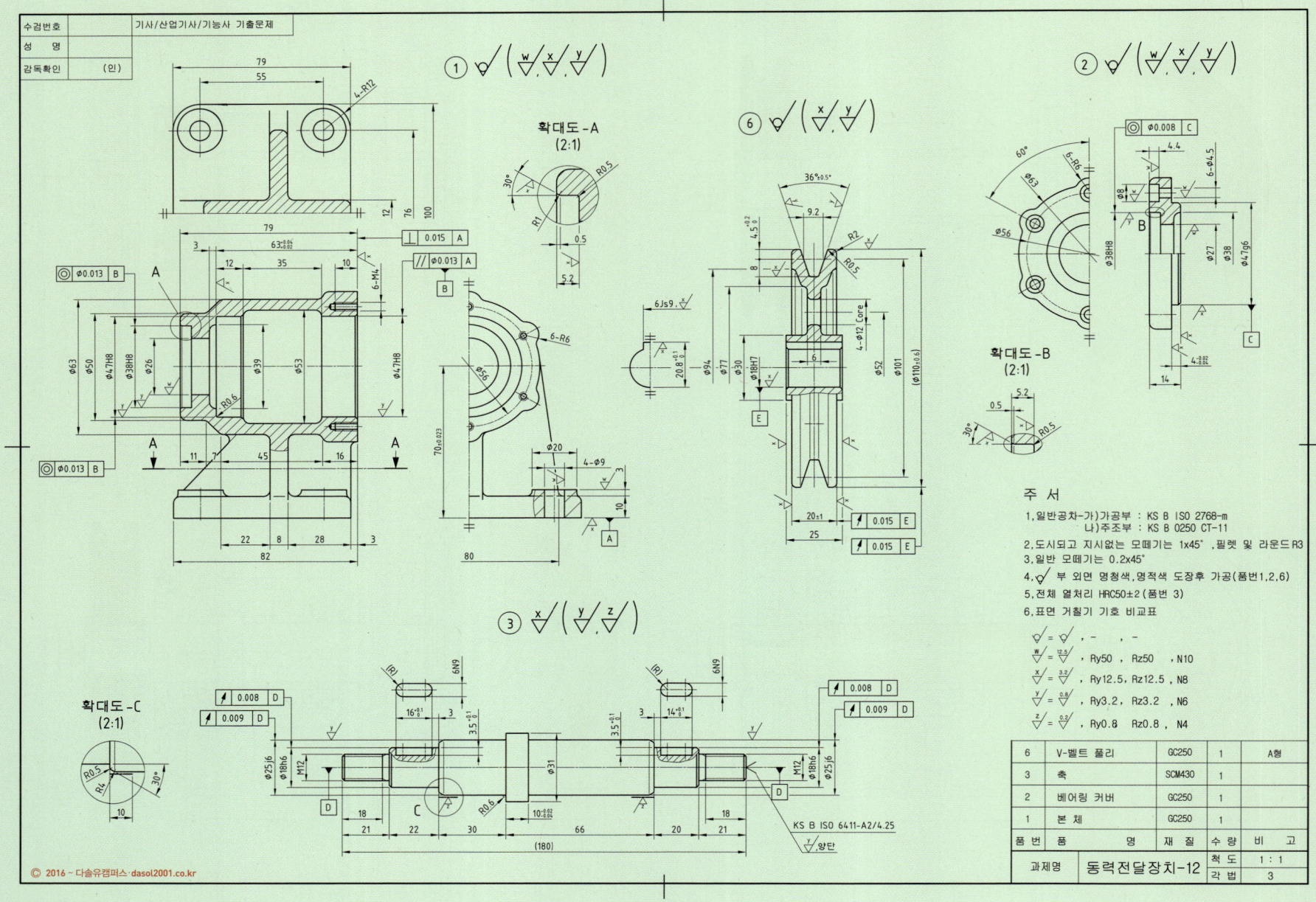

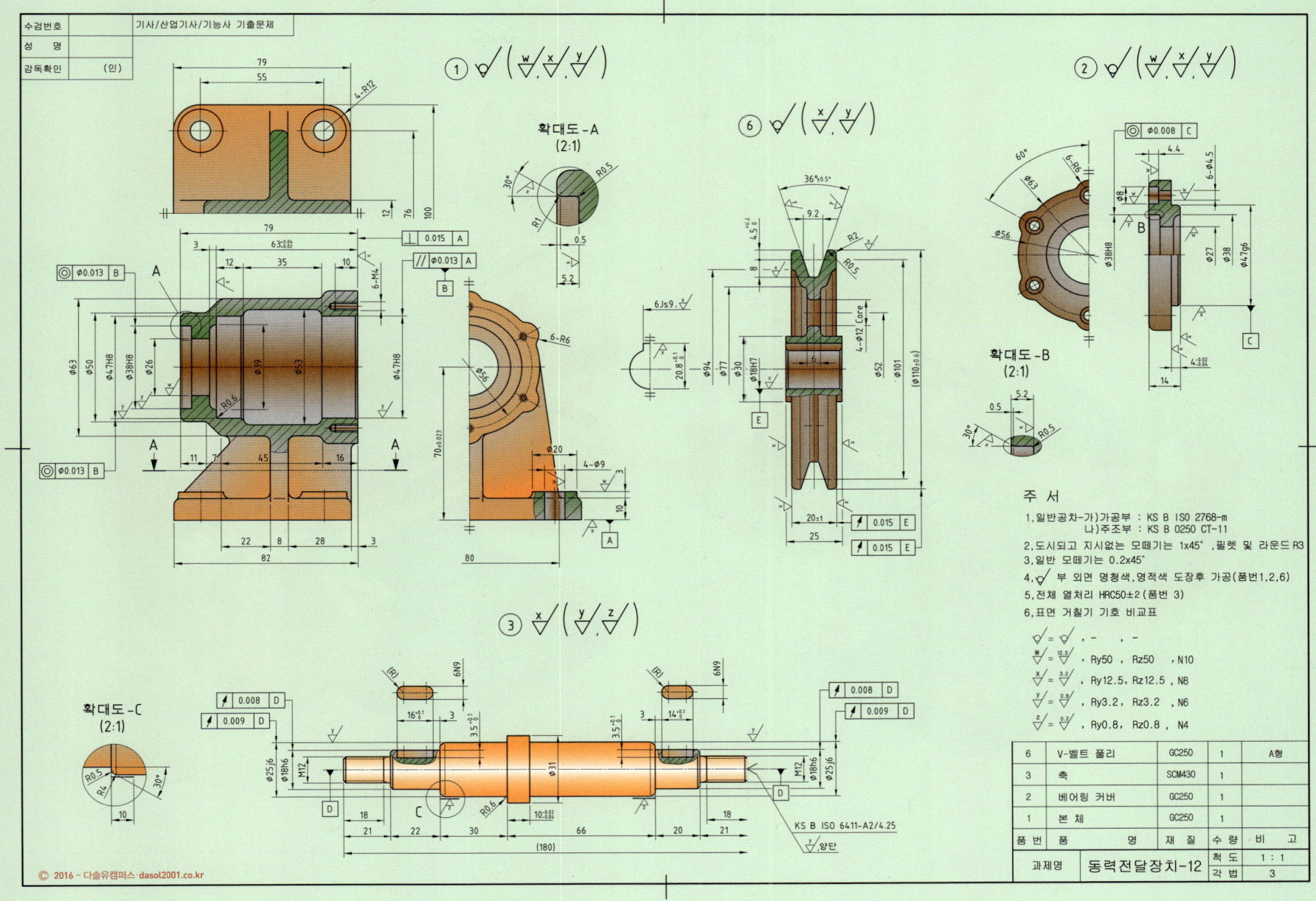

동력전달장치-12

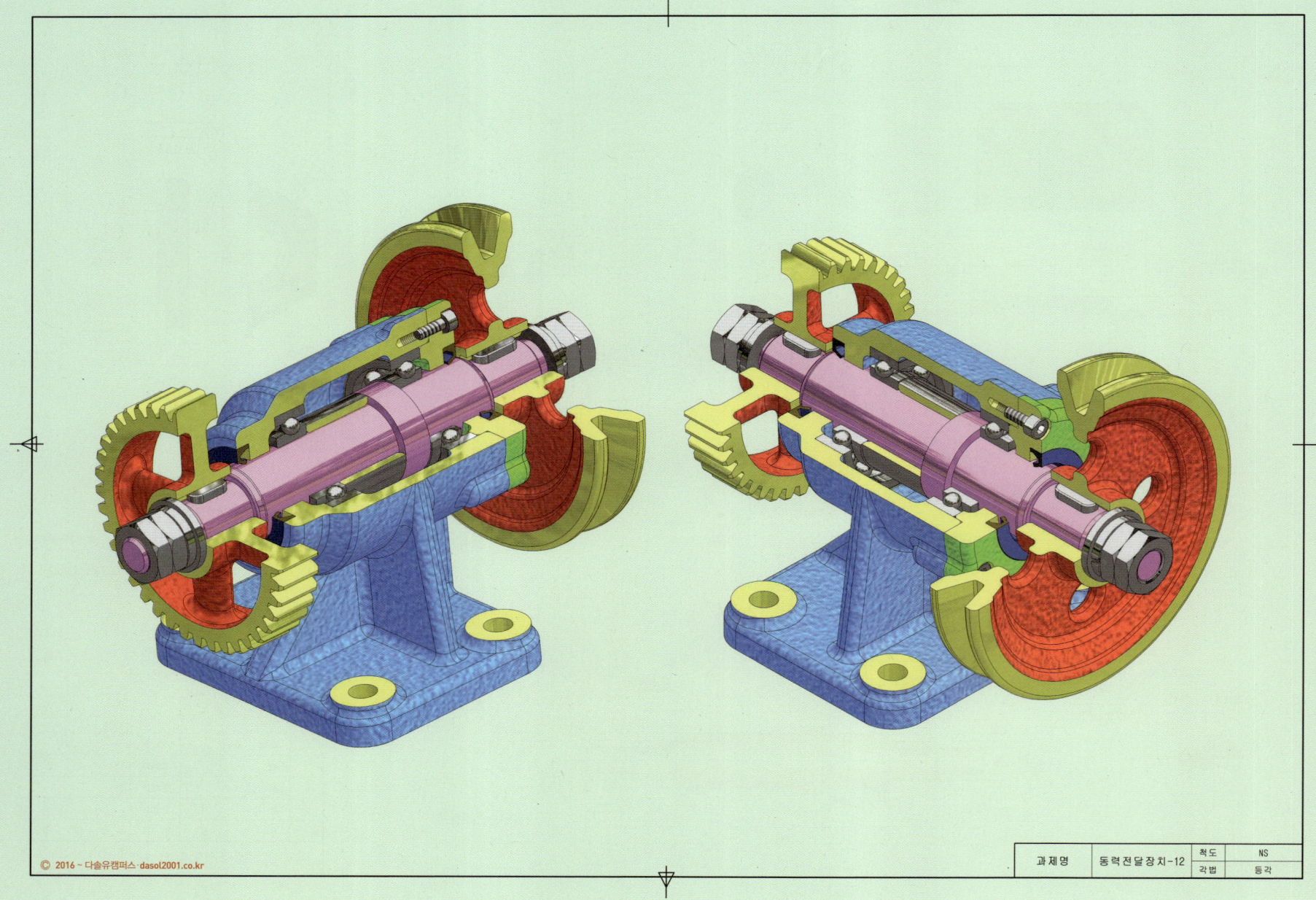

과제명	동력전달장치-12	척도	NS
		각법	등각

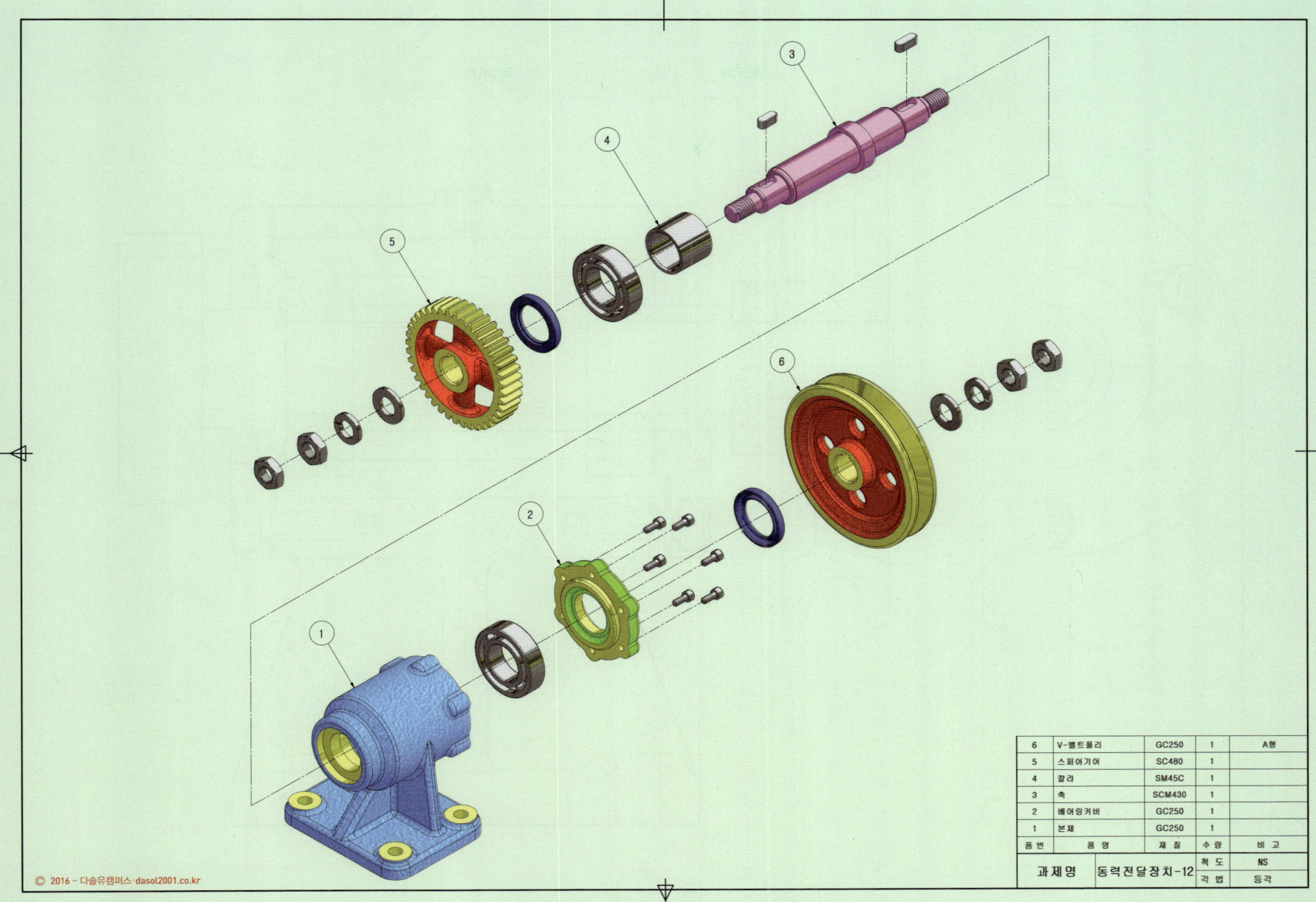

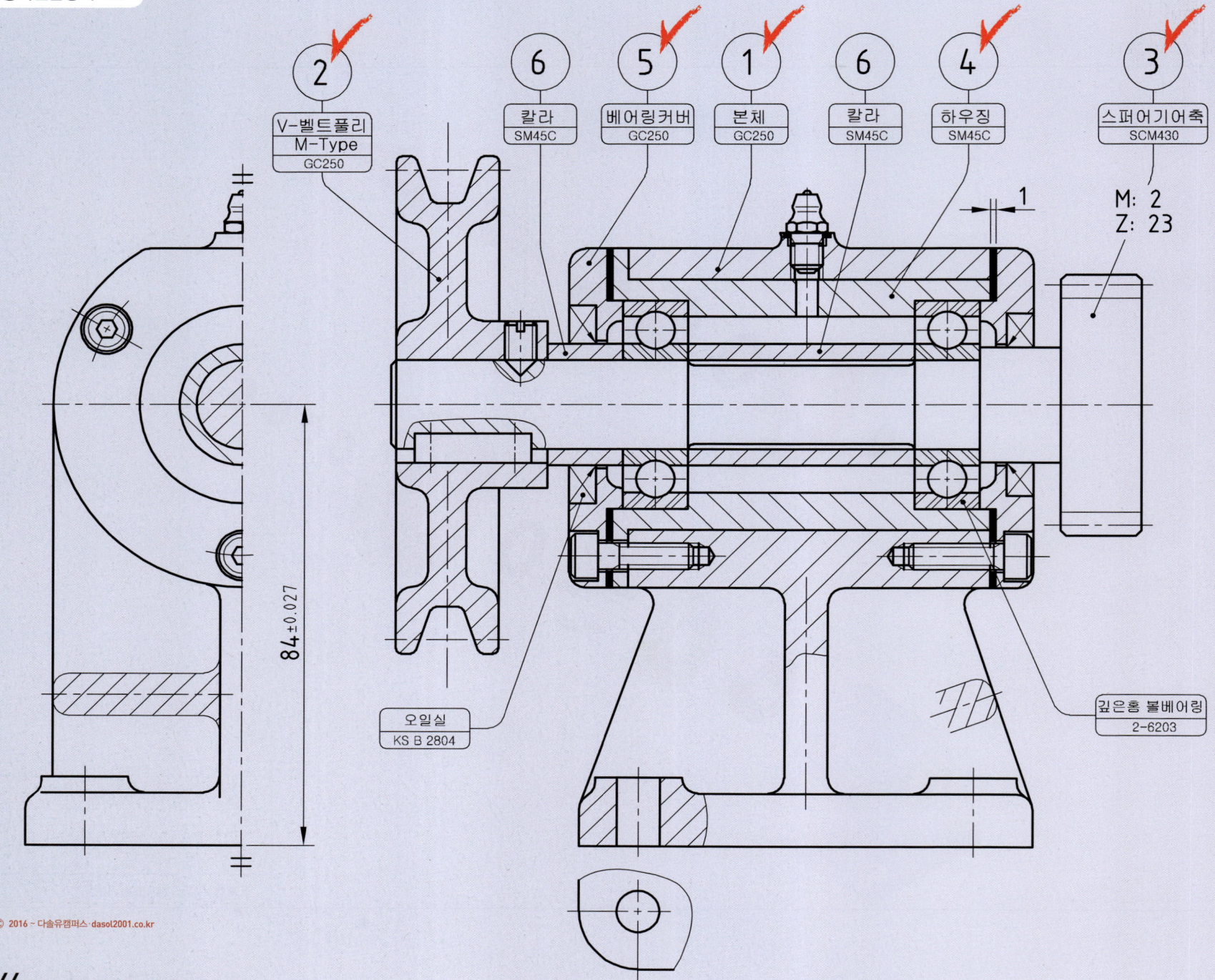

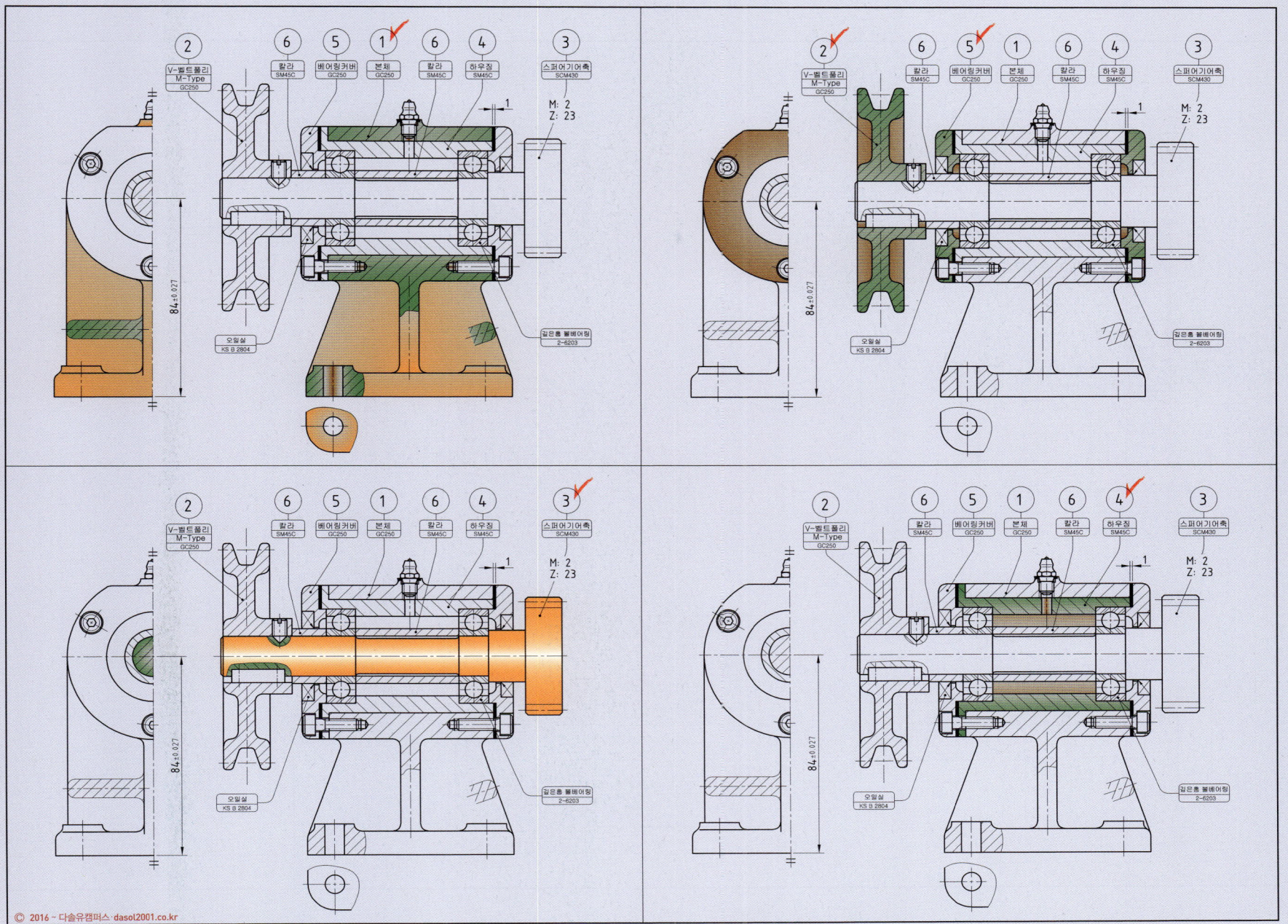

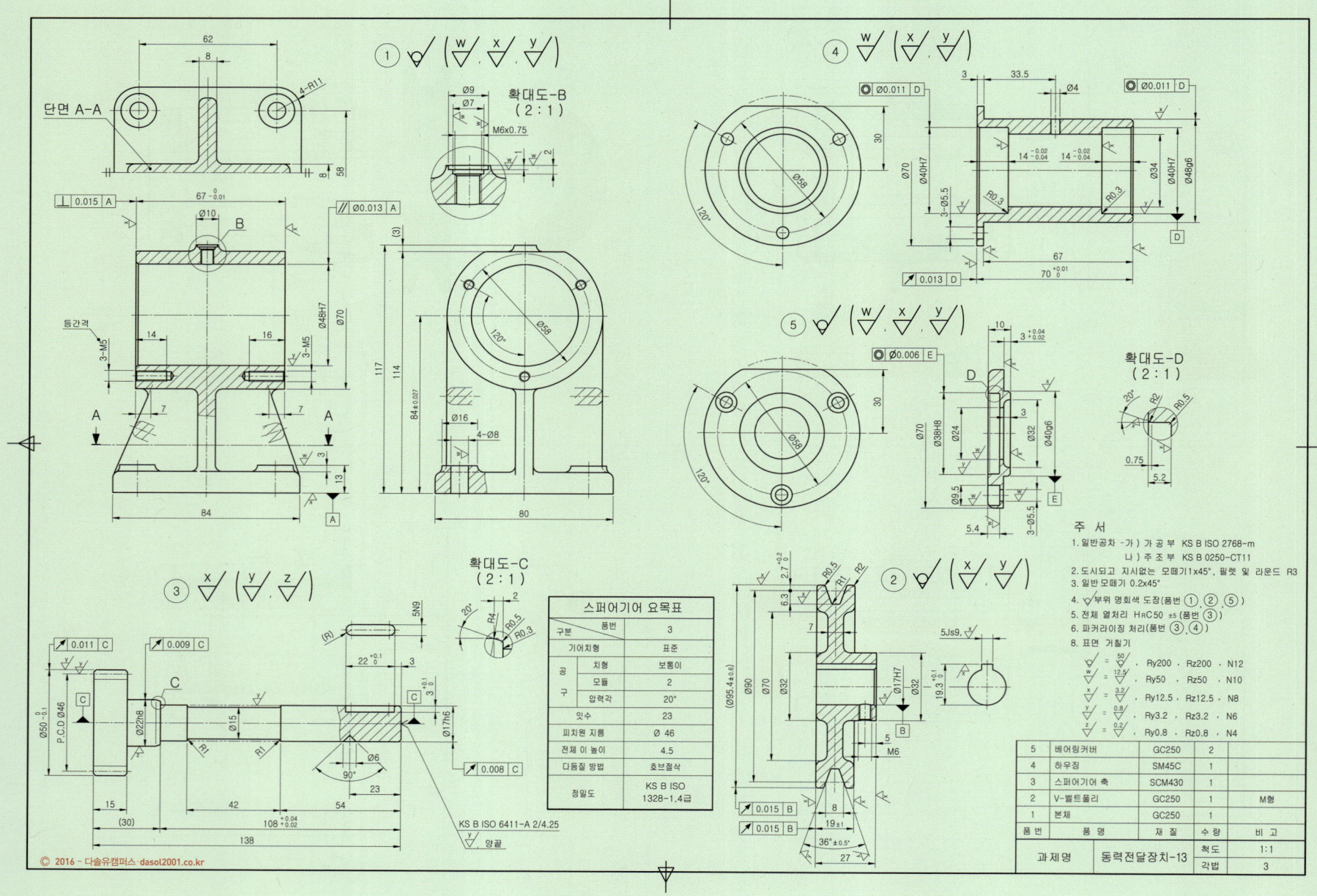

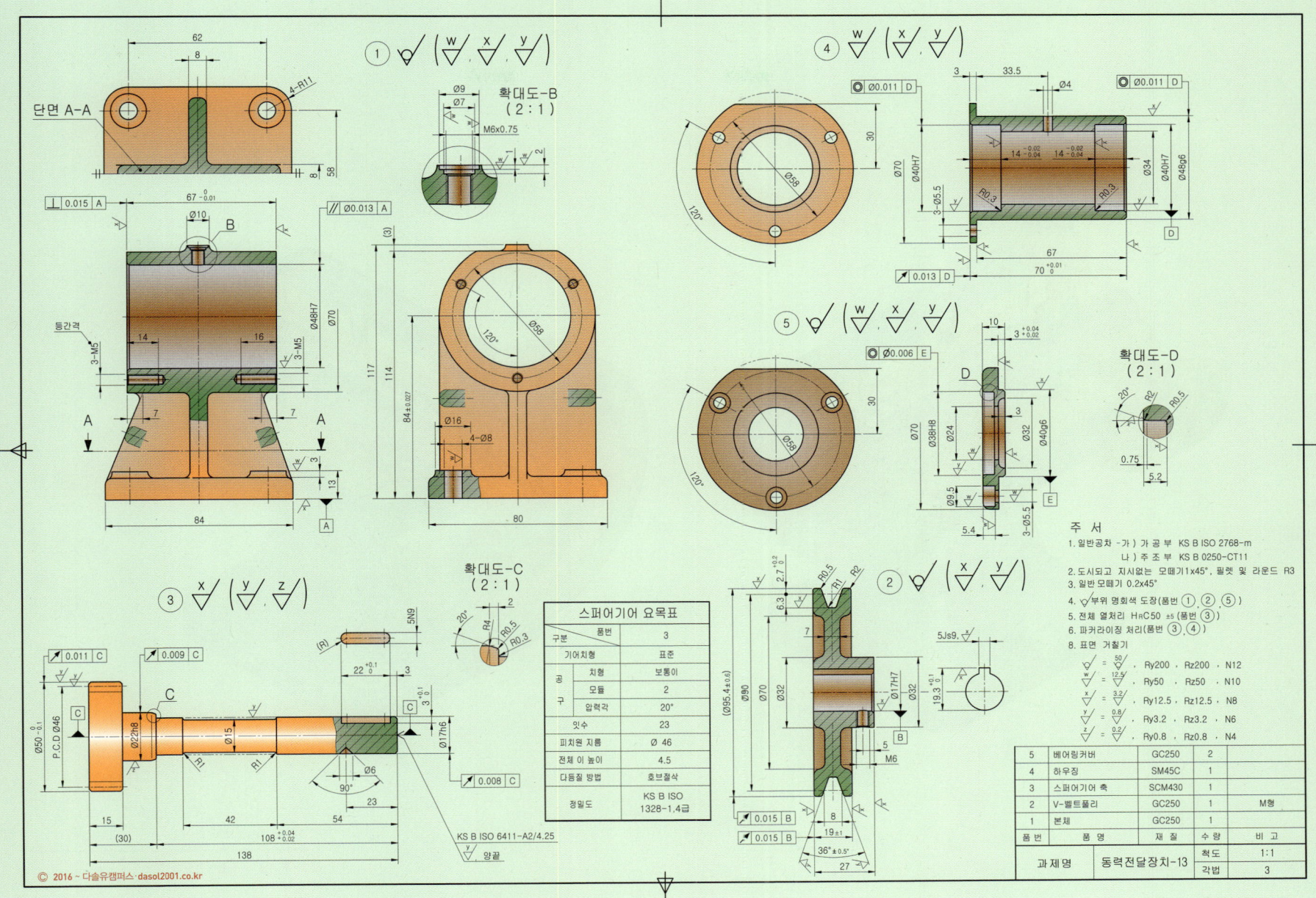

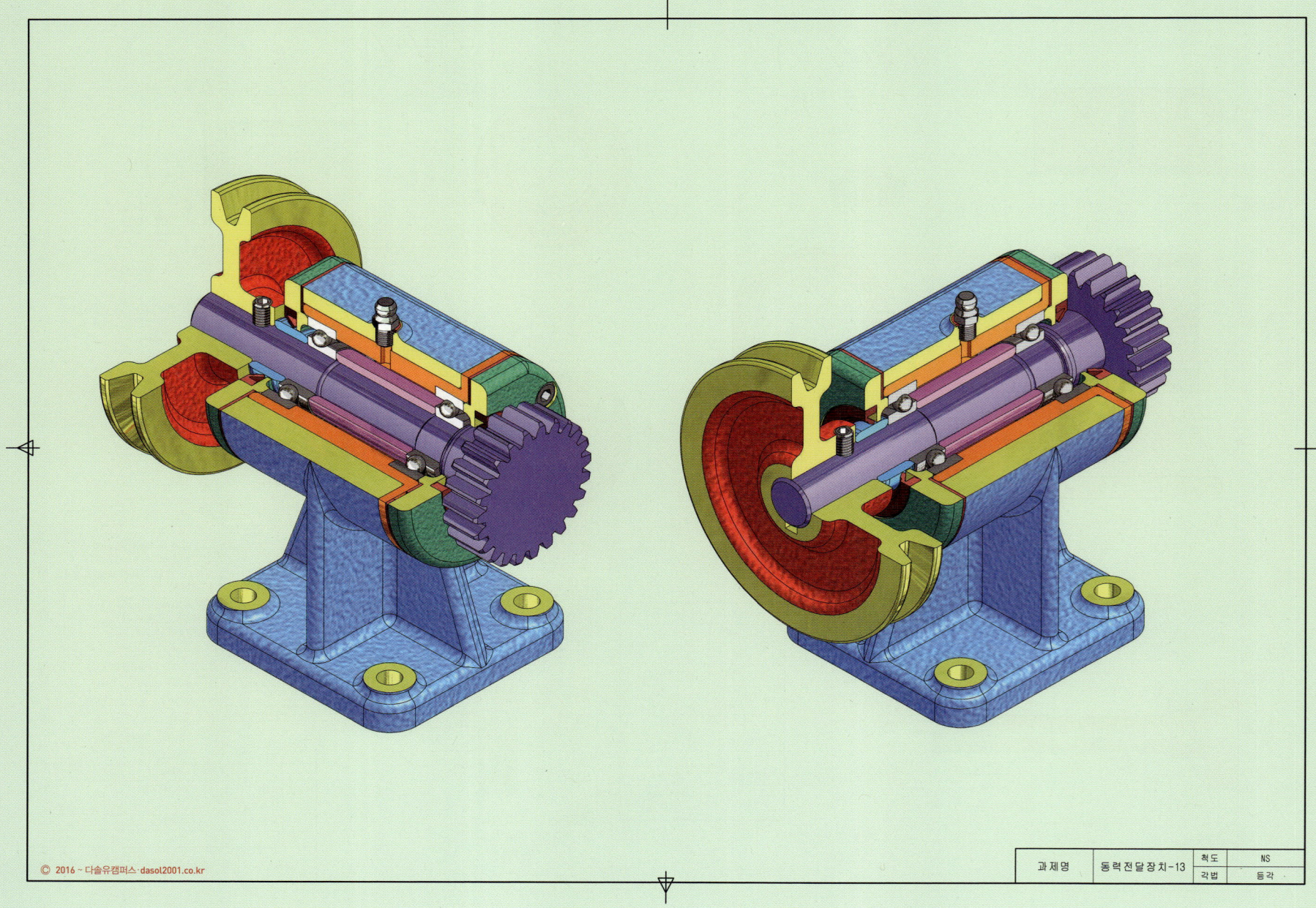

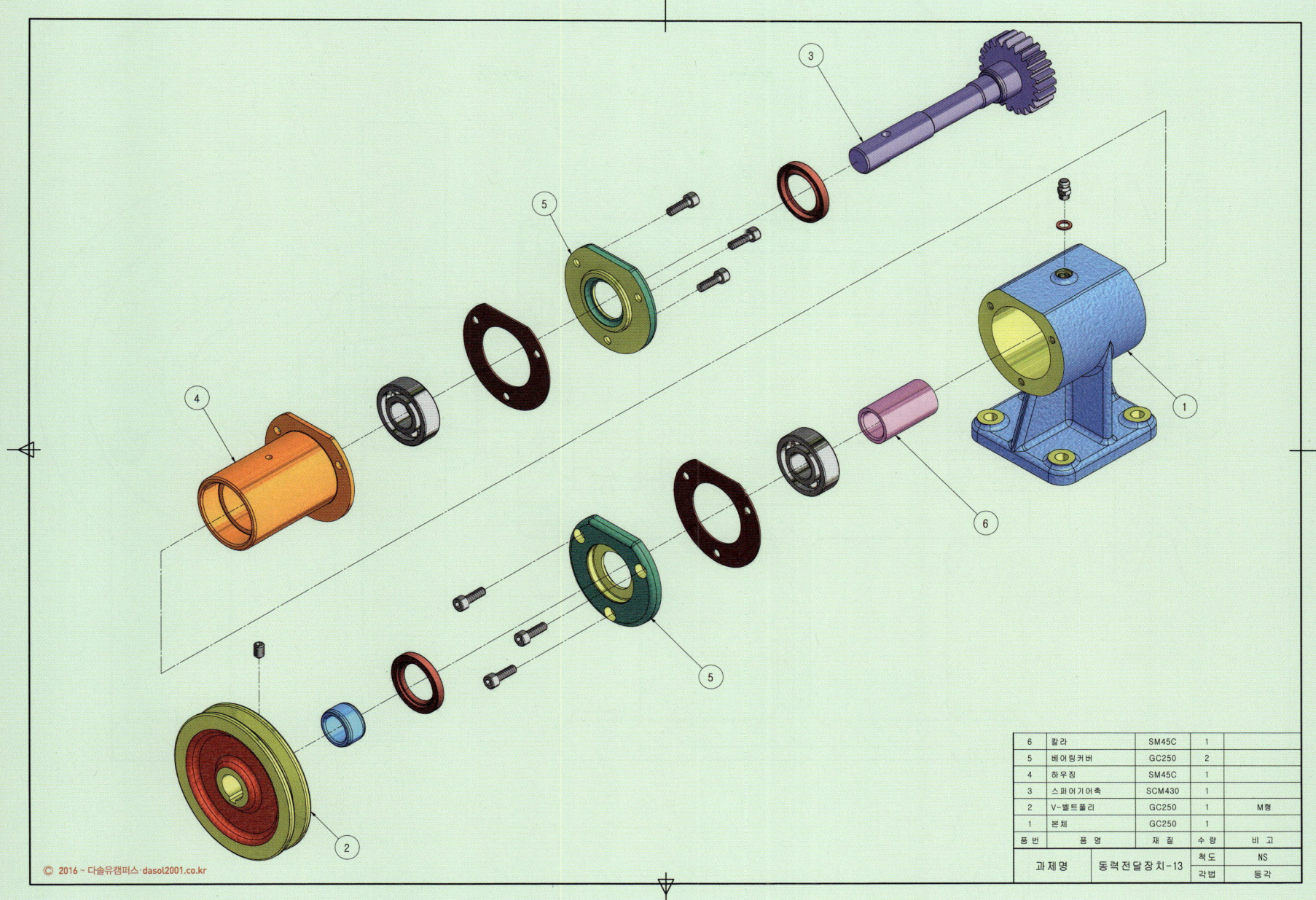

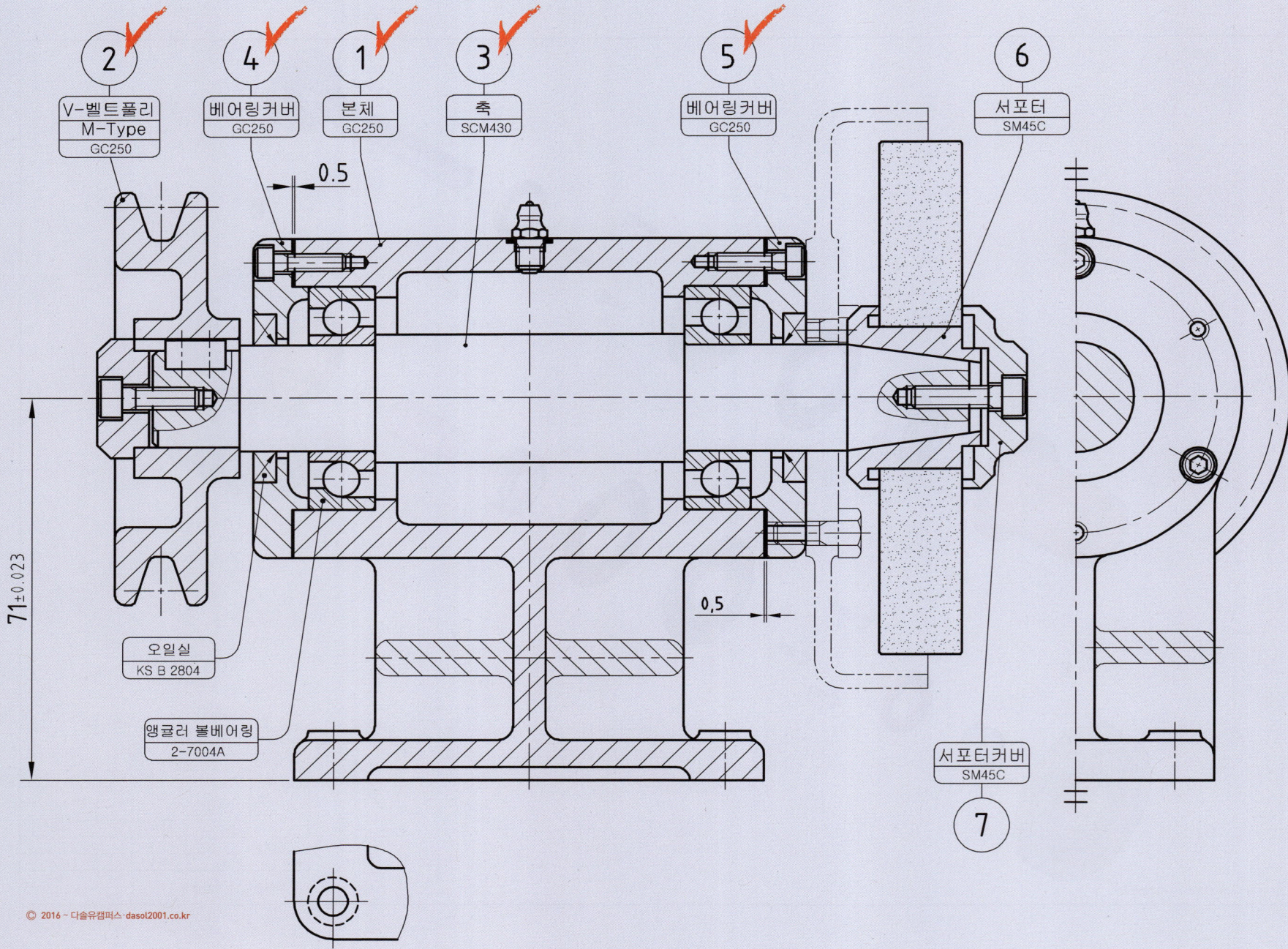

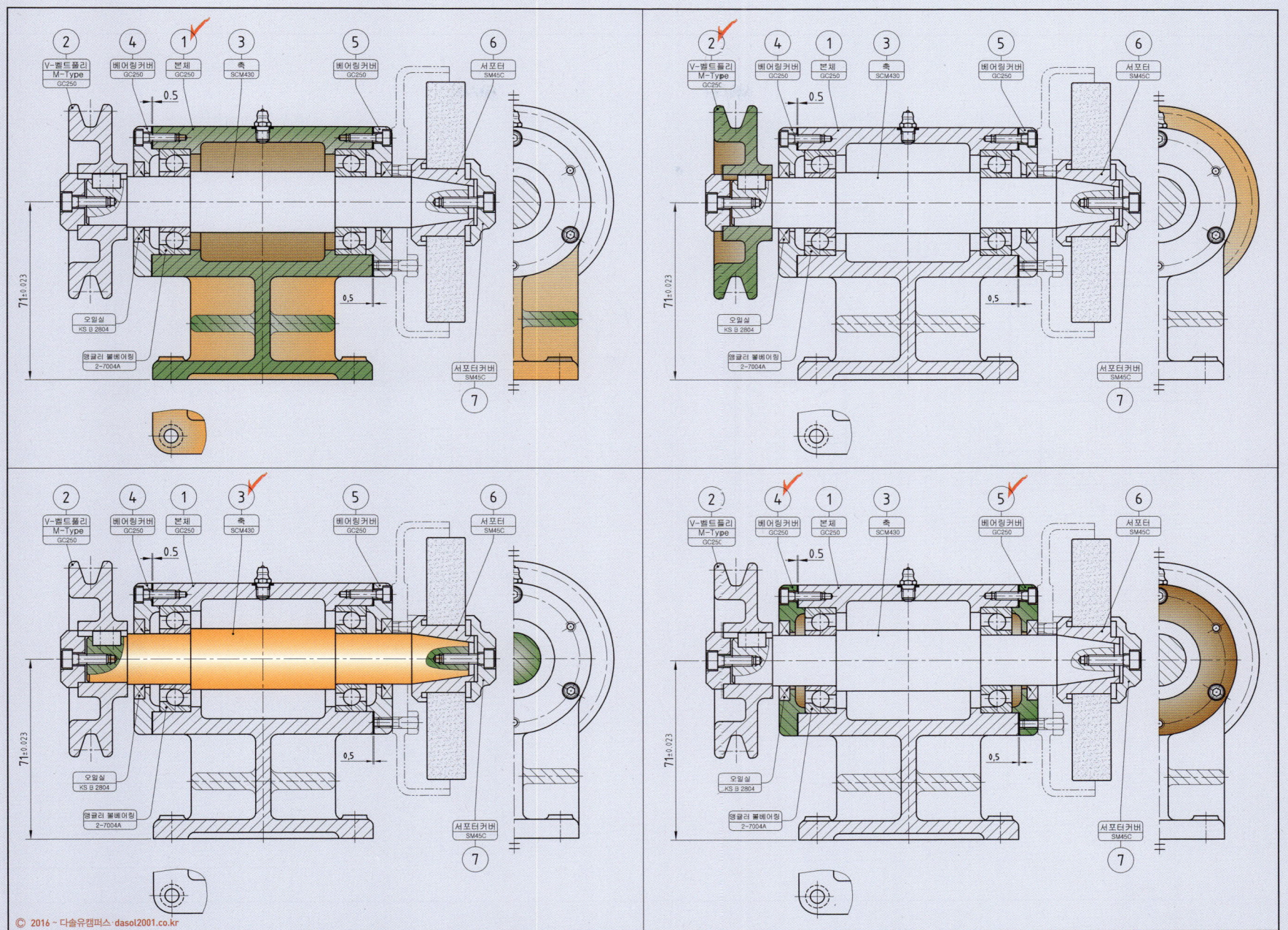

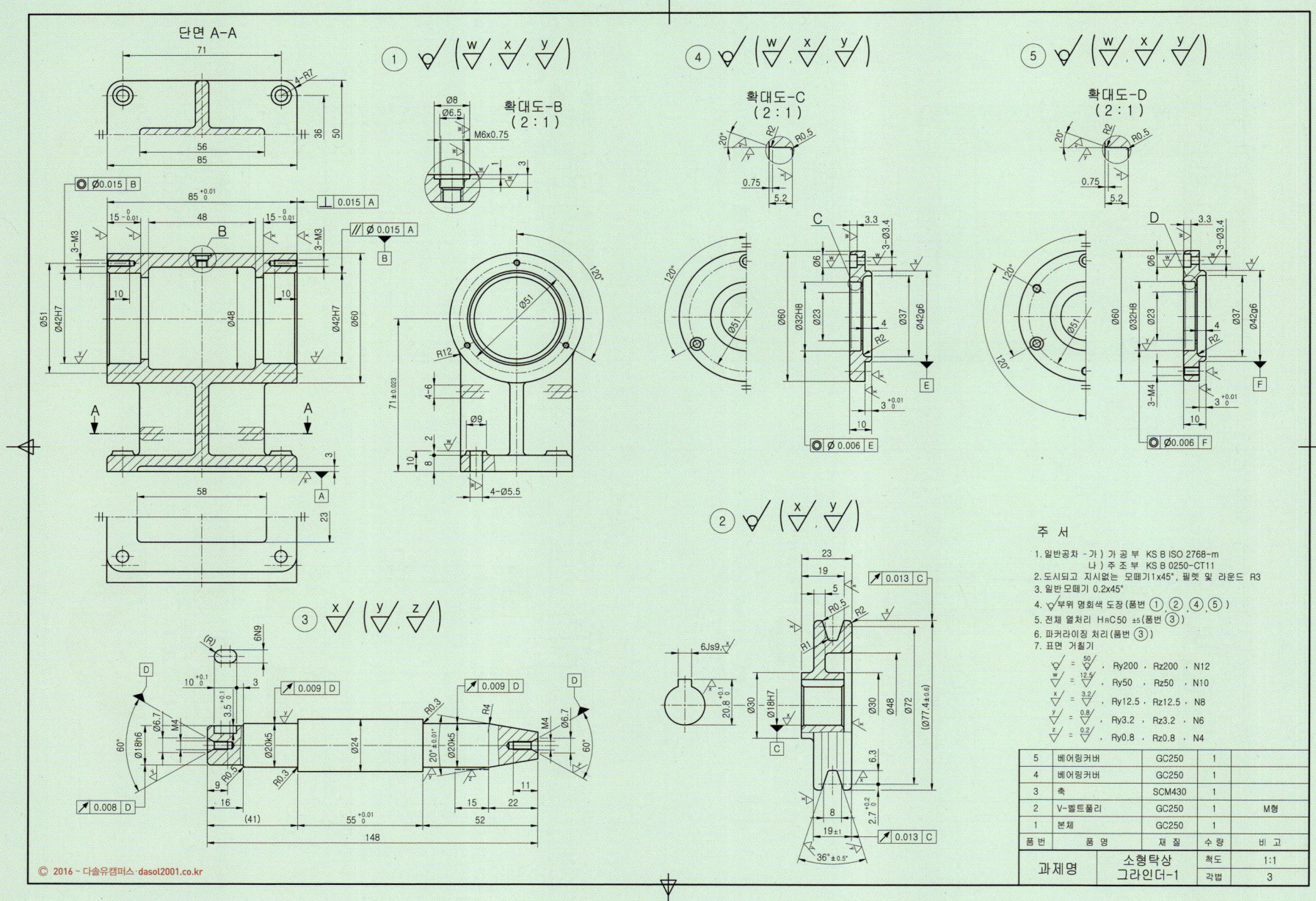

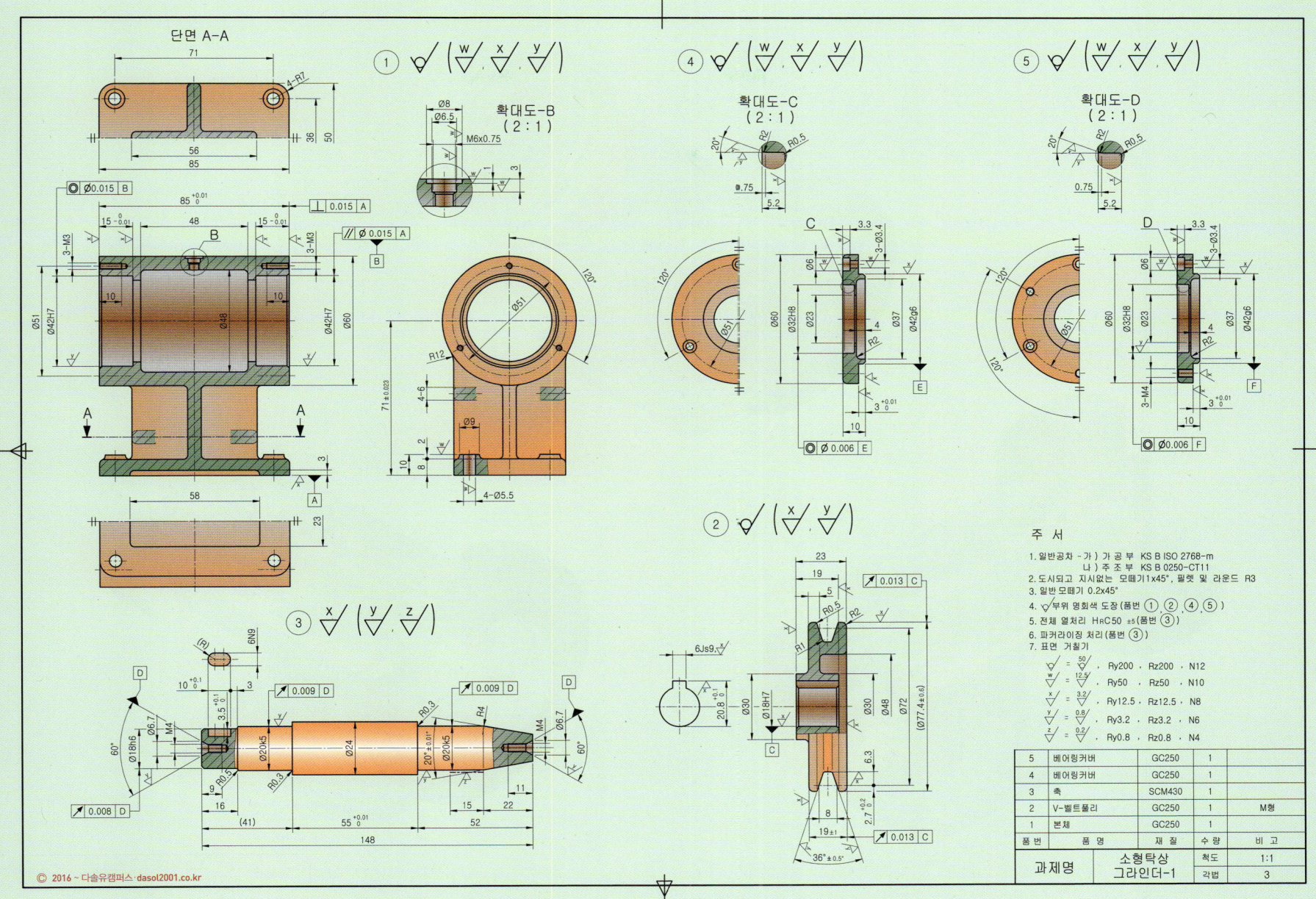

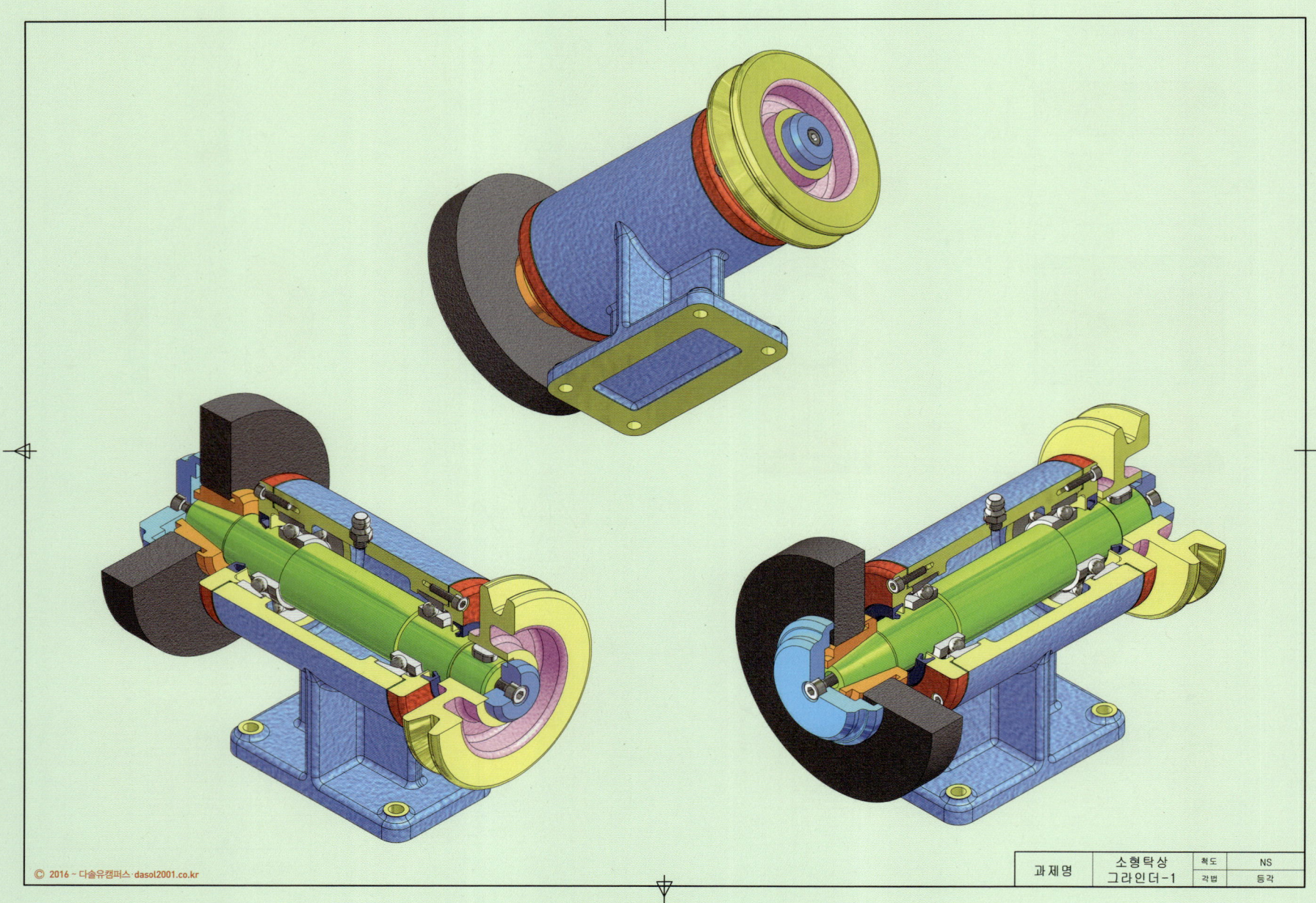

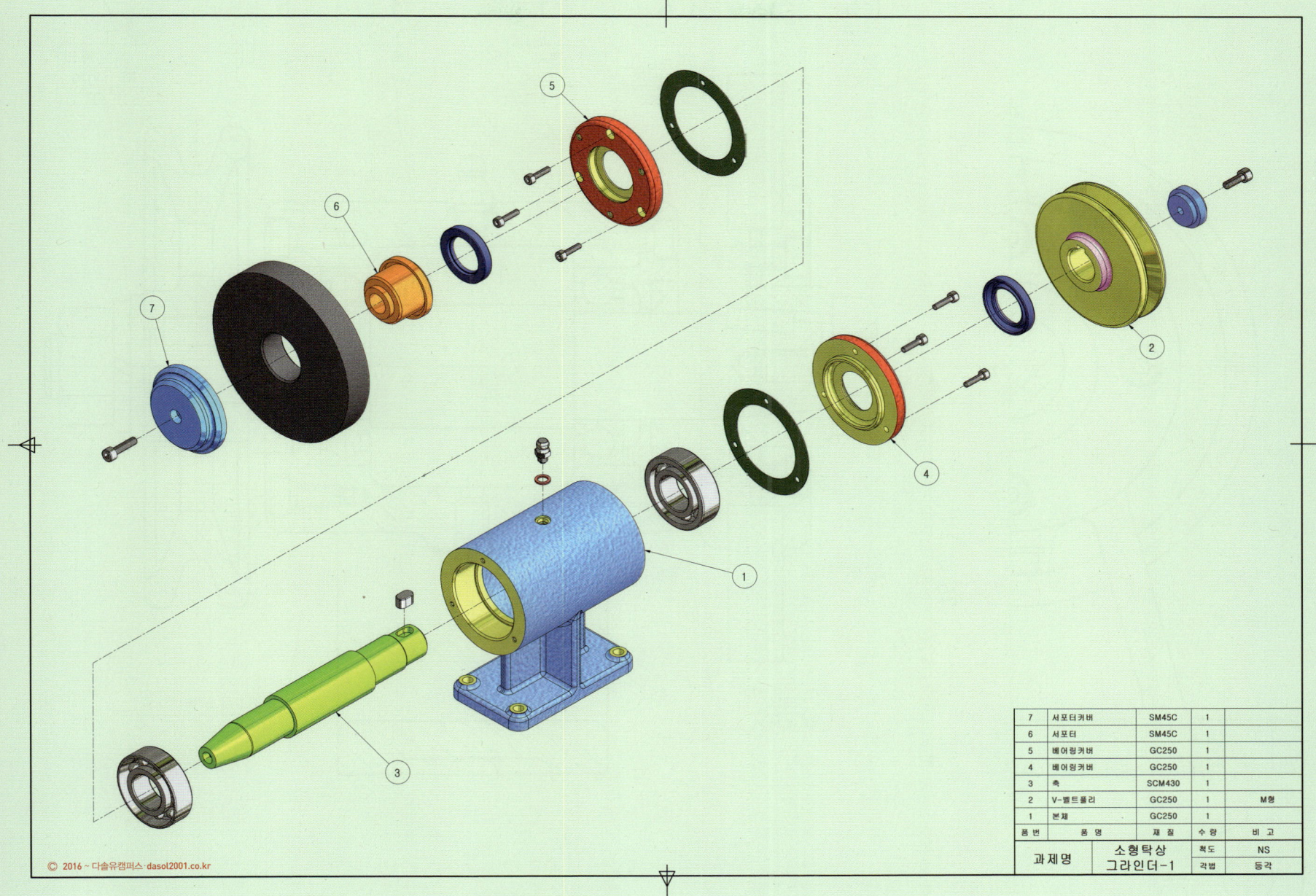

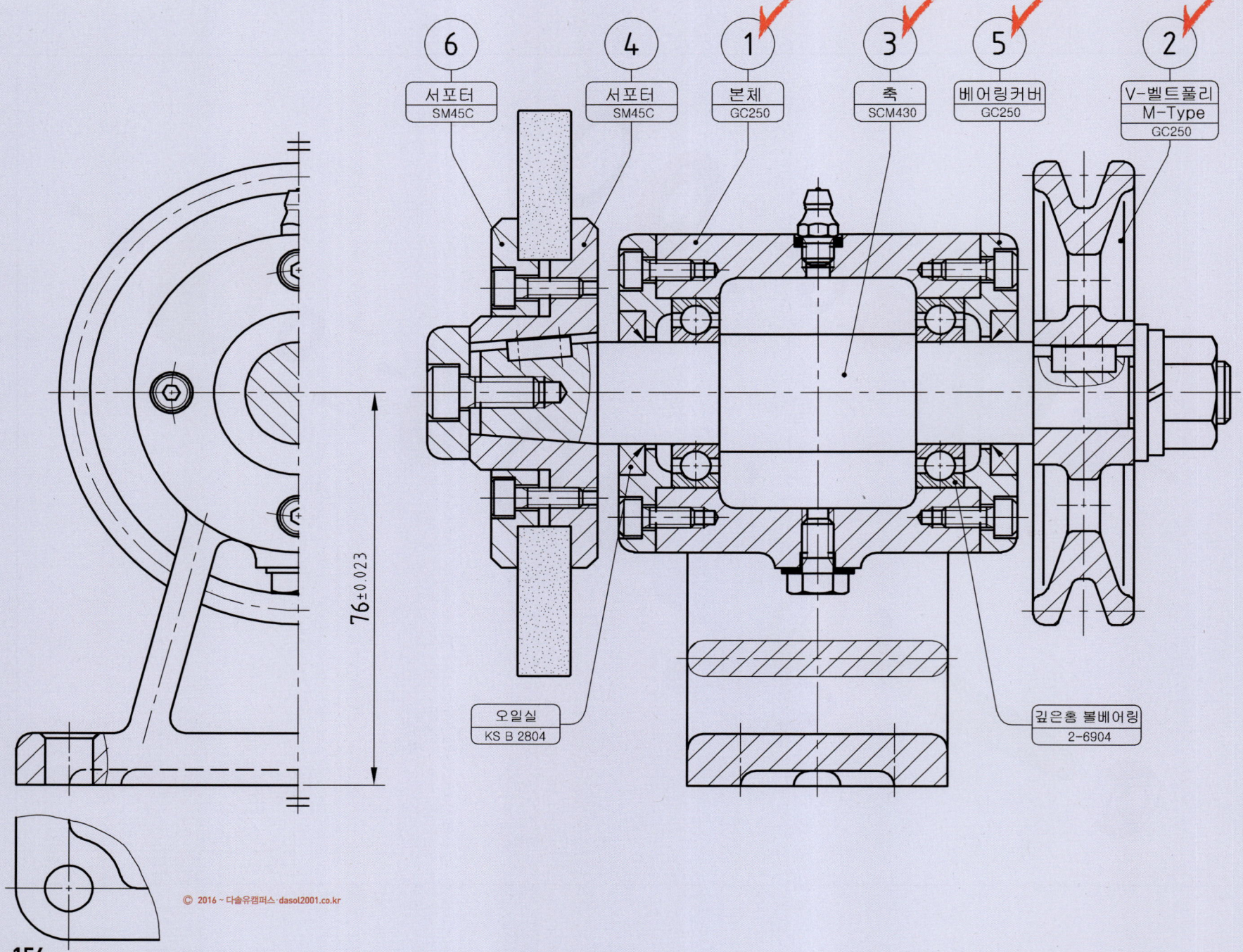

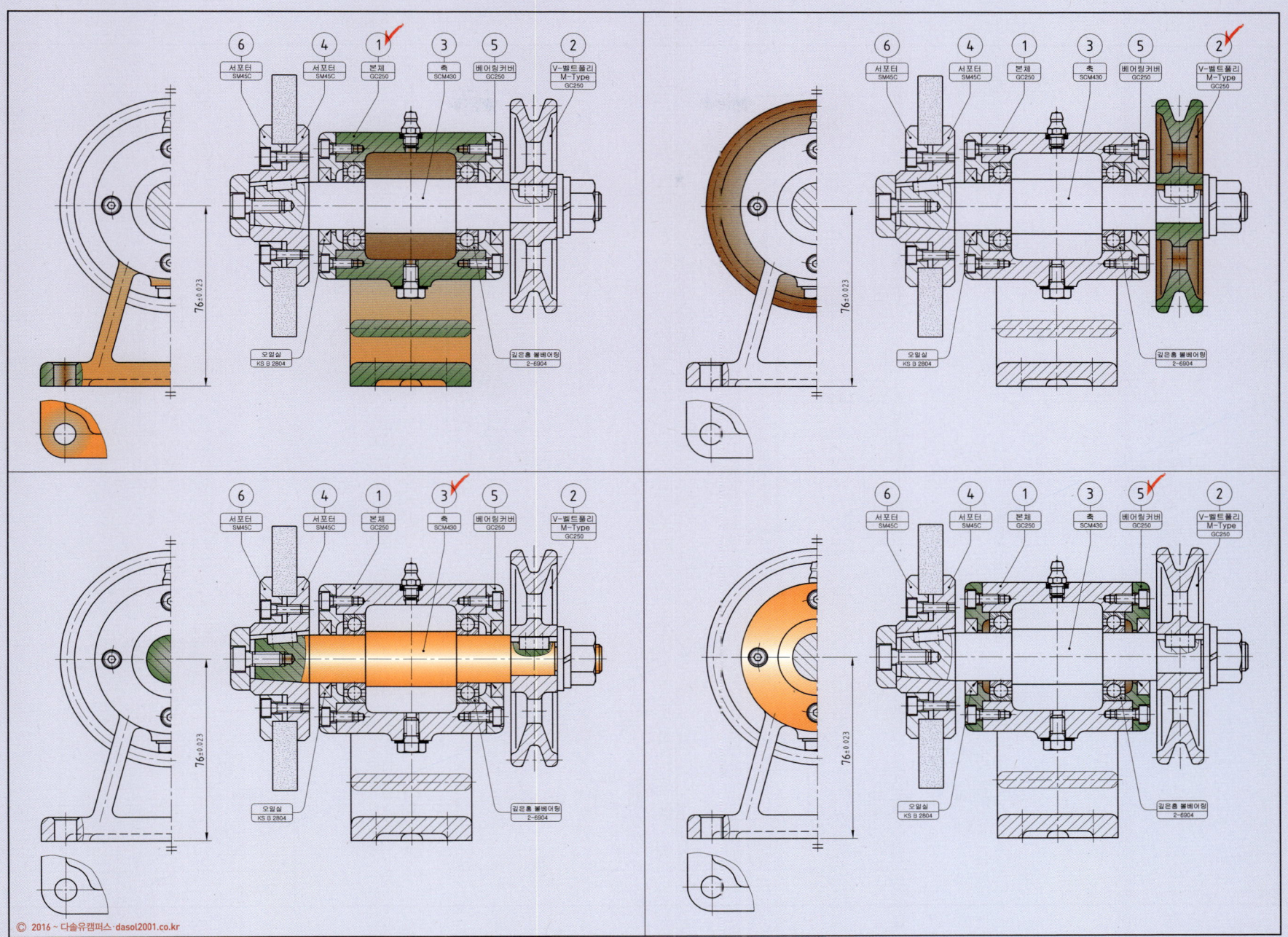

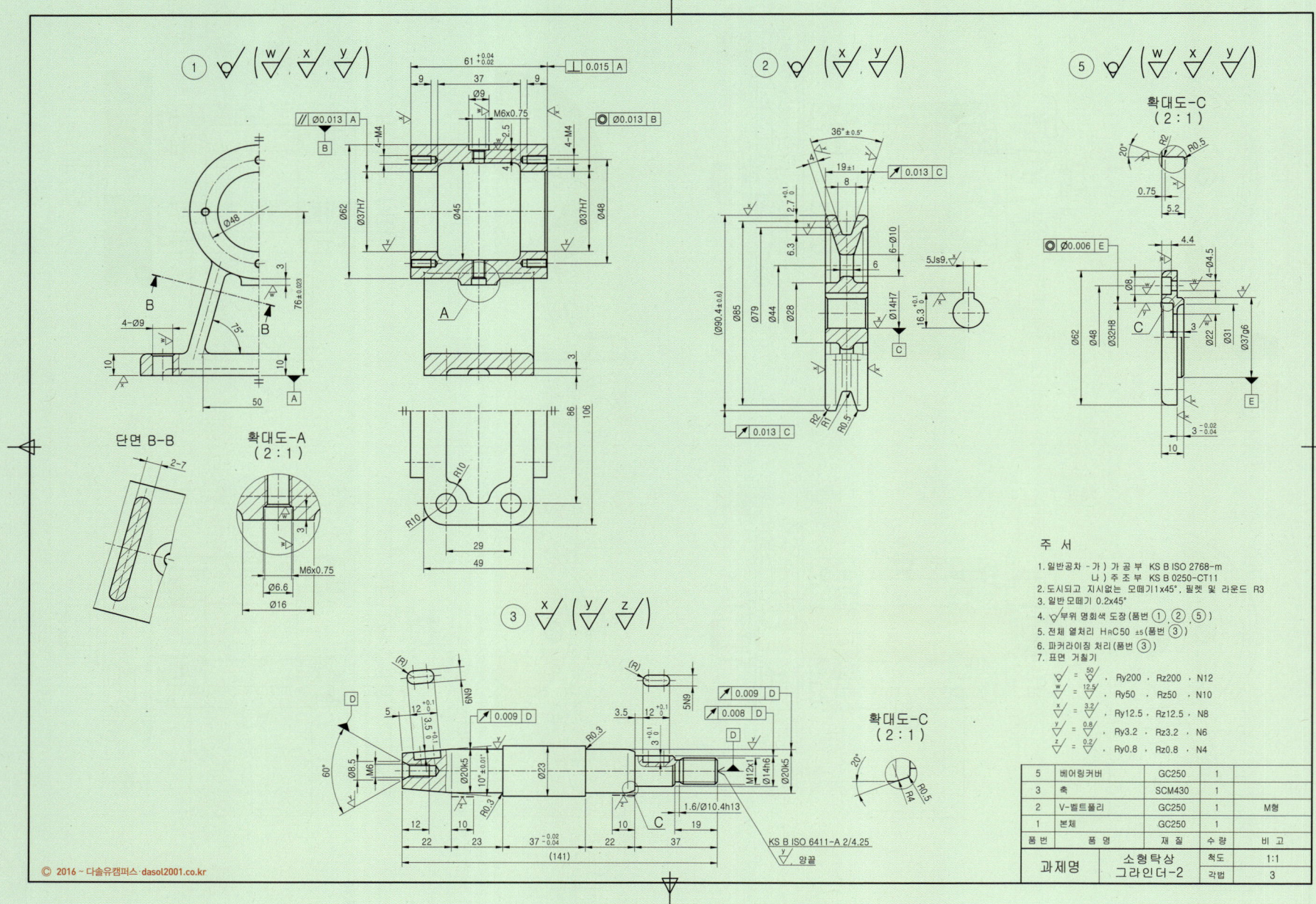

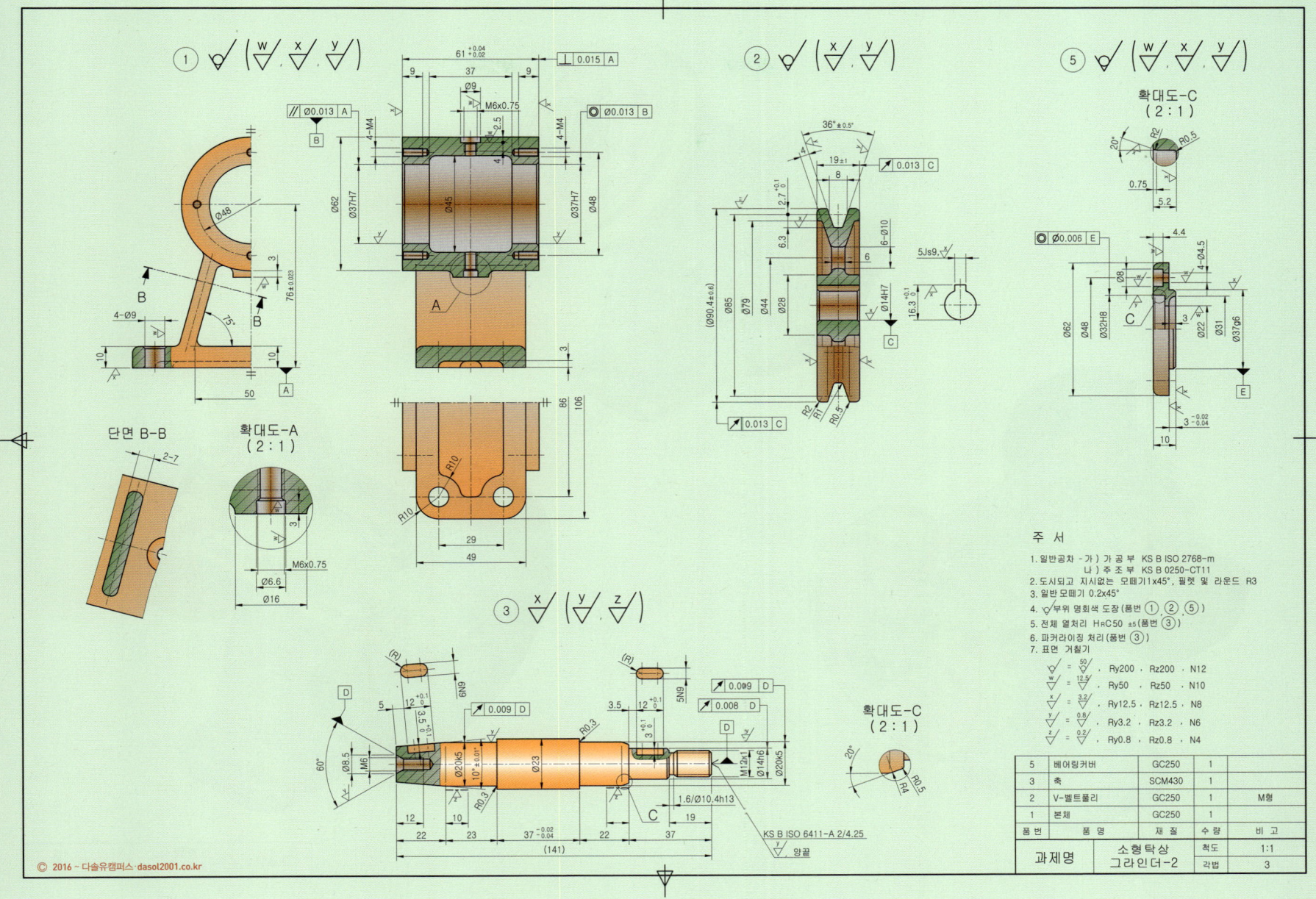

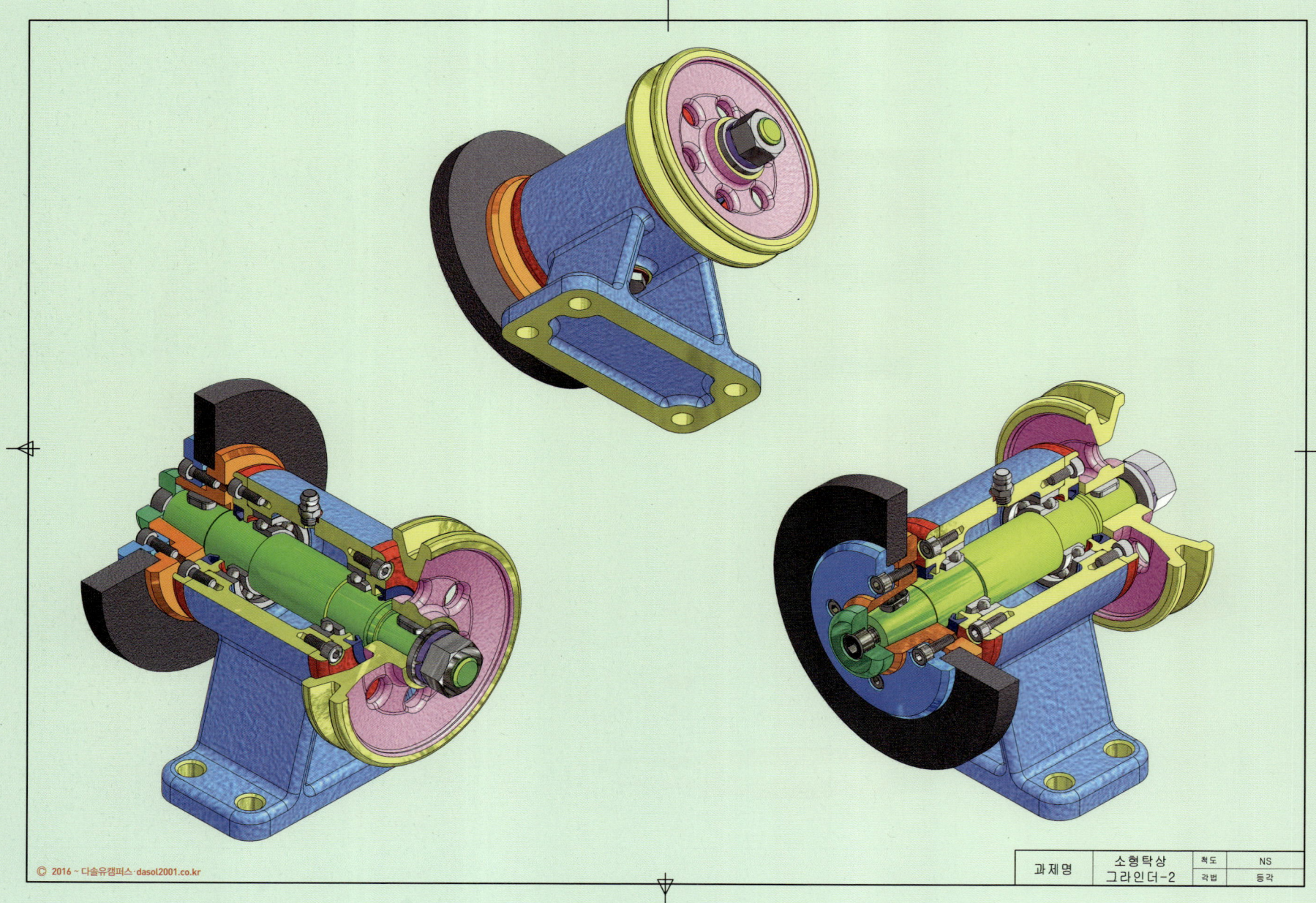

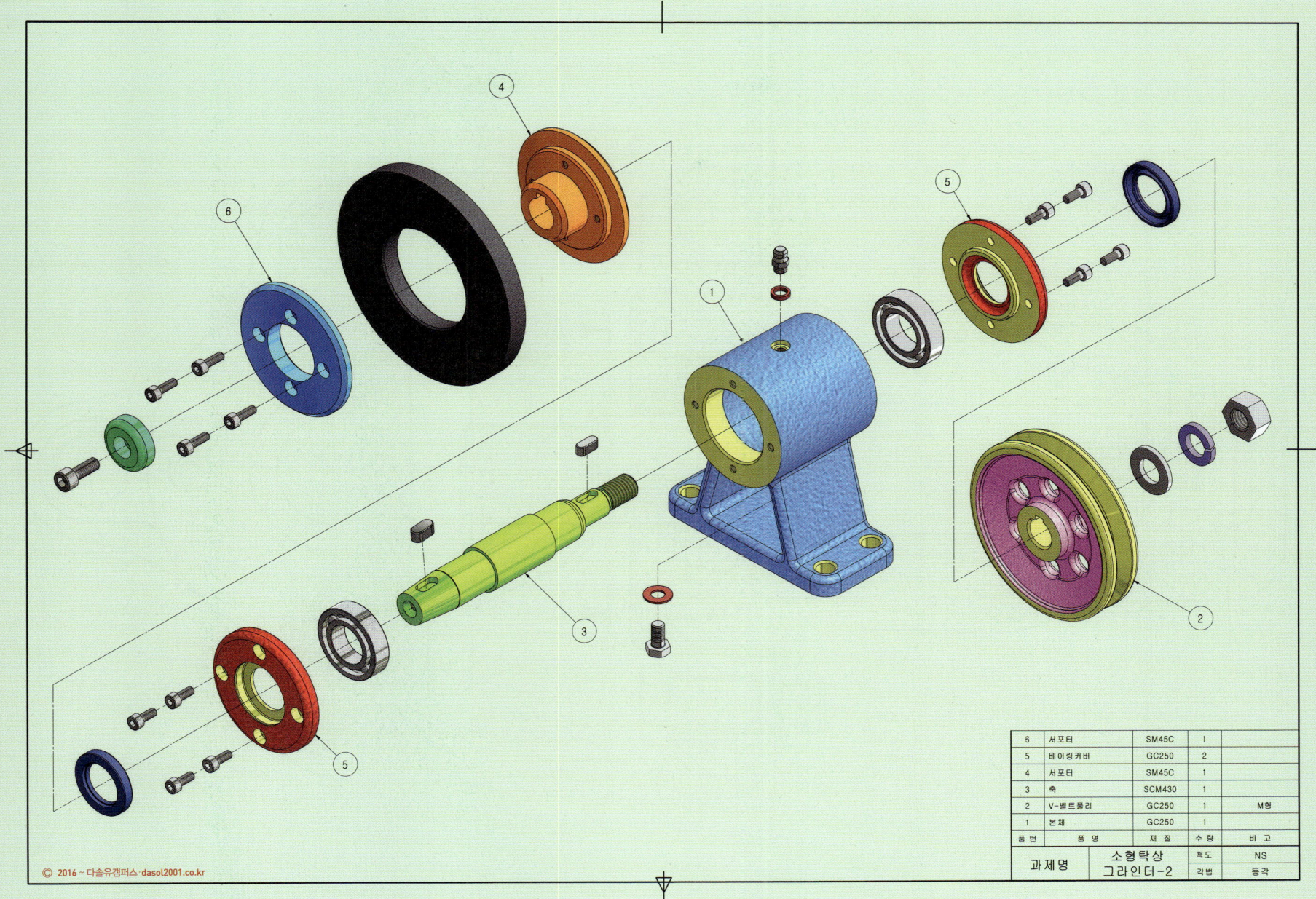

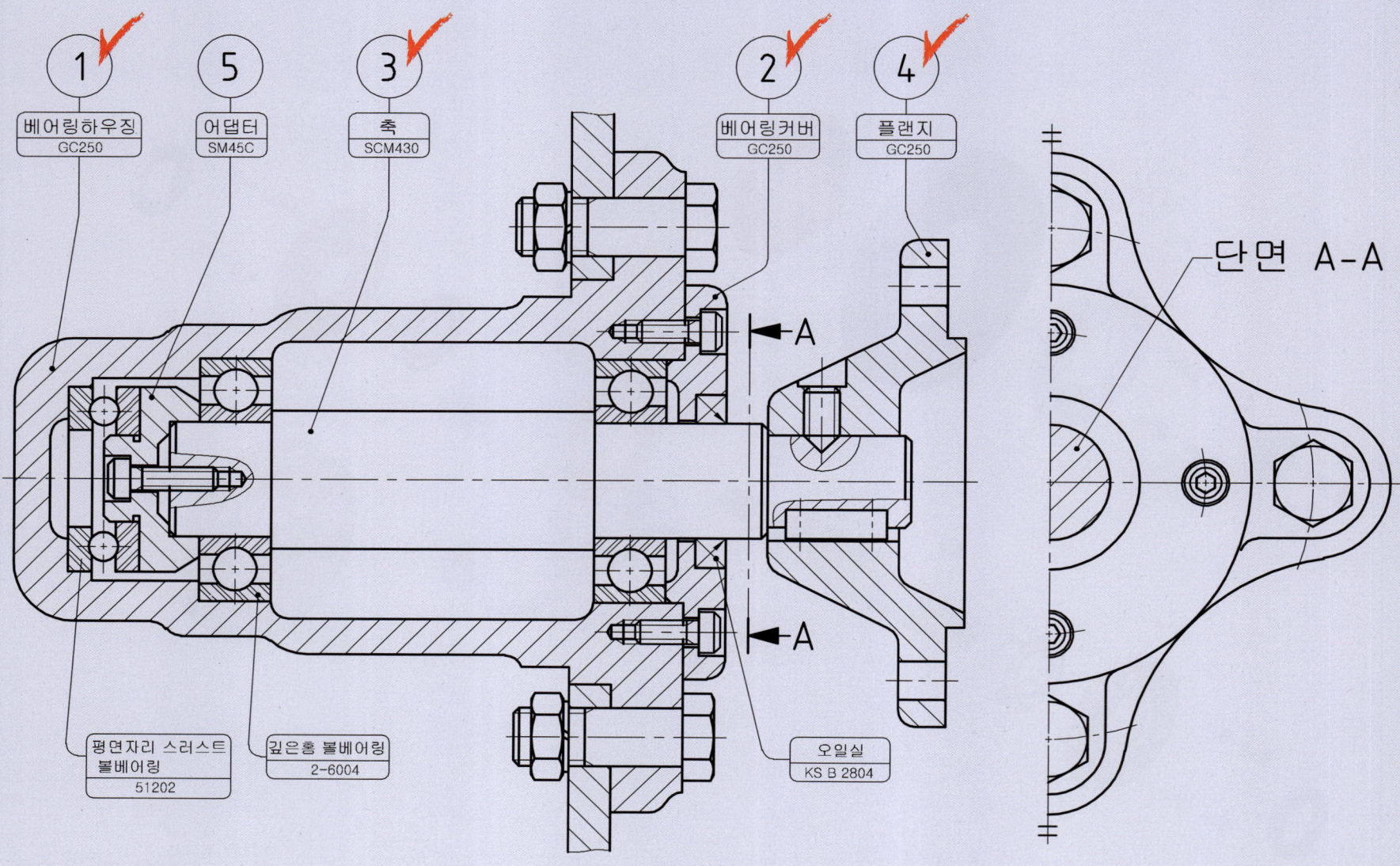

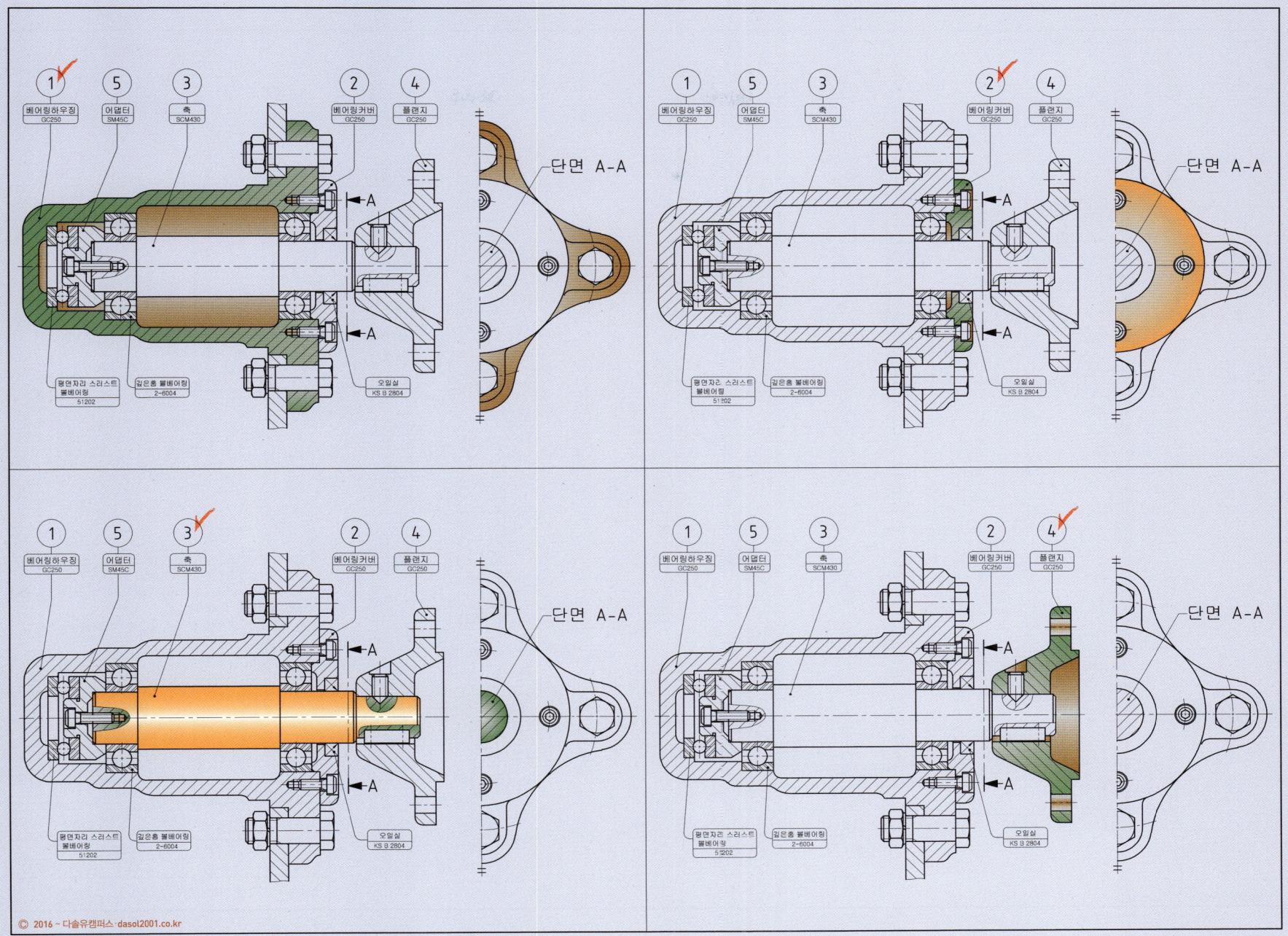

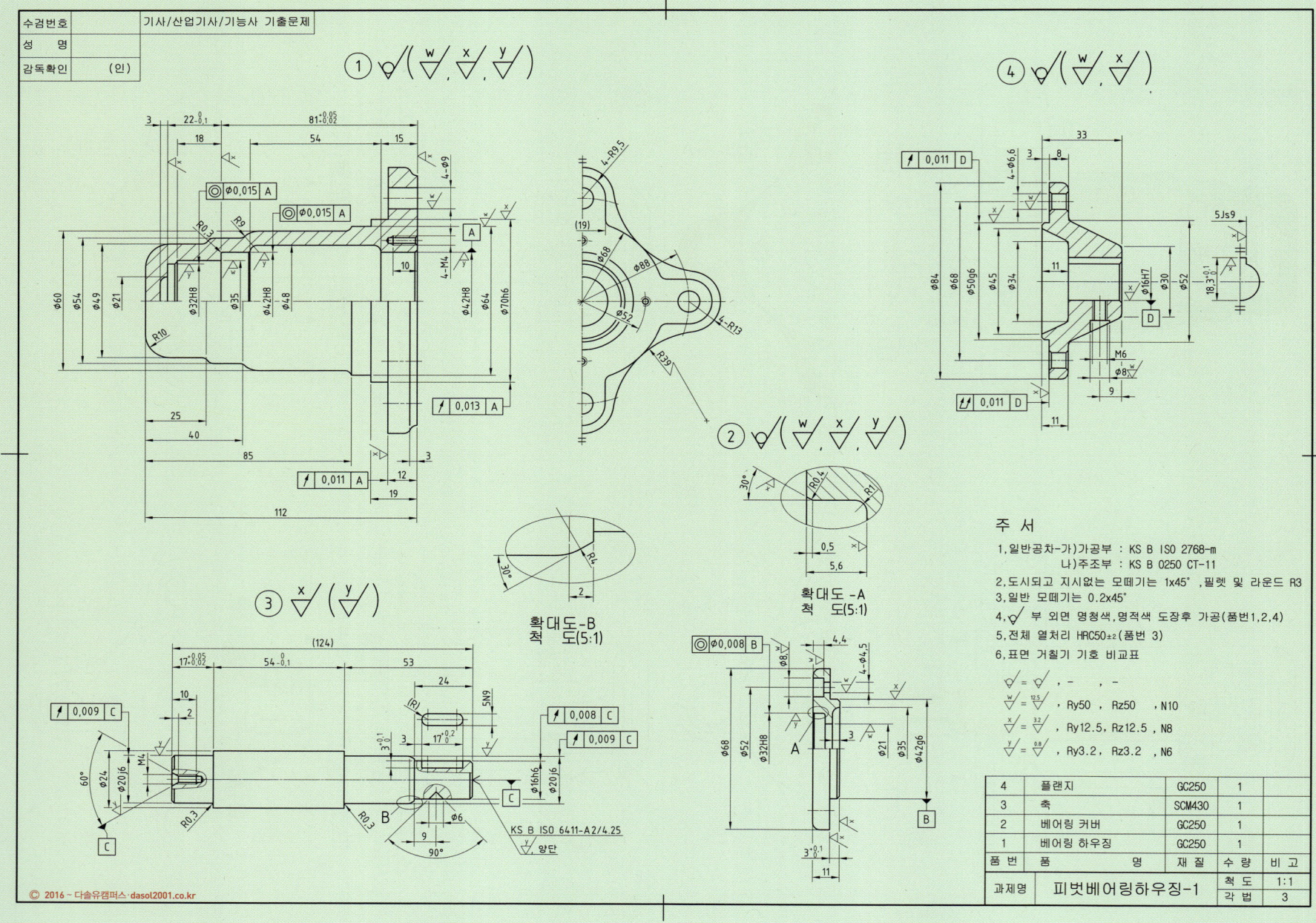

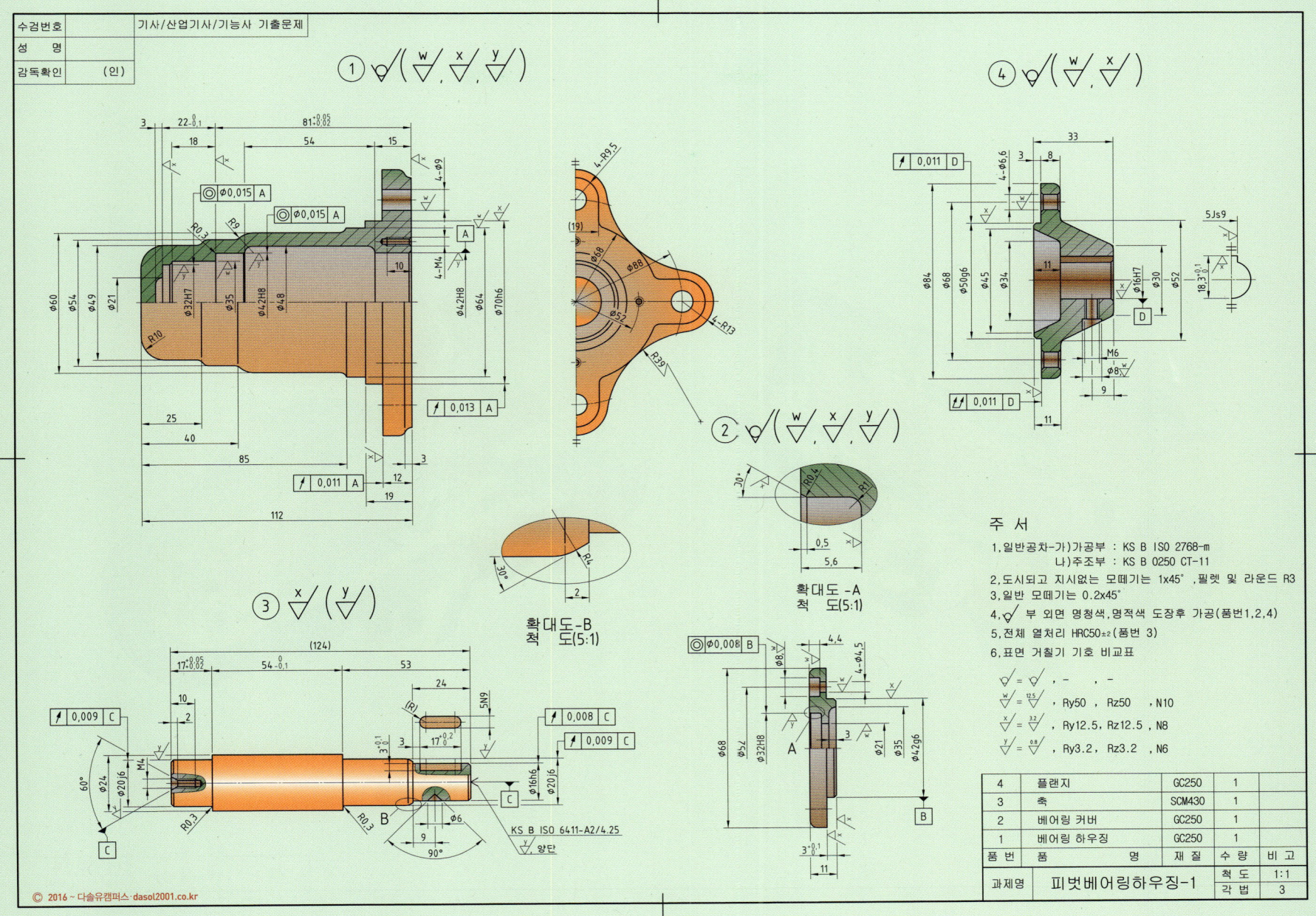

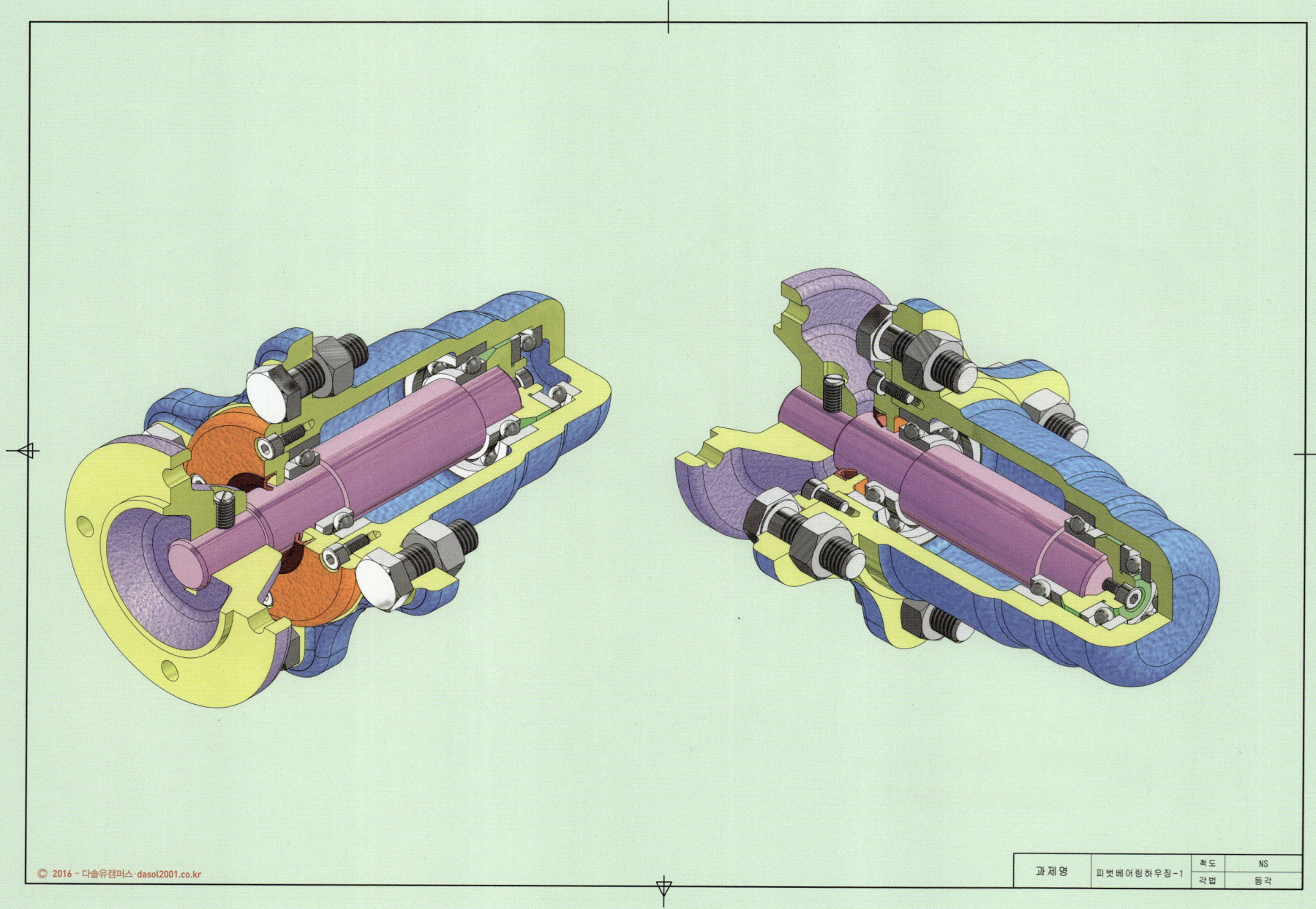

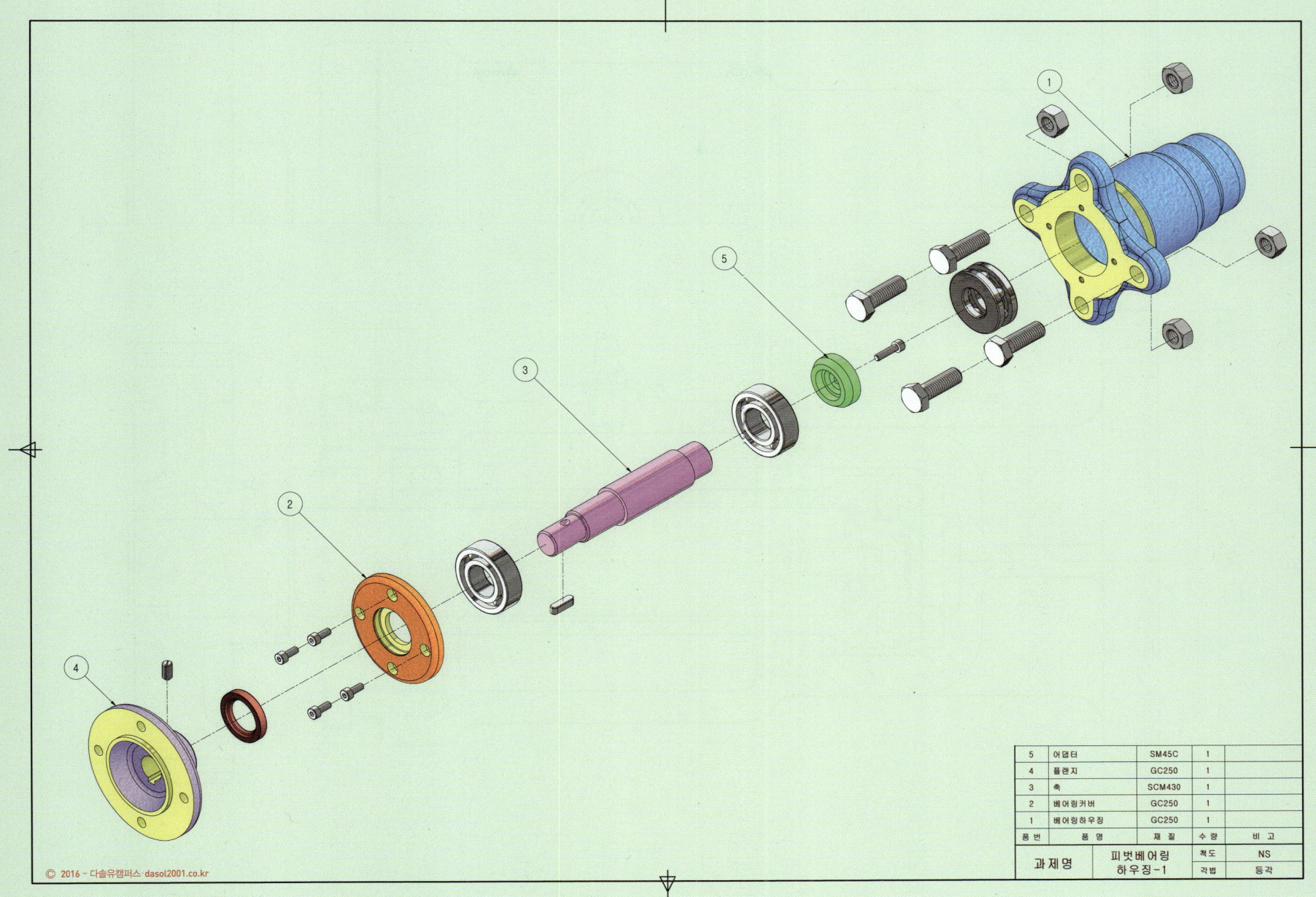

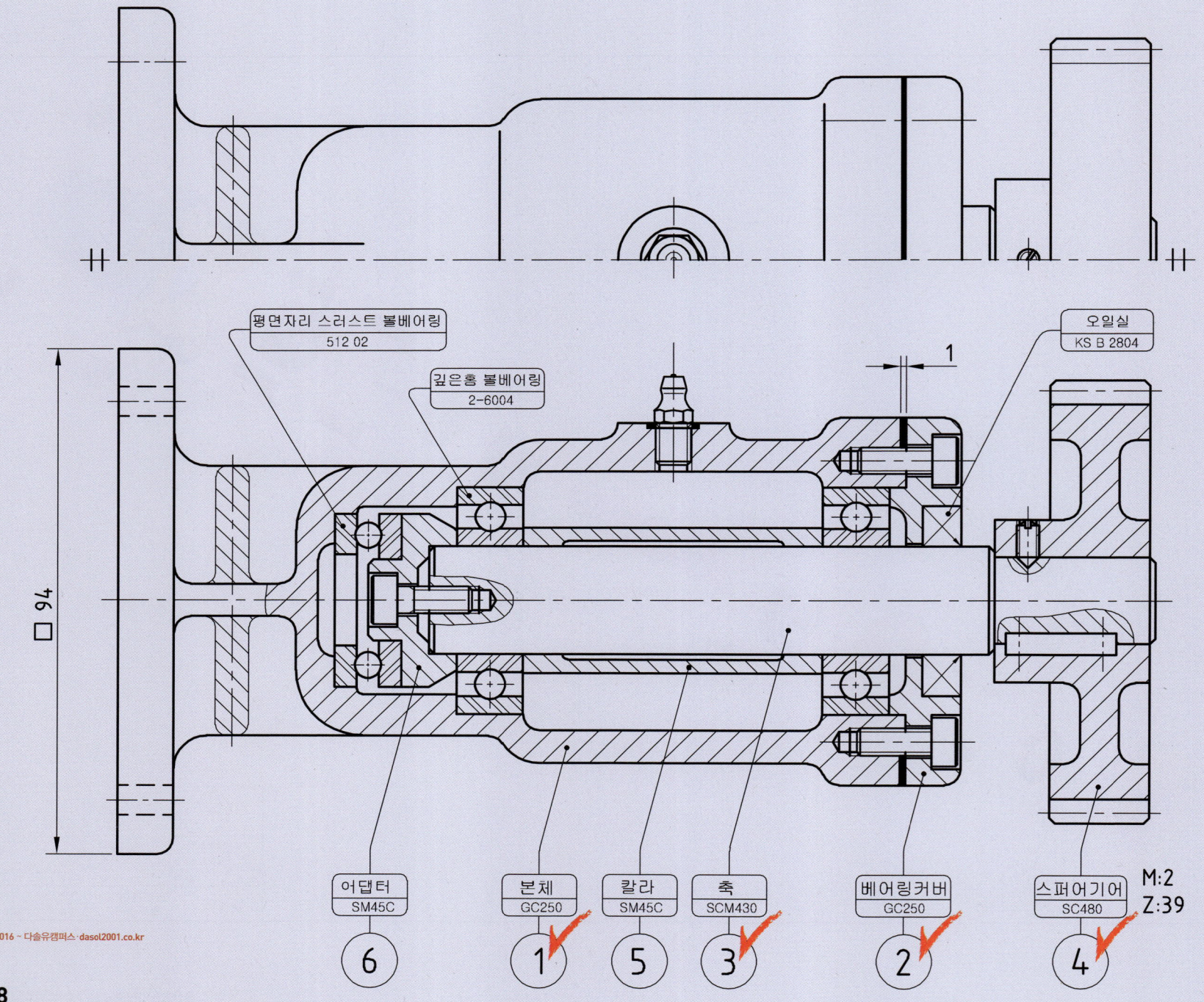

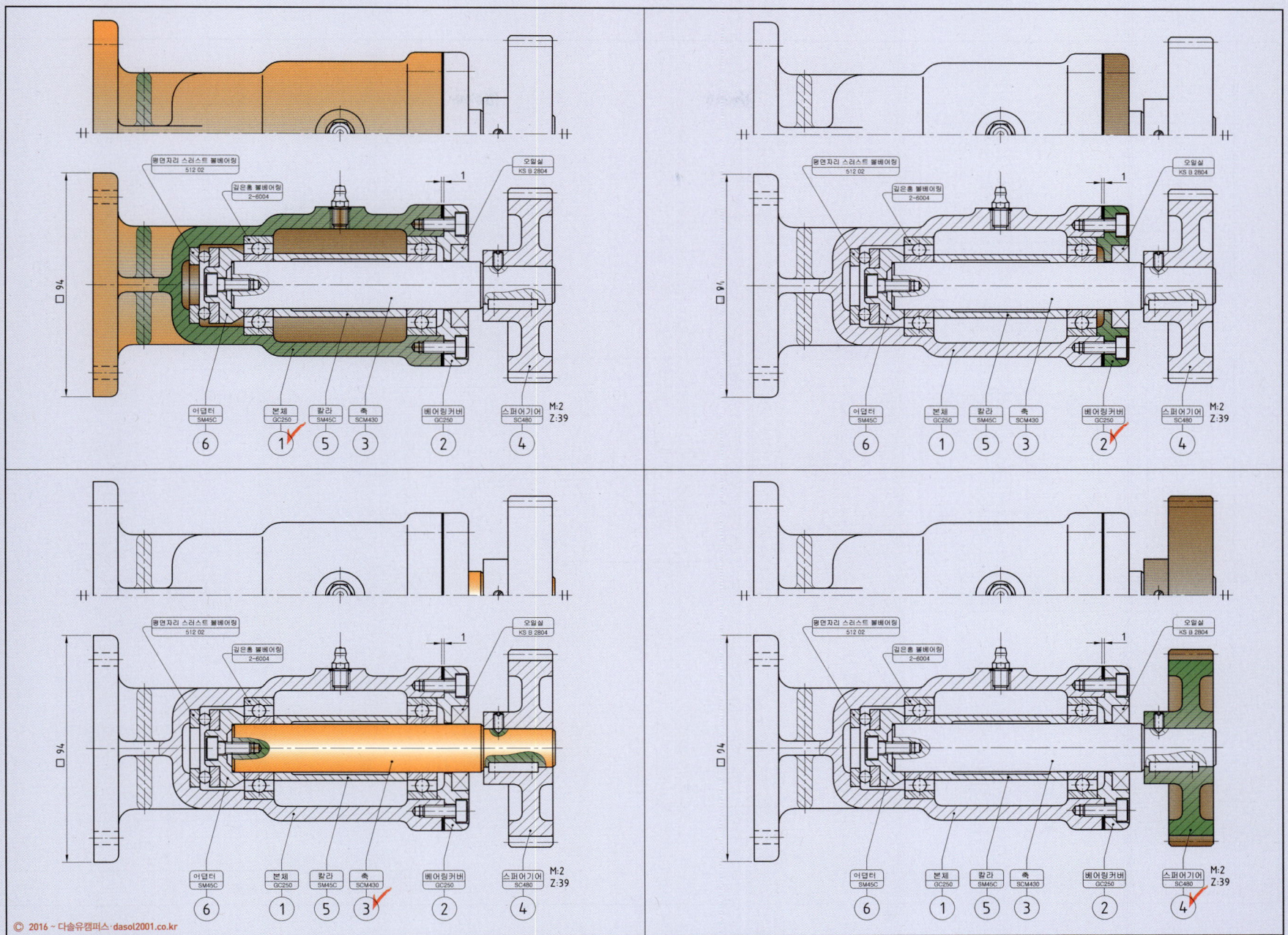

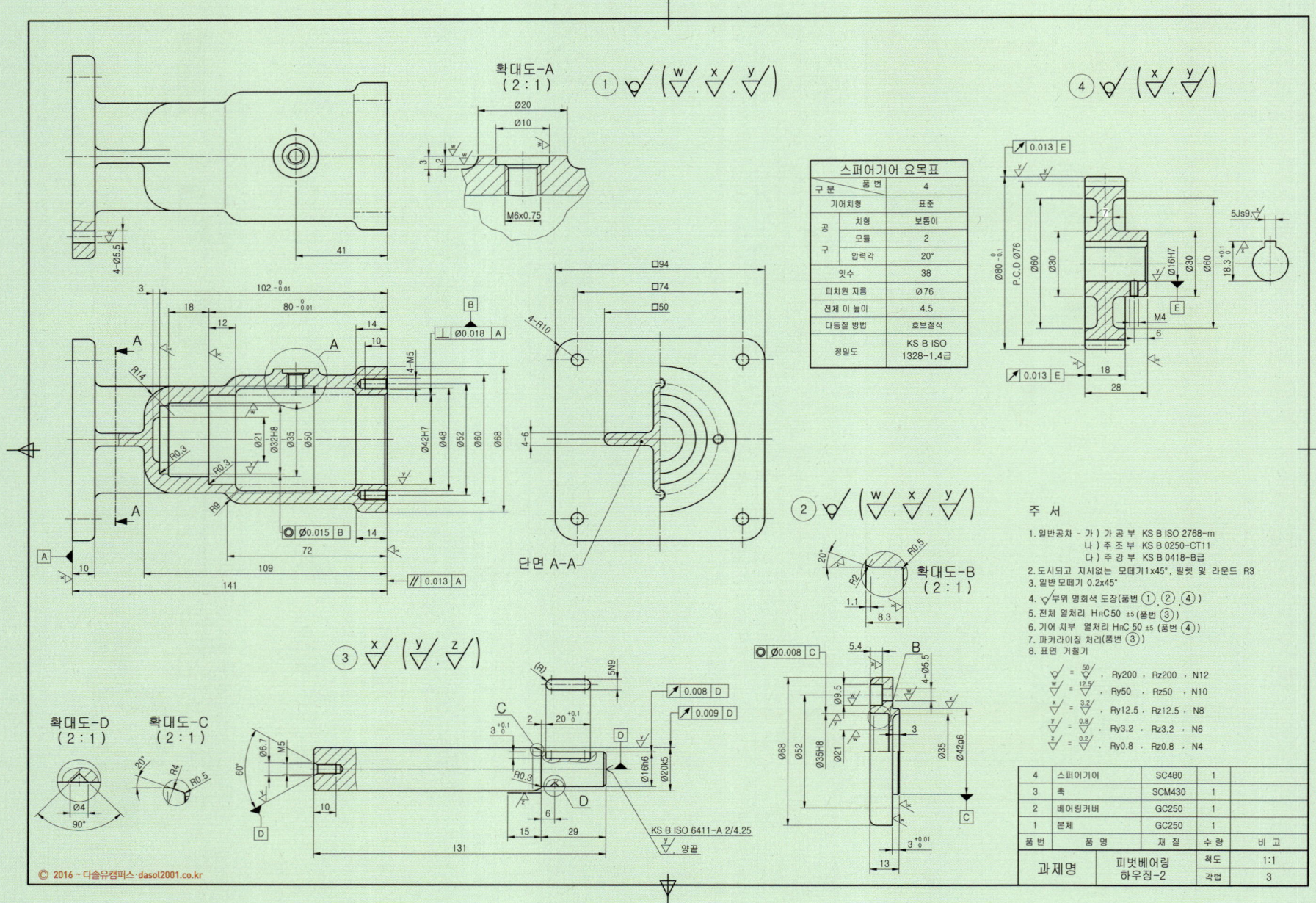

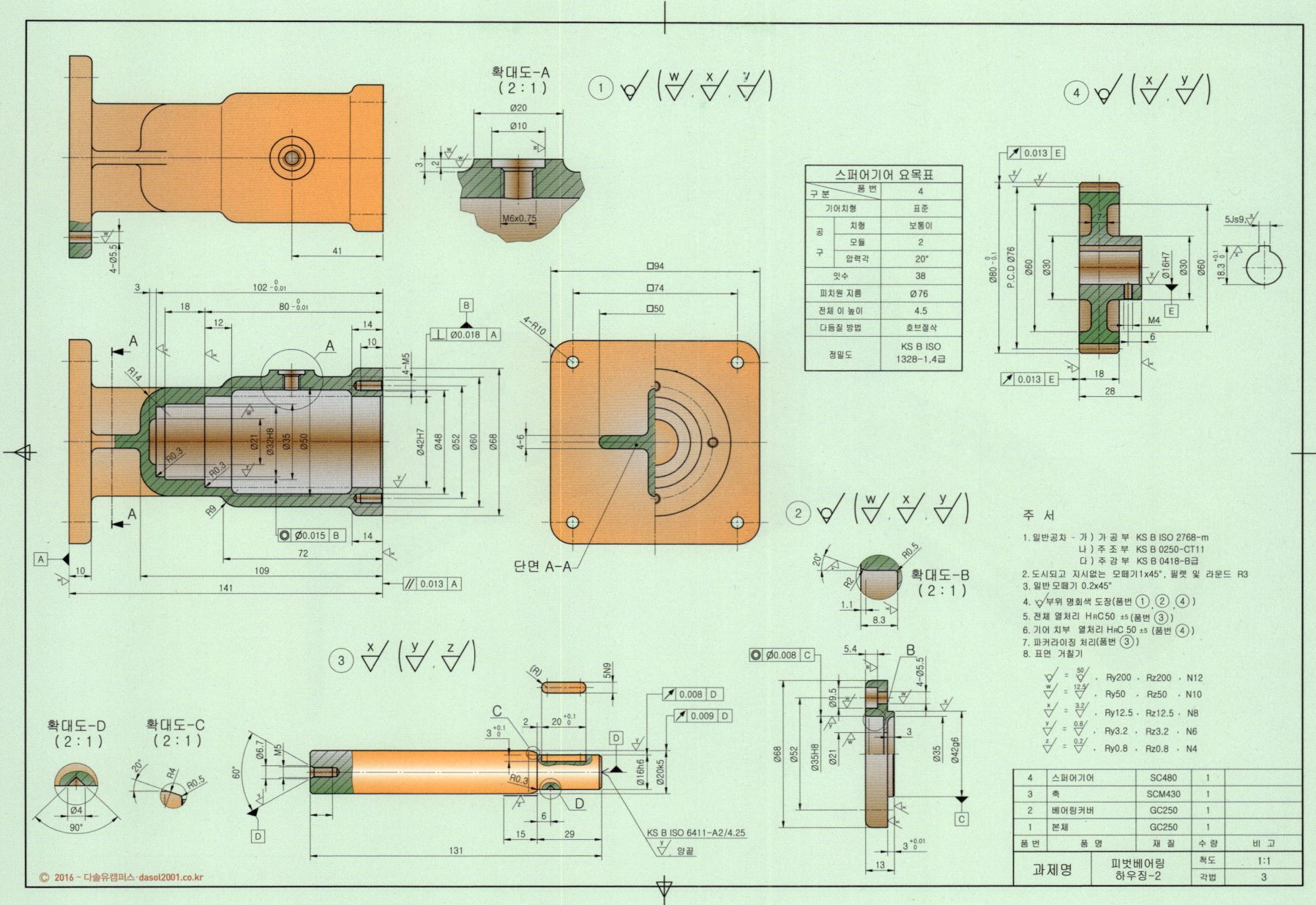

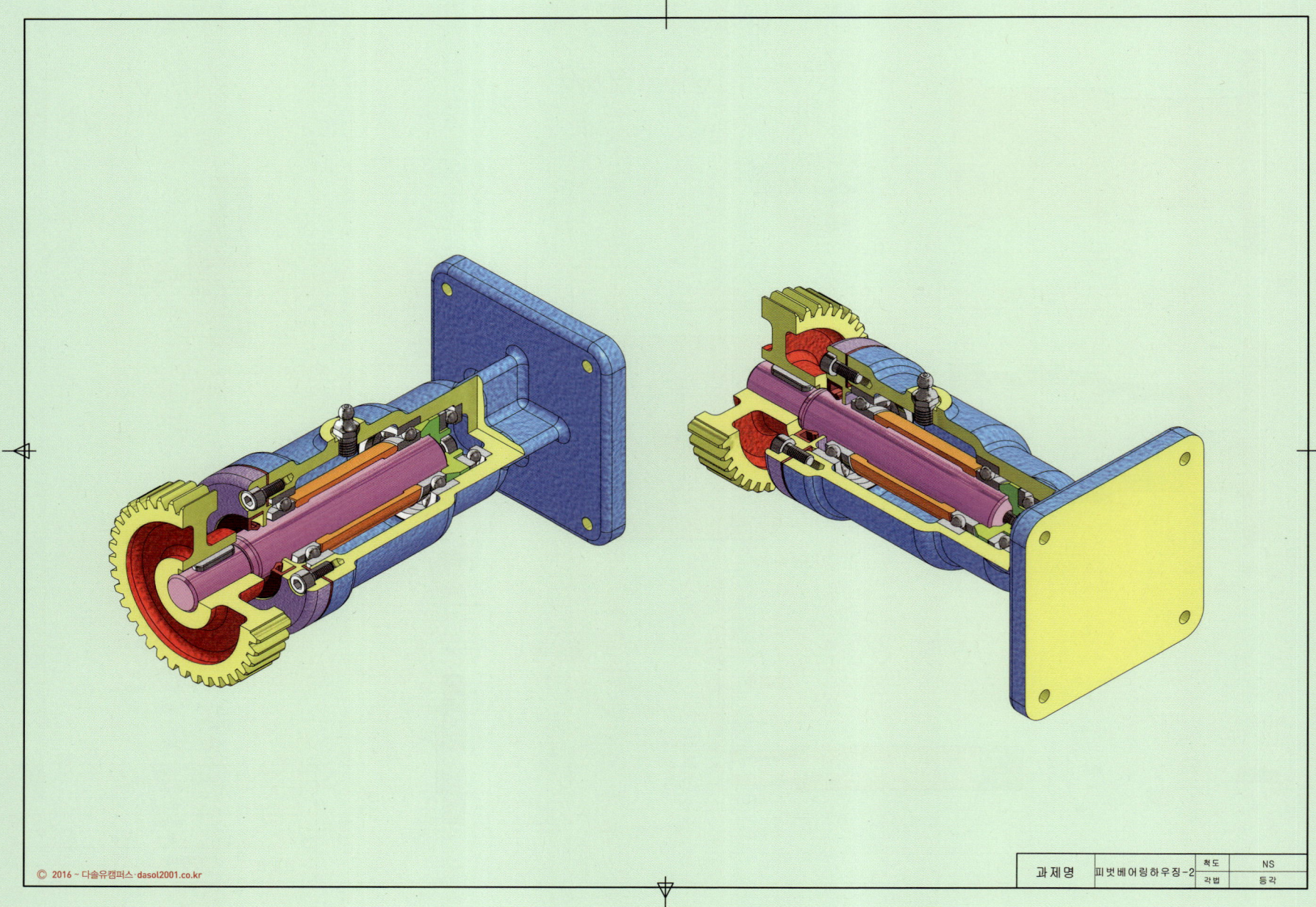

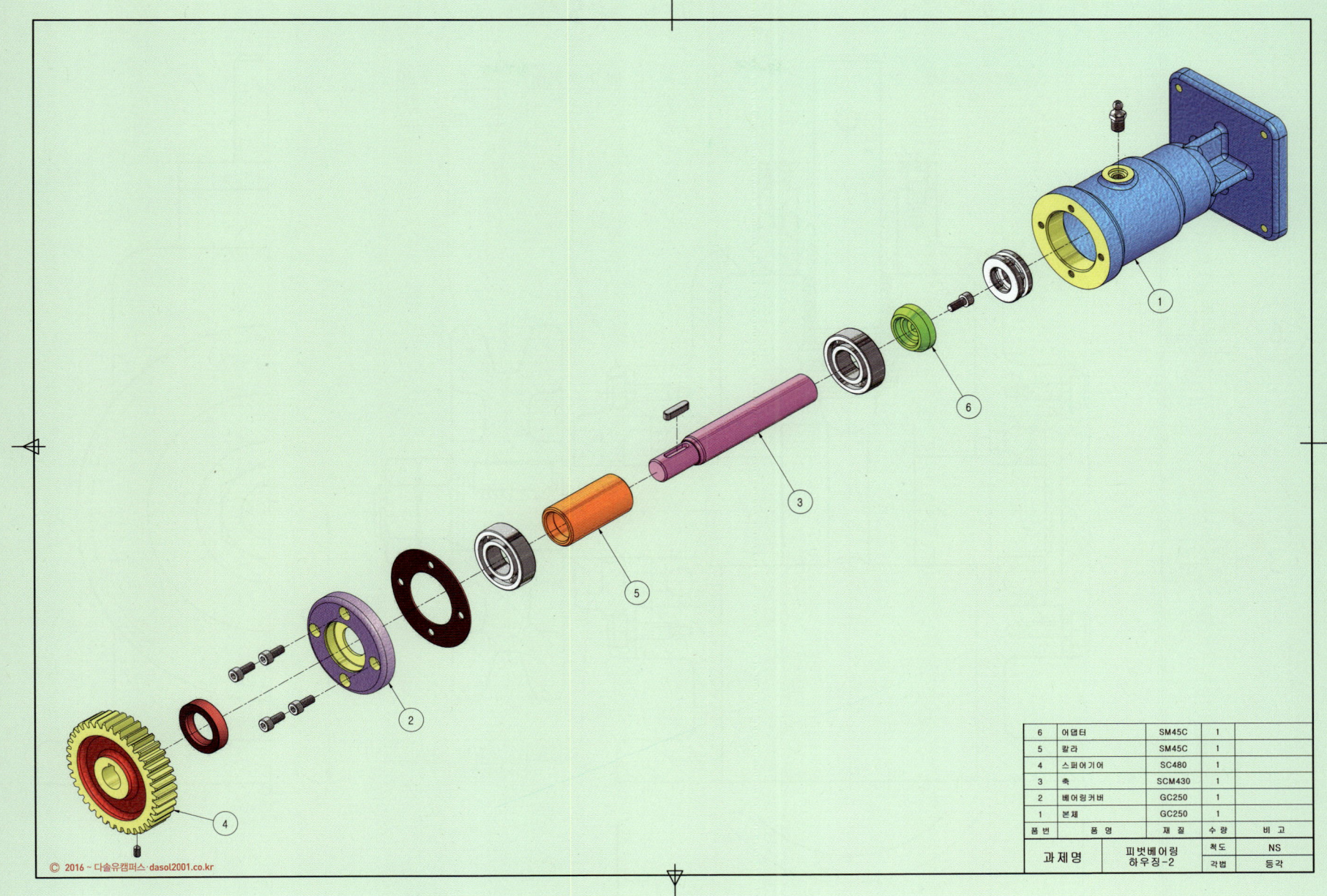

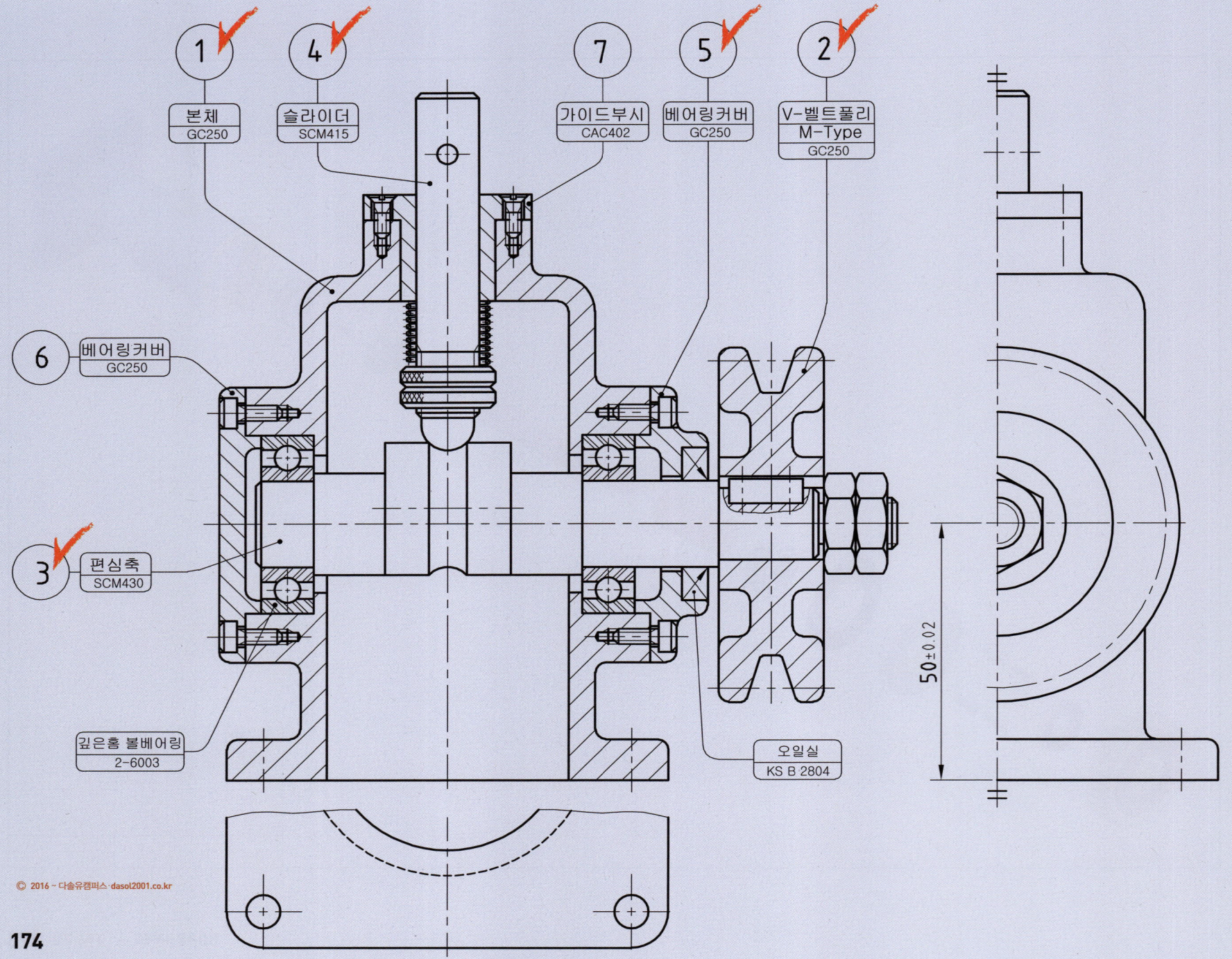

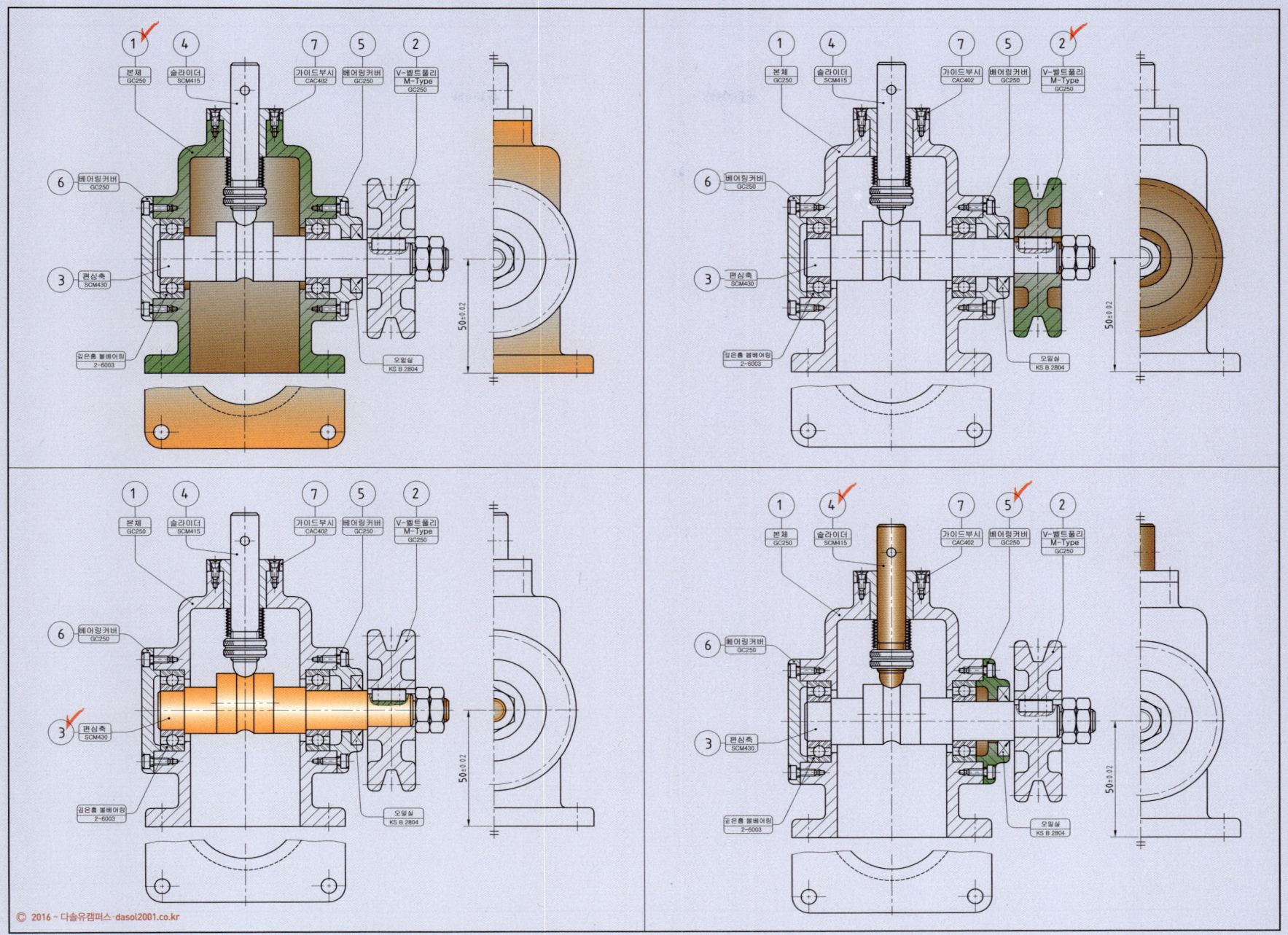

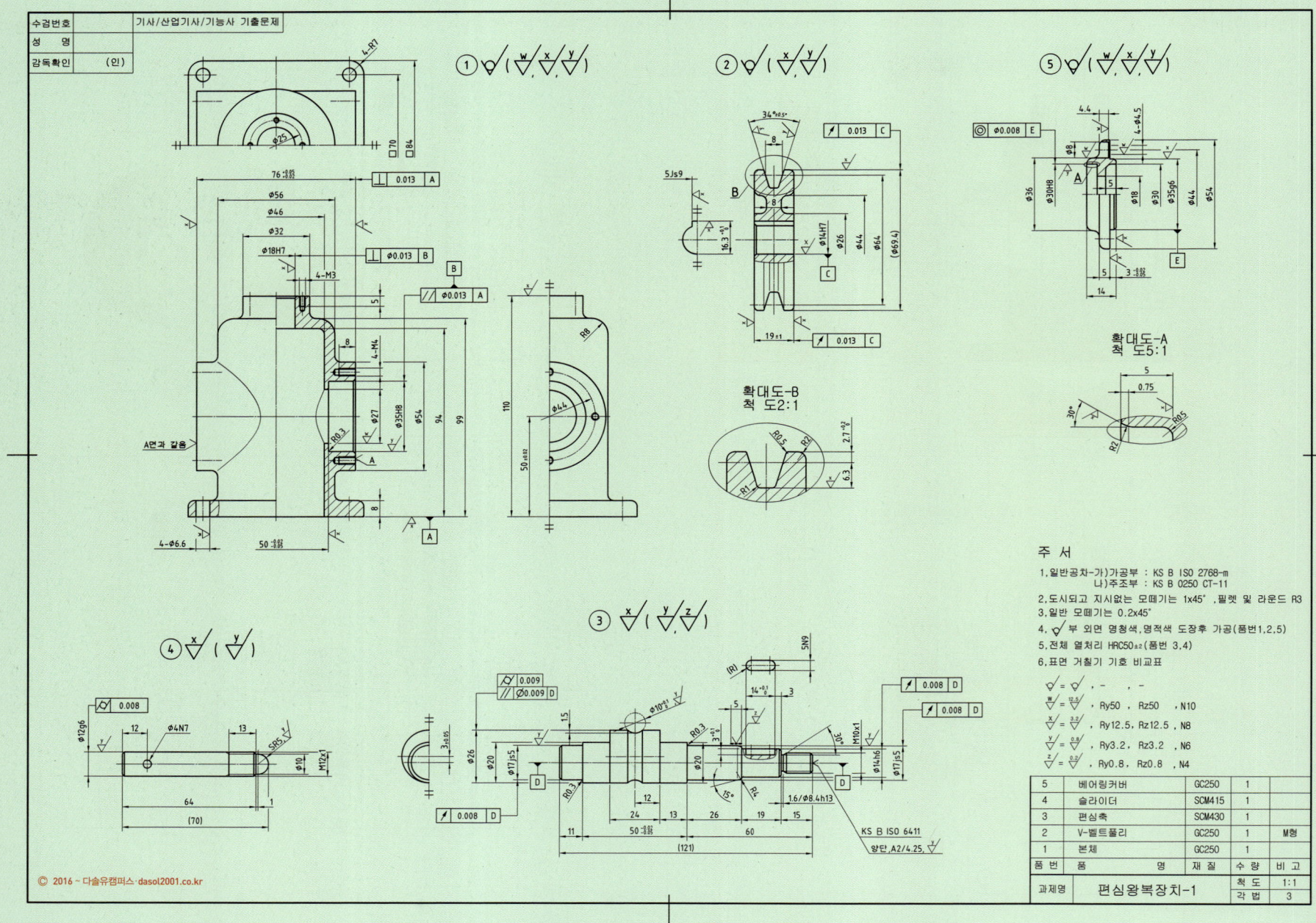

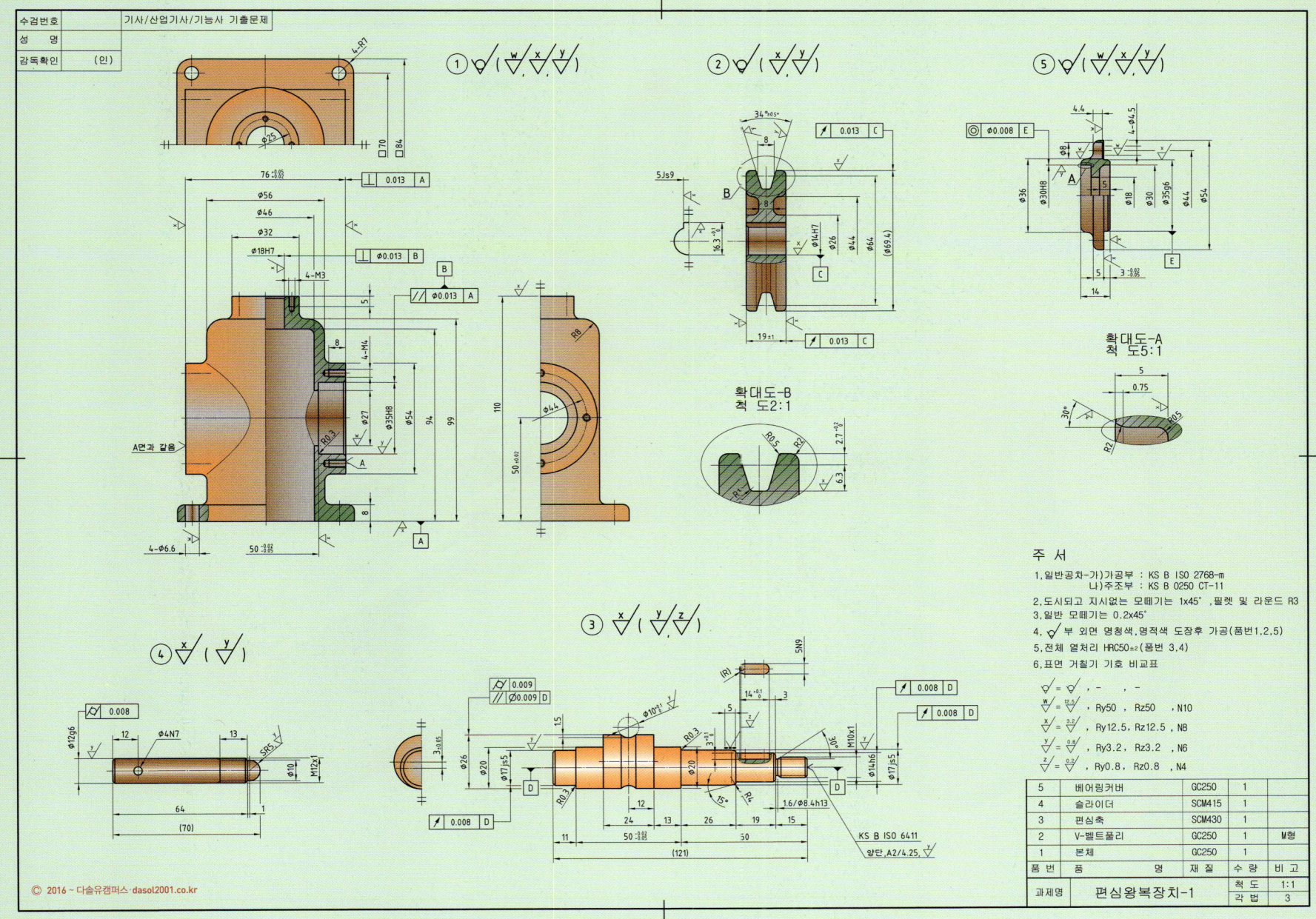

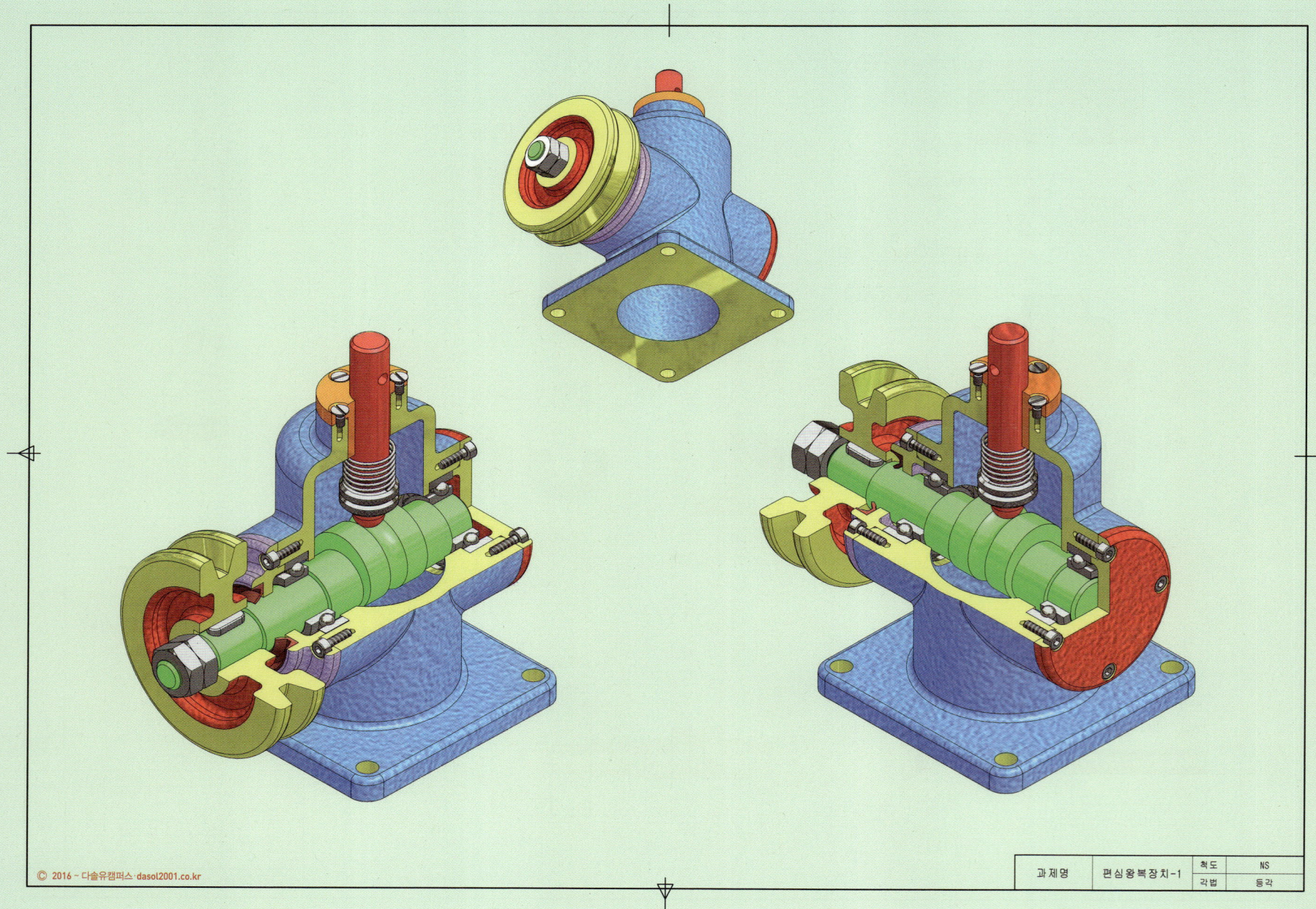

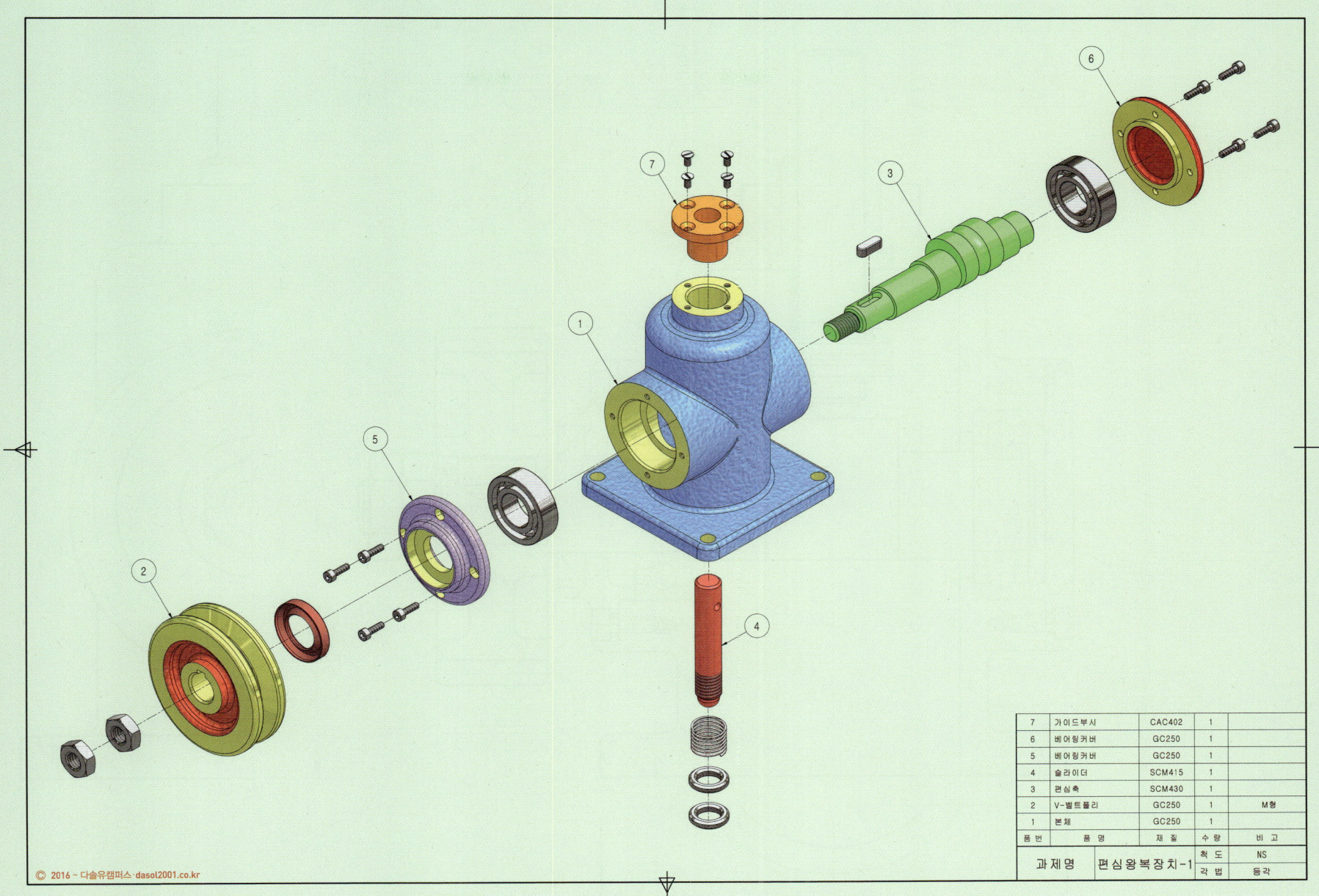

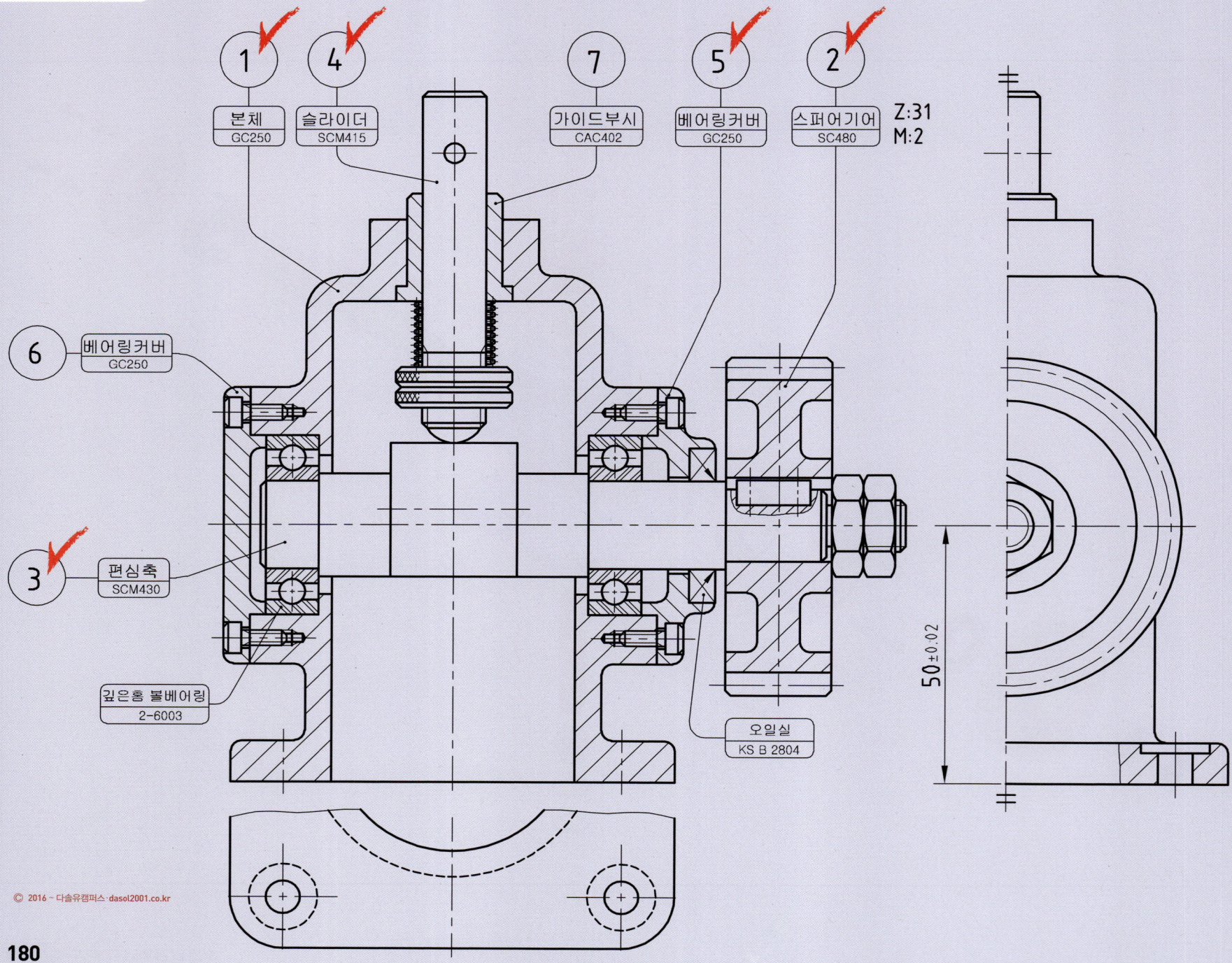

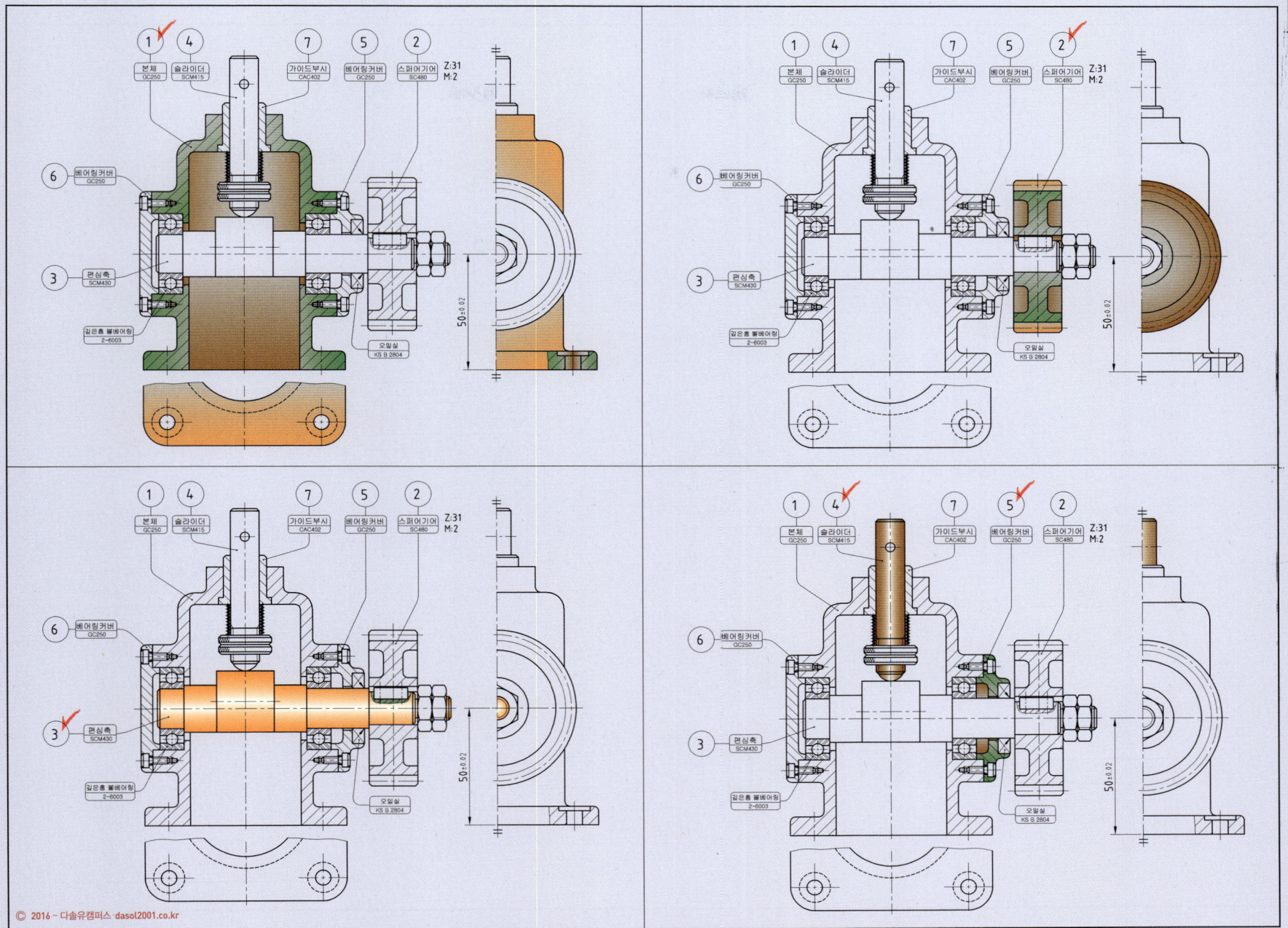

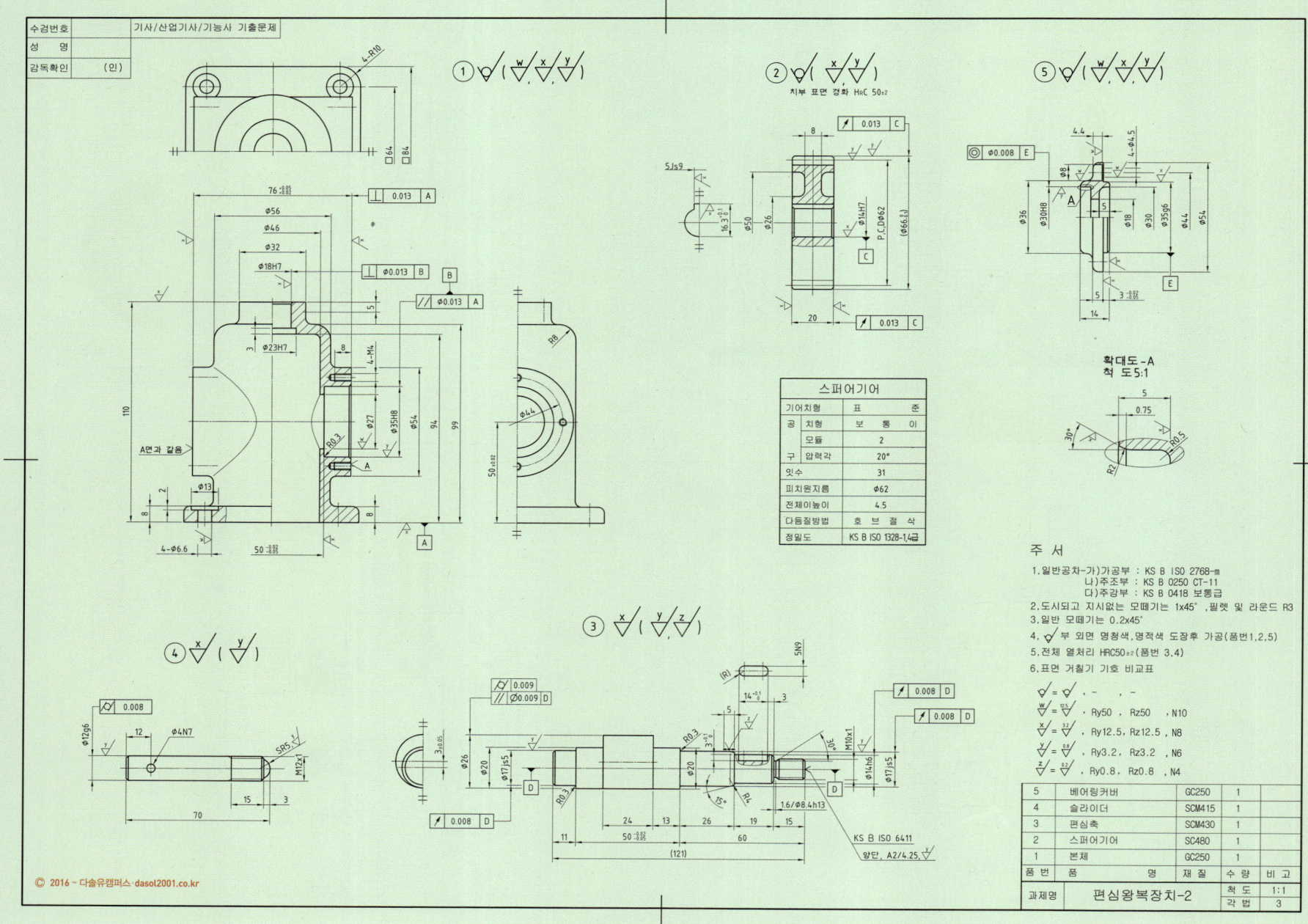

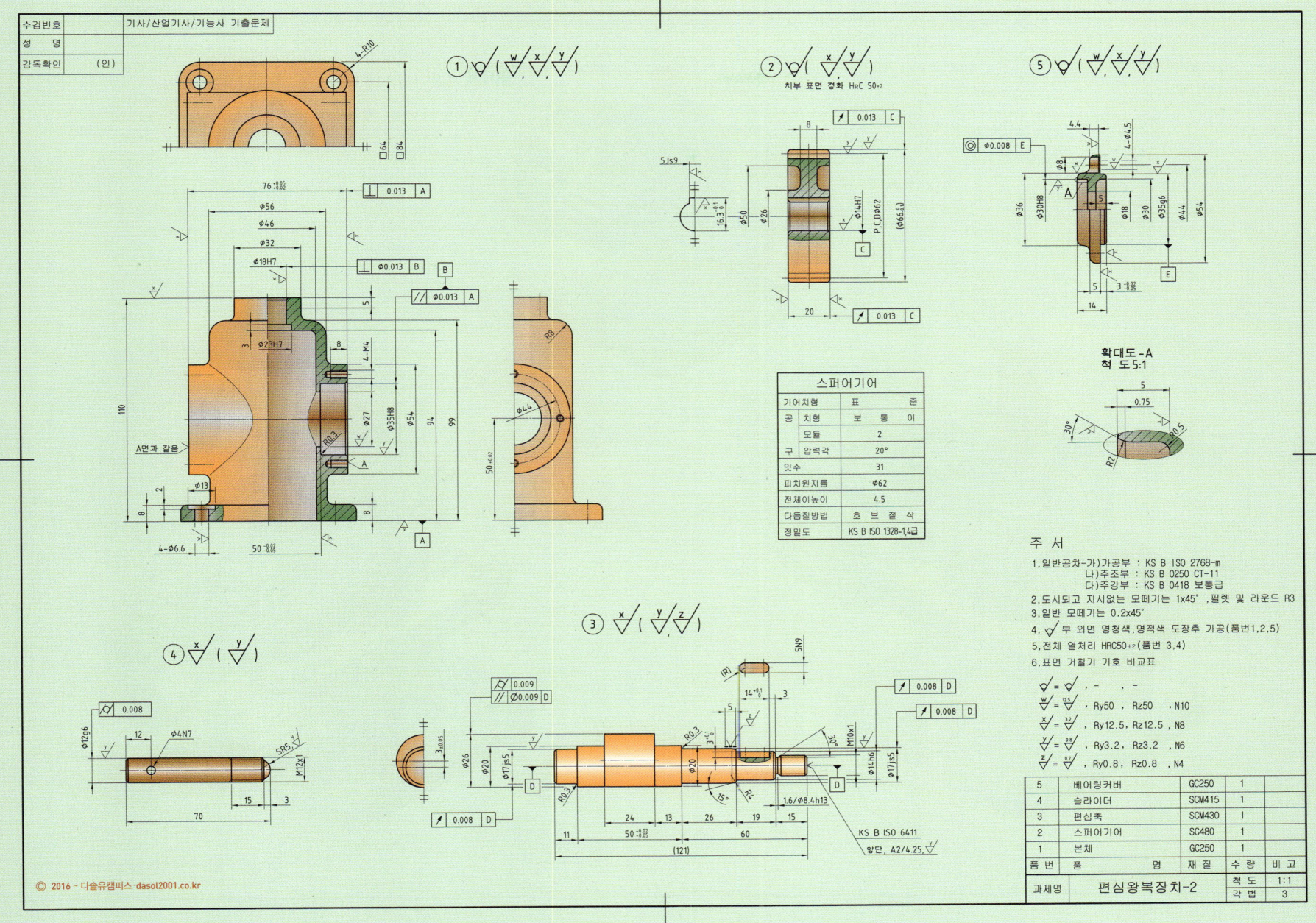

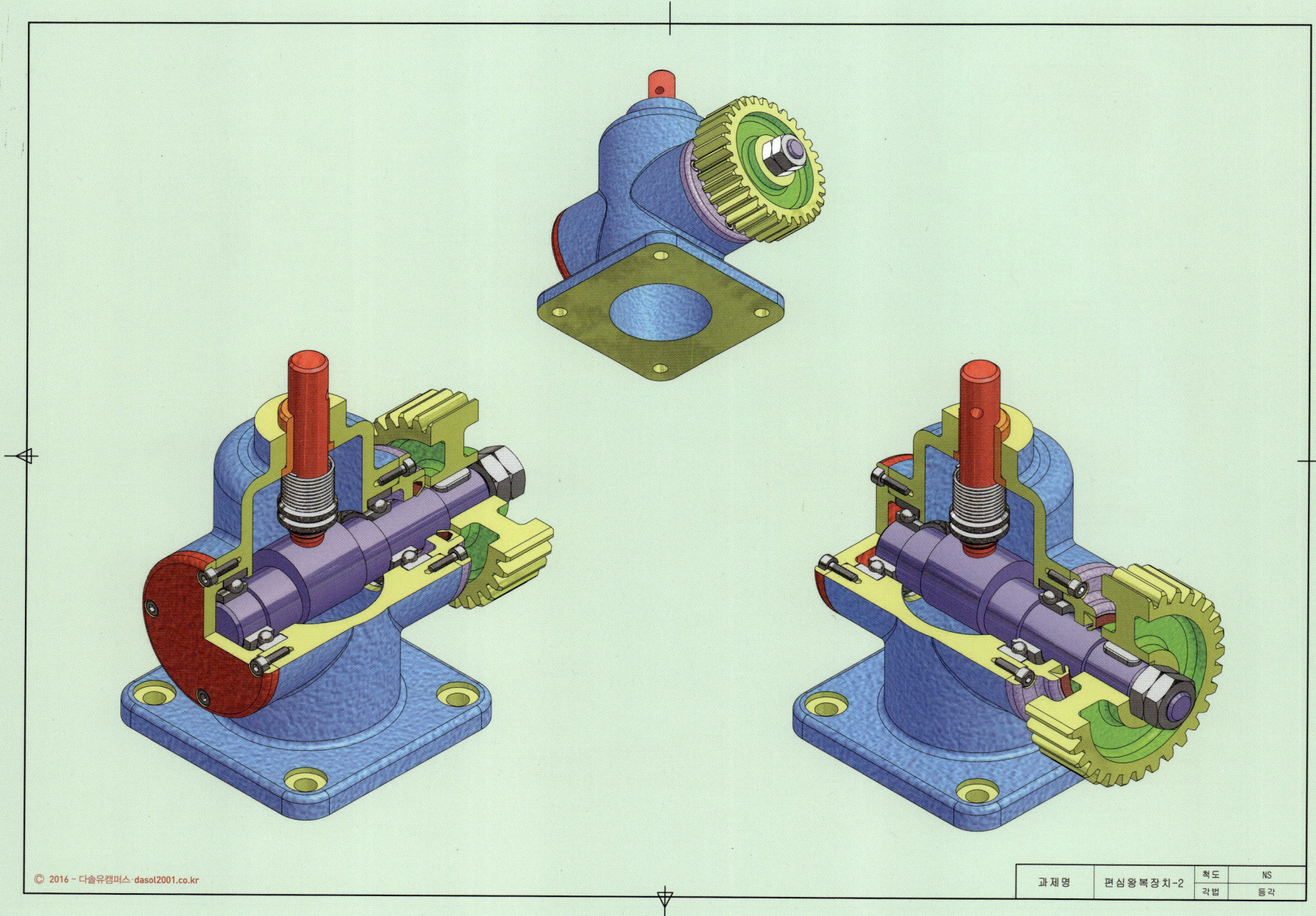

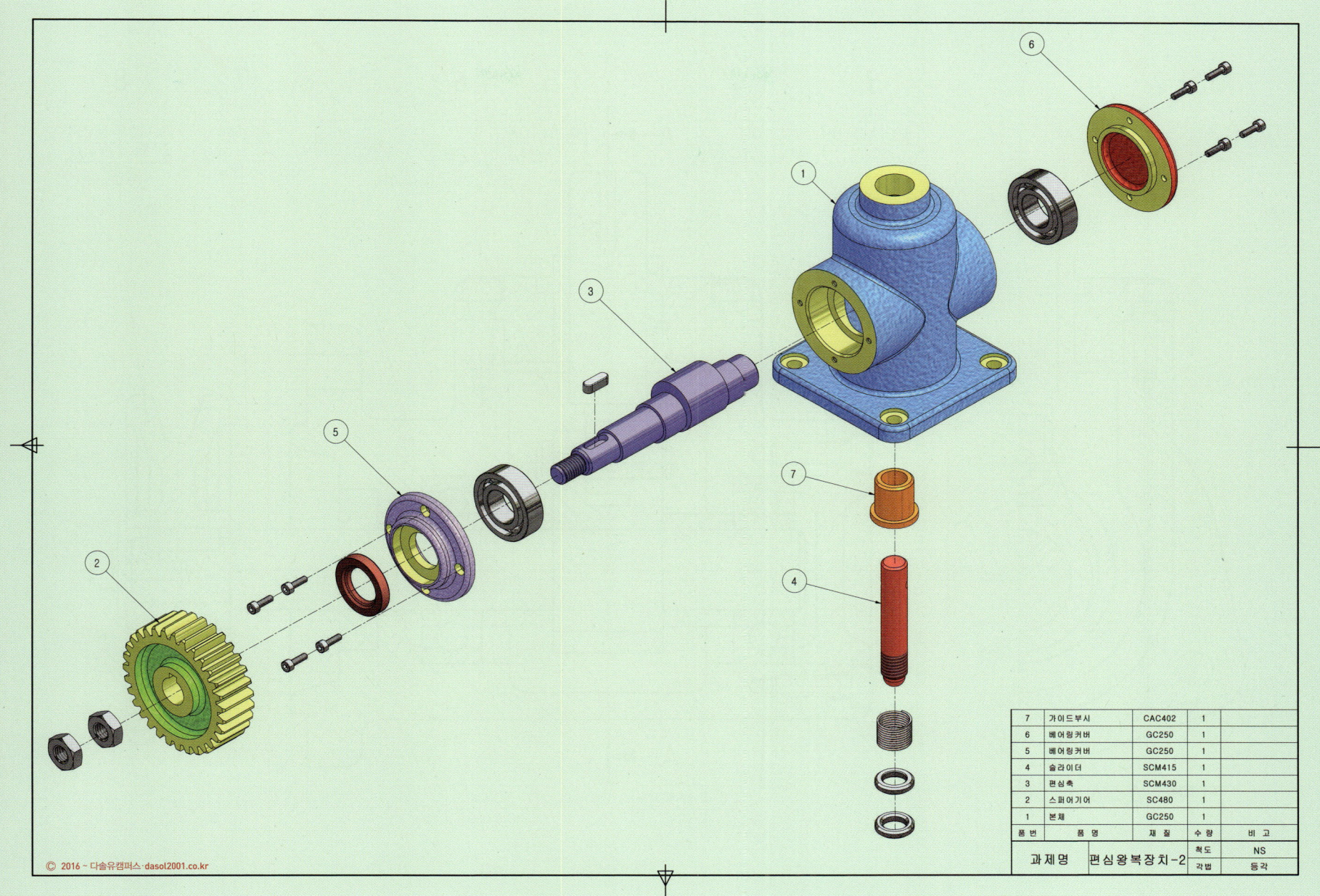

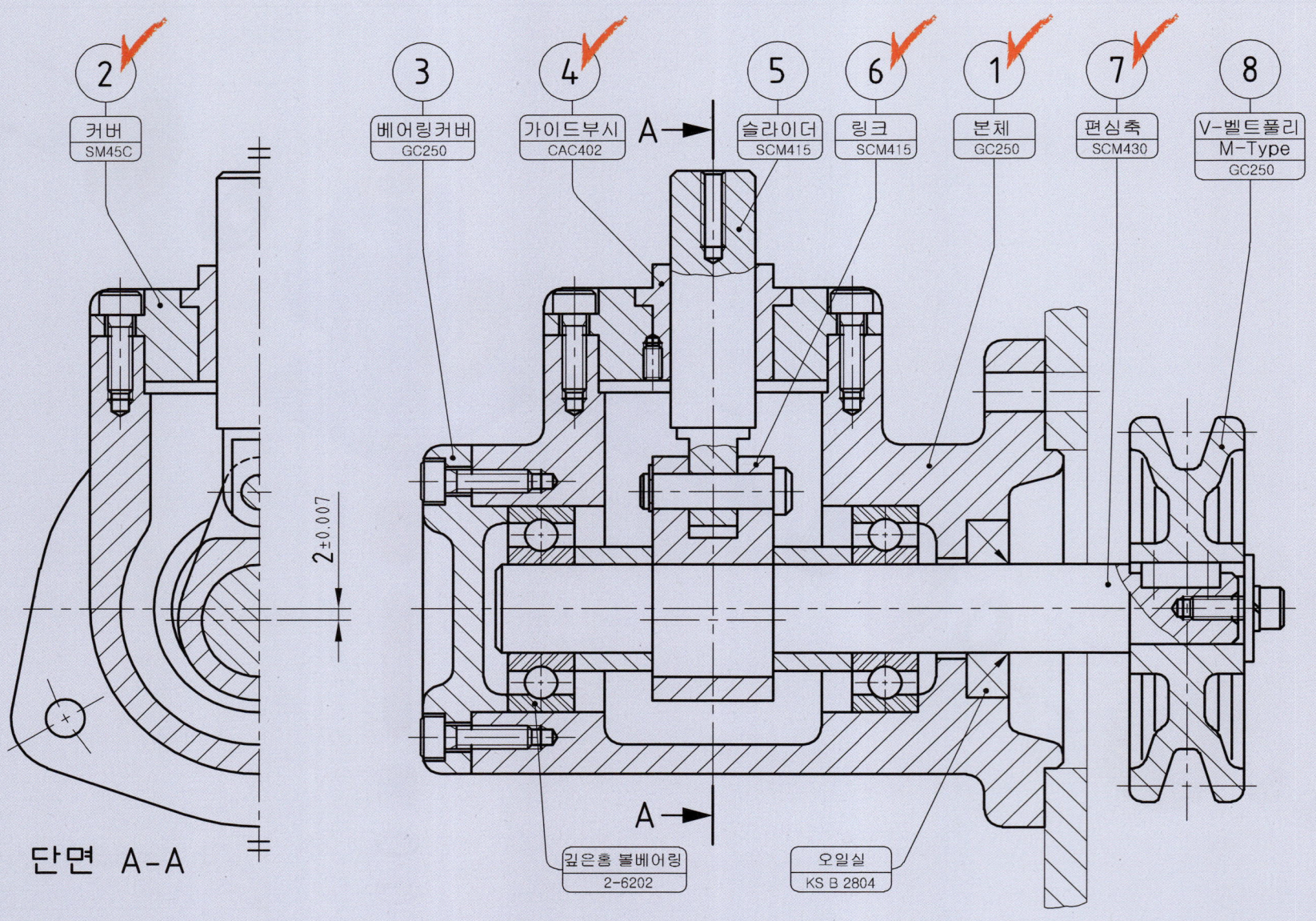

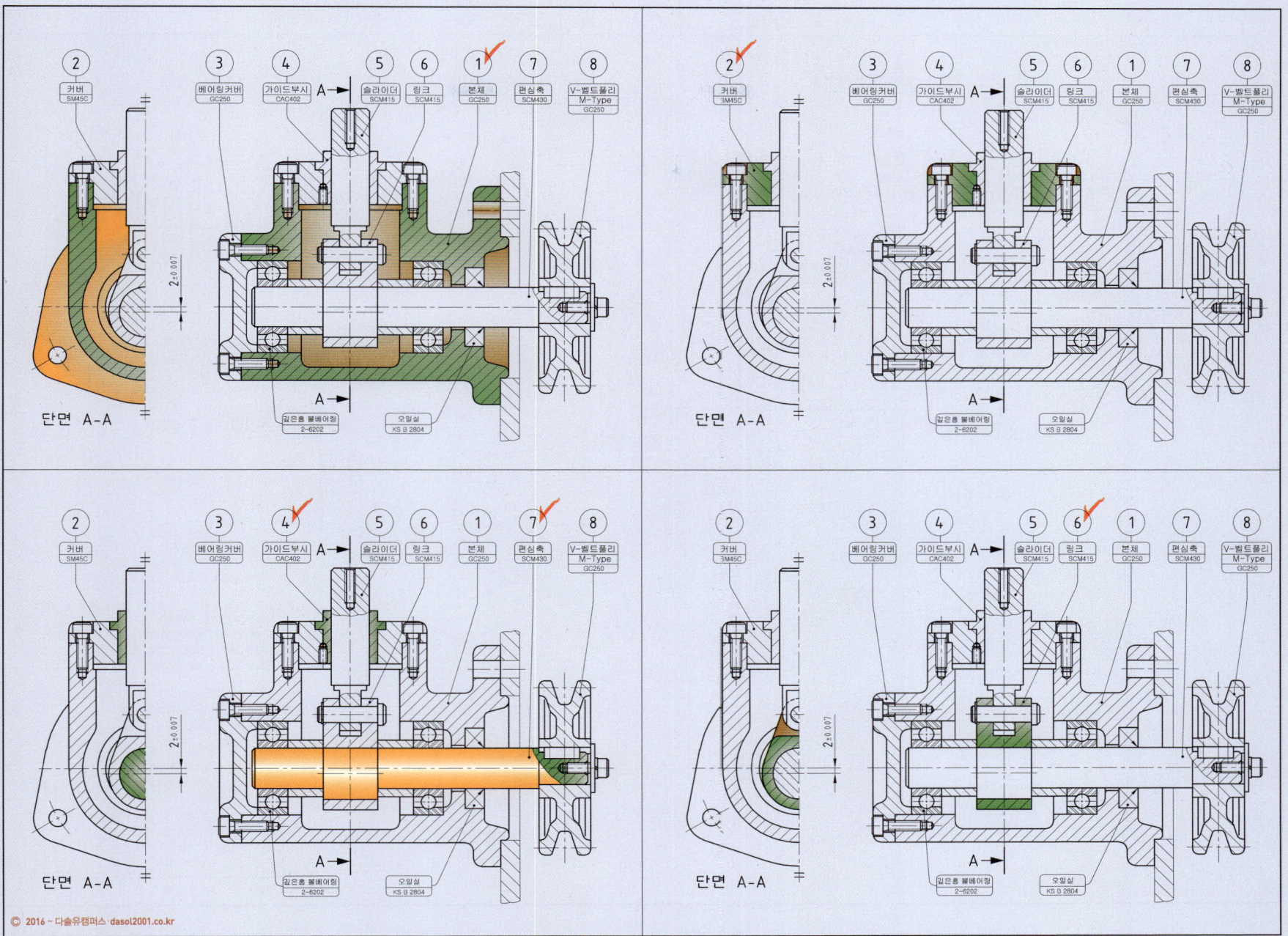

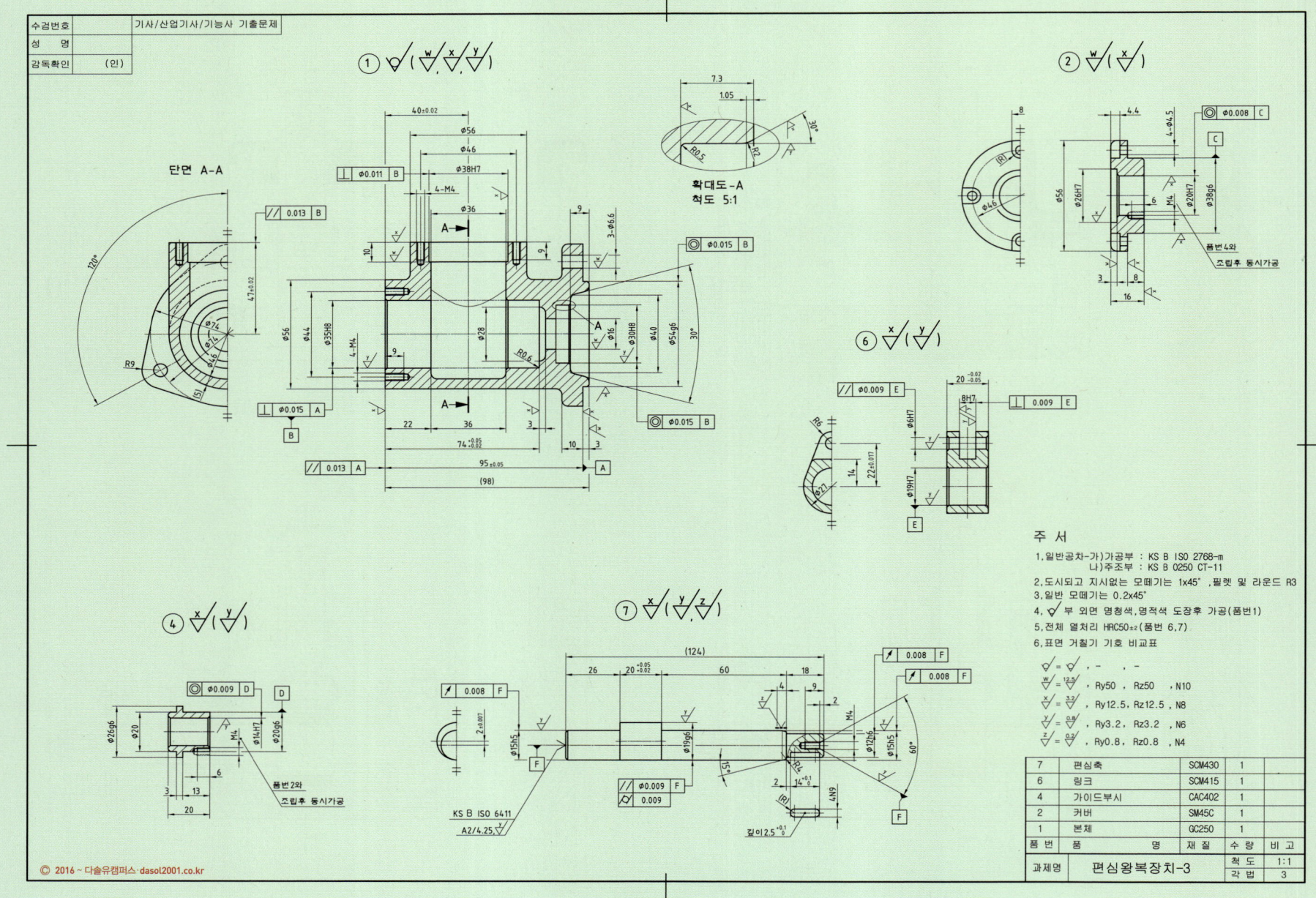

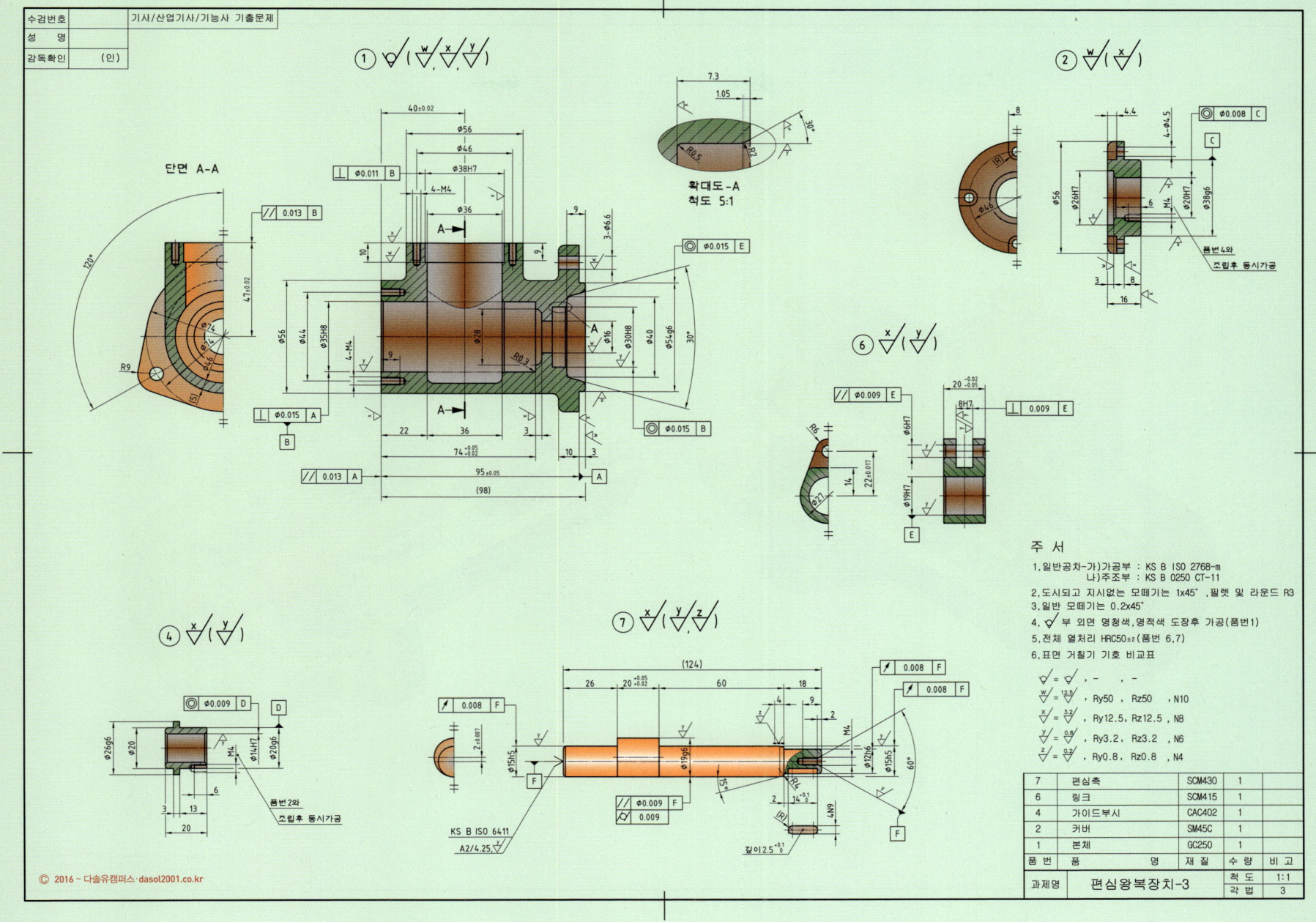

편심왕복장치-3

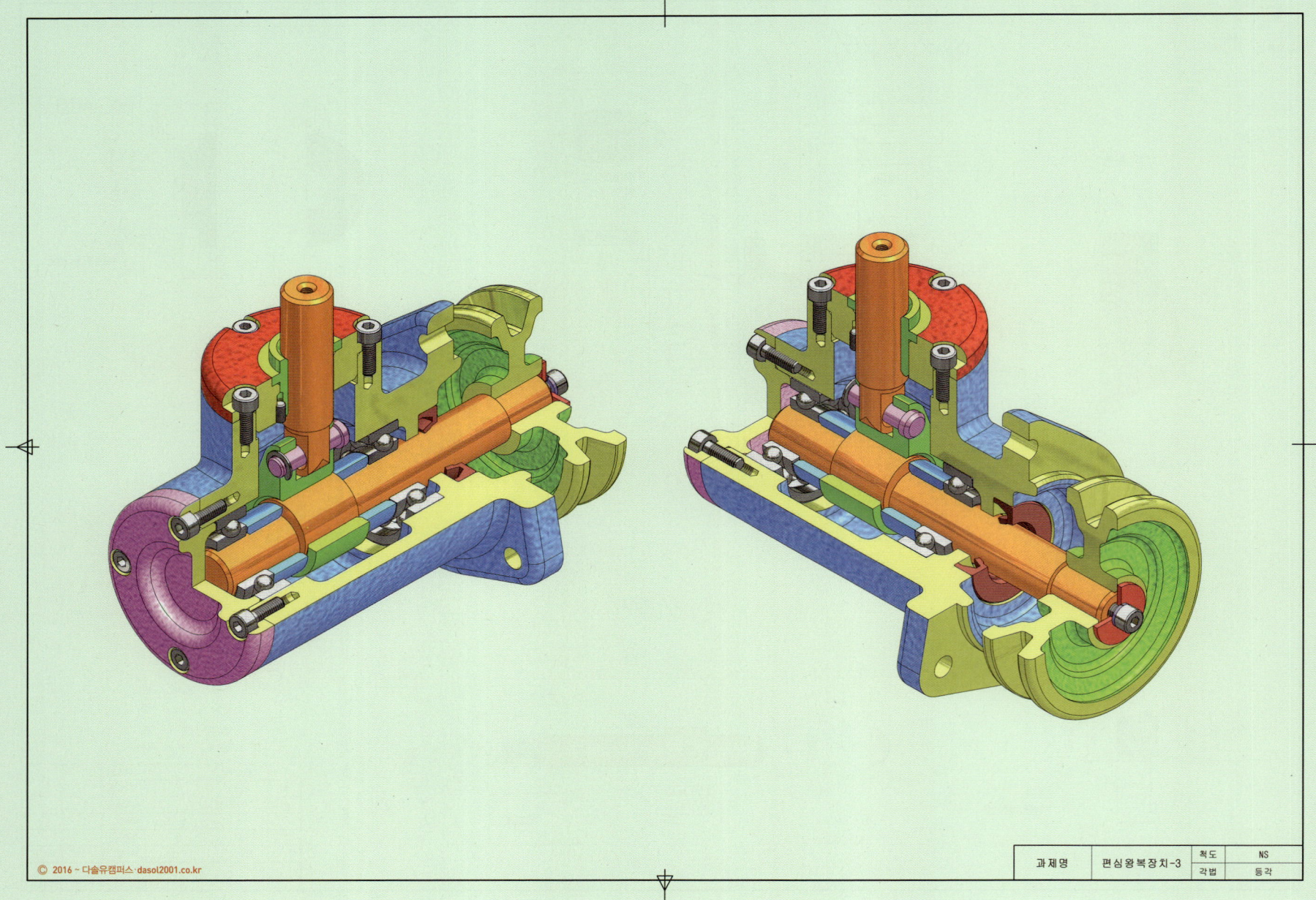

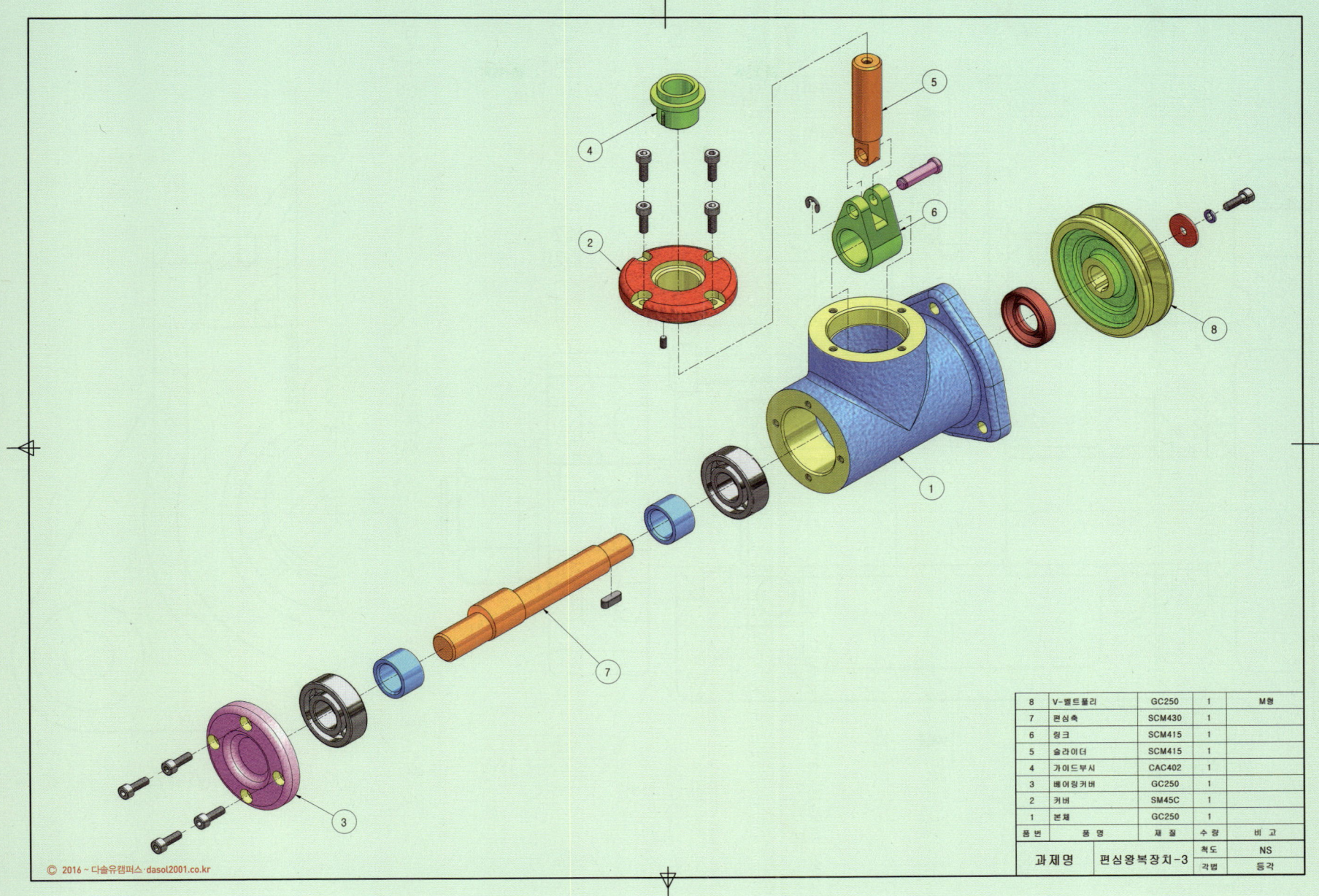

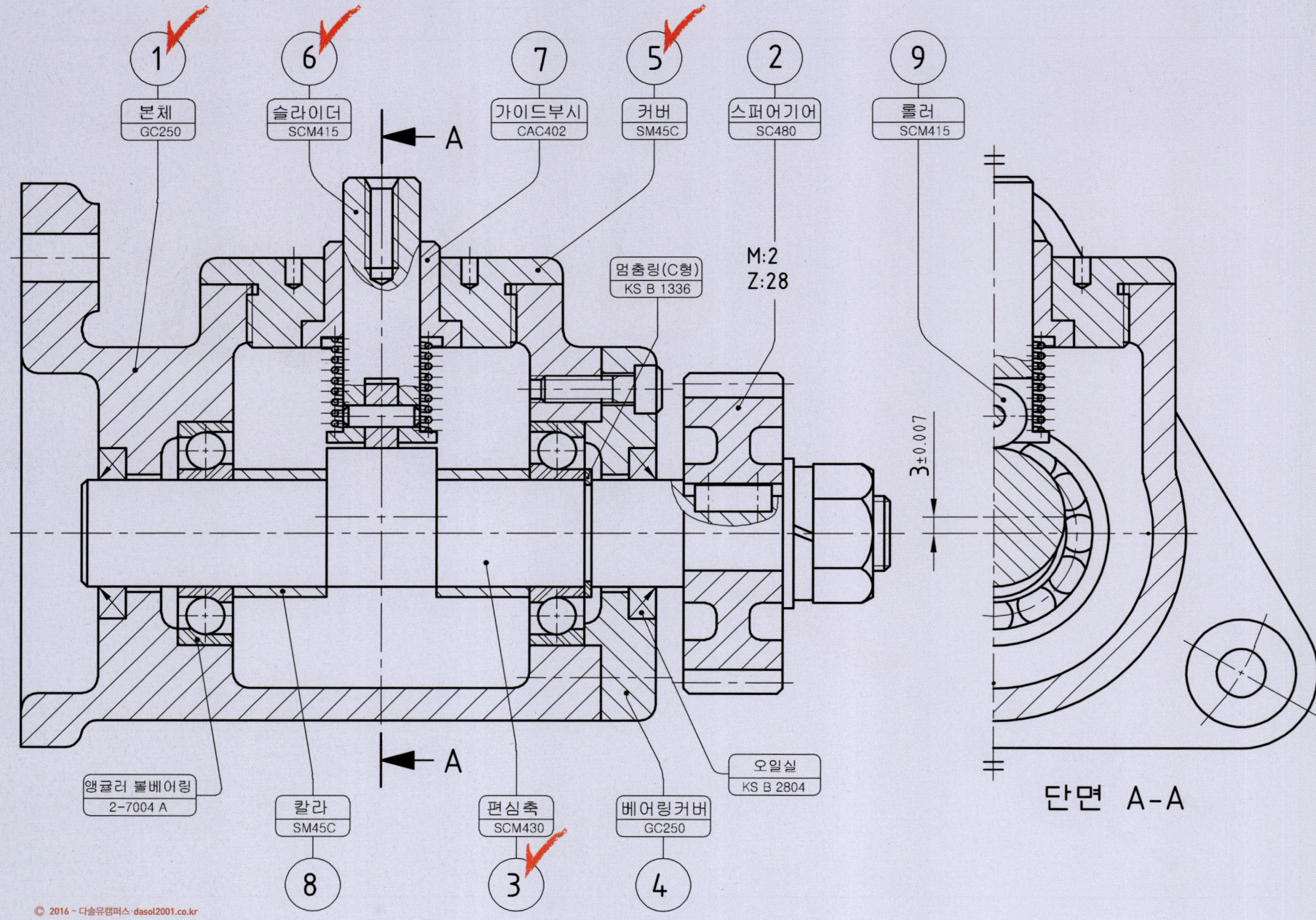

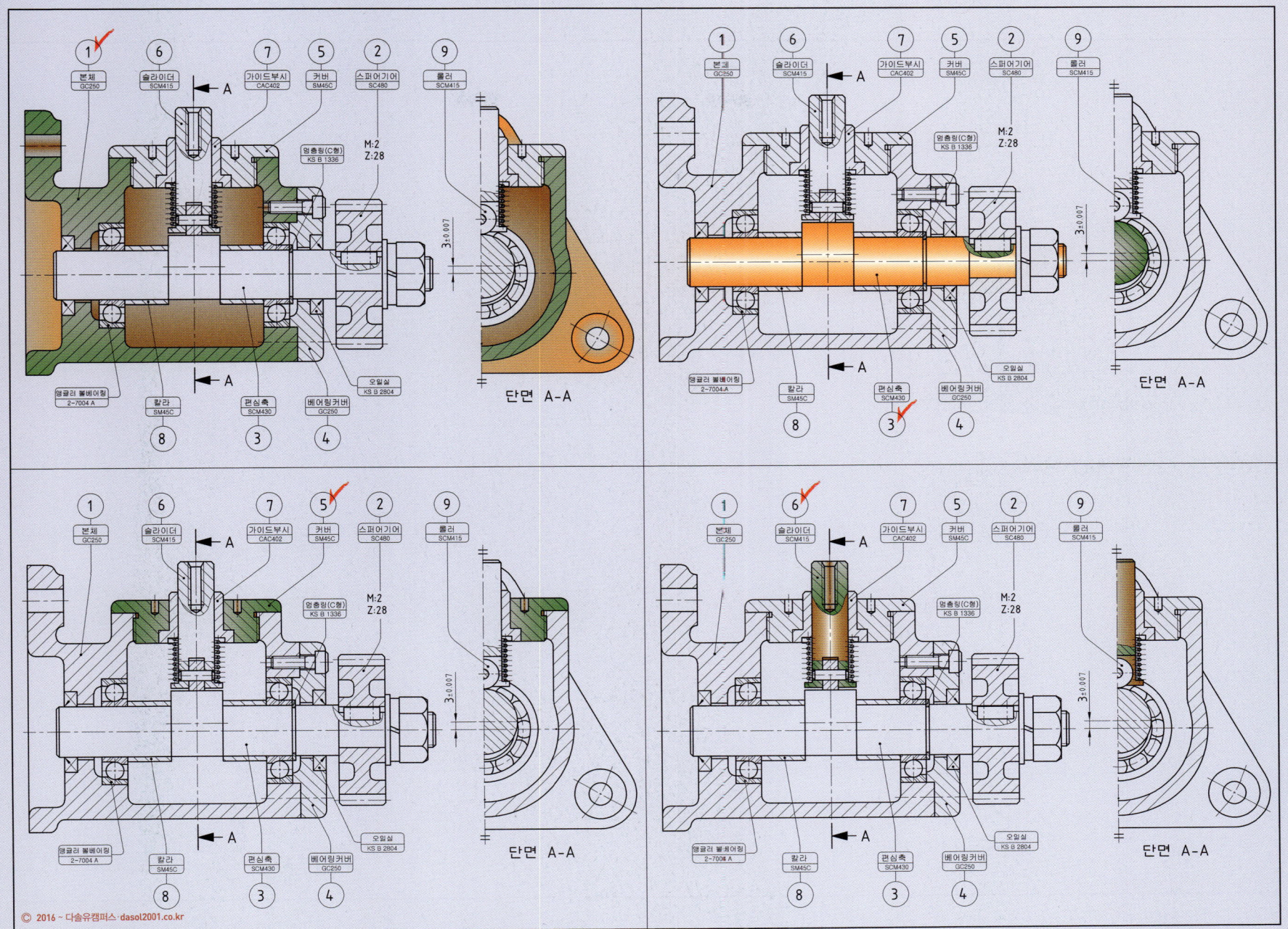

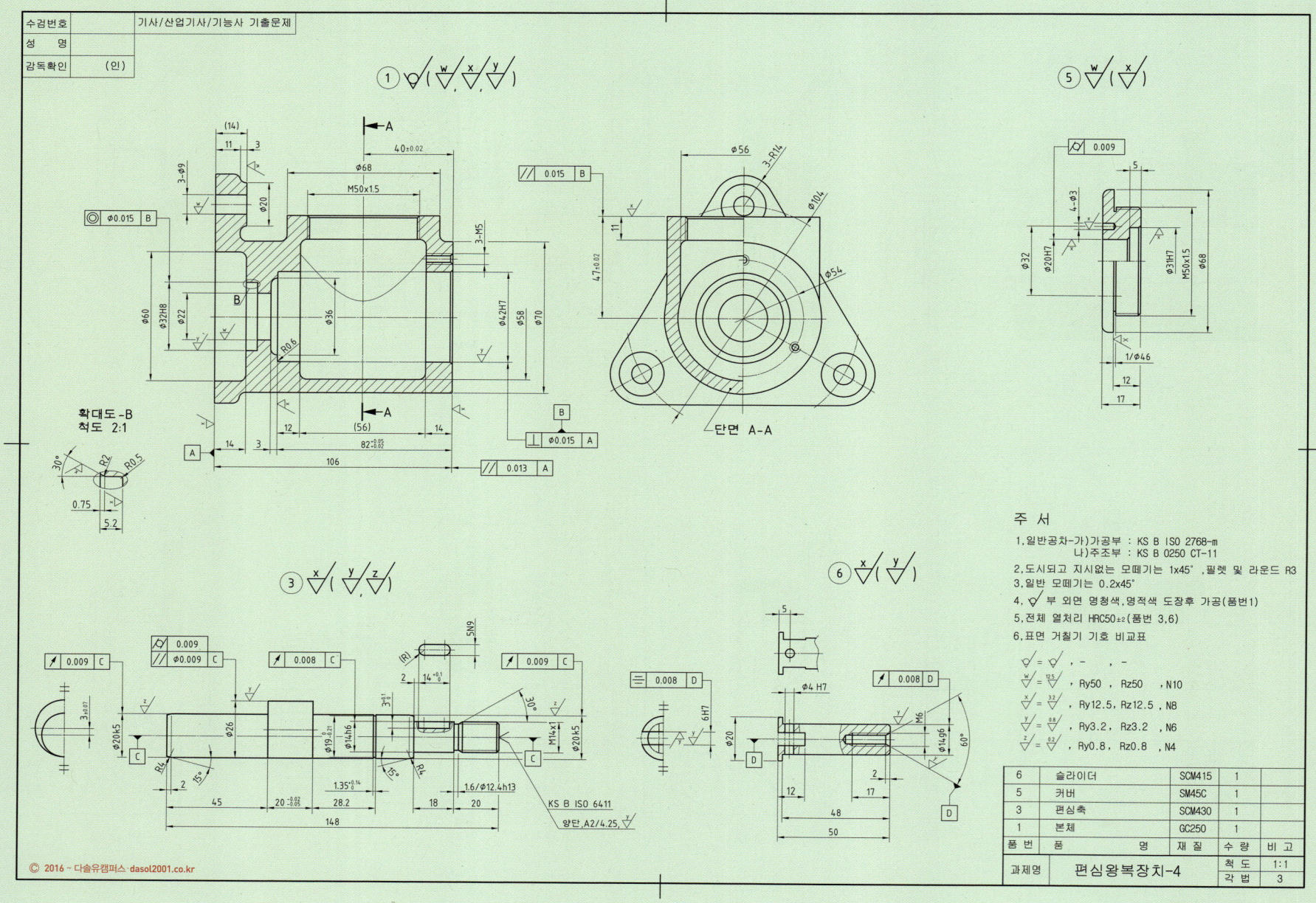

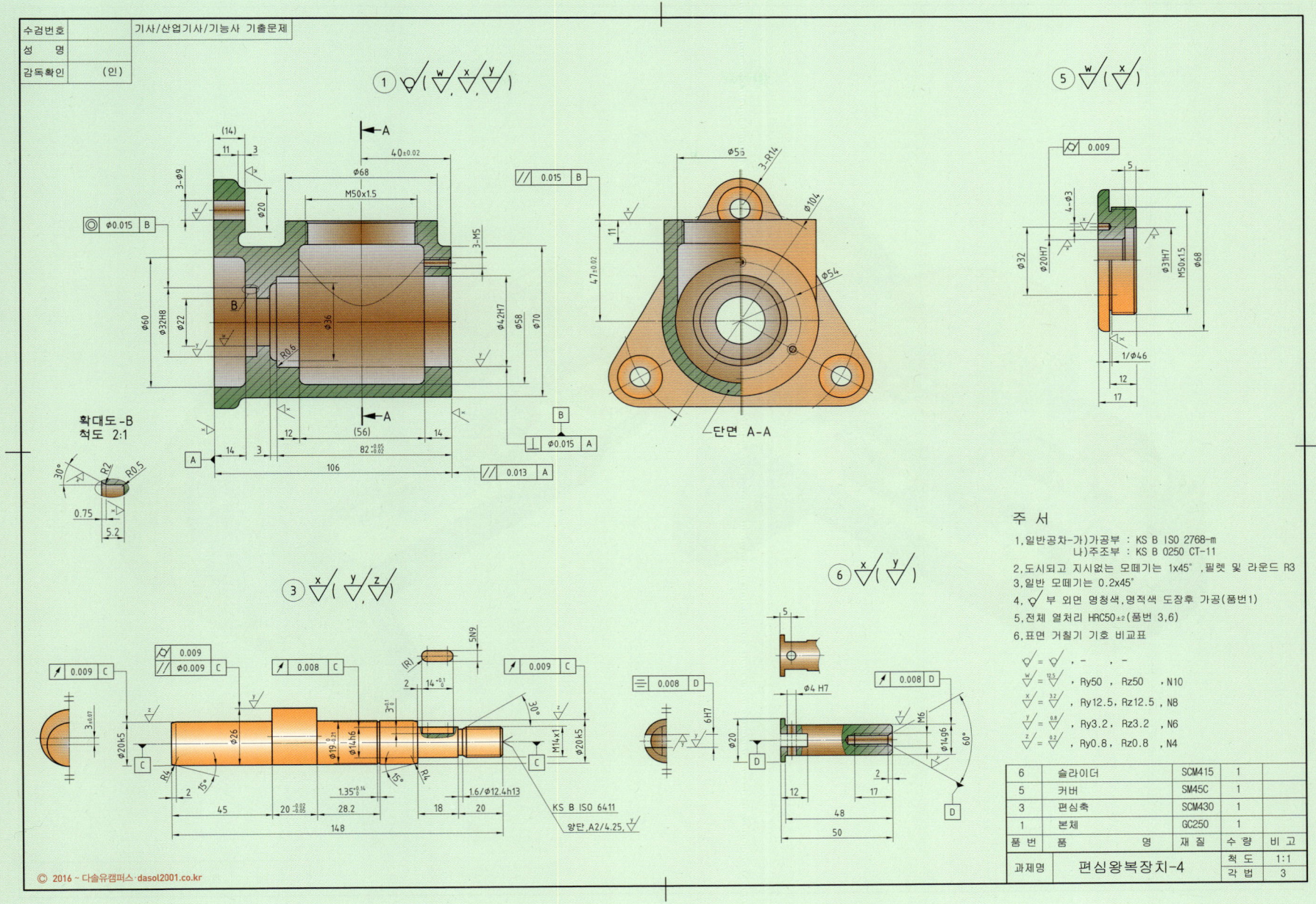

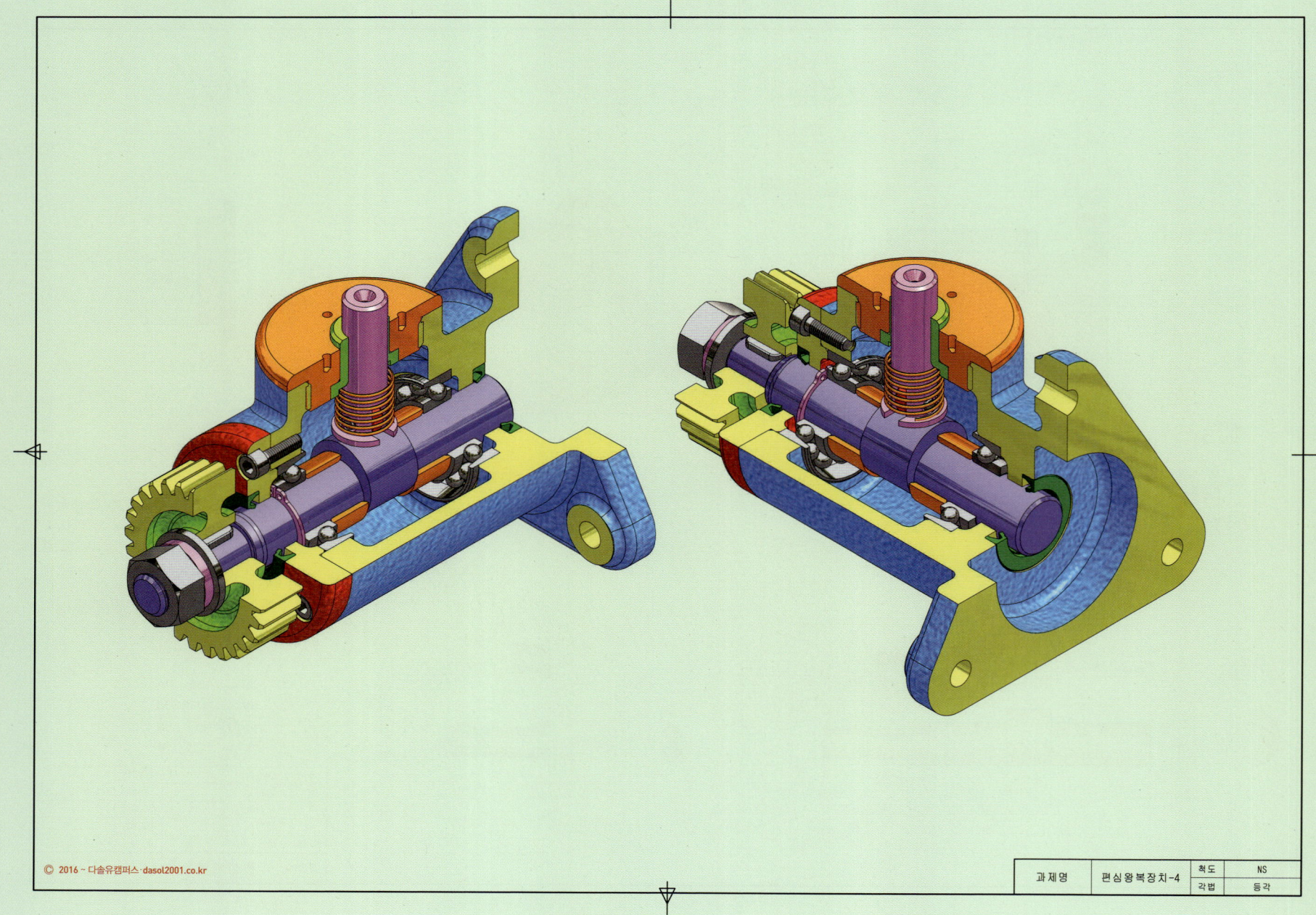

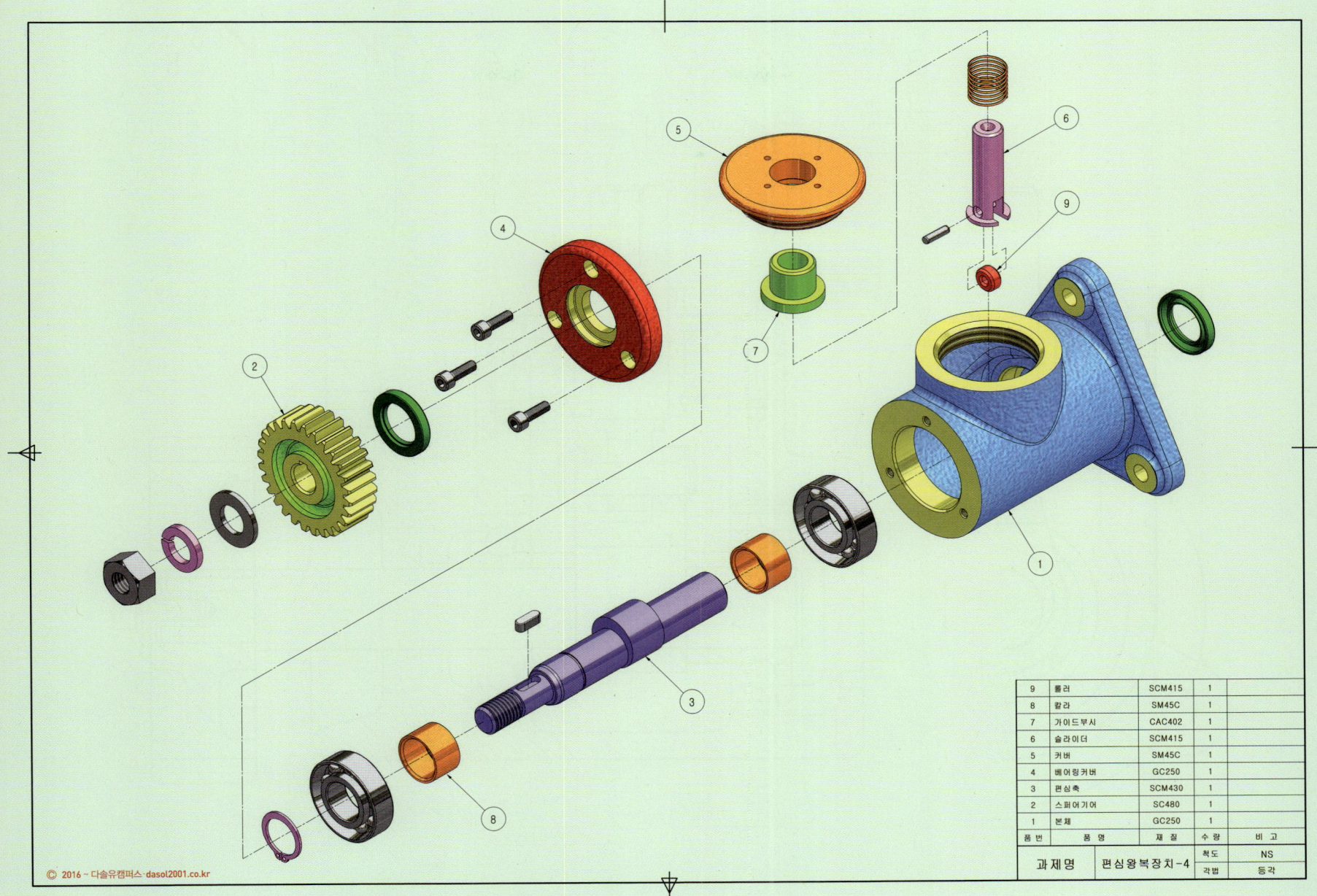

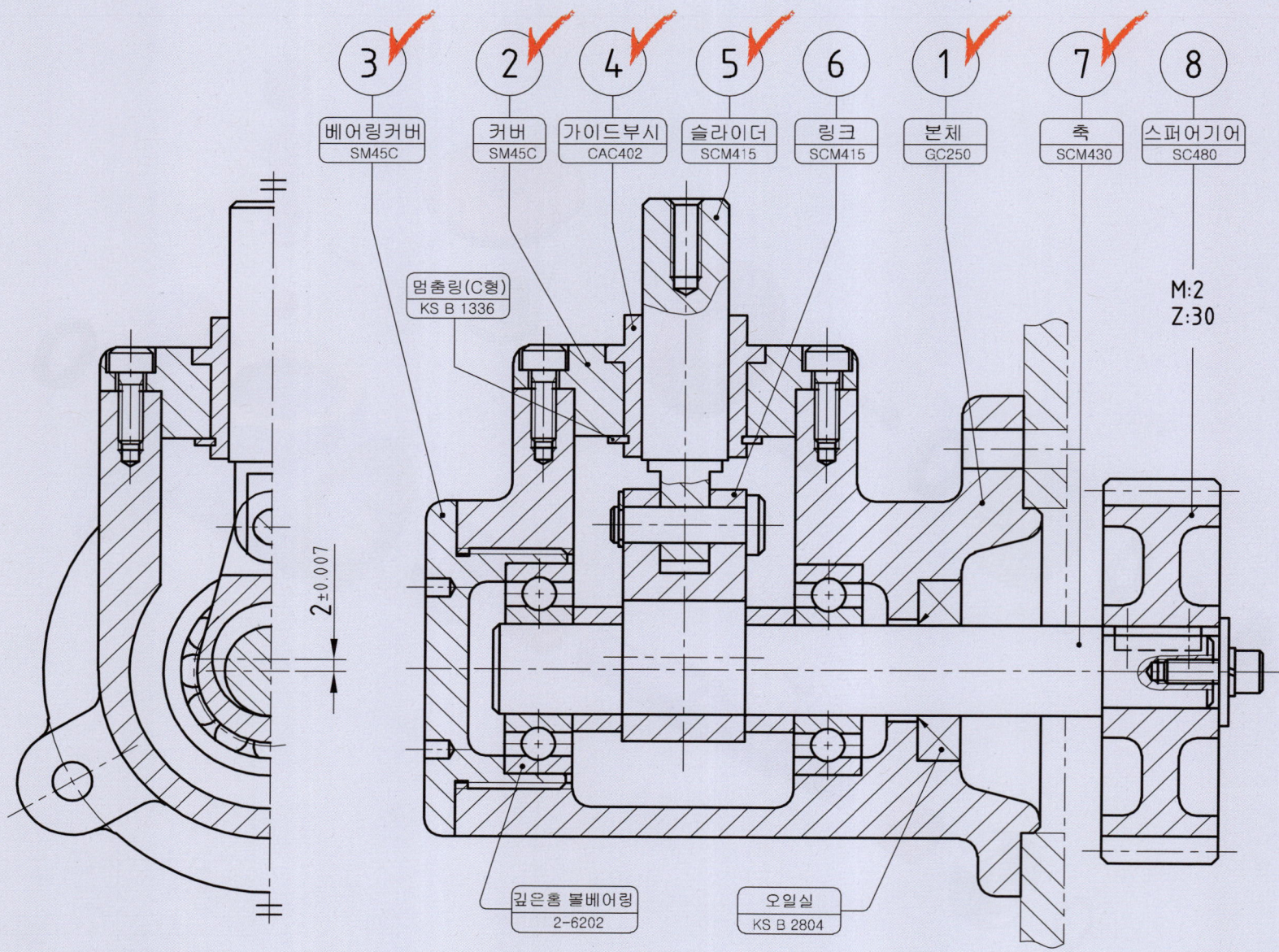

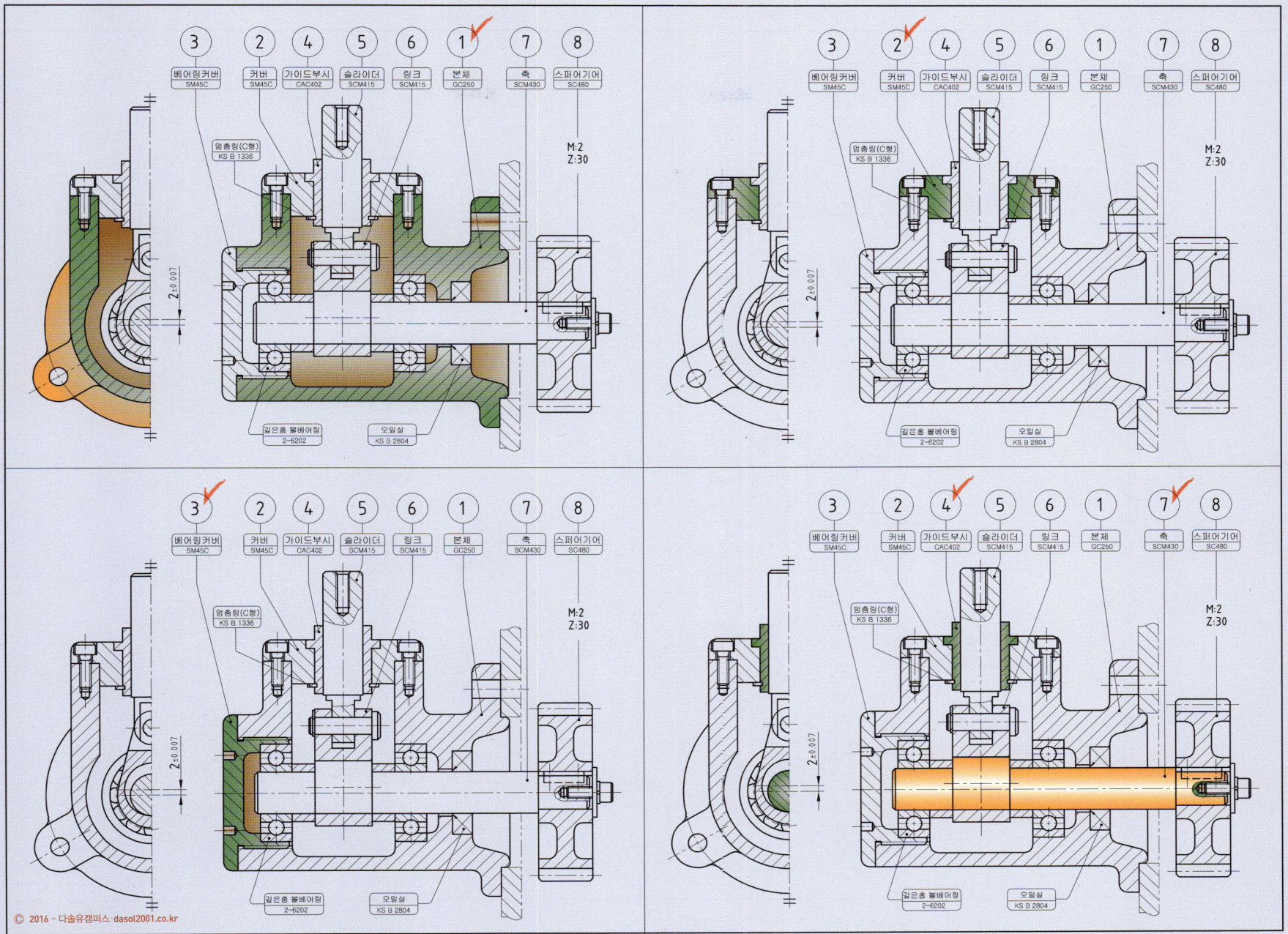

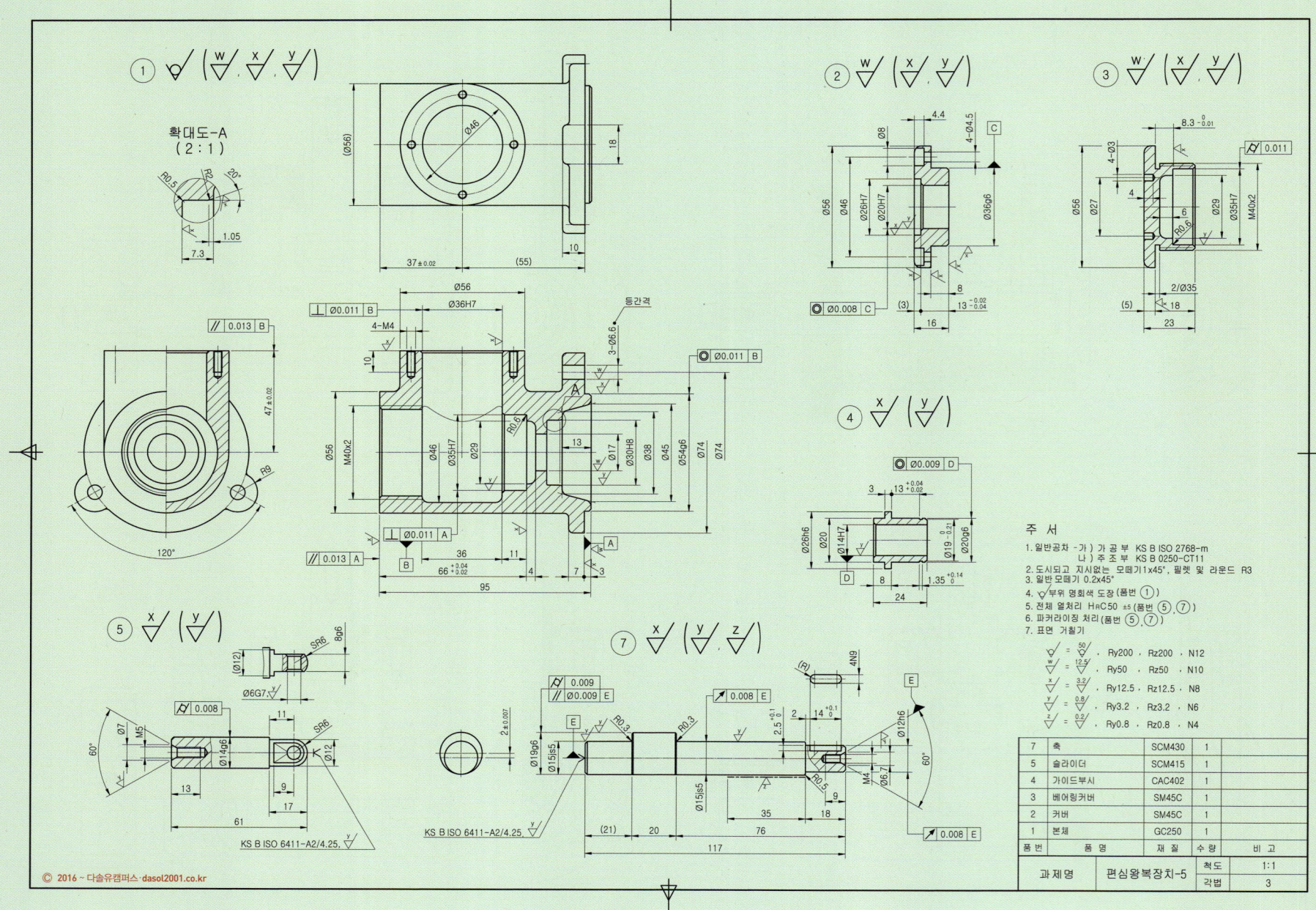

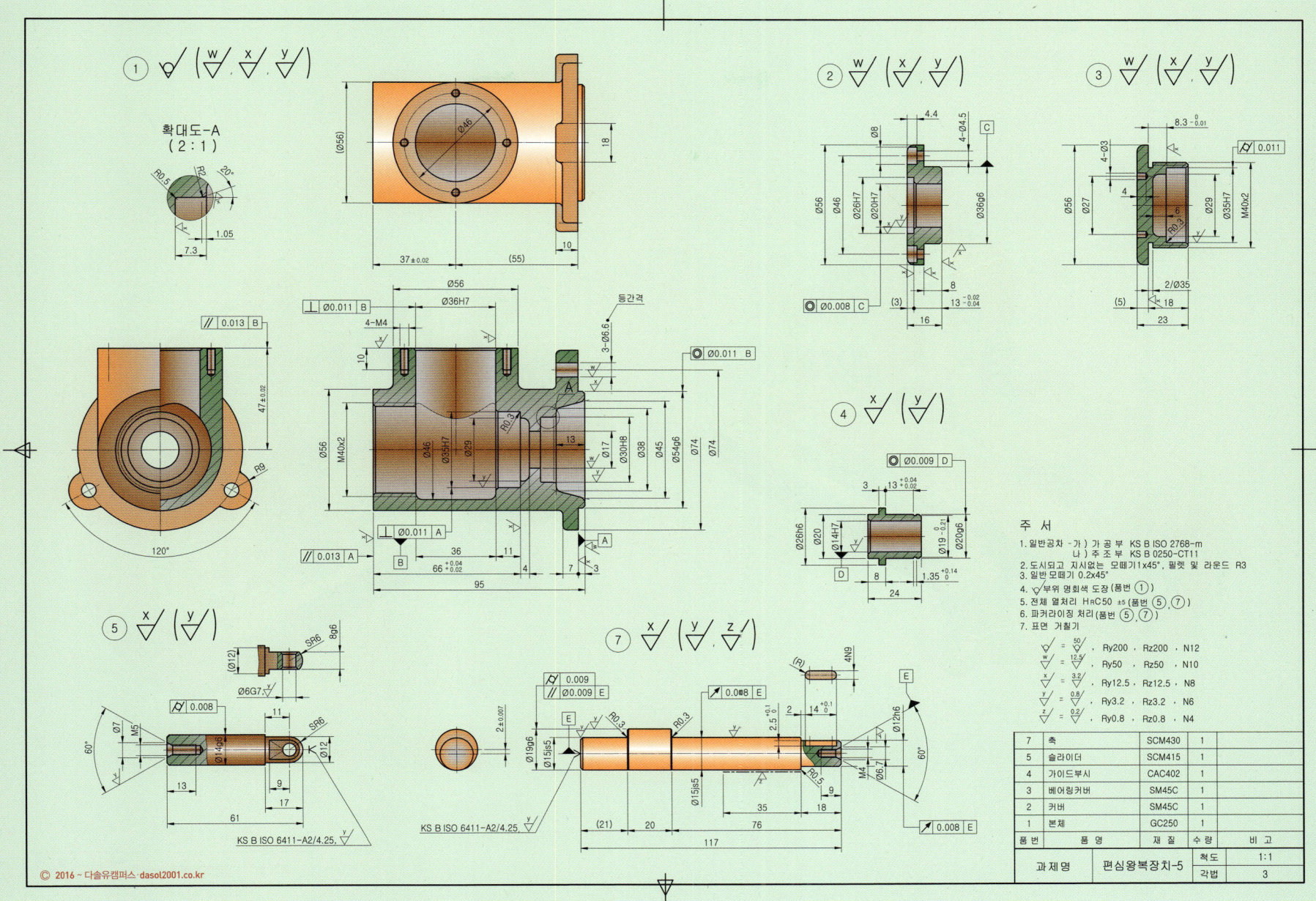

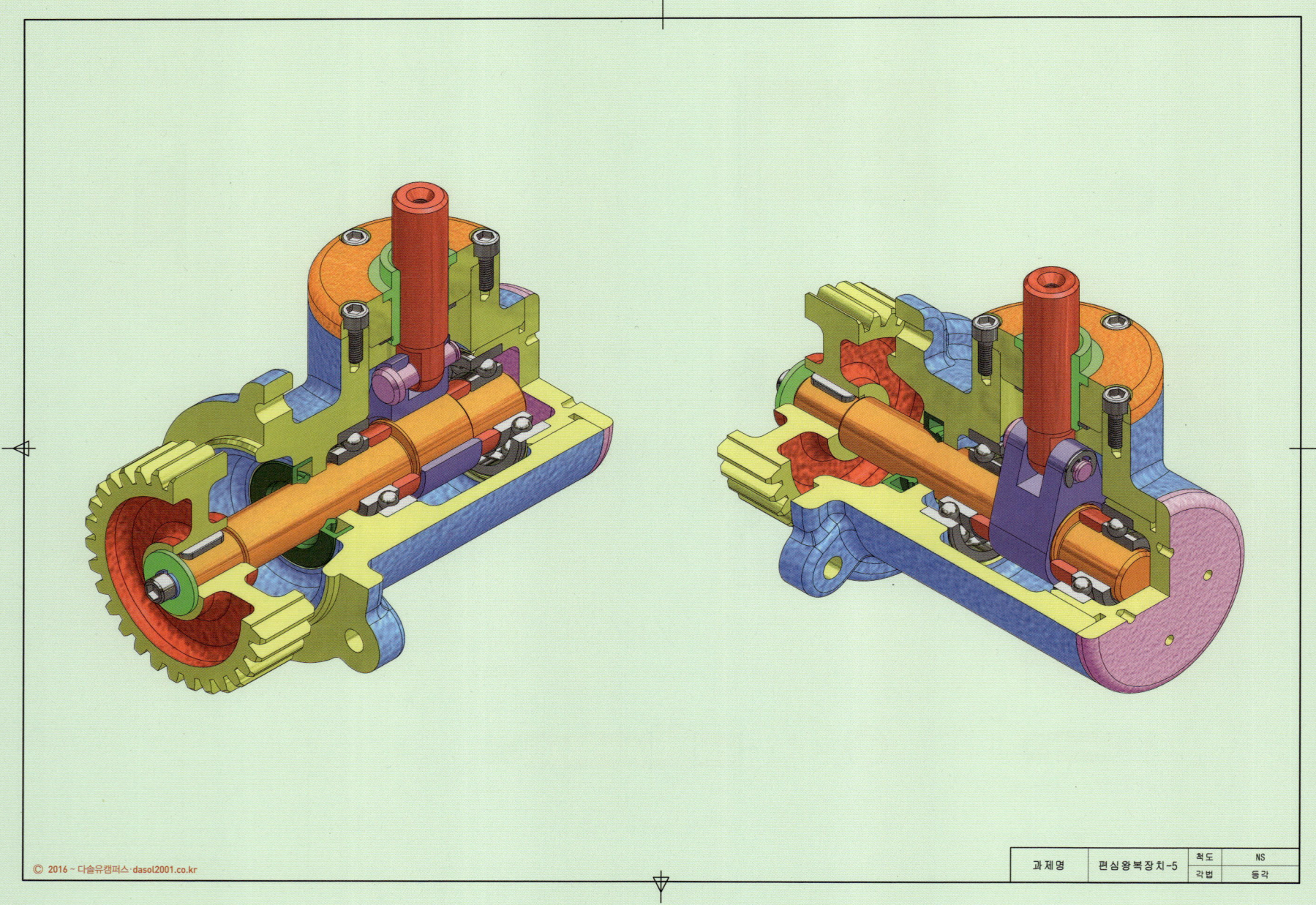

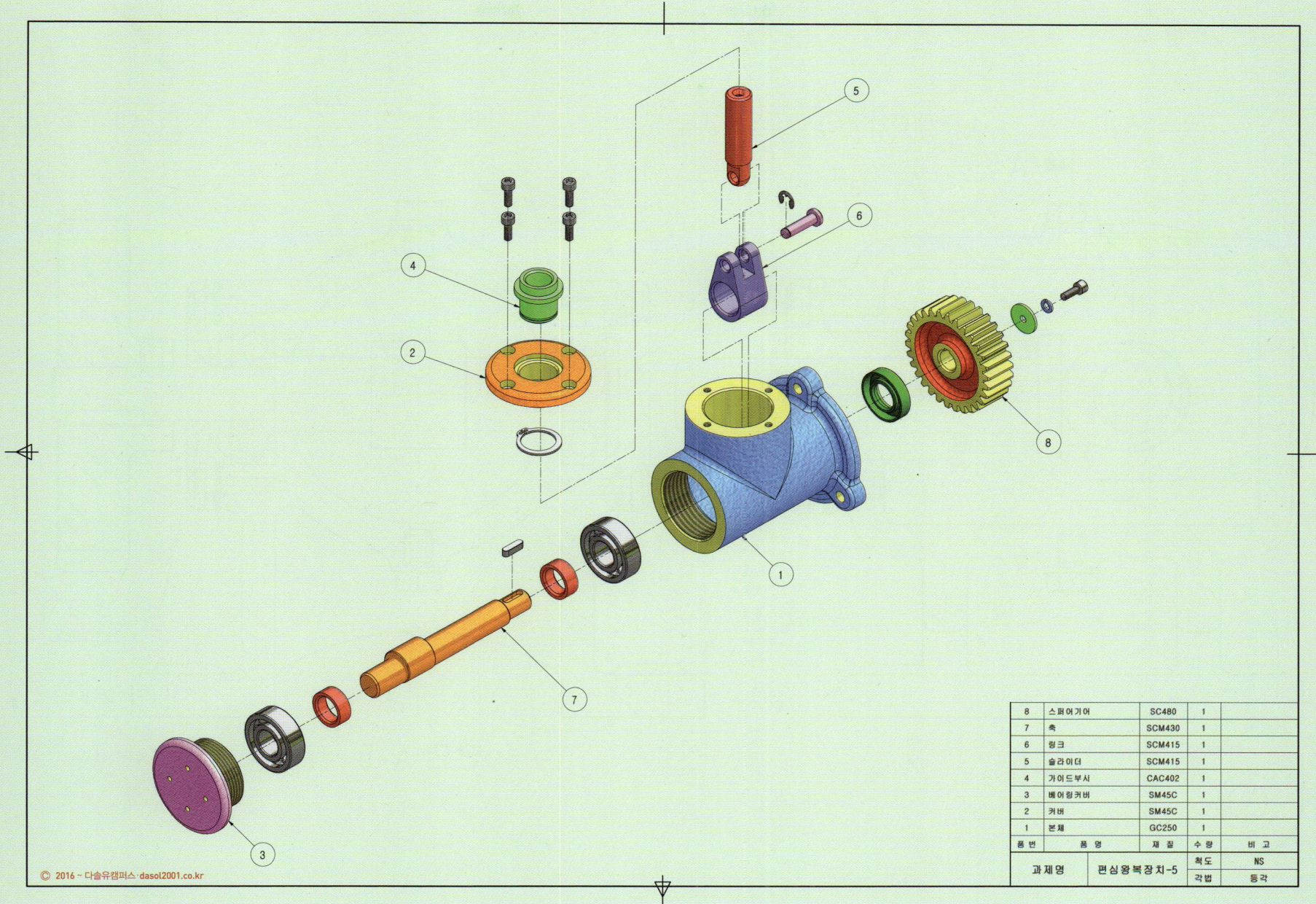

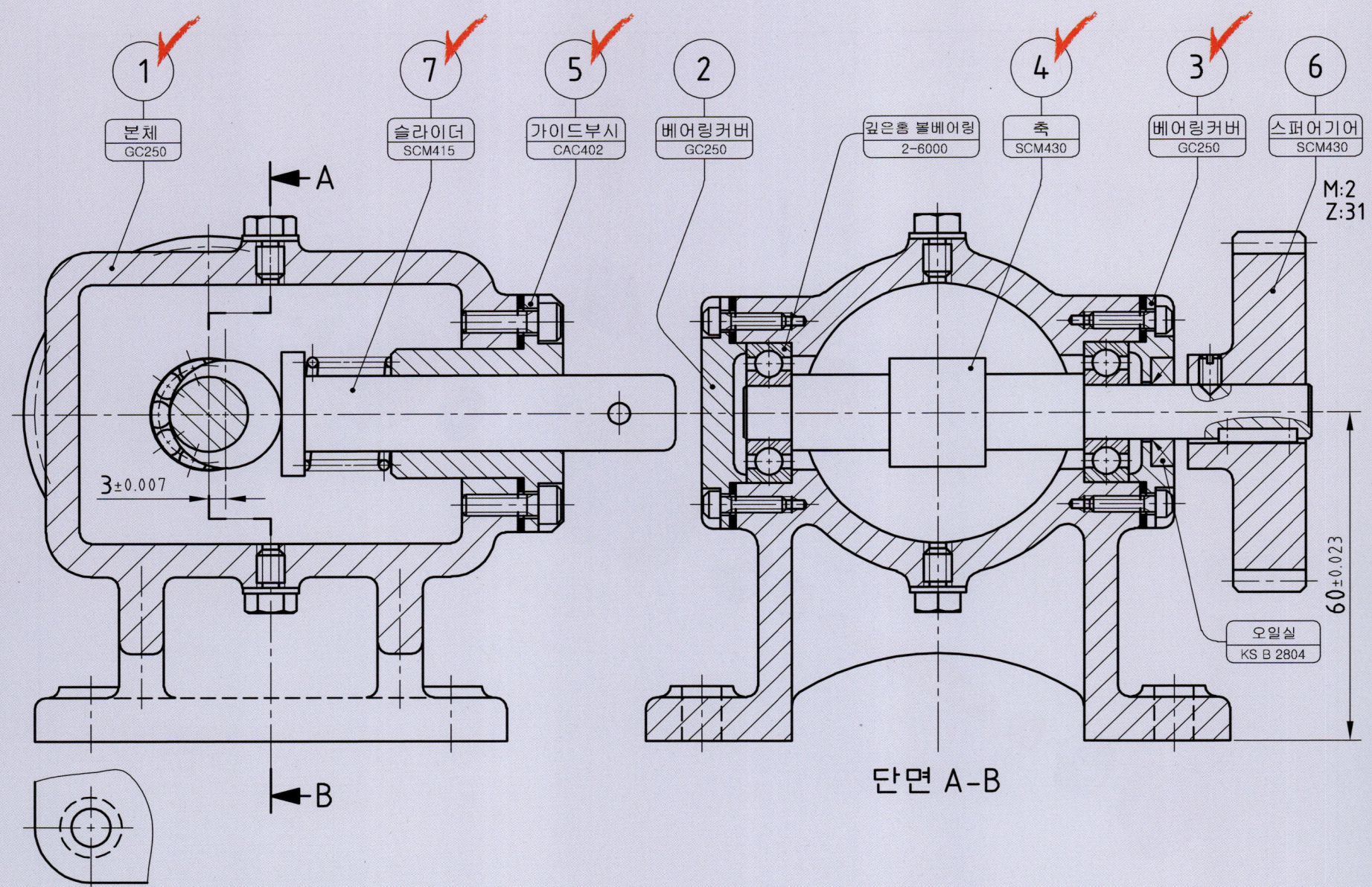

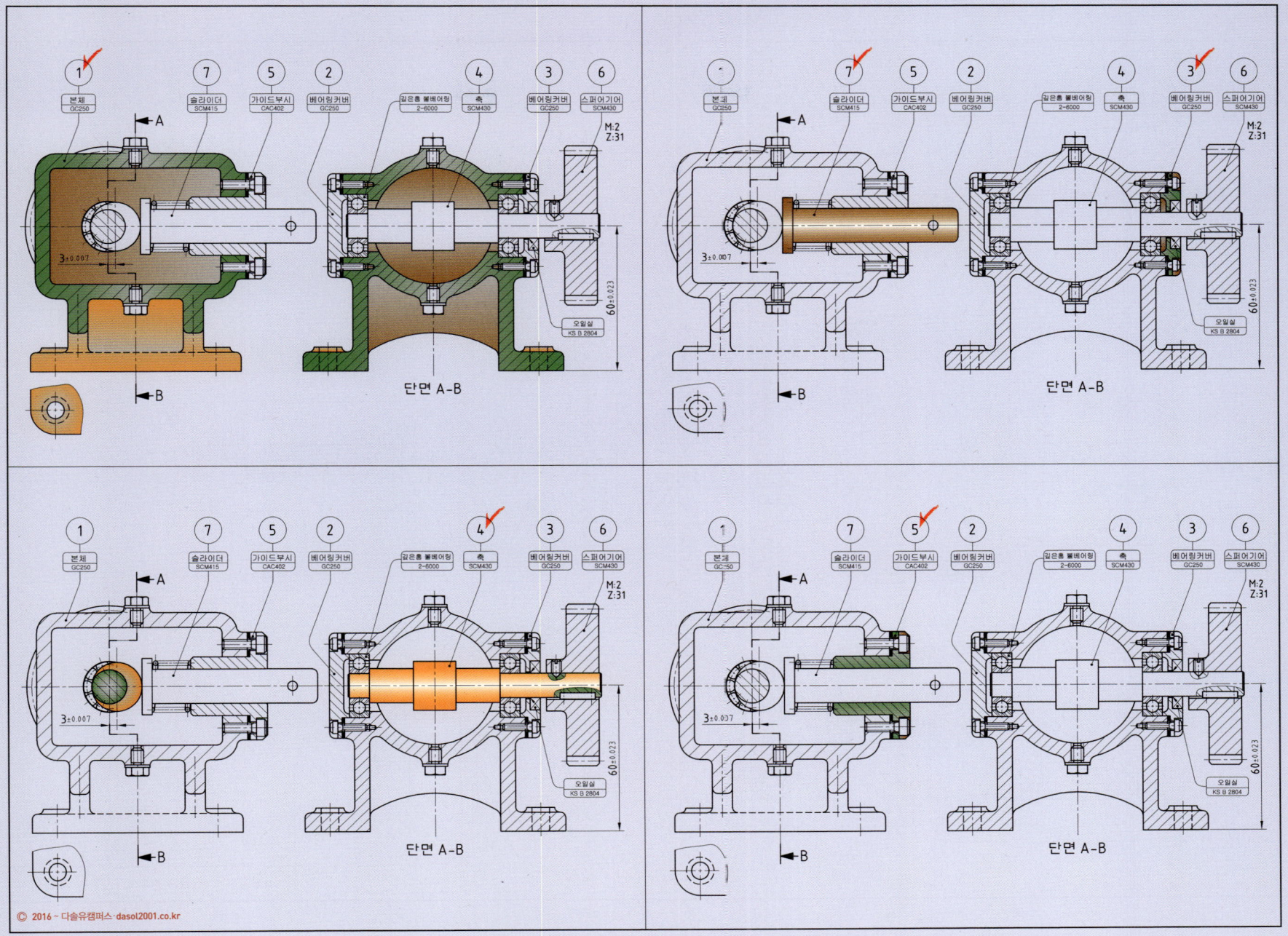

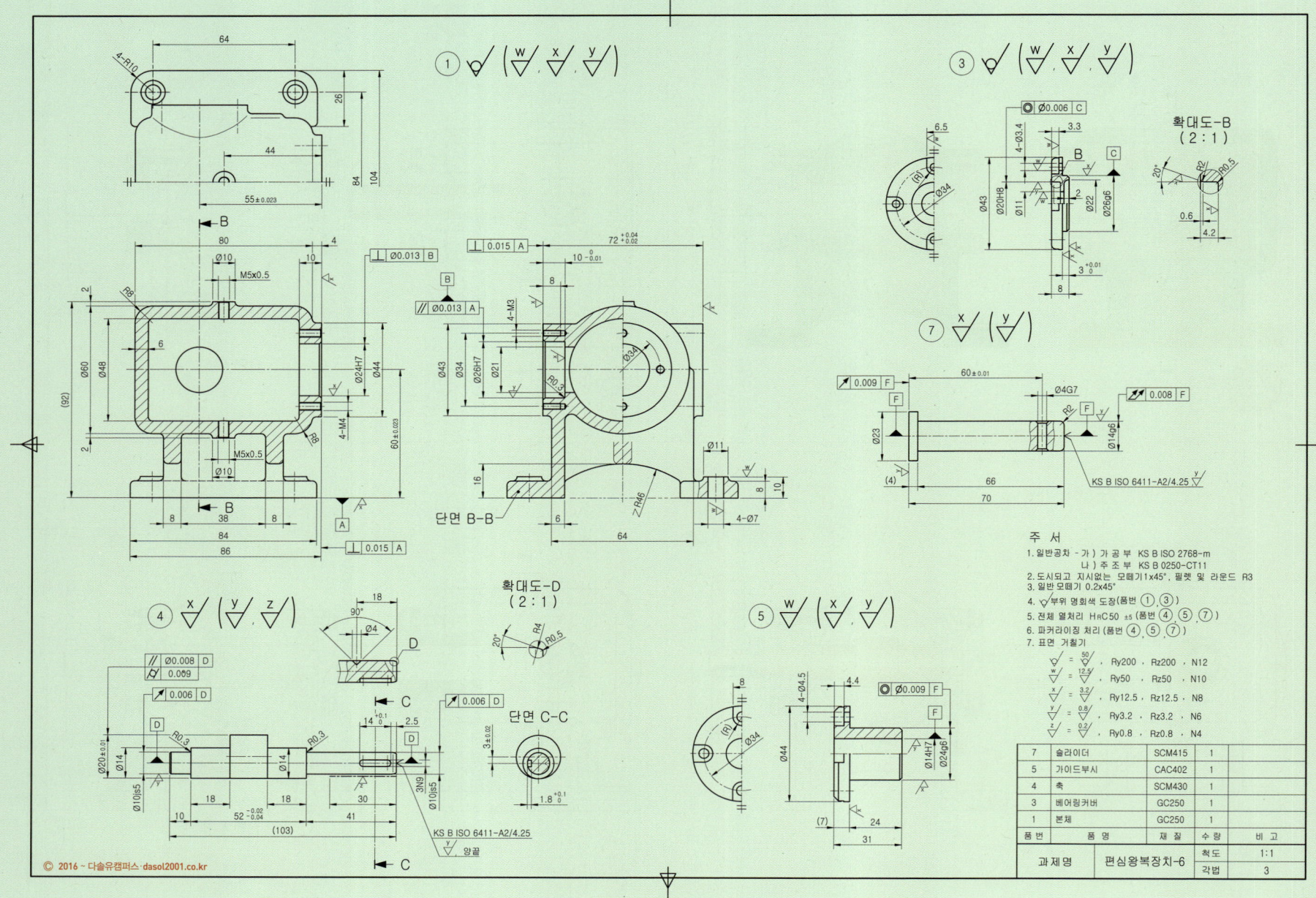

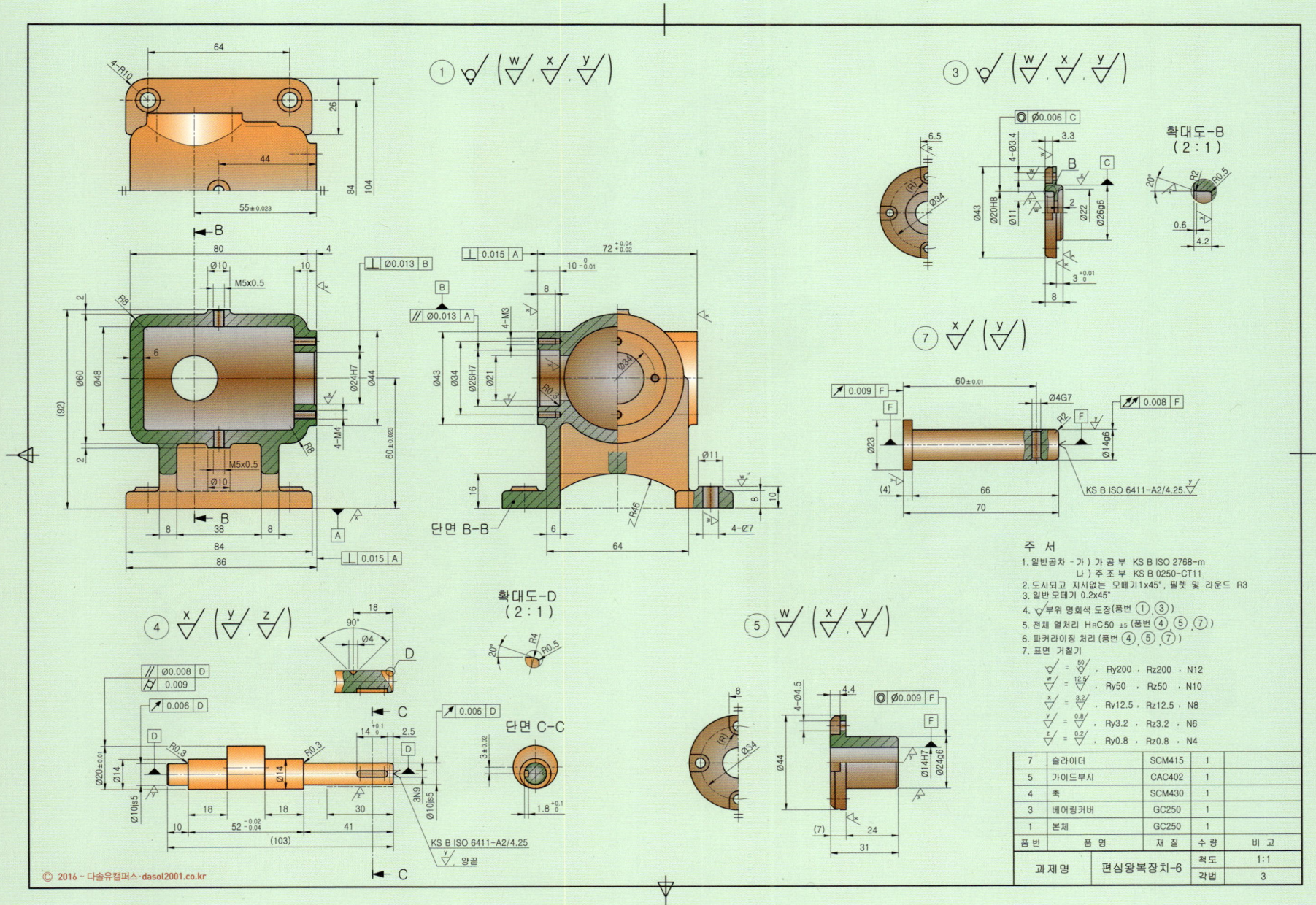

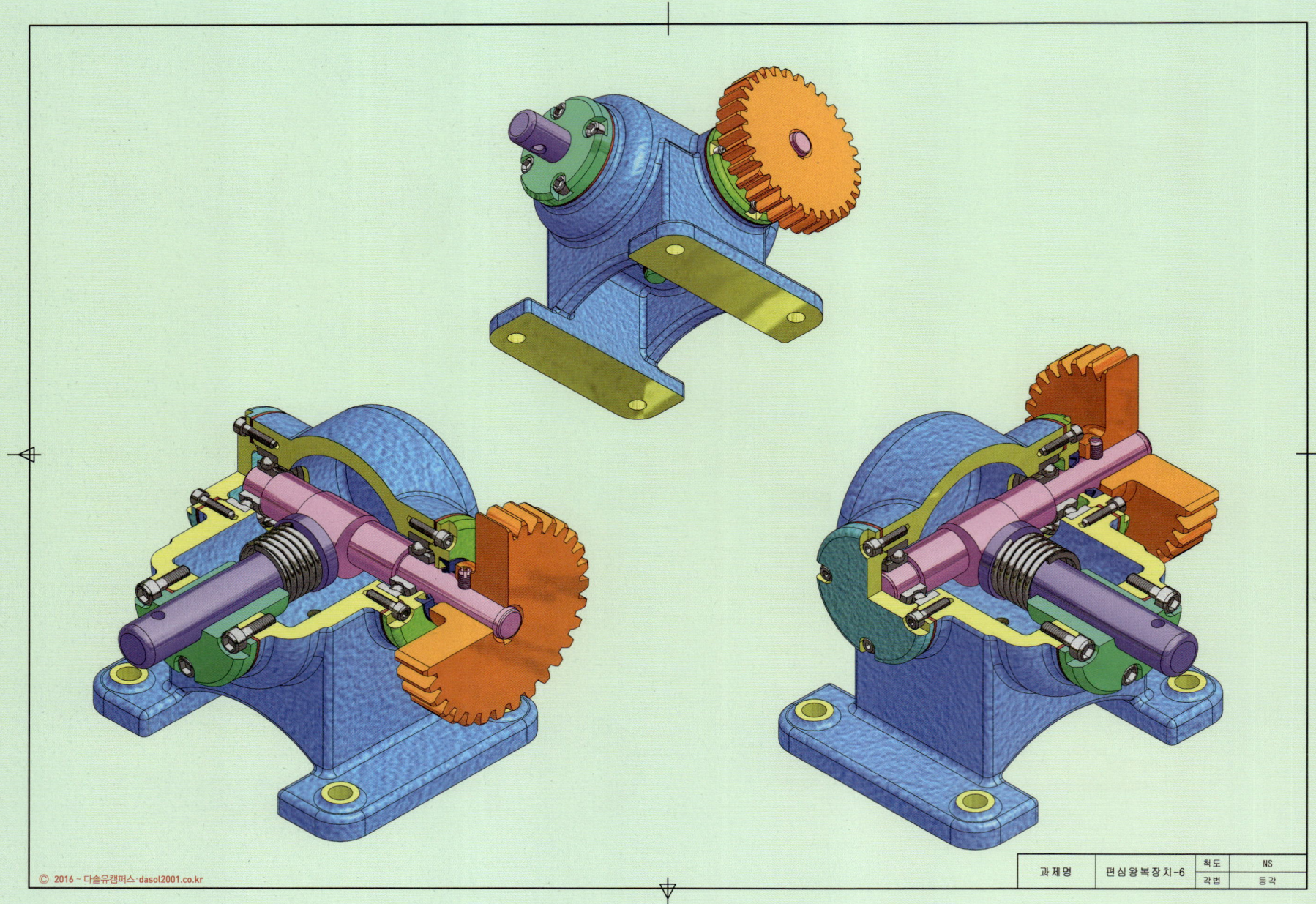

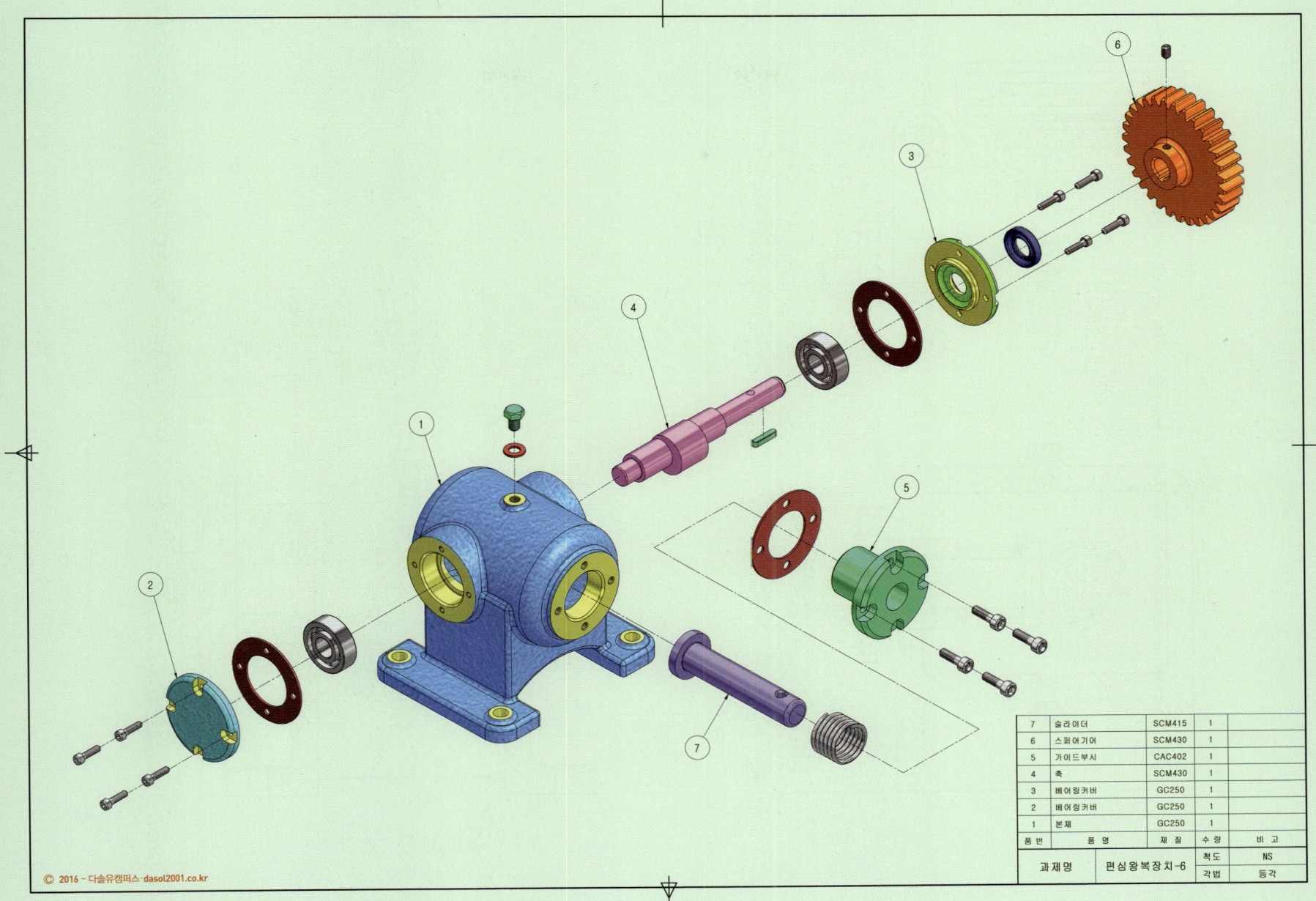

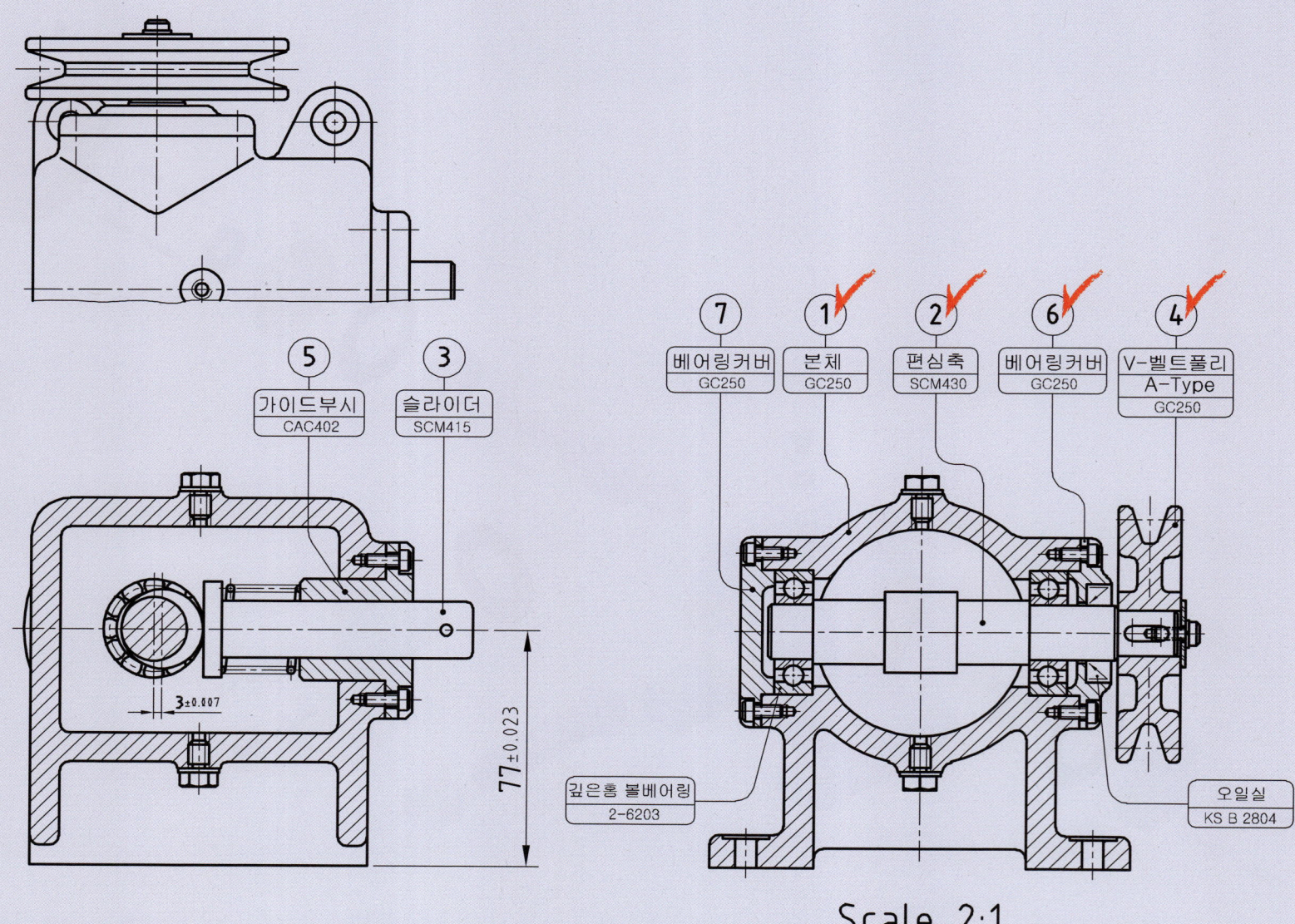

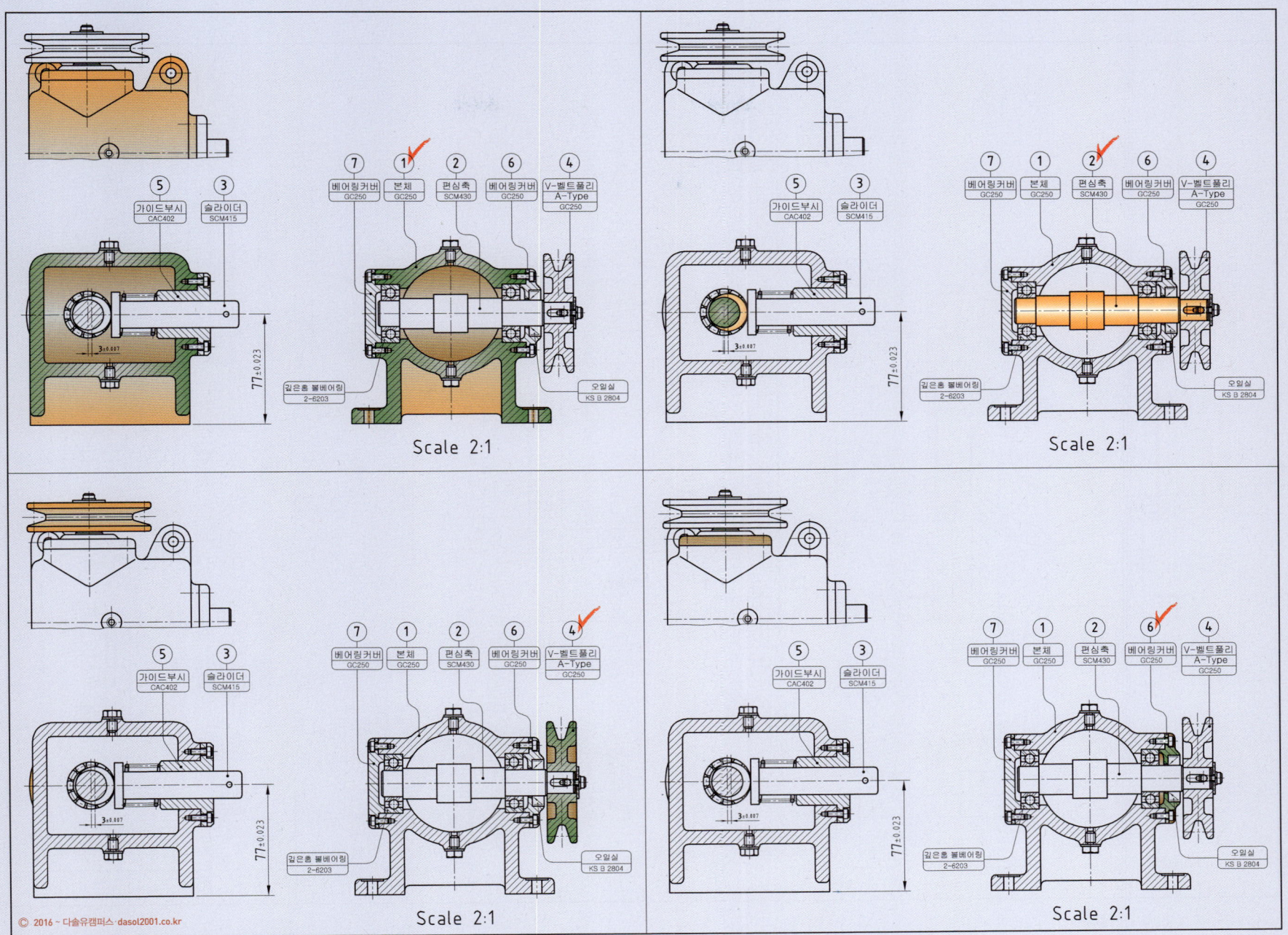

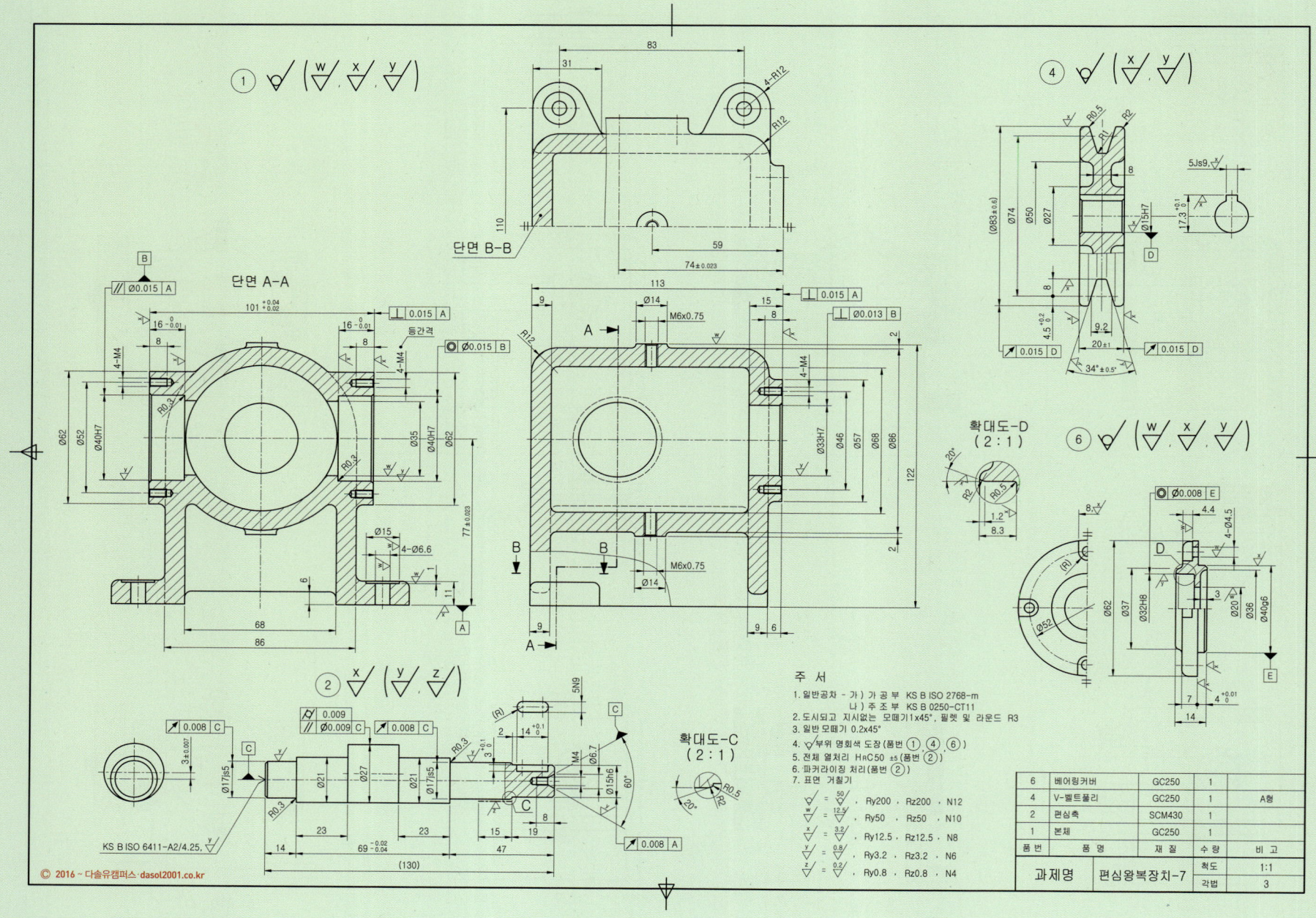

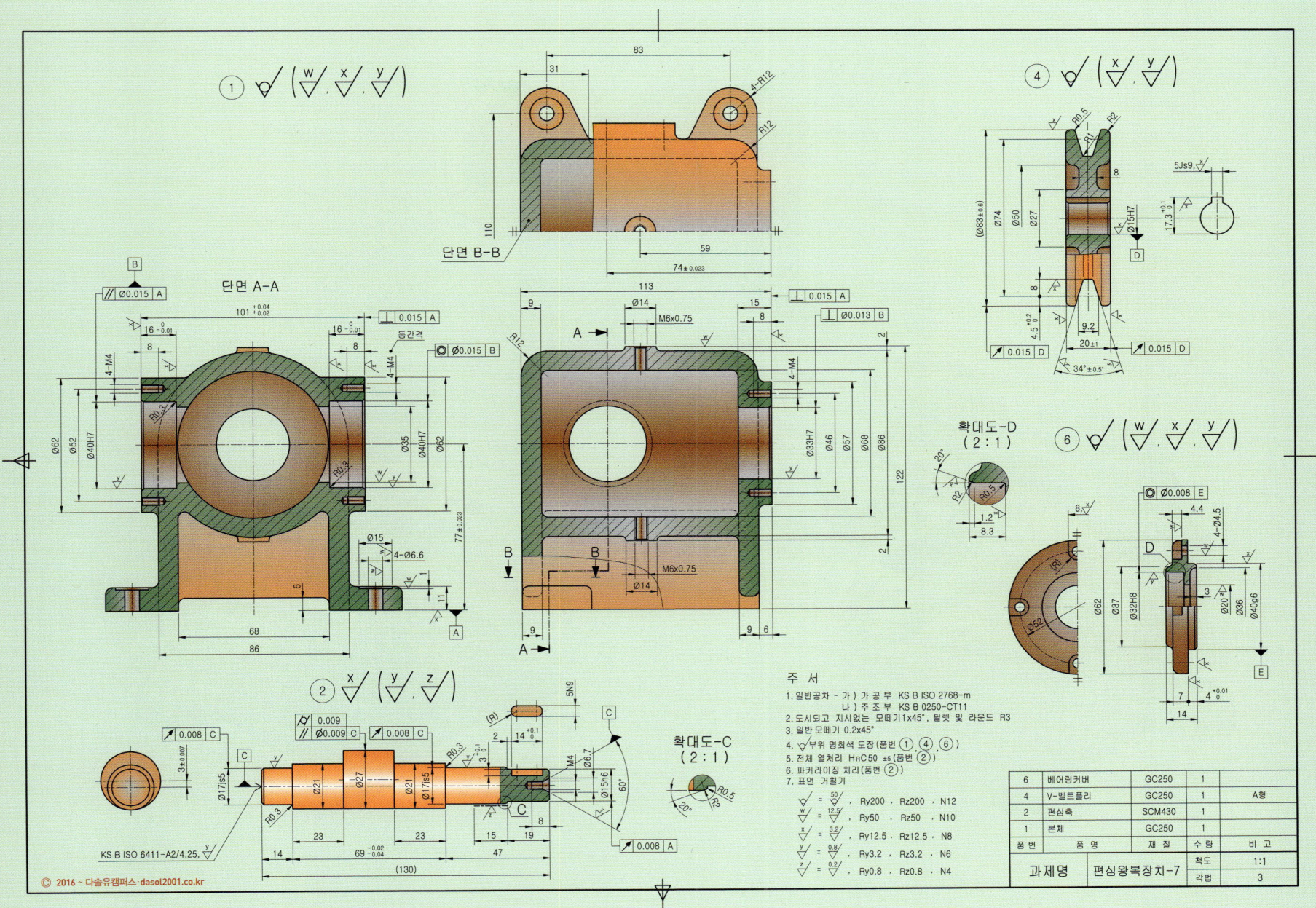

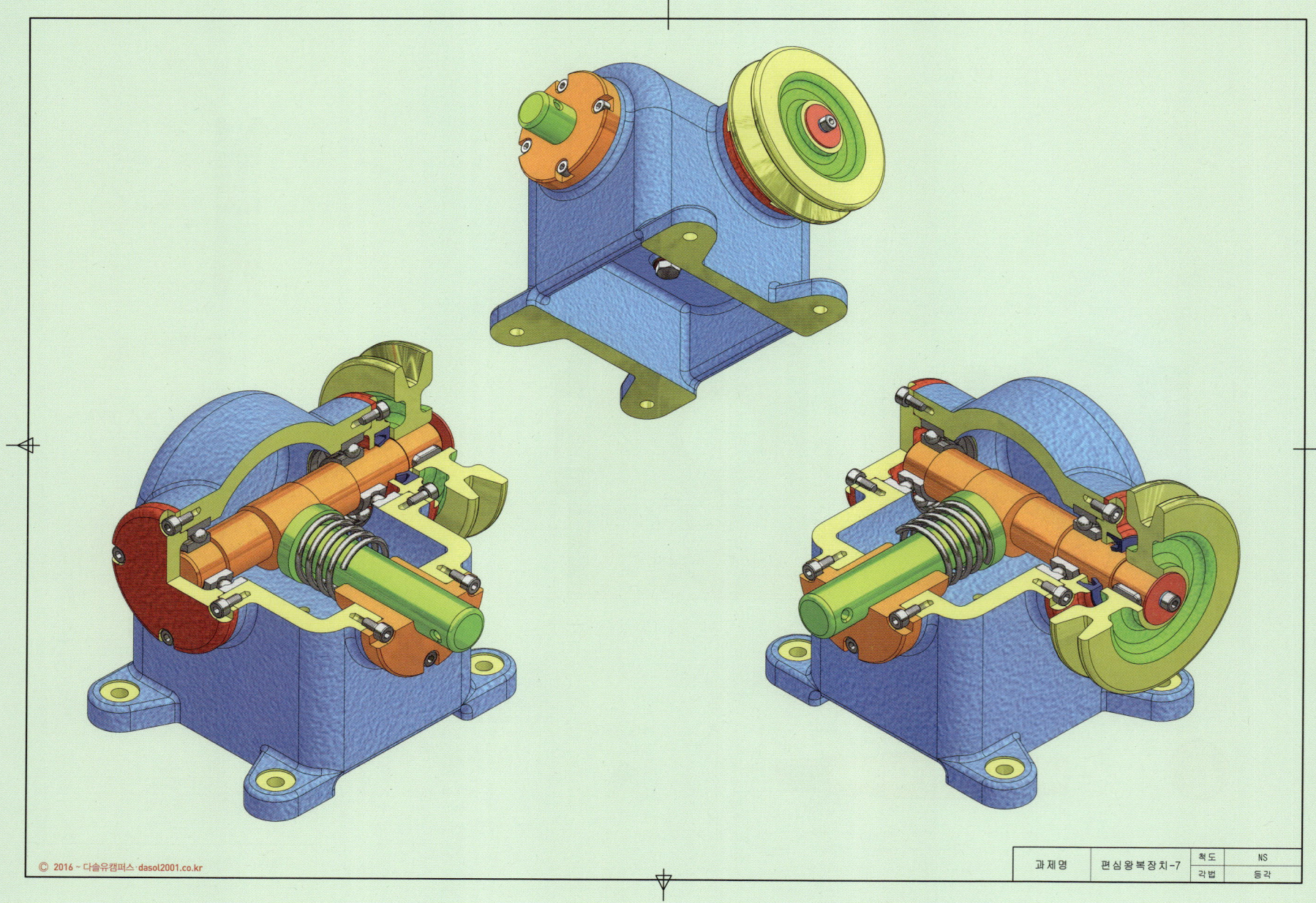

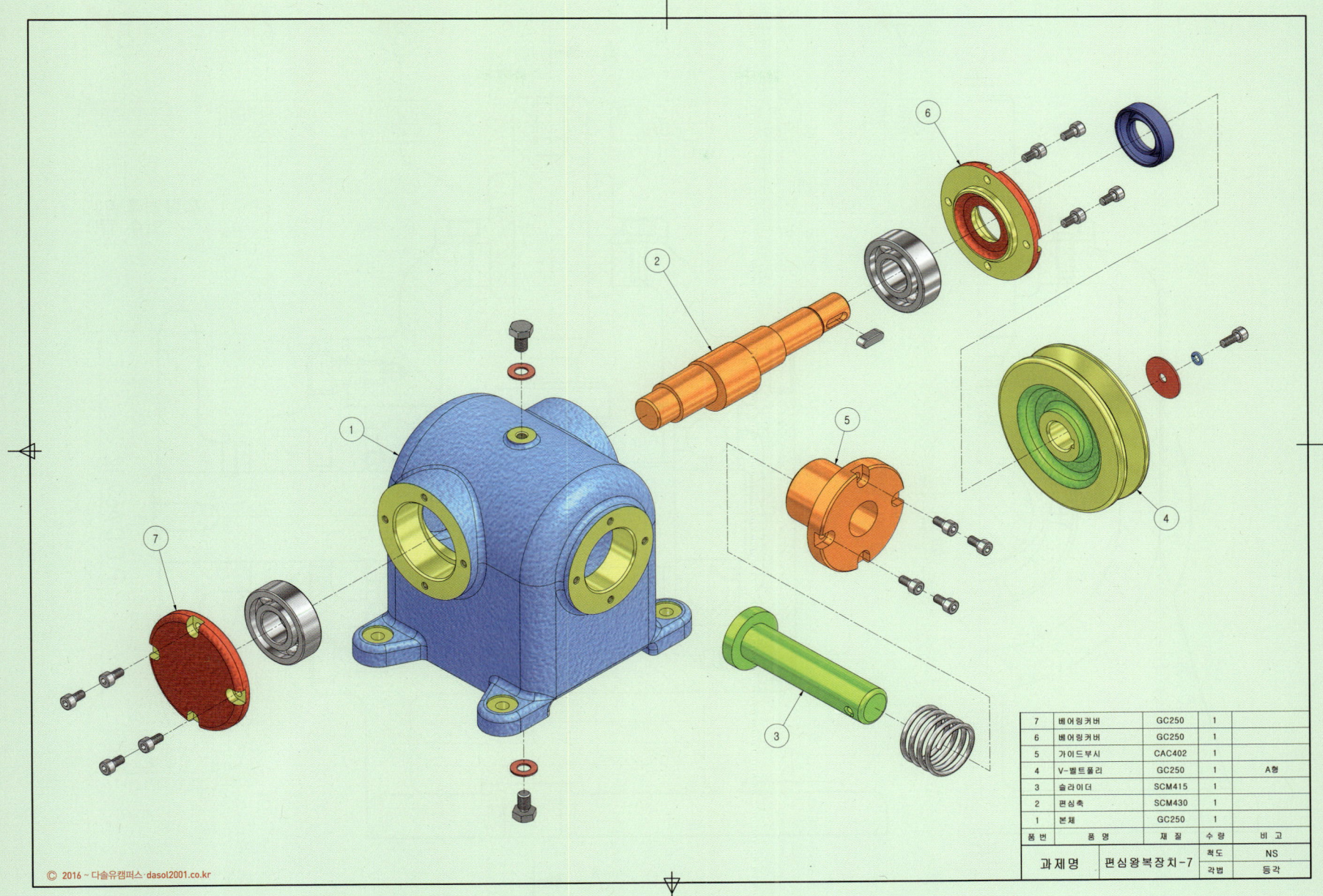

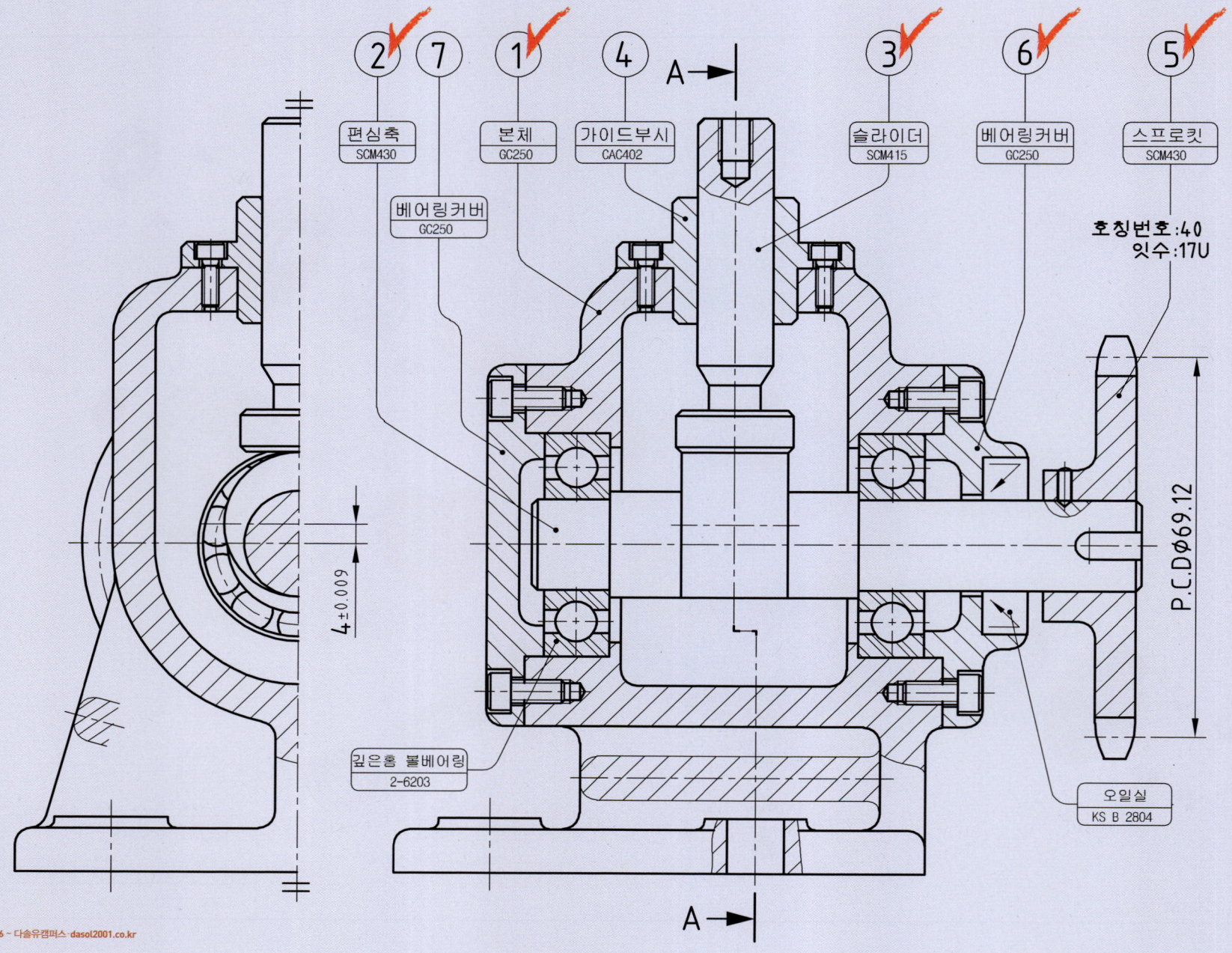

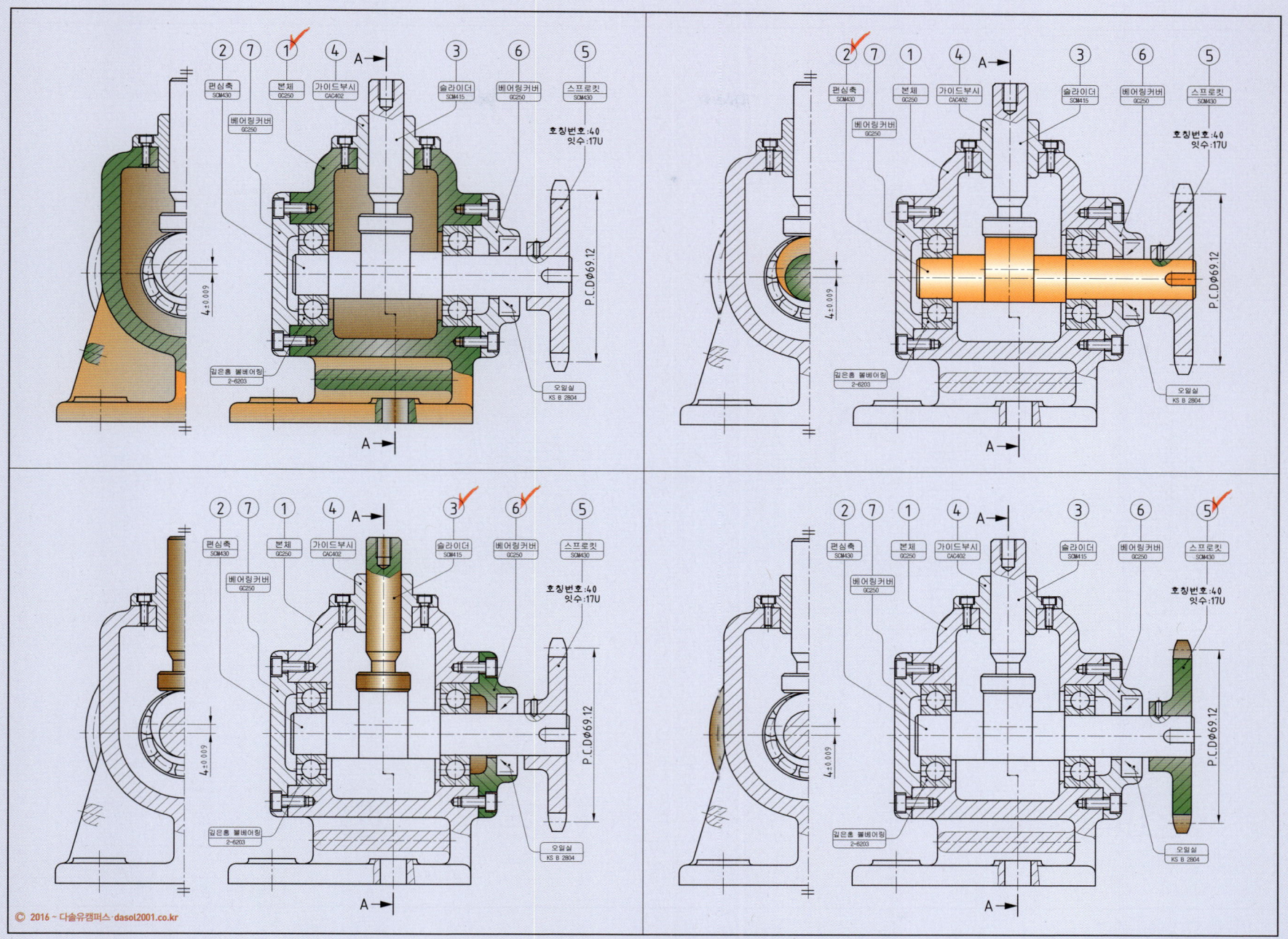

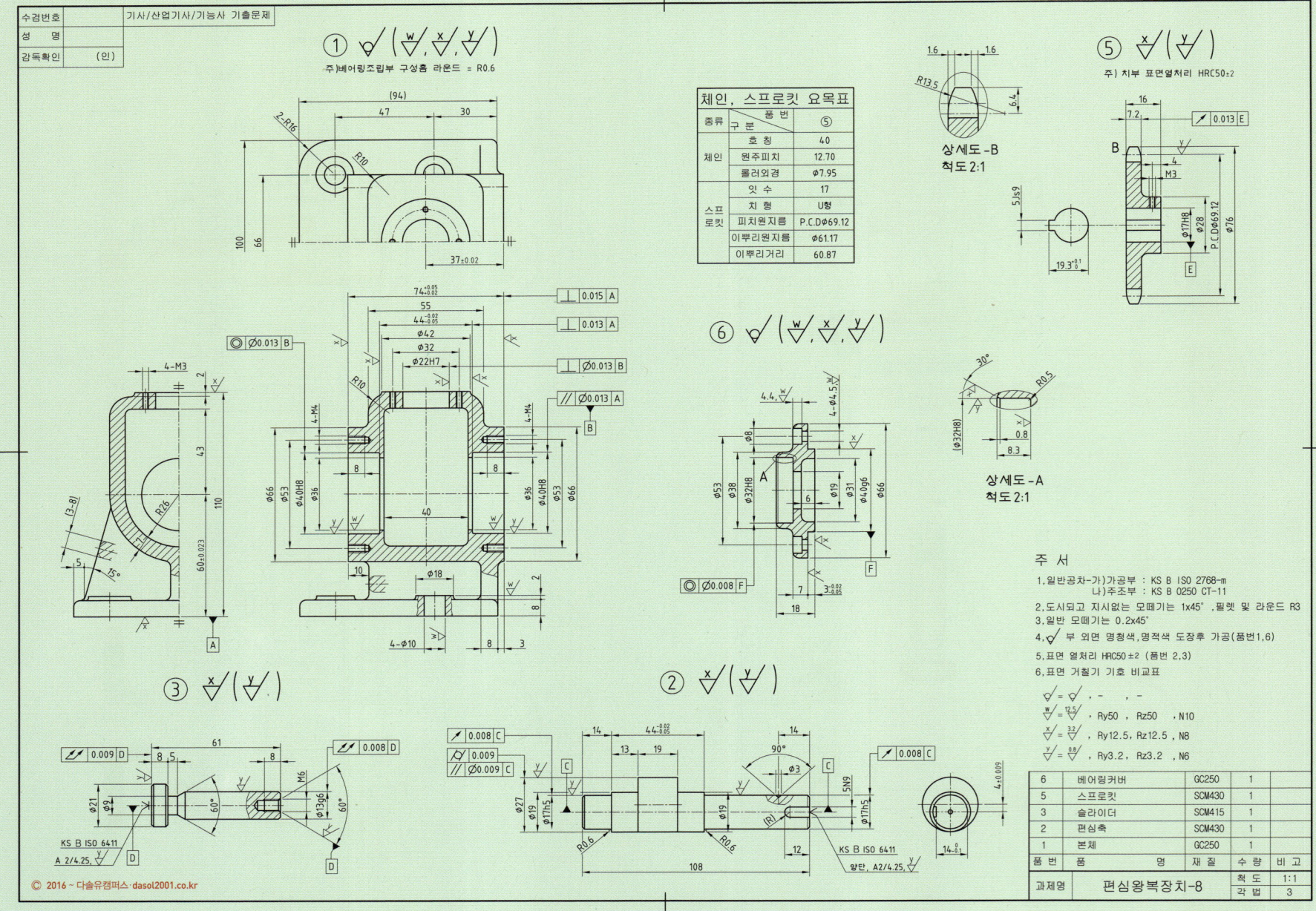

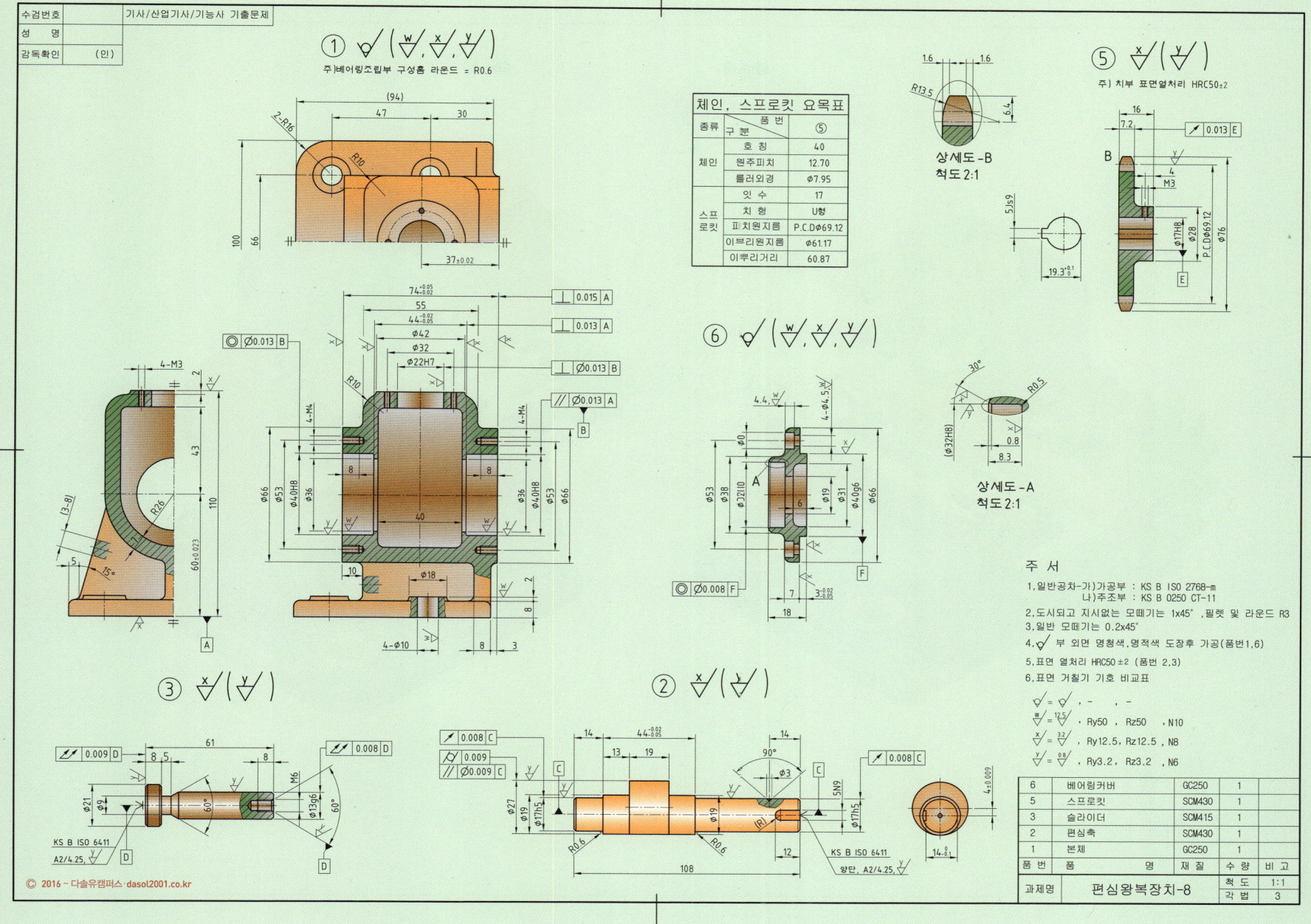

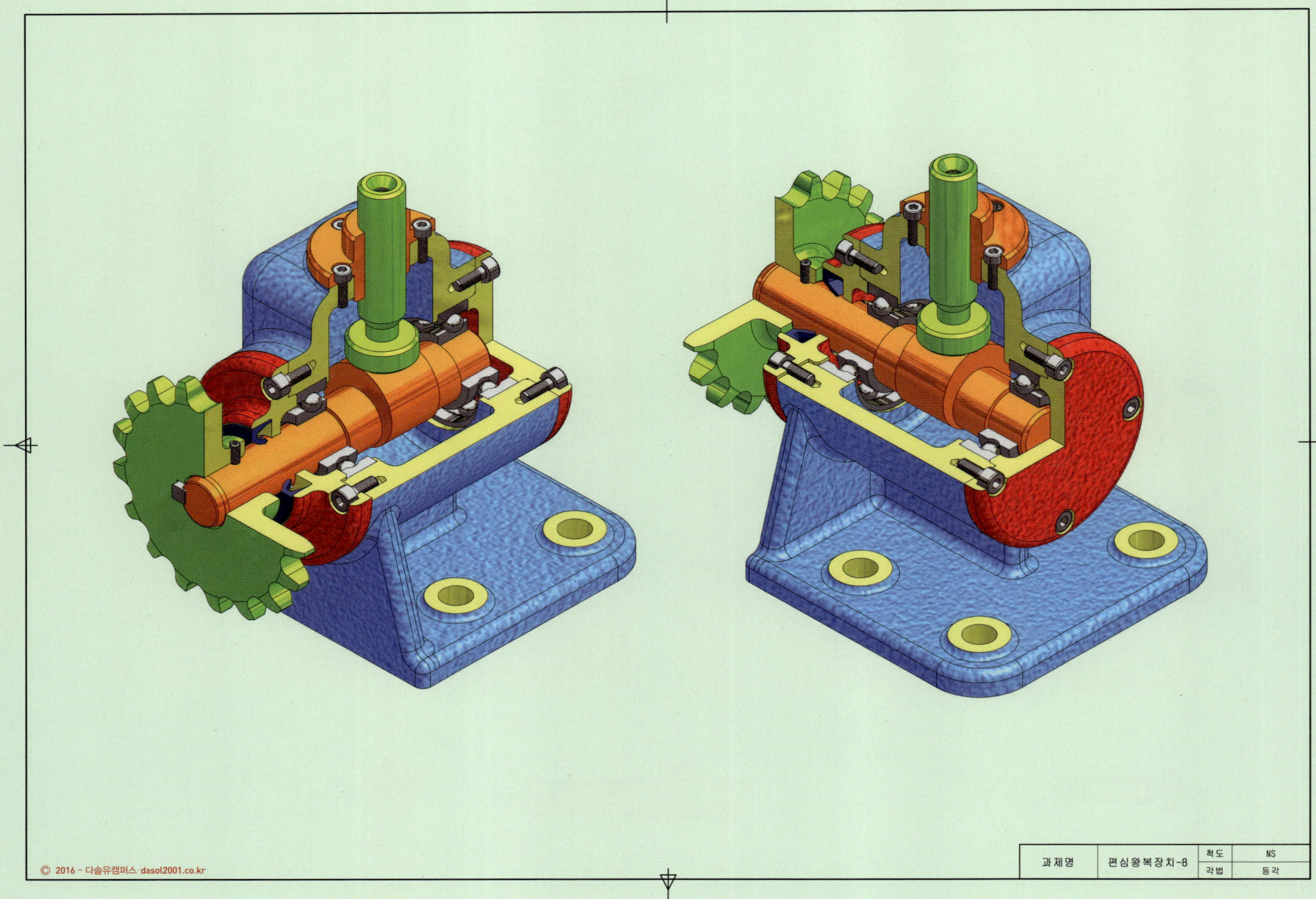

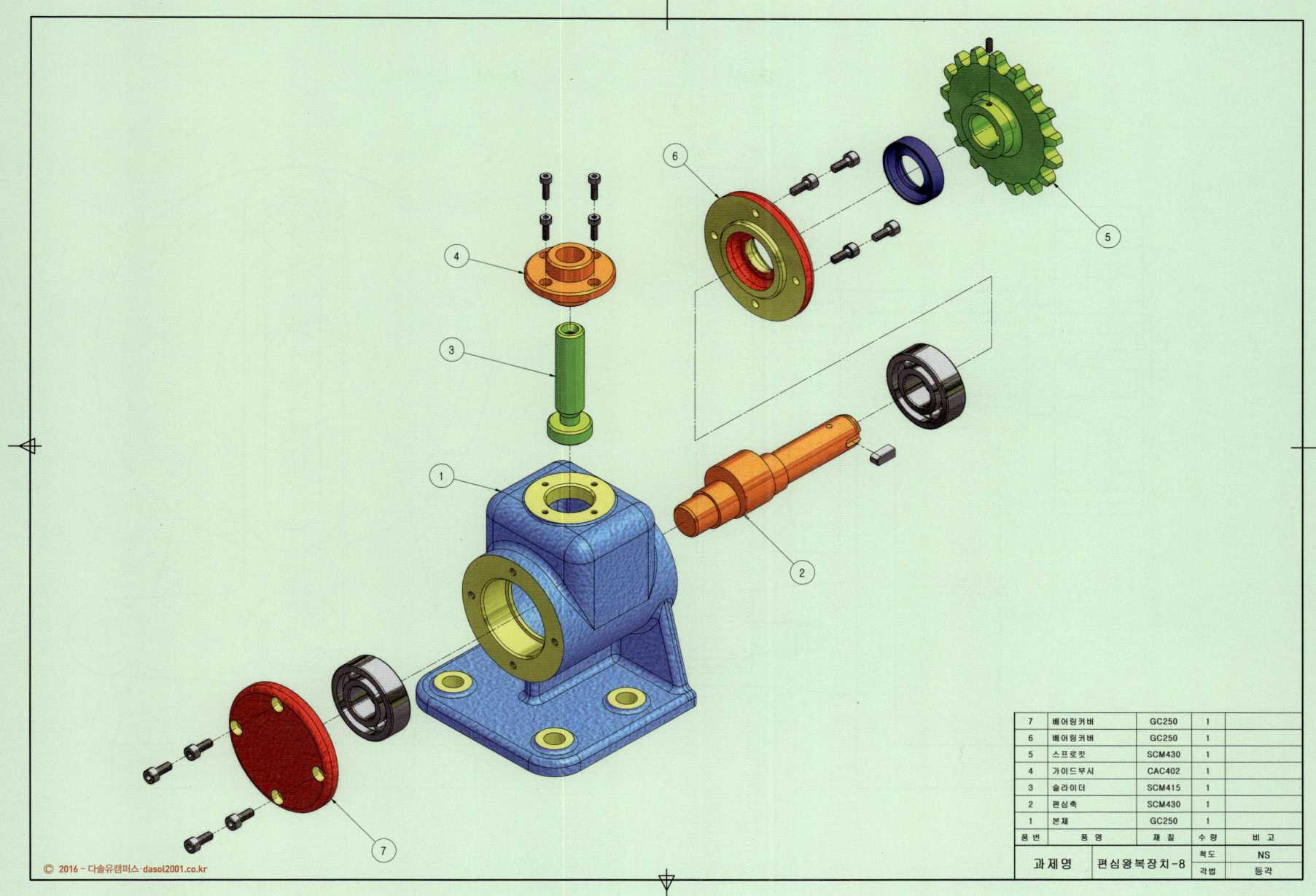

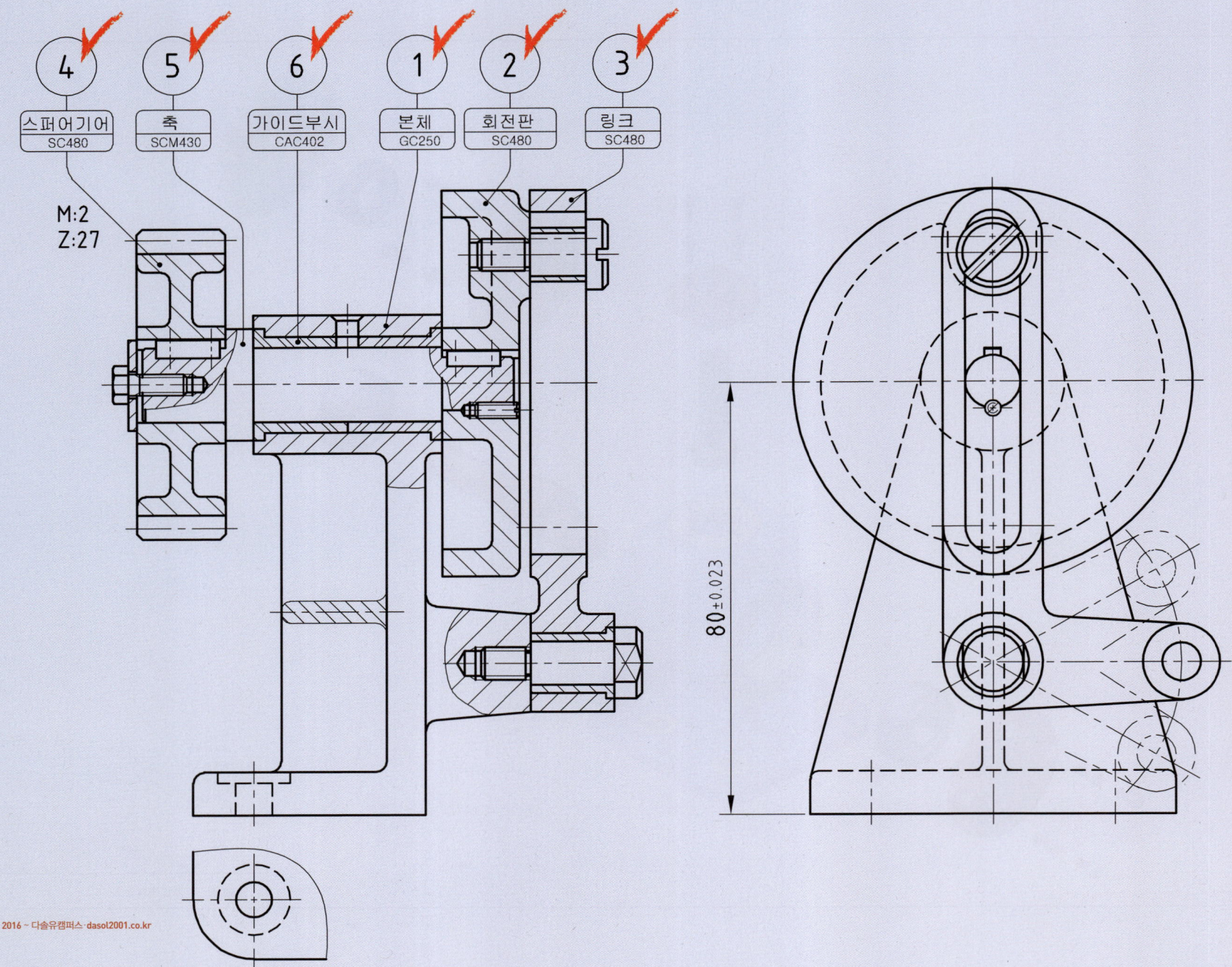

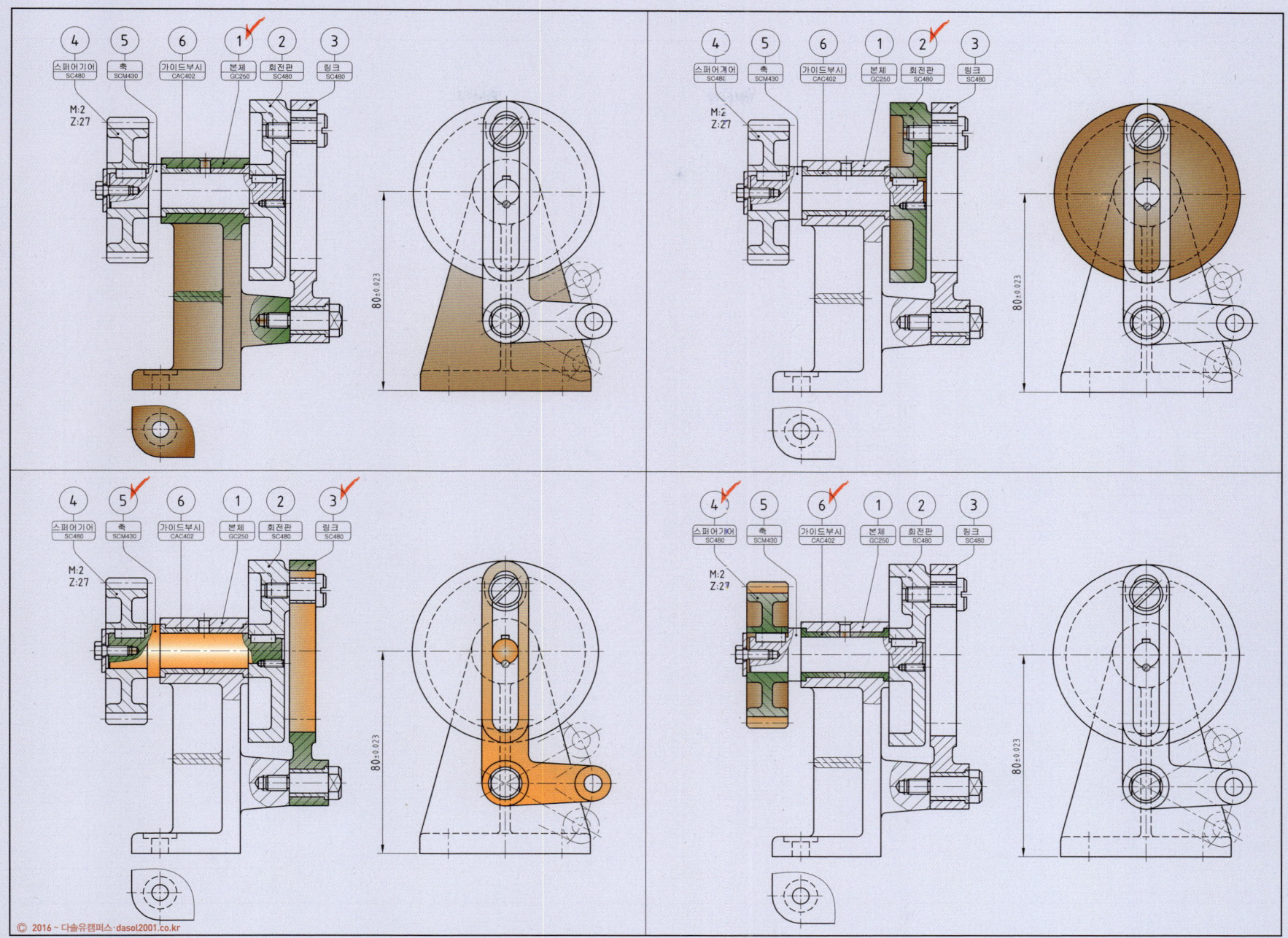

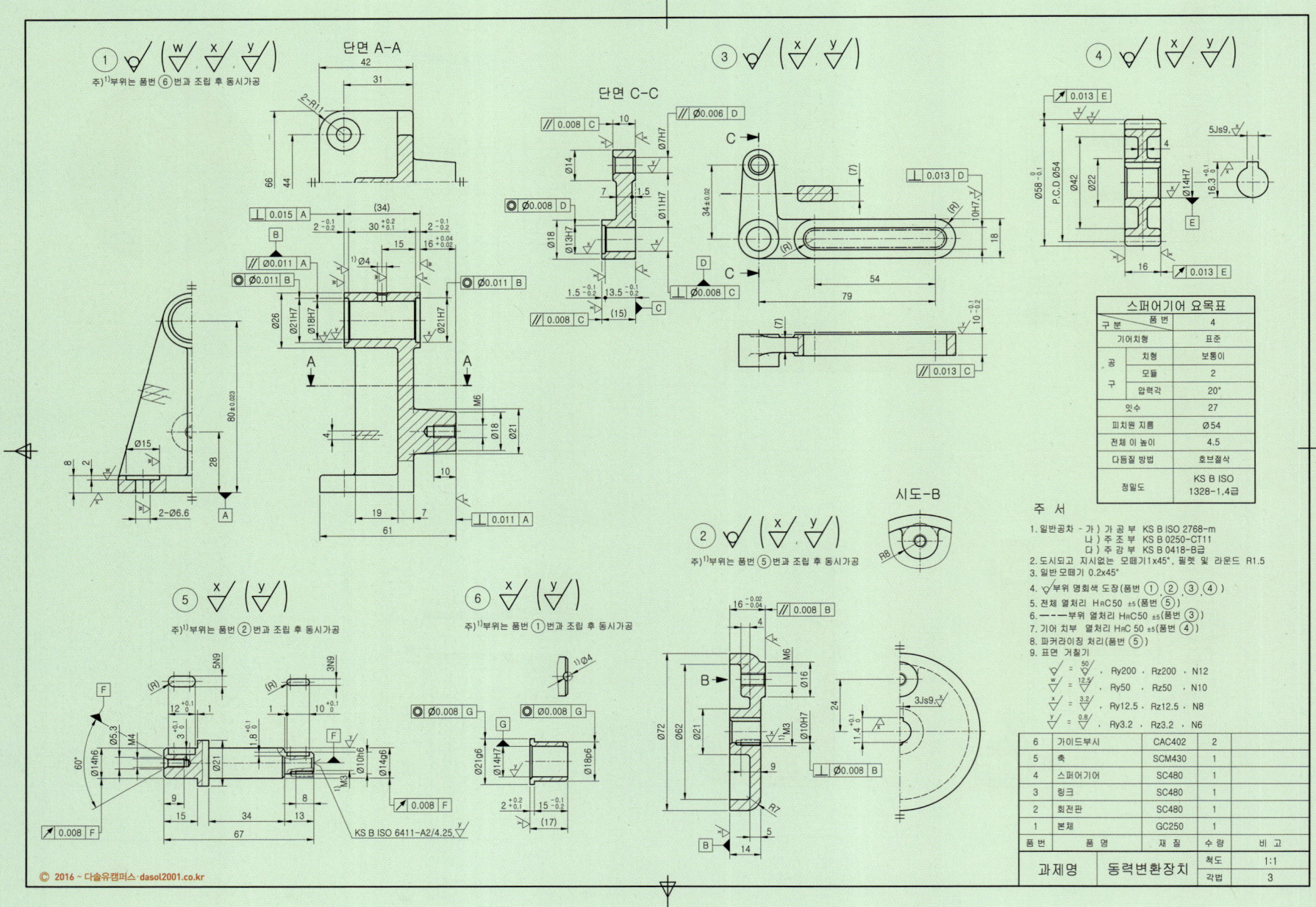

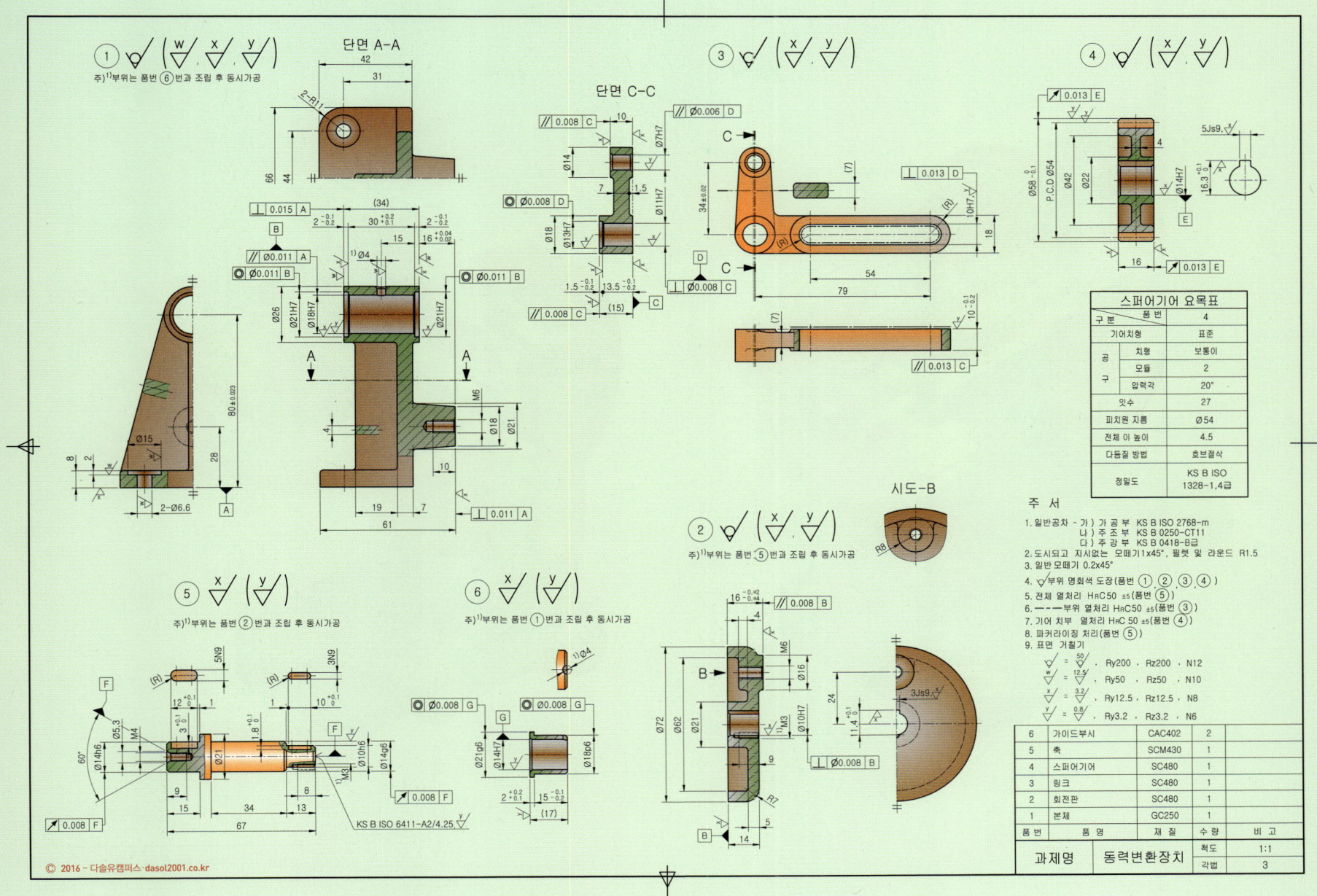

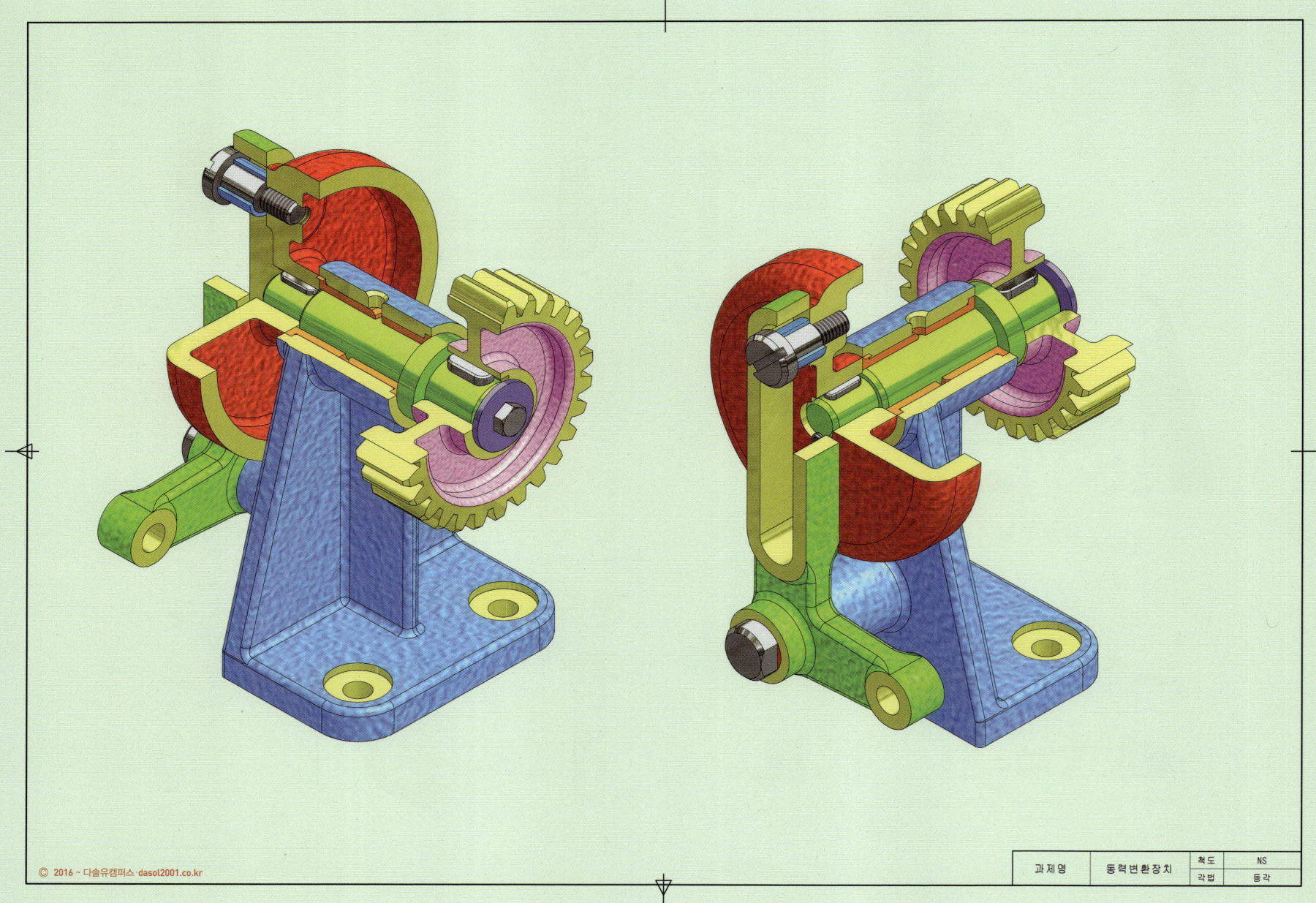

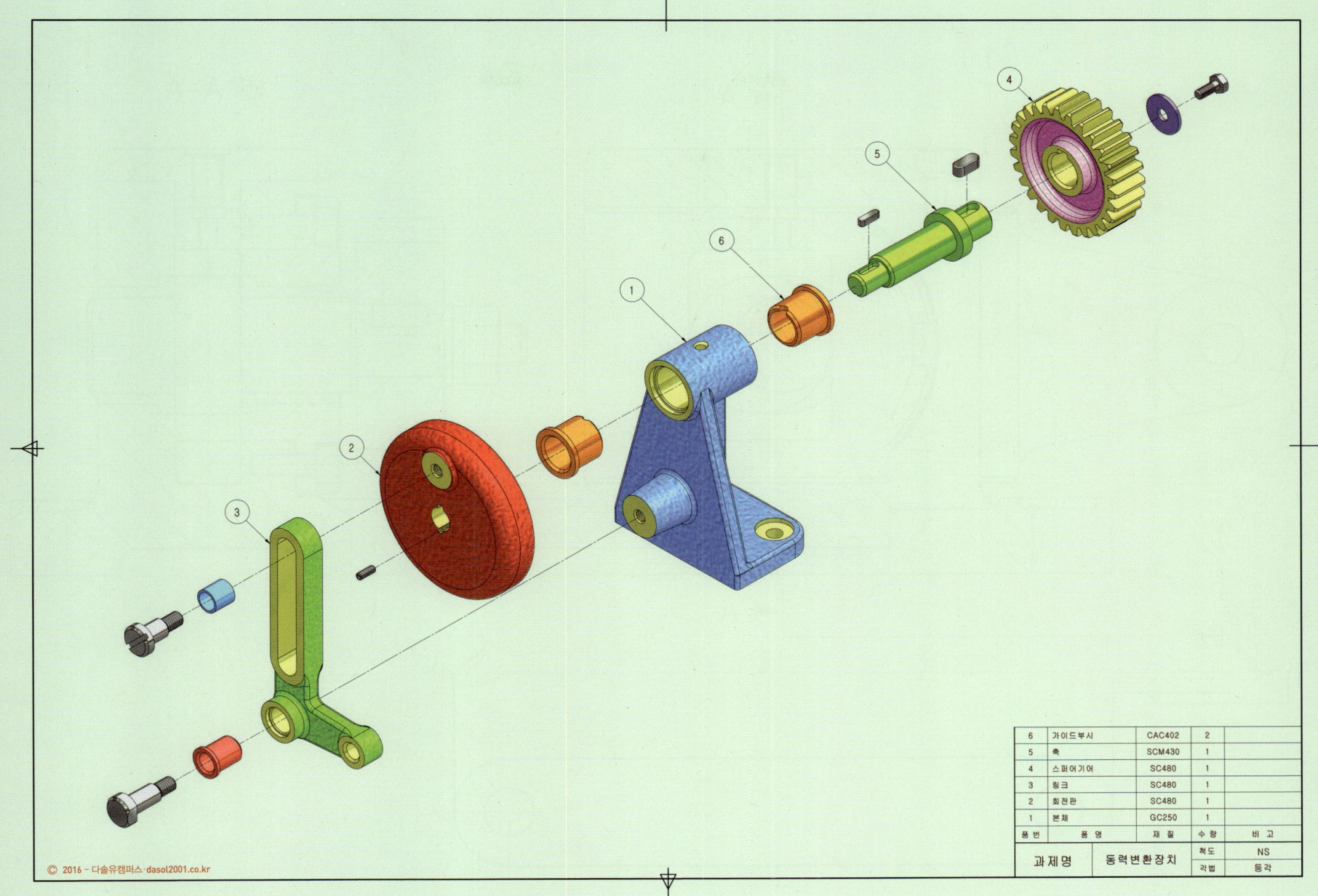

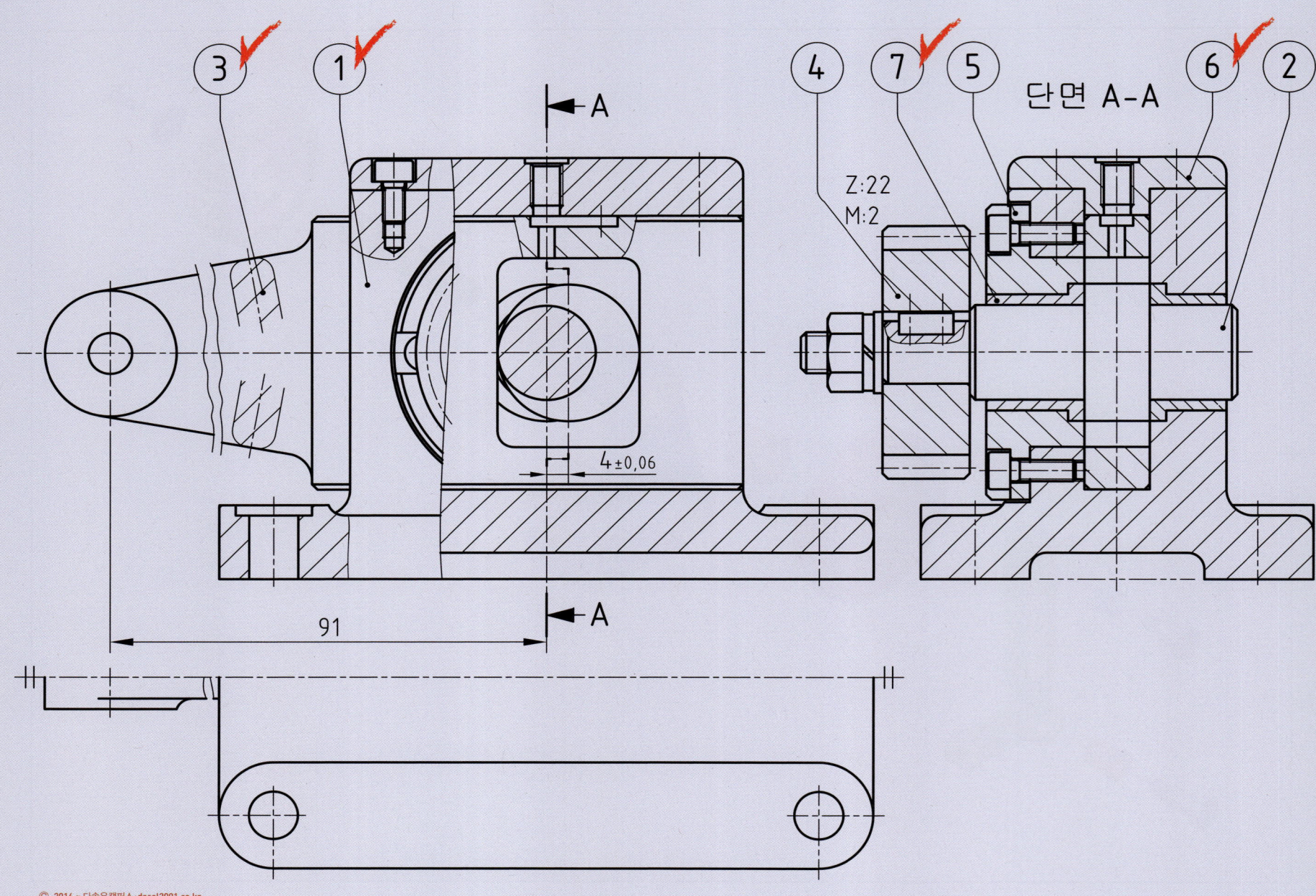

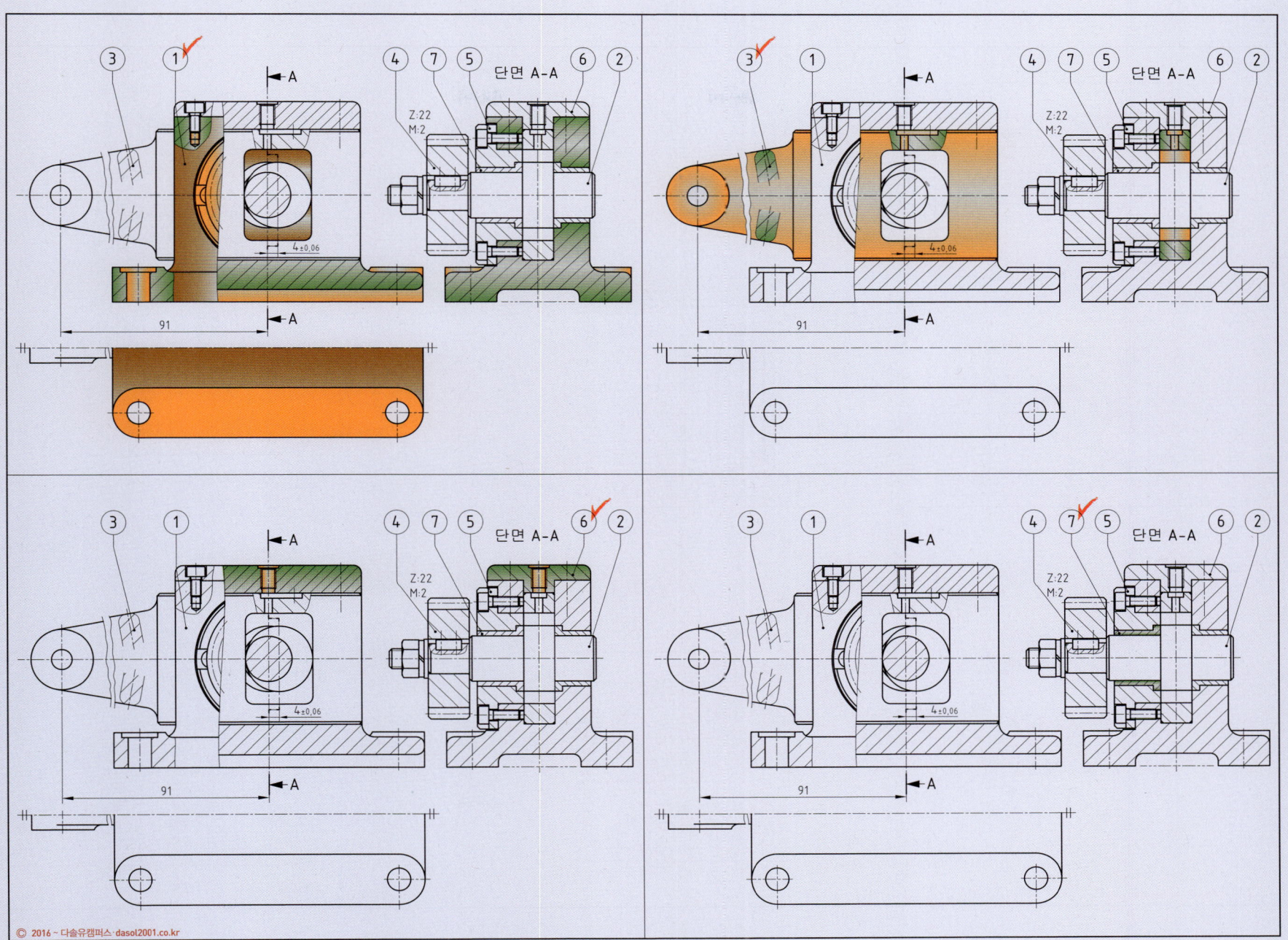

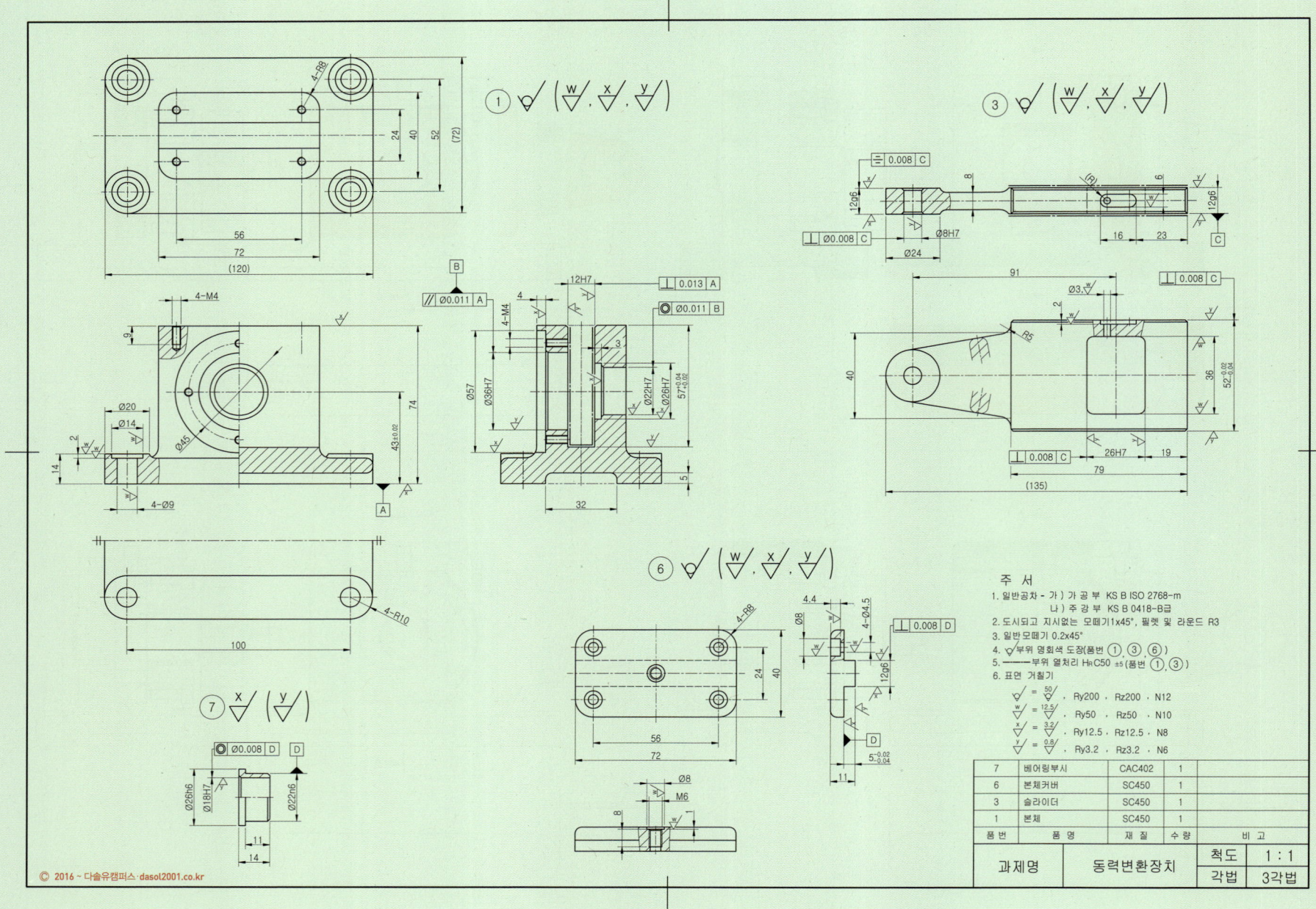

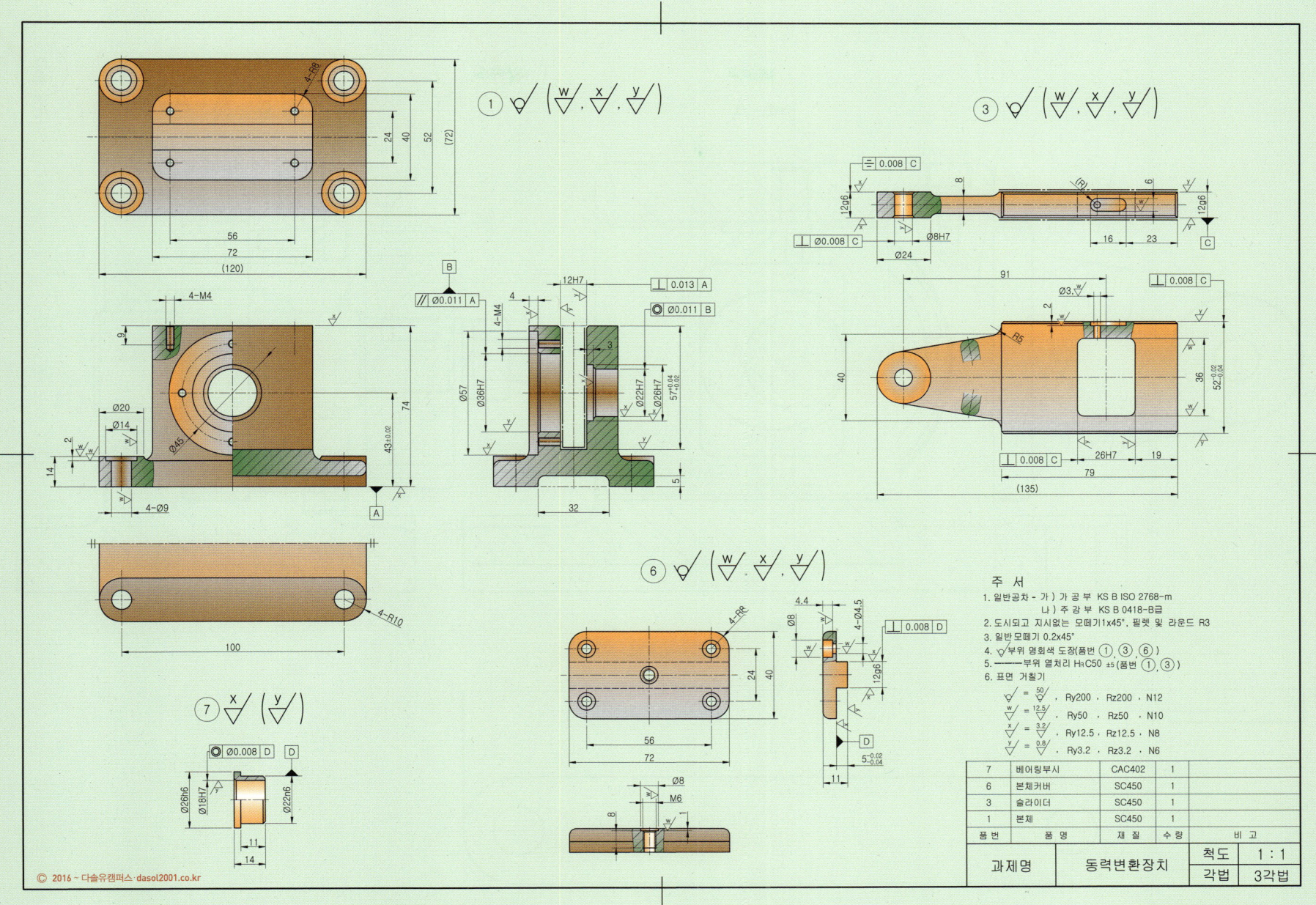

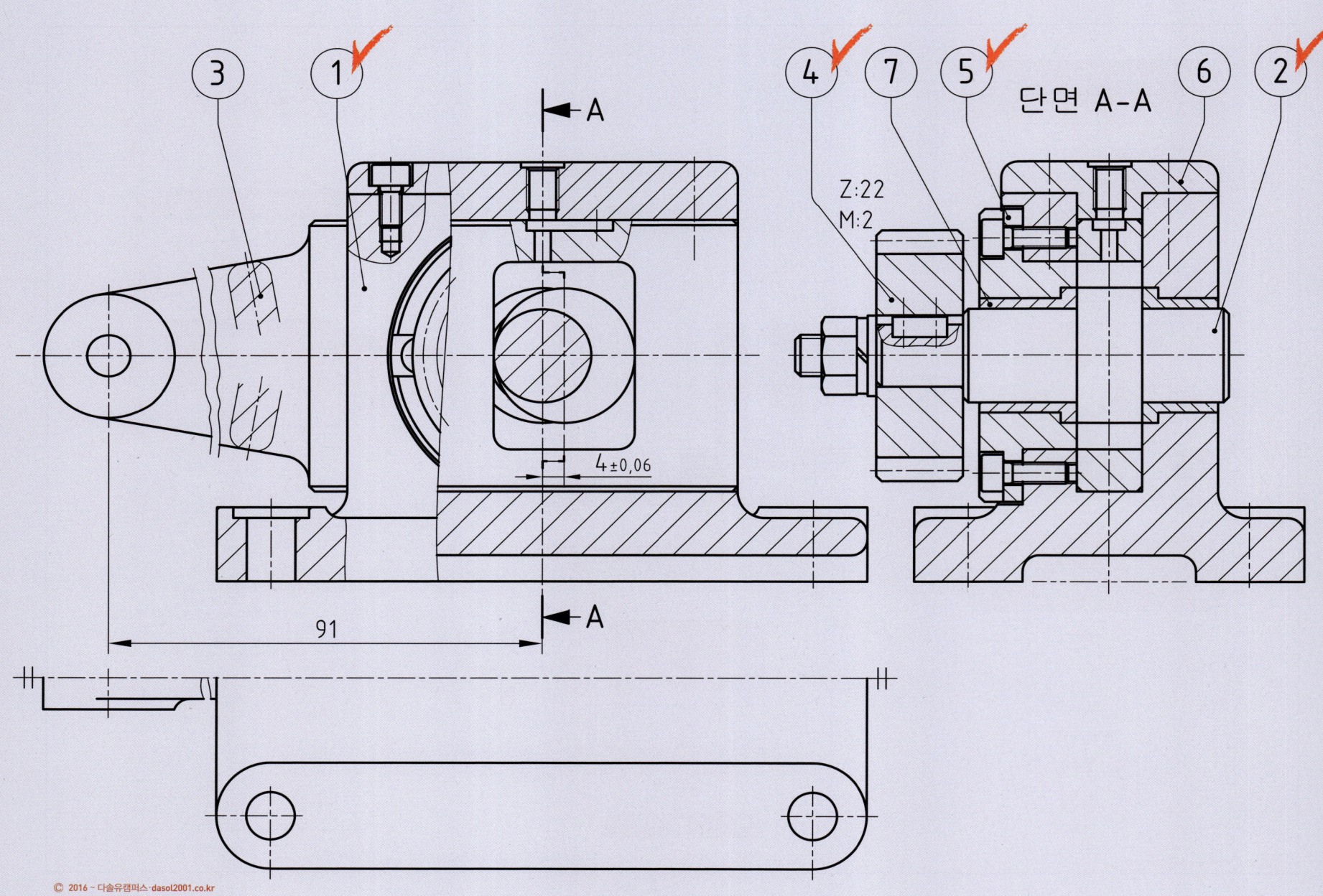

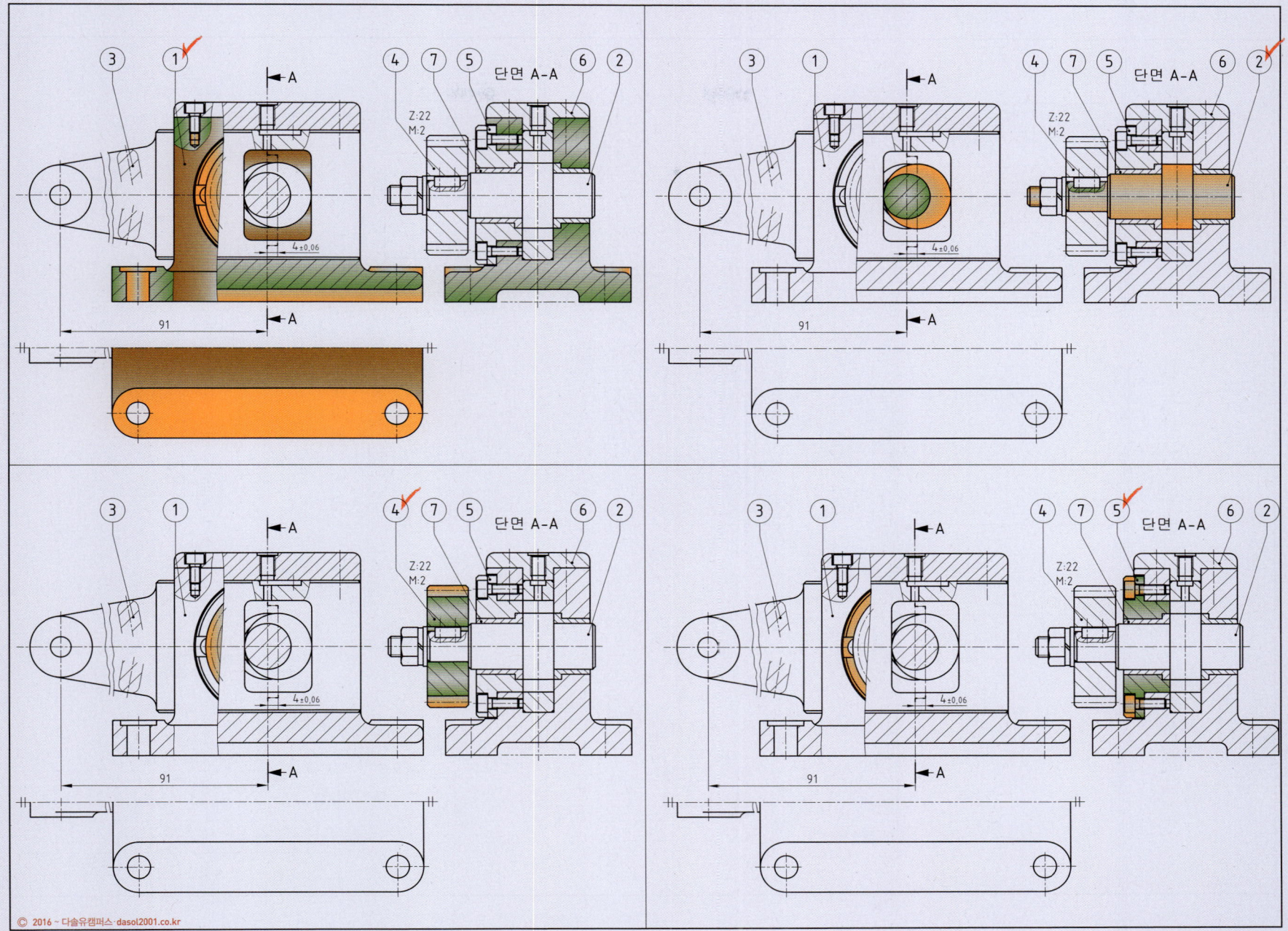

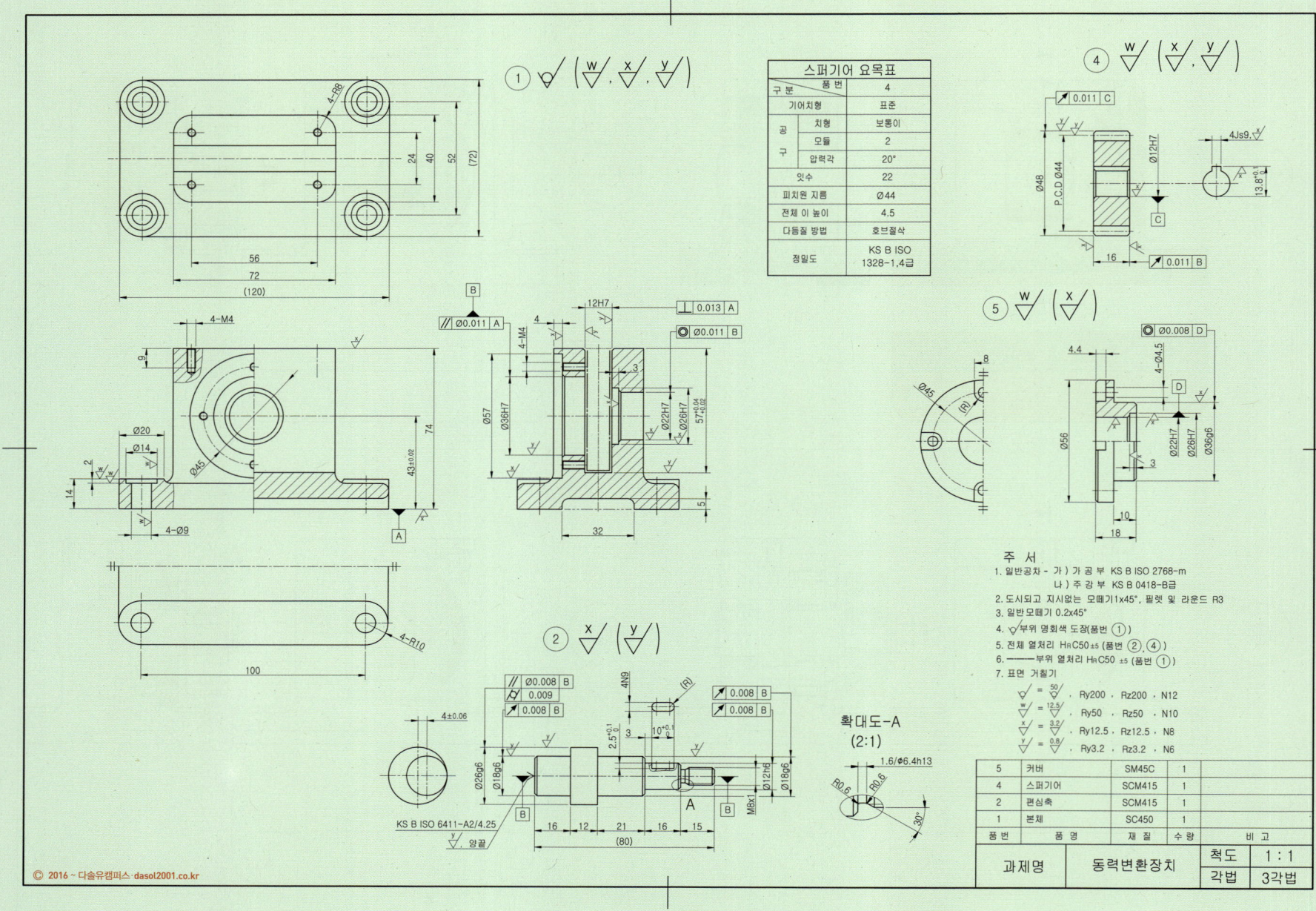

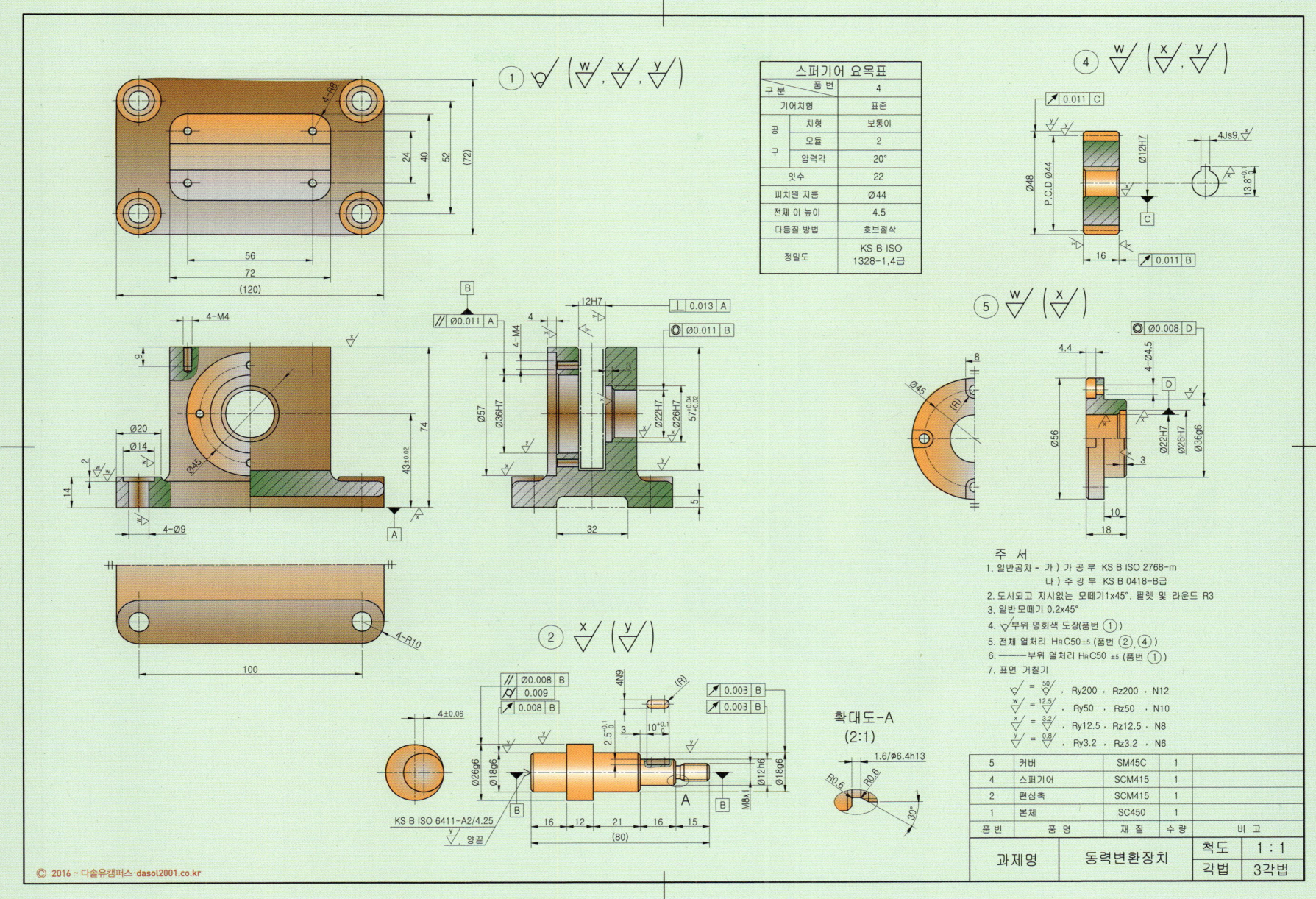

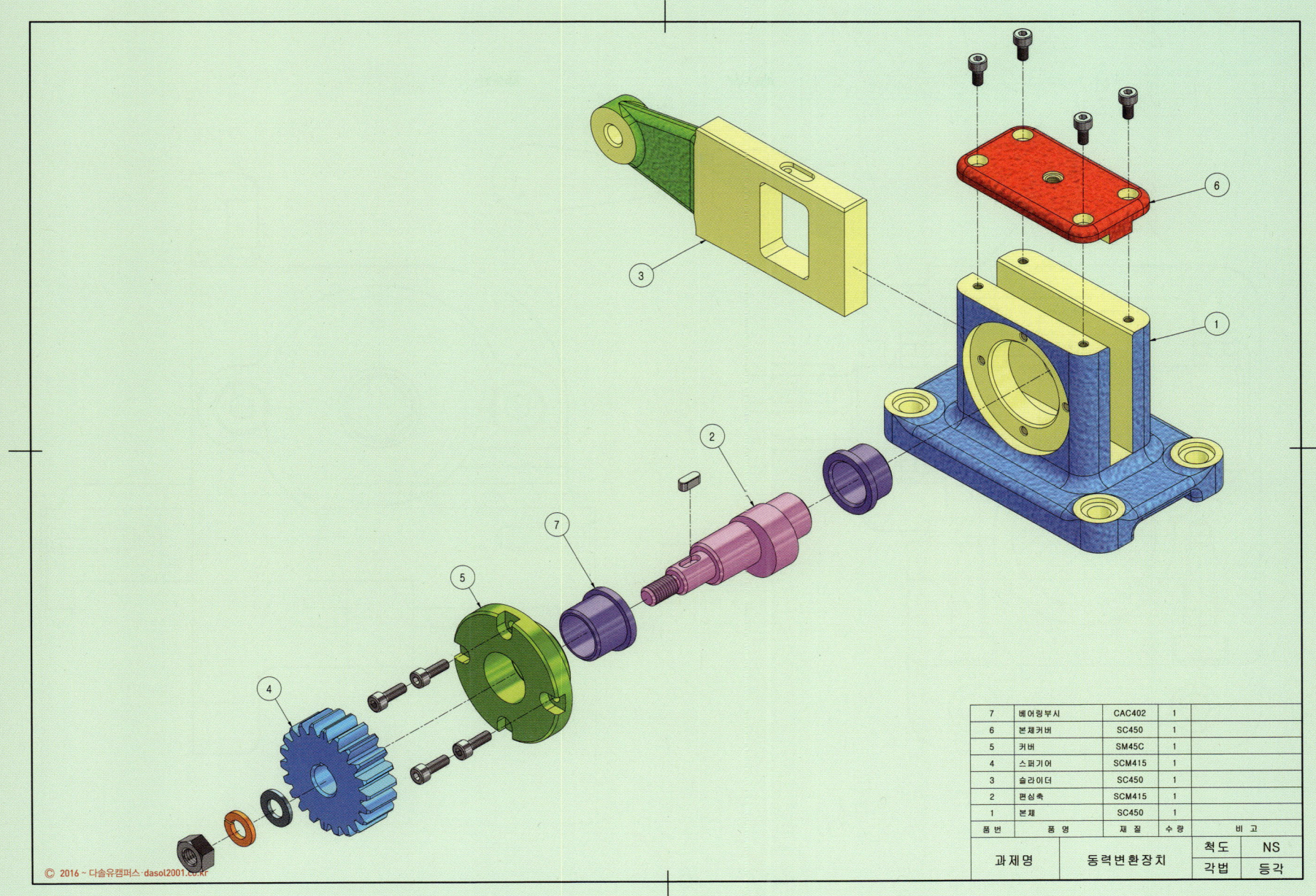

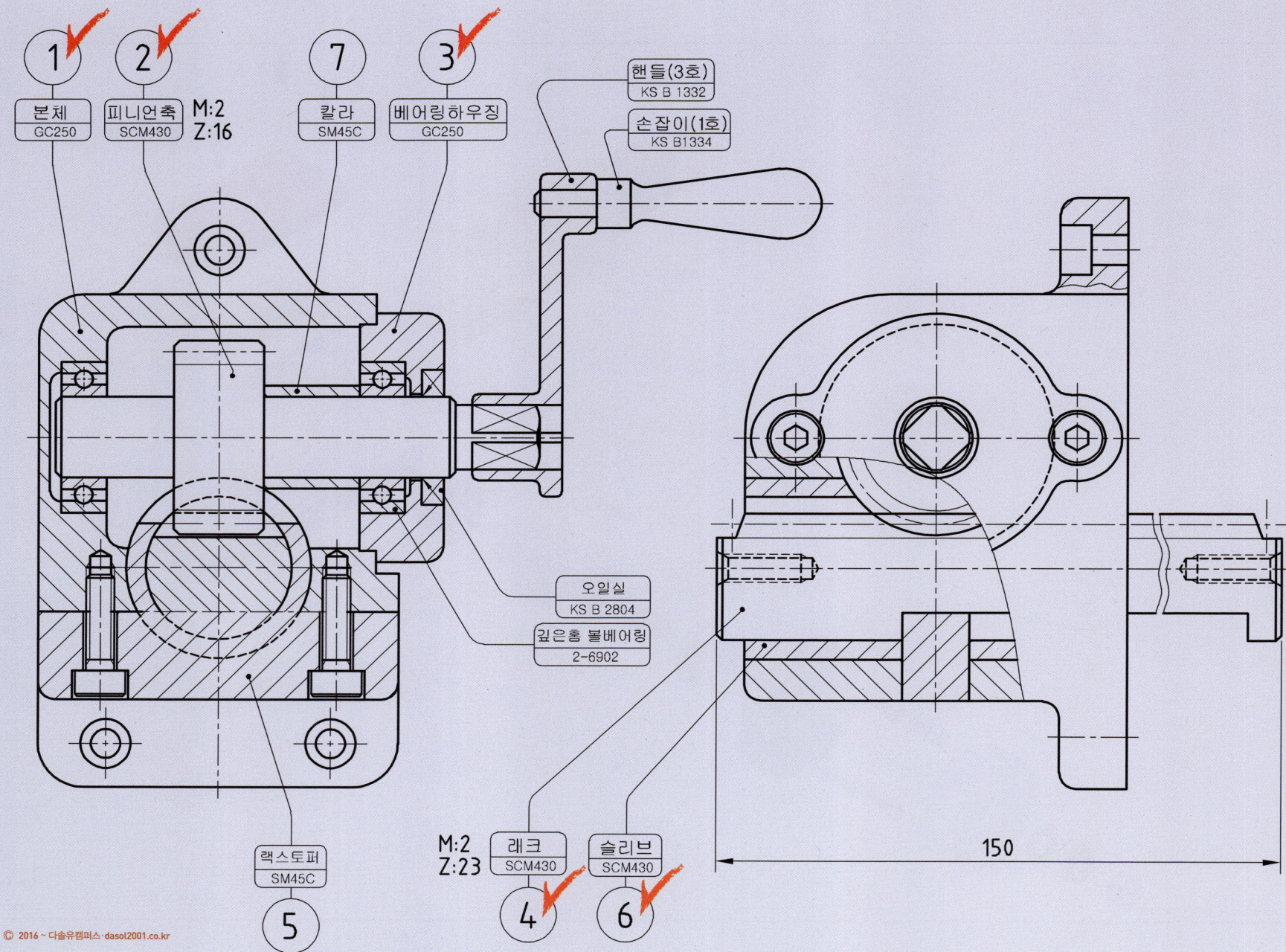

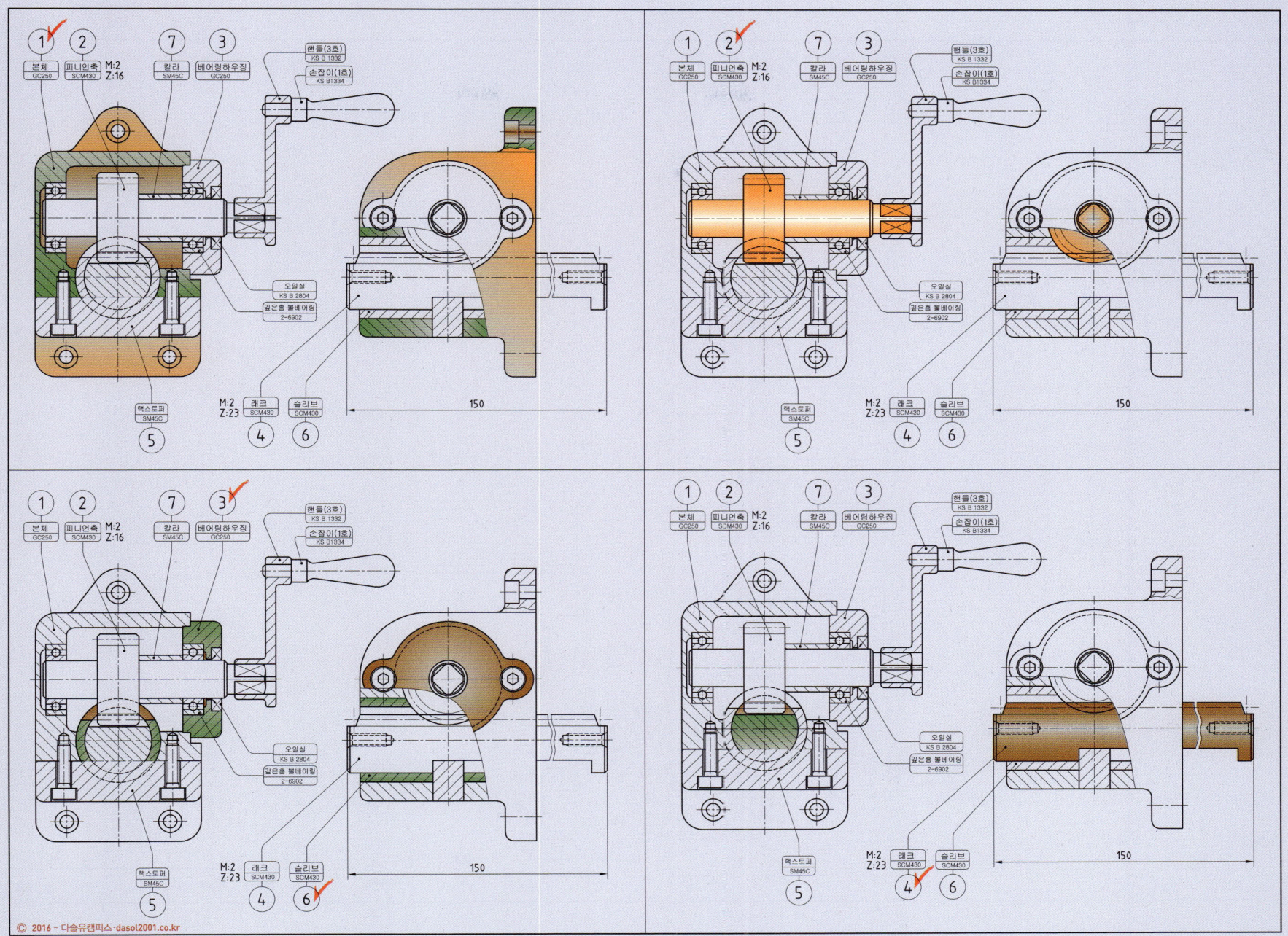

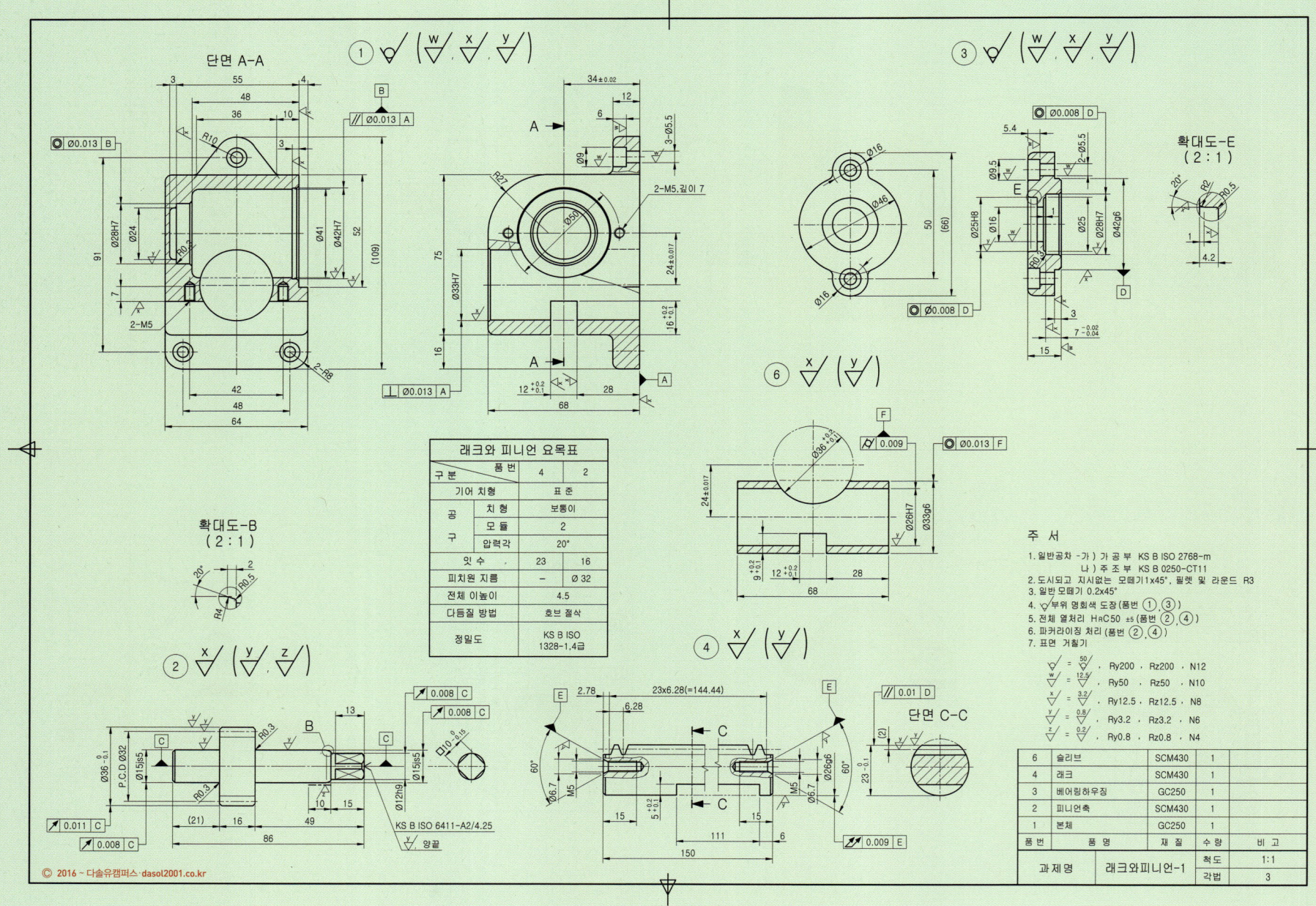

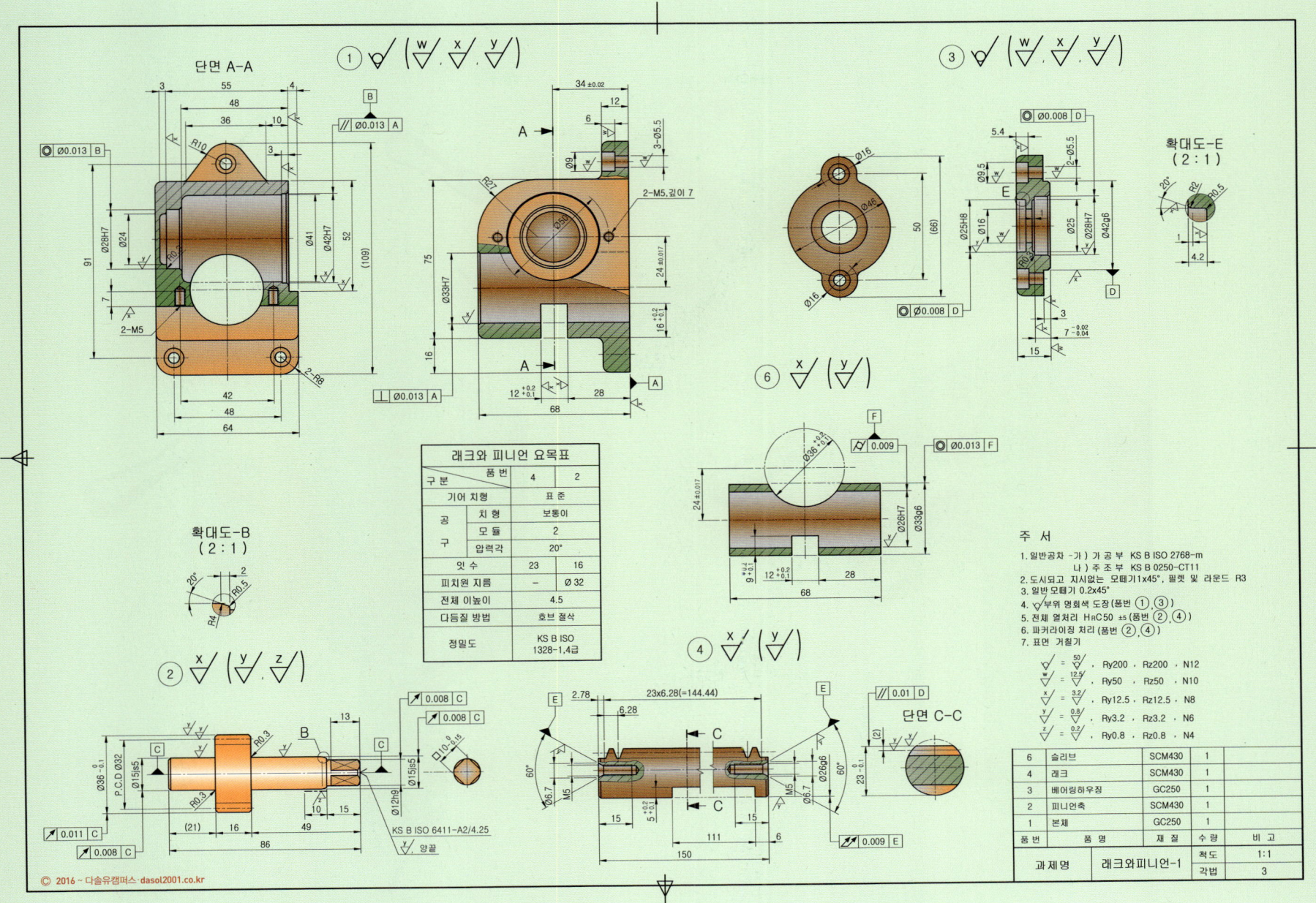

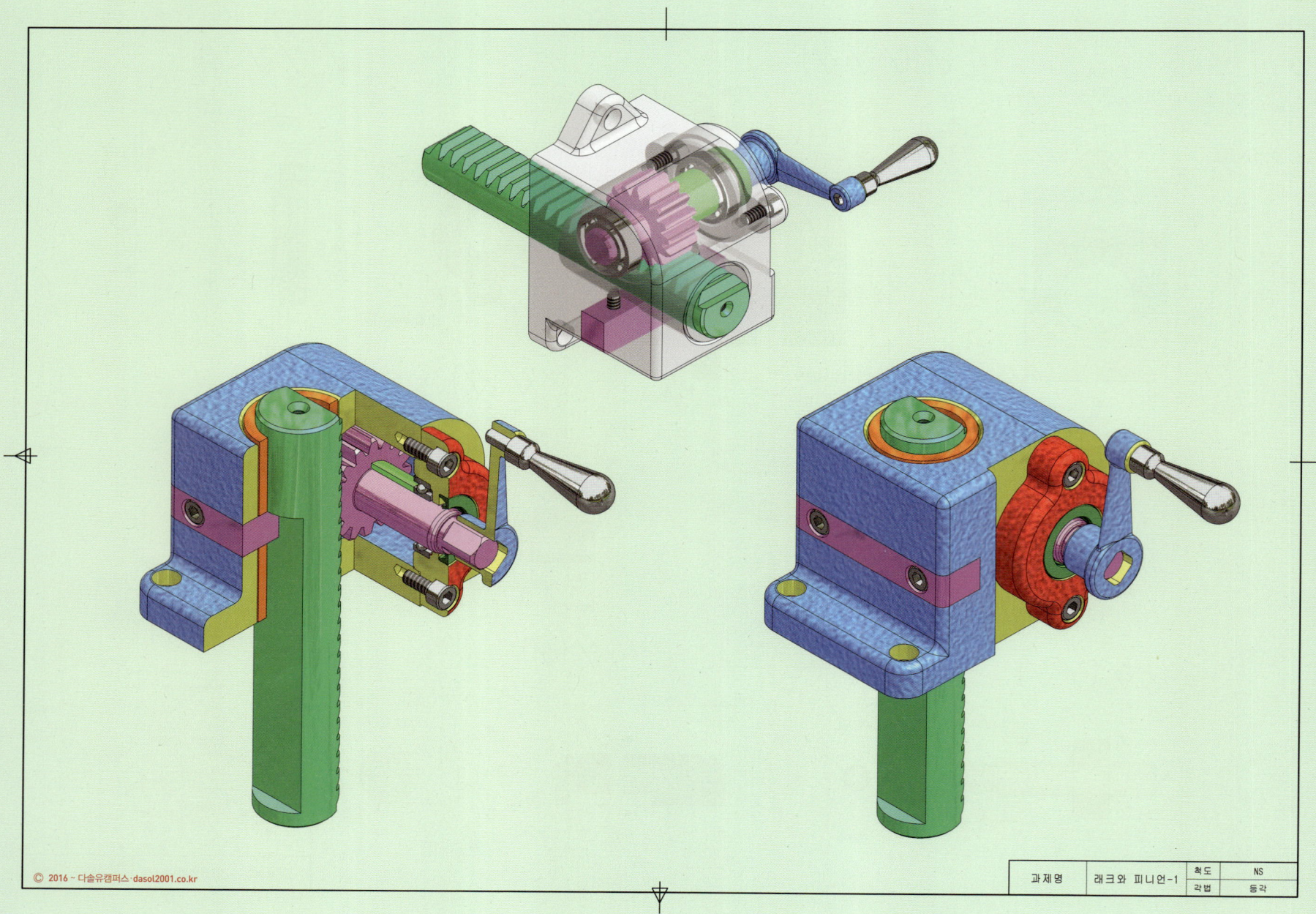

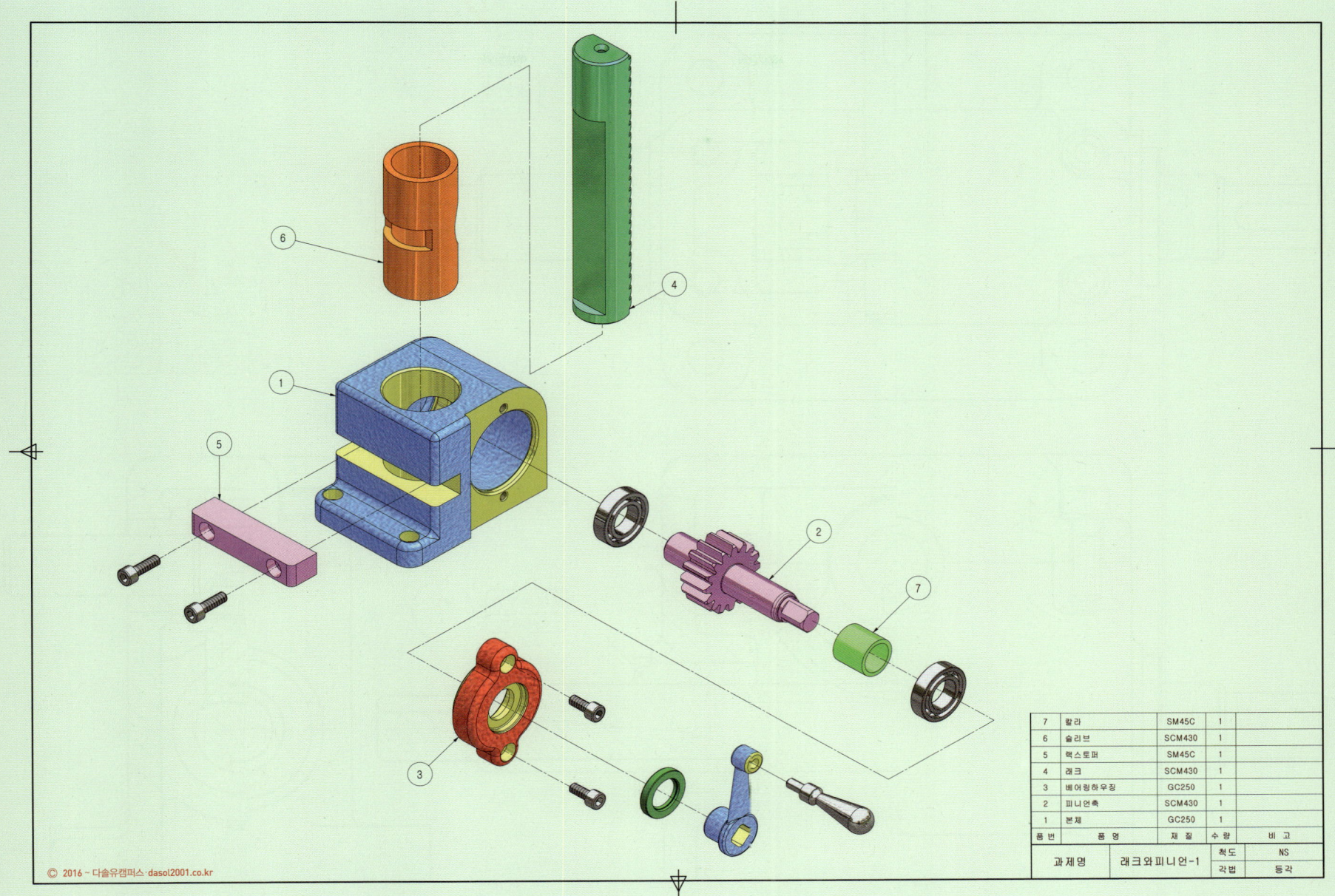

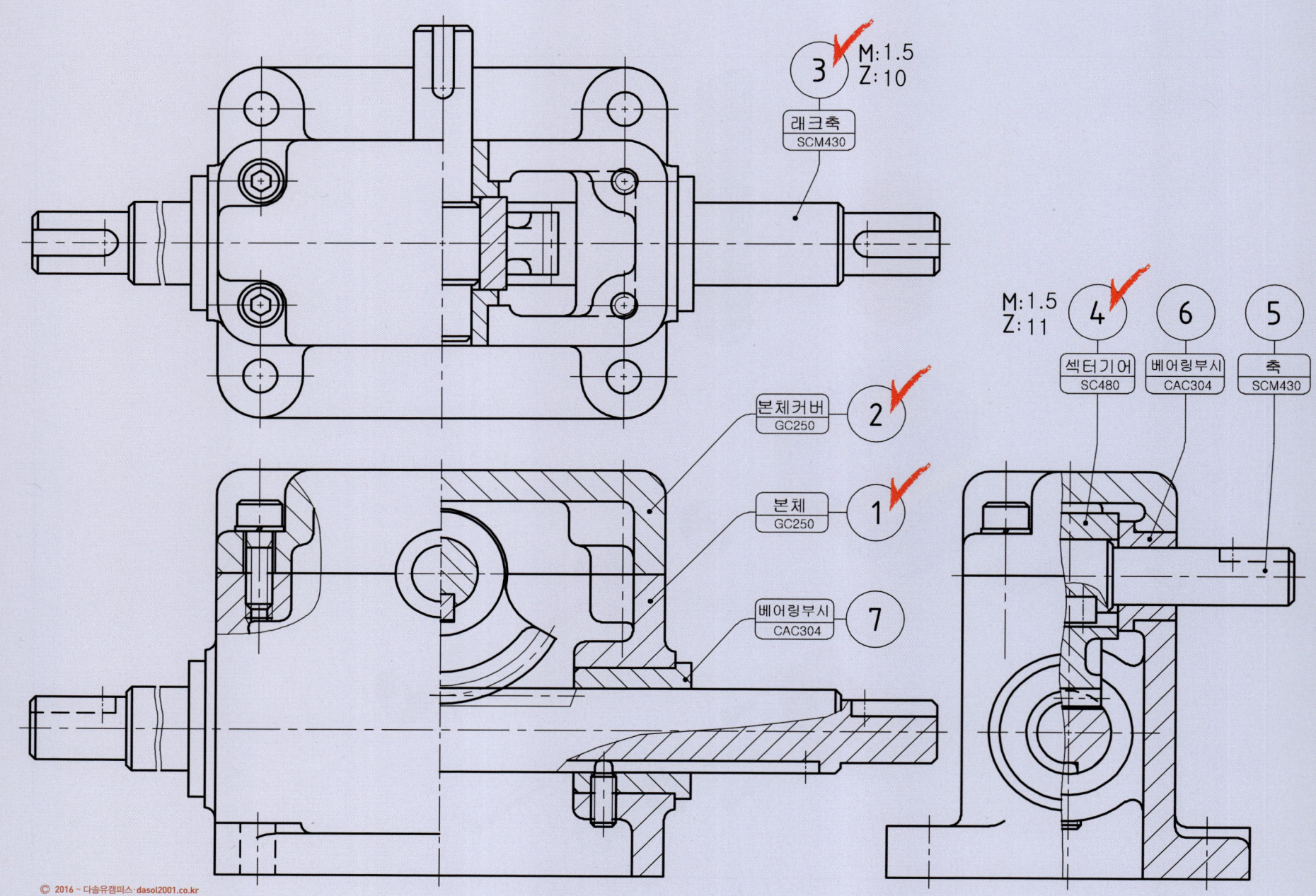

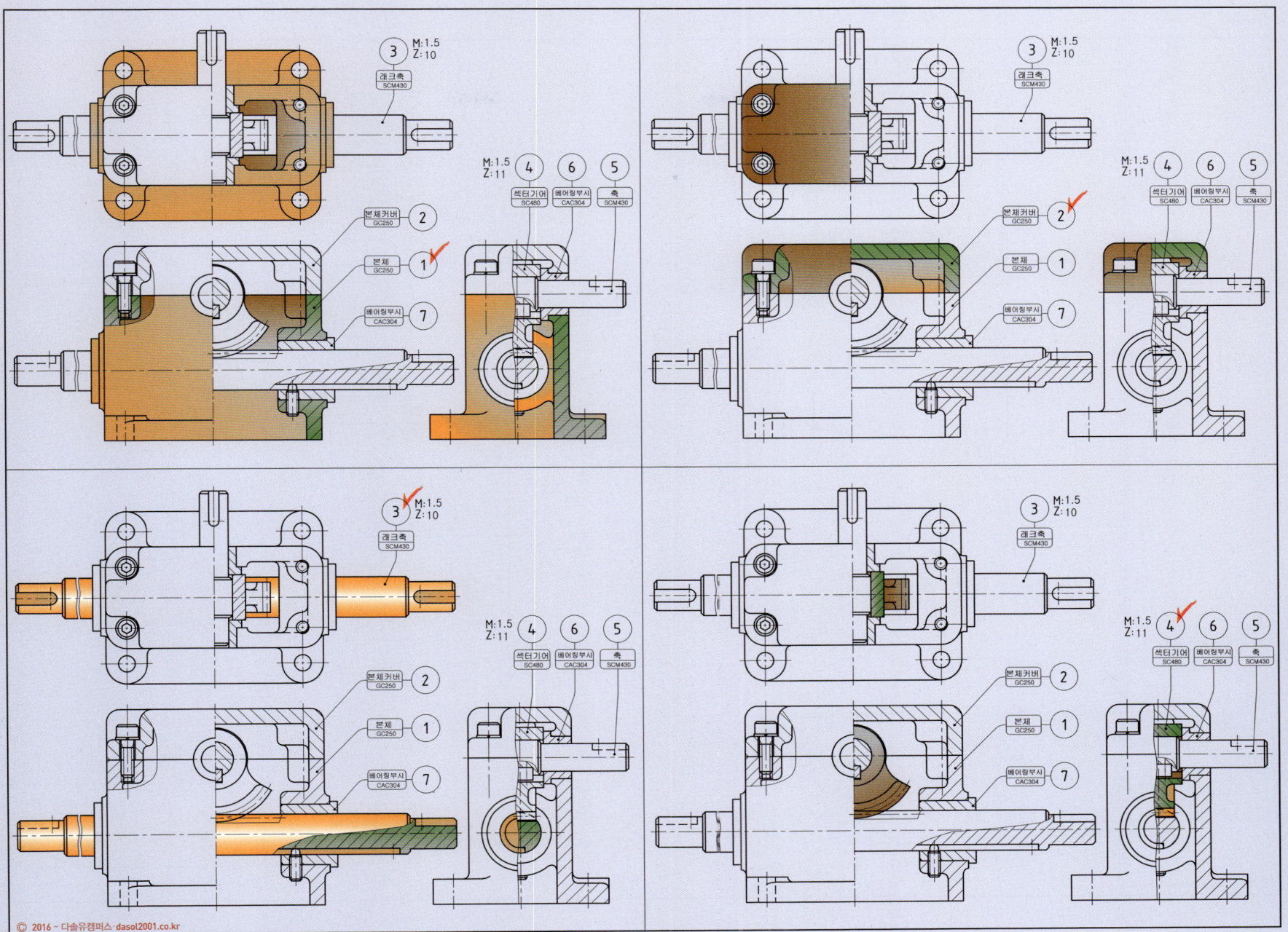

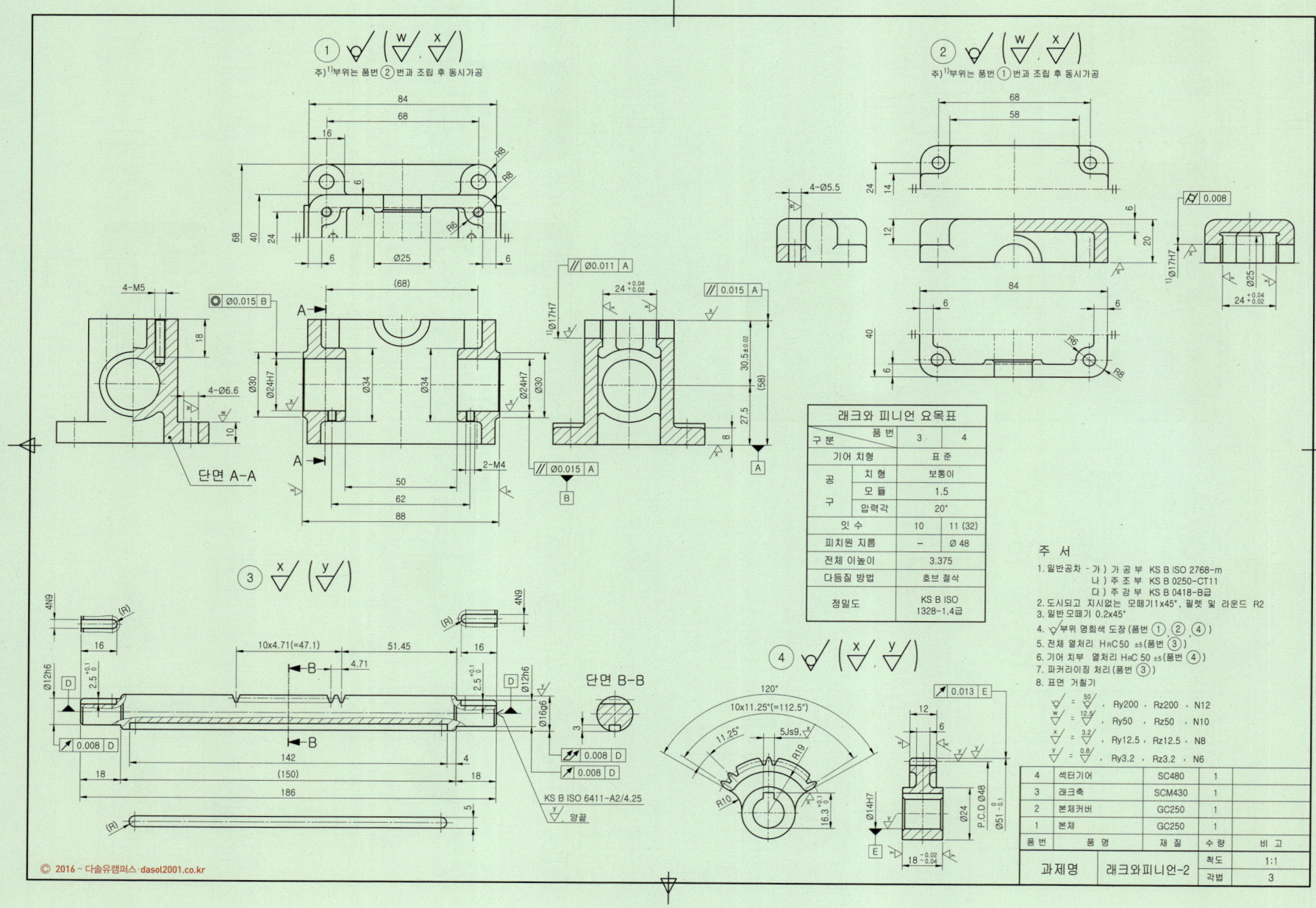

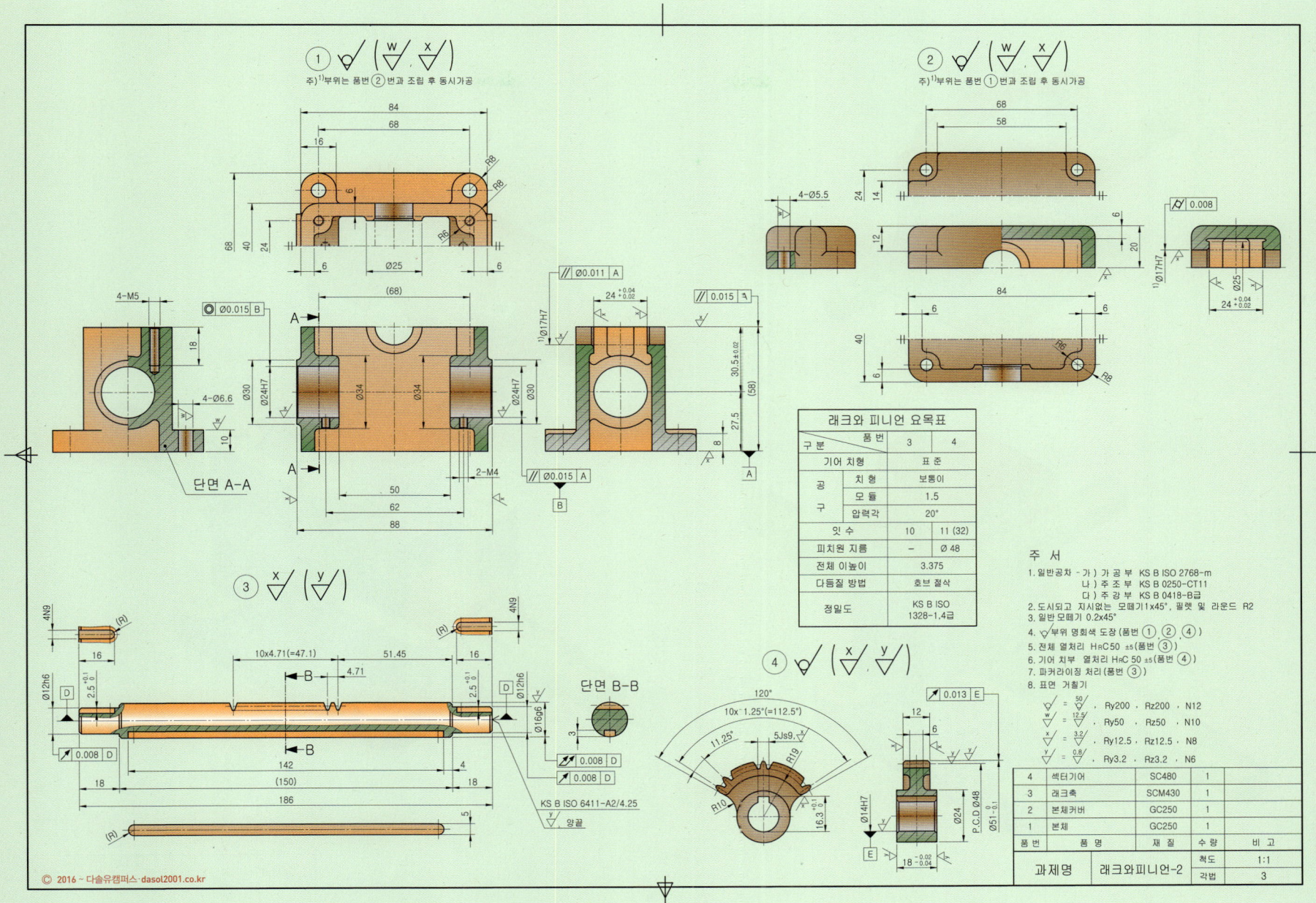

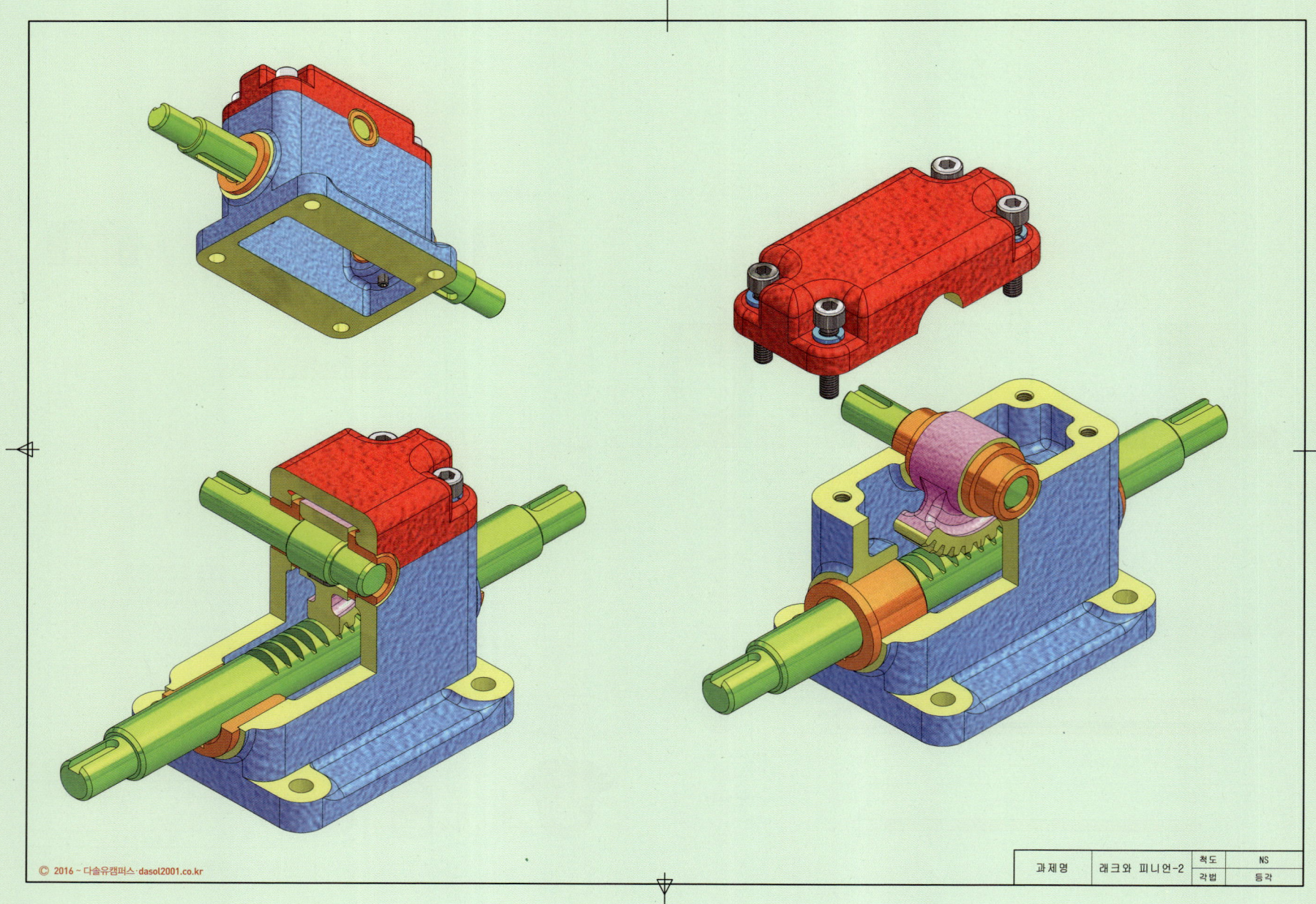

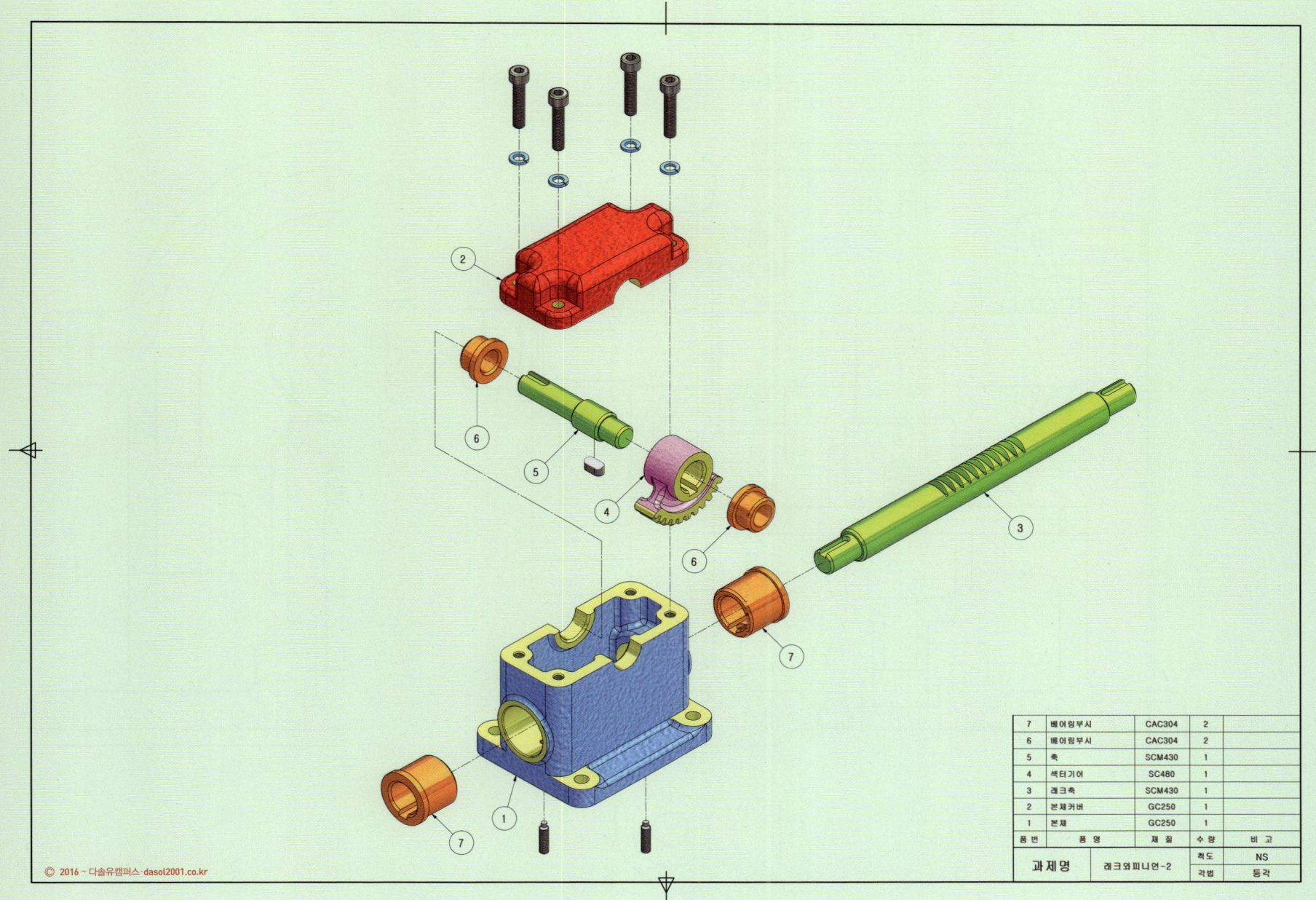

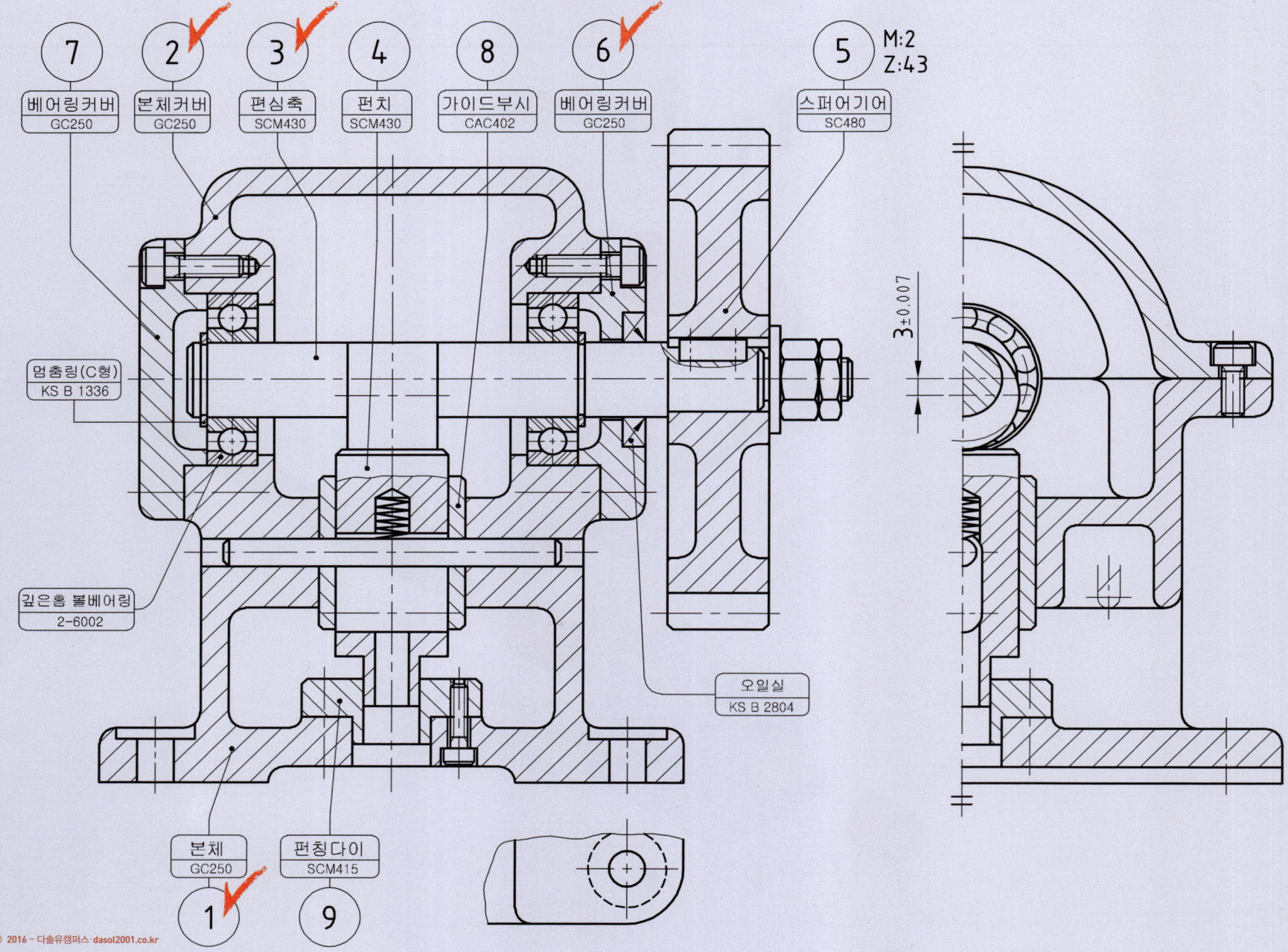

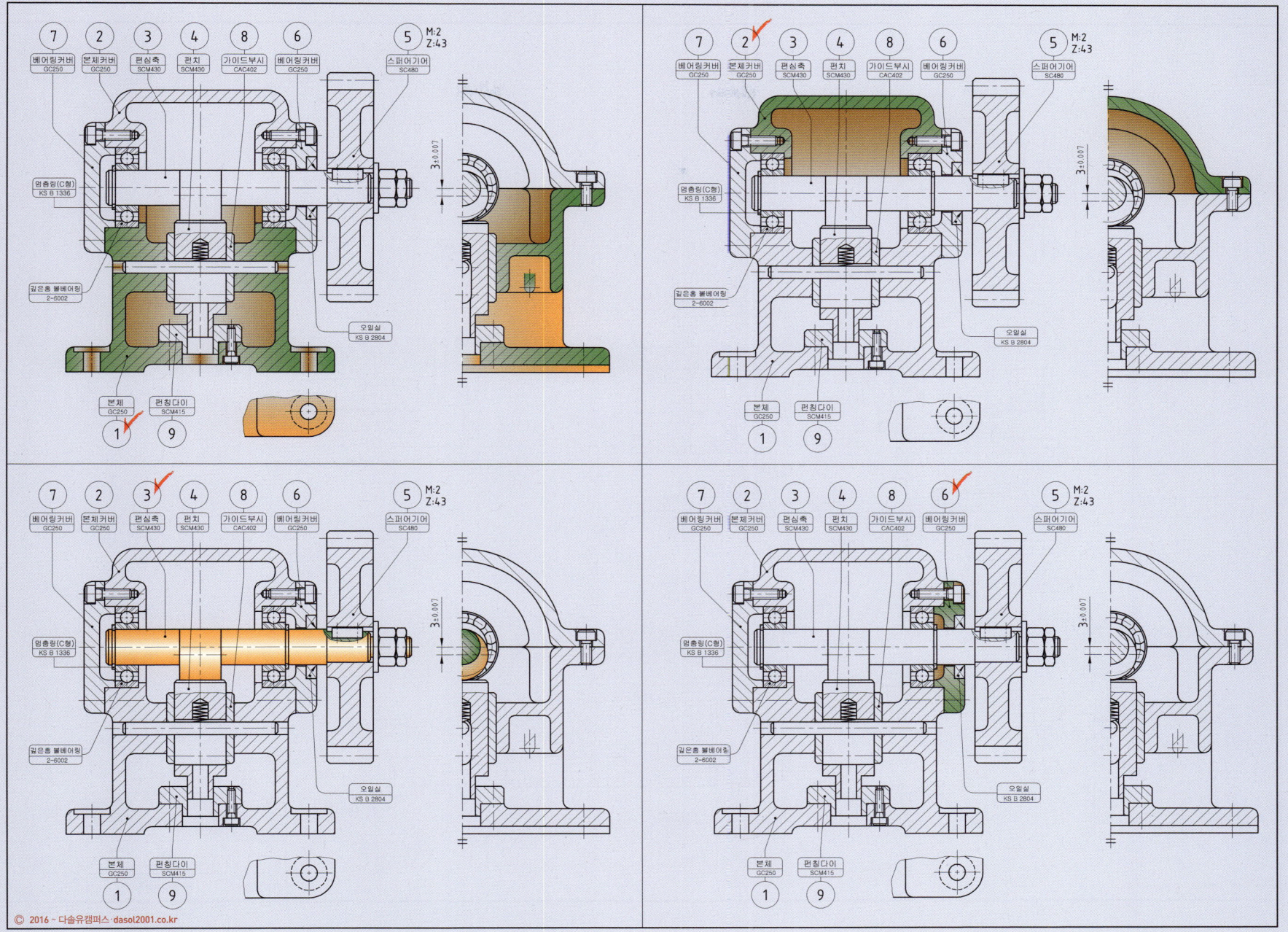

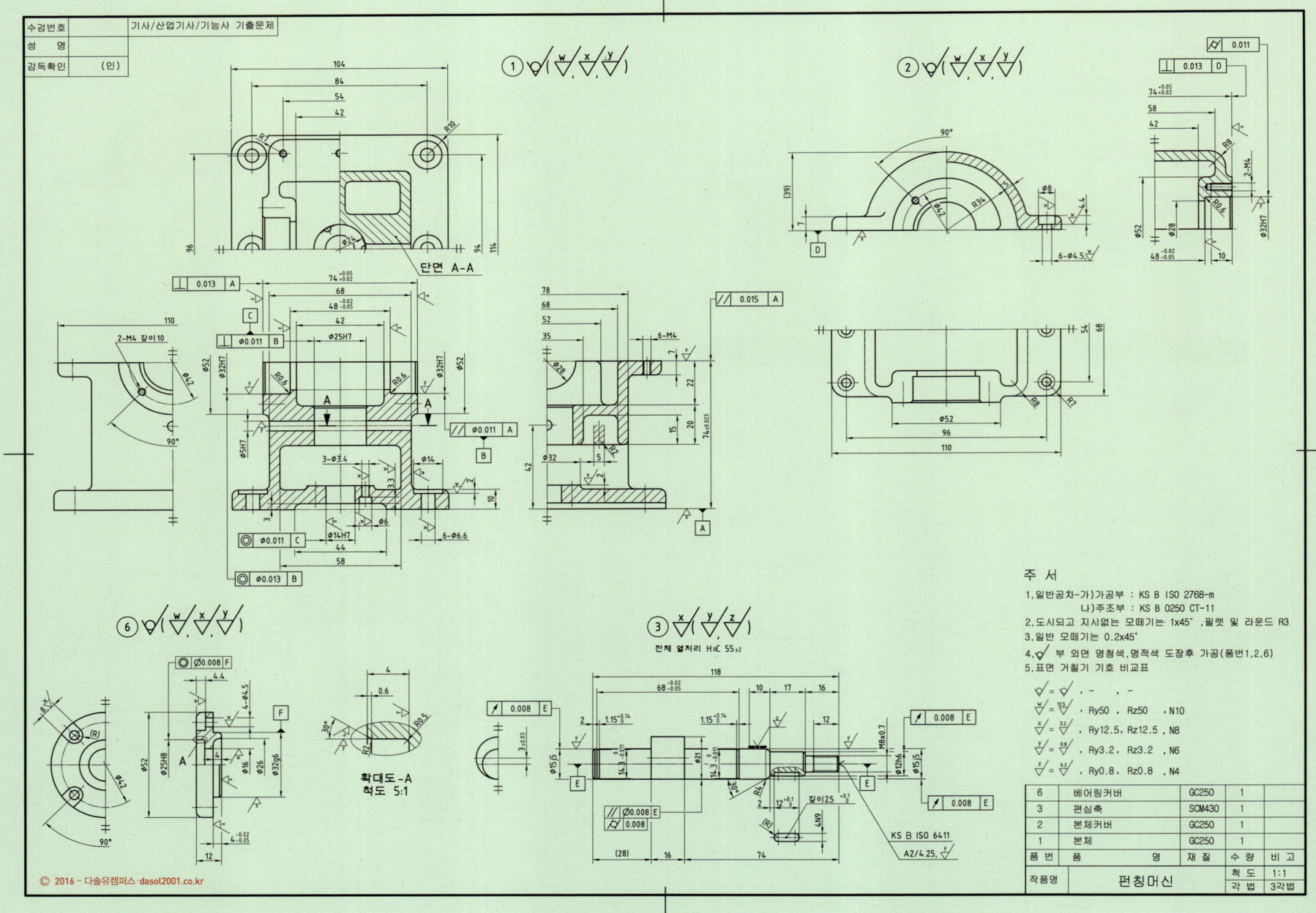

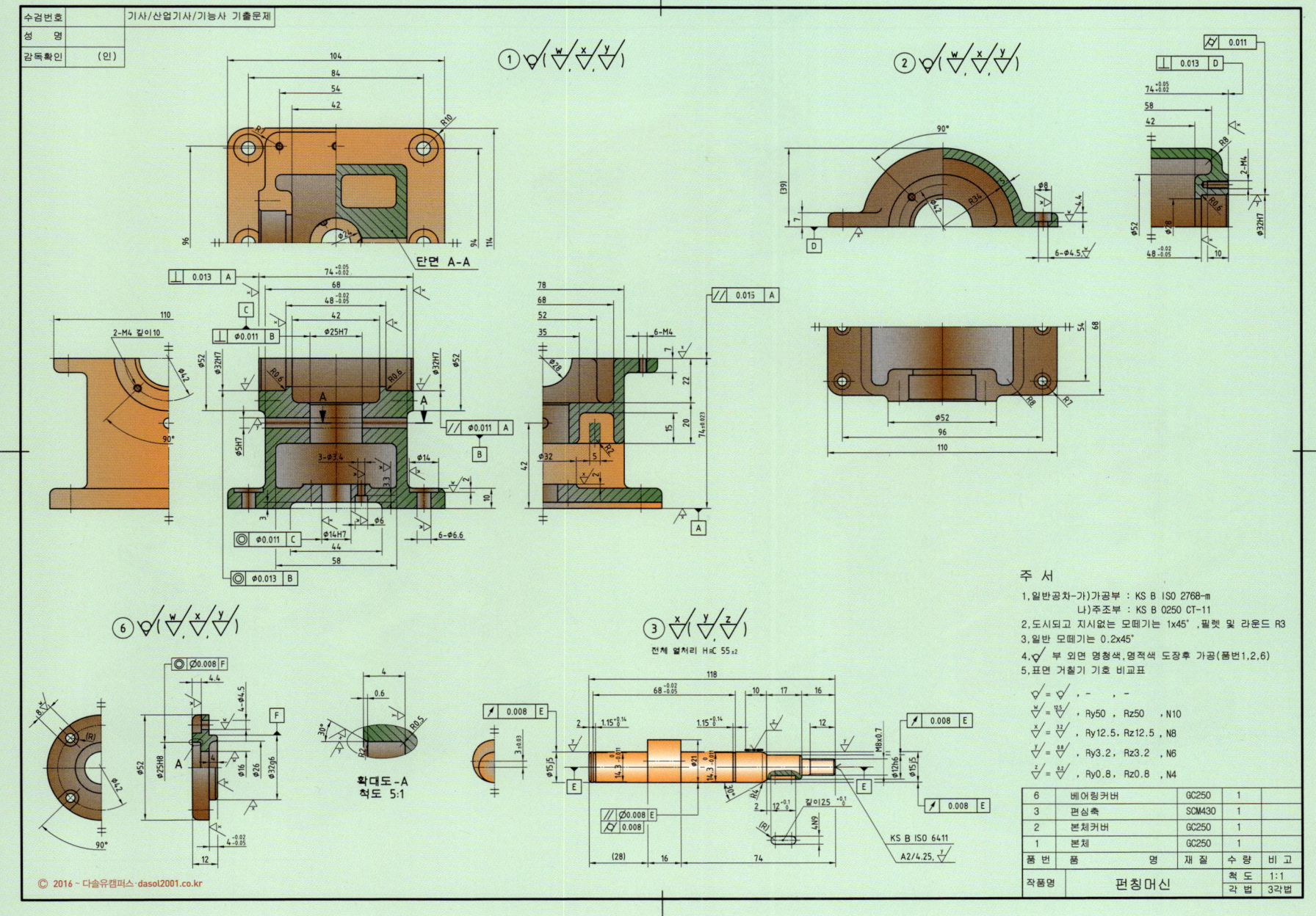

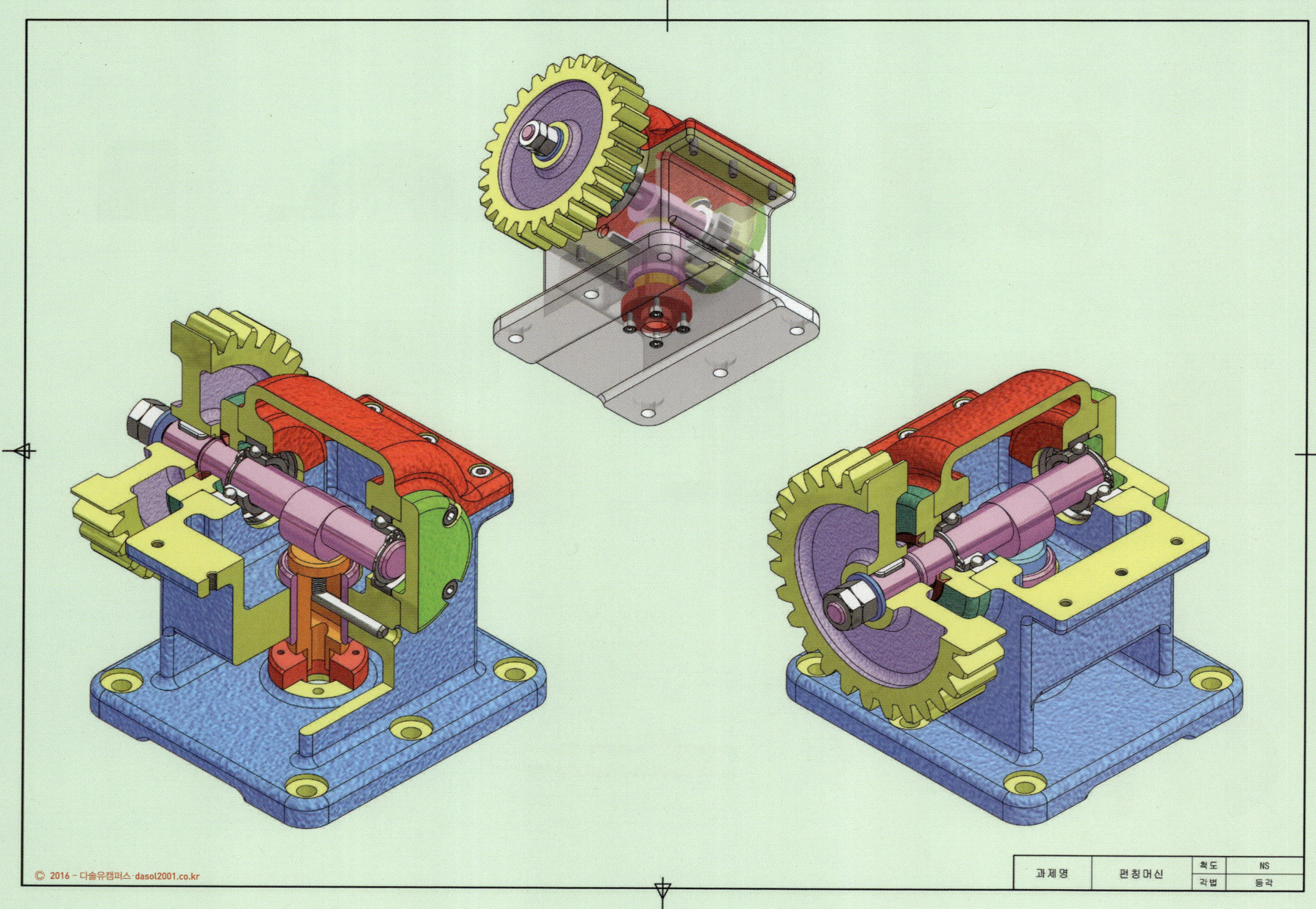

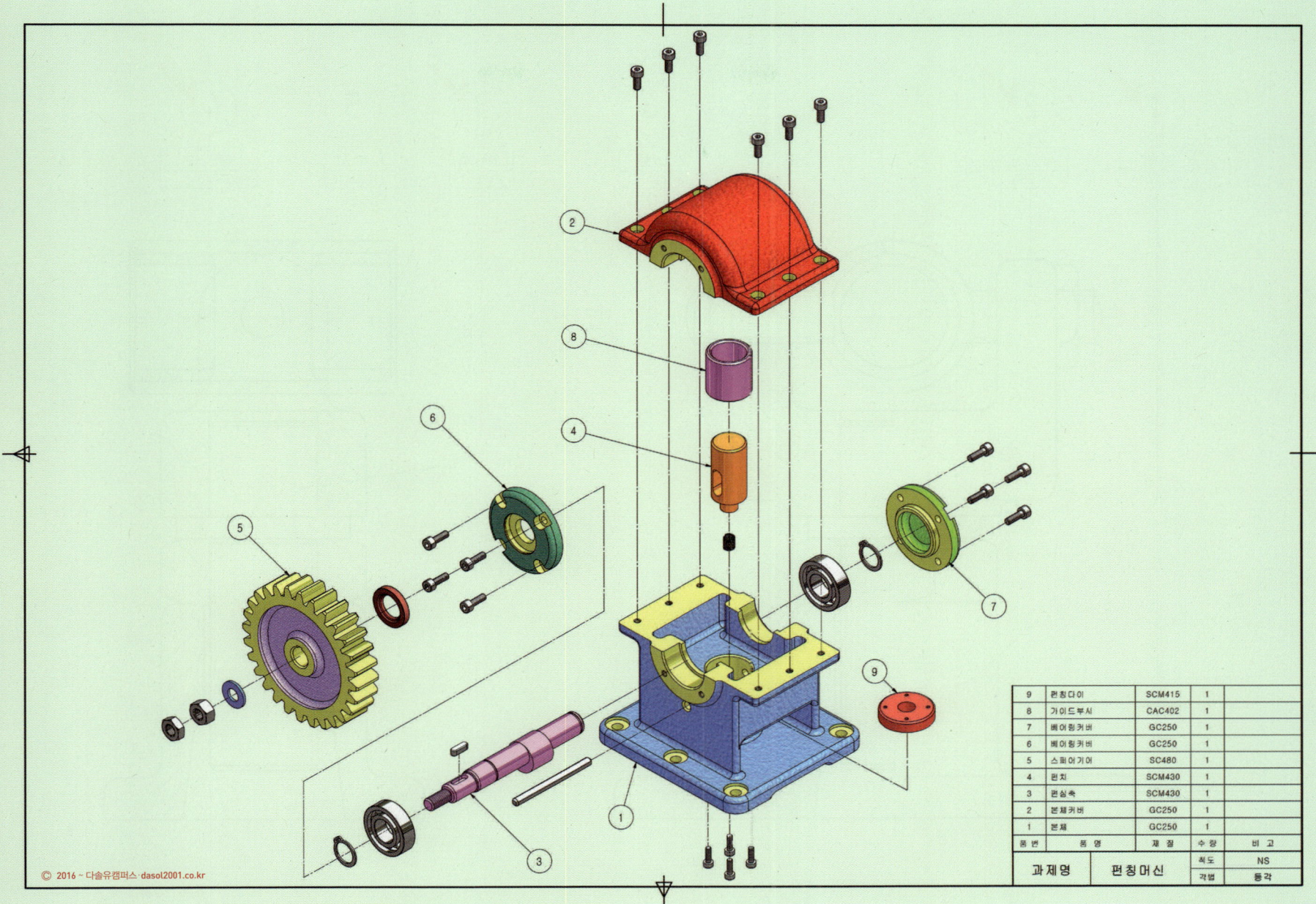

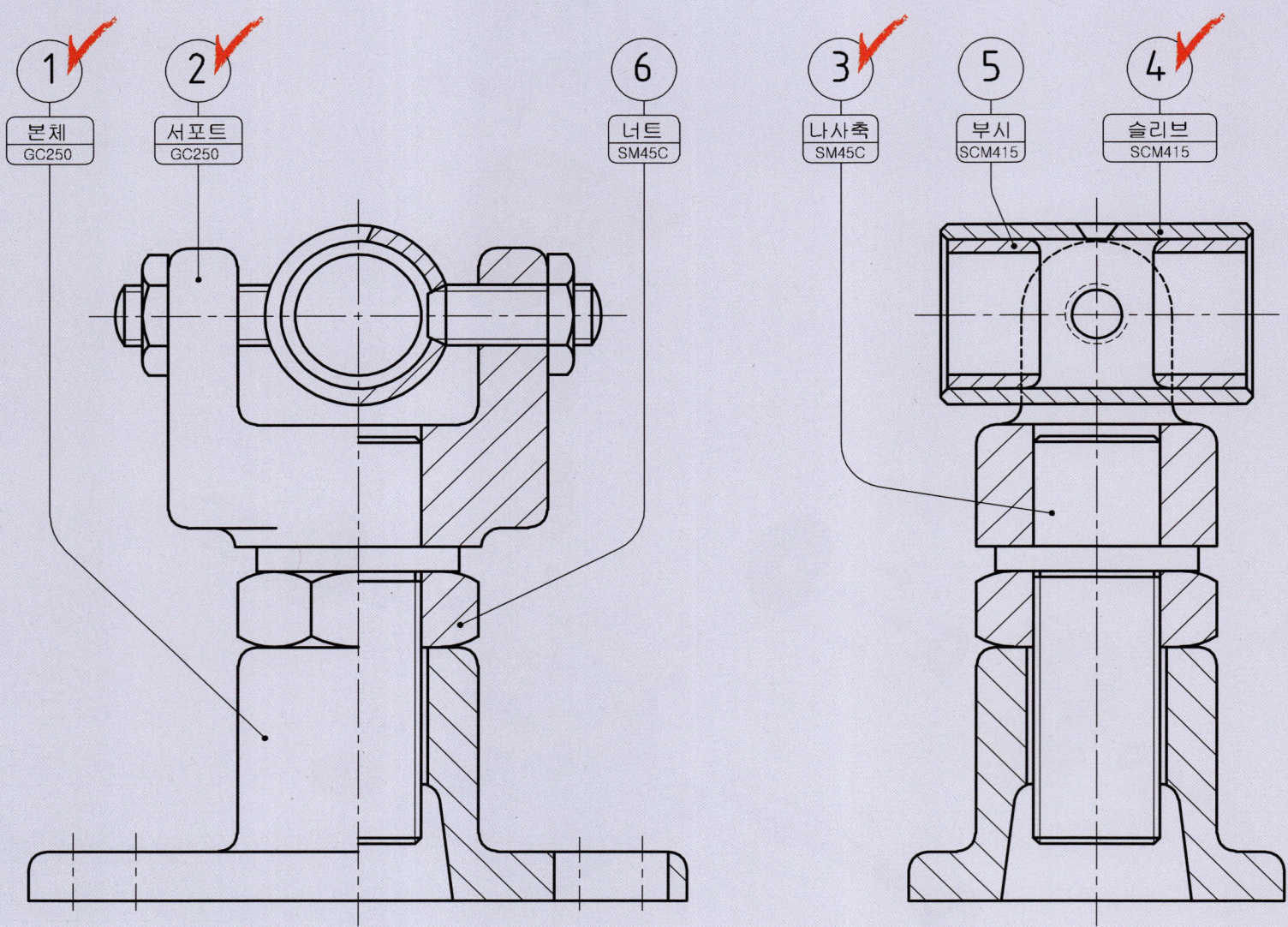

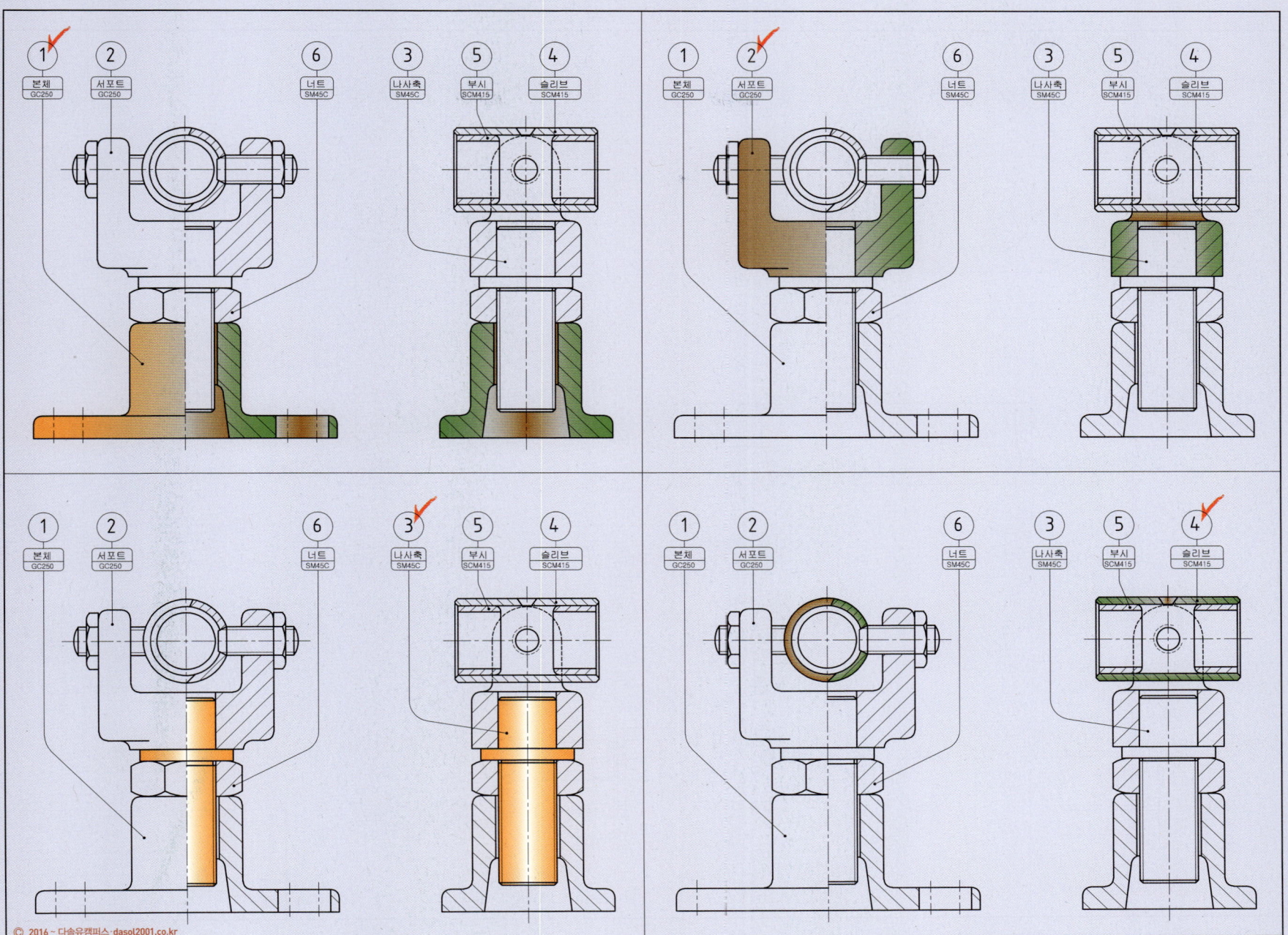

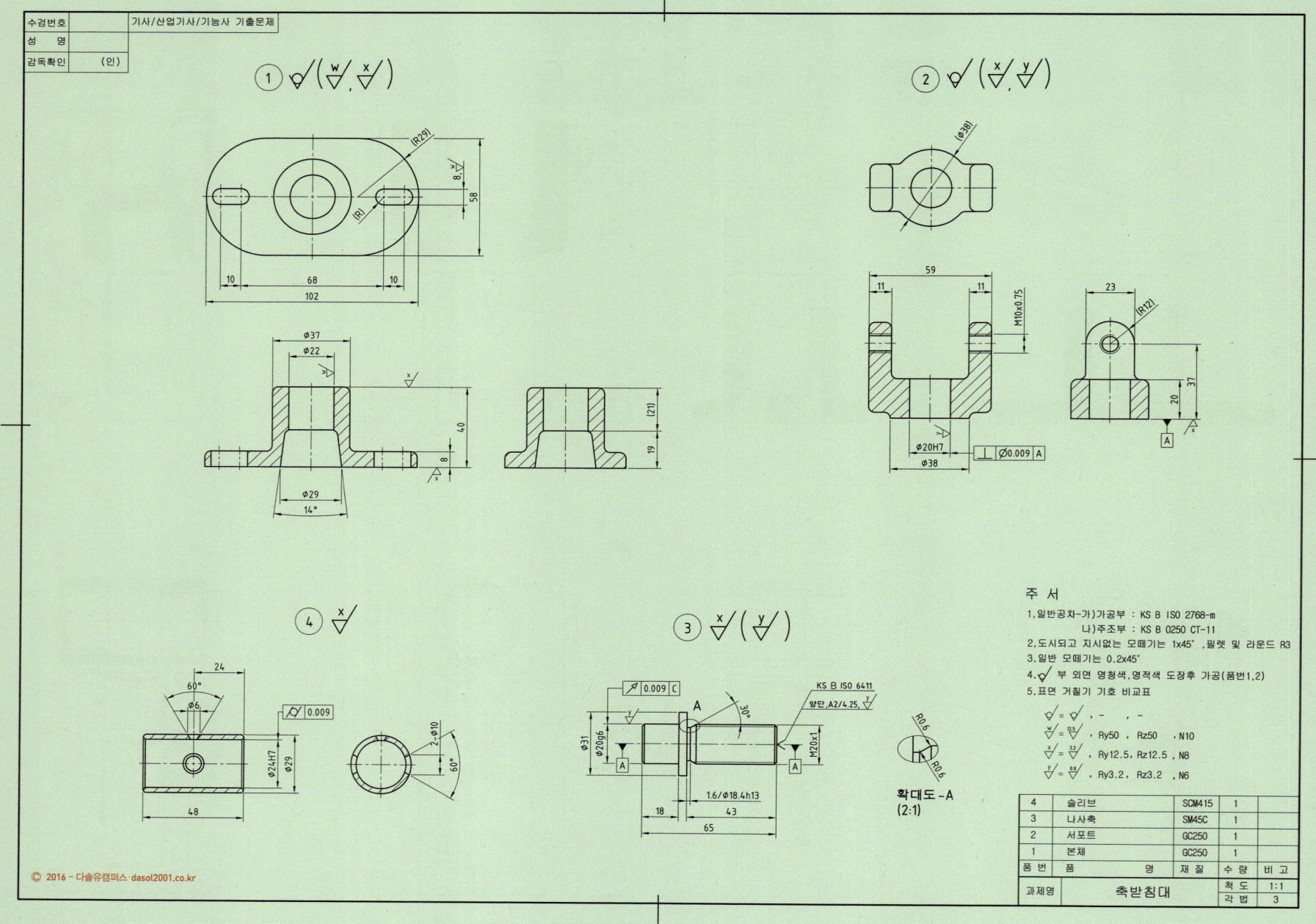

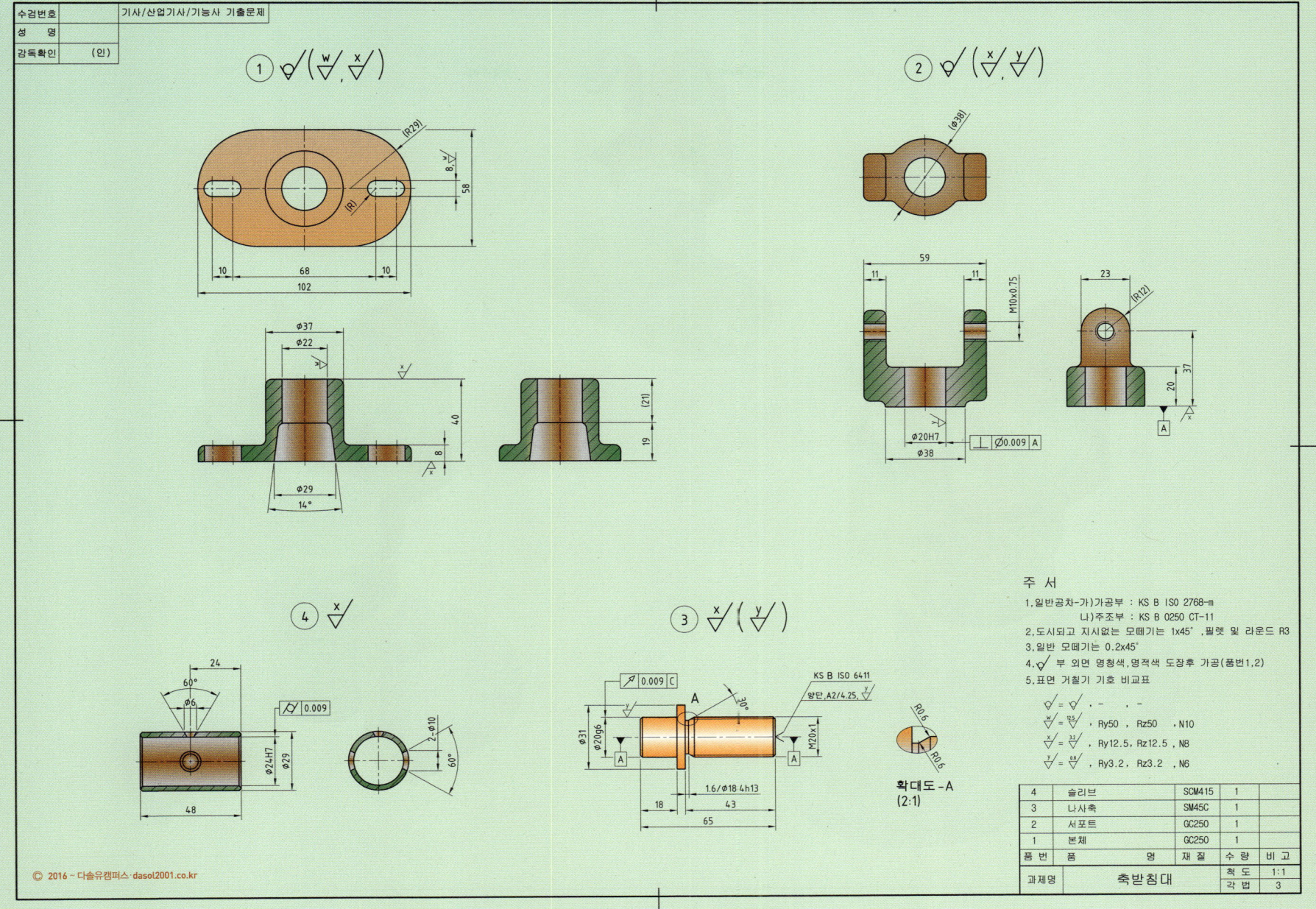

축받침대

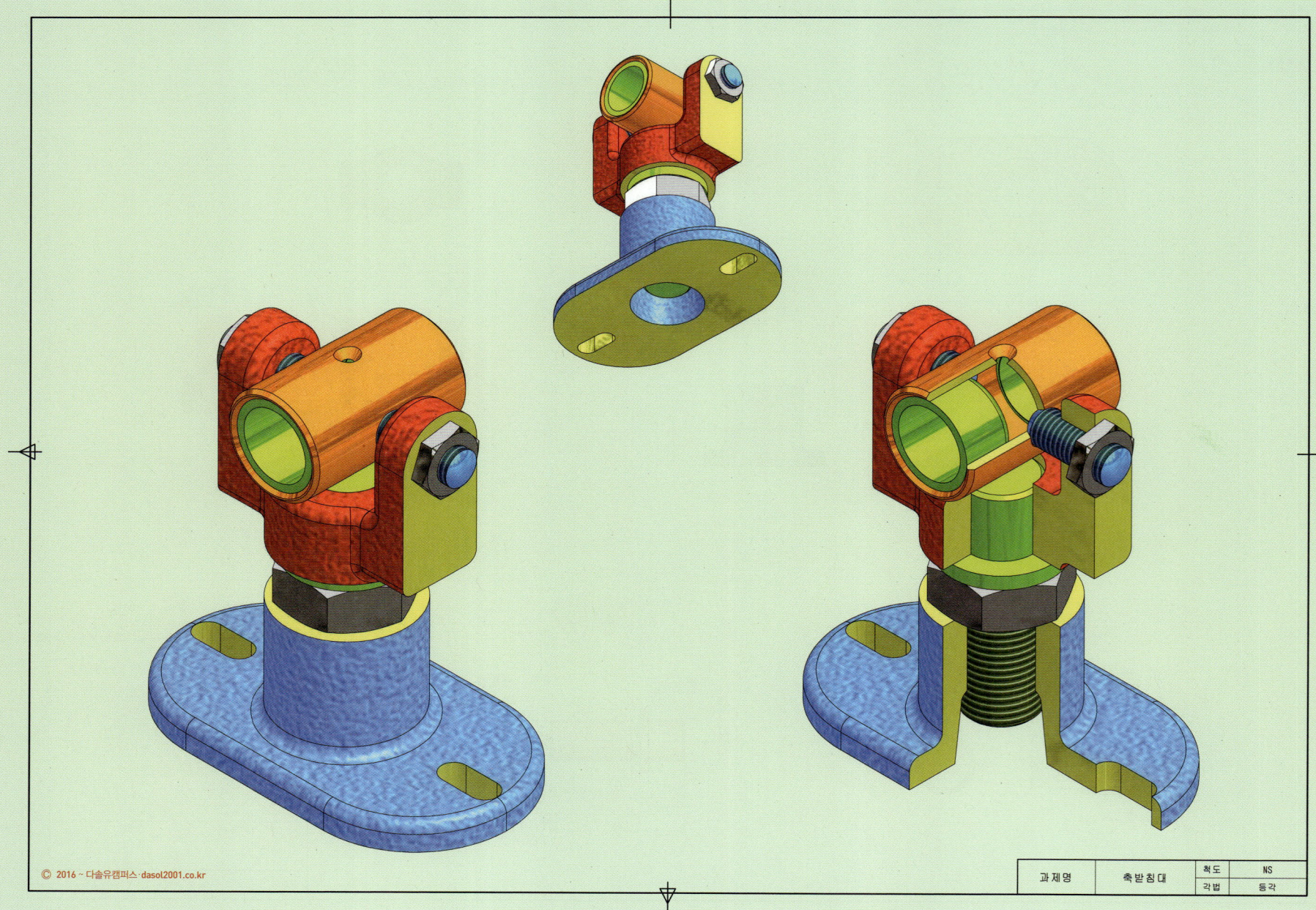

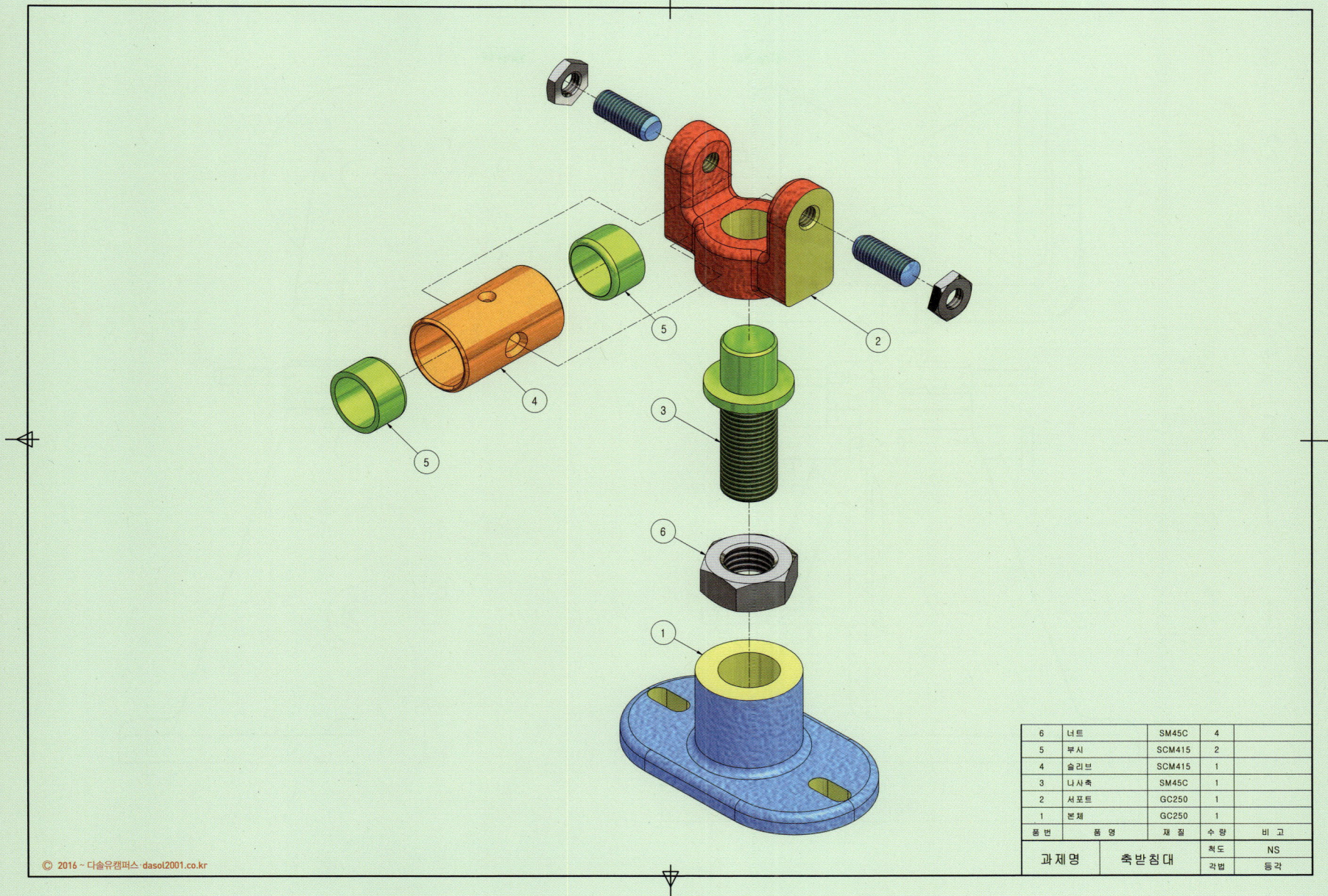

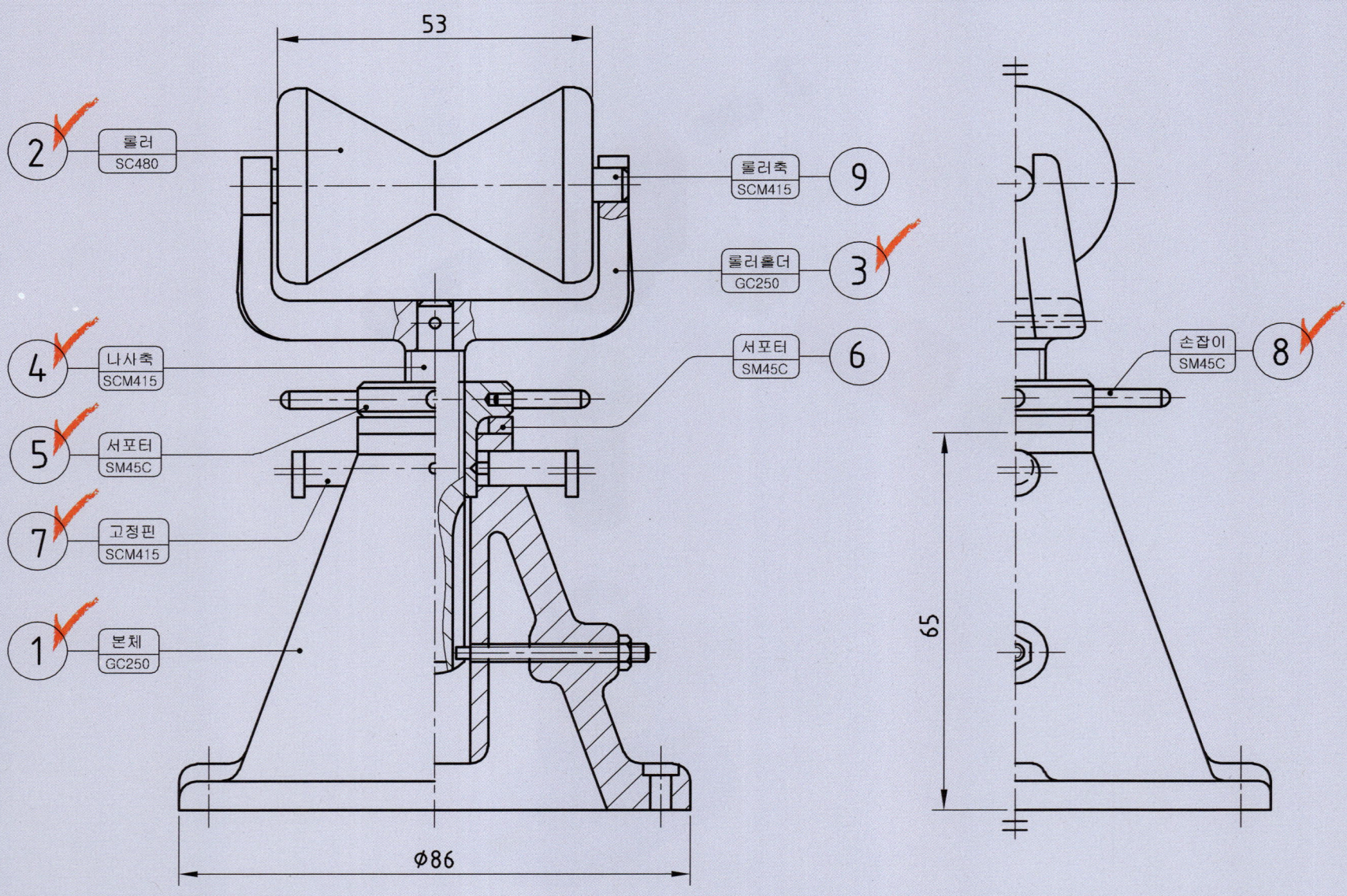

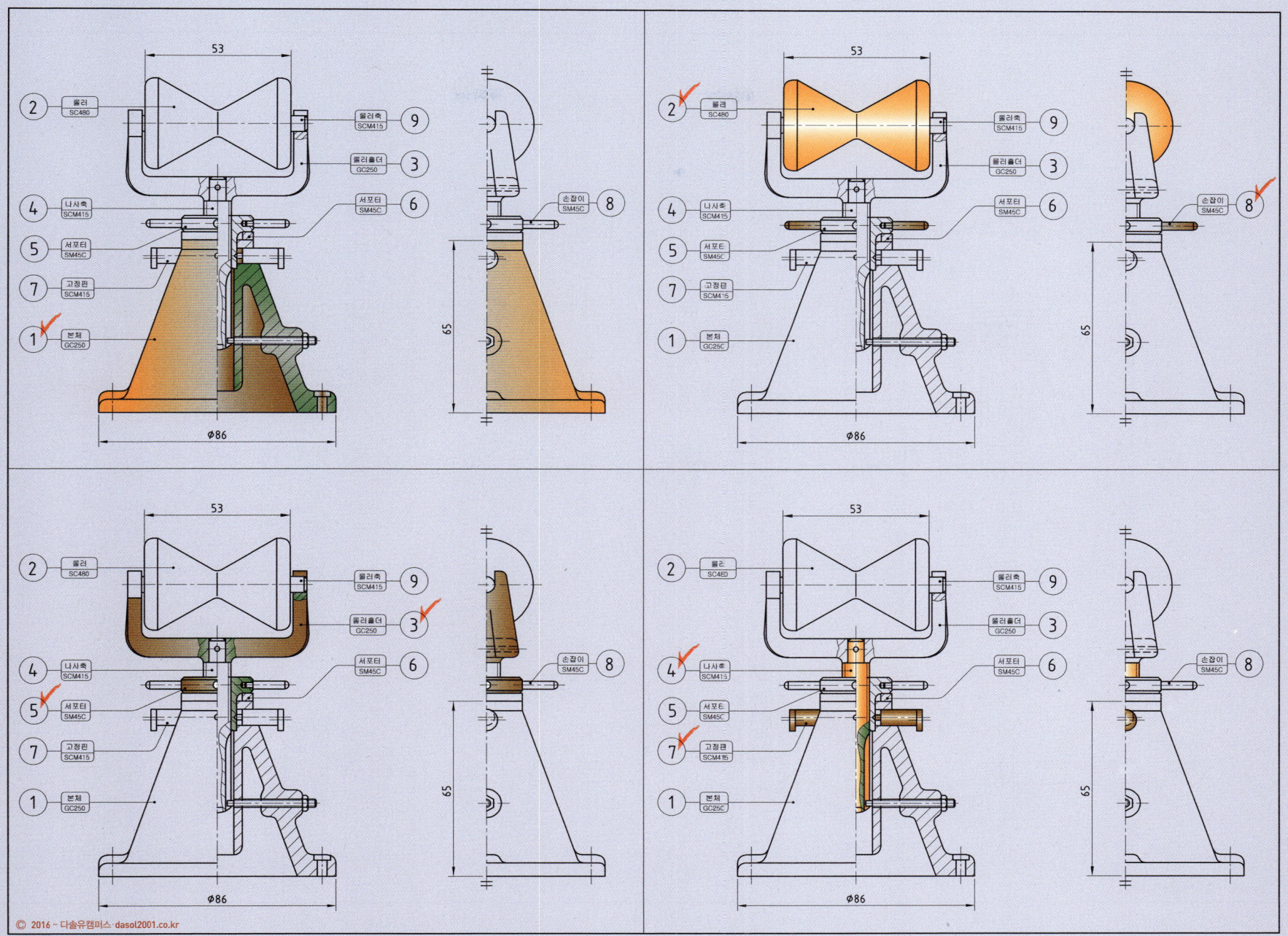

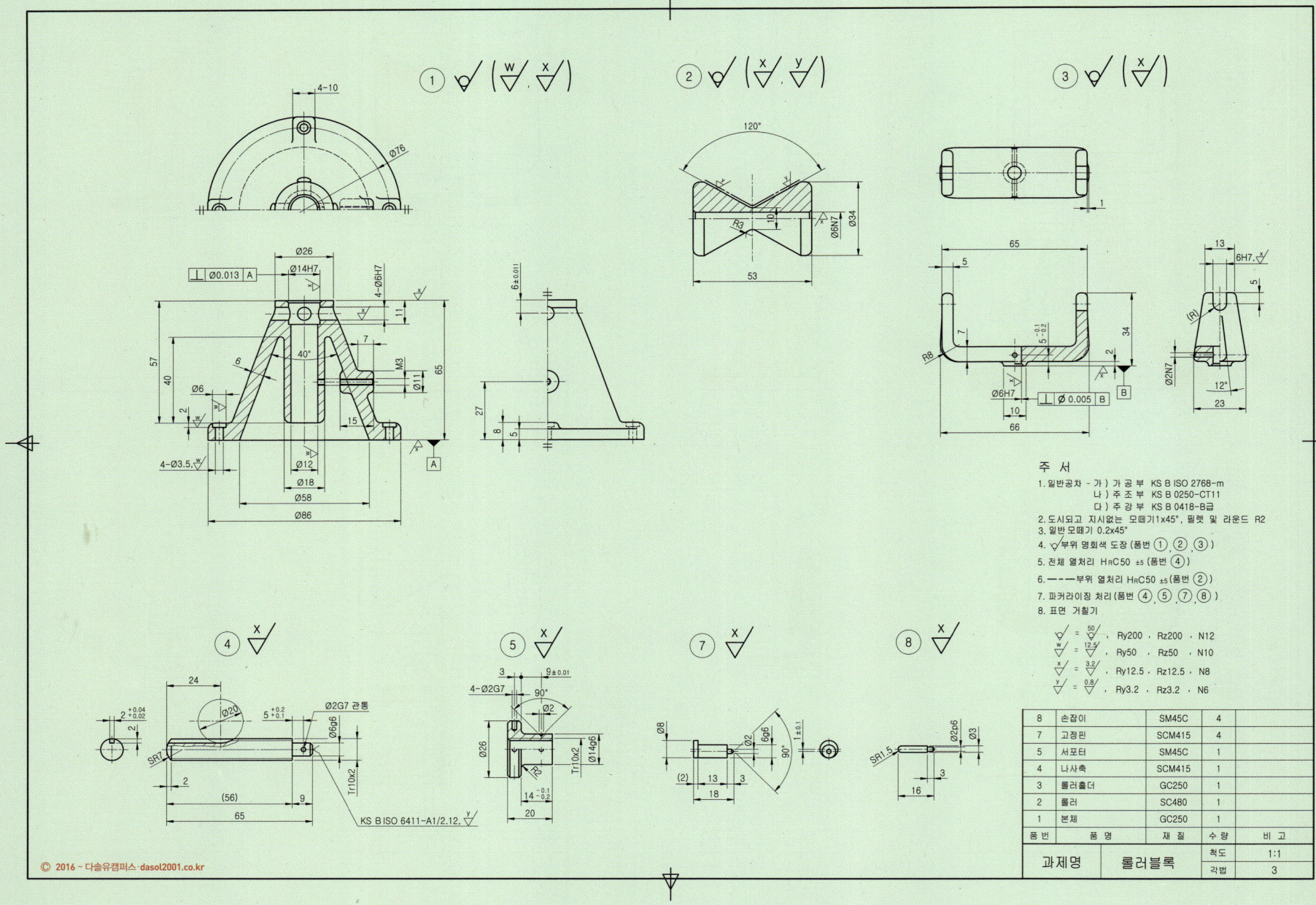

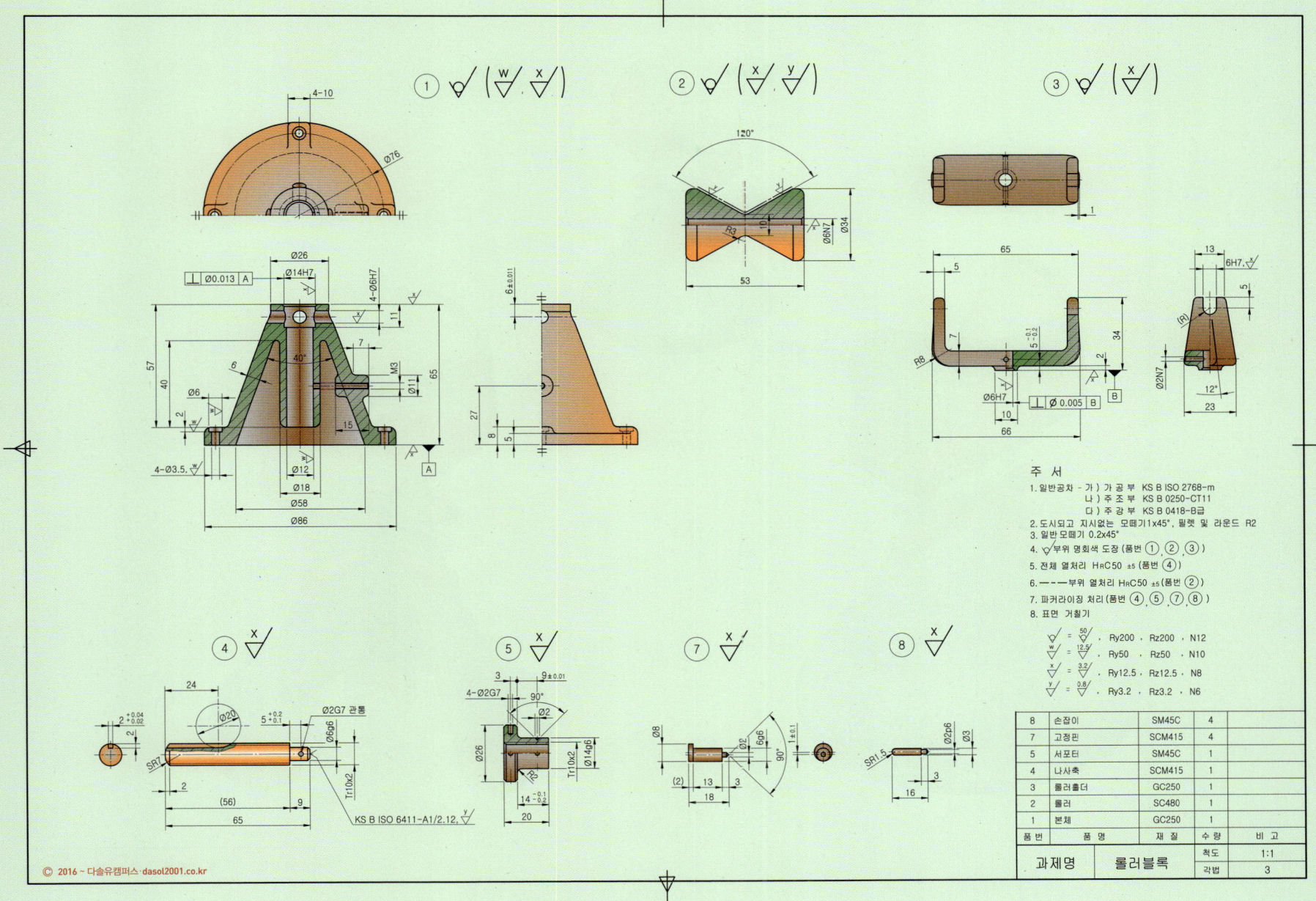

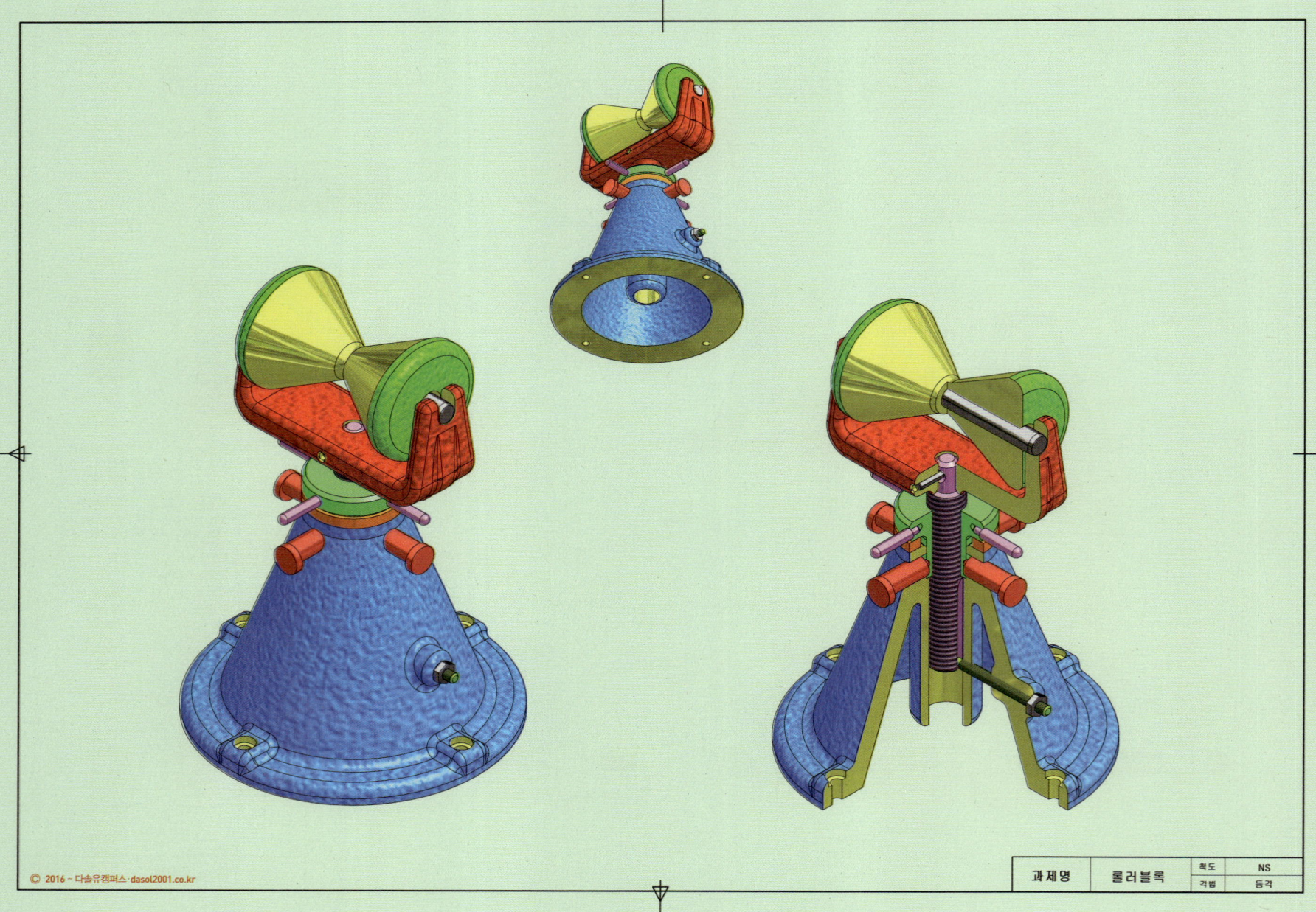

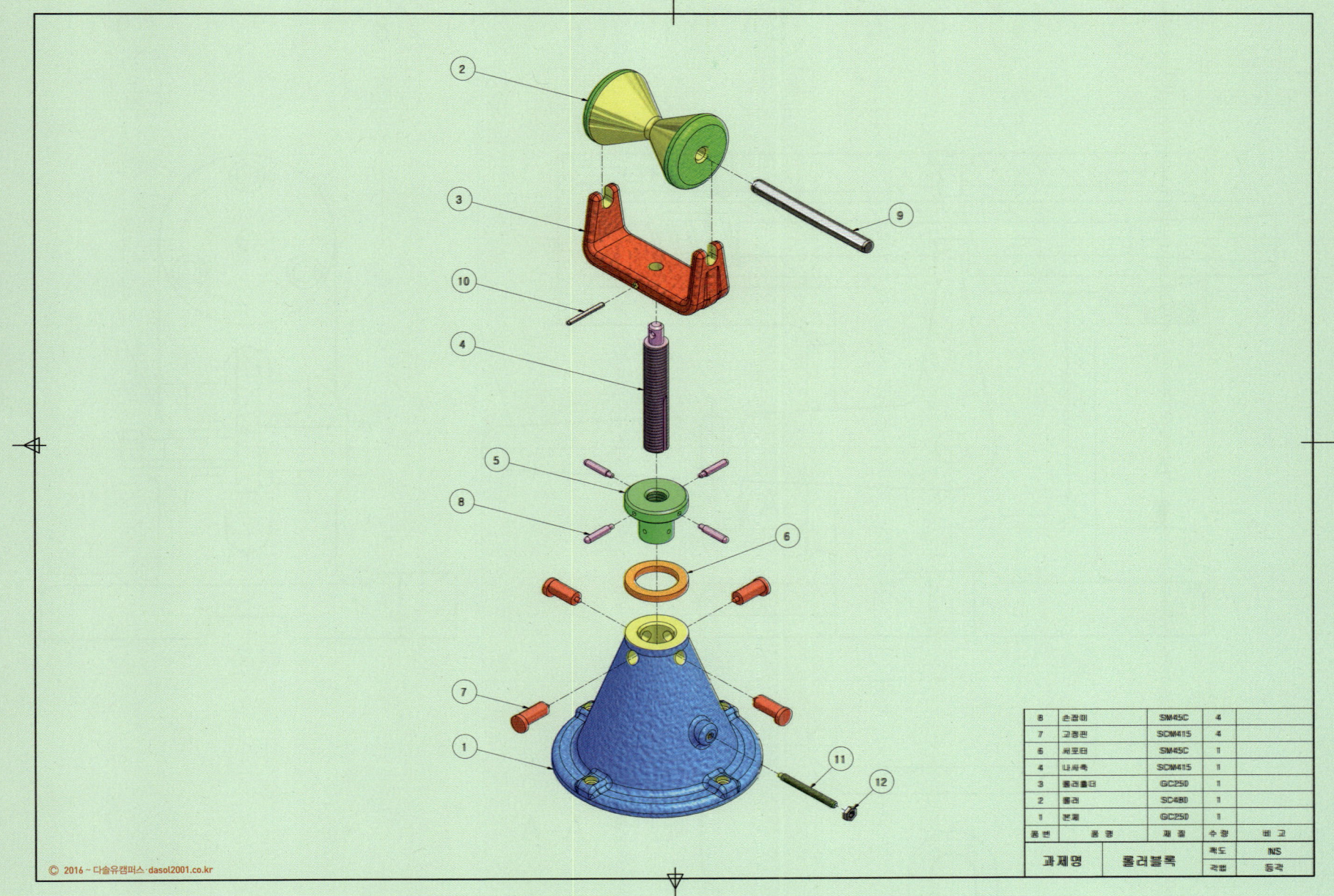

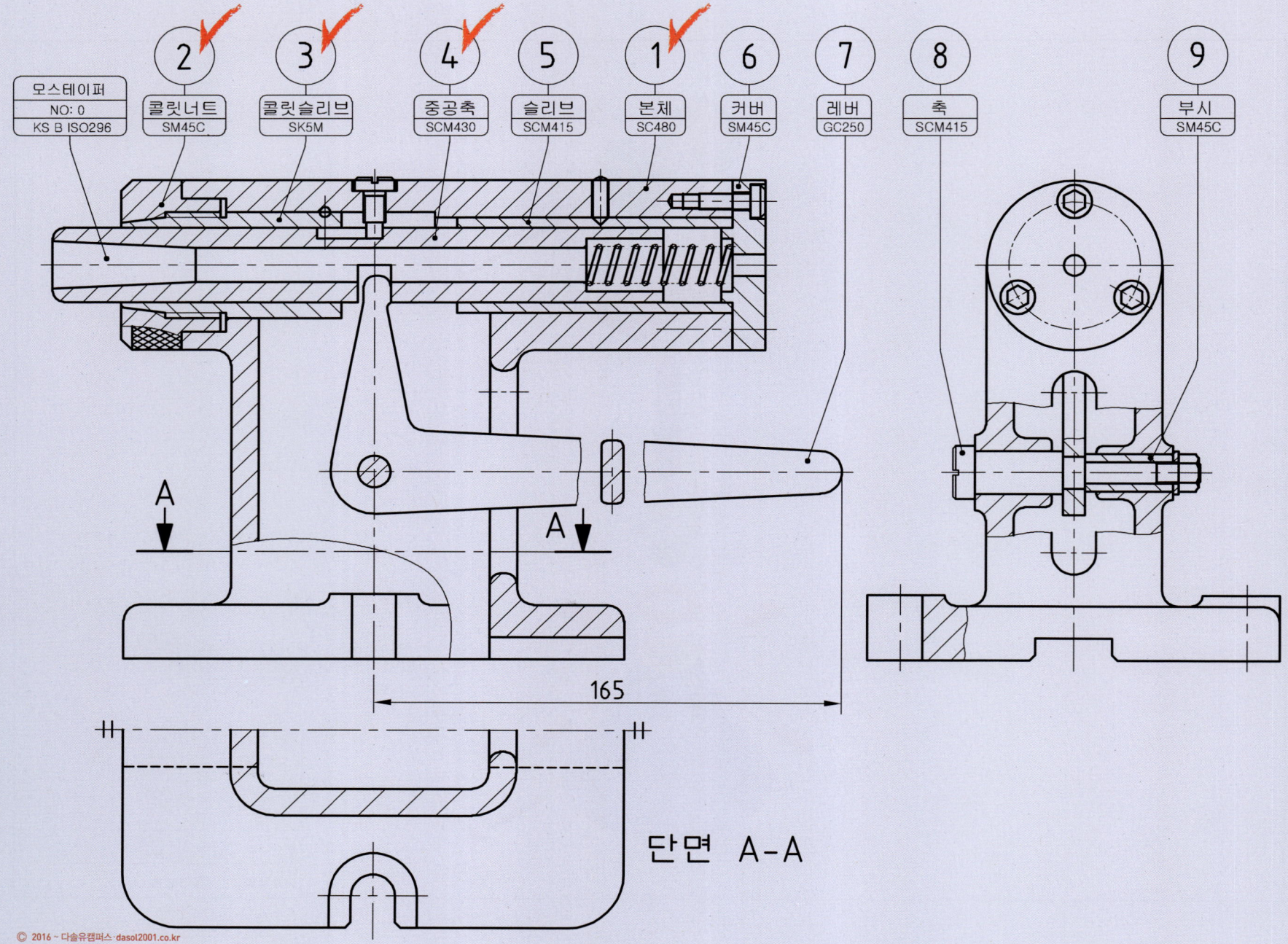

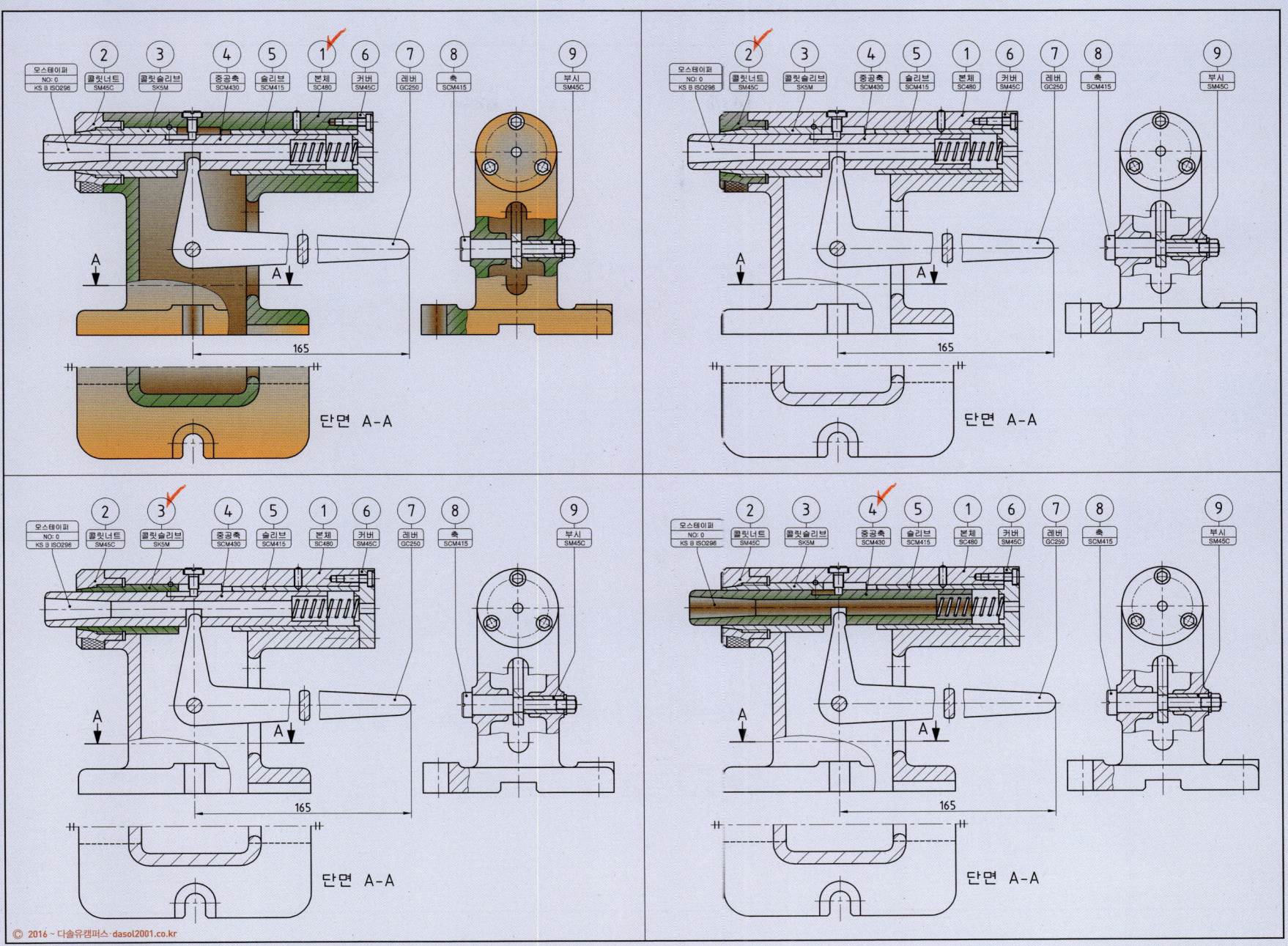

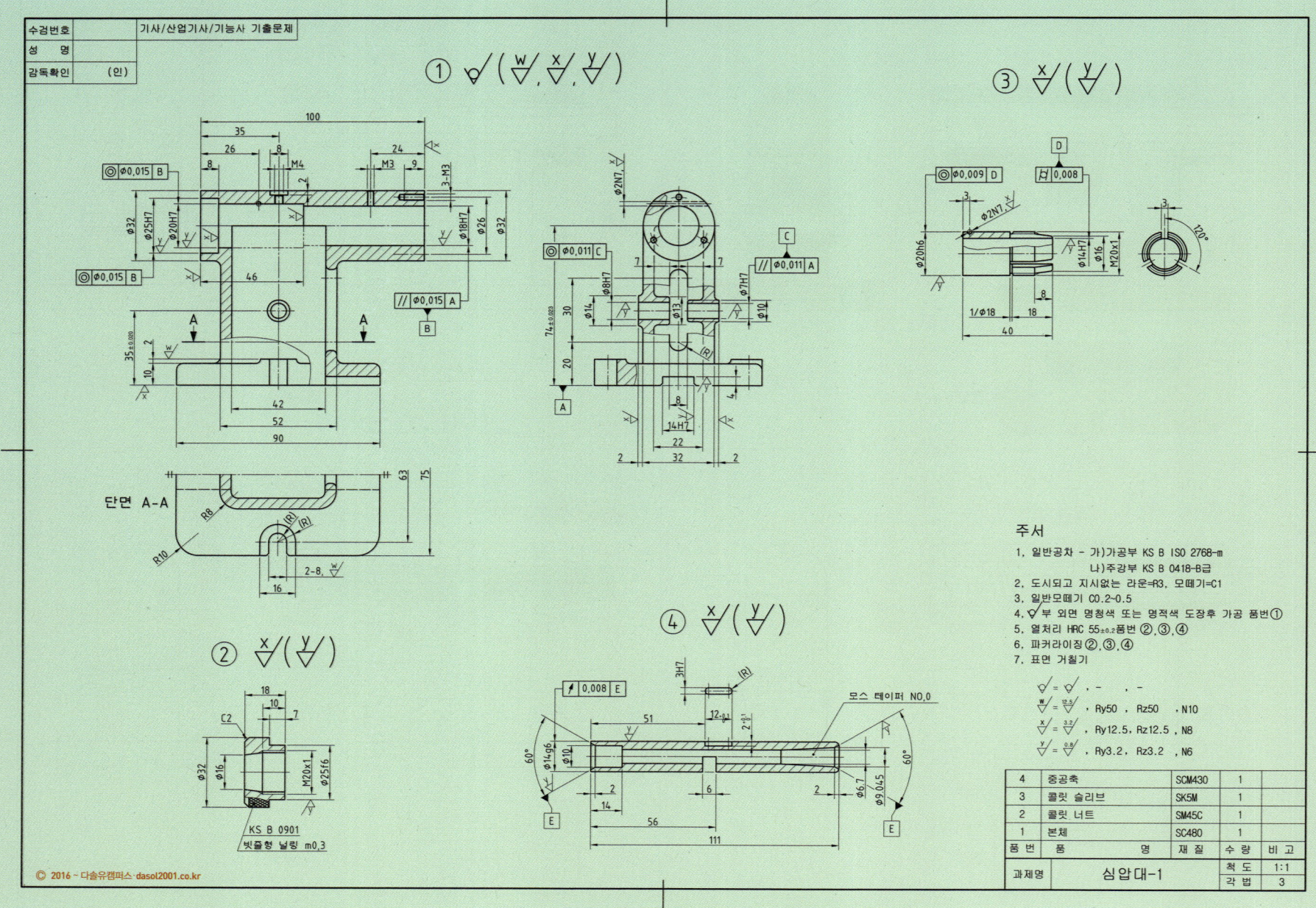

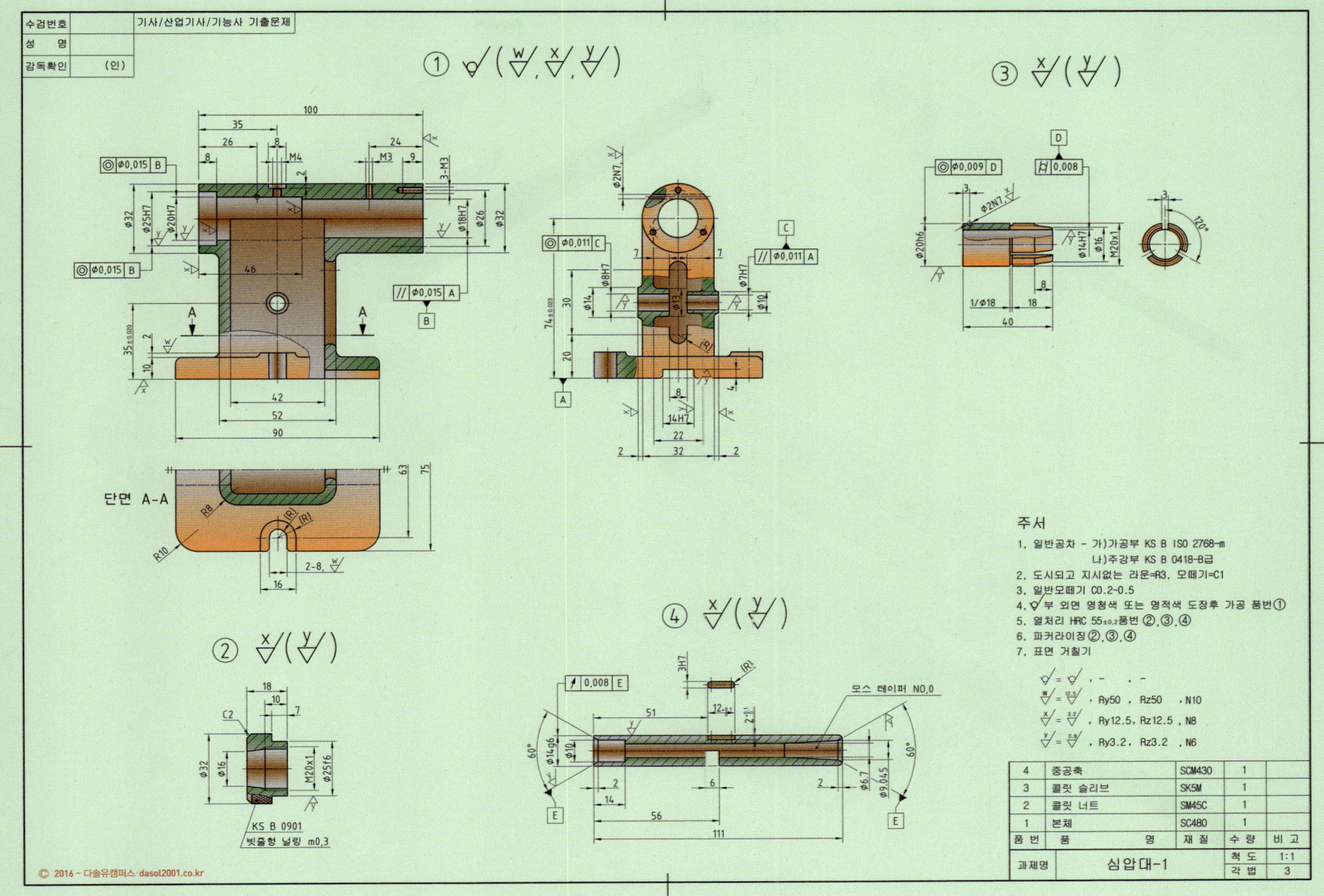

심압대-1

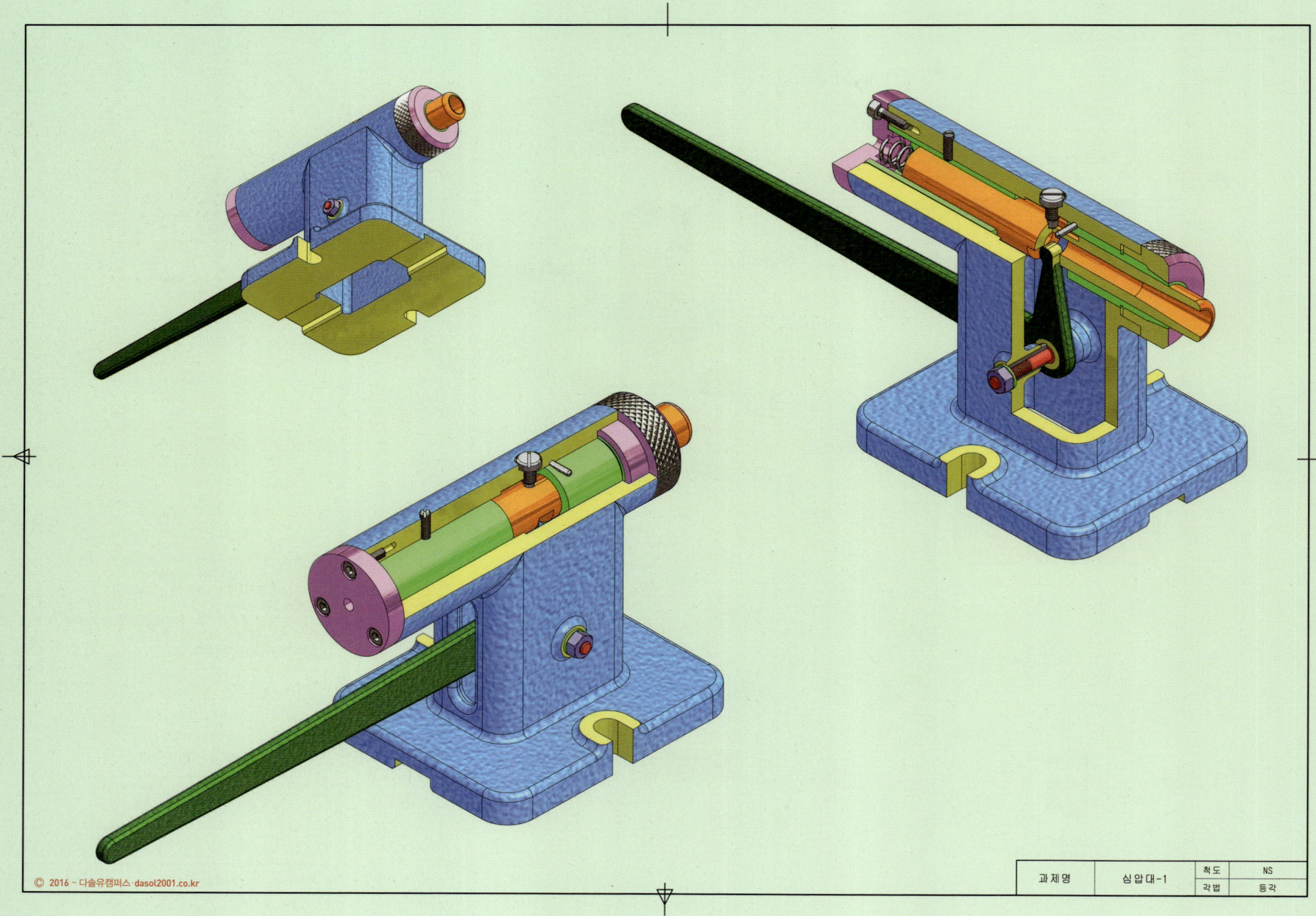

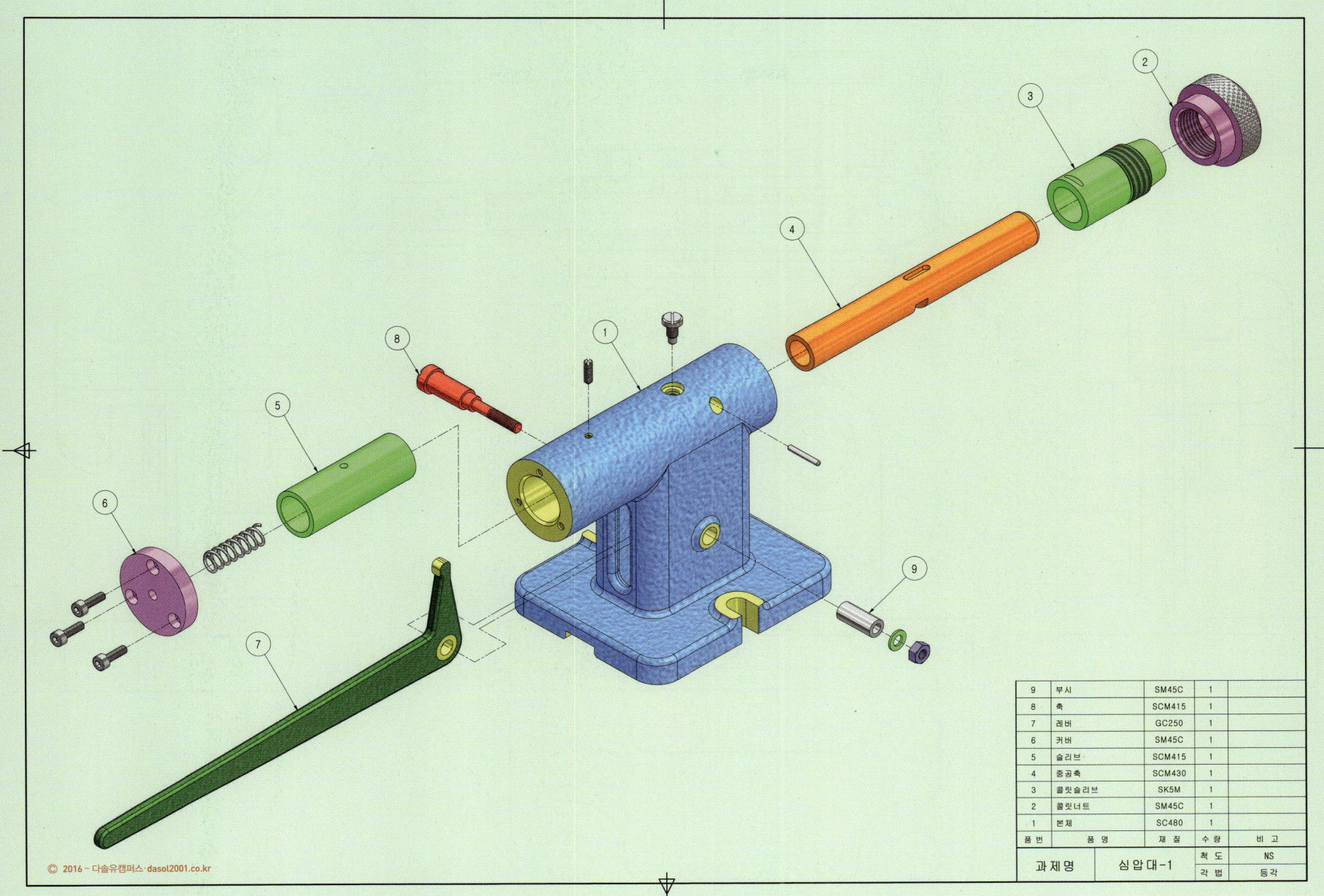

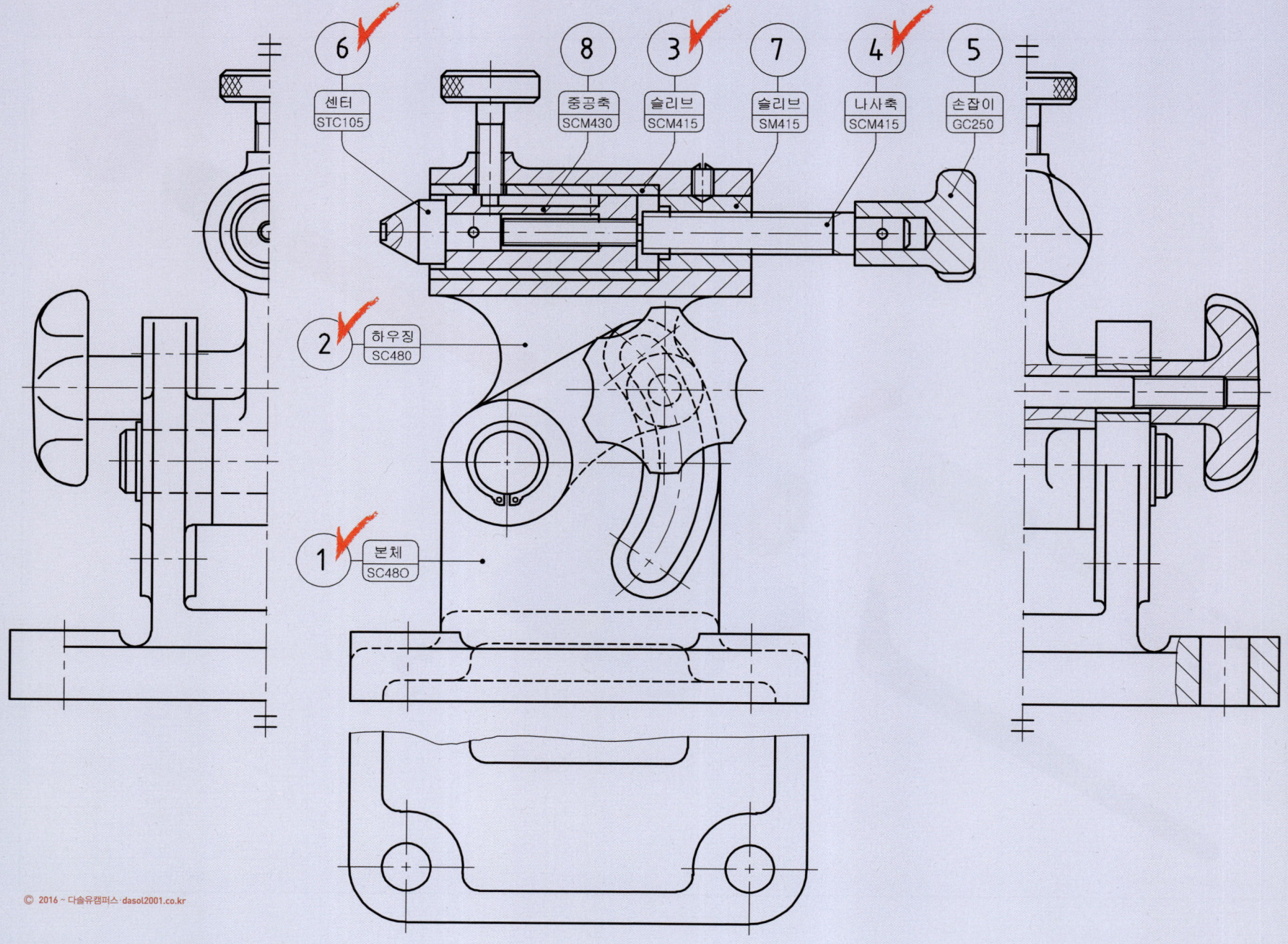

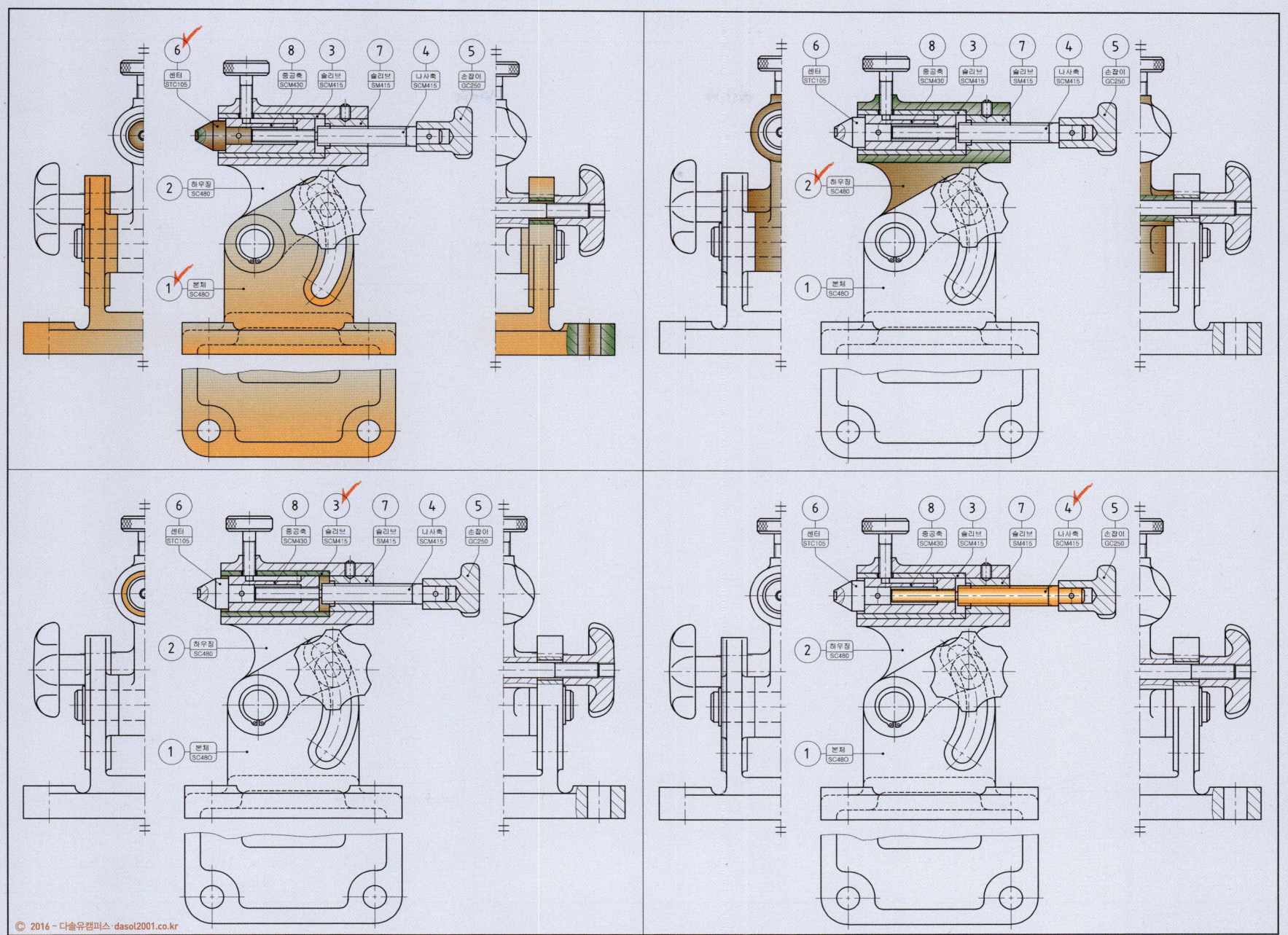

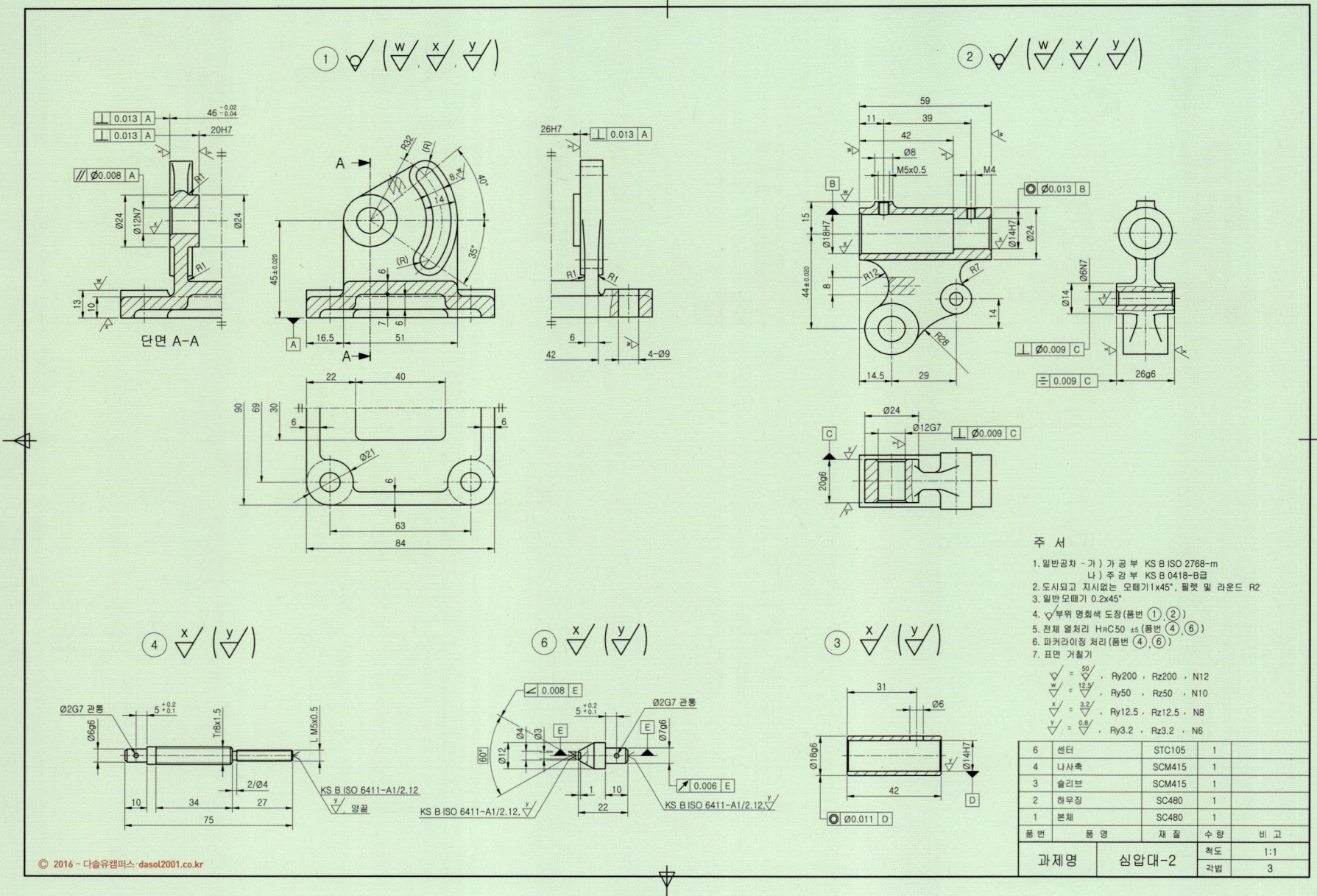

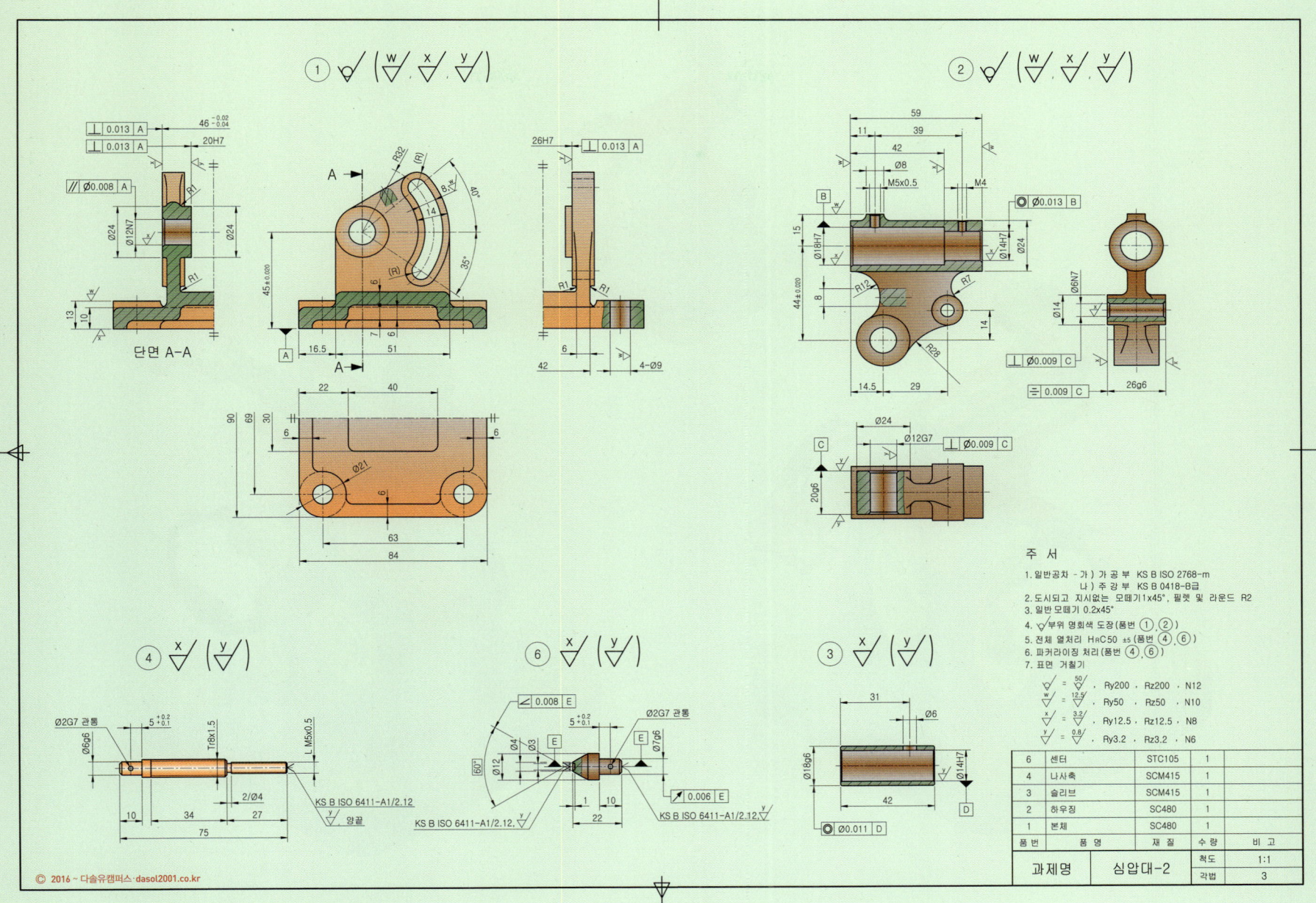

심압대-2

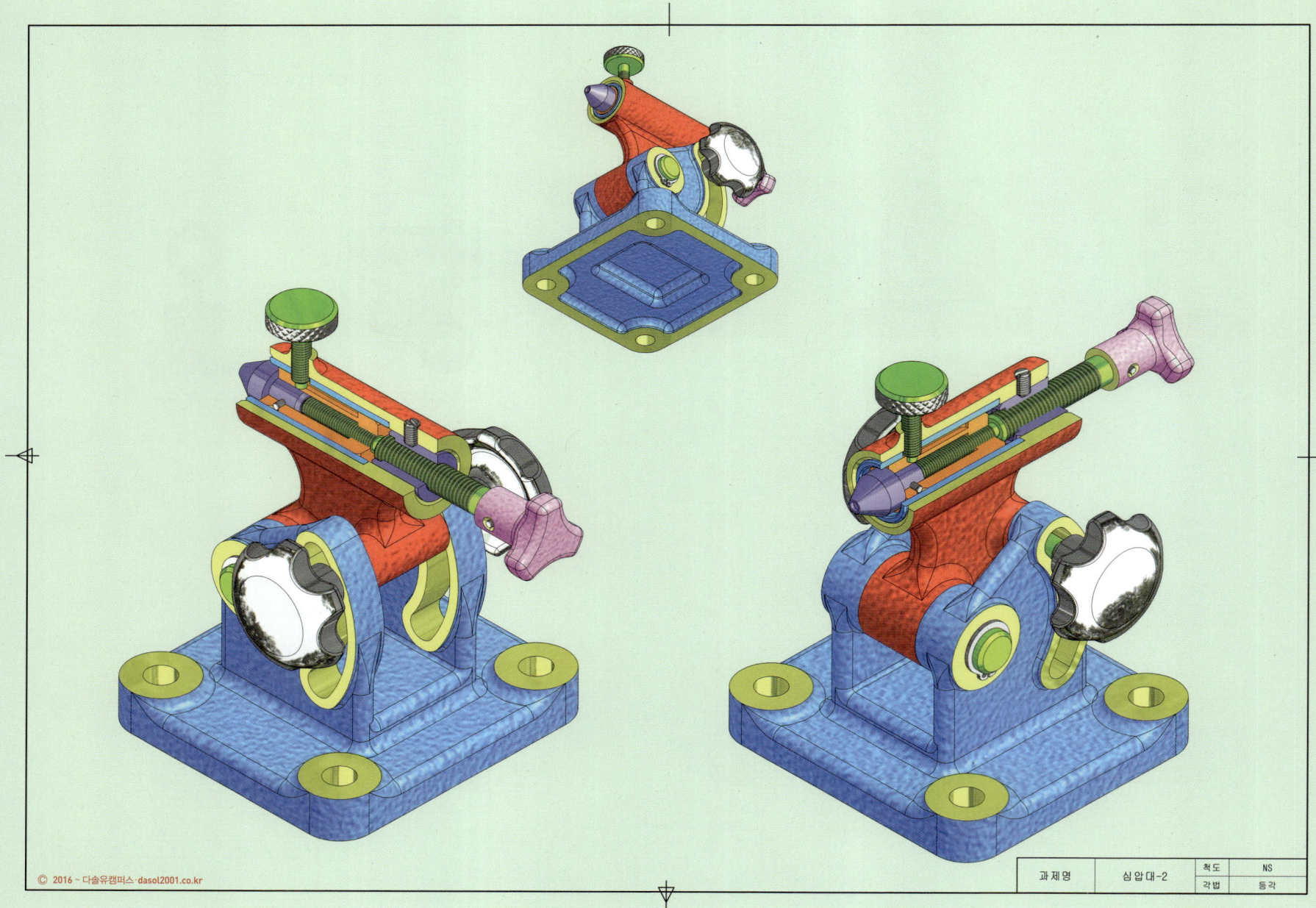

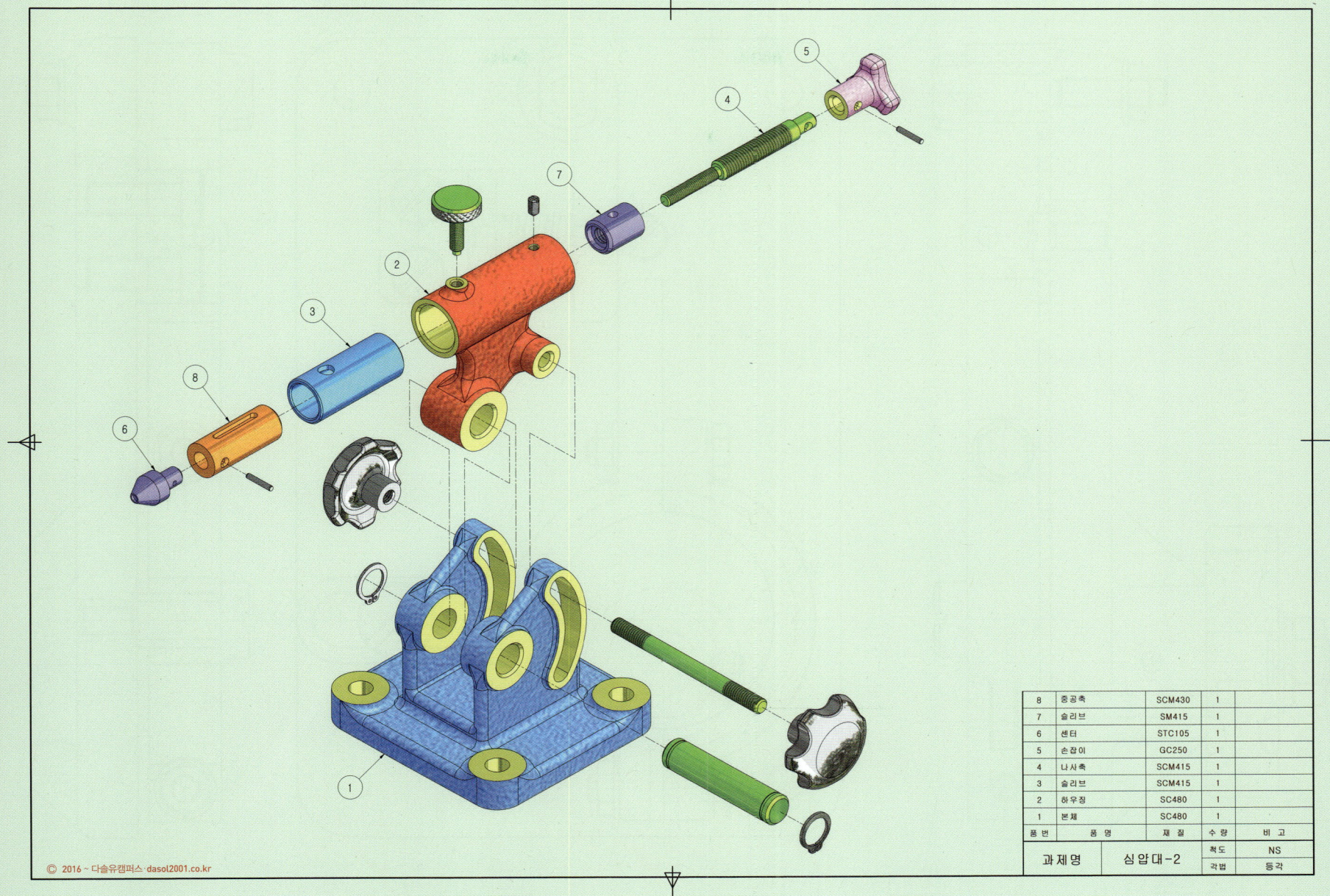

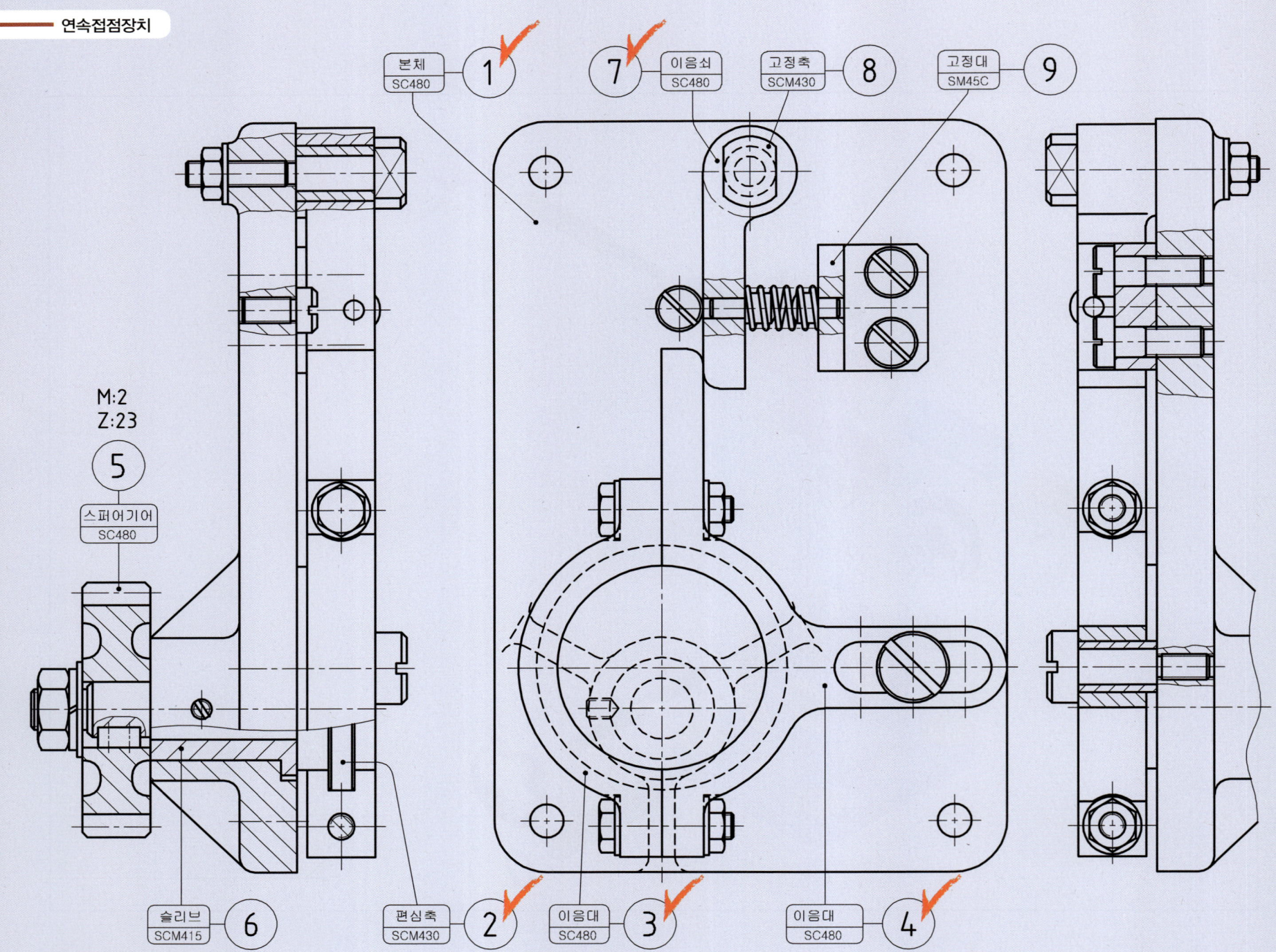

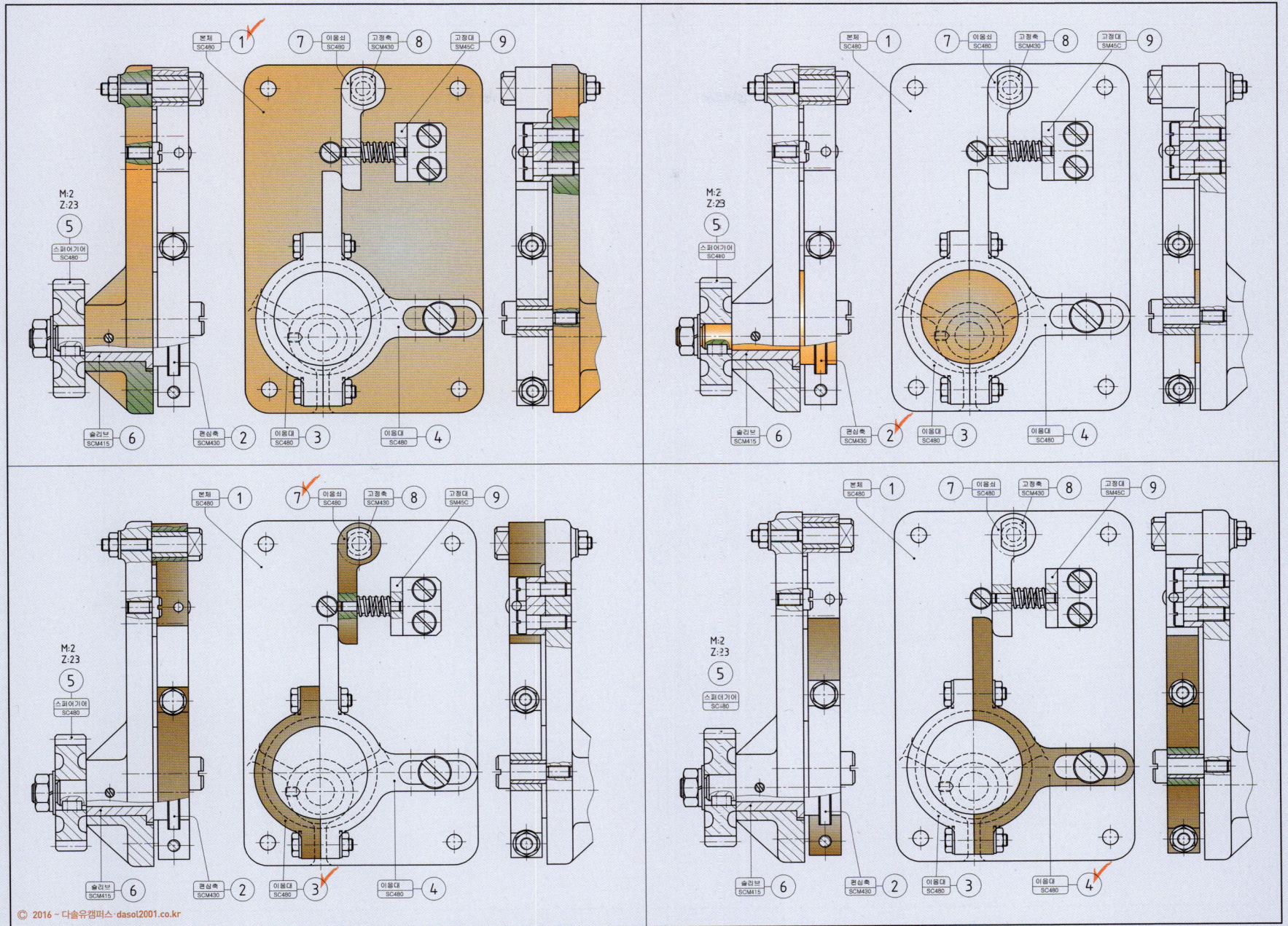

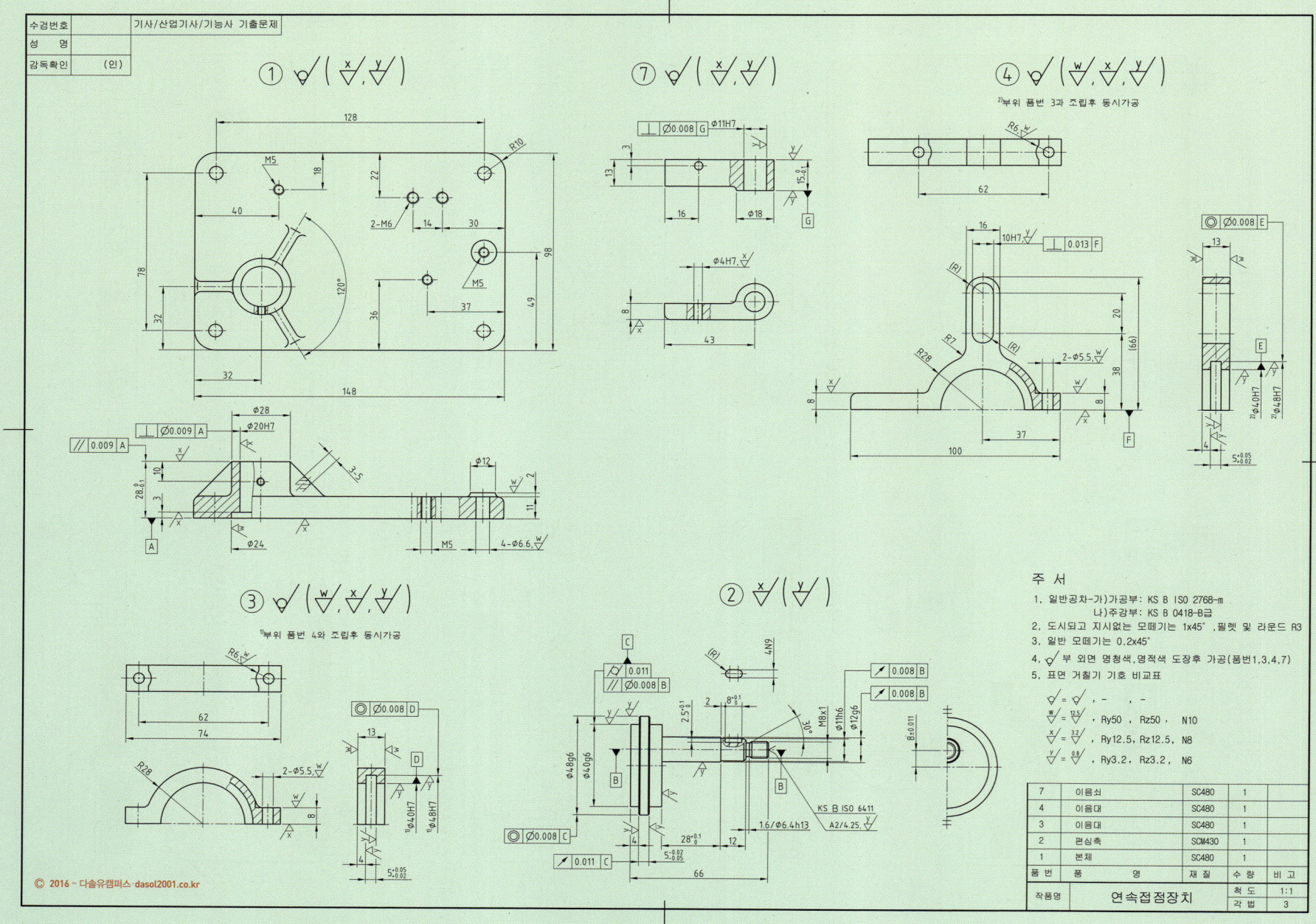

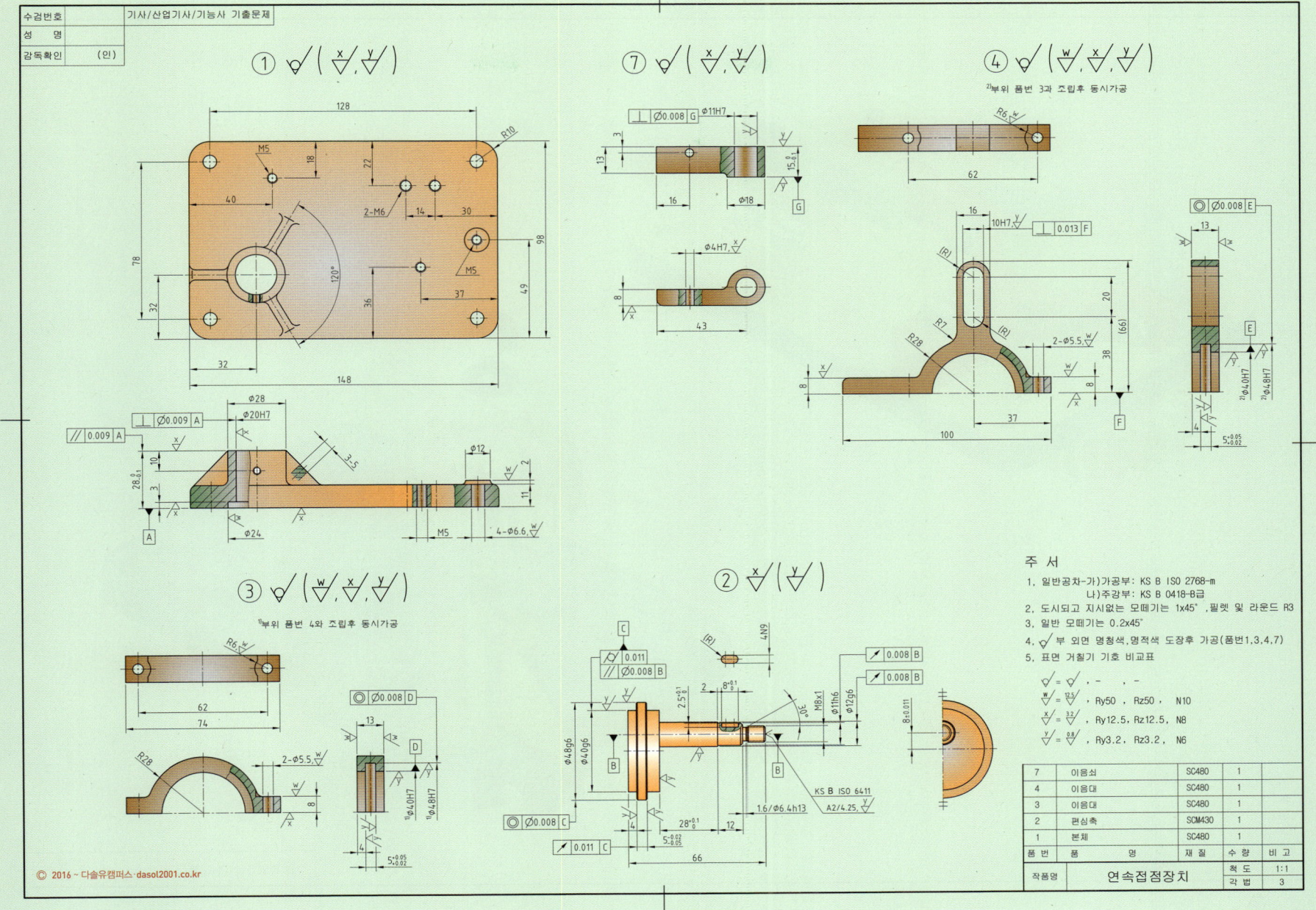

연속접점장치

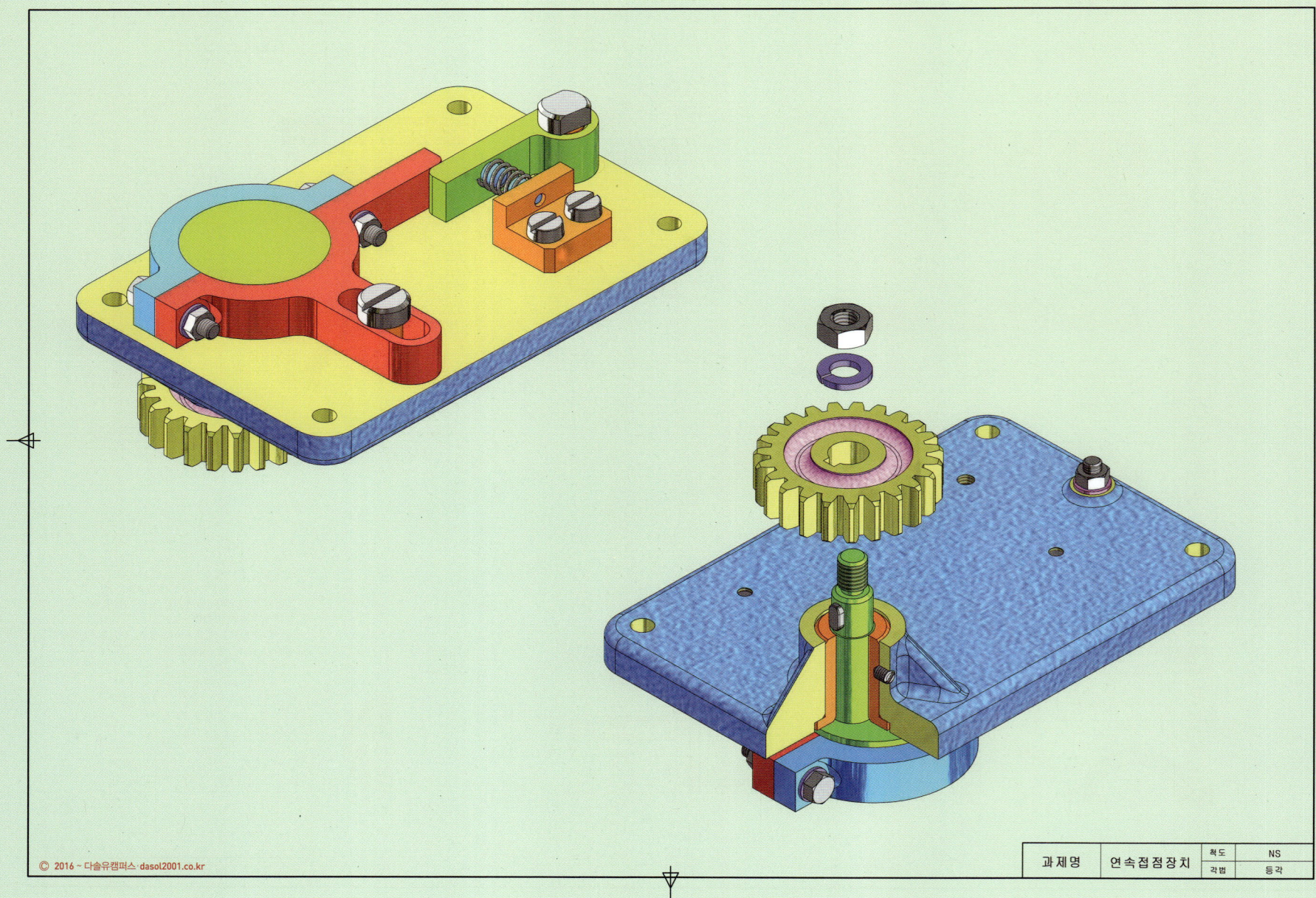

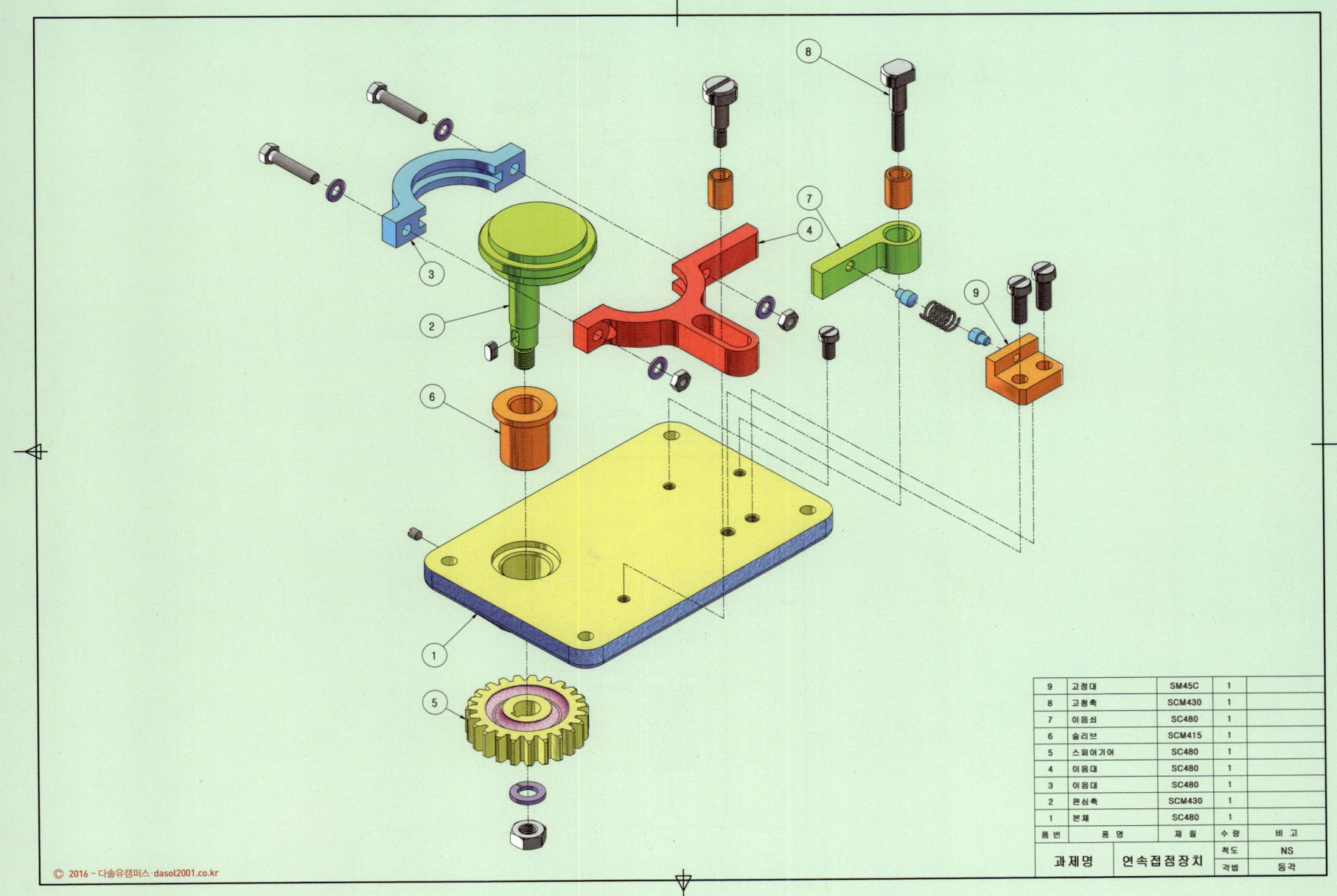

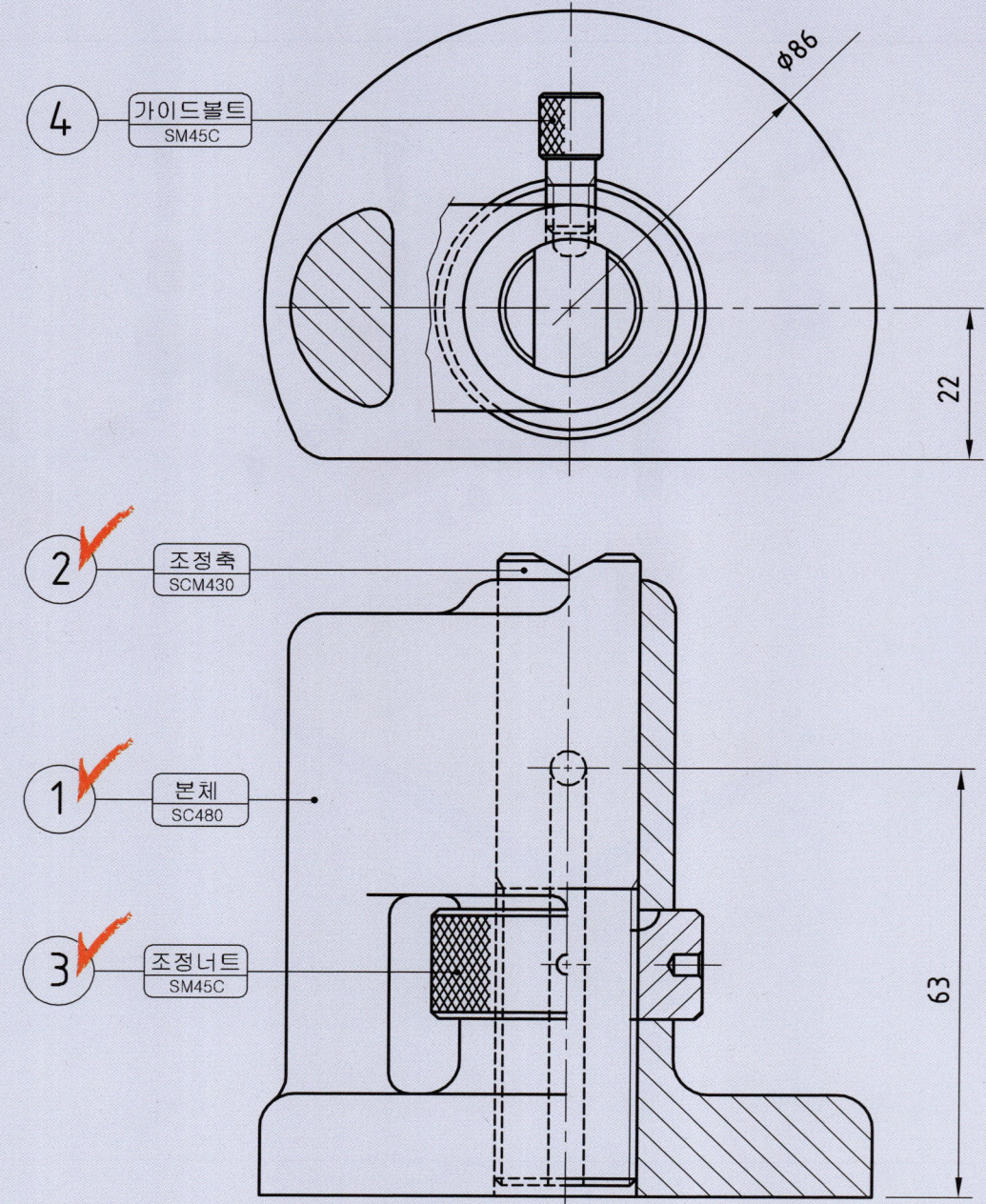

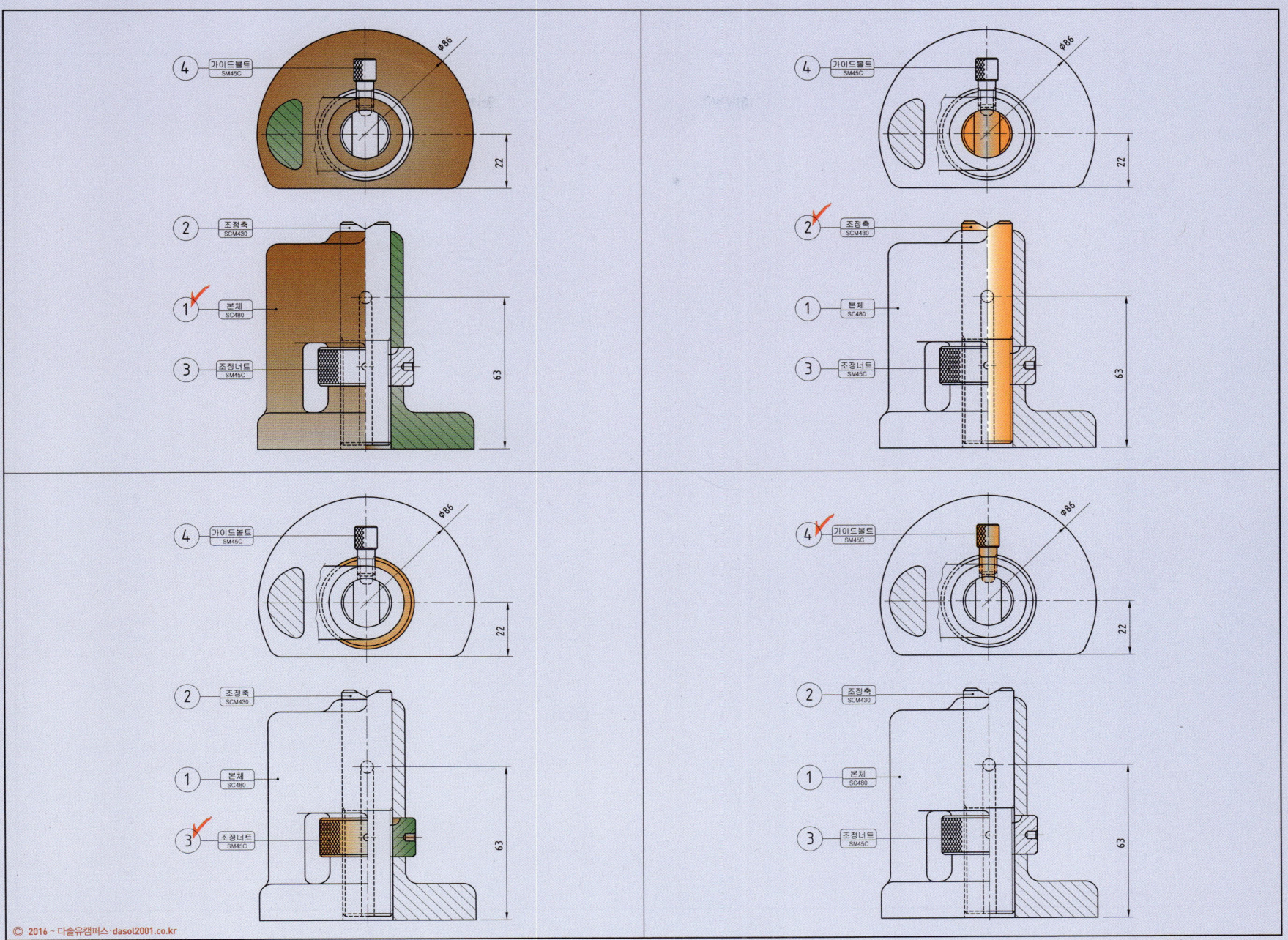

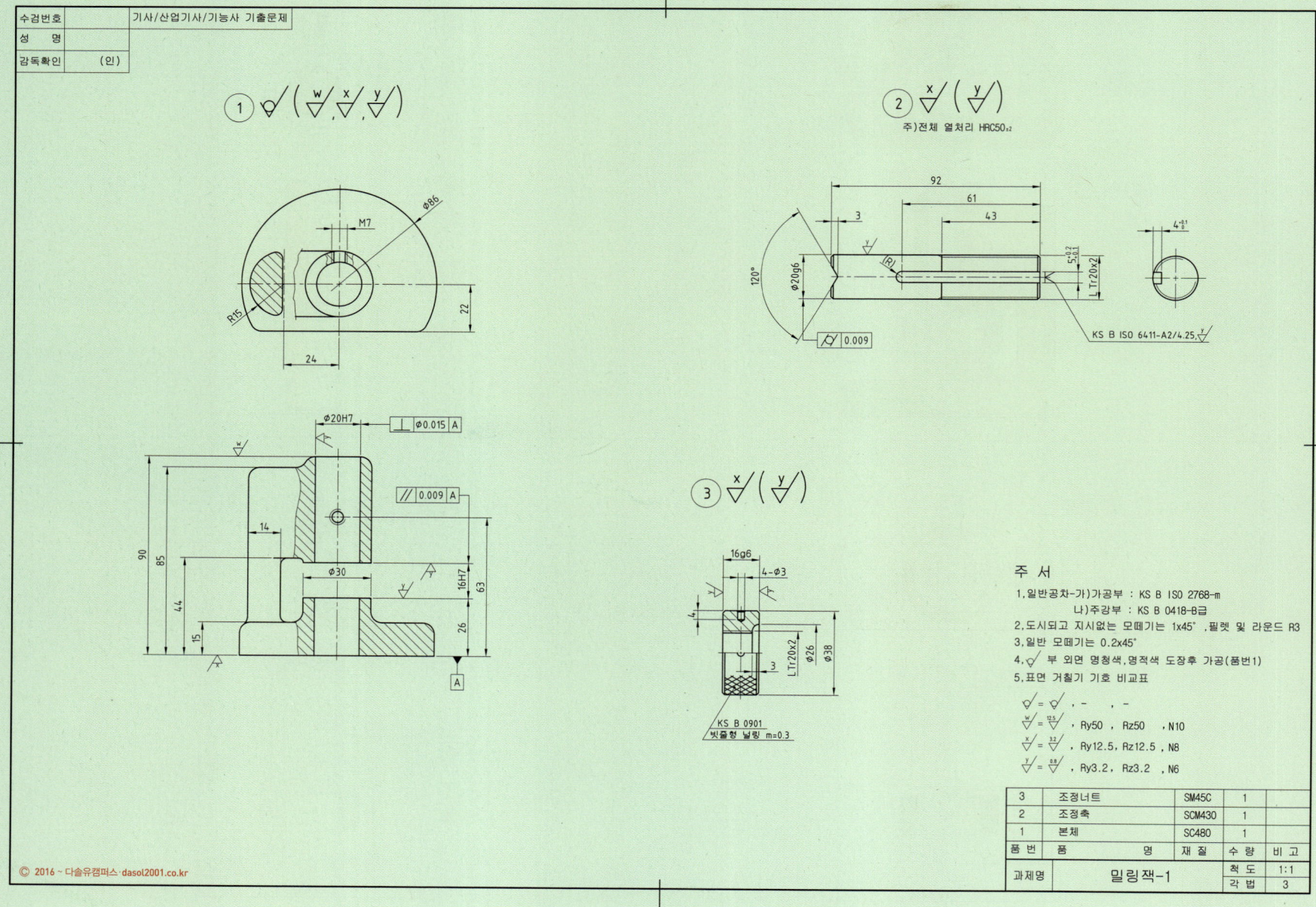

밀링잭-1

주 서
1. 일반공차-가)가공부 : KS B ISO 2768-m
   나)주강부 : KS B 0418-B급
2. 도시되고 지시없는 모떼기는 1x45°, 필렛 및 라운드 R3
3. 일반 모떼기는 0.2x45°
4. ∇ 부 외면 명청색, 명적색 도장후 가공(품번1)
5. 표면 거칠기 기호 비교표

품번	품명	재질	수량	비고
3	조정너트	SM45C	1	
2	조정축	SCM430	1	
1	본체	SC480	1	

과제명	밀링잭-1	척도	1:1
		각법	3

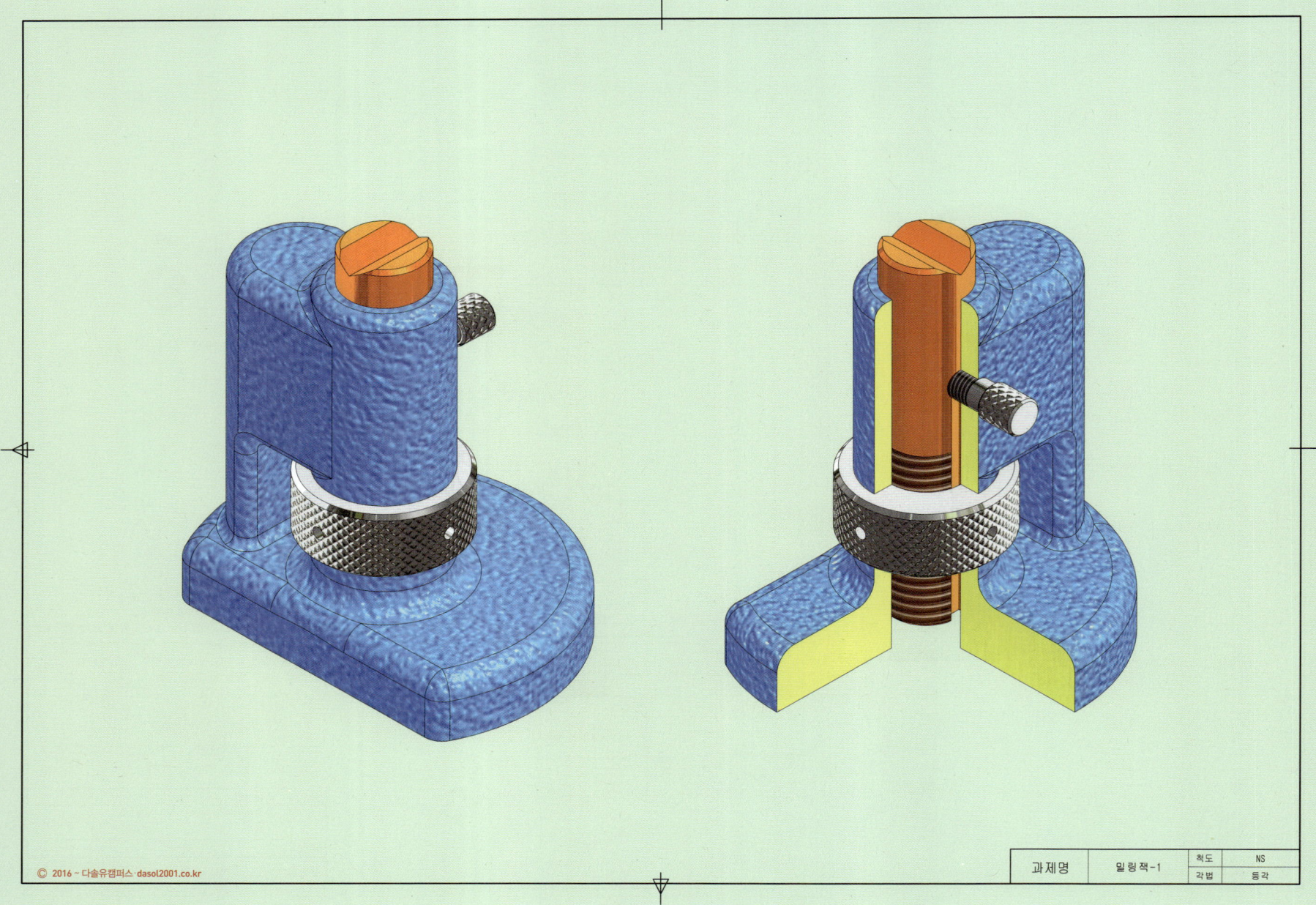

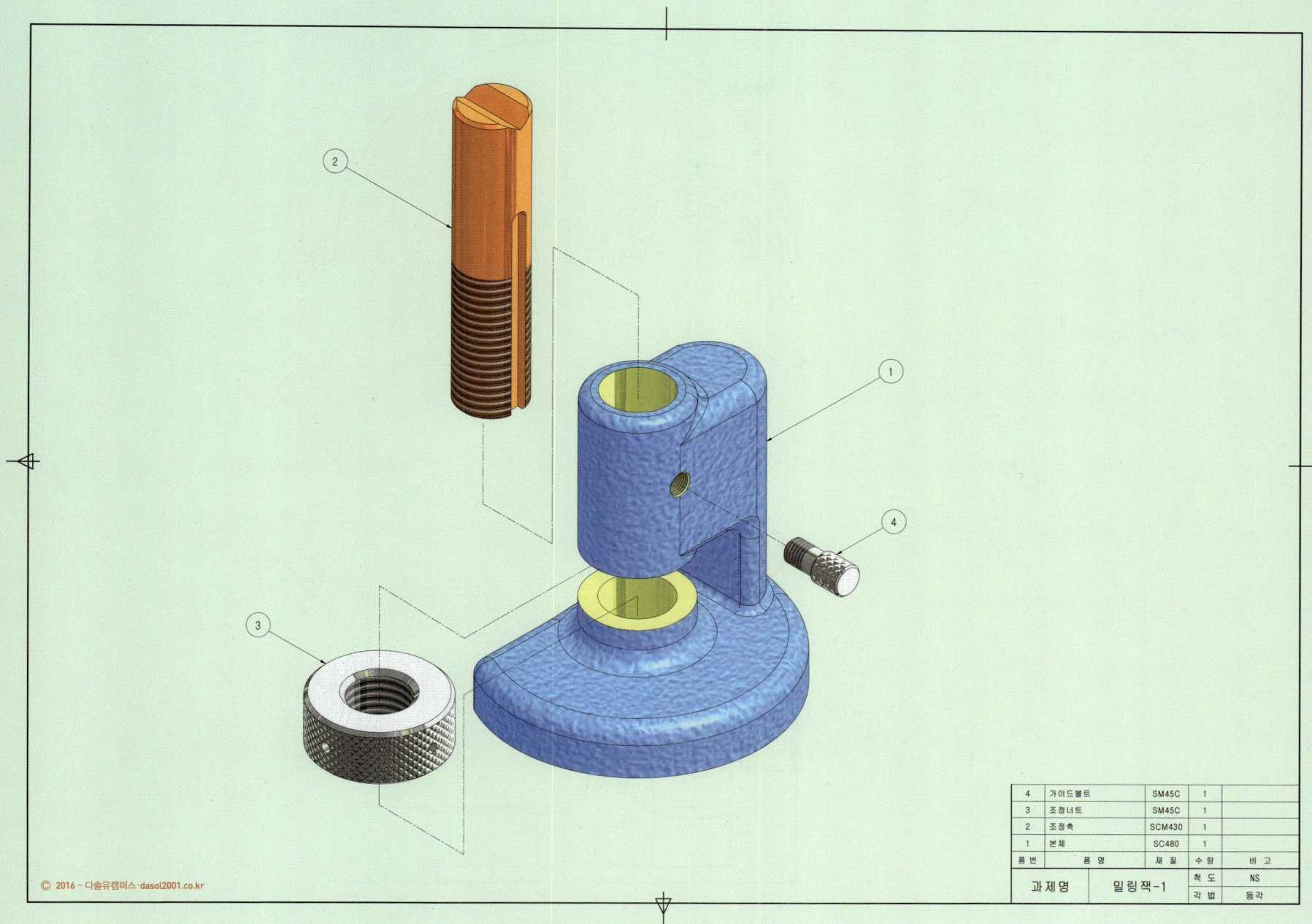

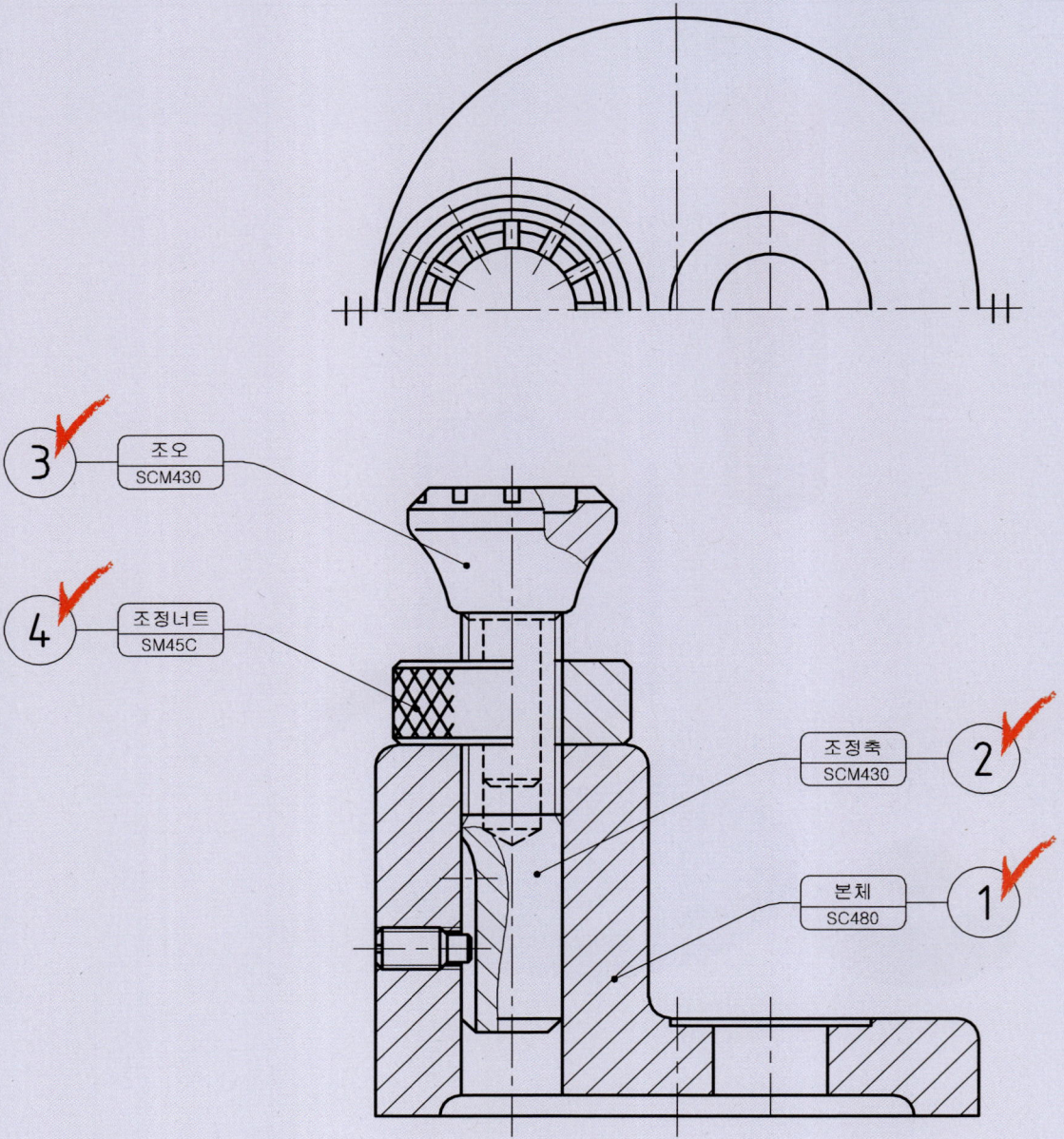

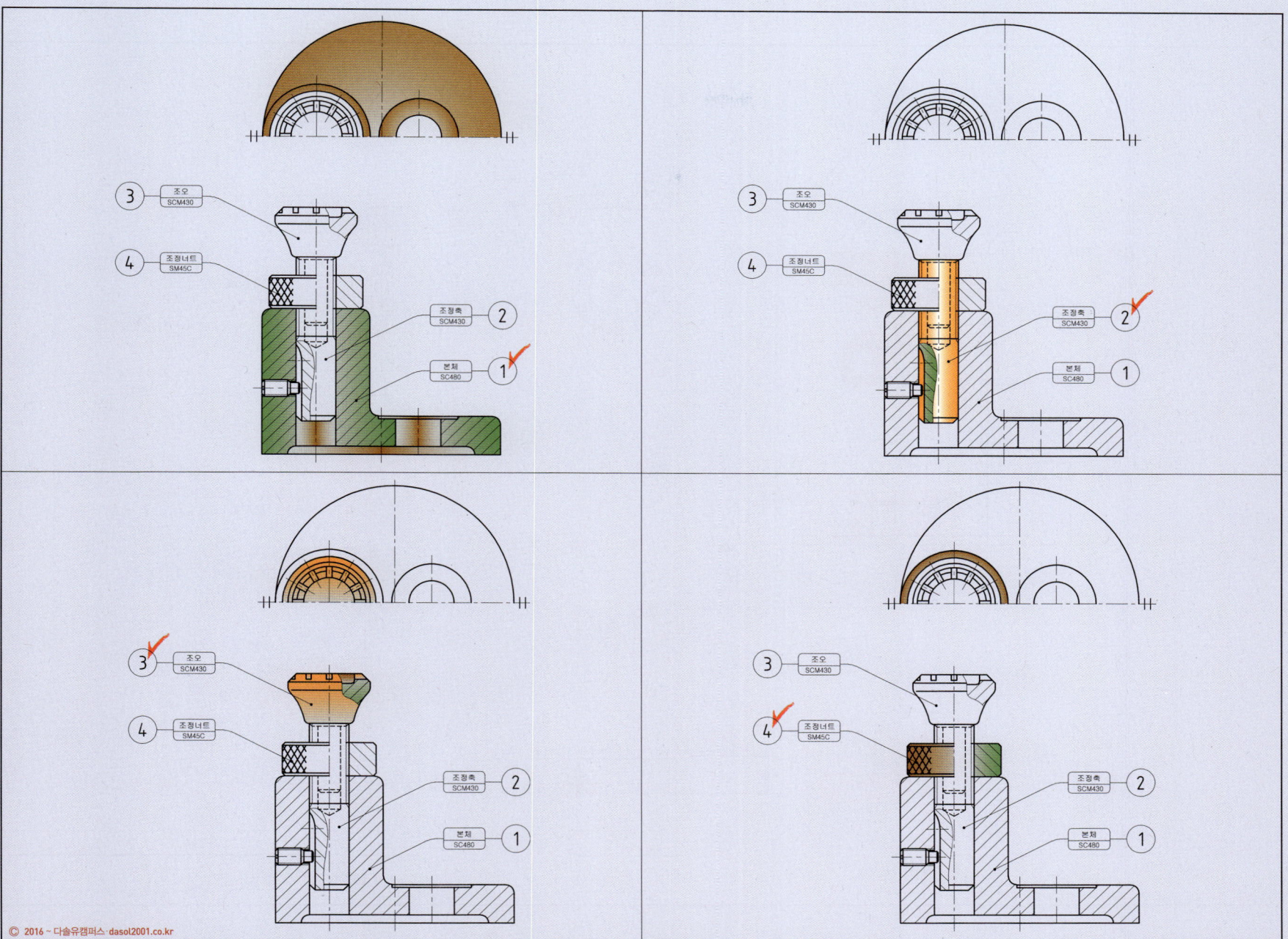

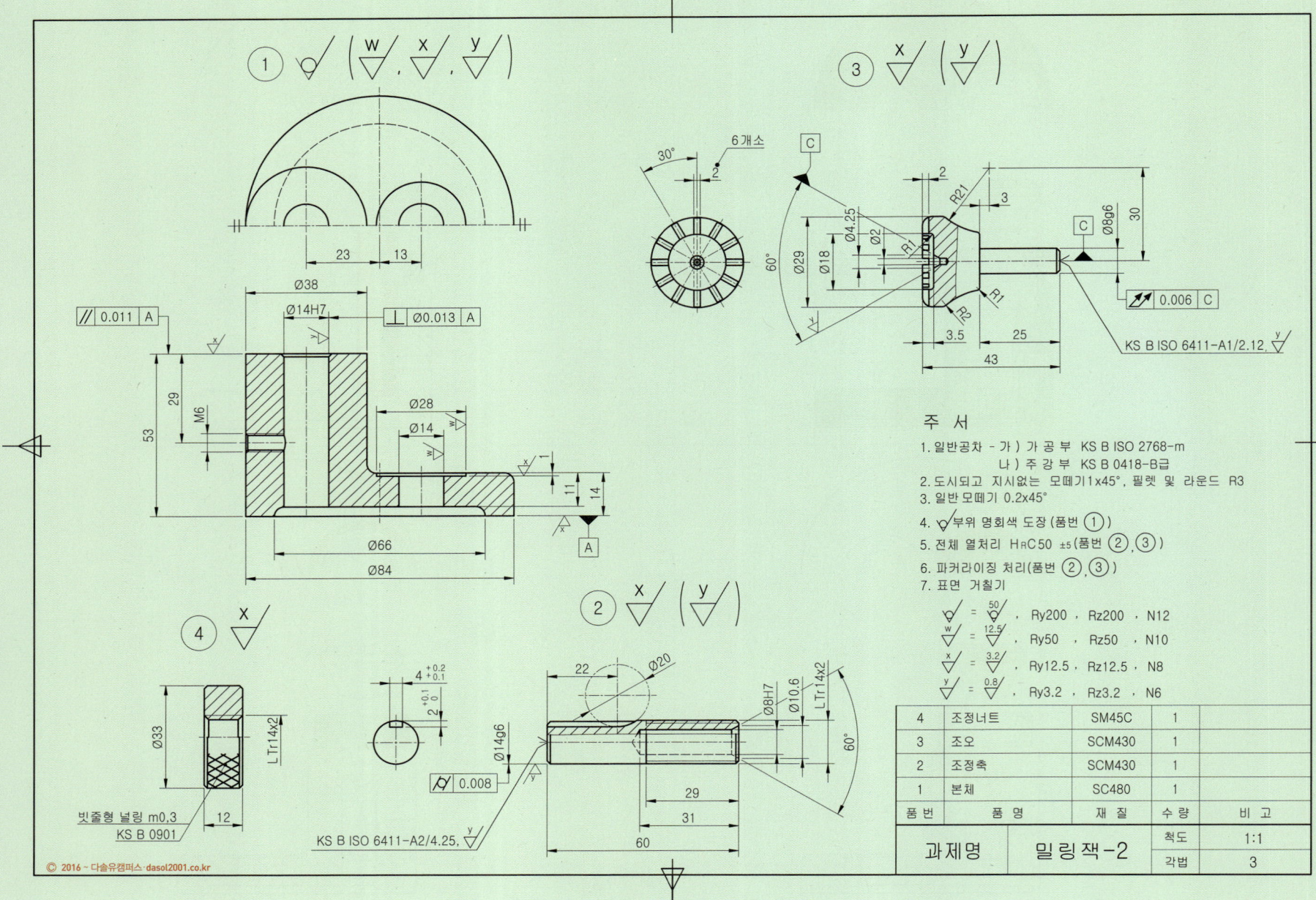

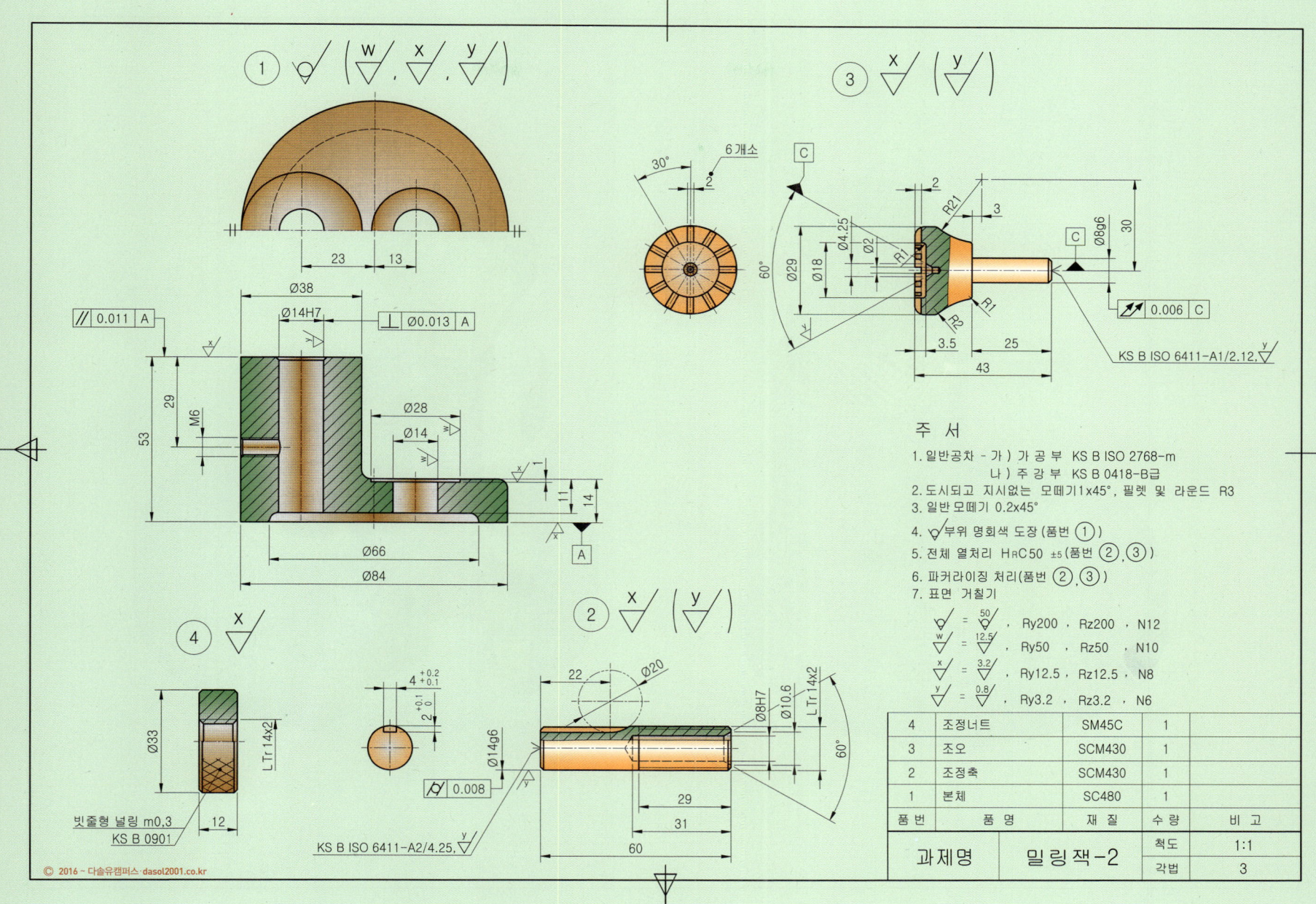

밀링잭-2

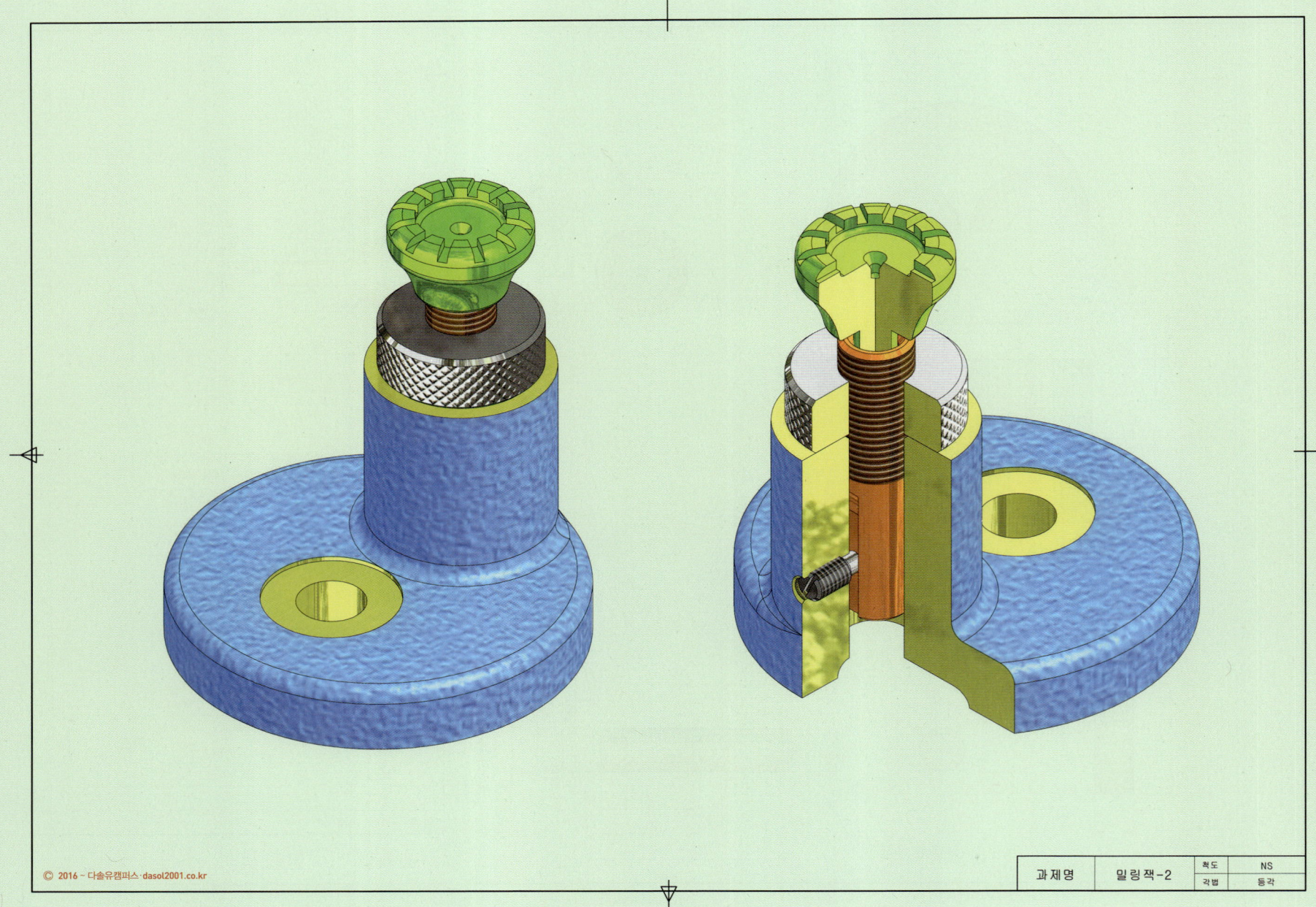

과제명	밀링잭-2	척도	NS
		각법	등각

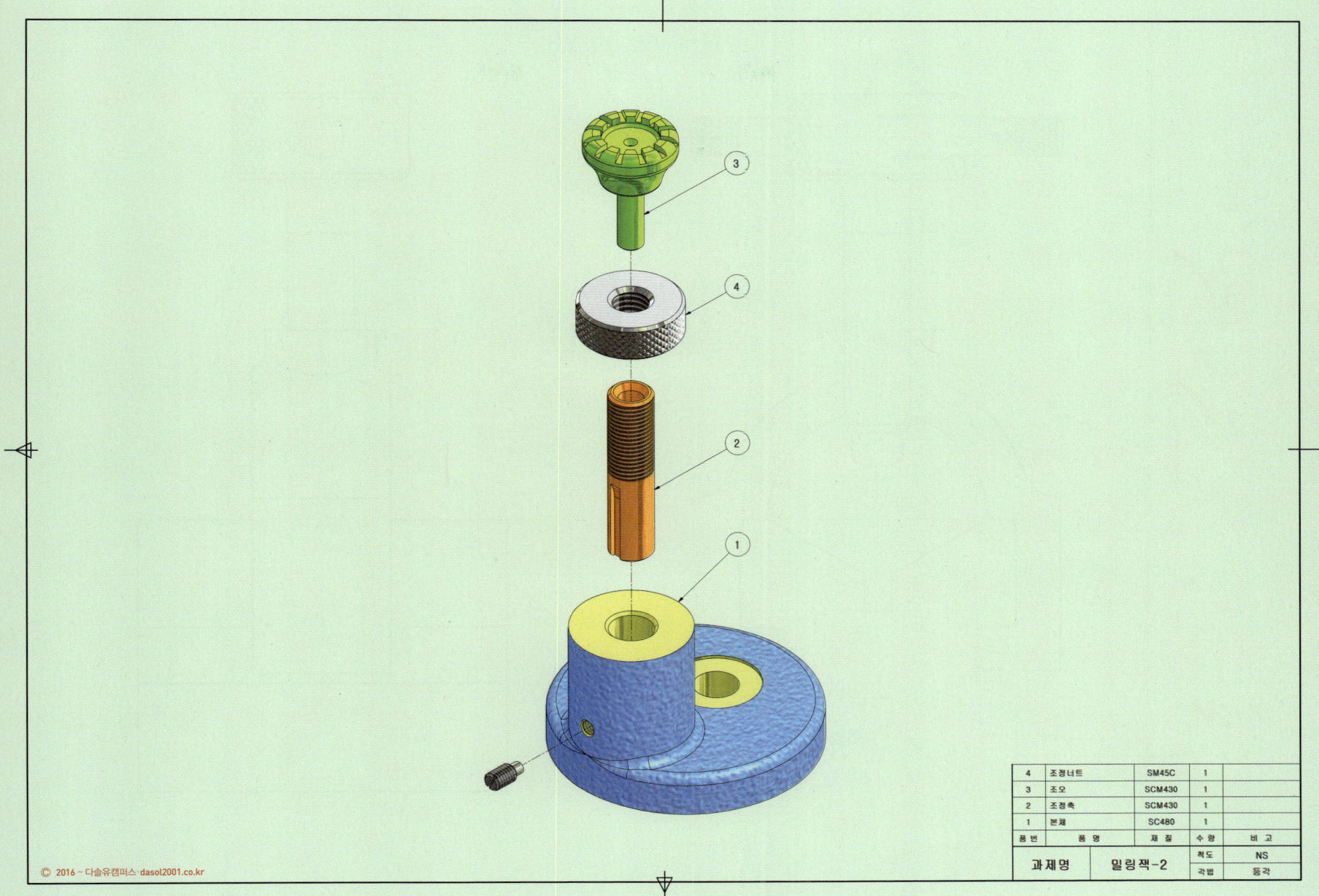

V-블록 클램프

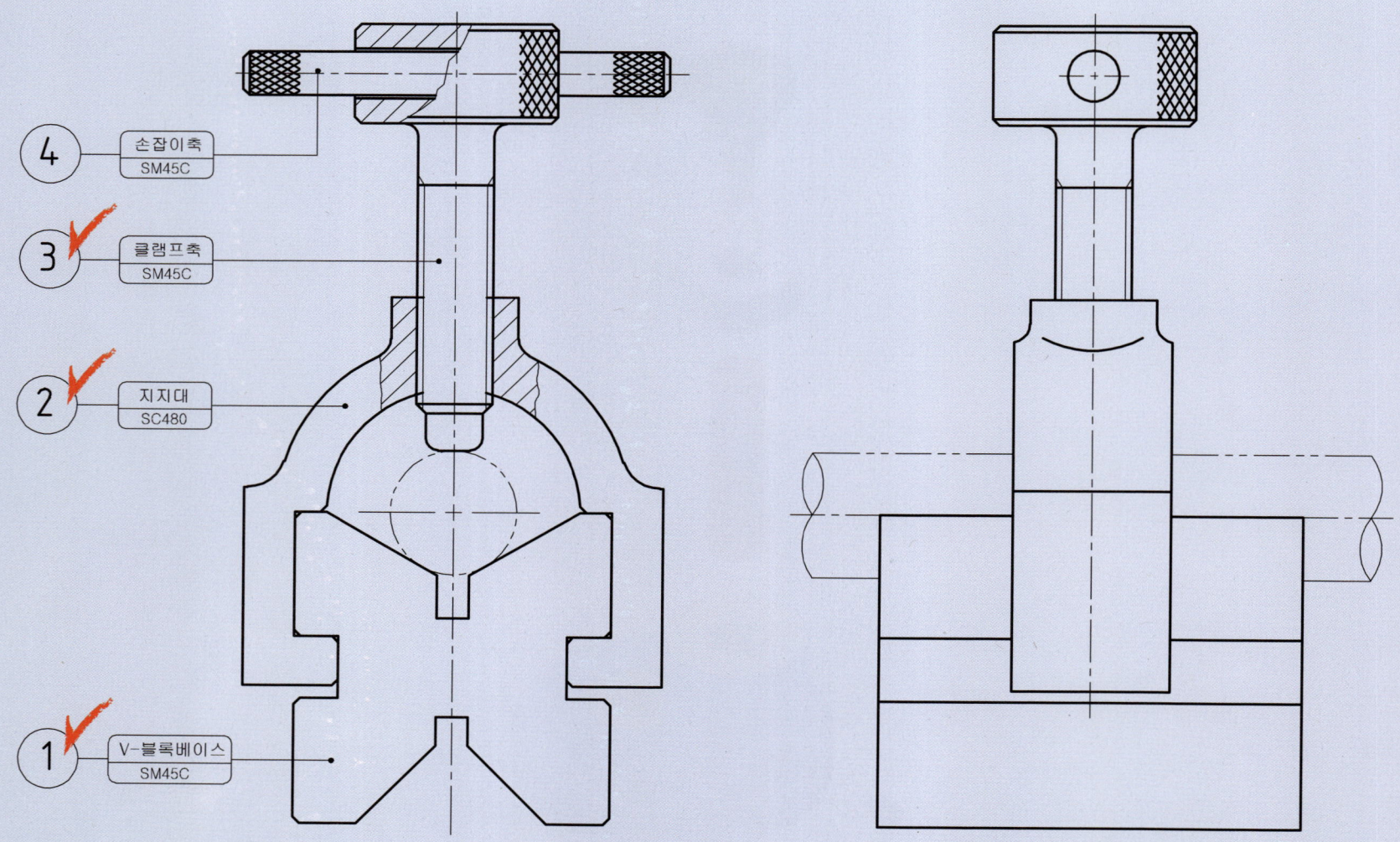

V-블록 클램프

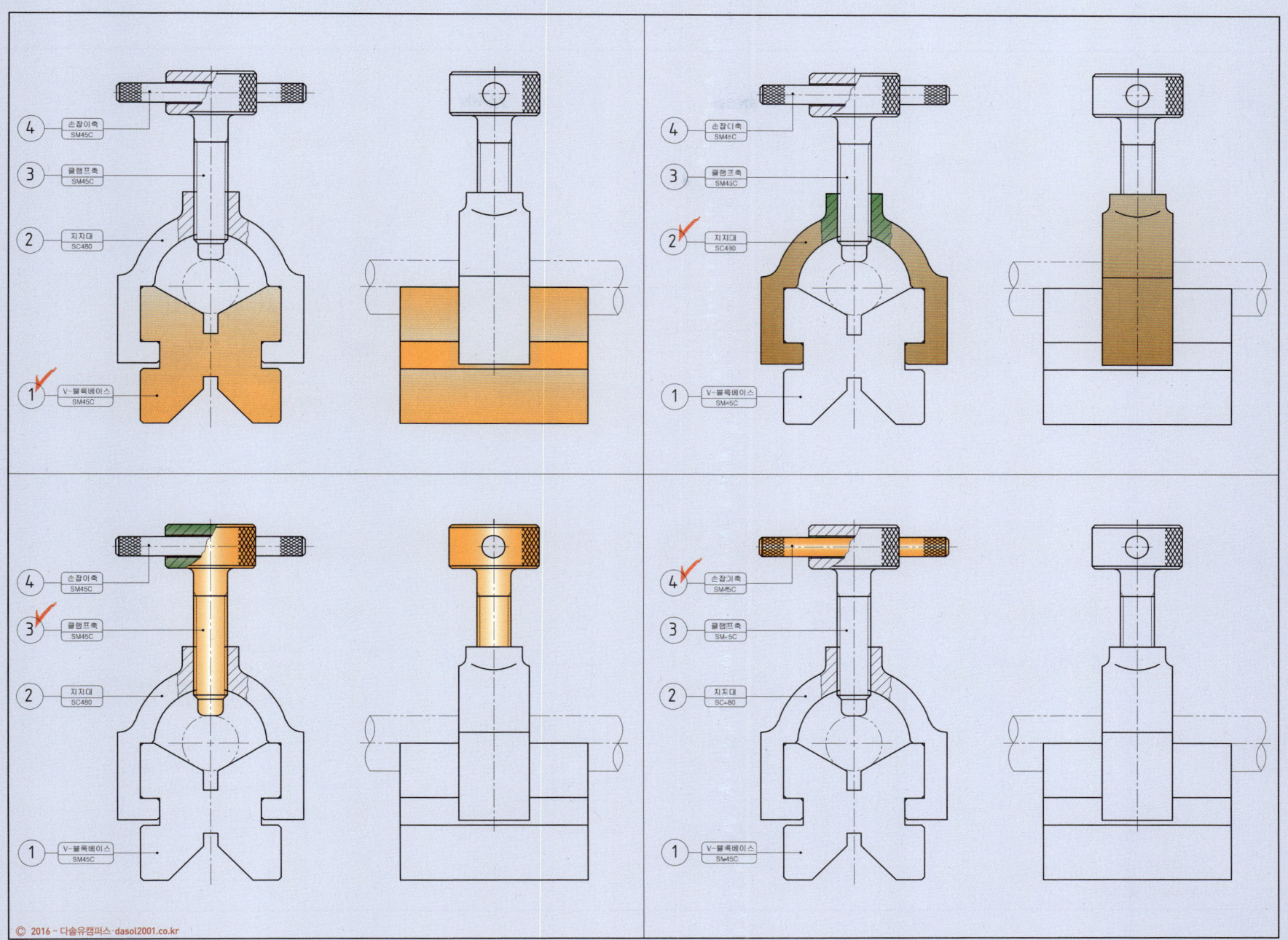

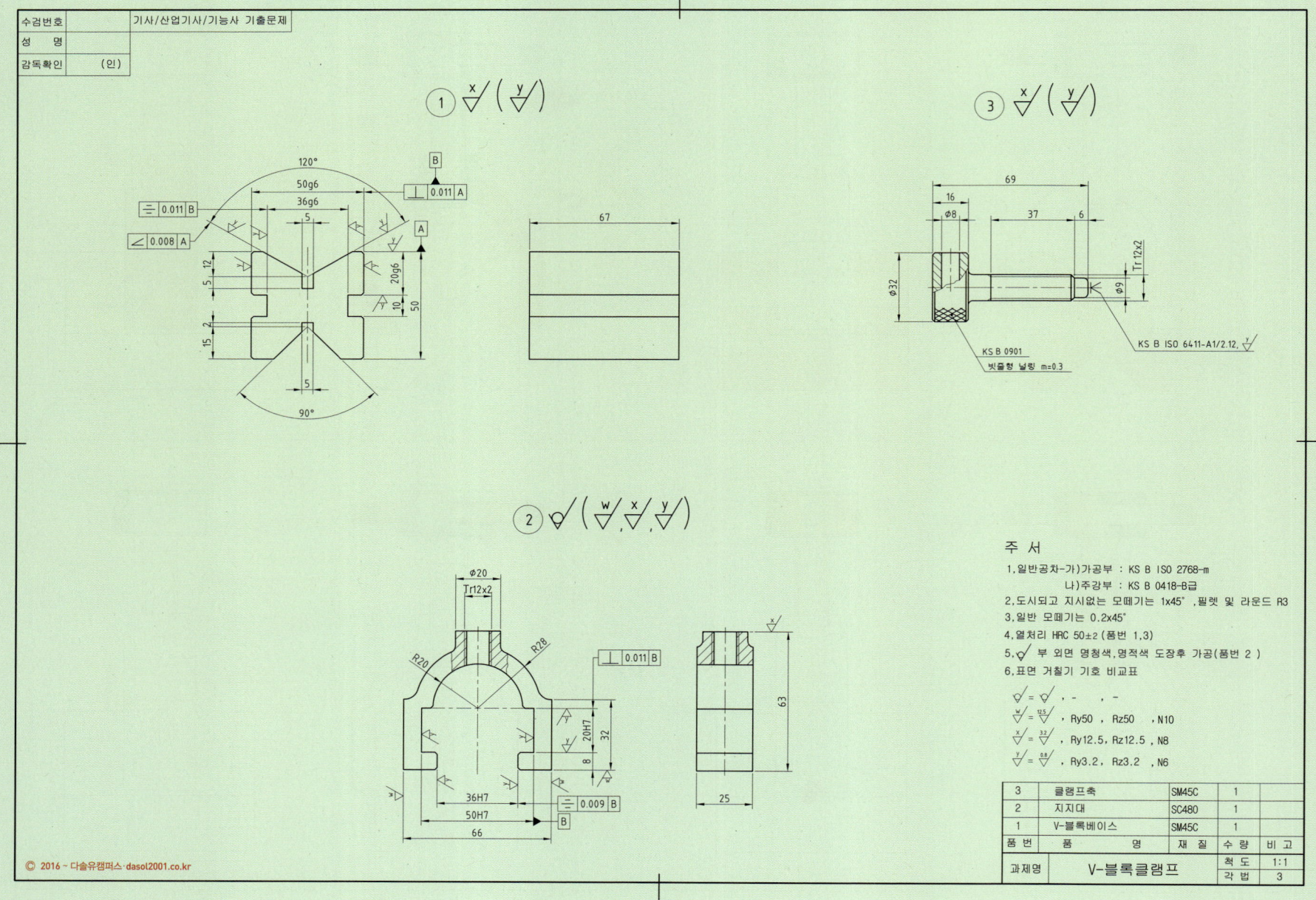

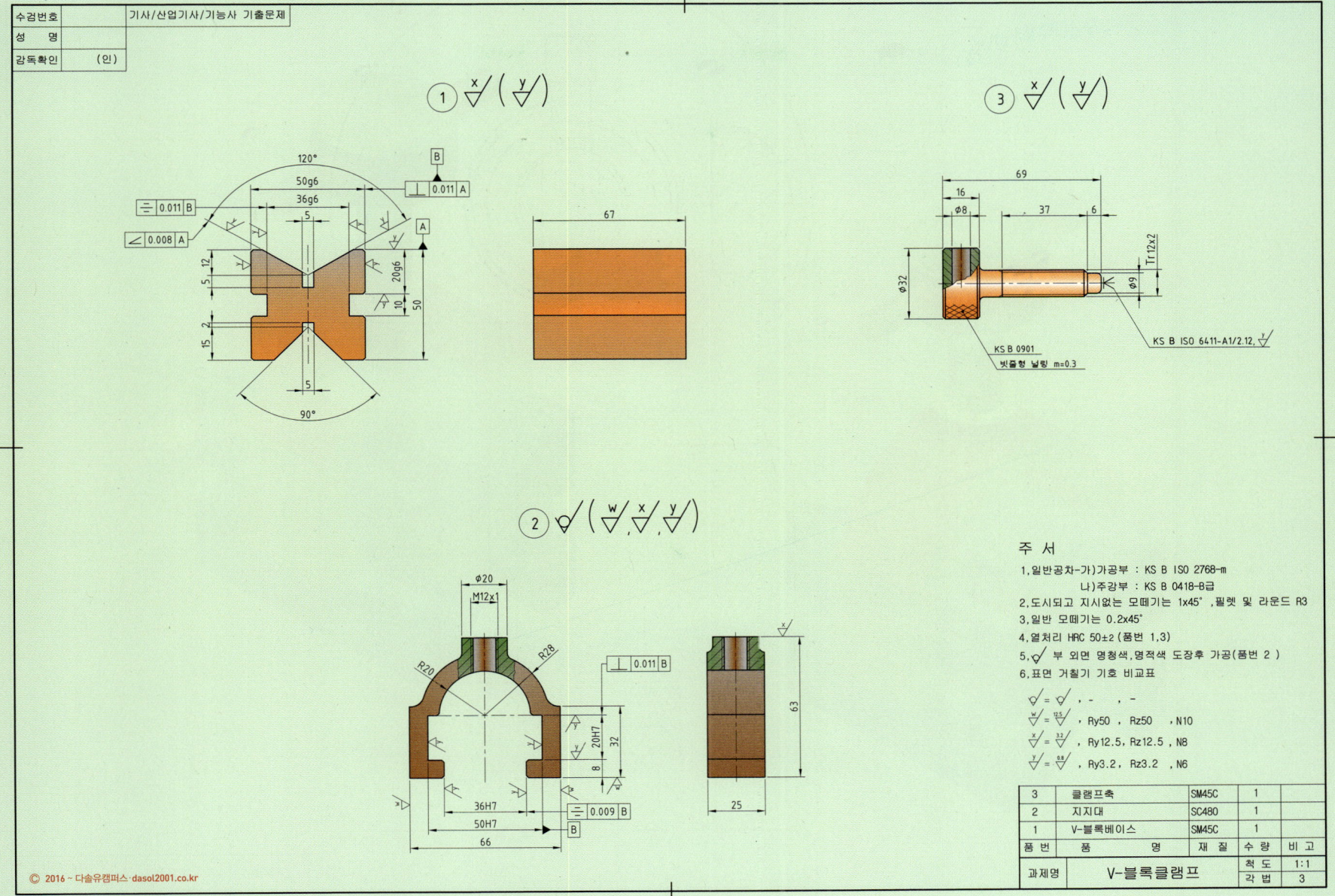

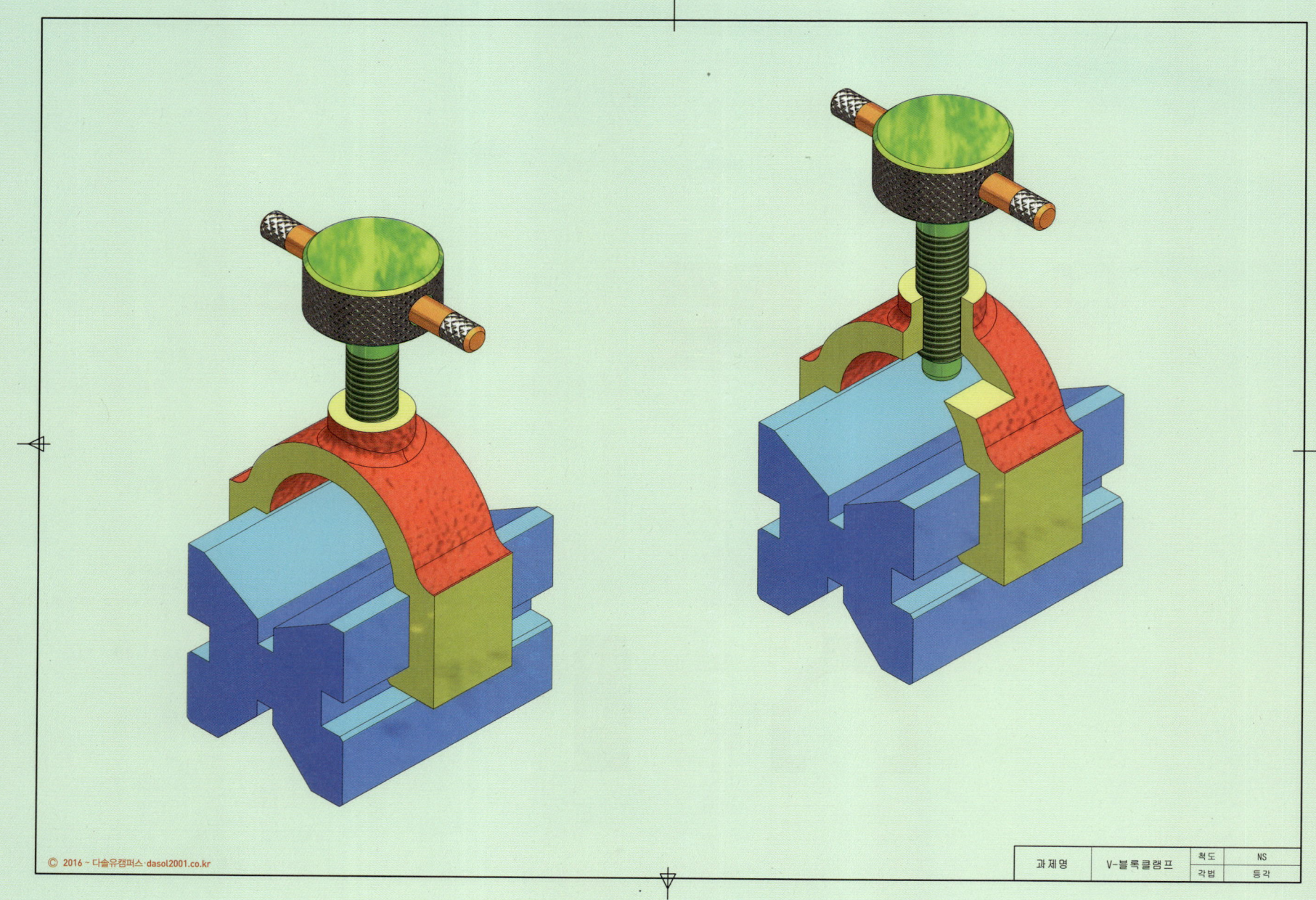

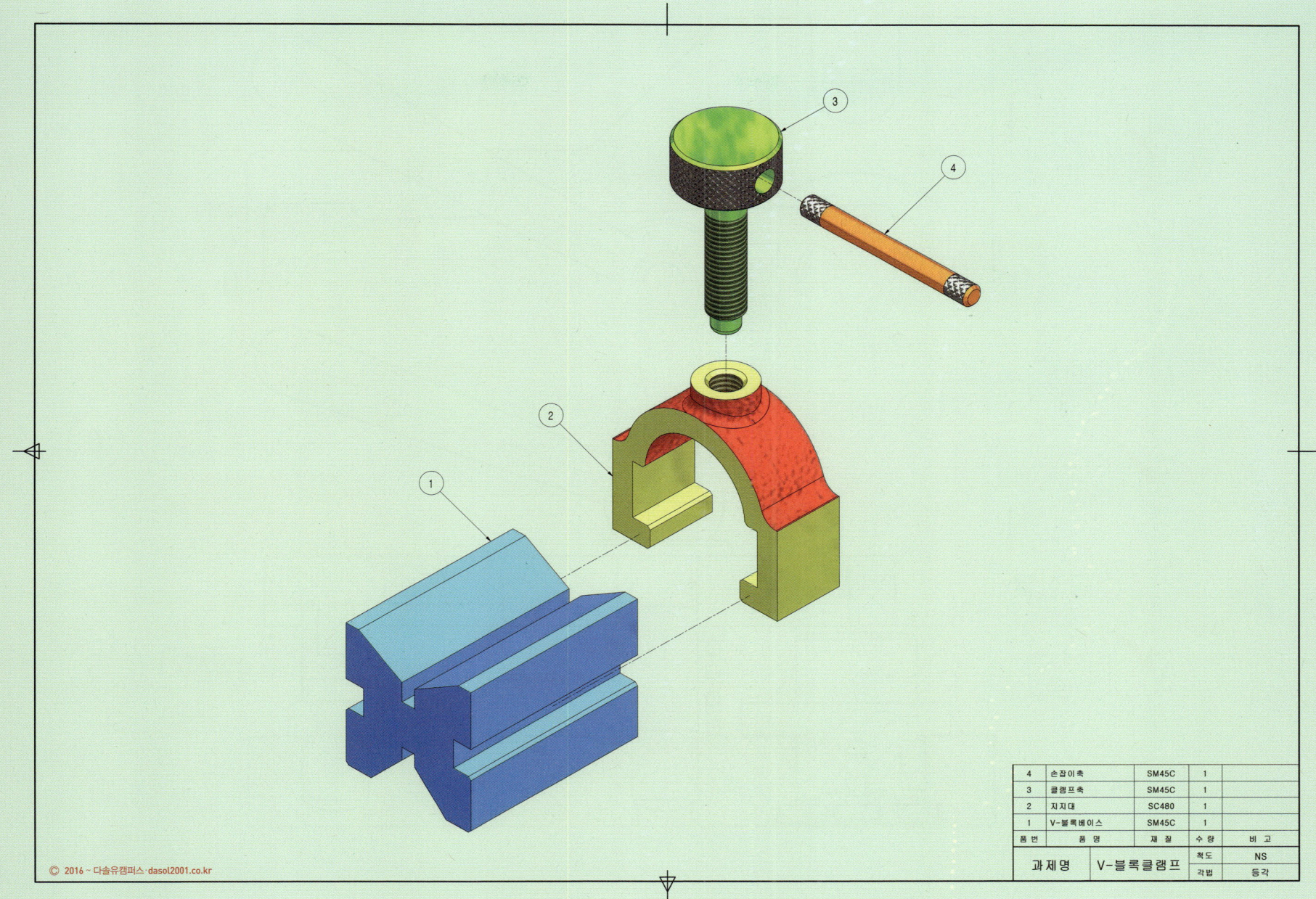

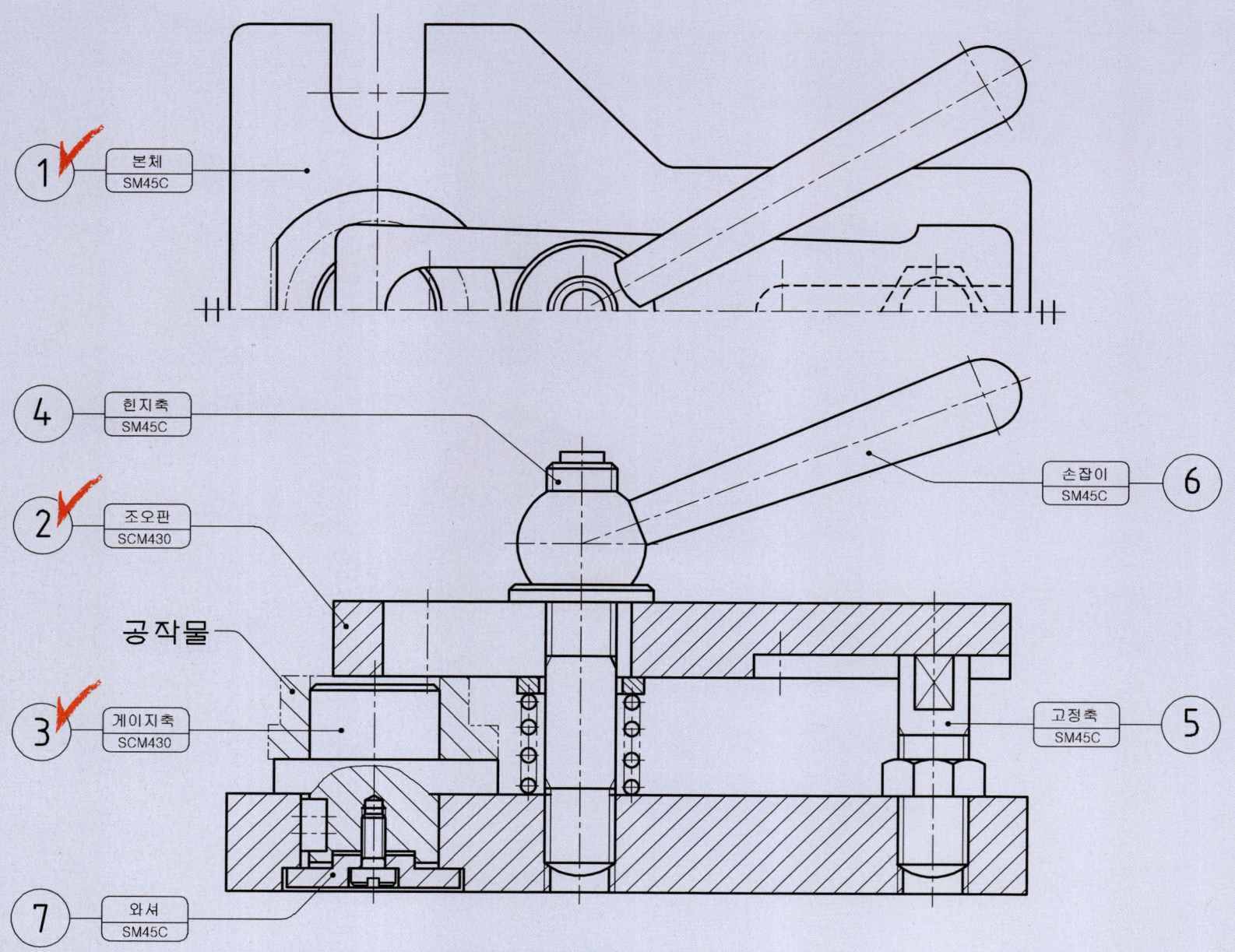

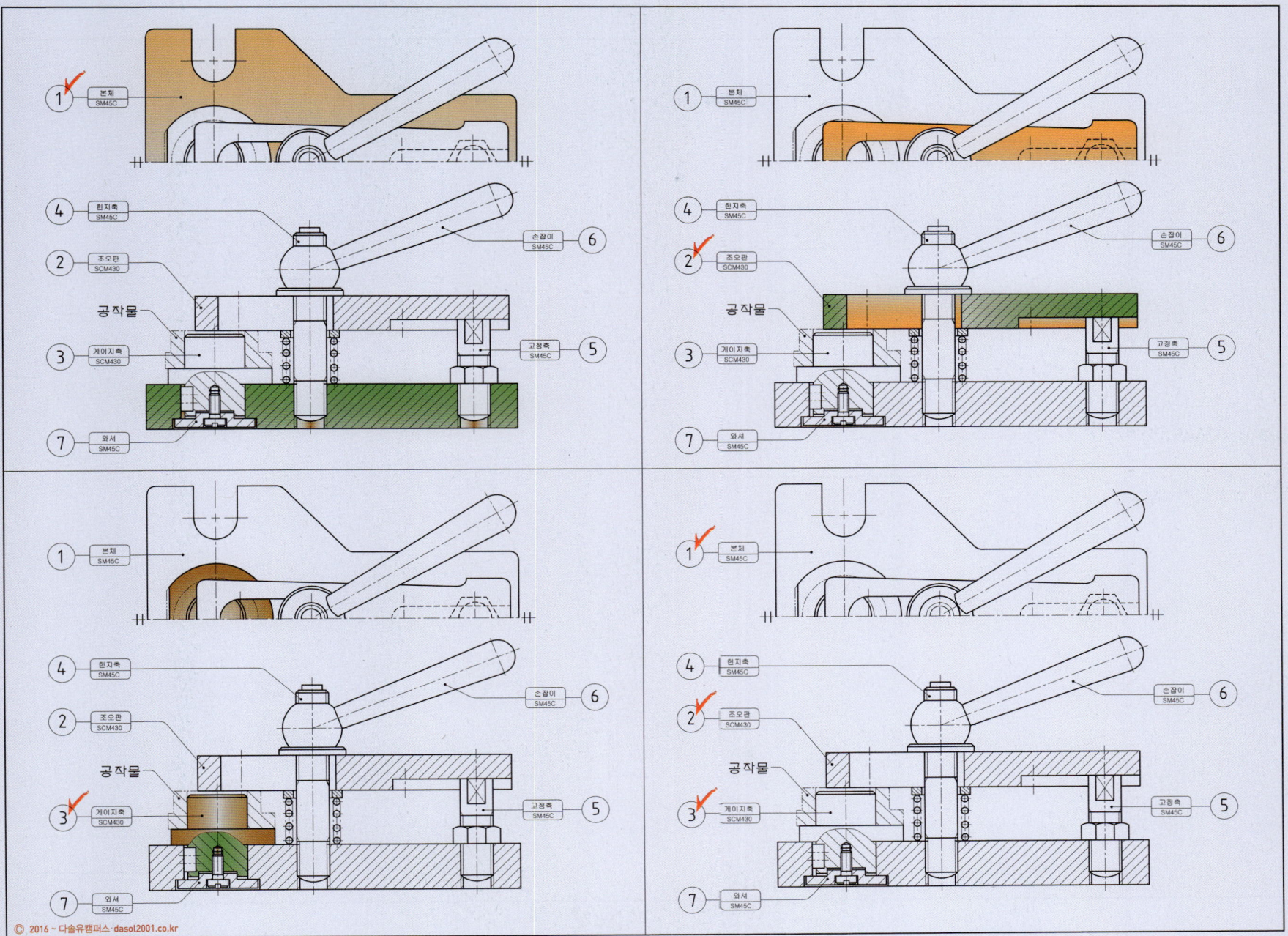

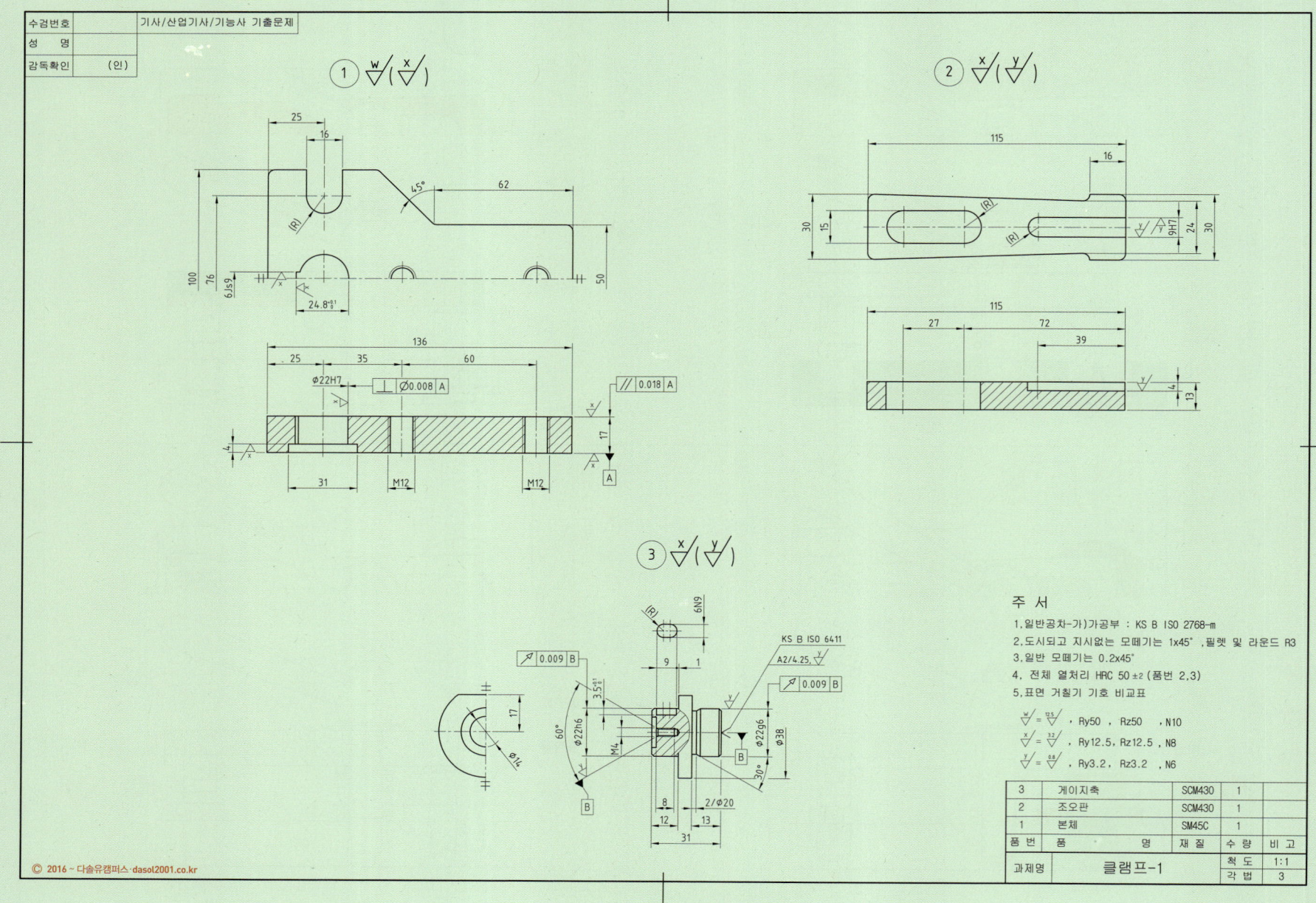

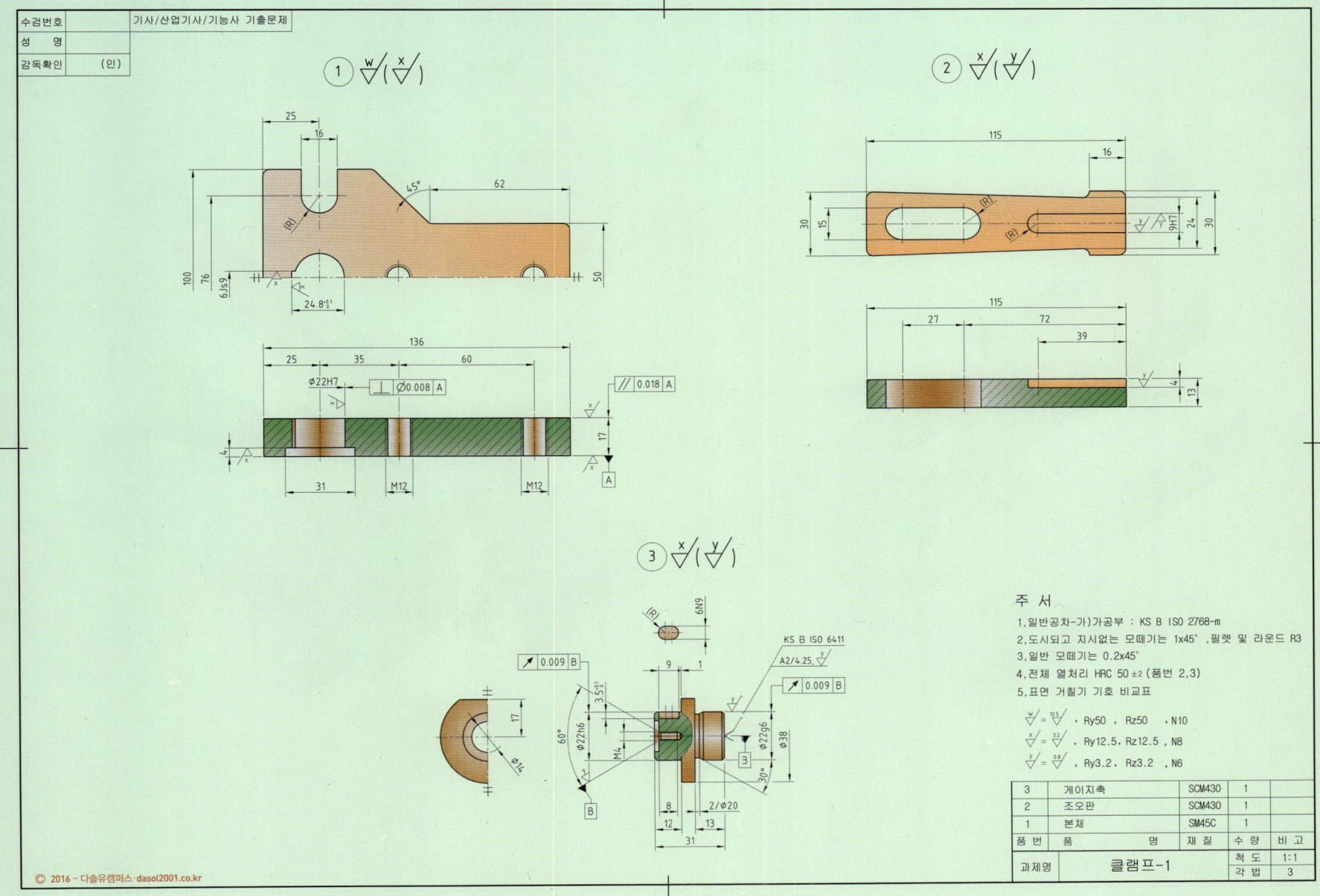

클램프-1

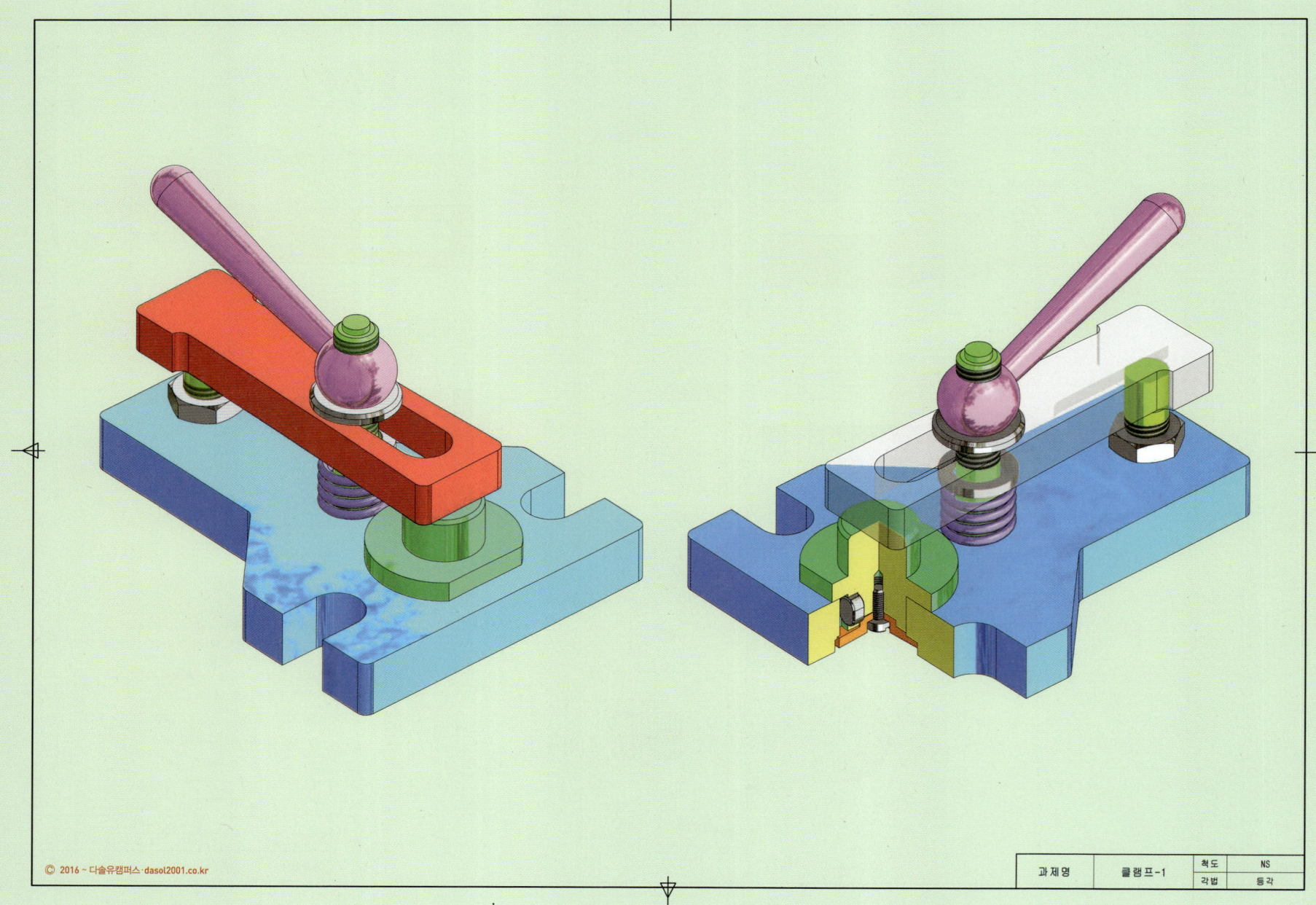

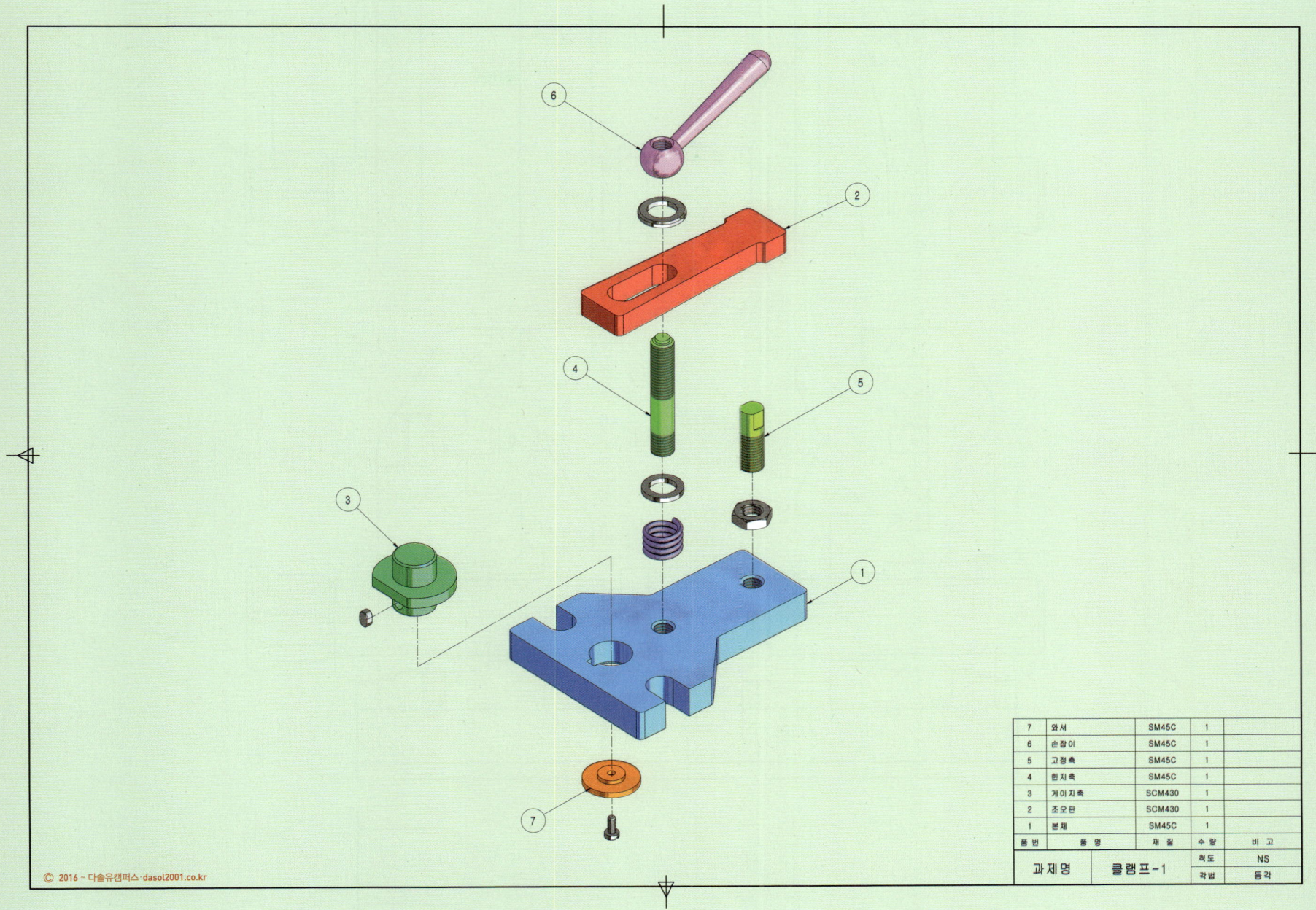

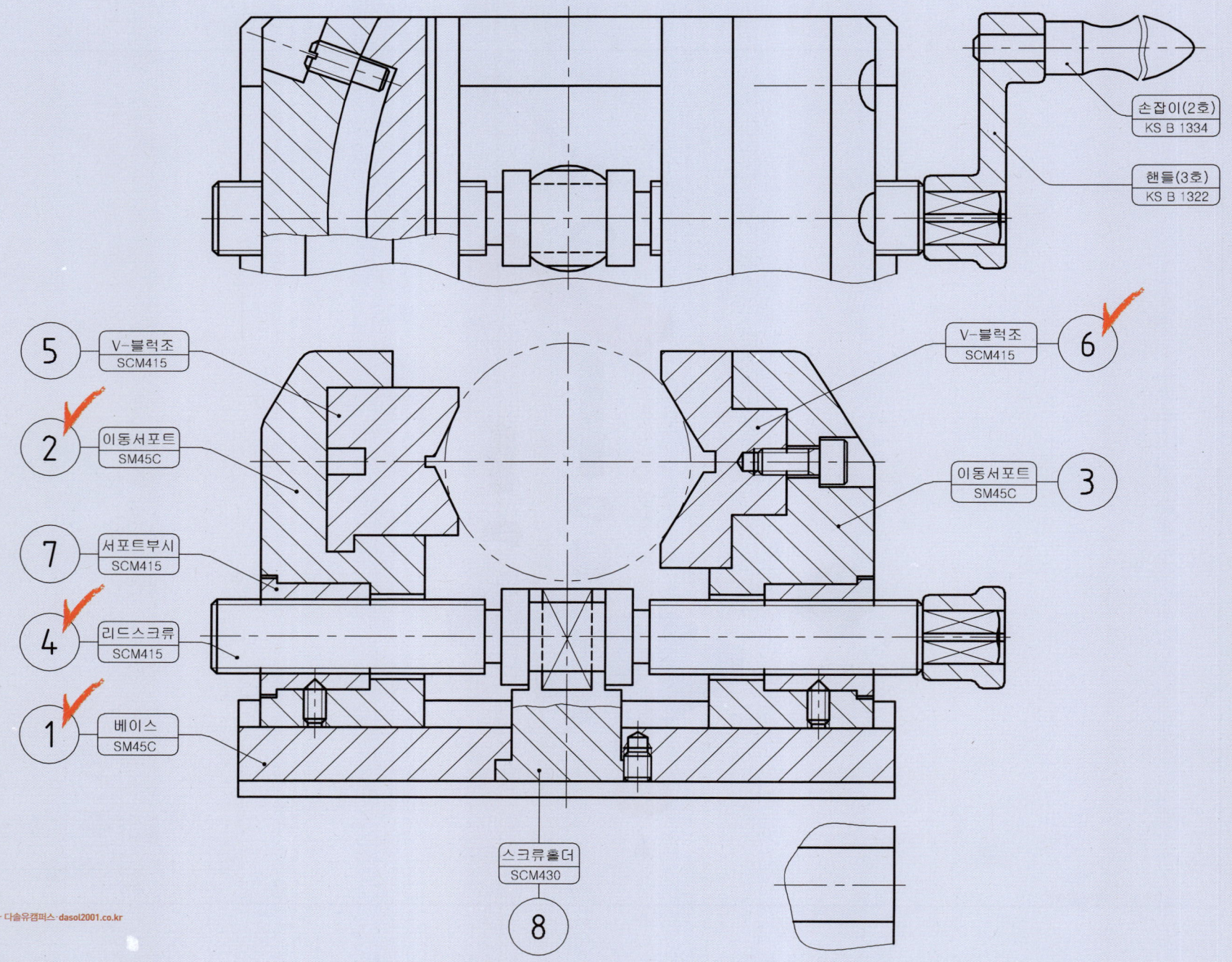

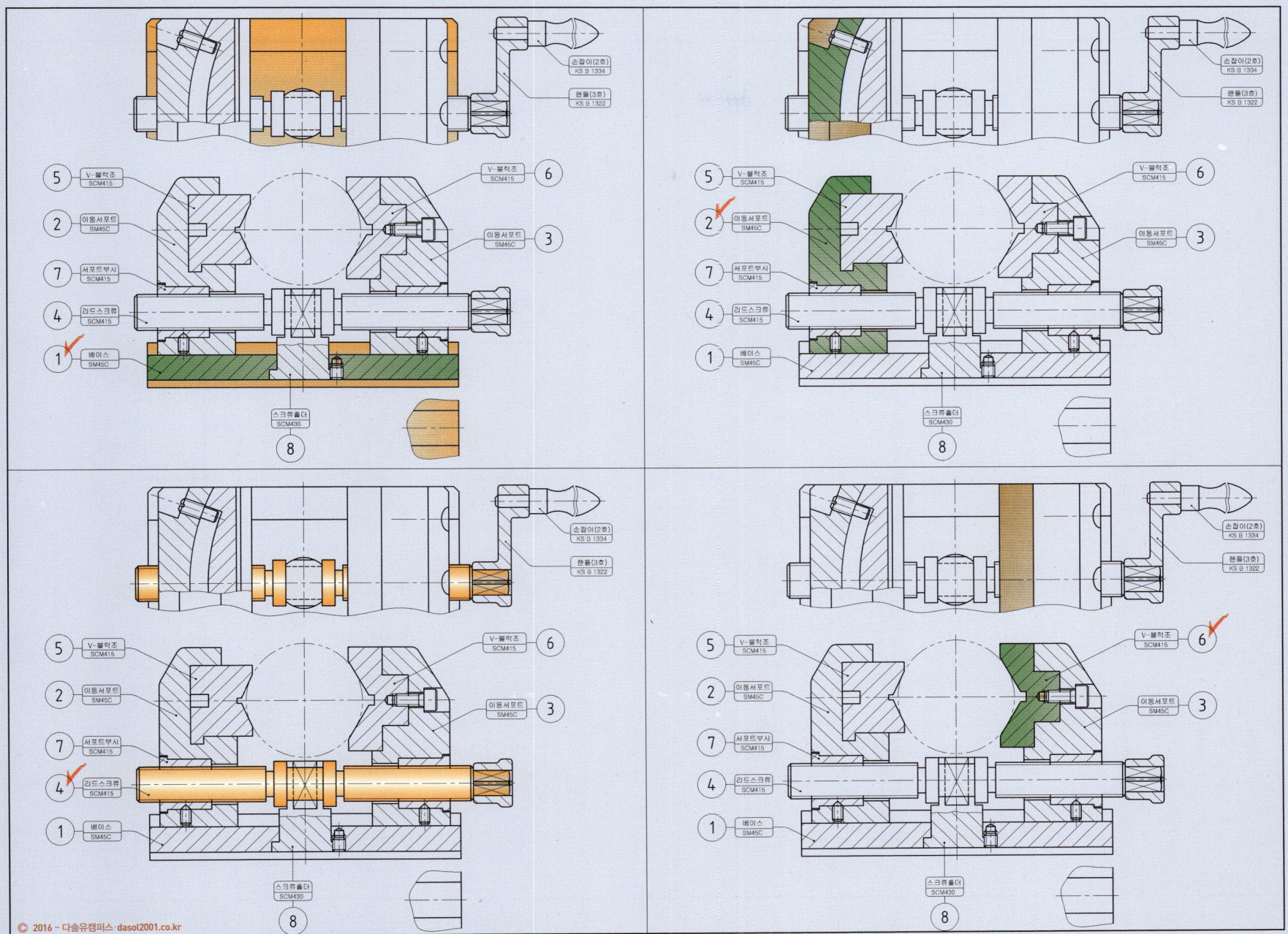

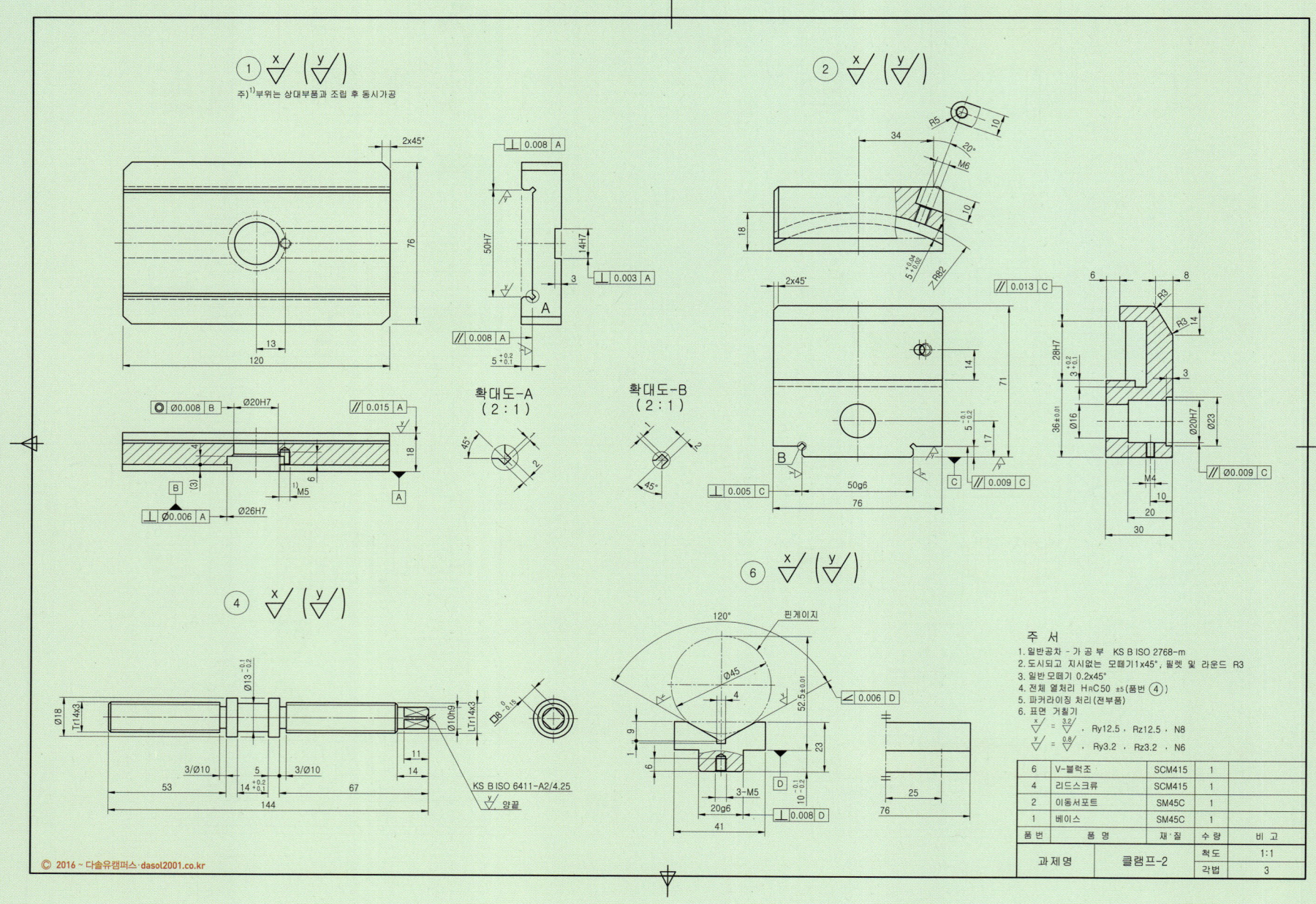

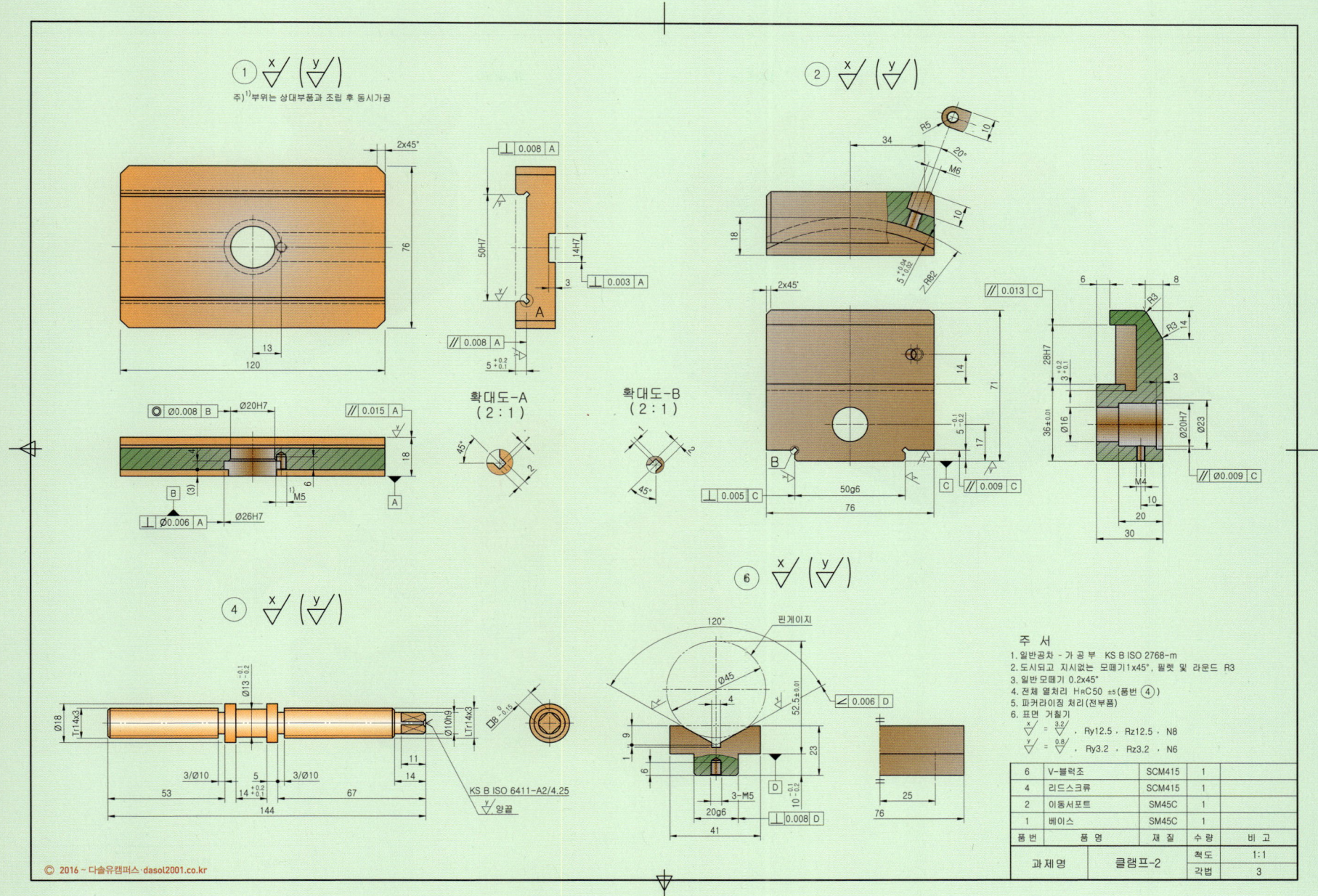

클램프-2

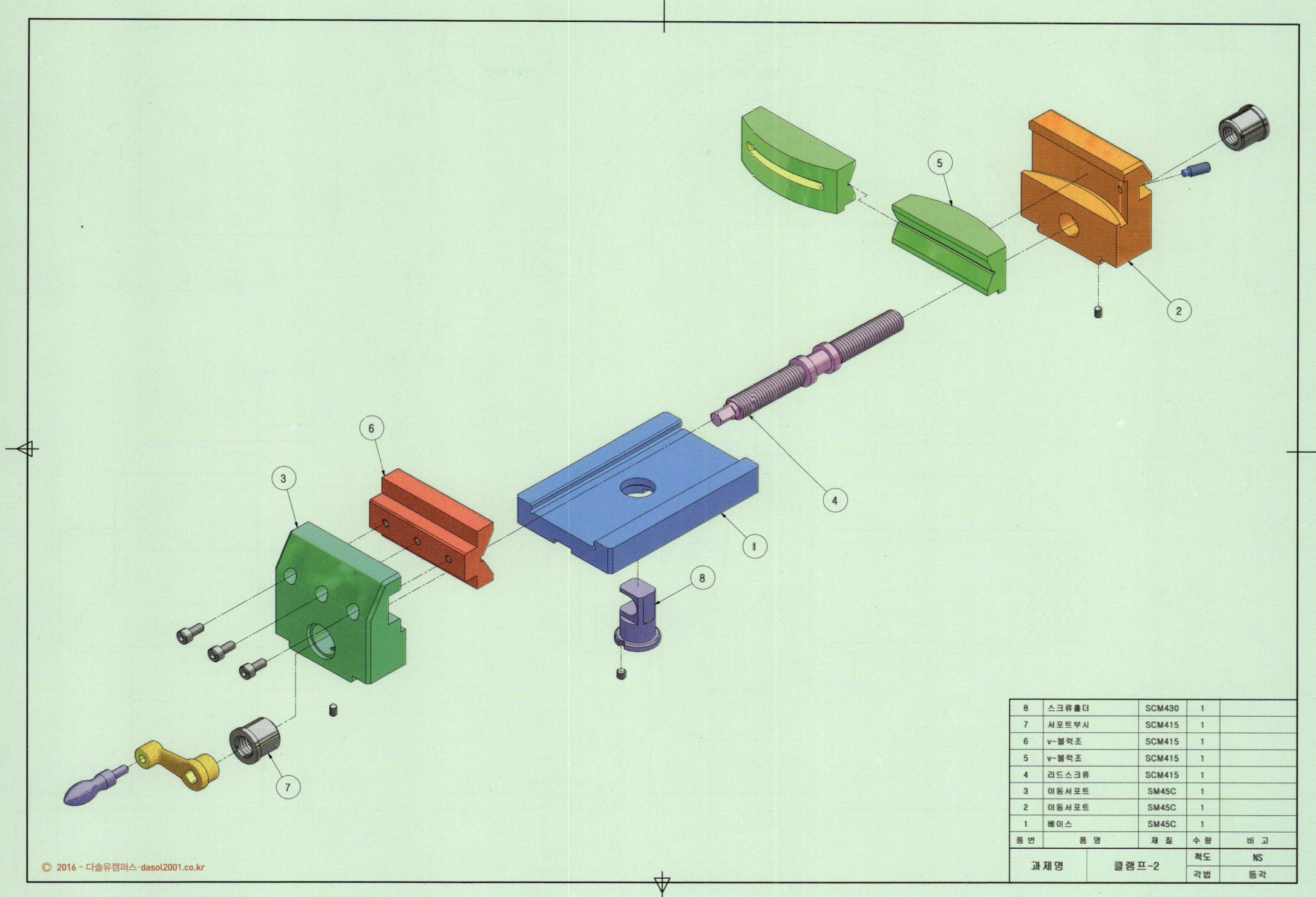

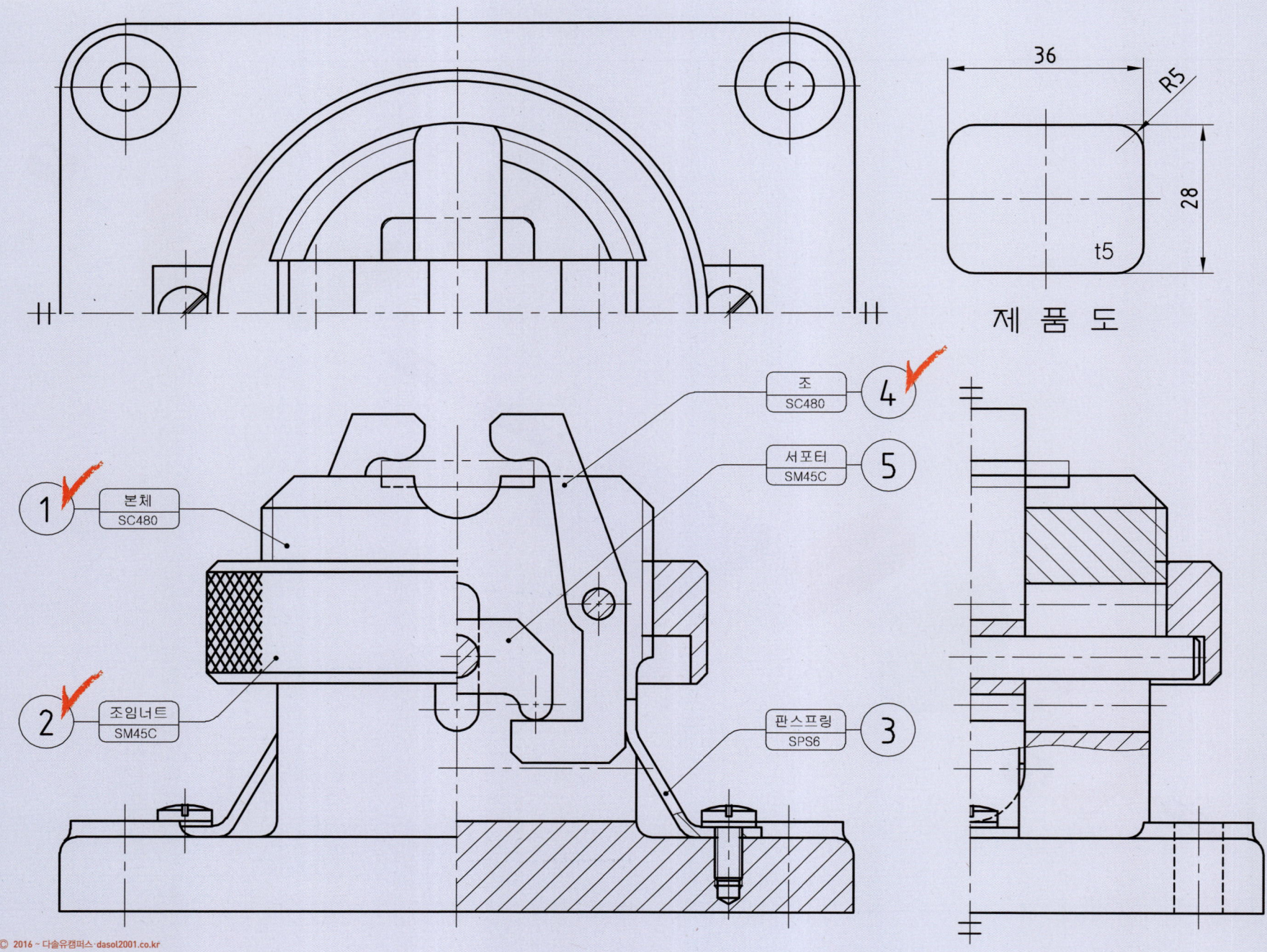

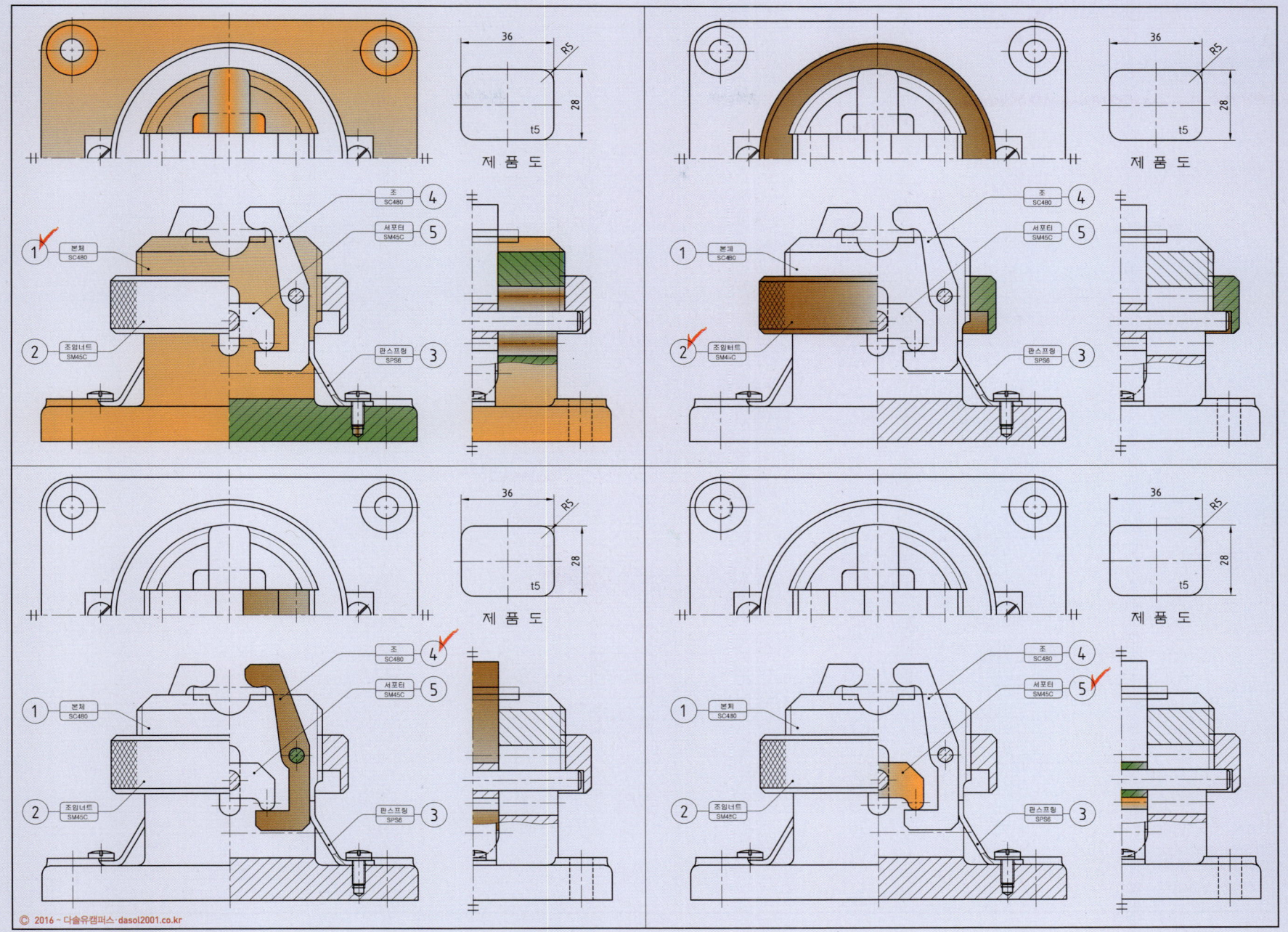

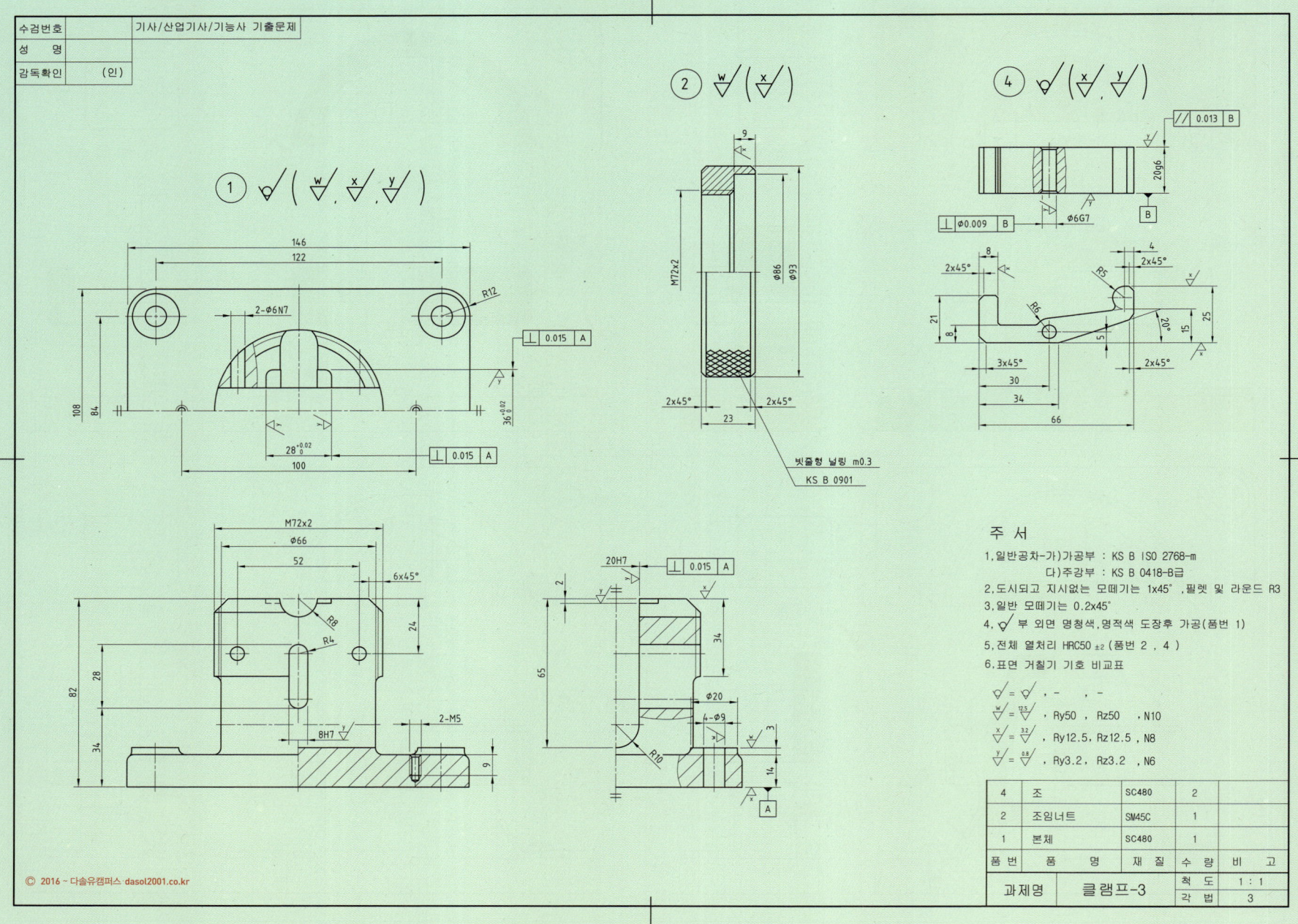

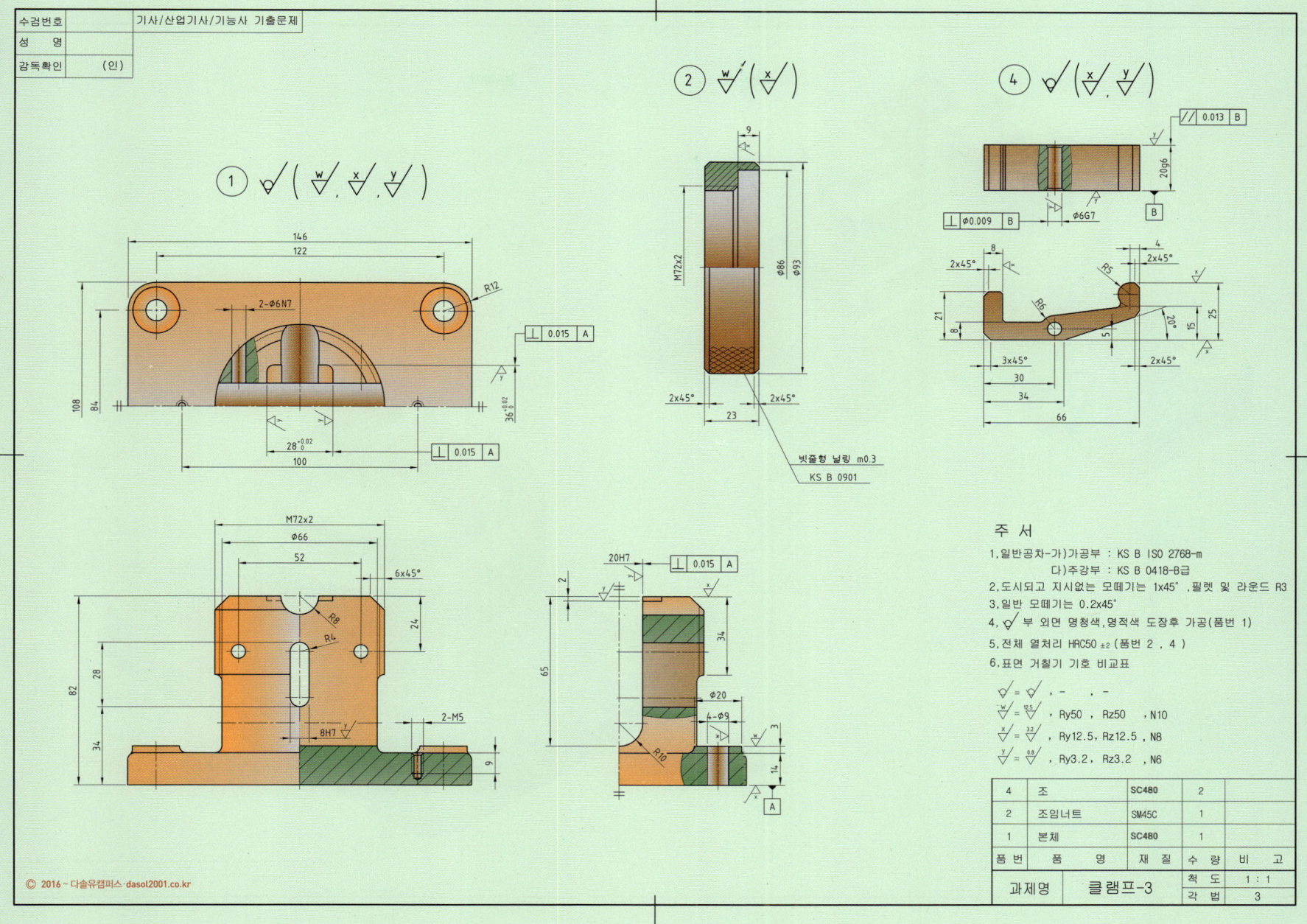

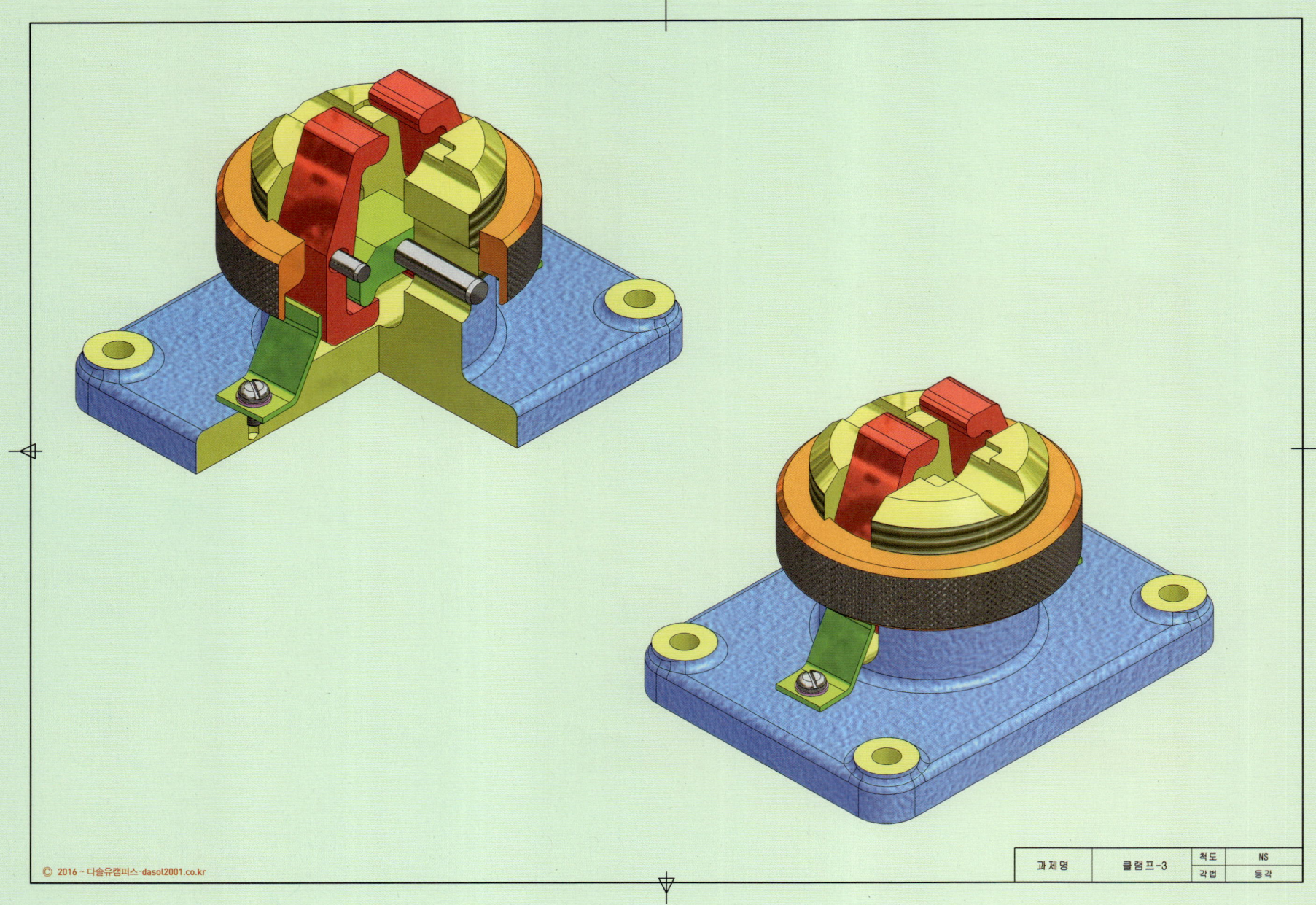

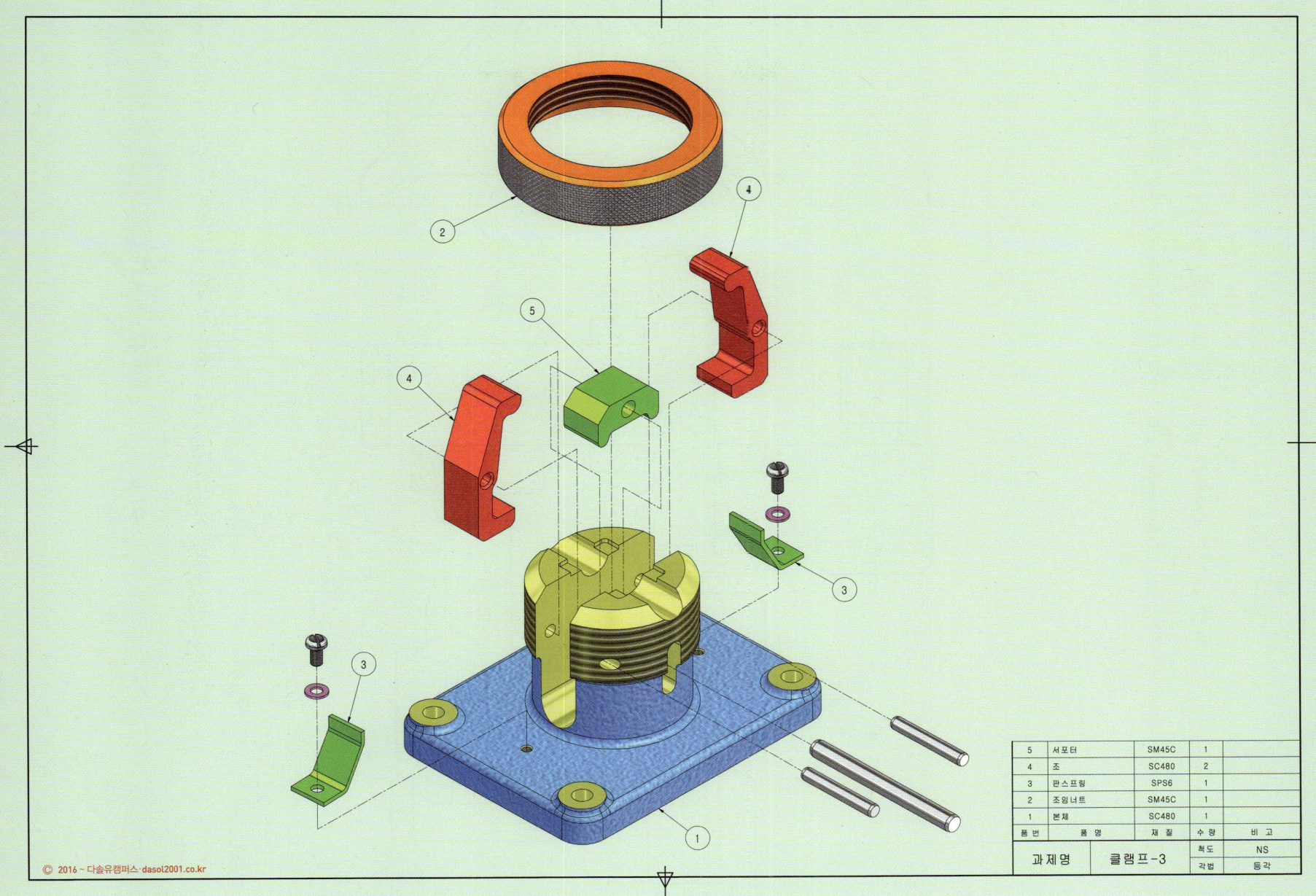

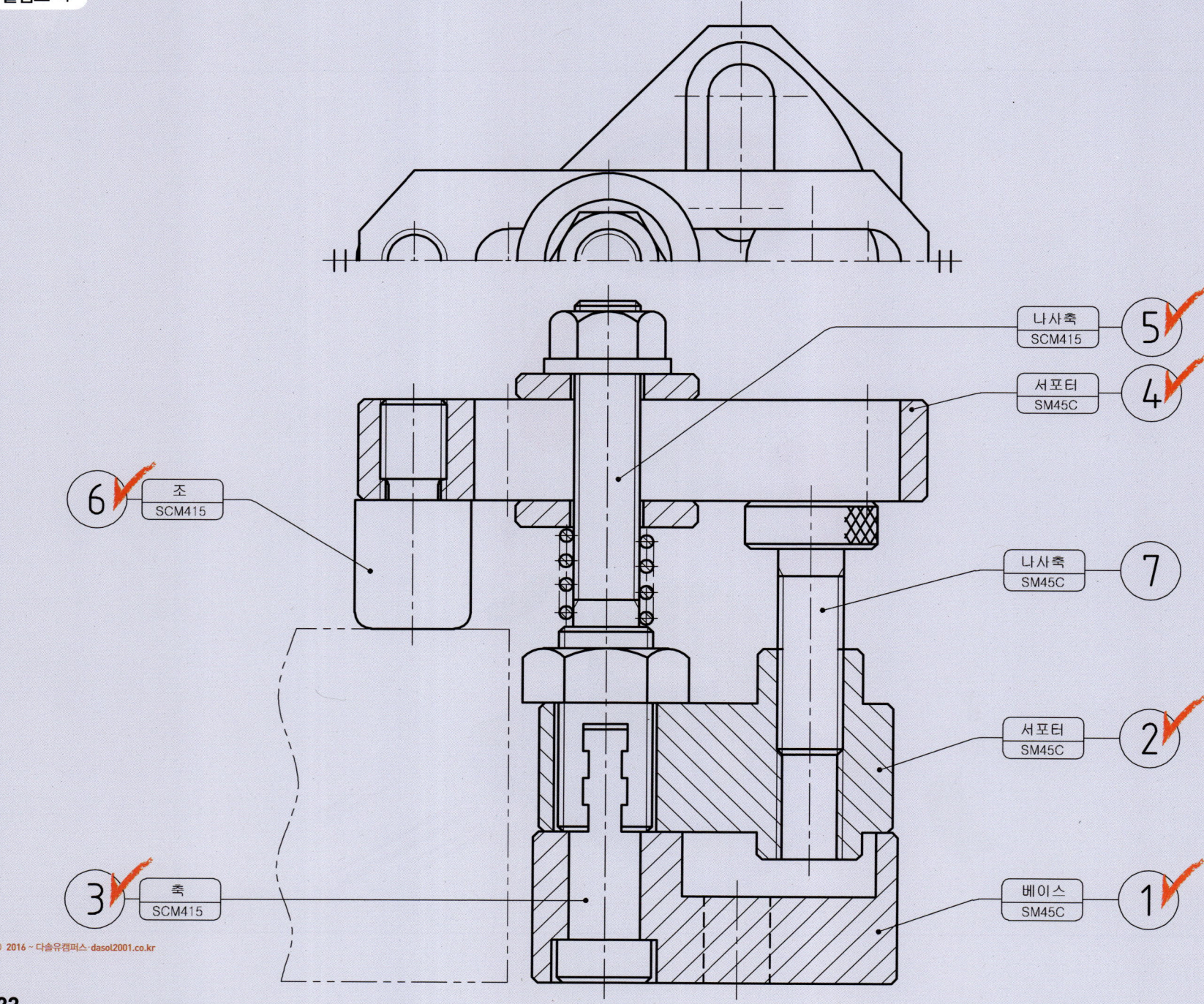

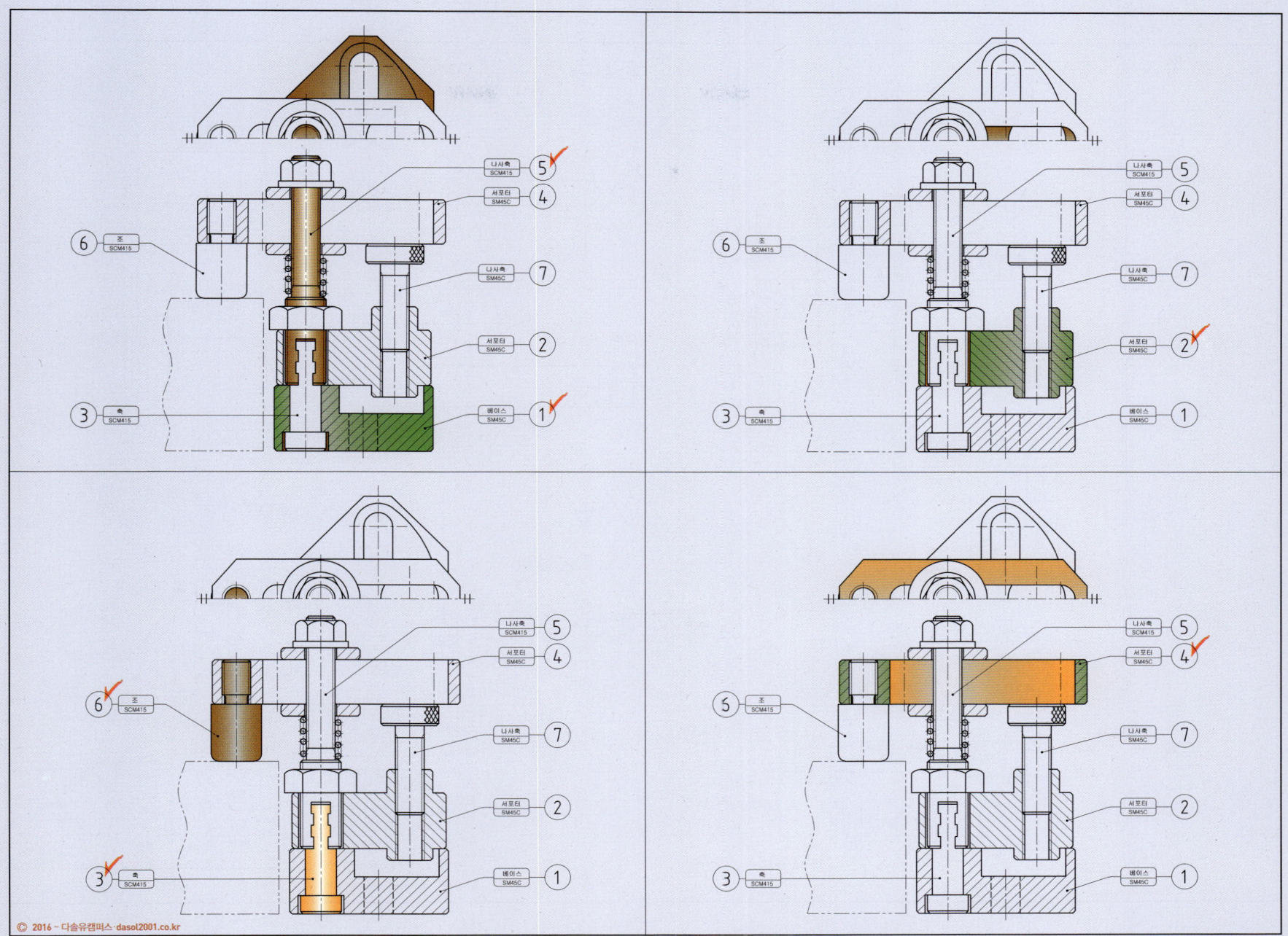

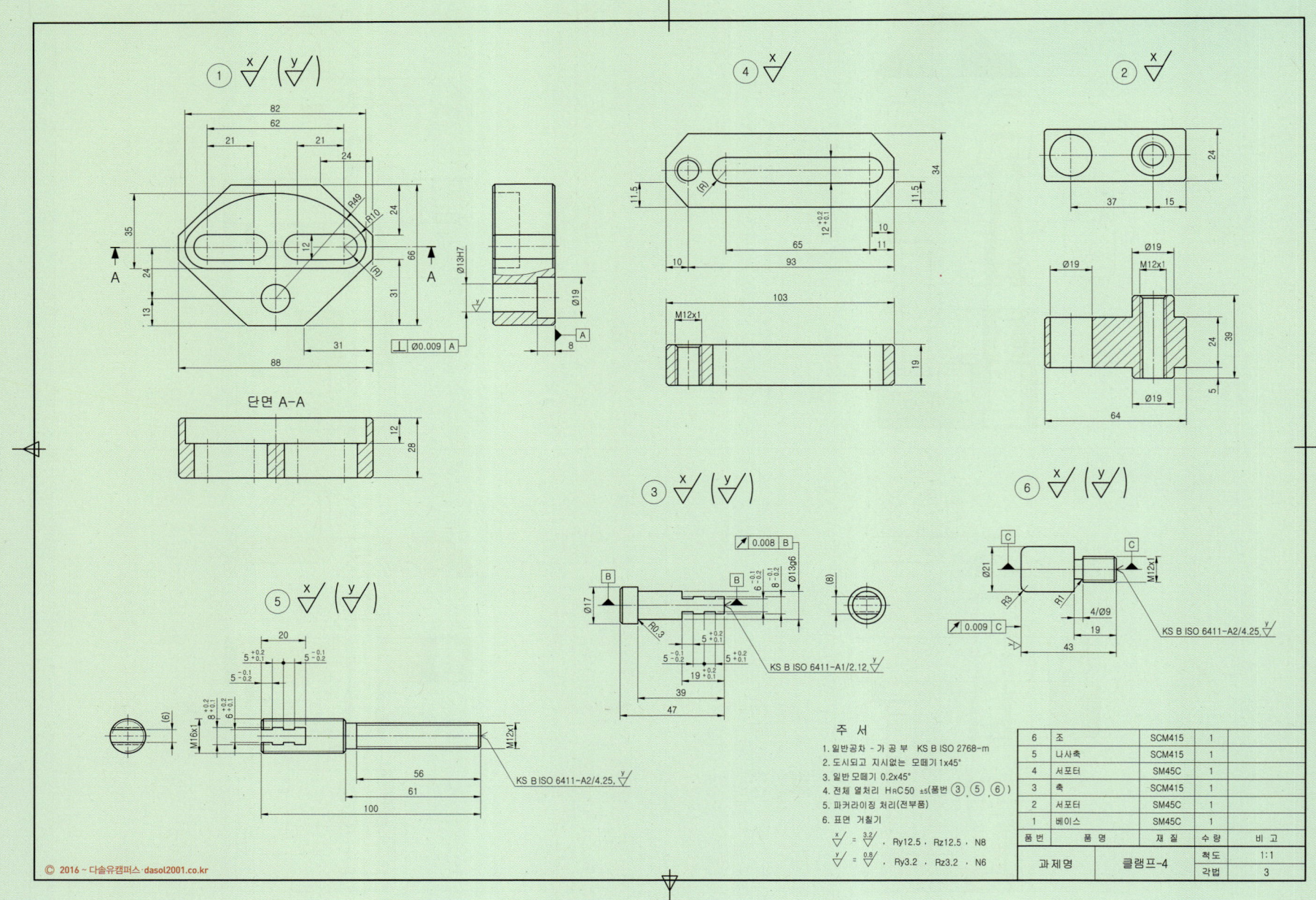

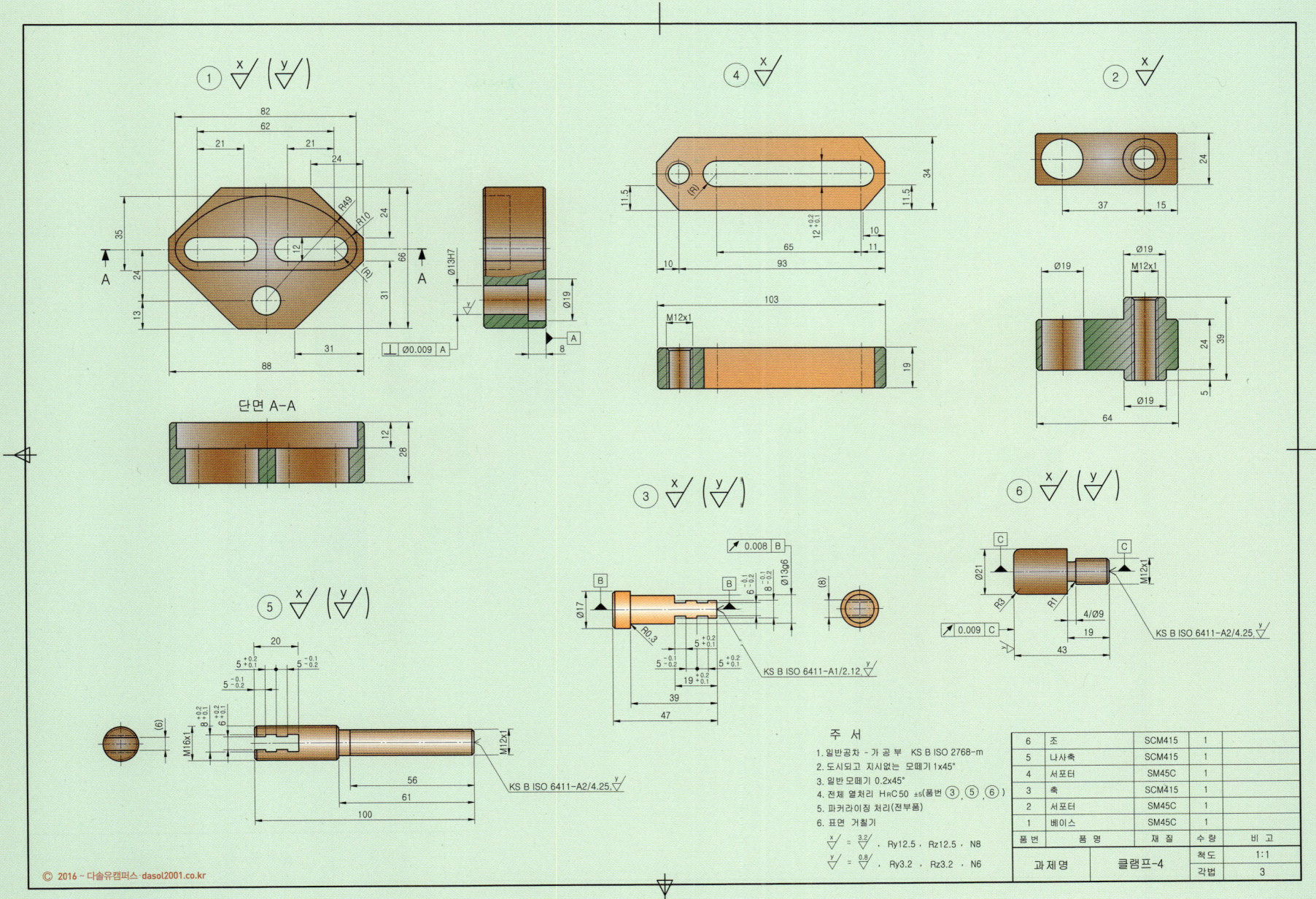

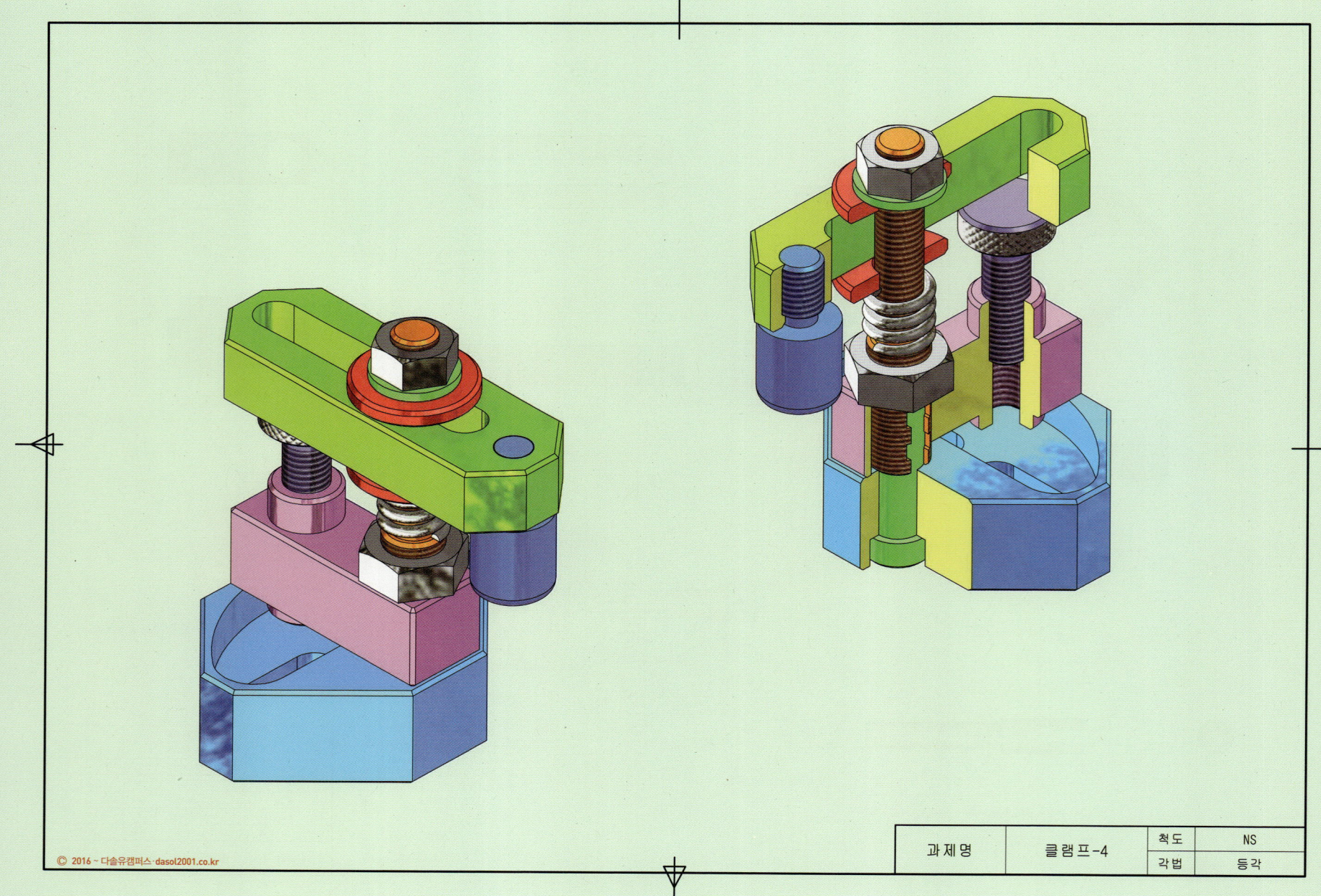

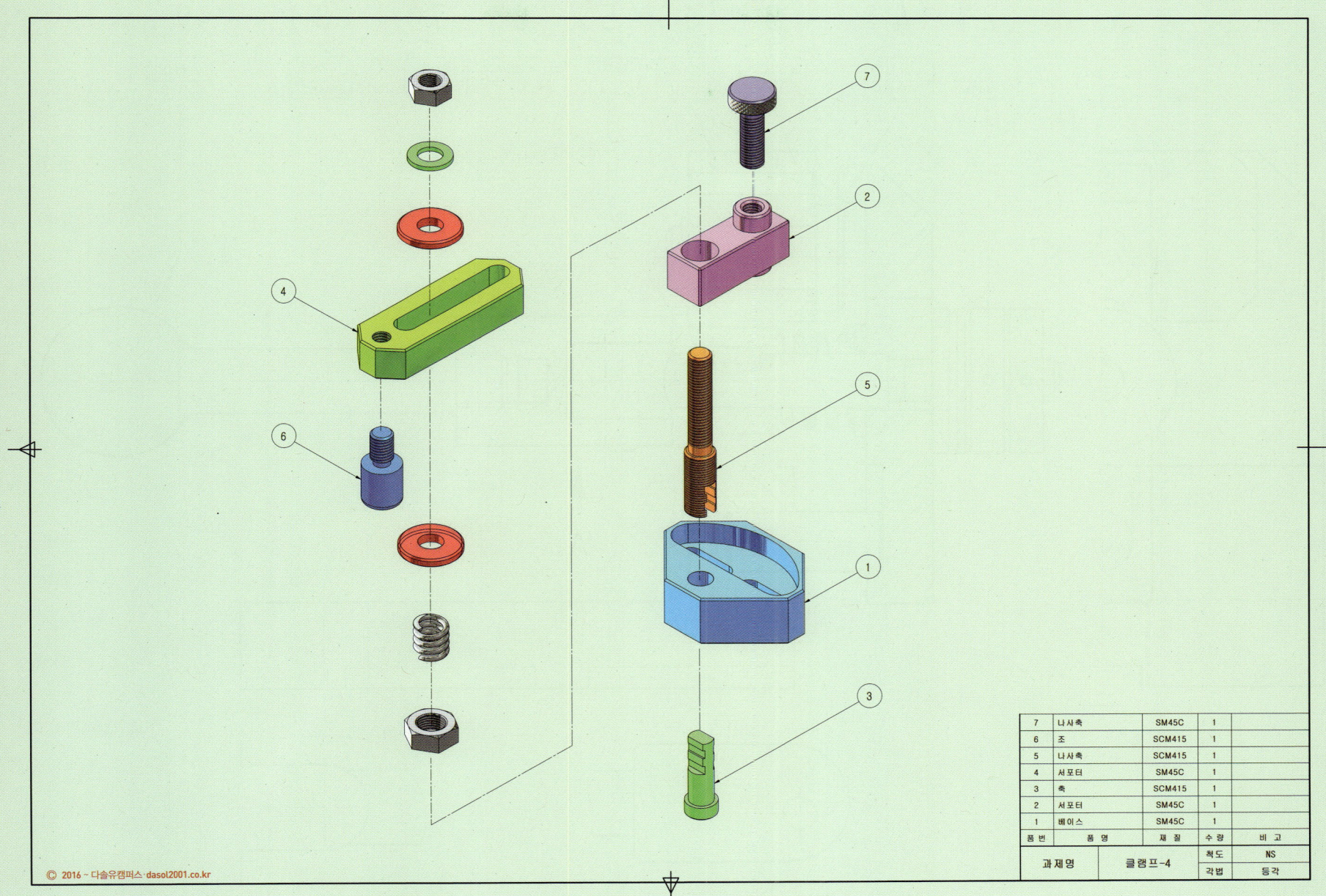

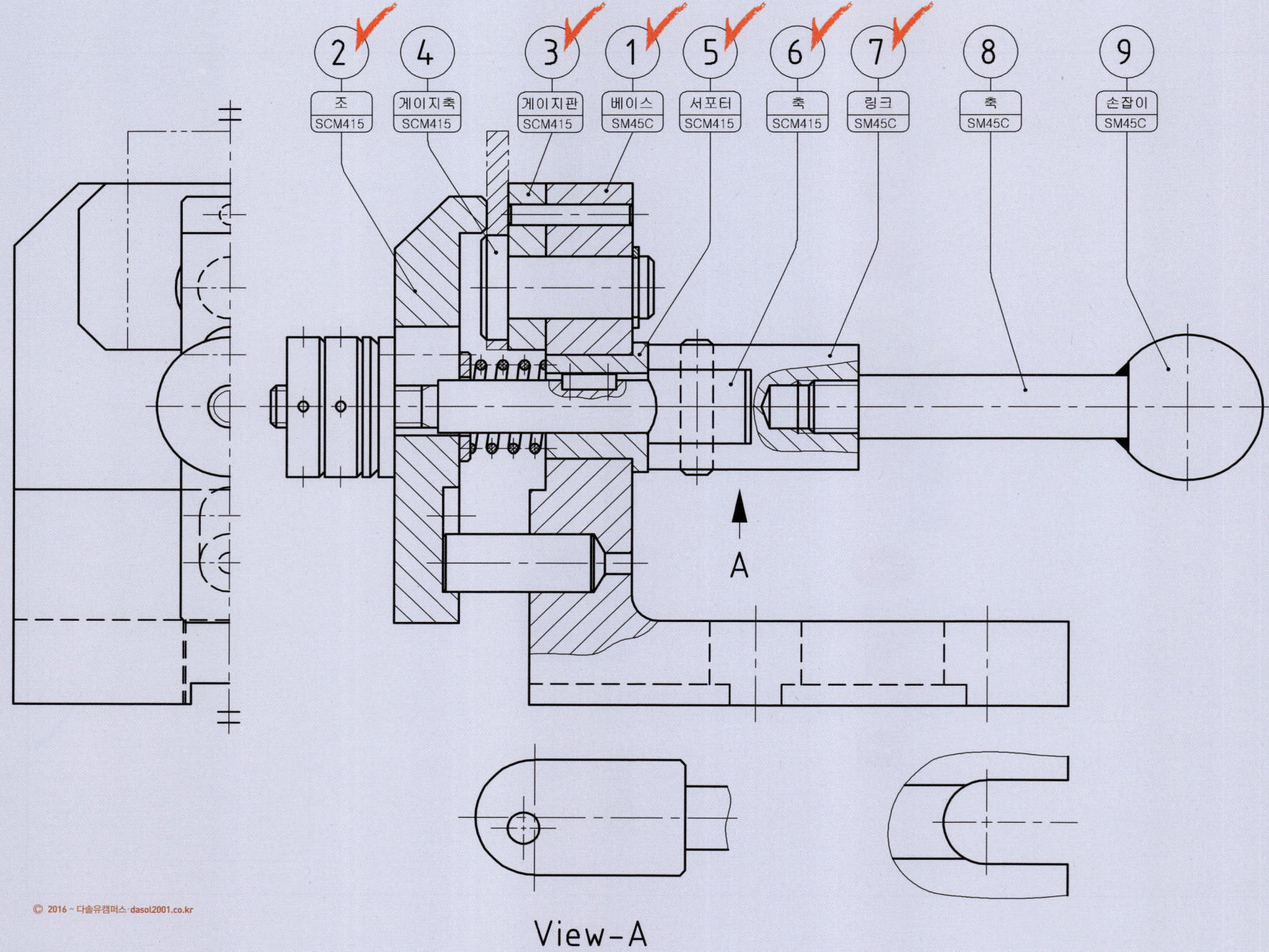

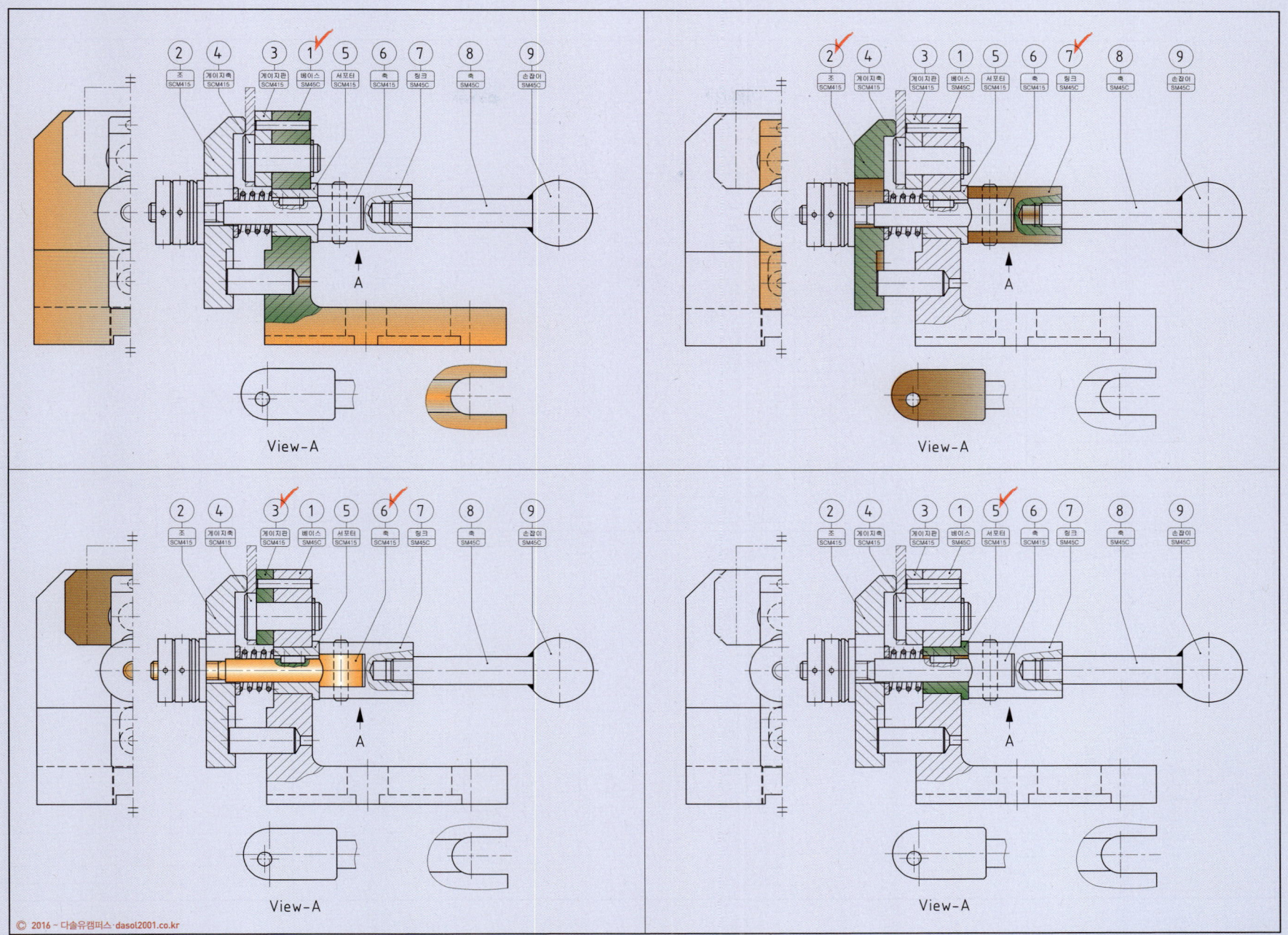

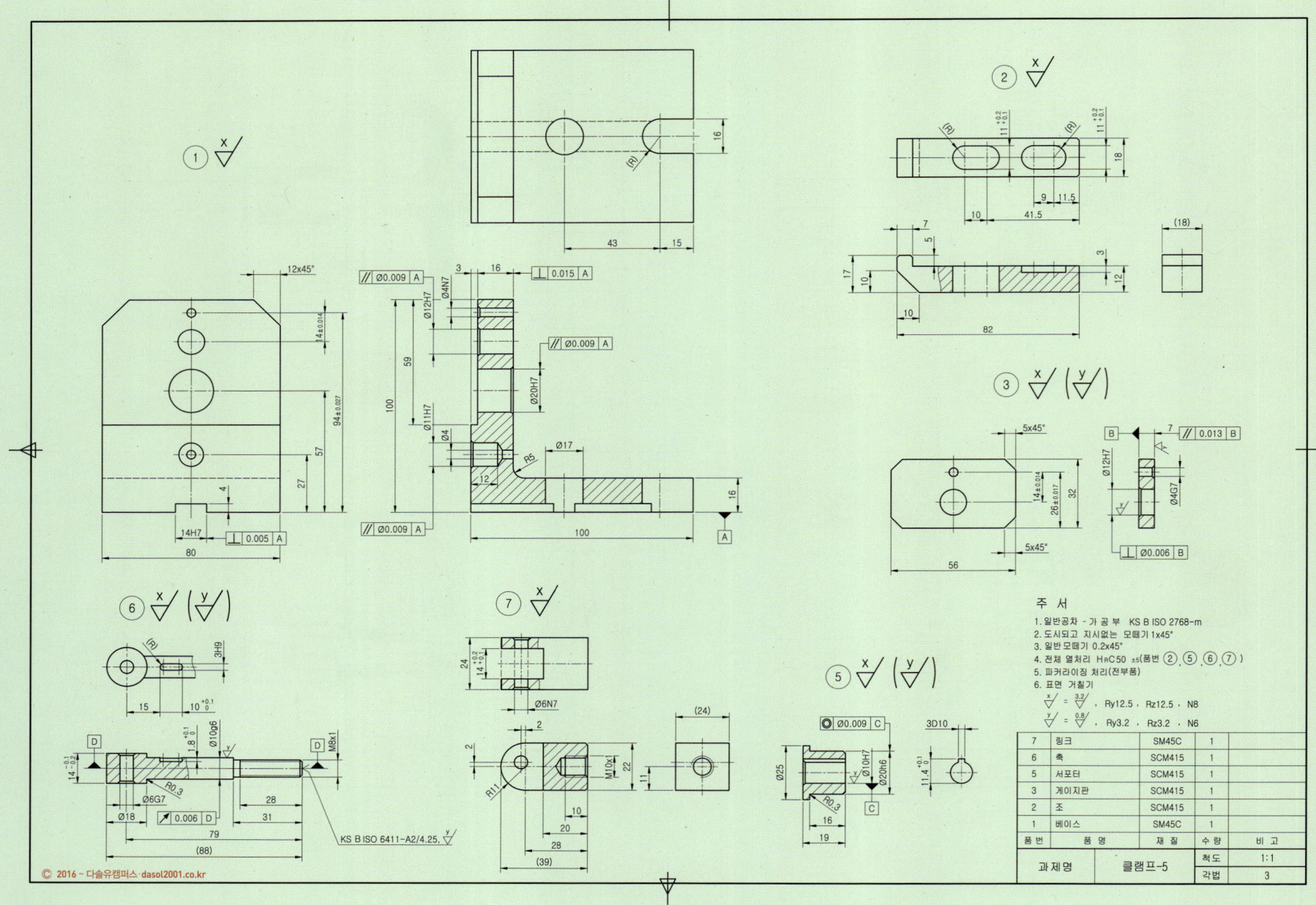

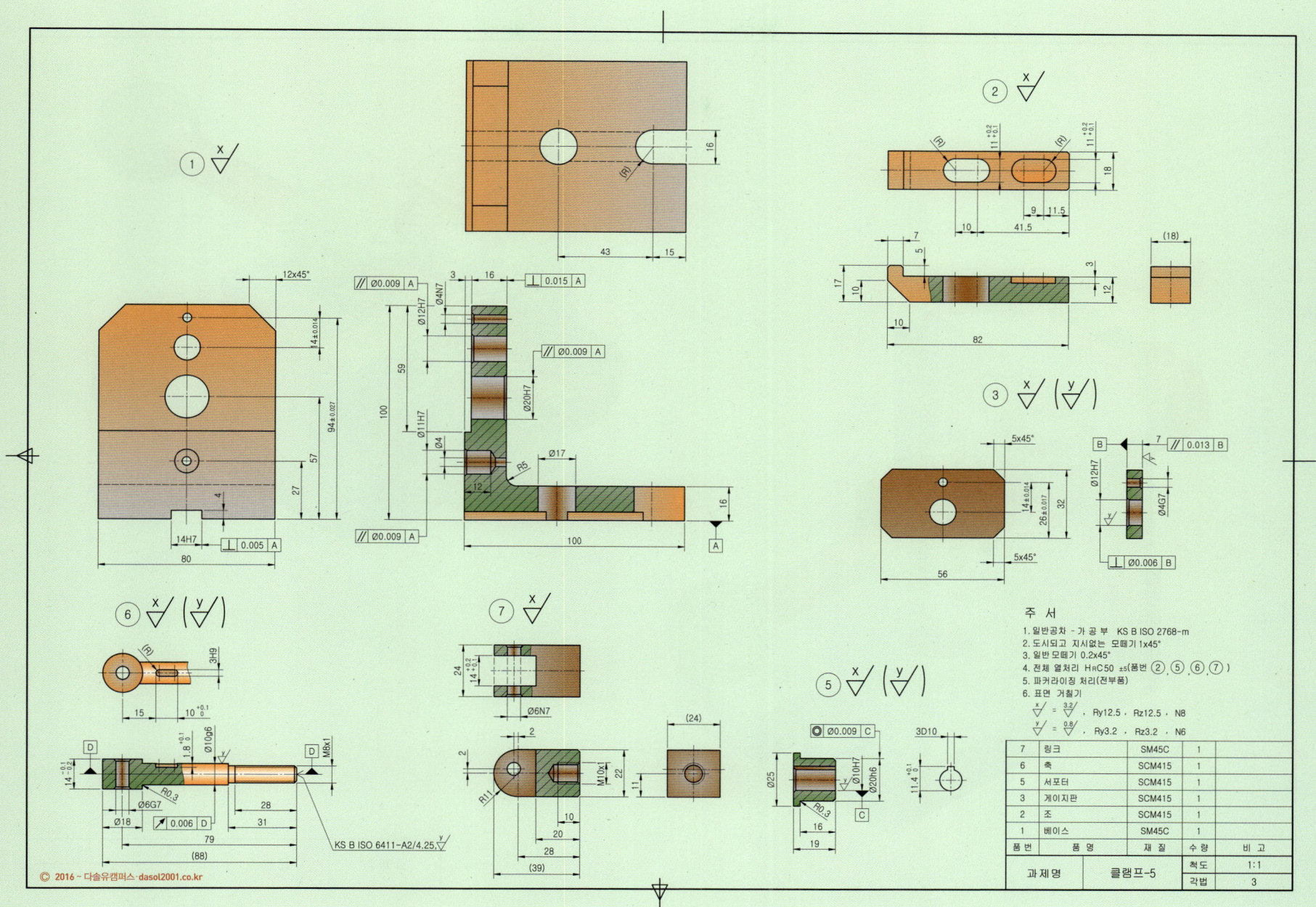

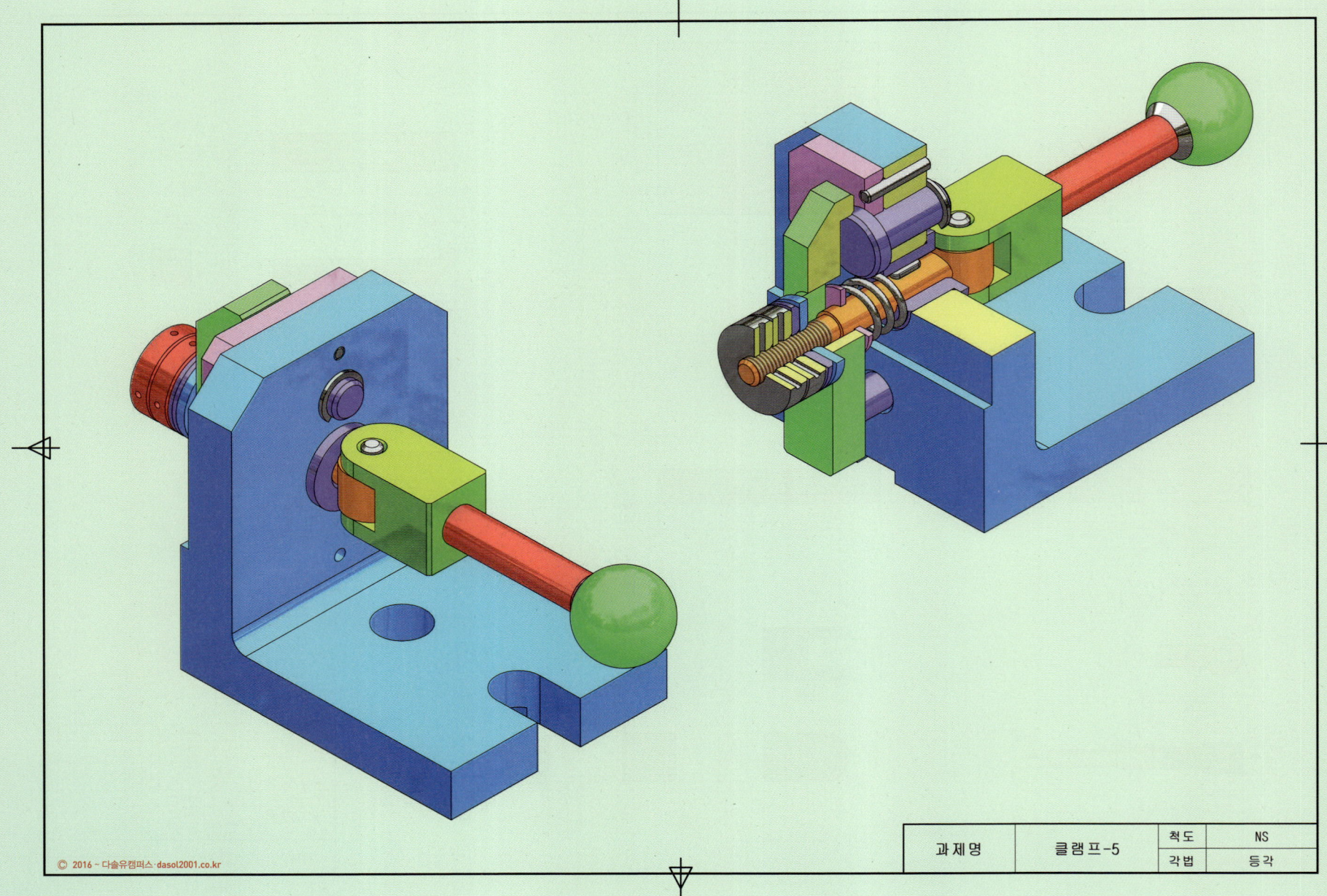

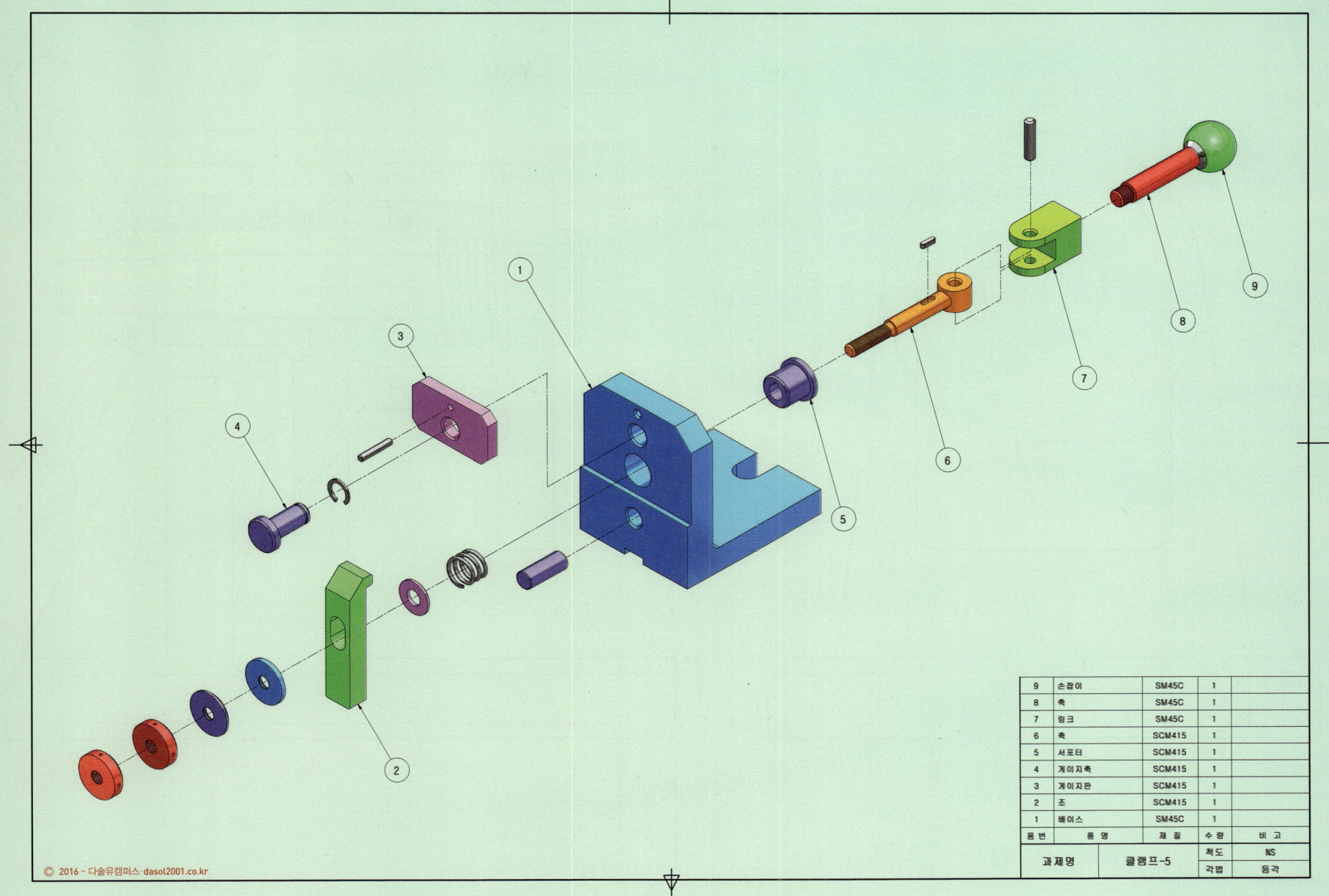

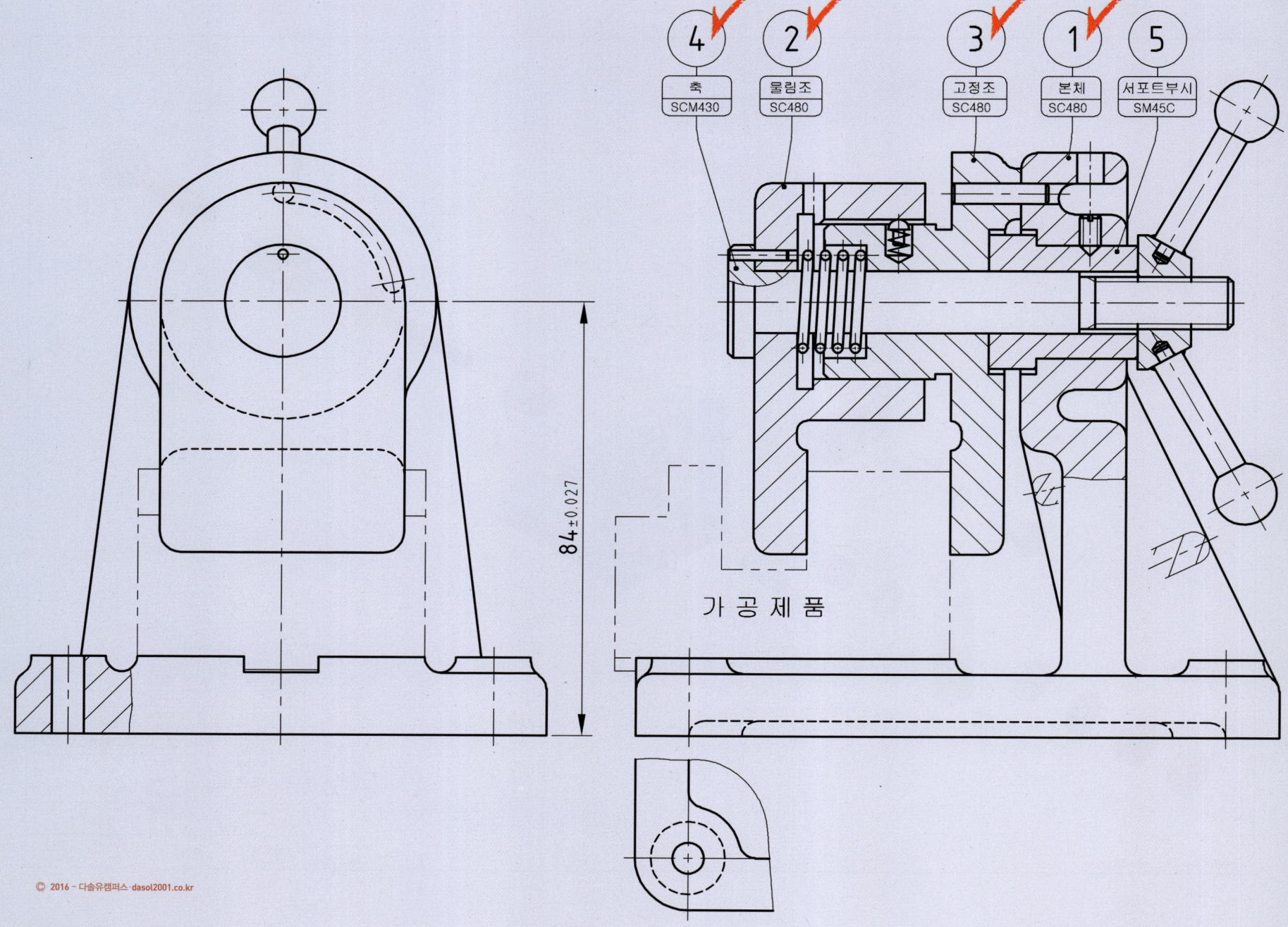

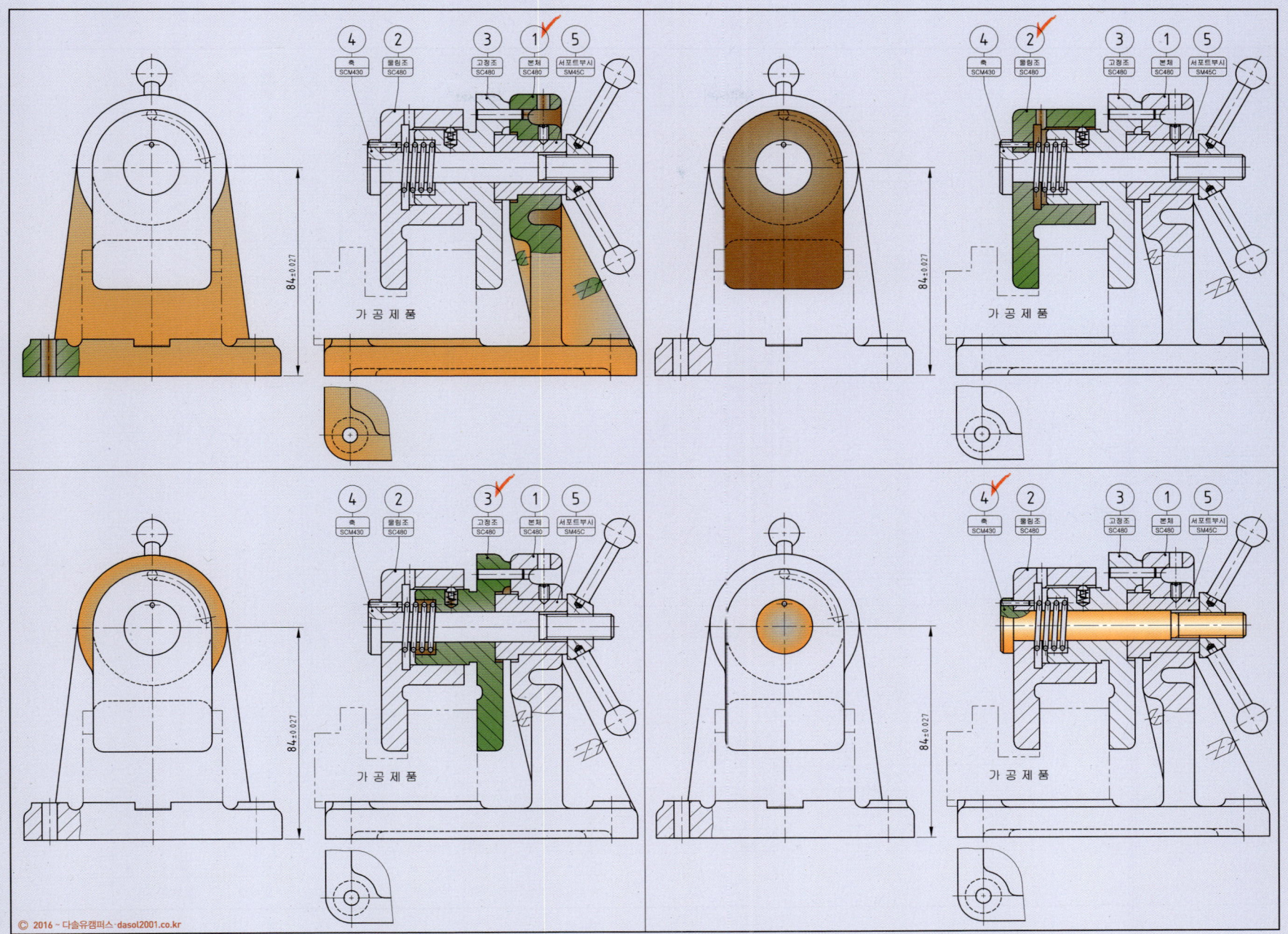

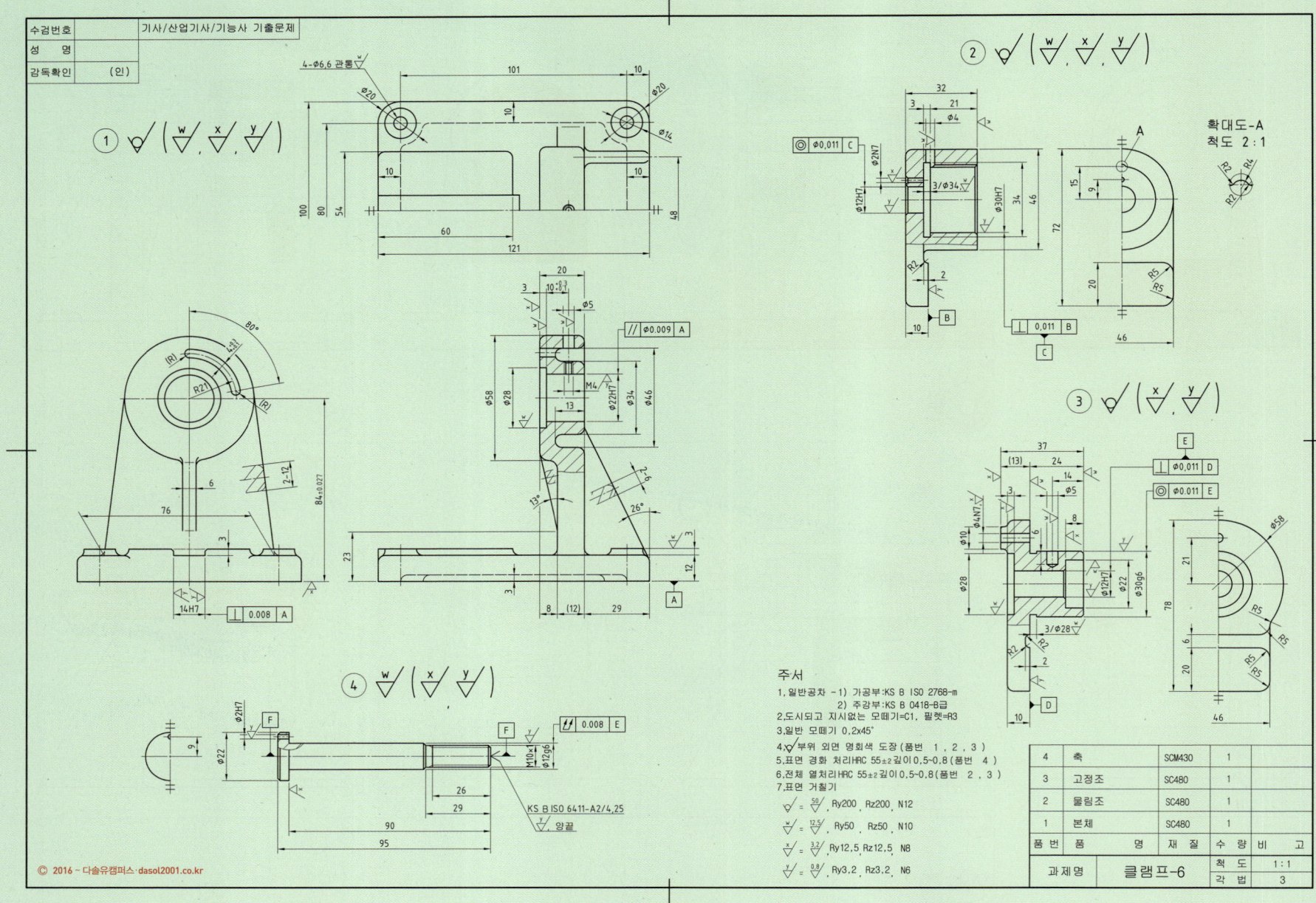

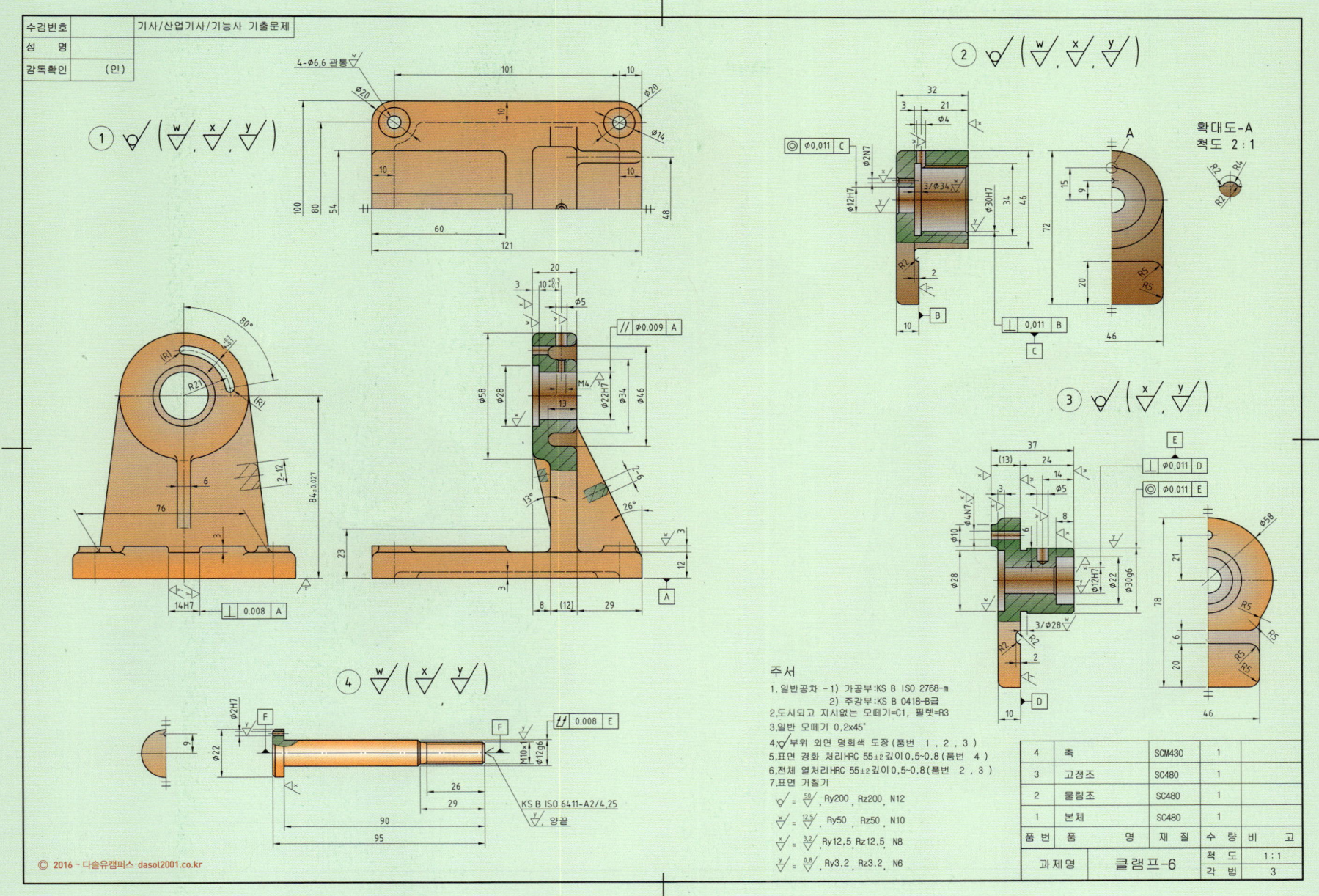

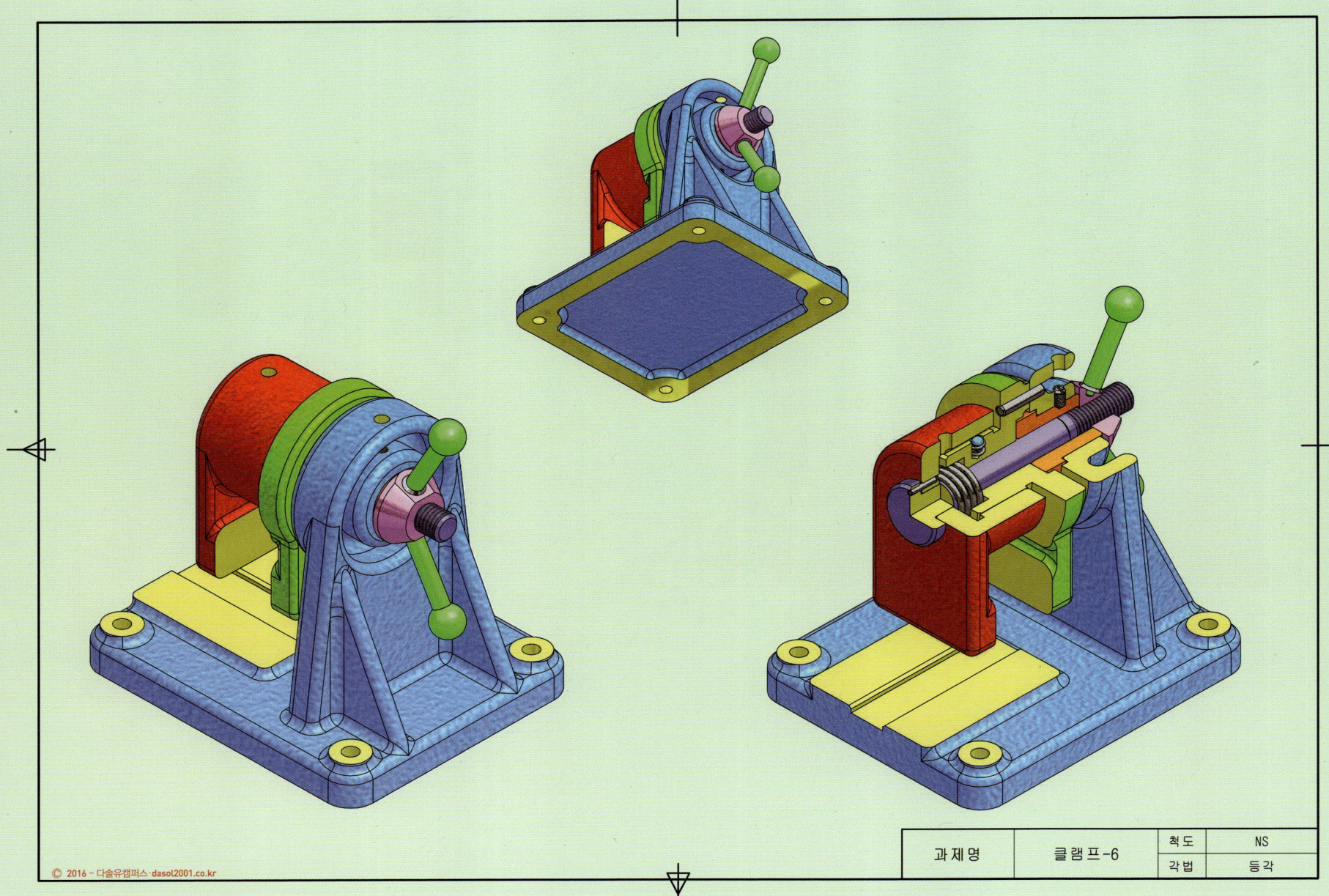

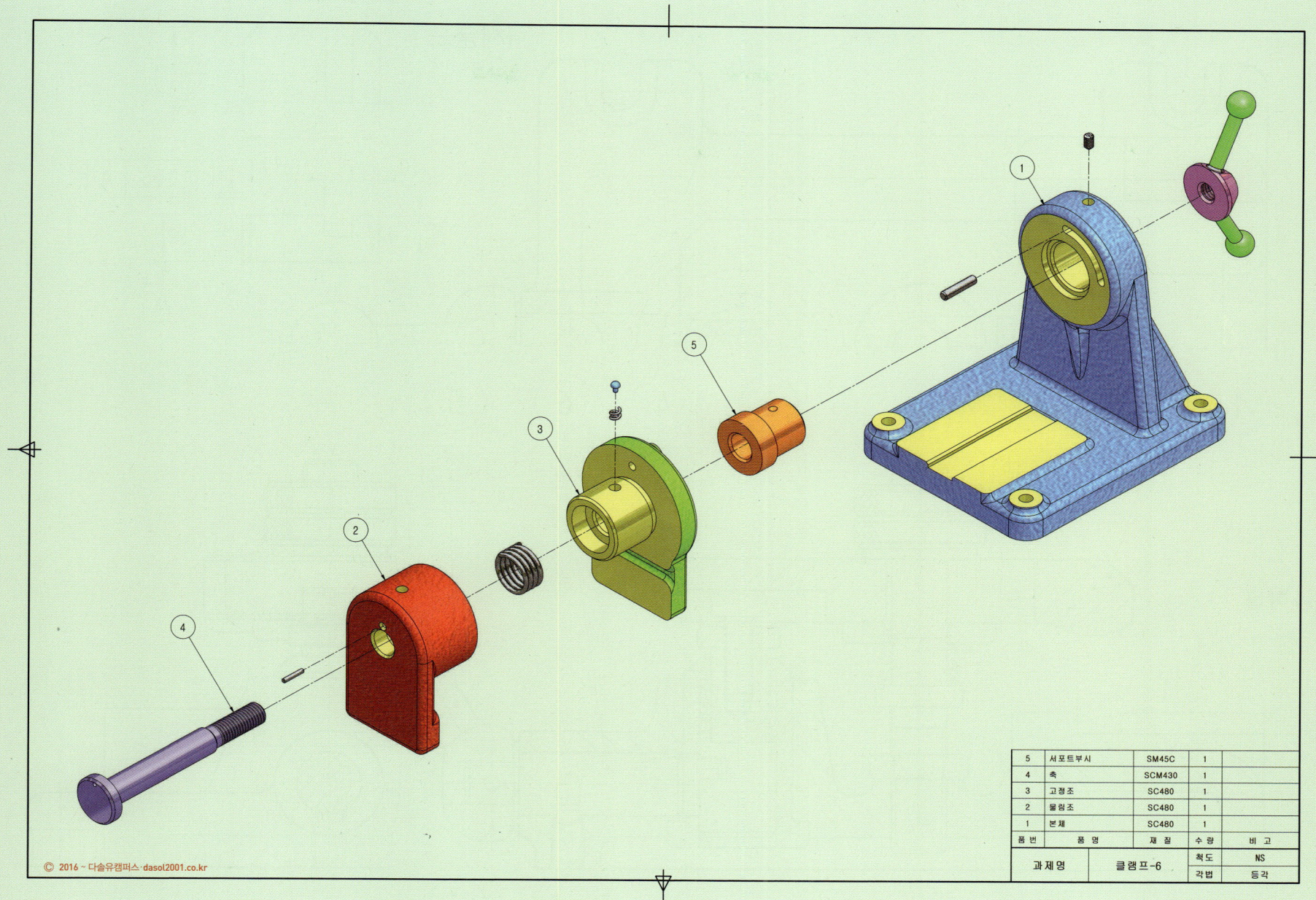

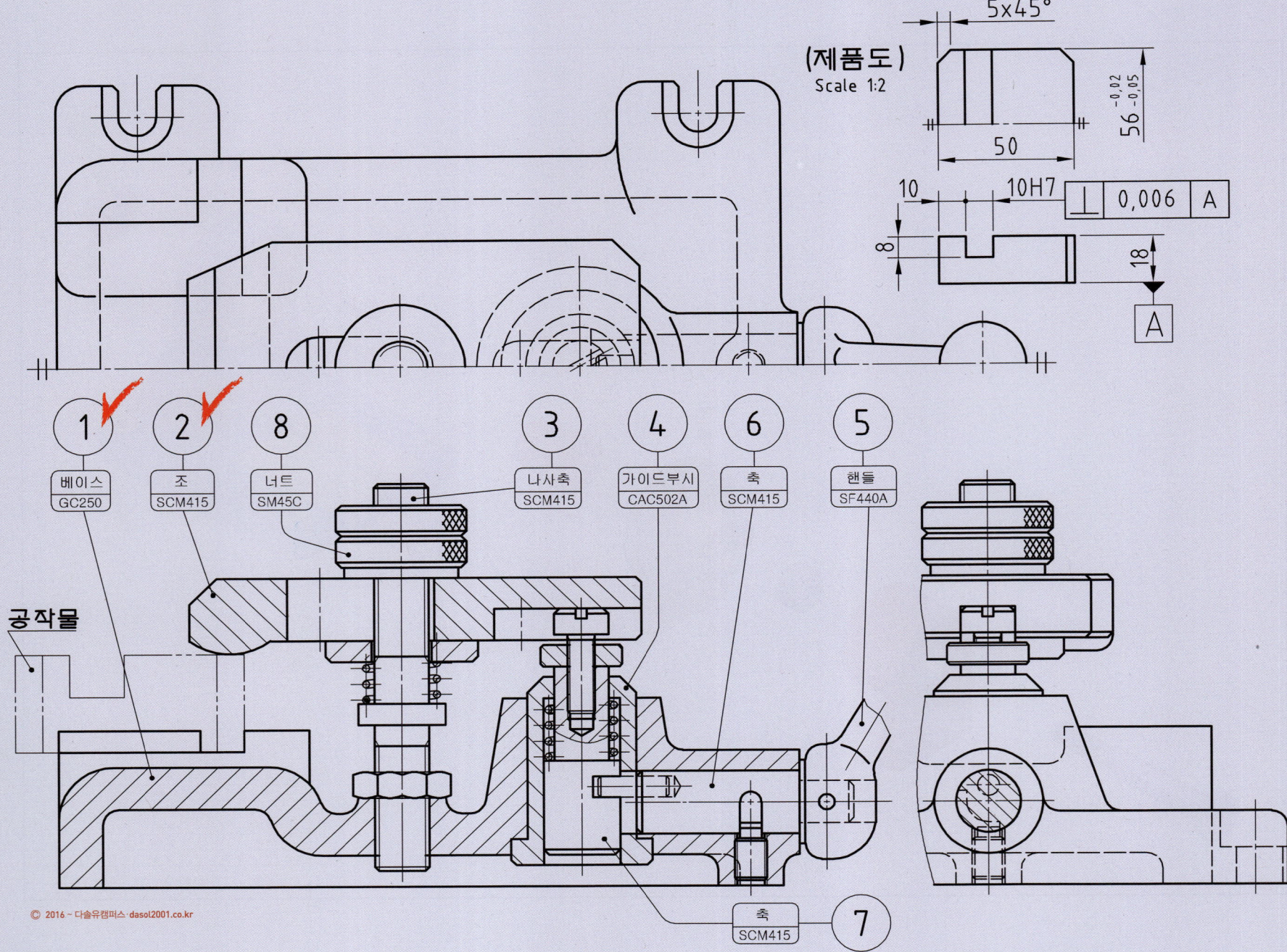

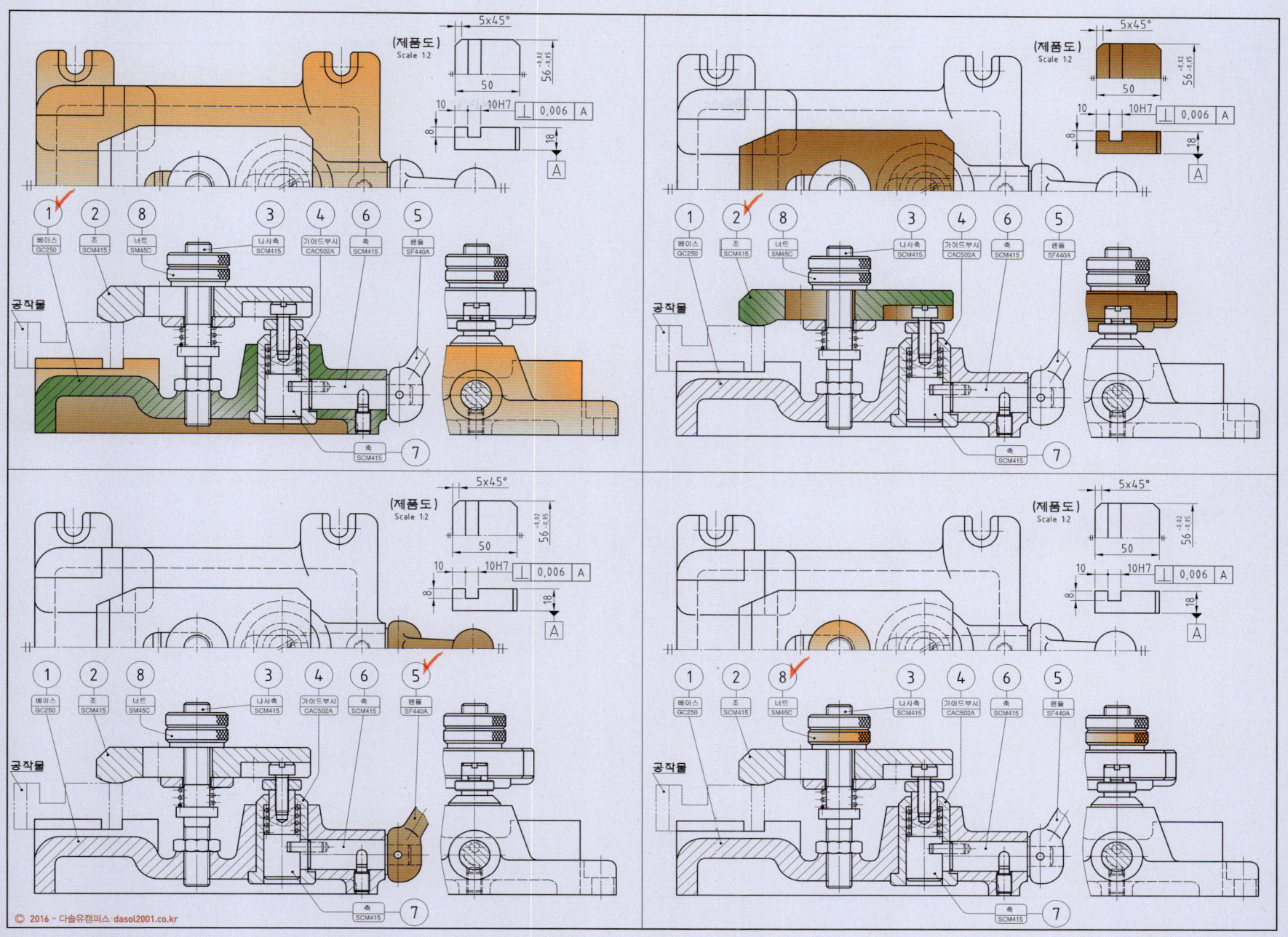

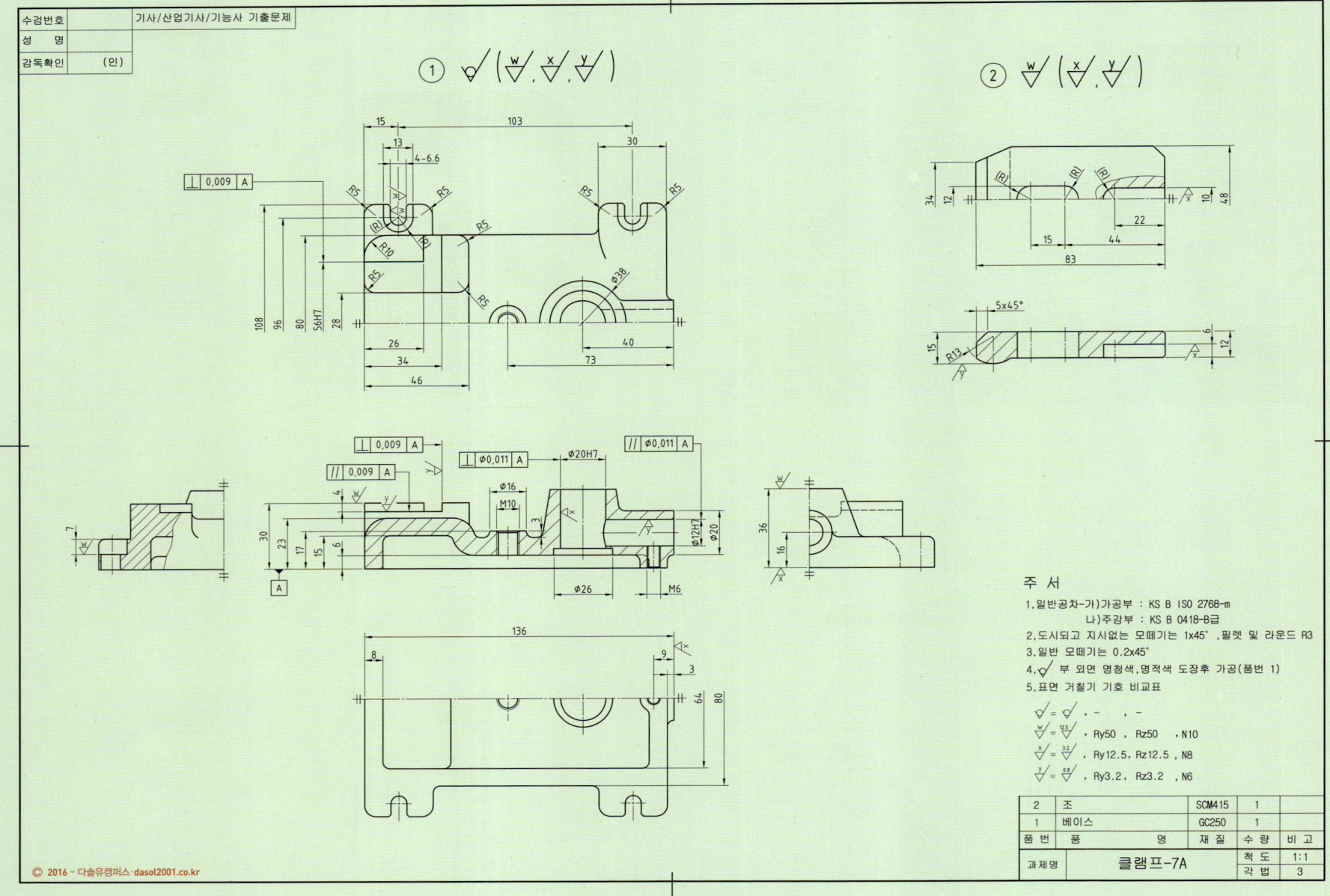

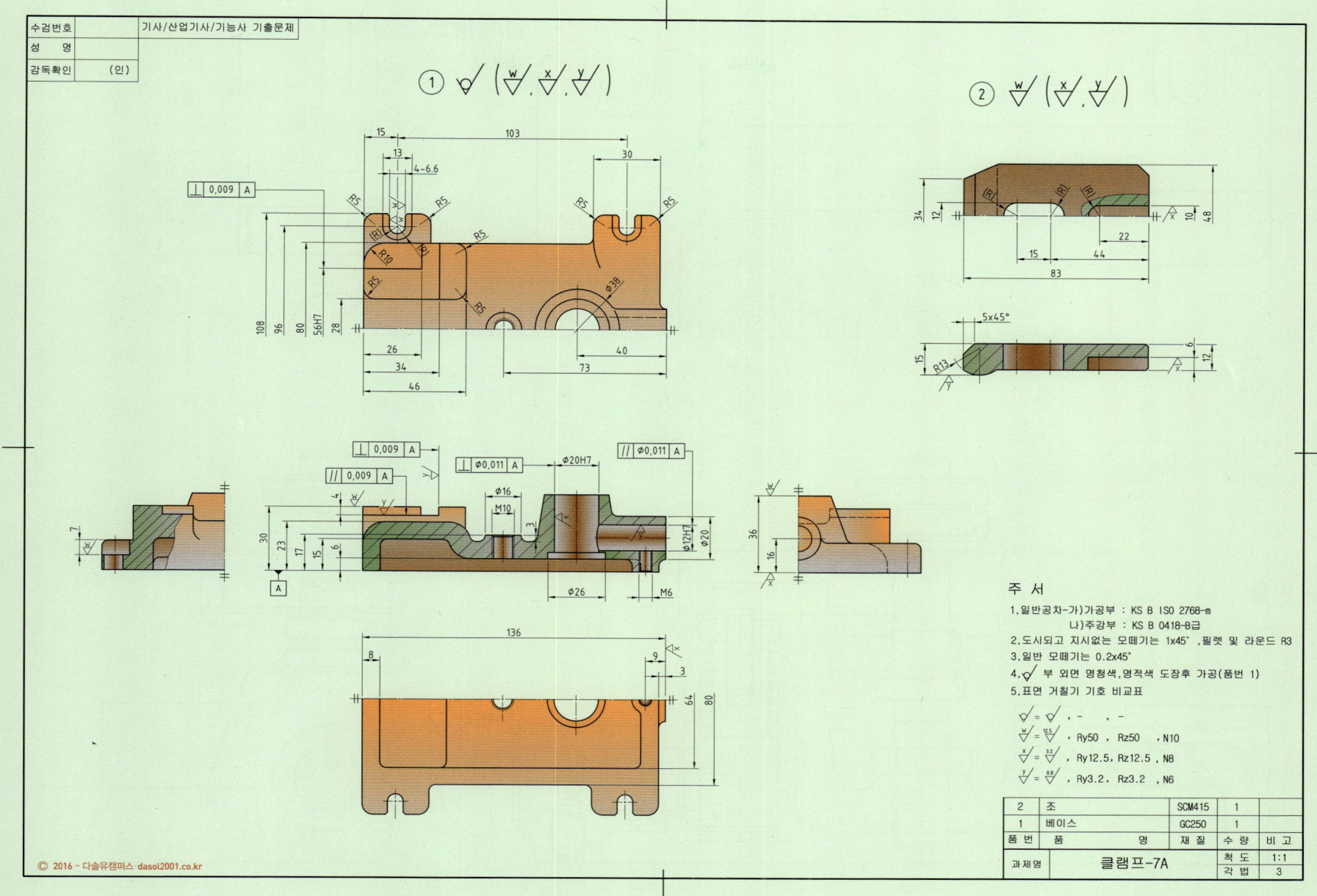

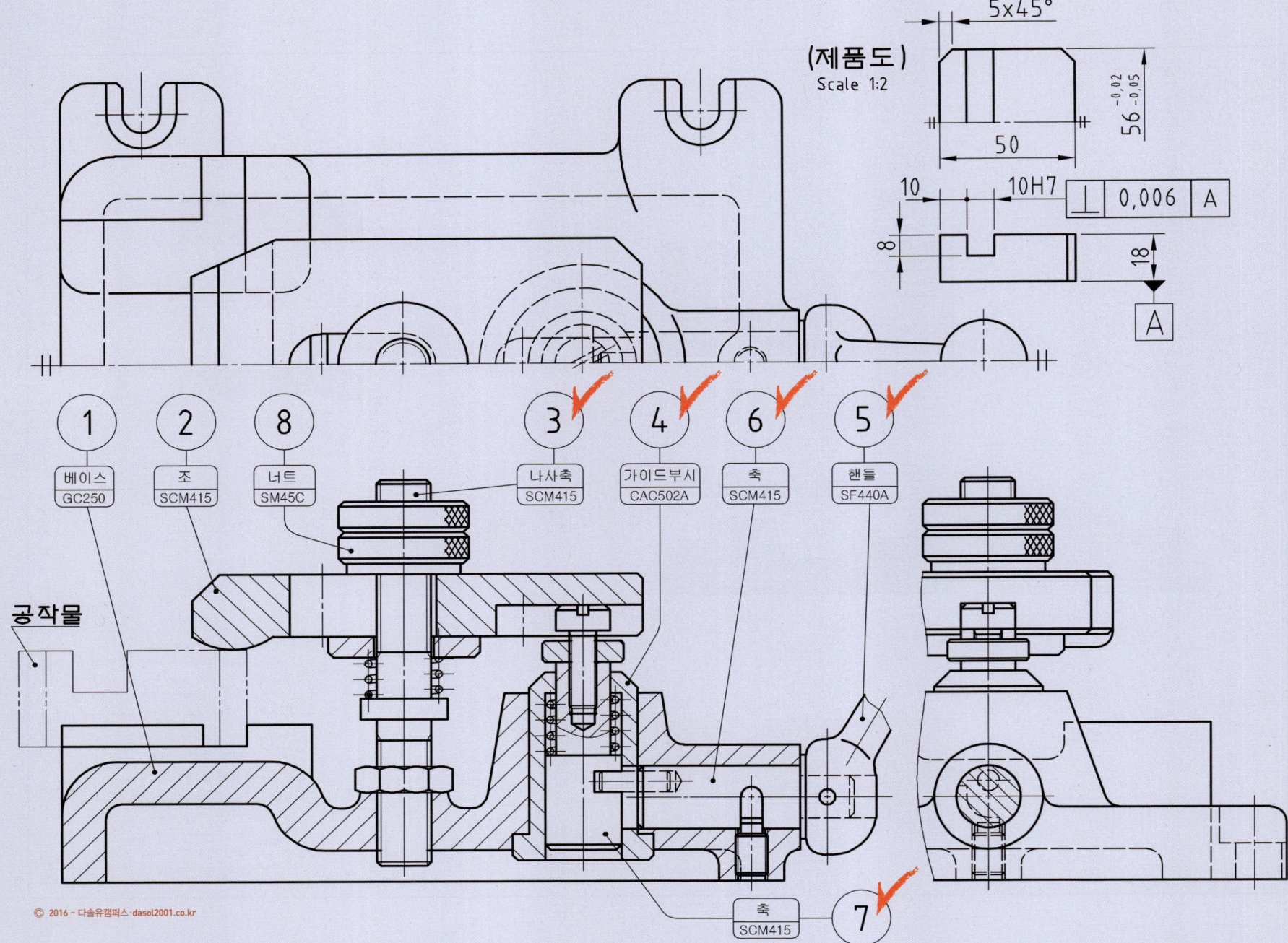

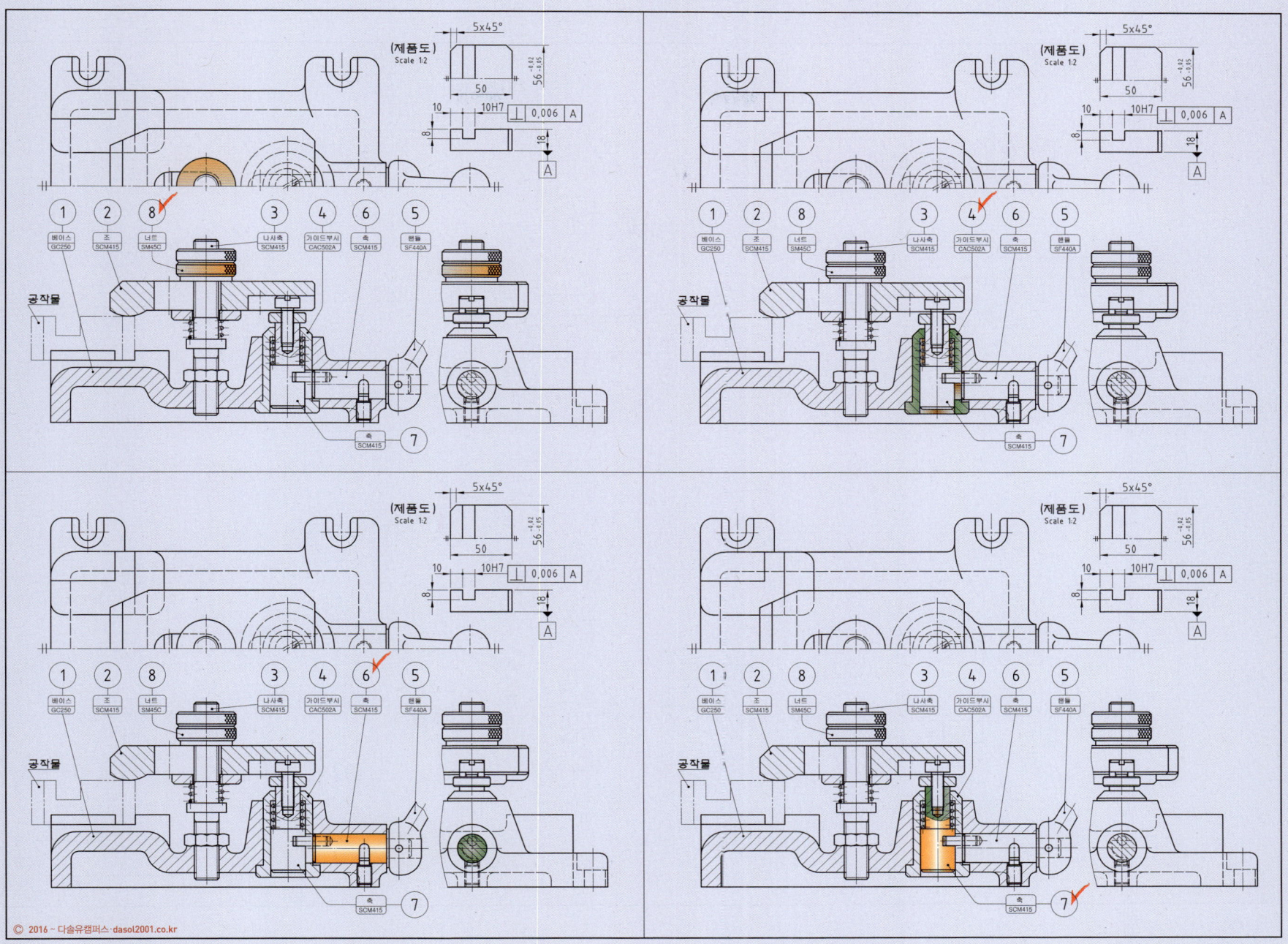

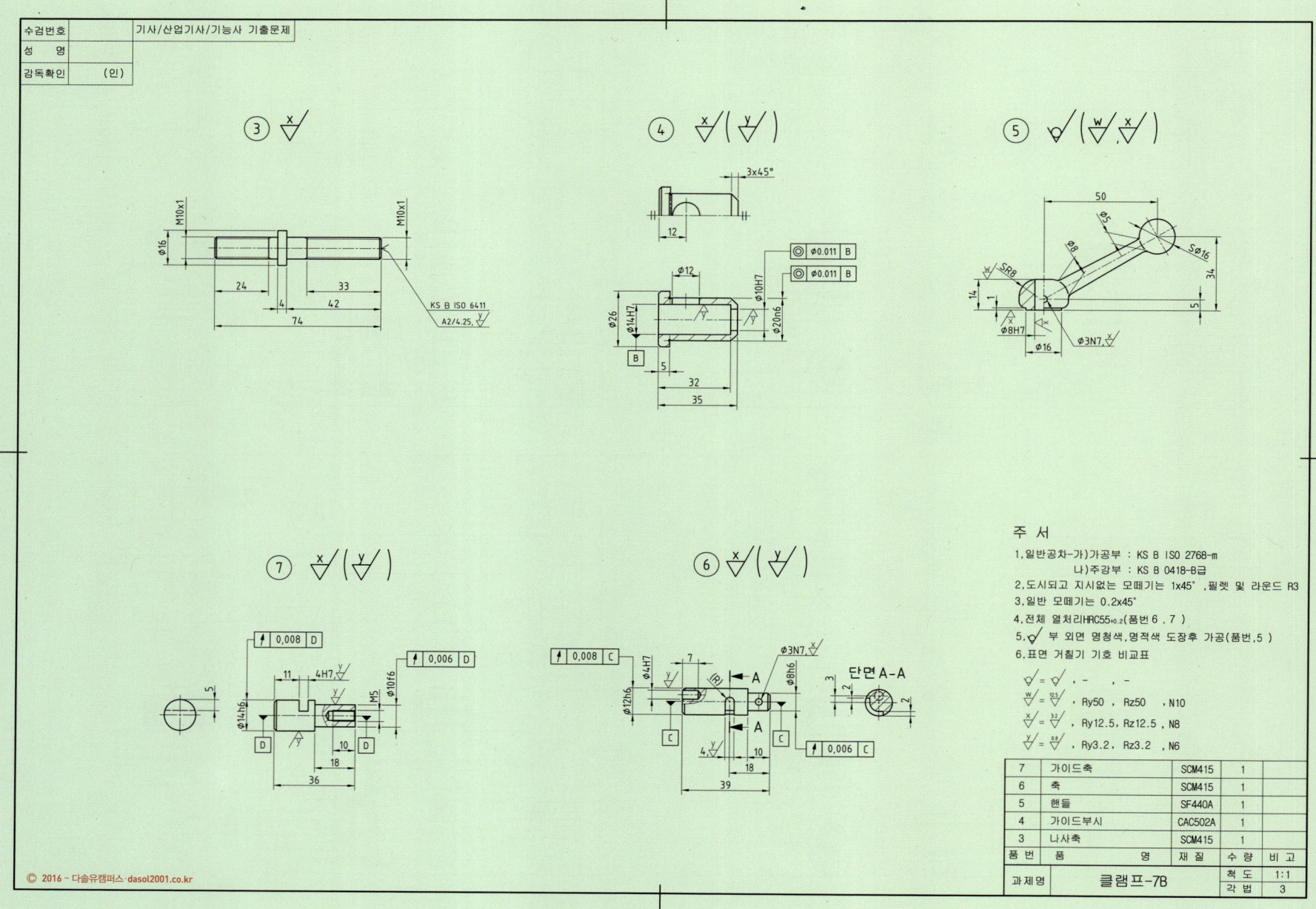

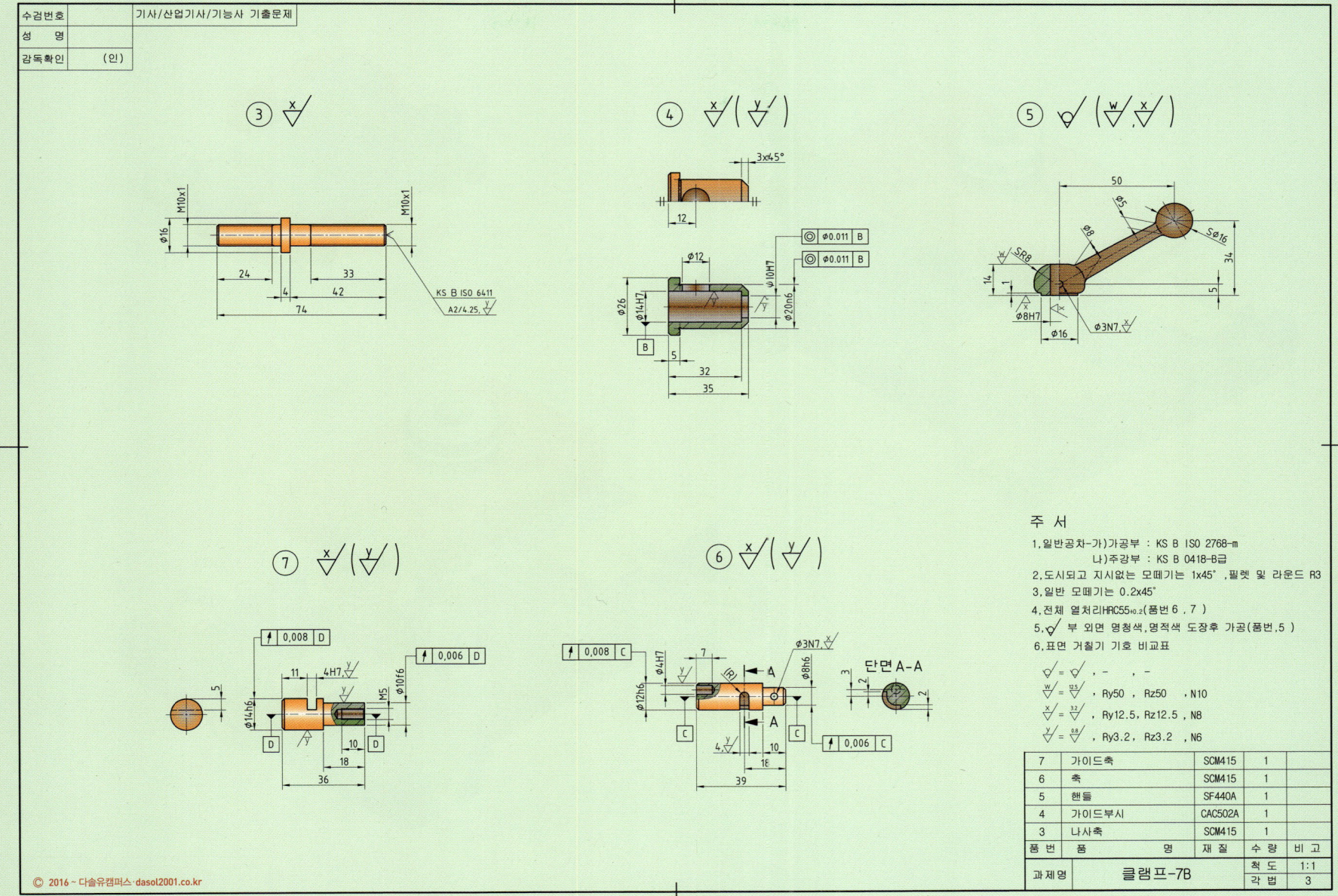

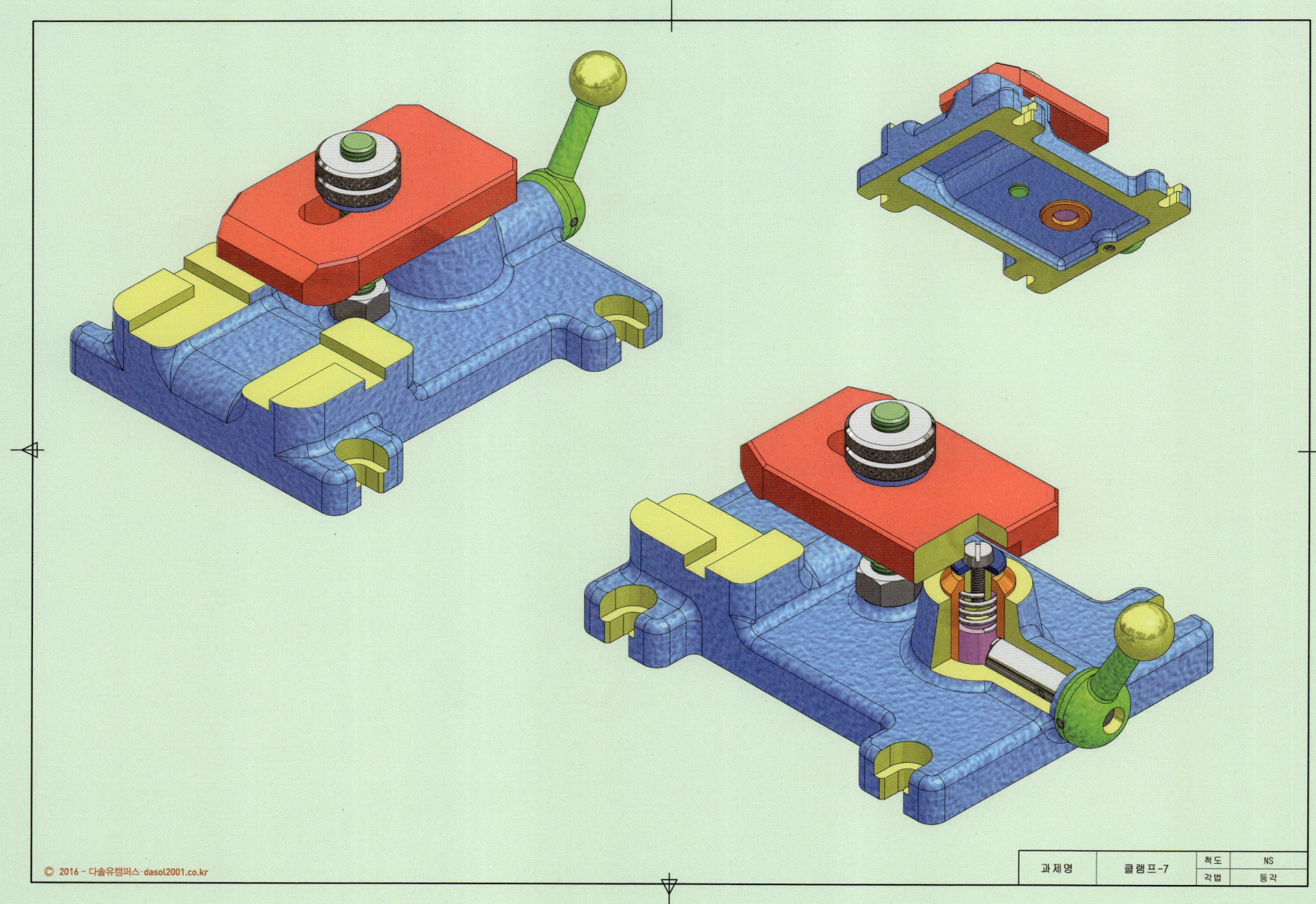

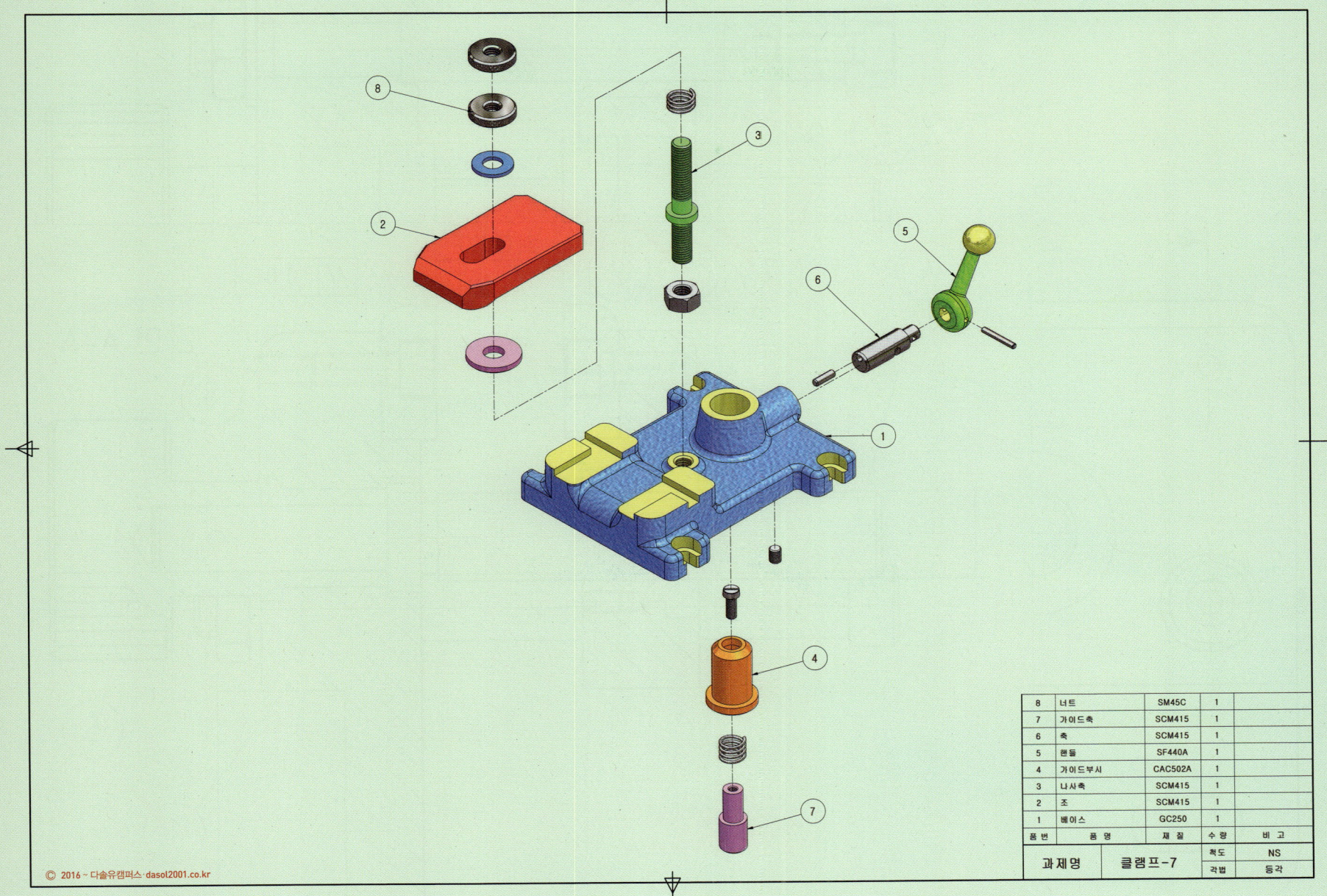

탁상클램프-1

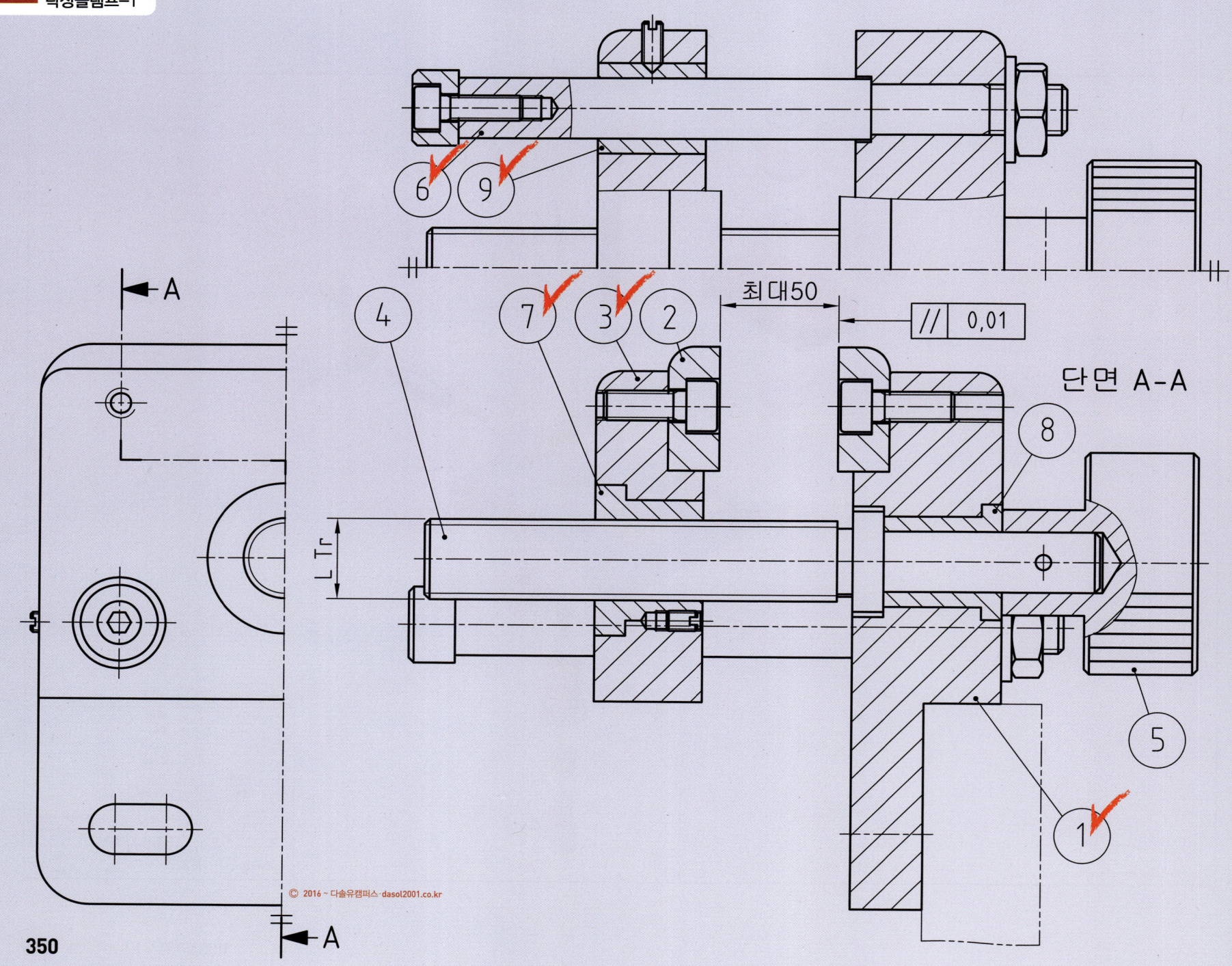

단면 A-A

최대50

// 0.01

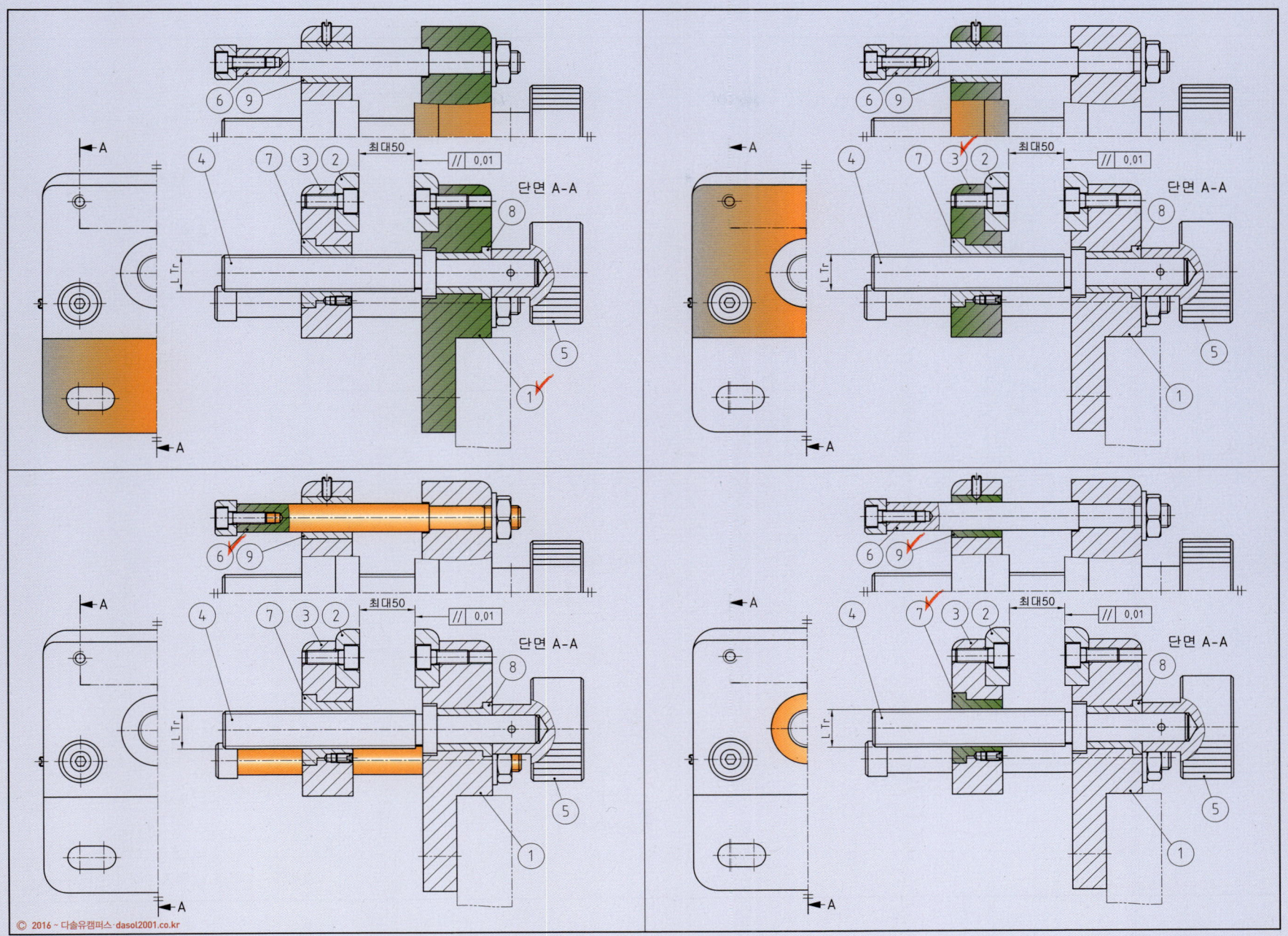

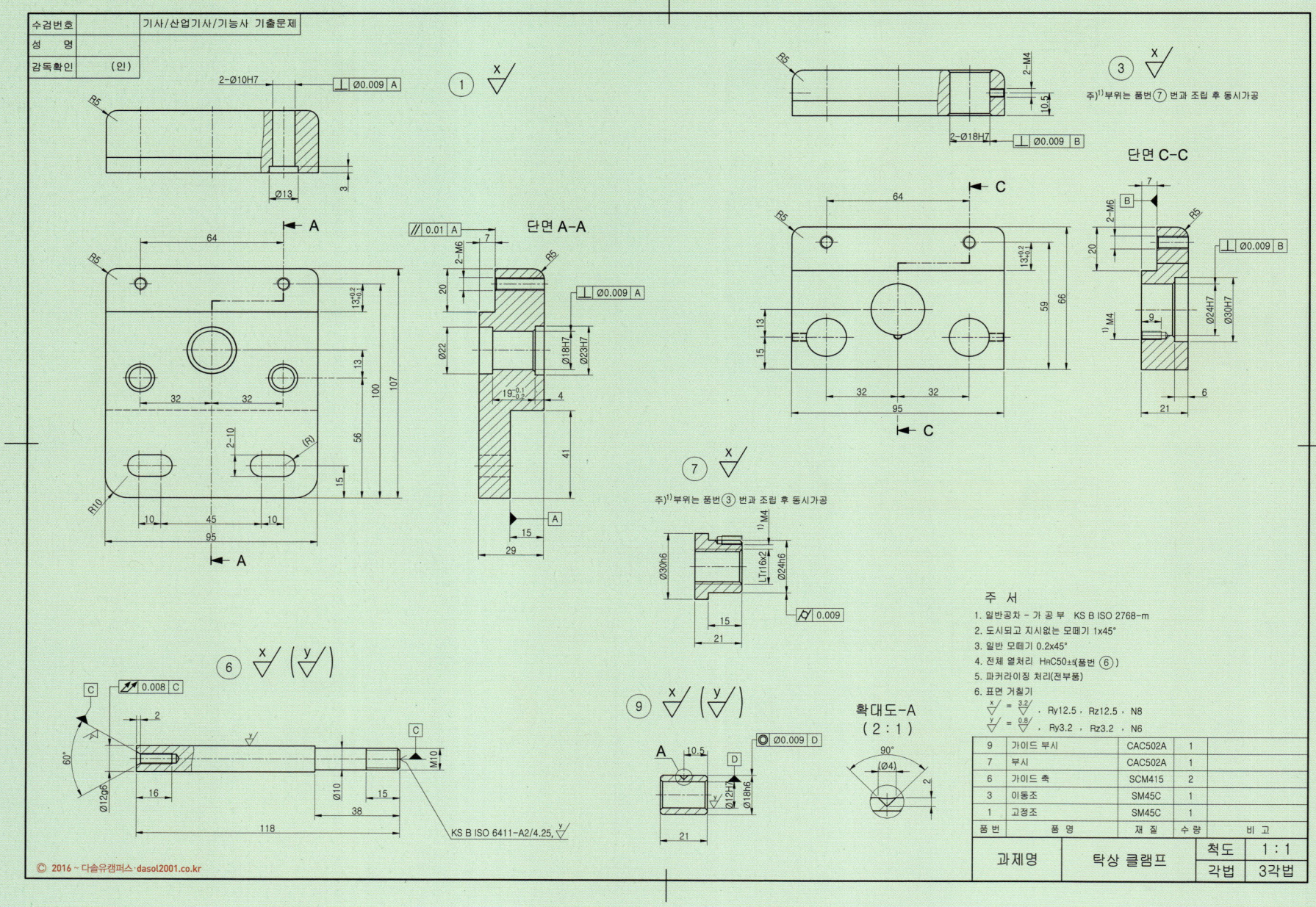

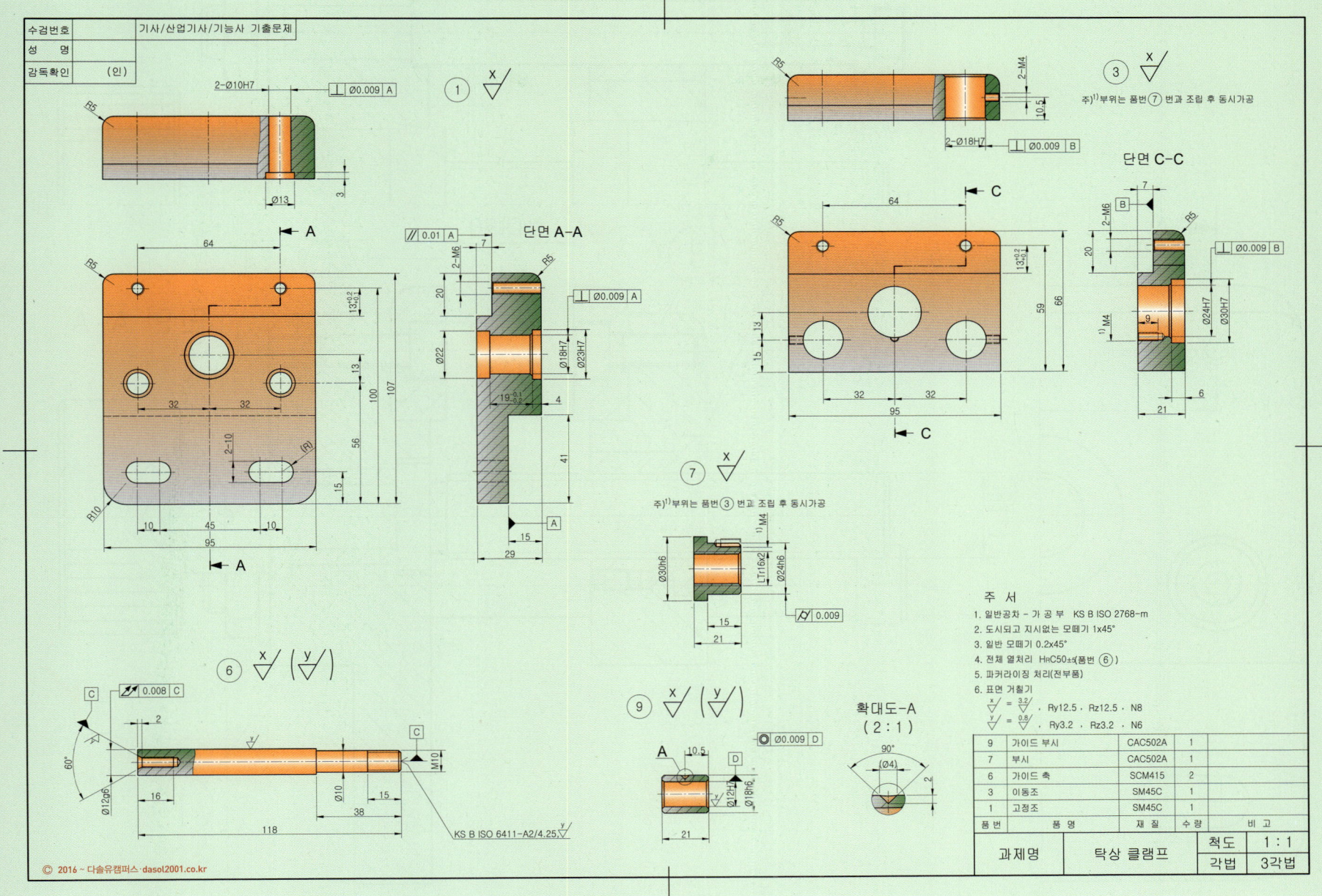

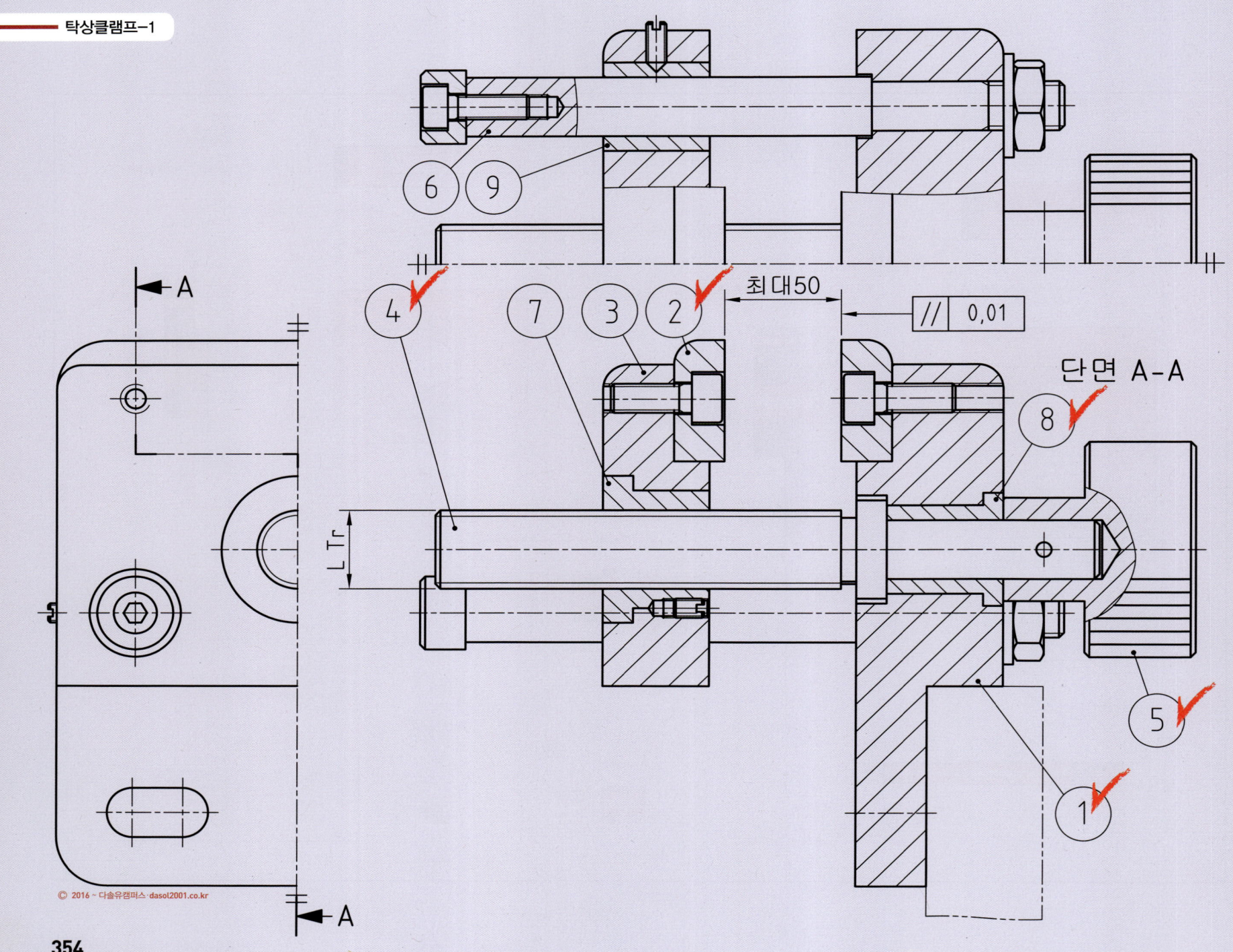

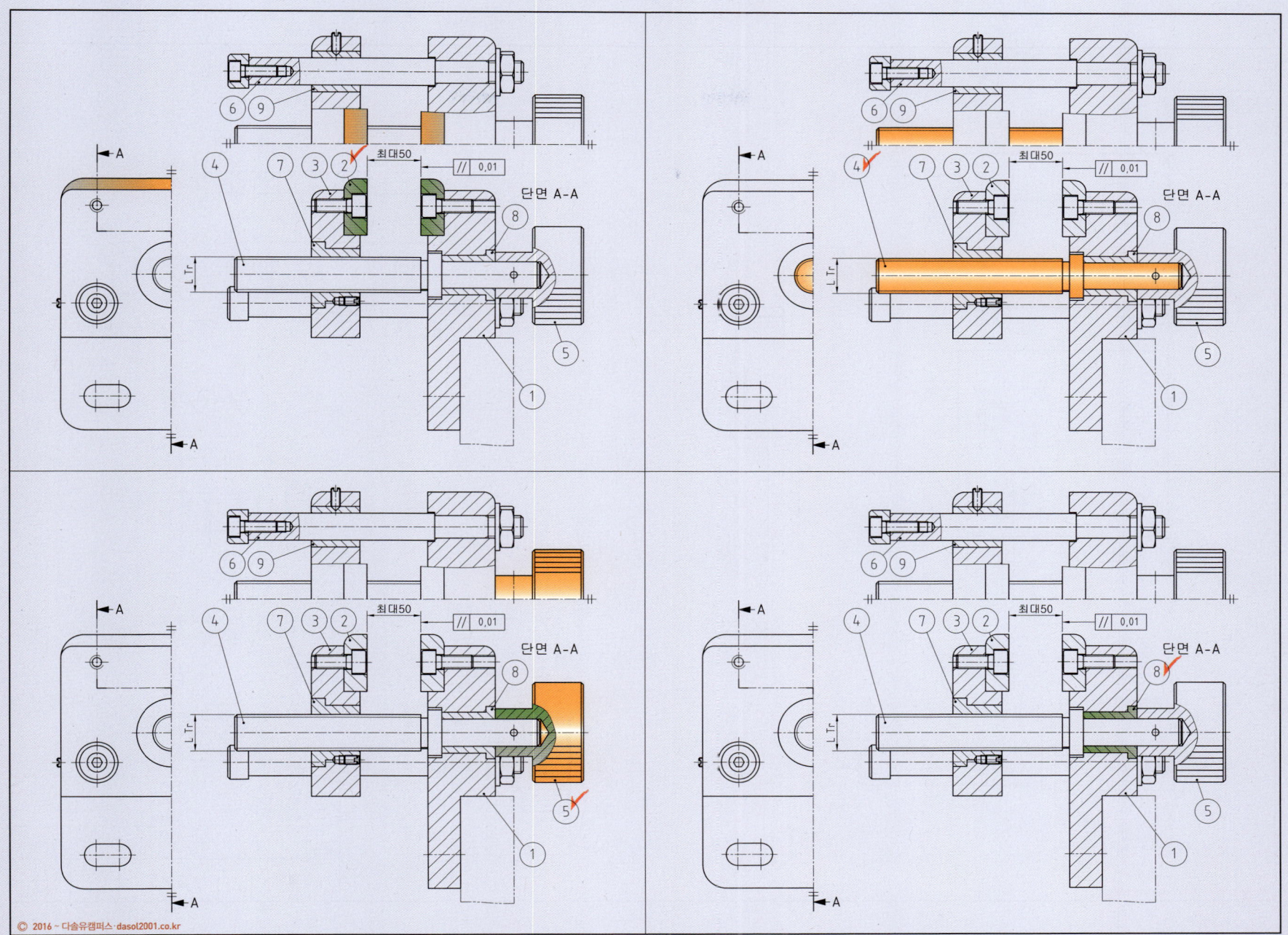

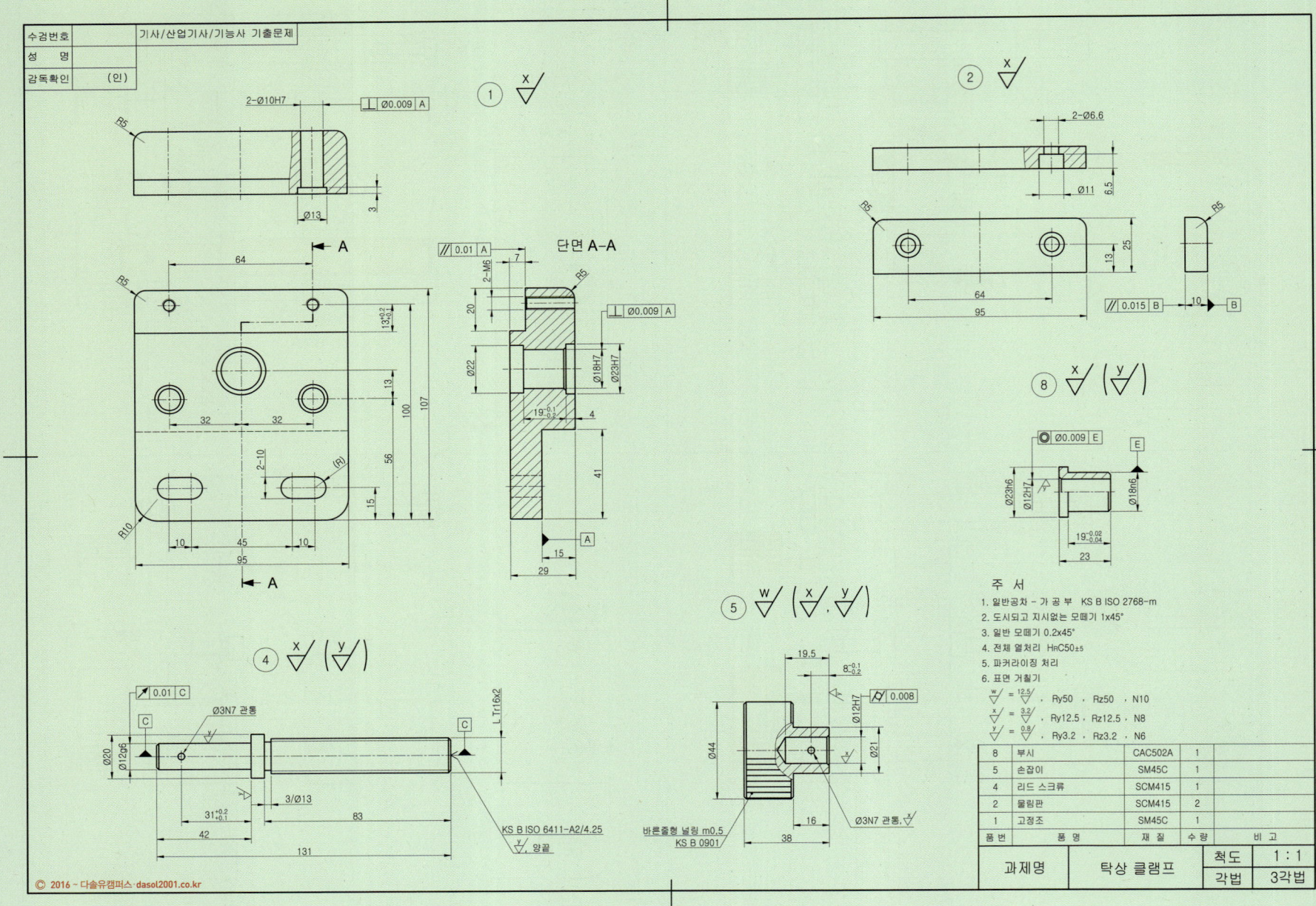

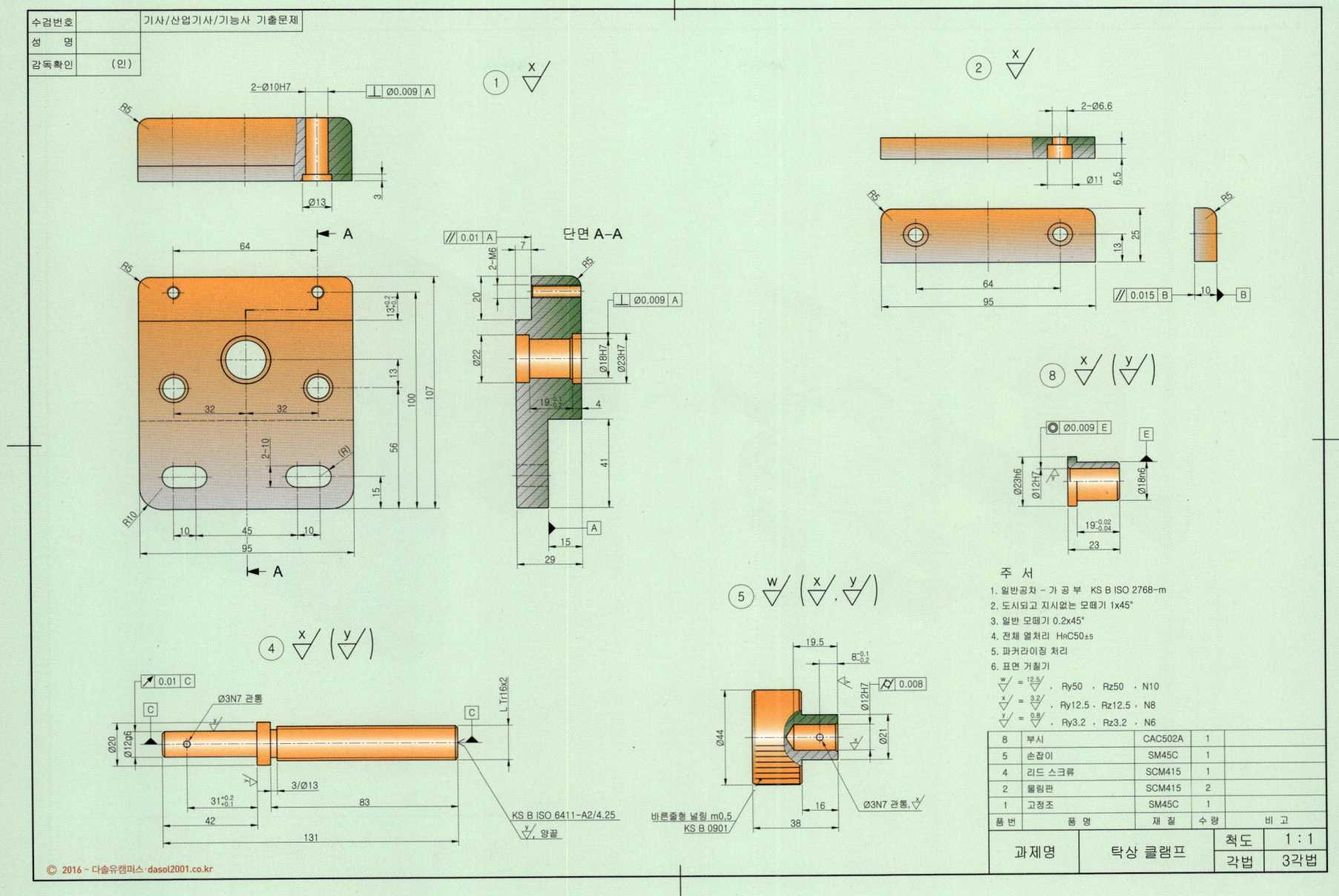

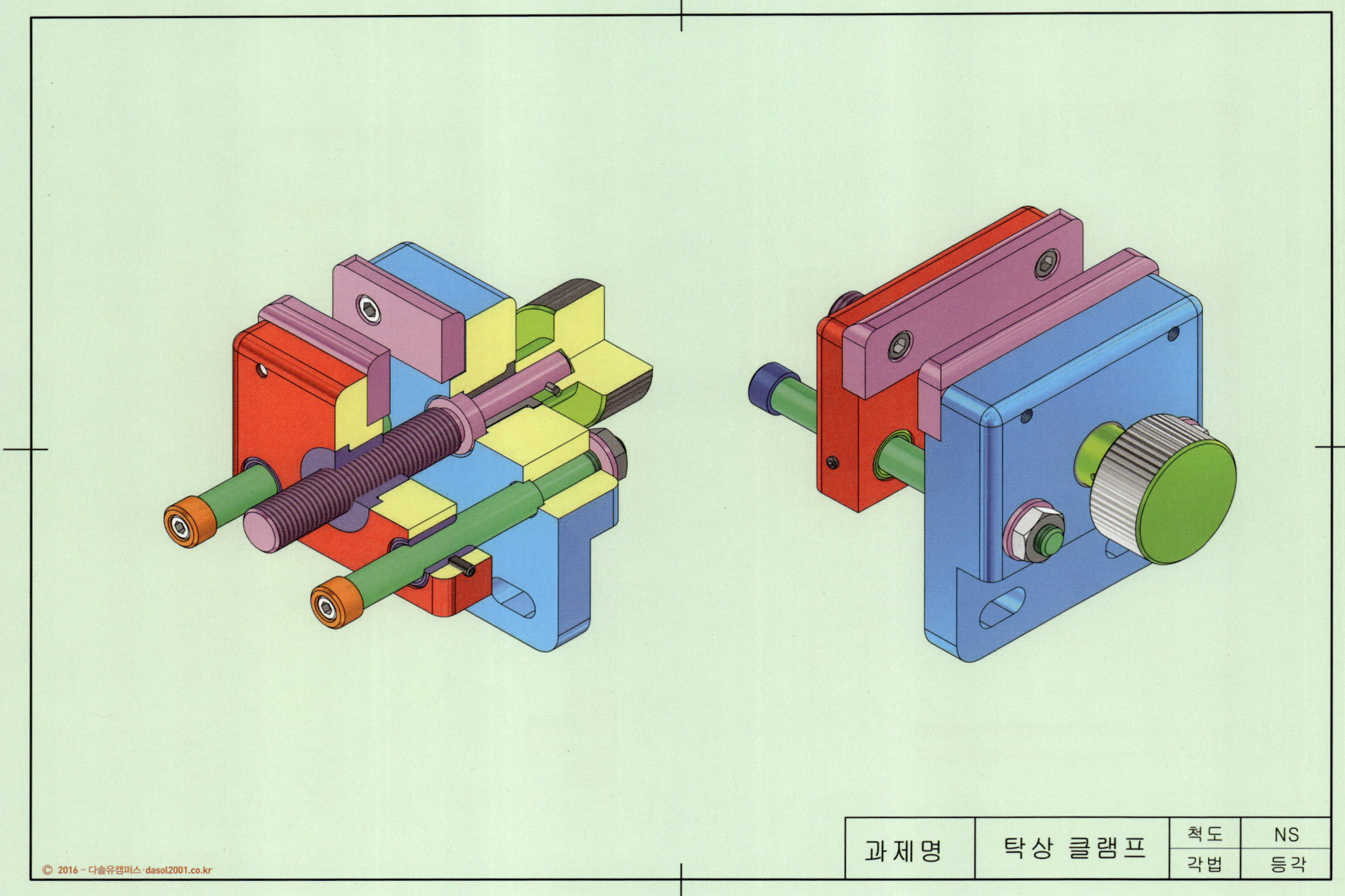

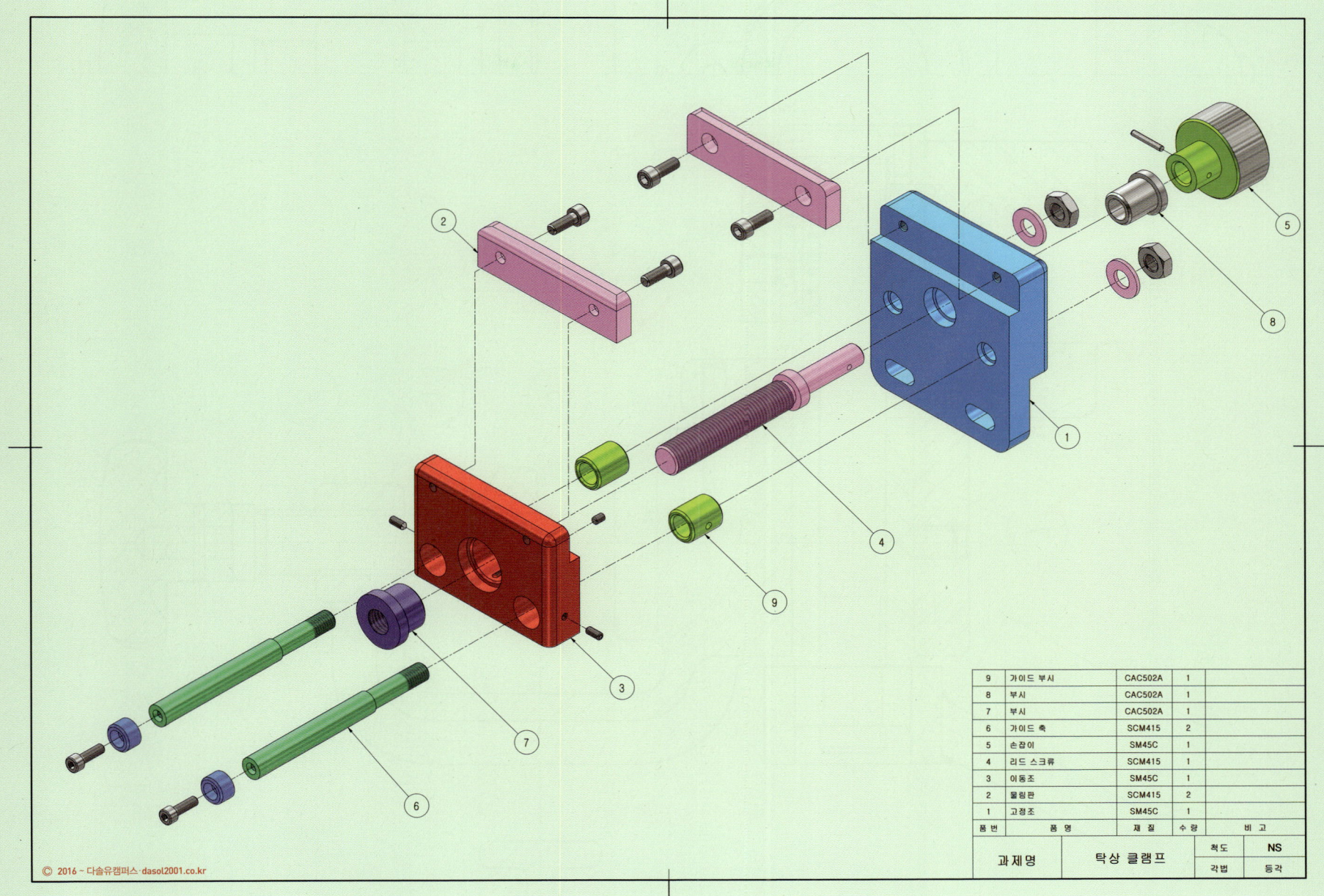

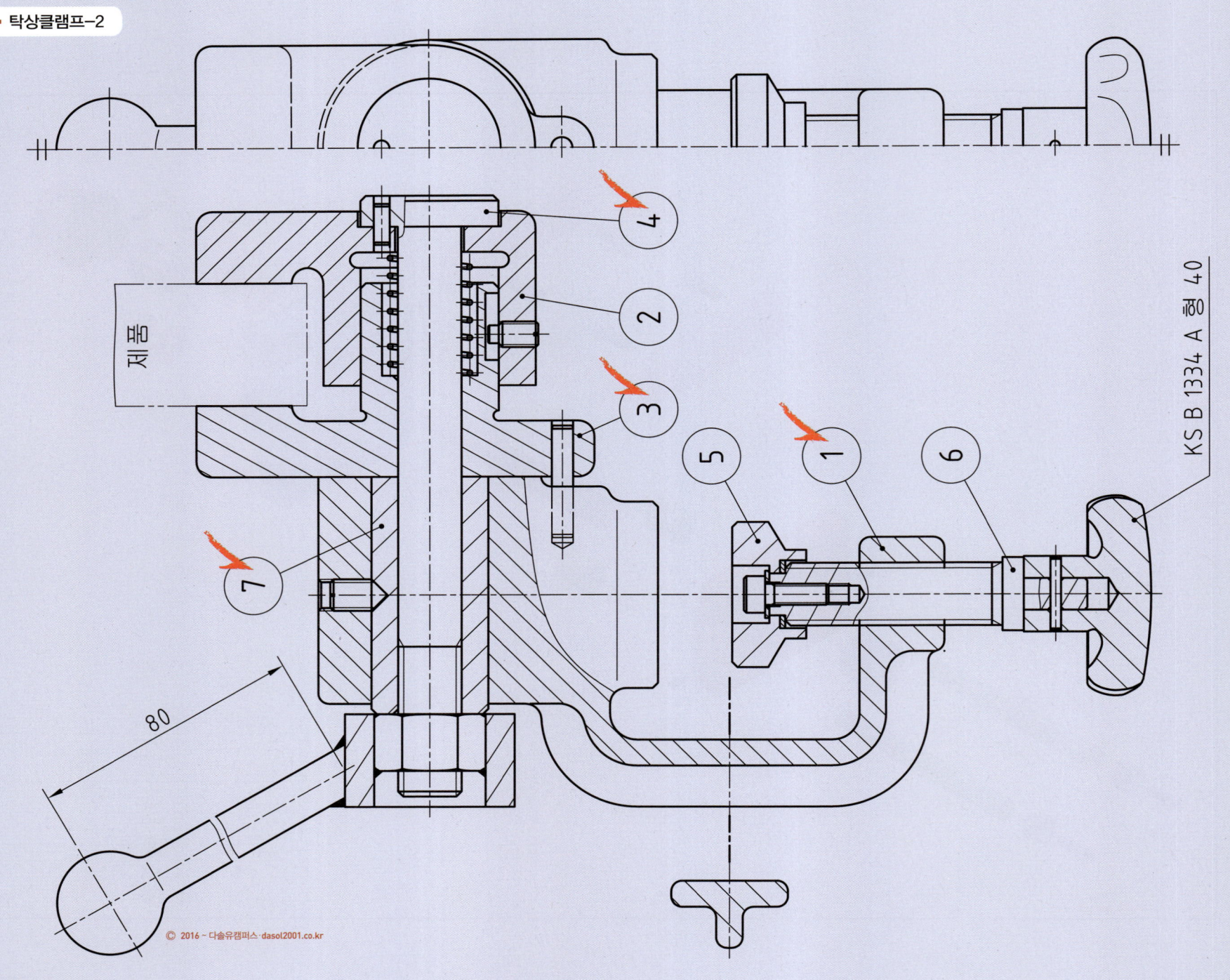

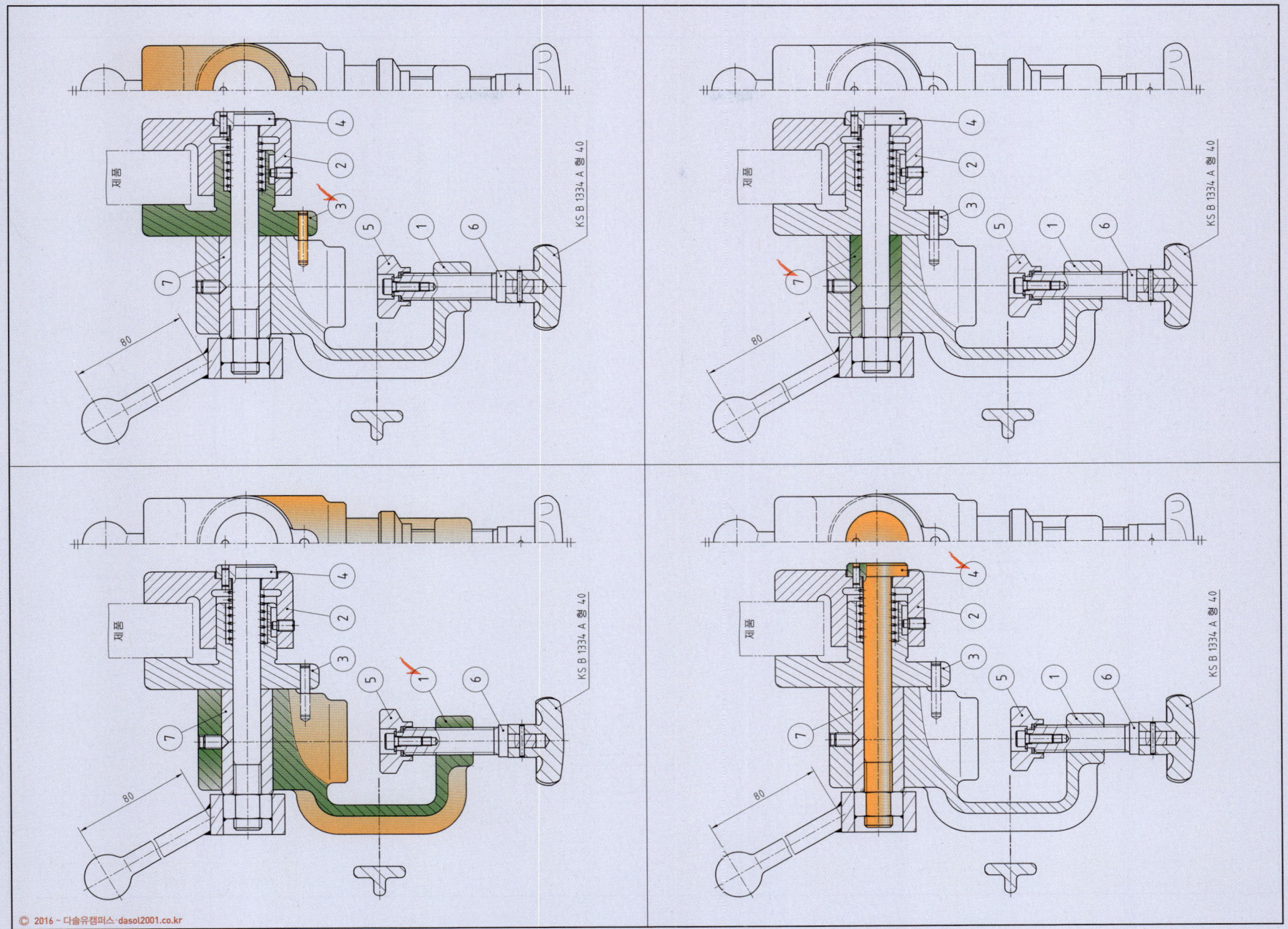

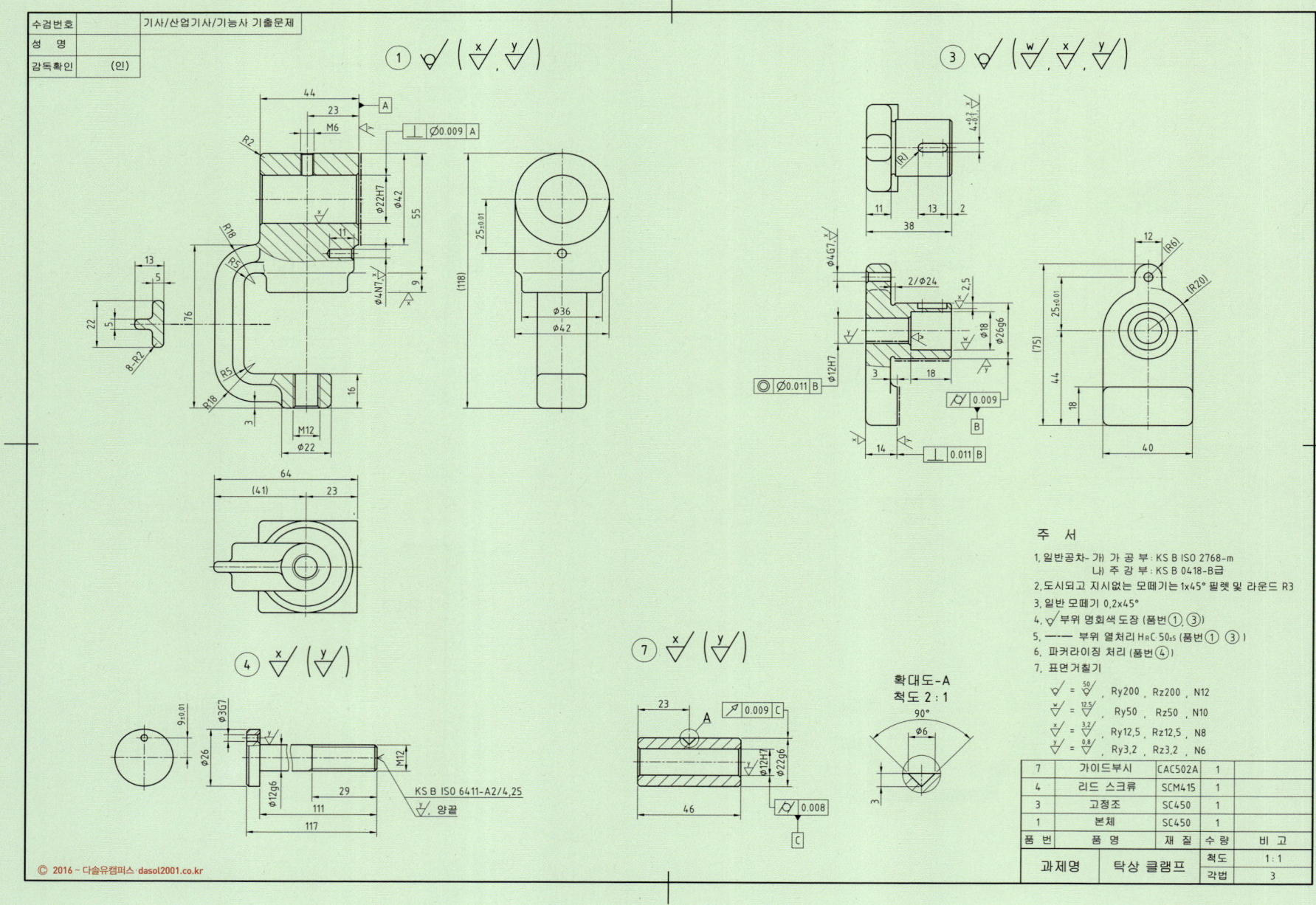

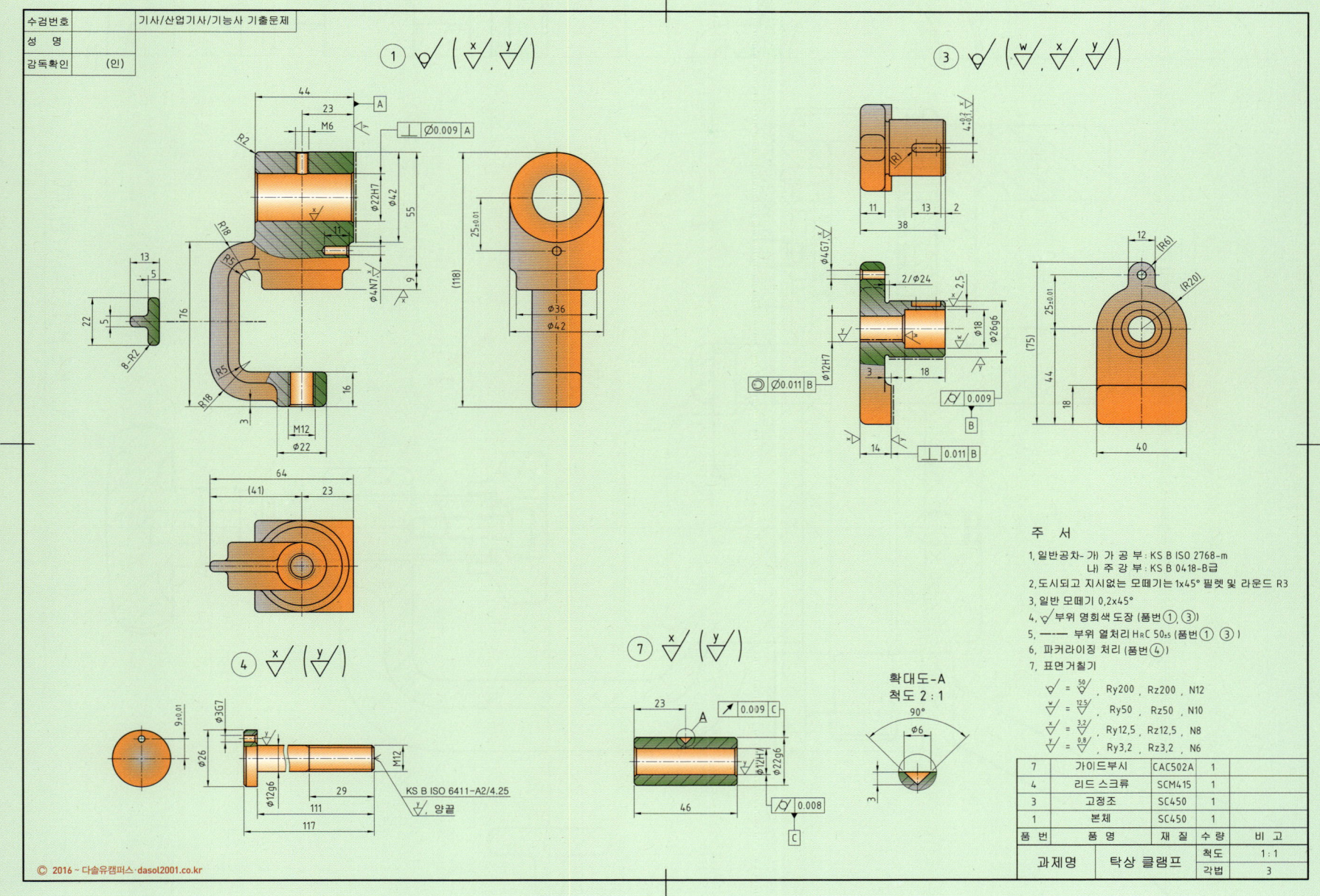

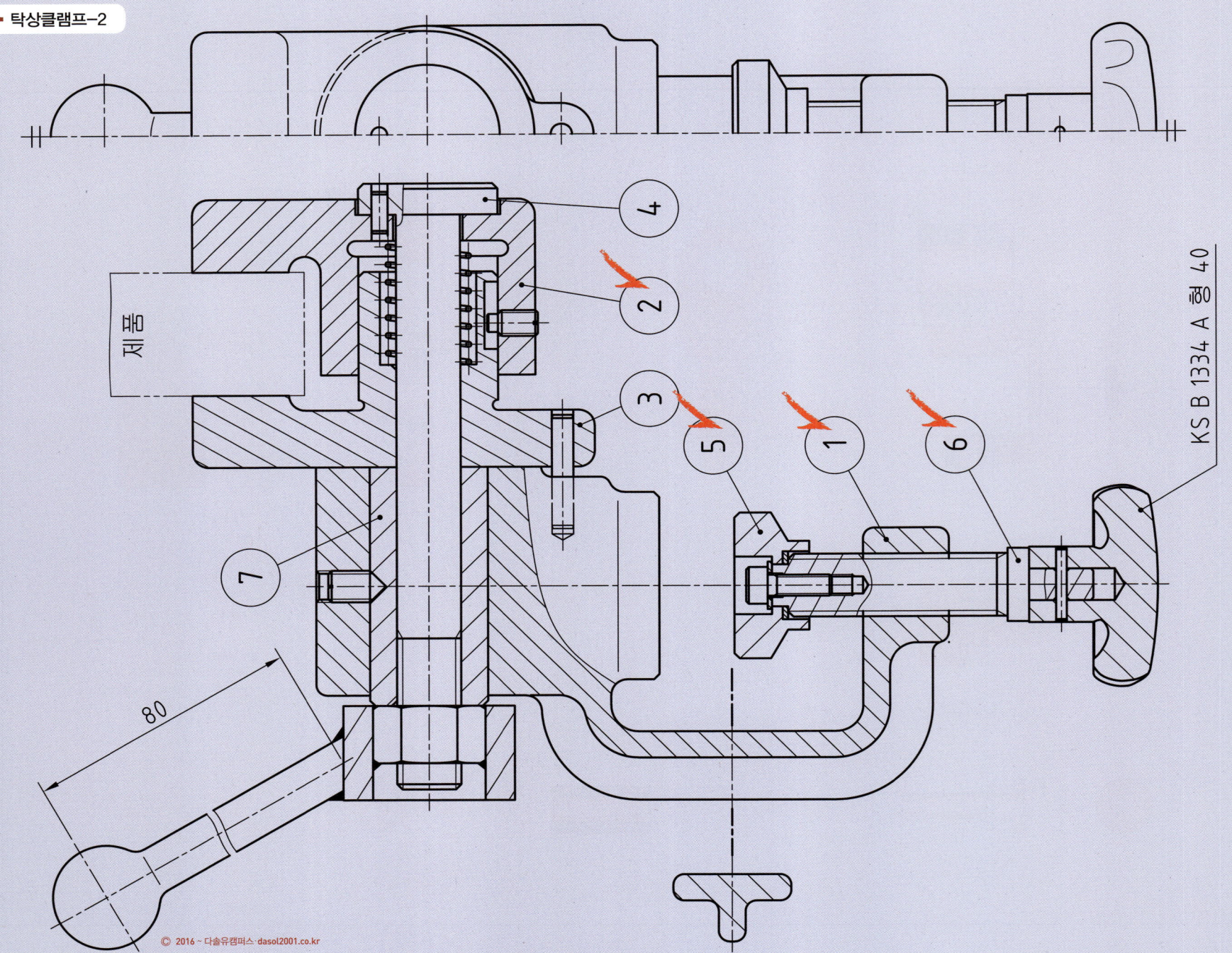

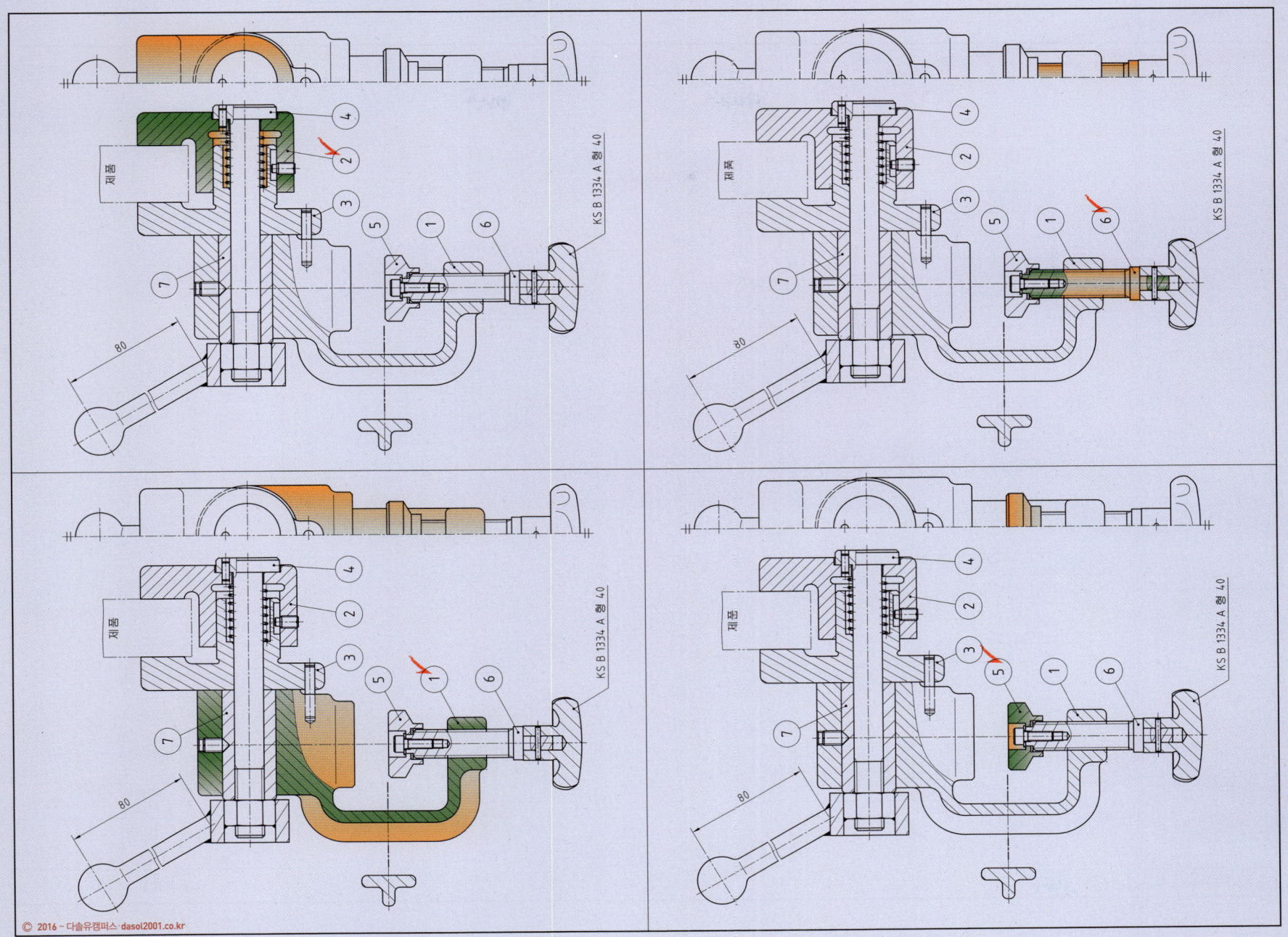

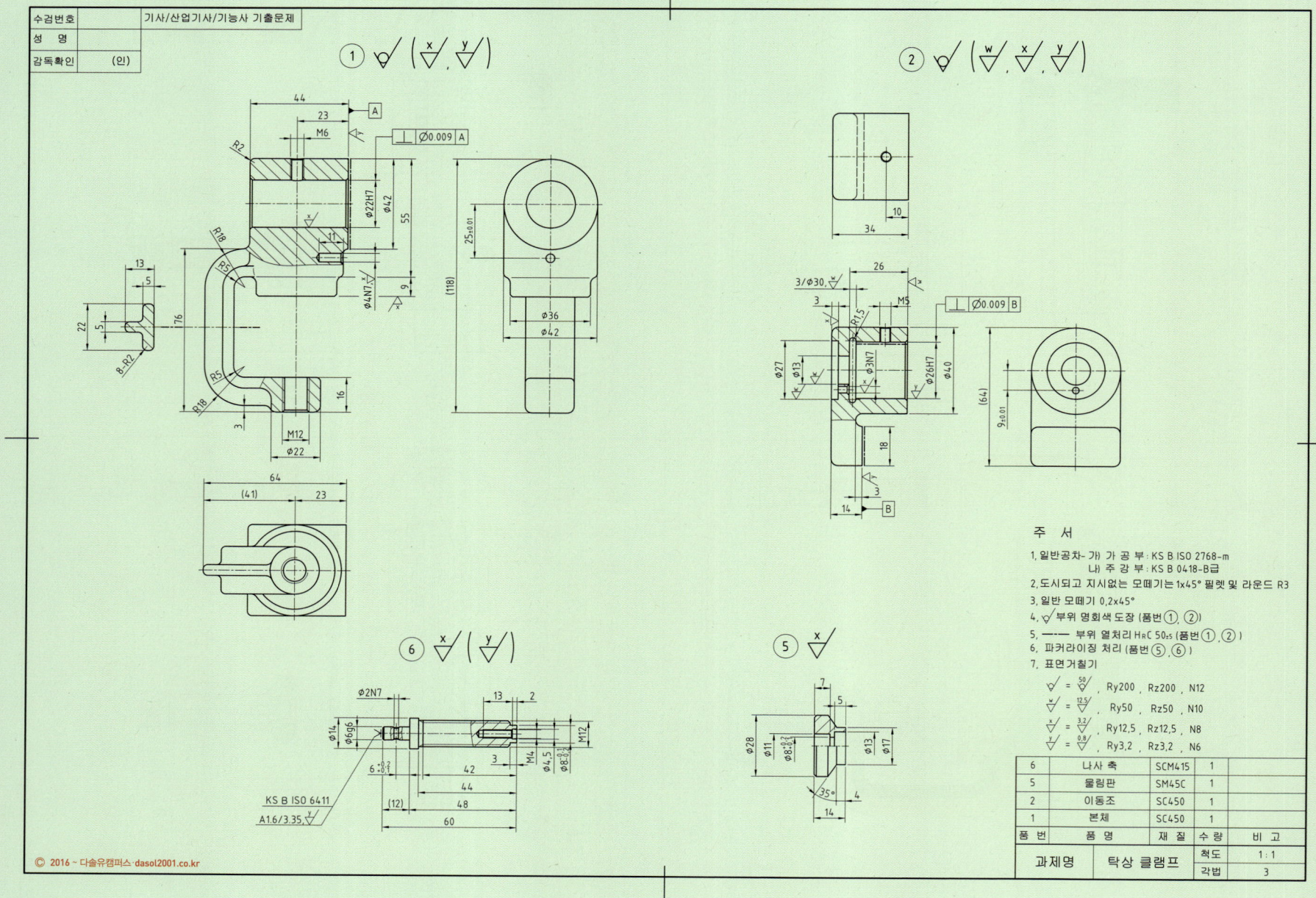

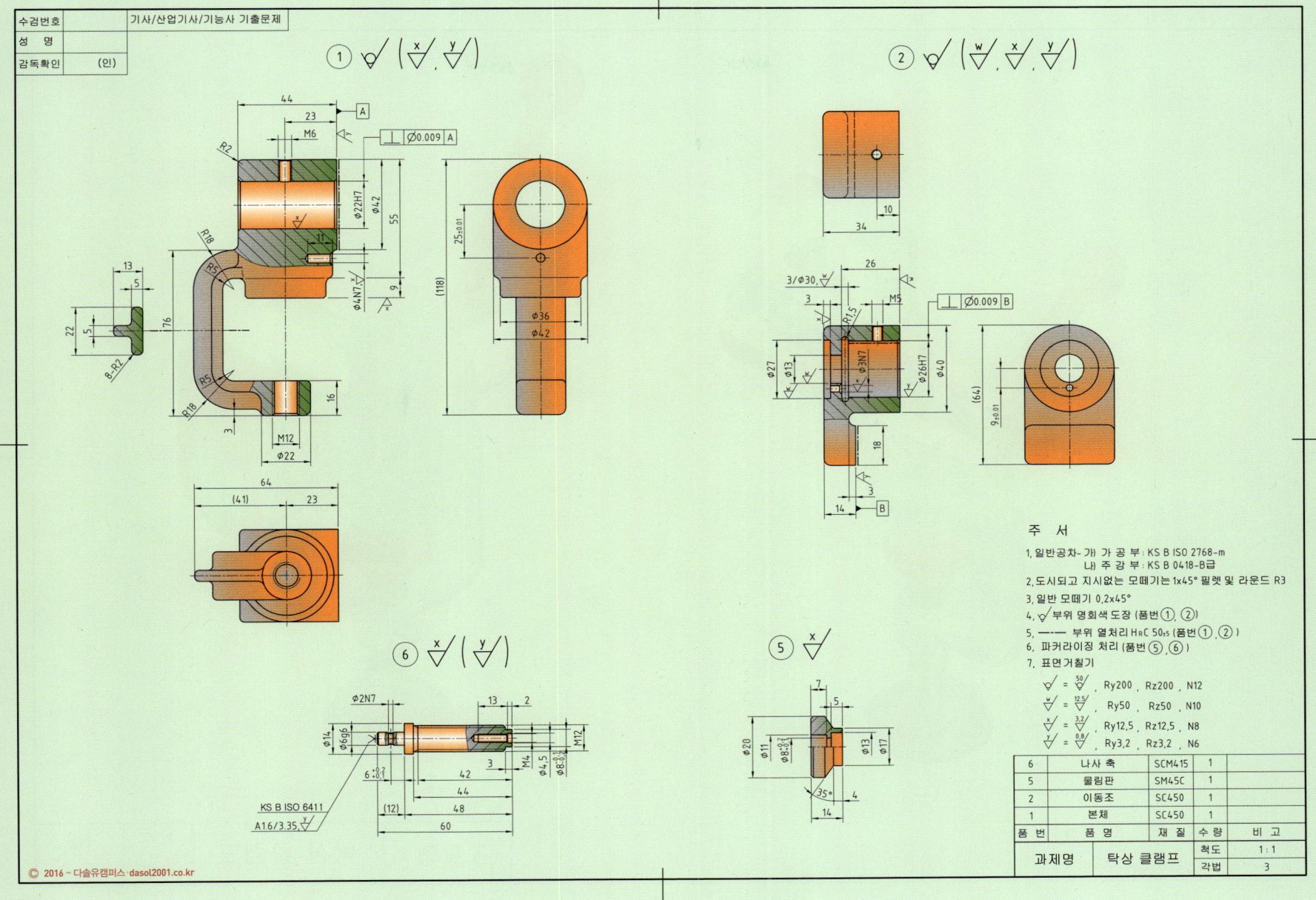

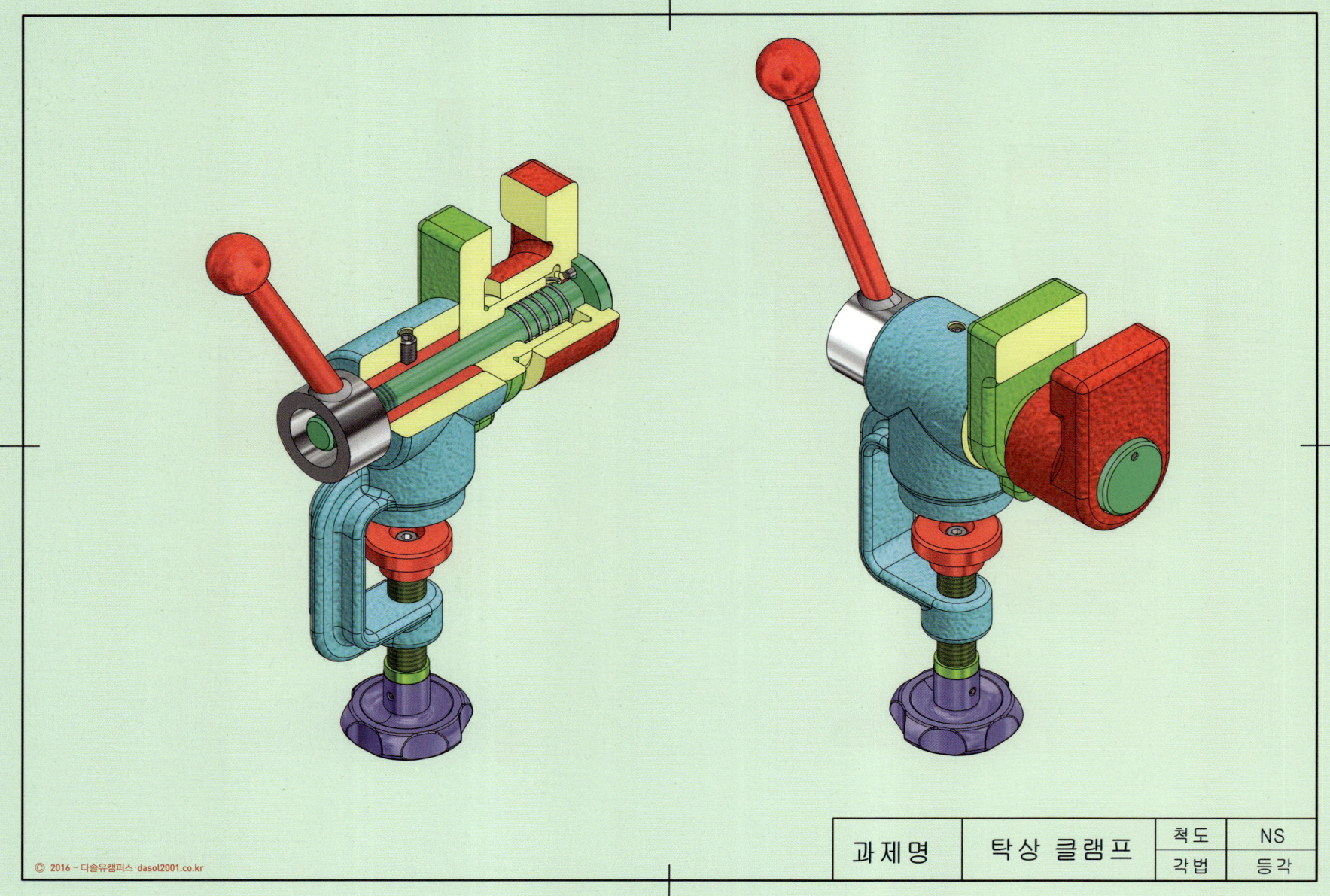

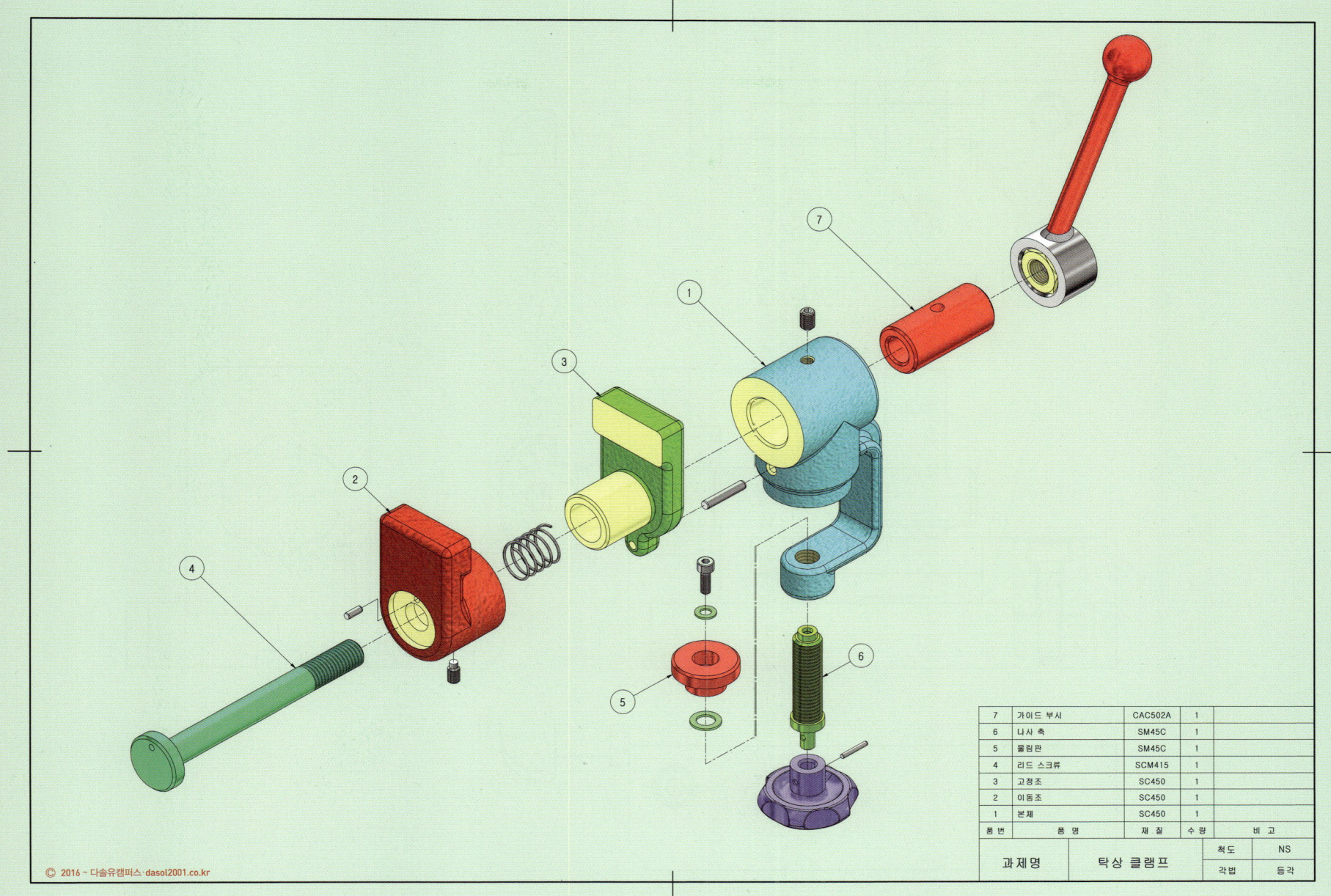

바이스-1

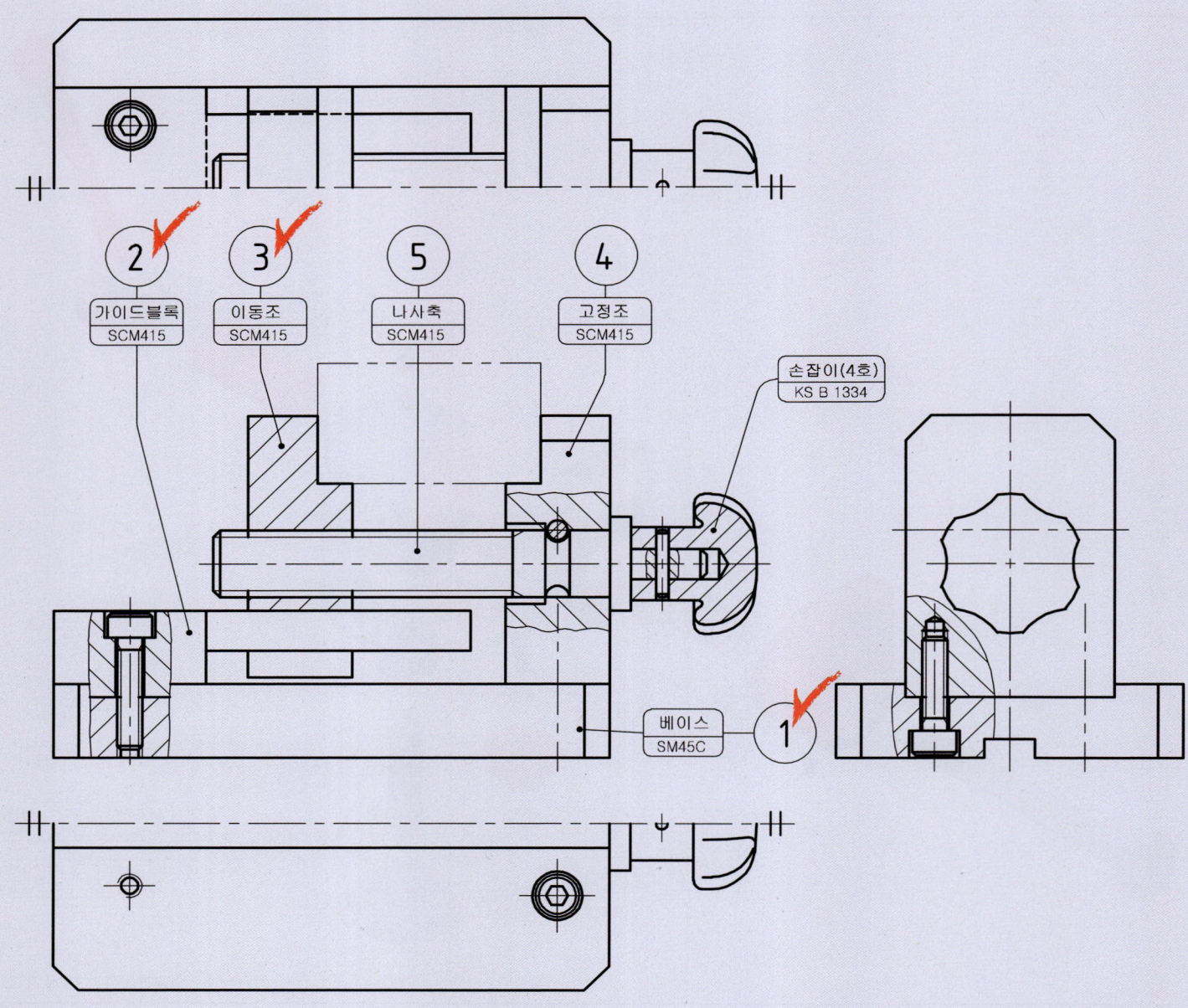

바이스-1

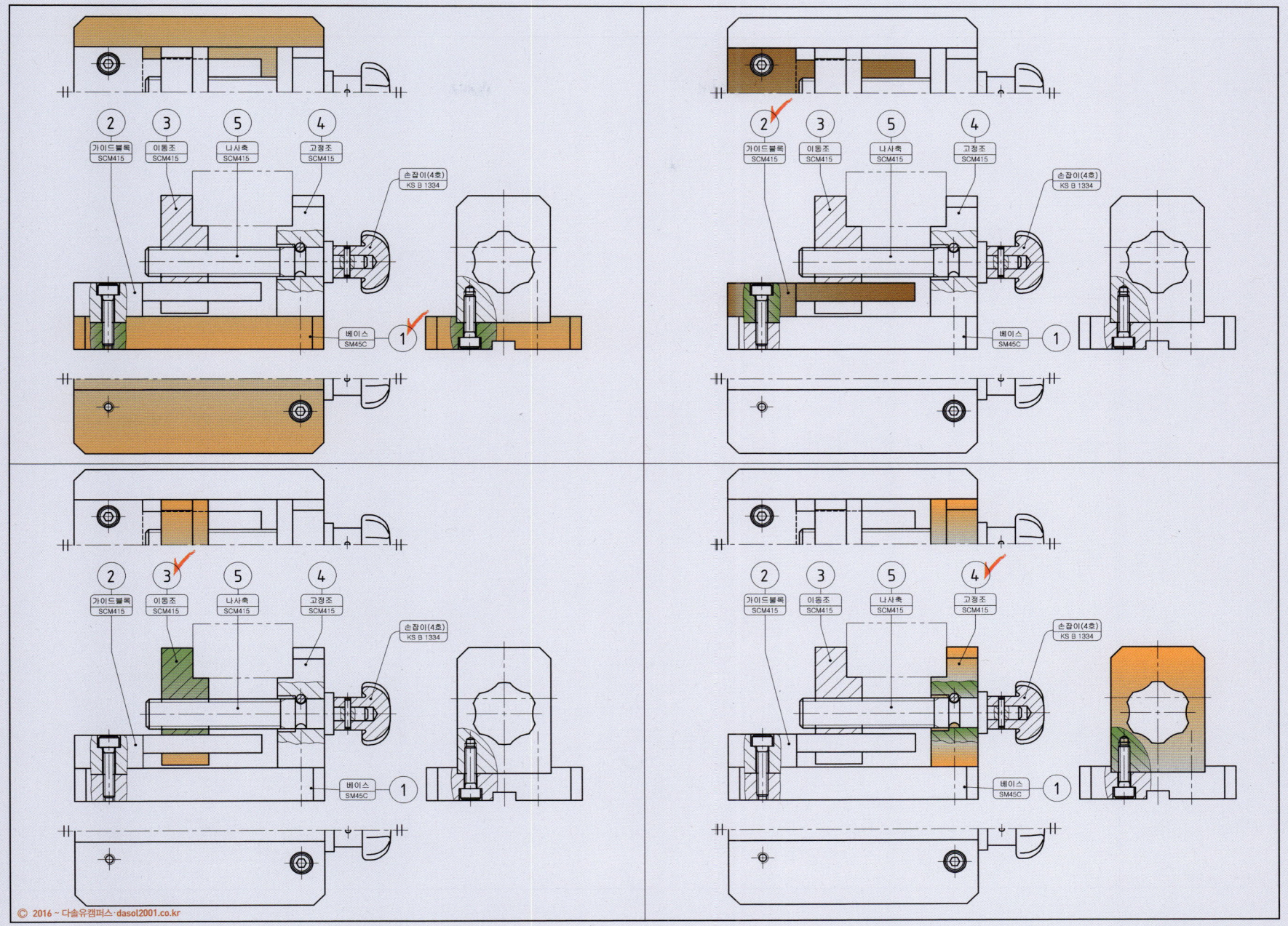

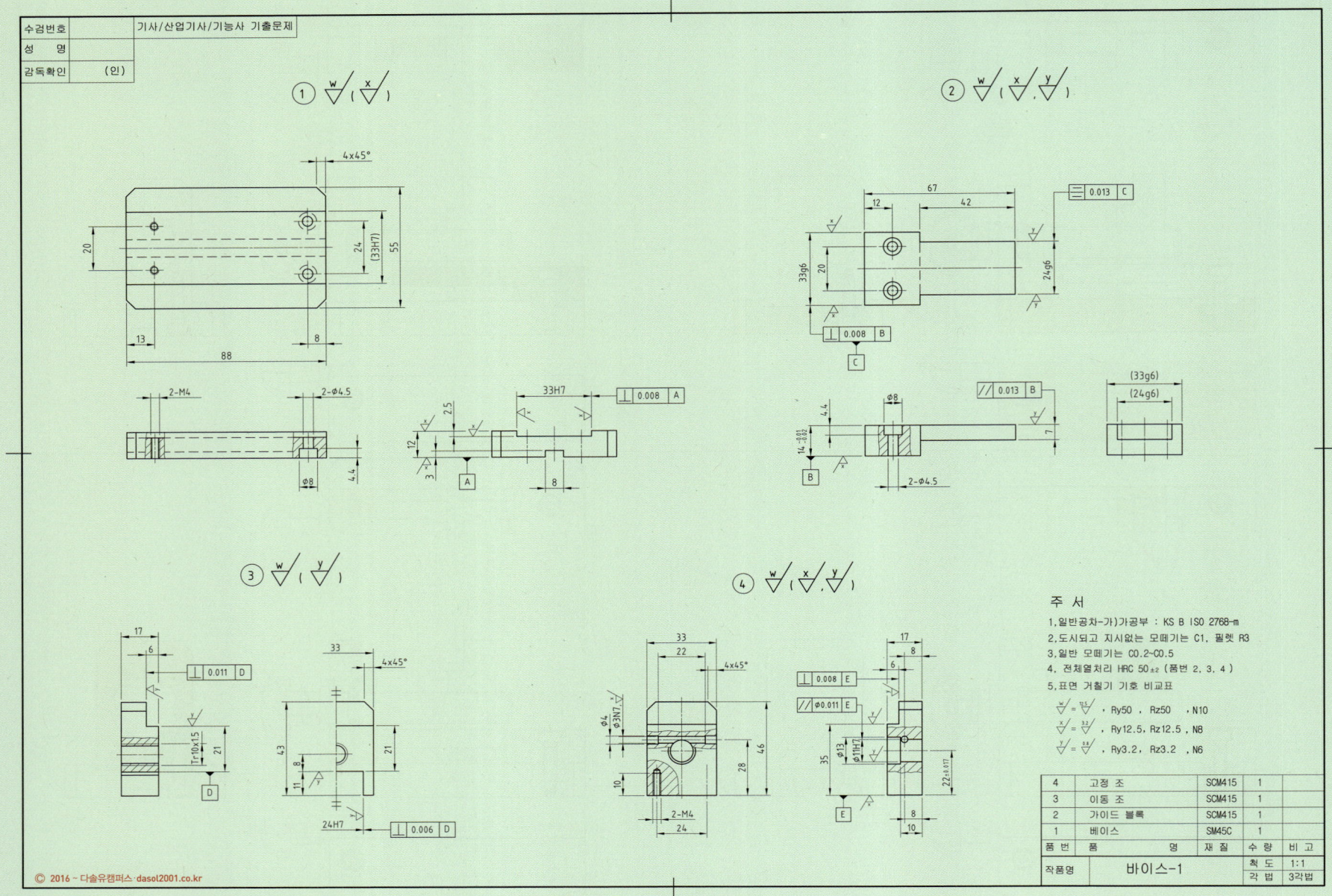

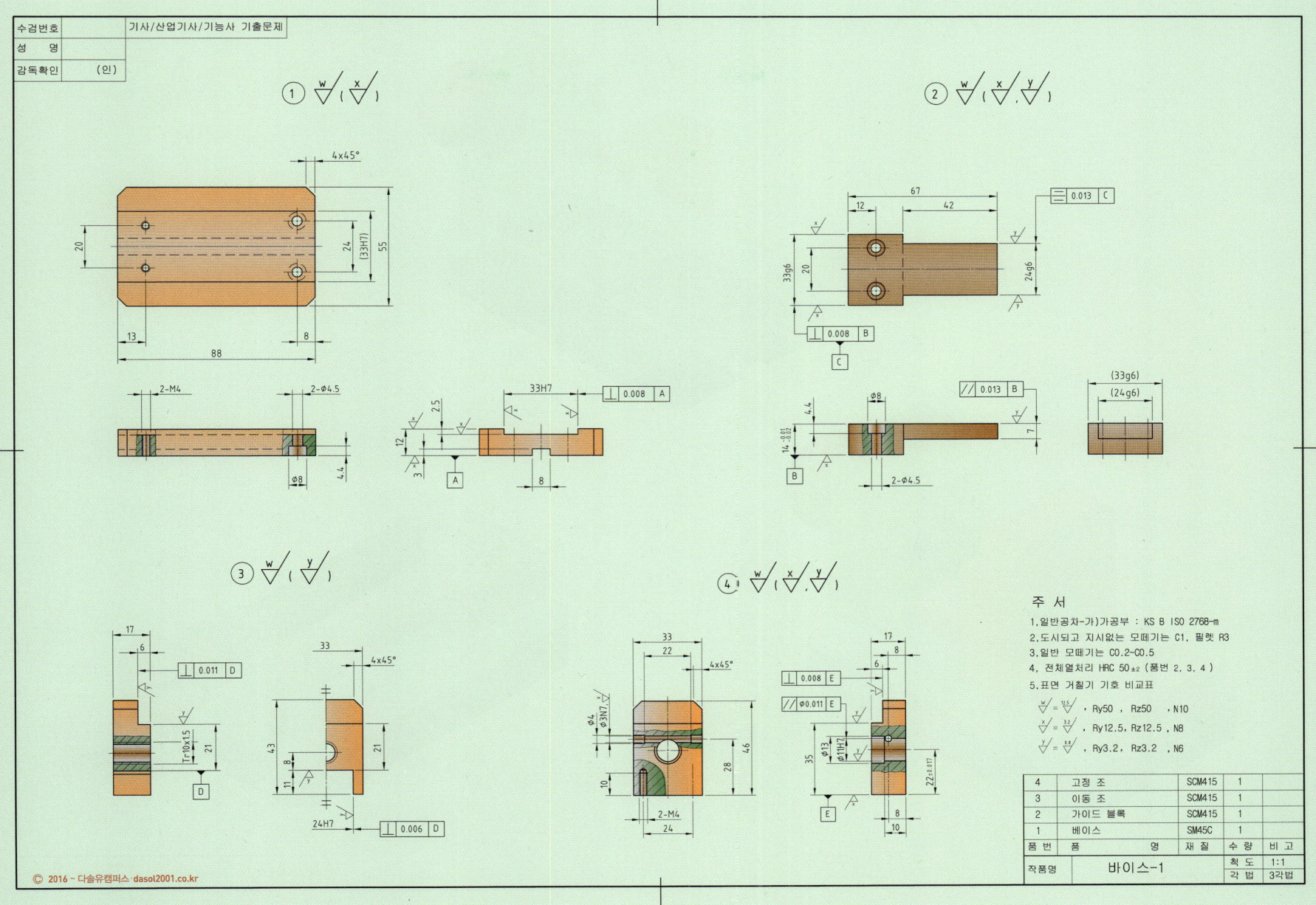

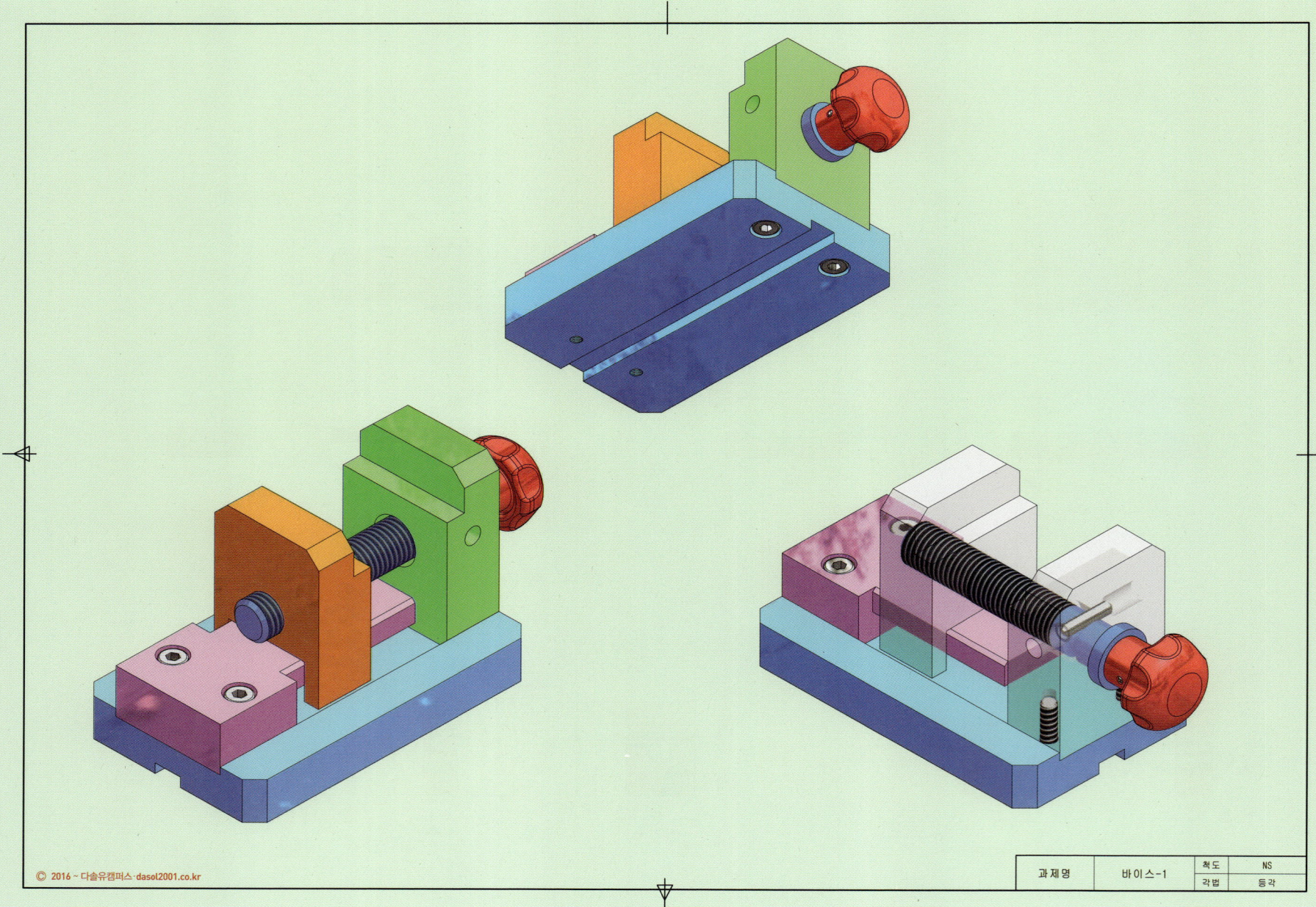

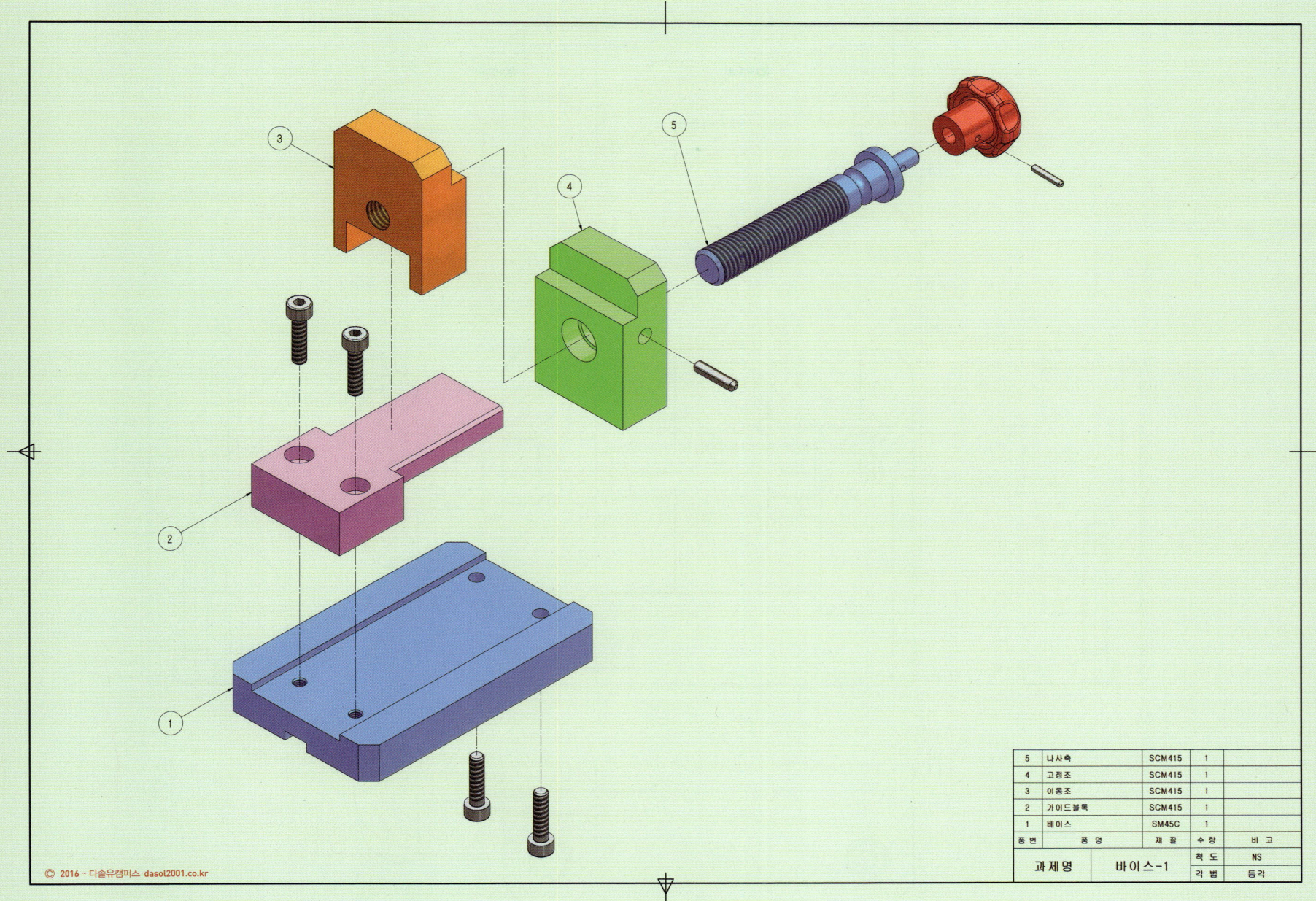

바이스-2

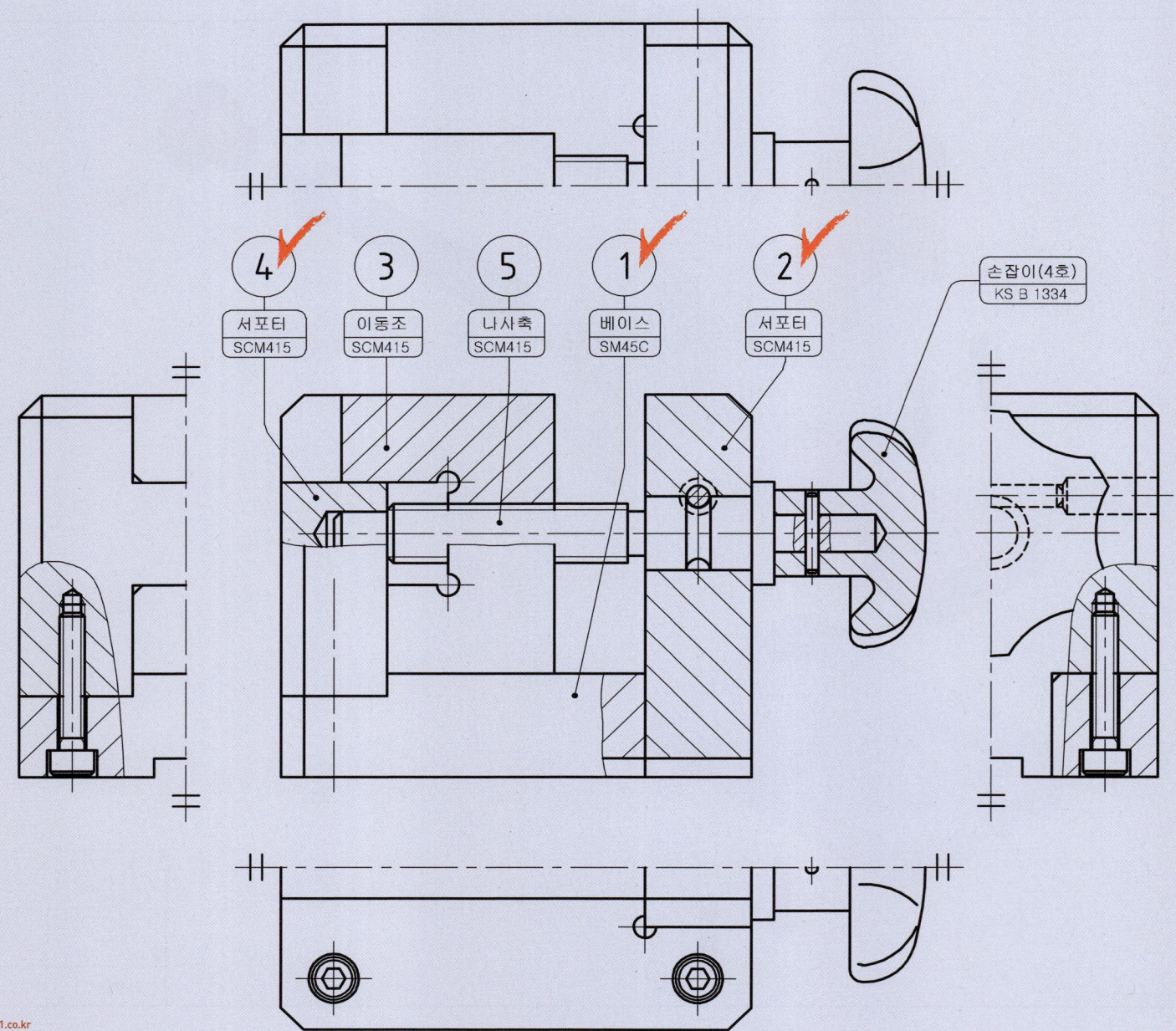

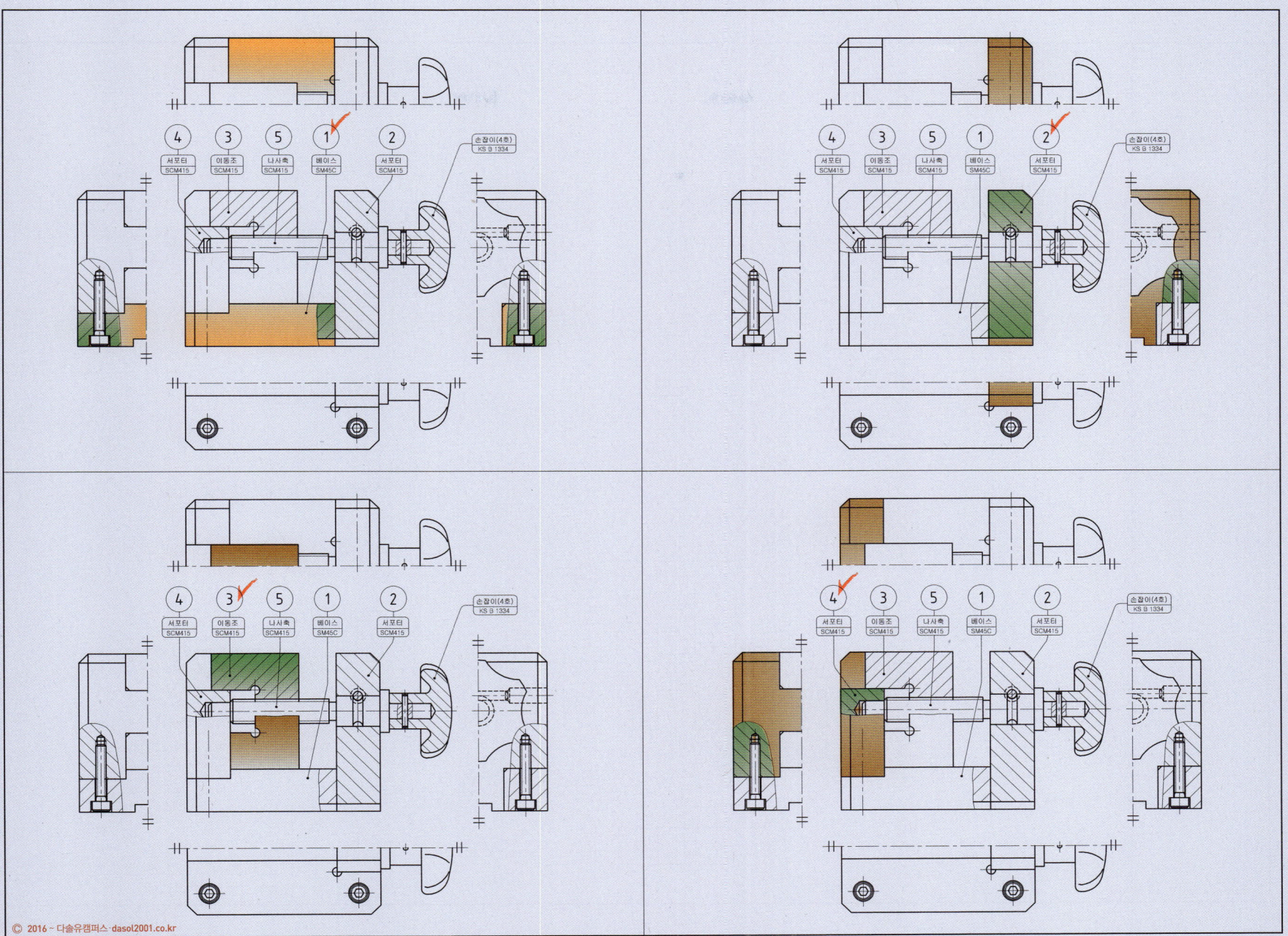

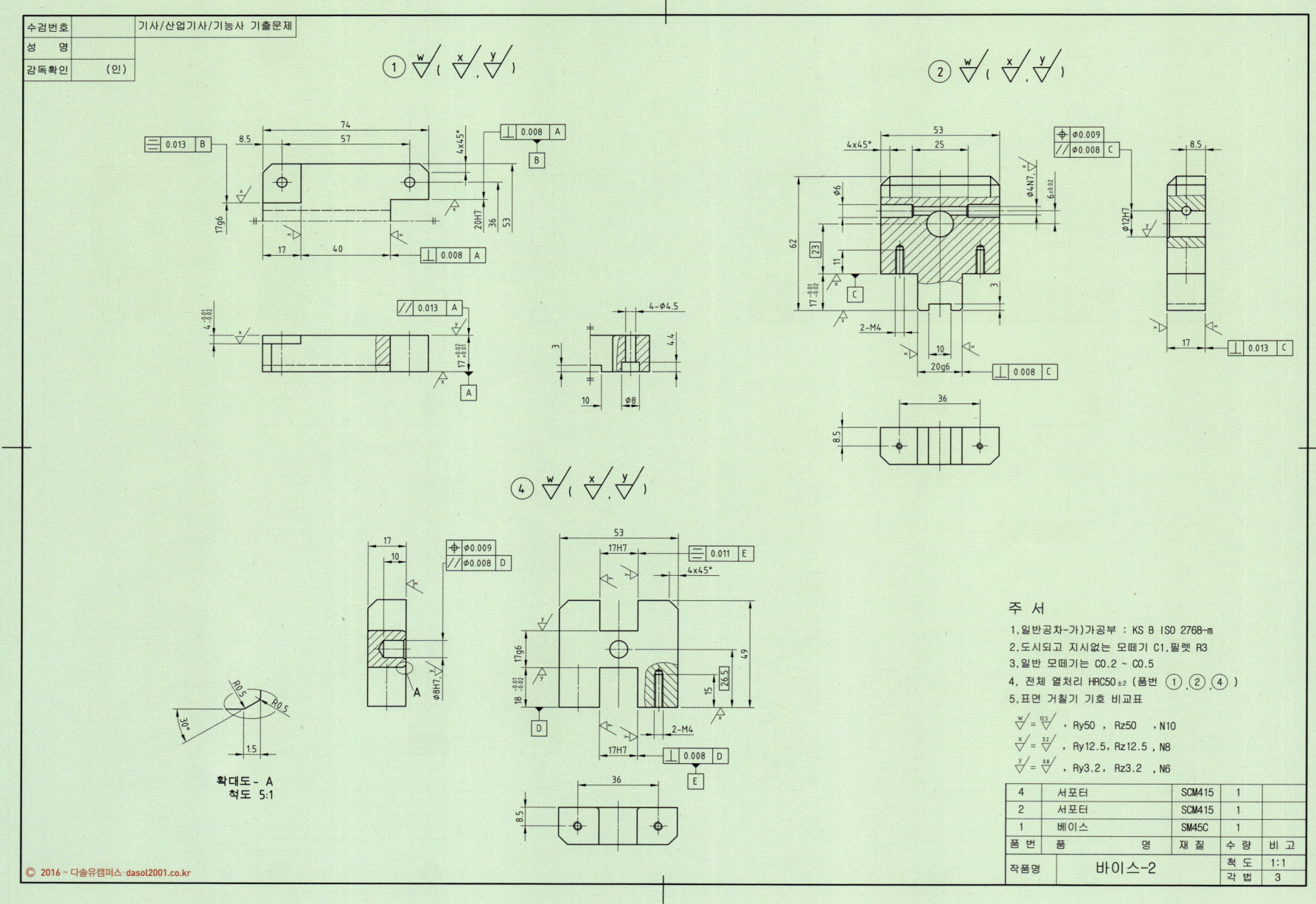

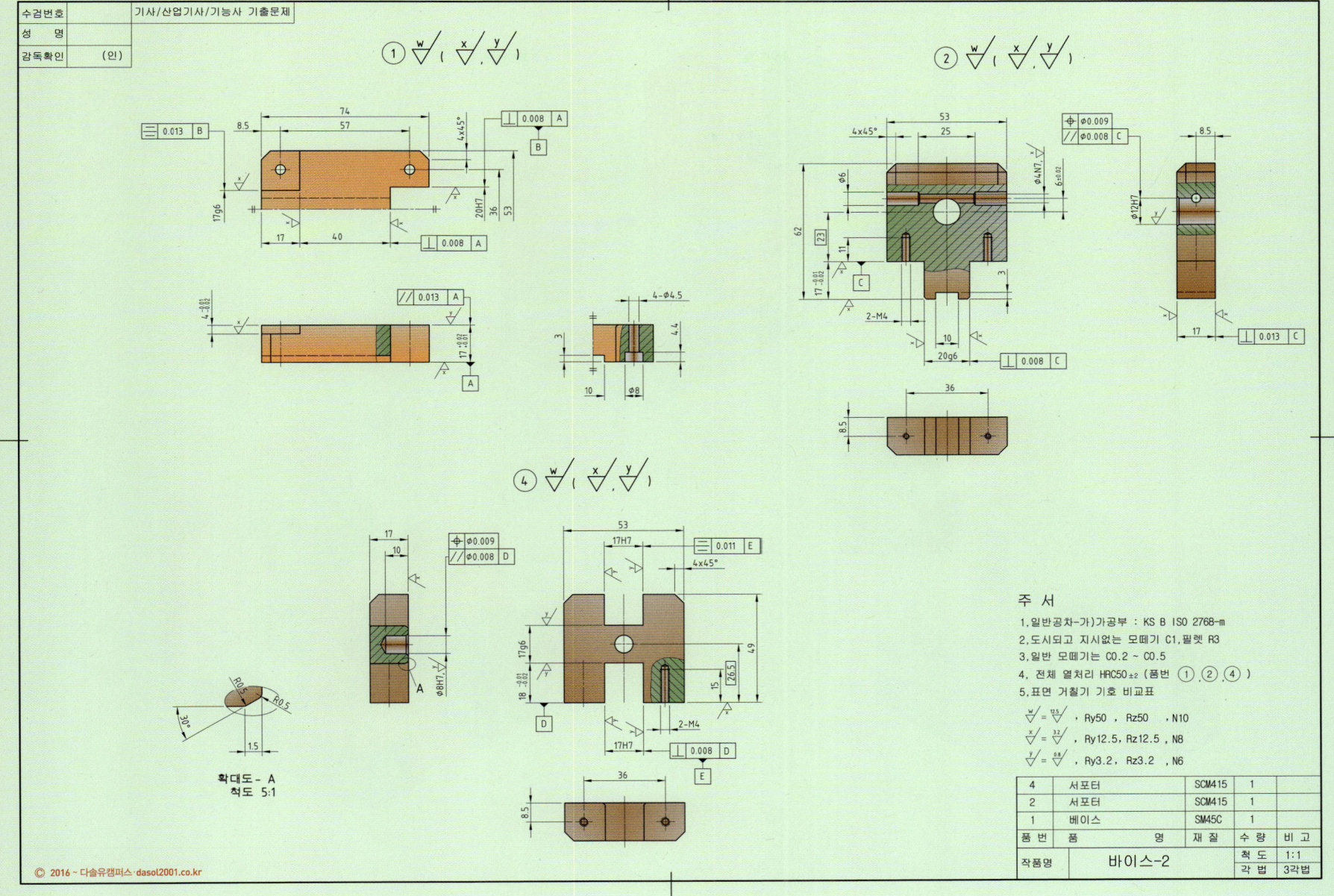

바이스-2

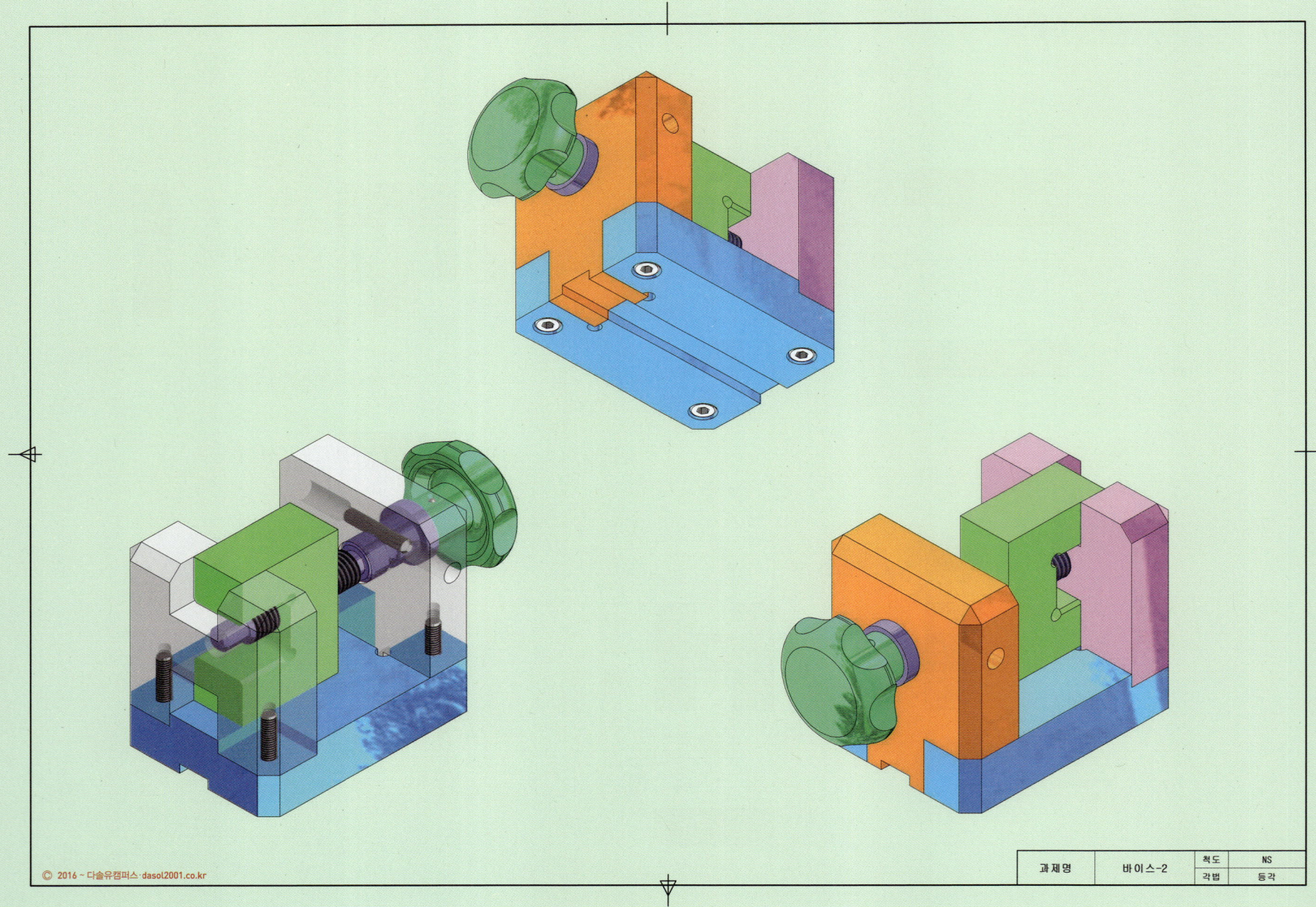

과제명	바이스-2	척도	NS
		각법	등각

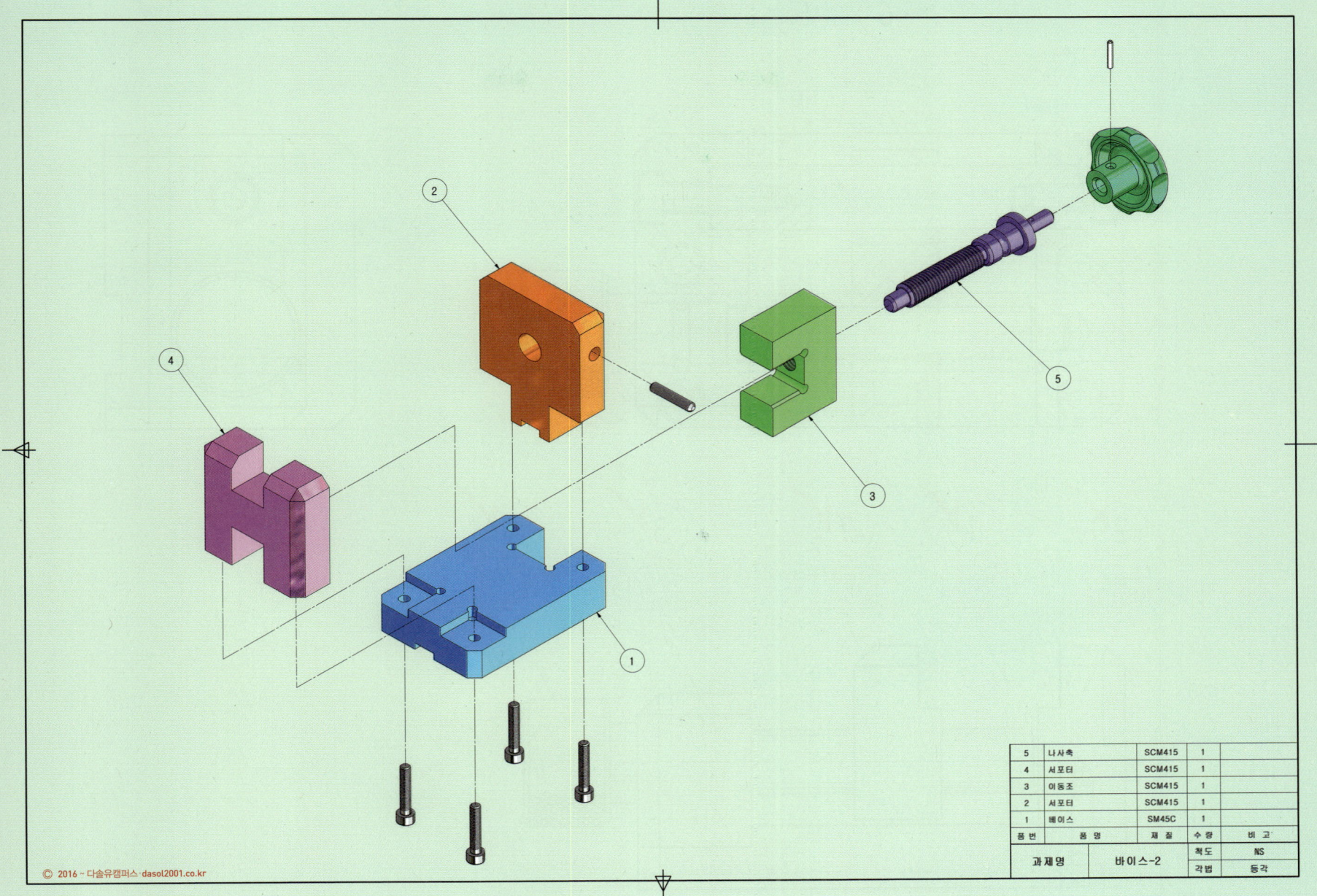

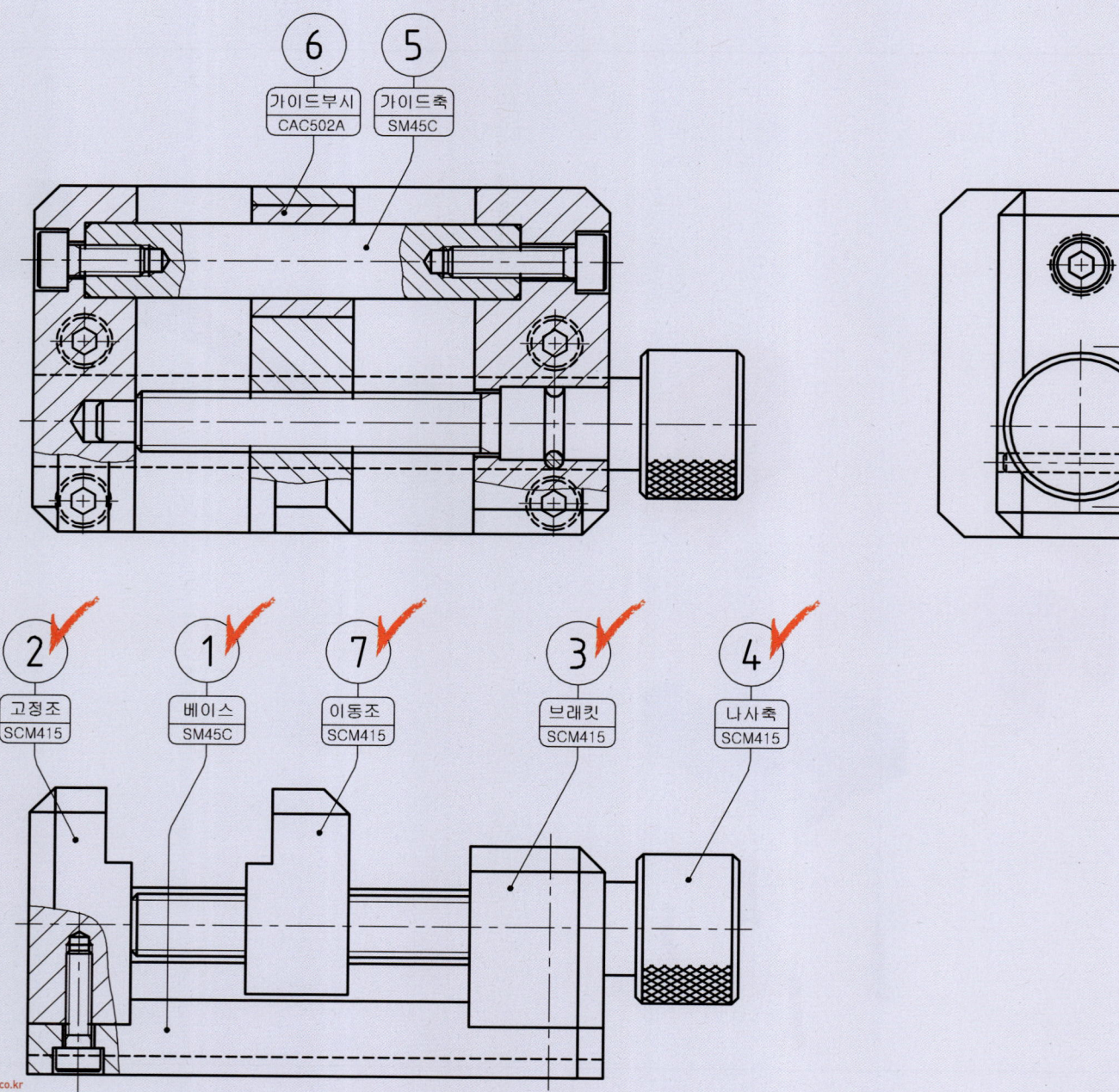

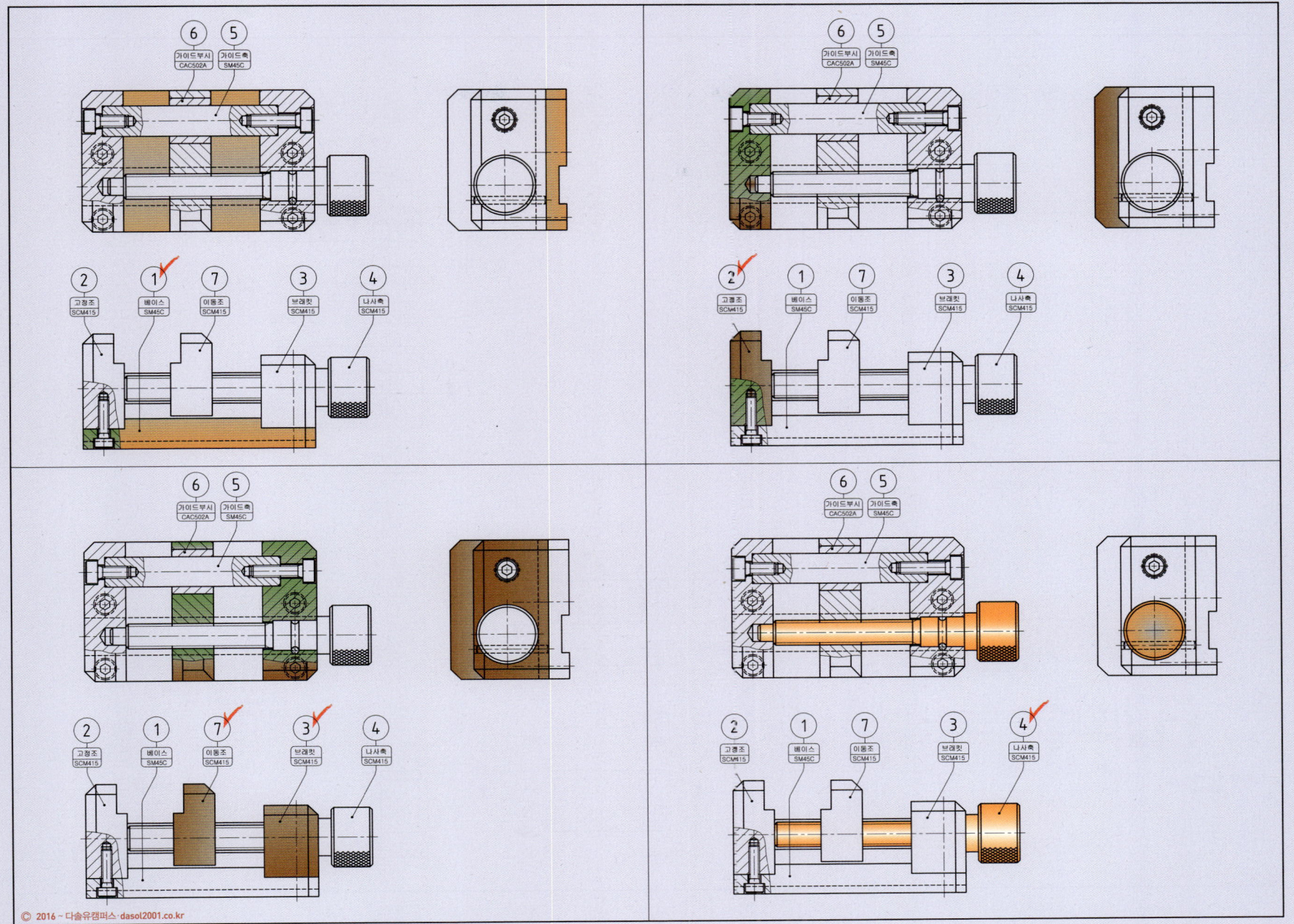

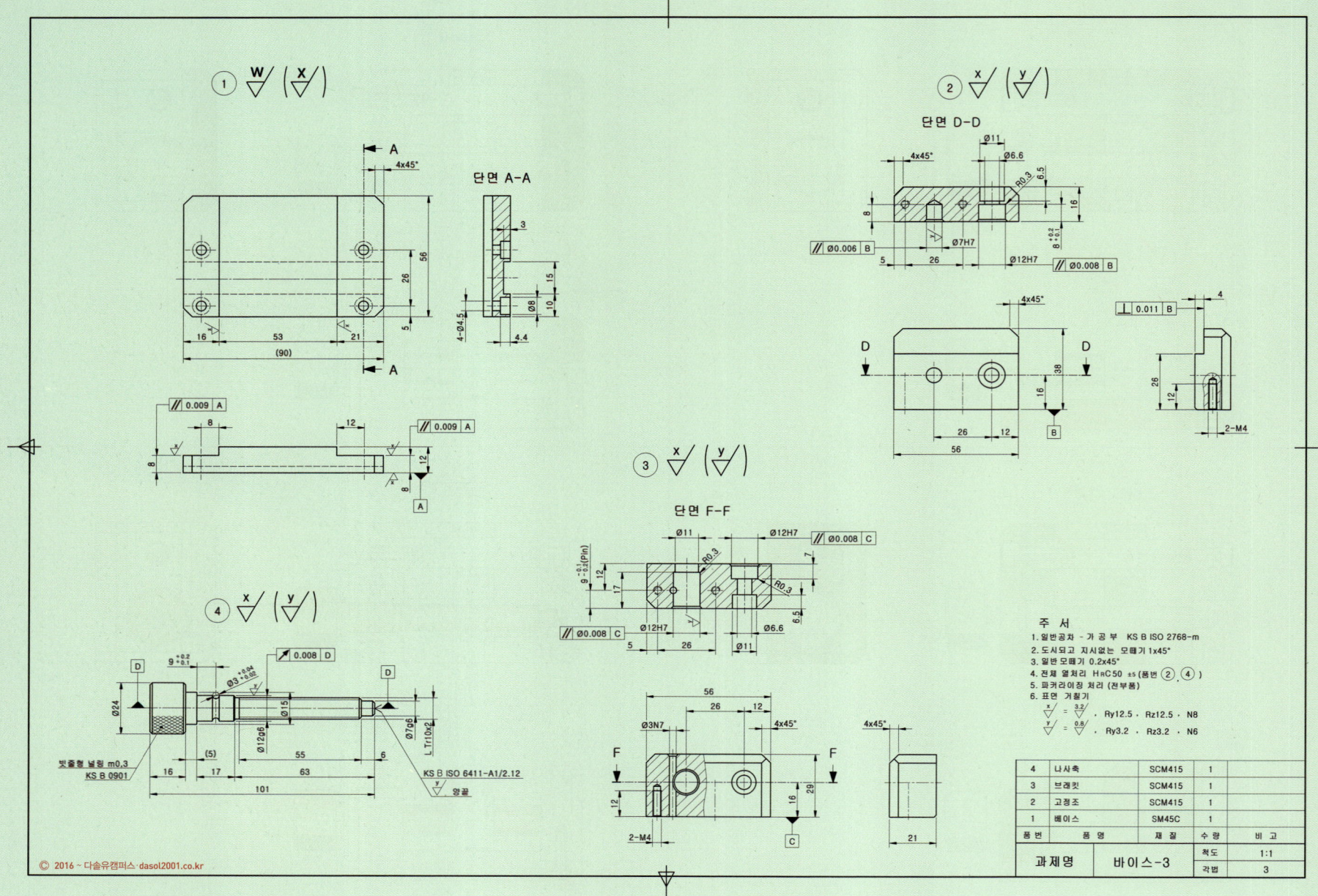

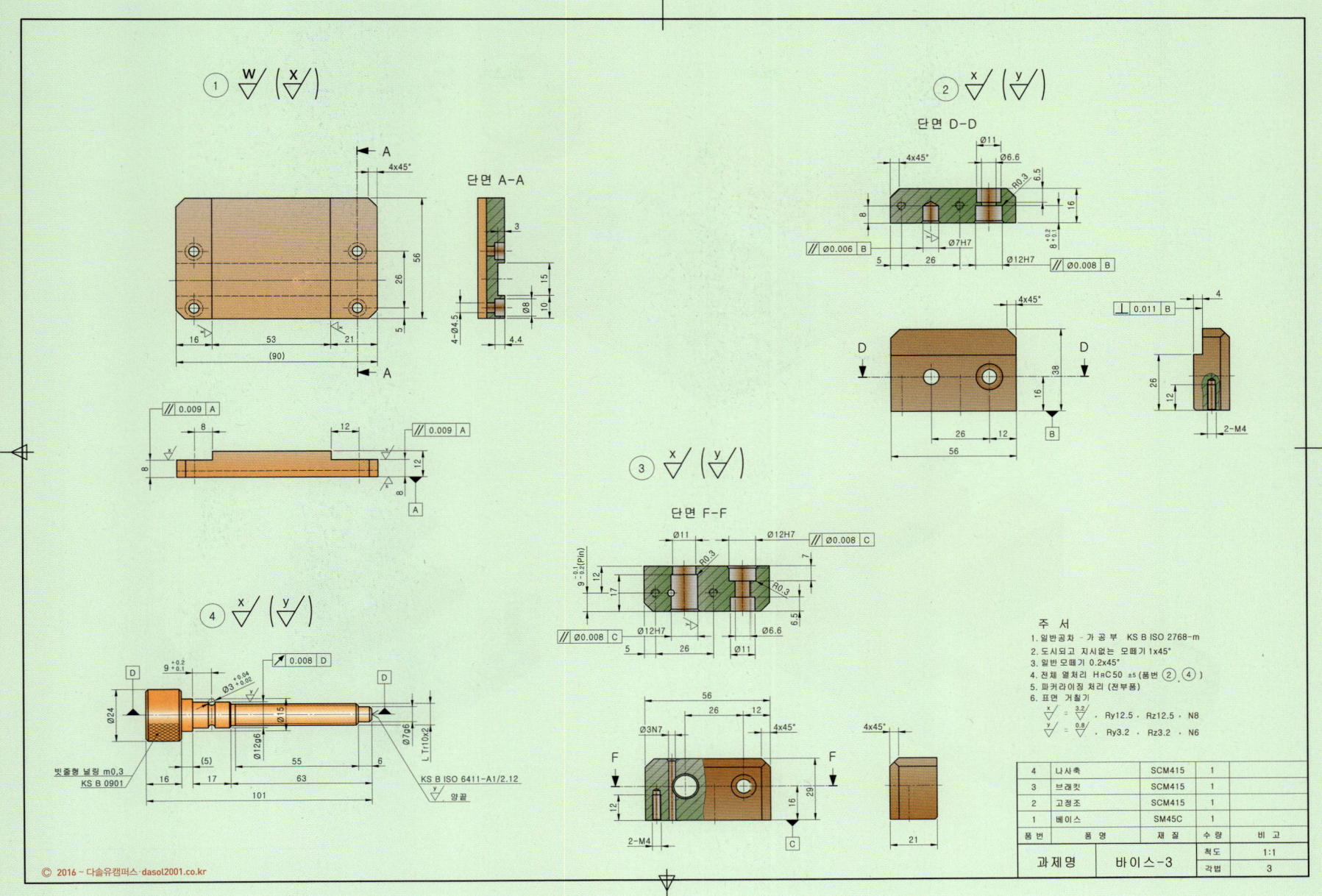

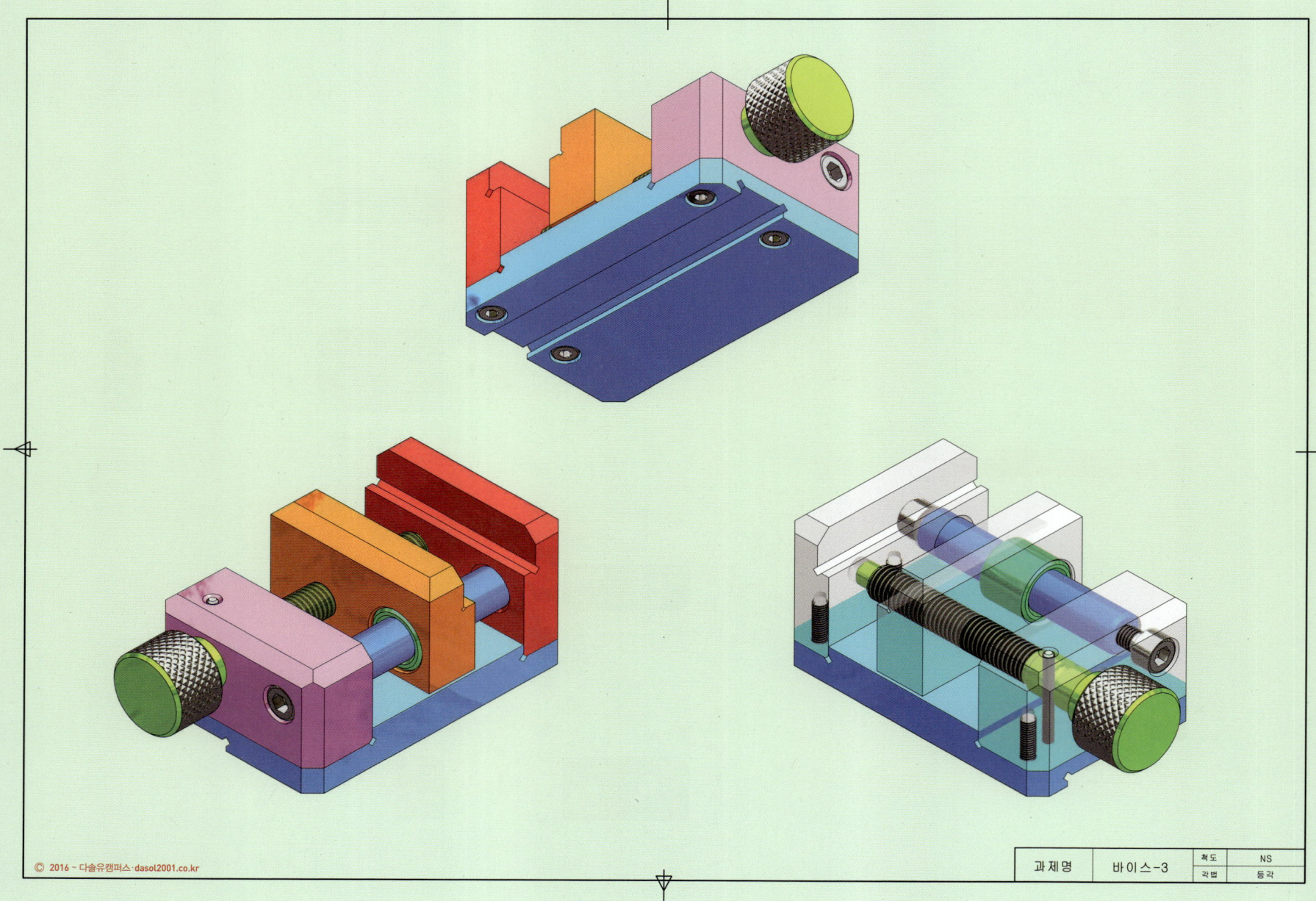

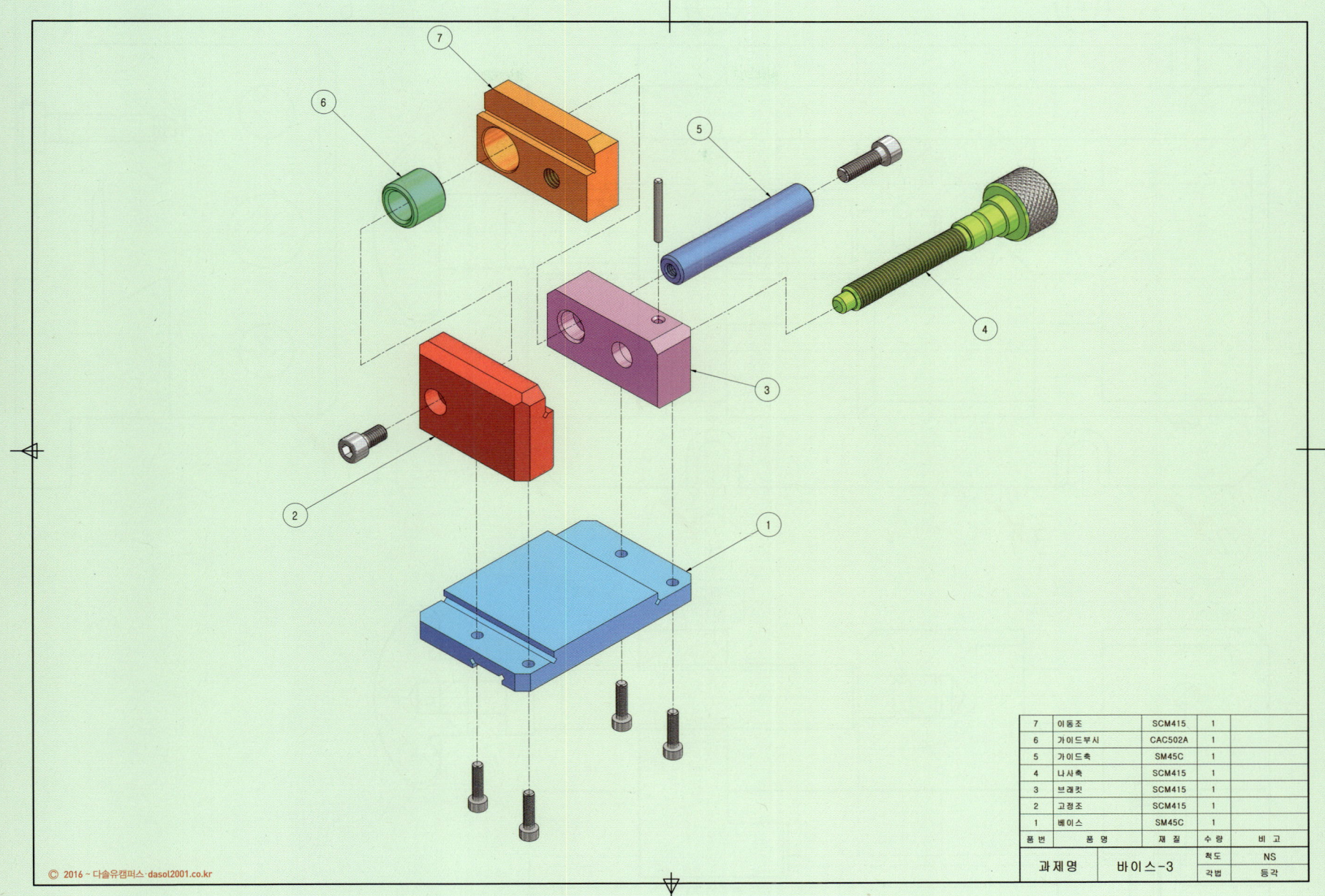

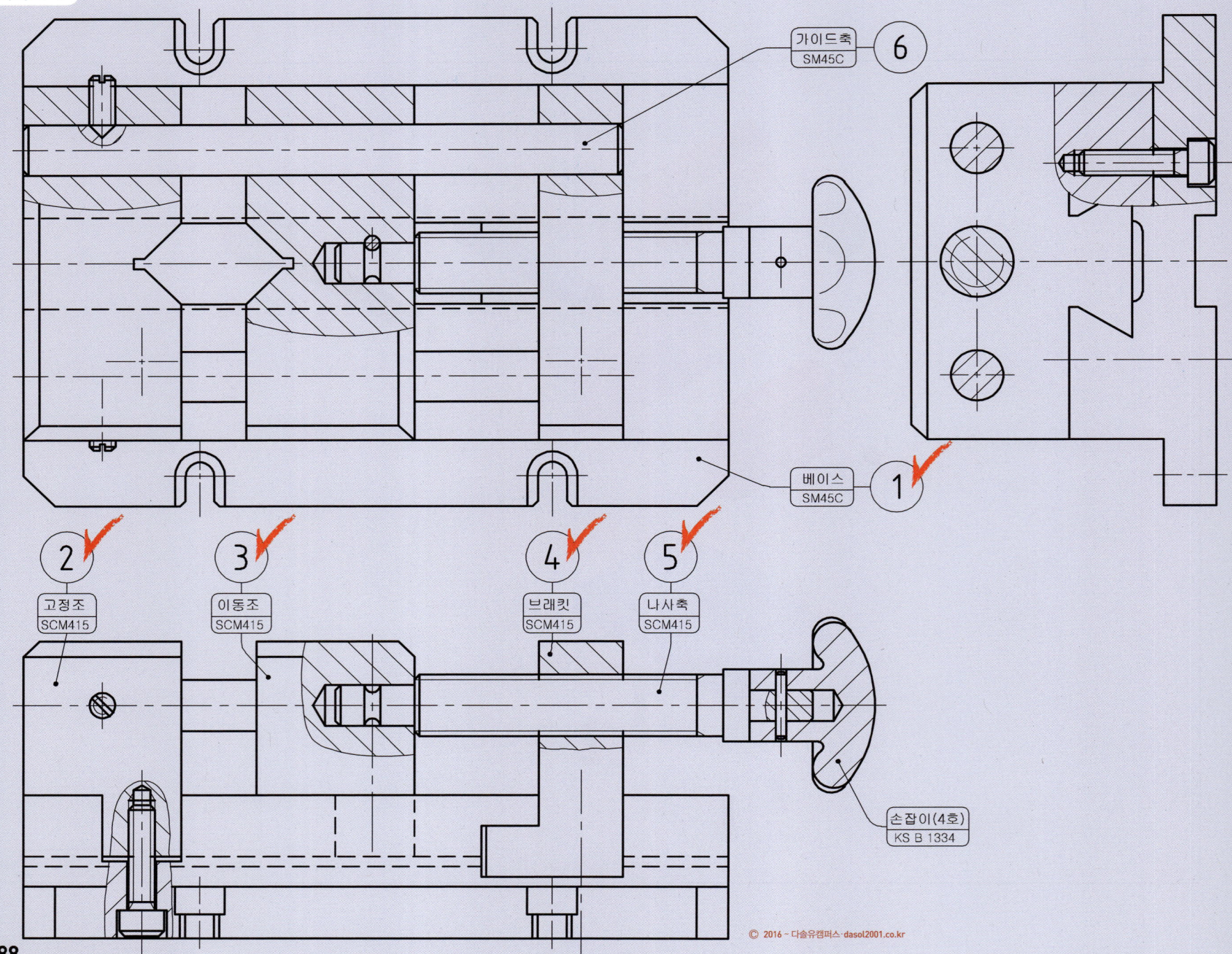

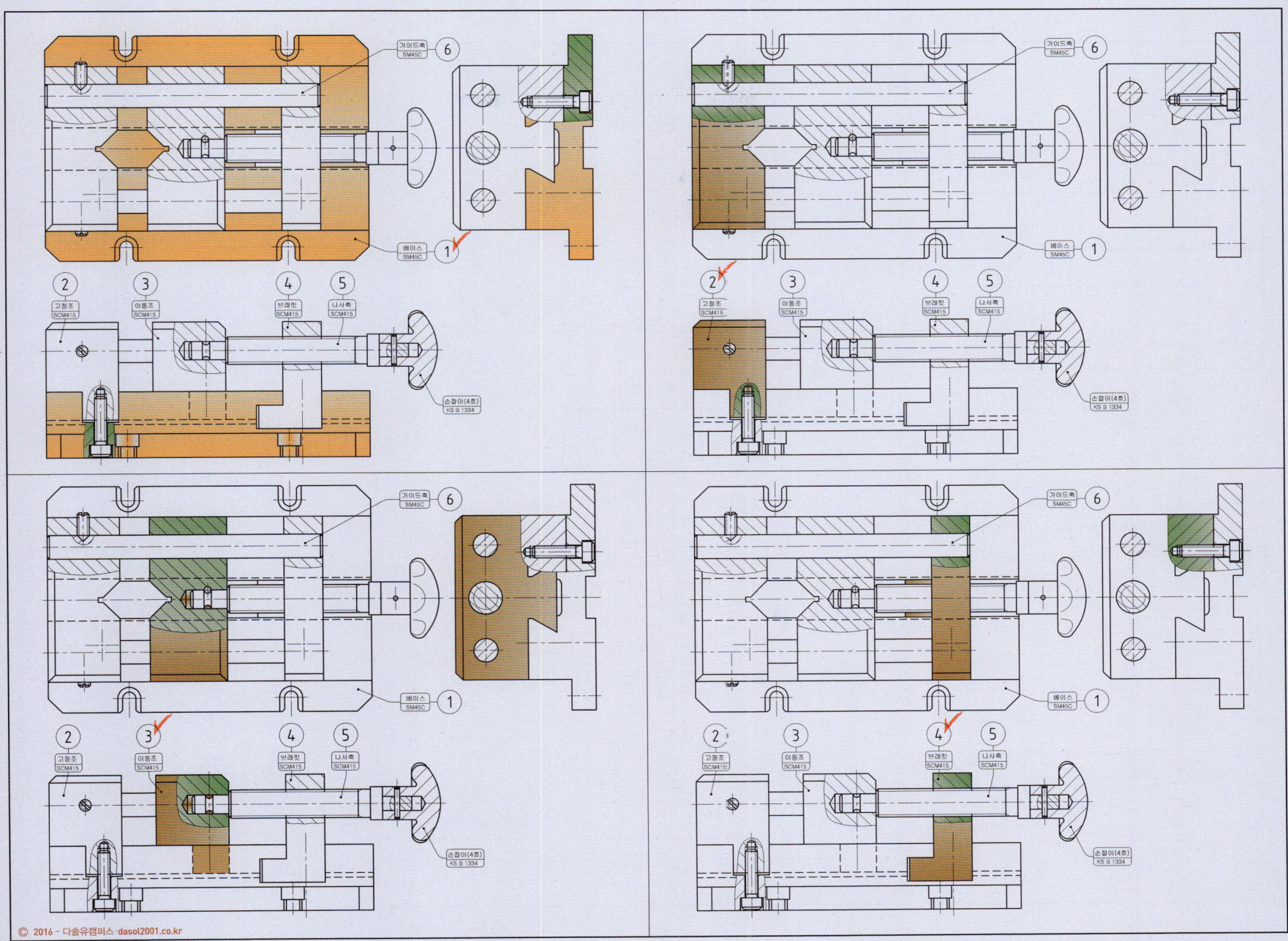

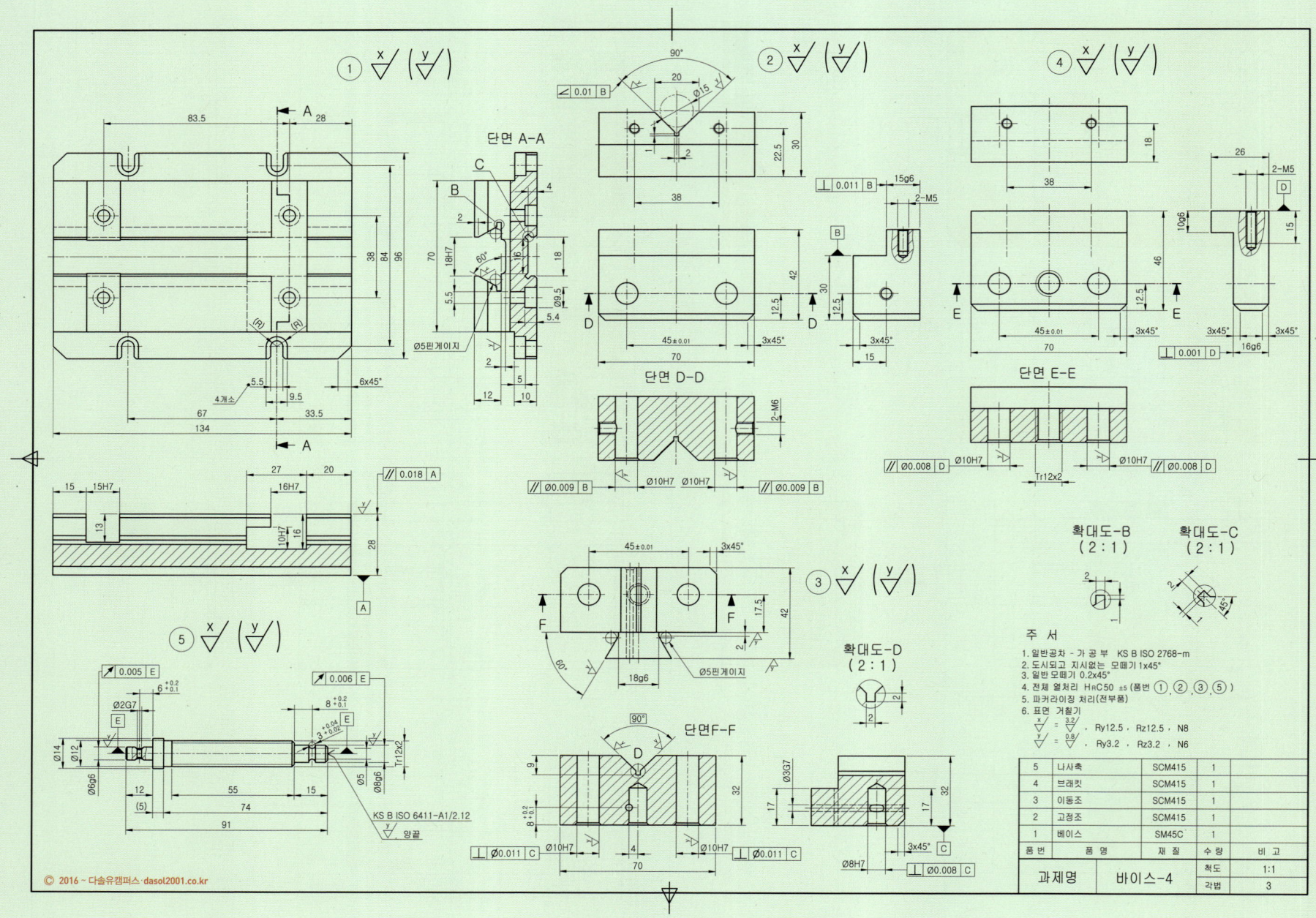

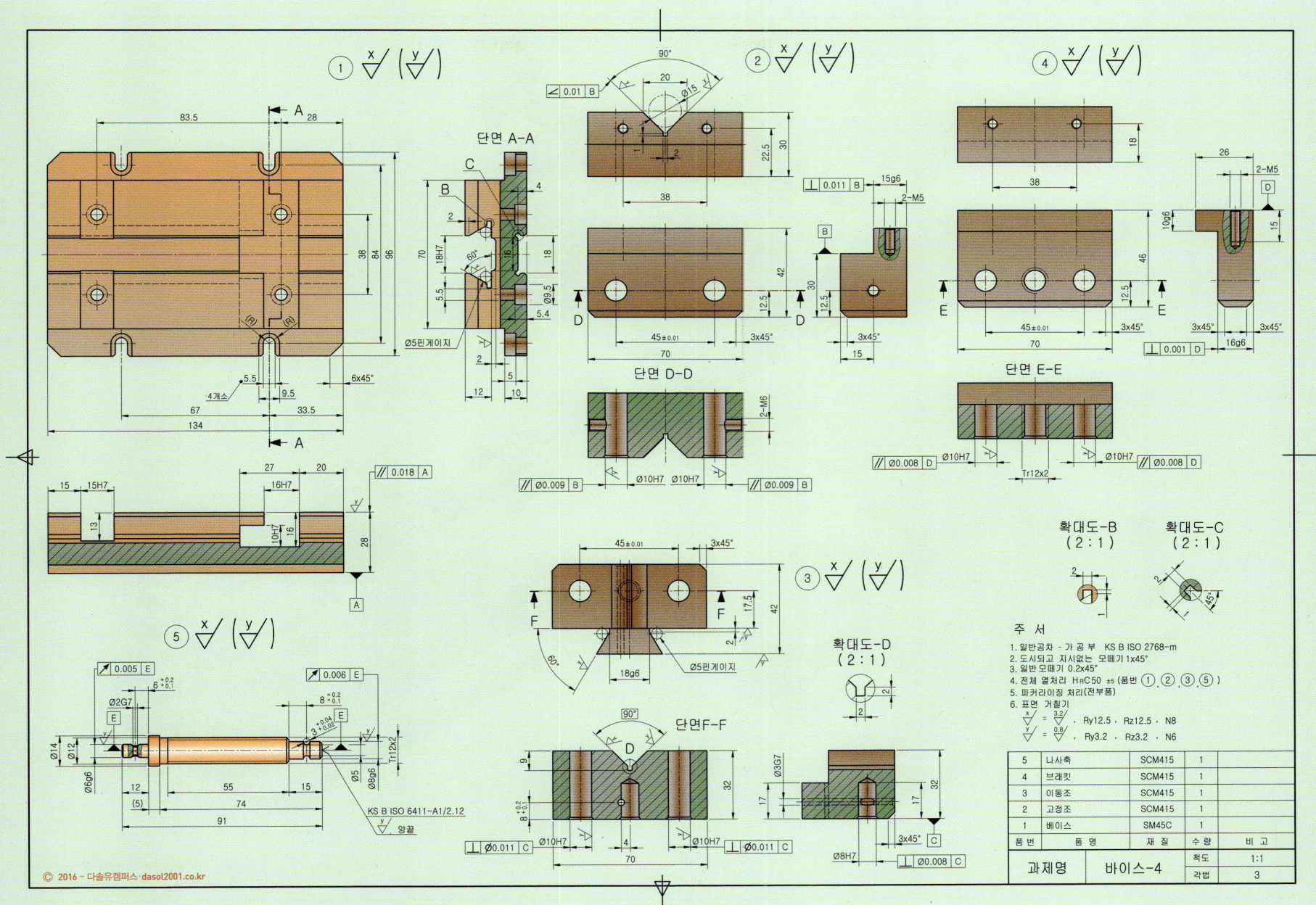

바이스-4

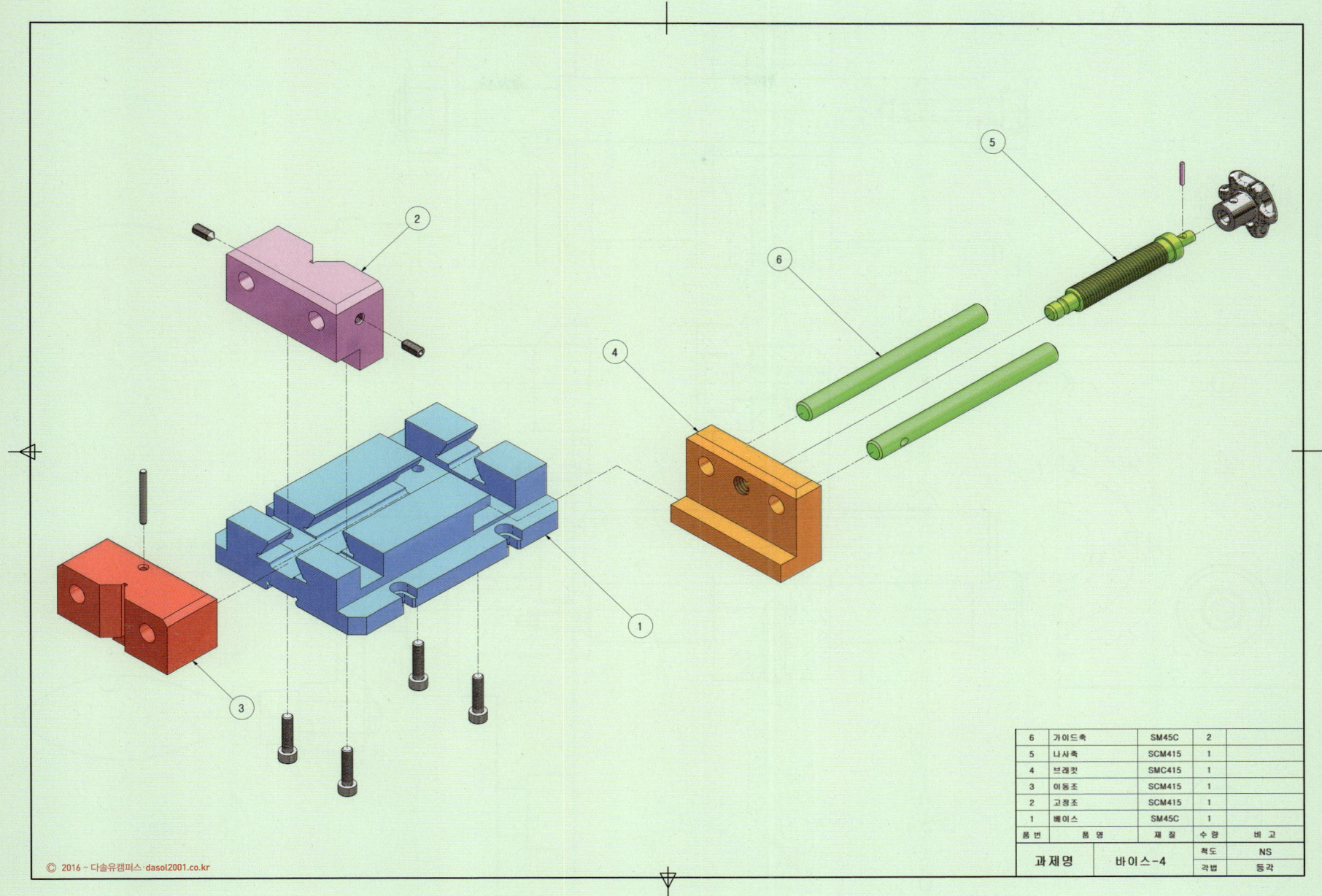

바이스-5

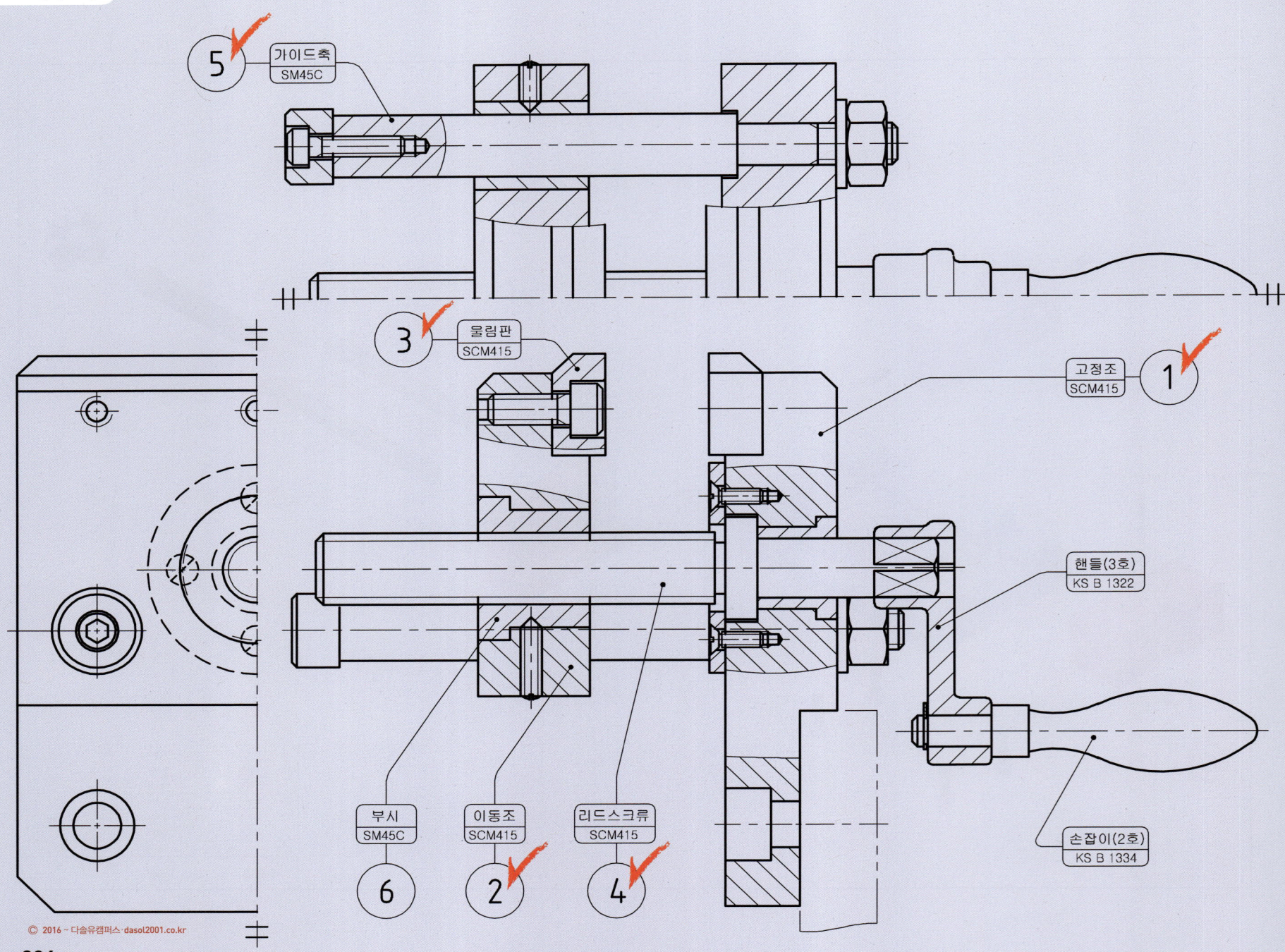

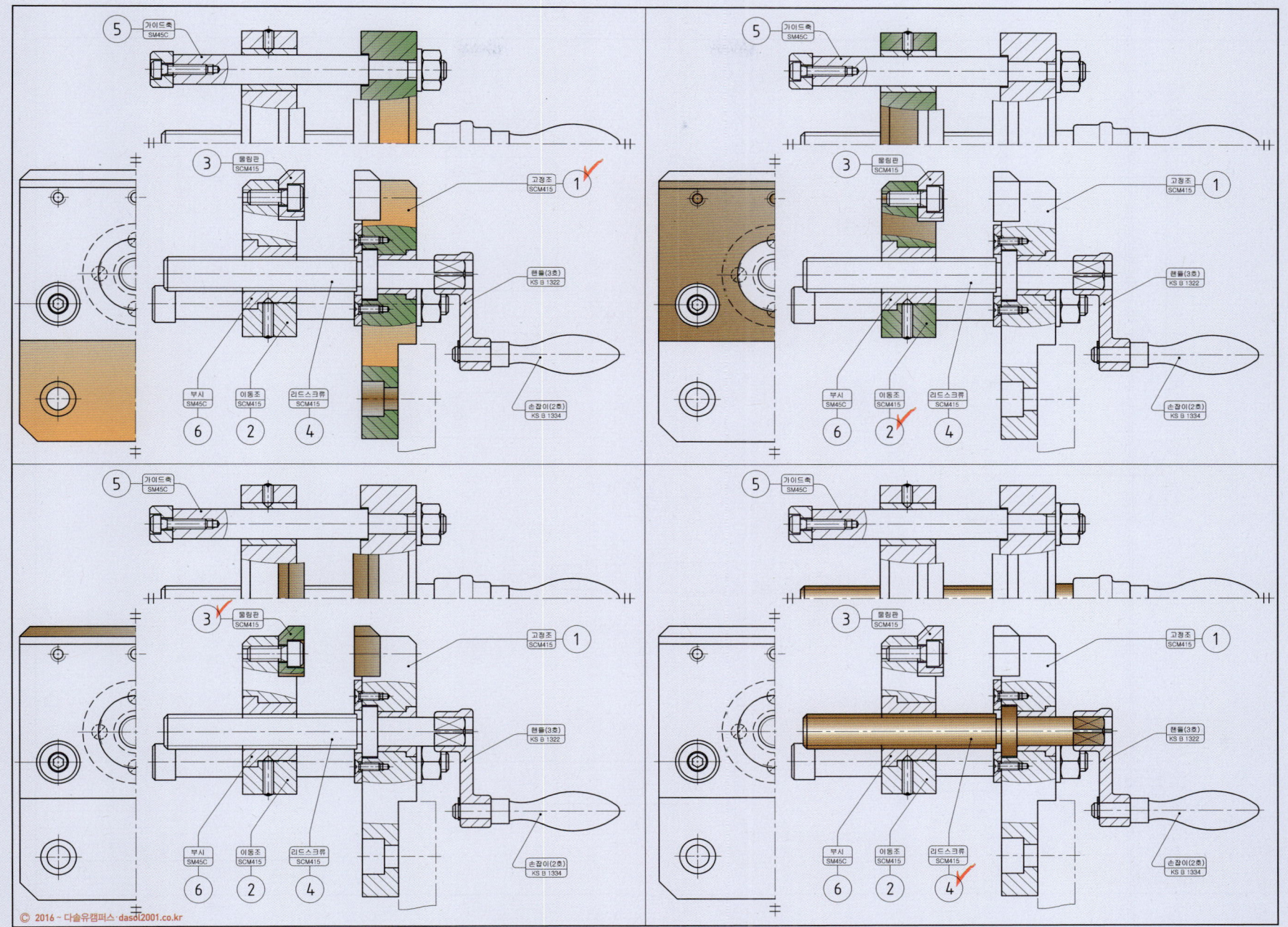

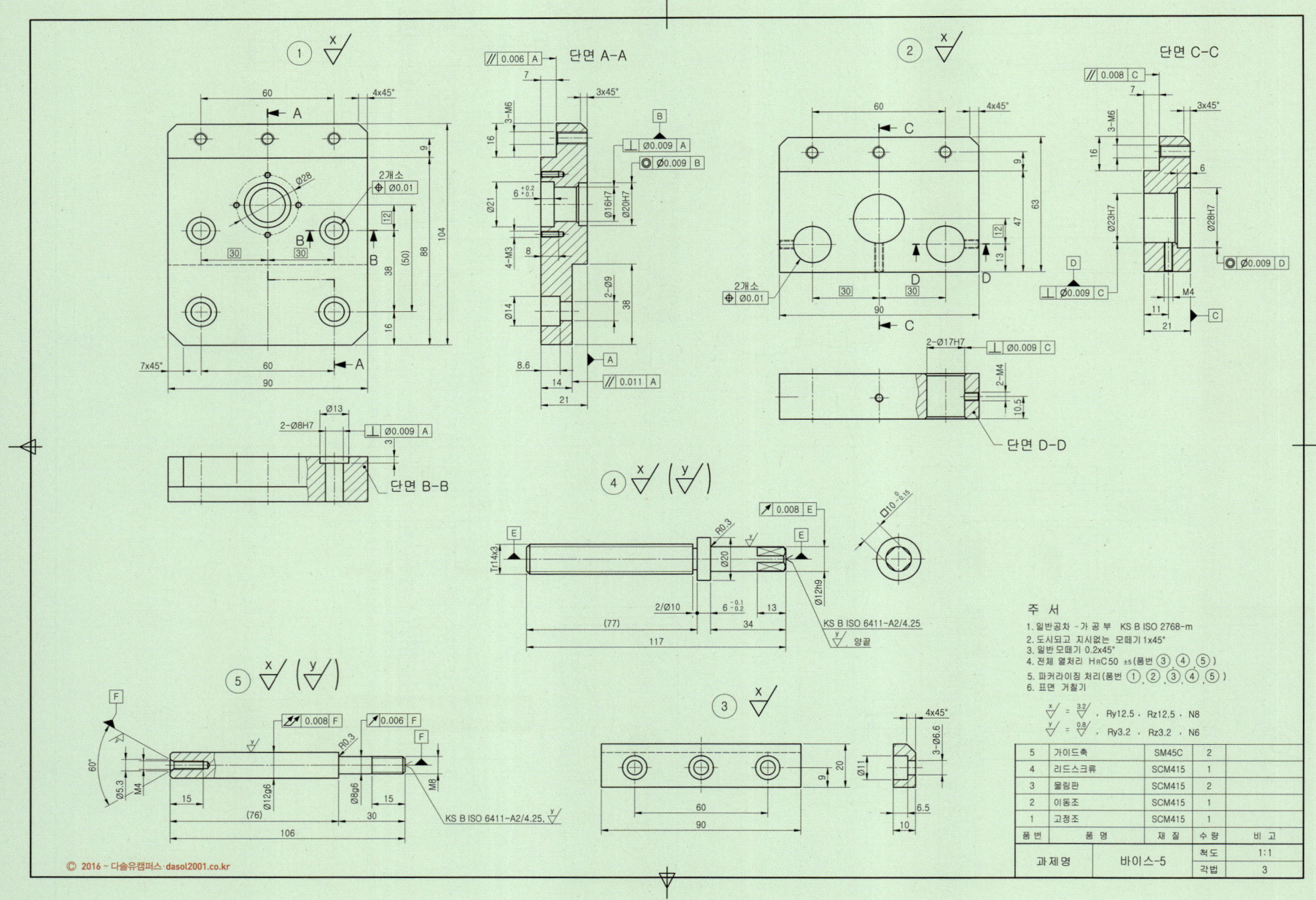

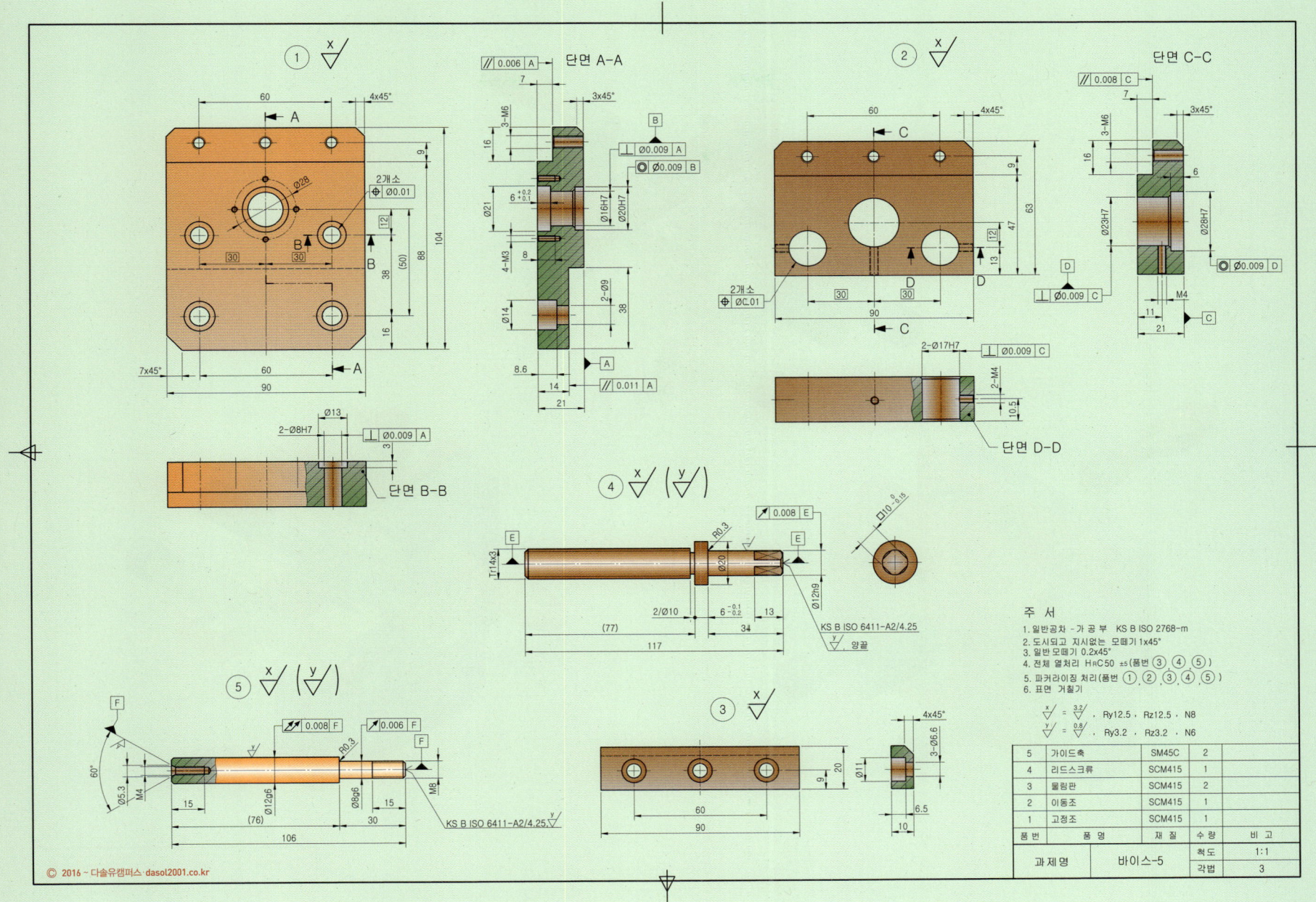

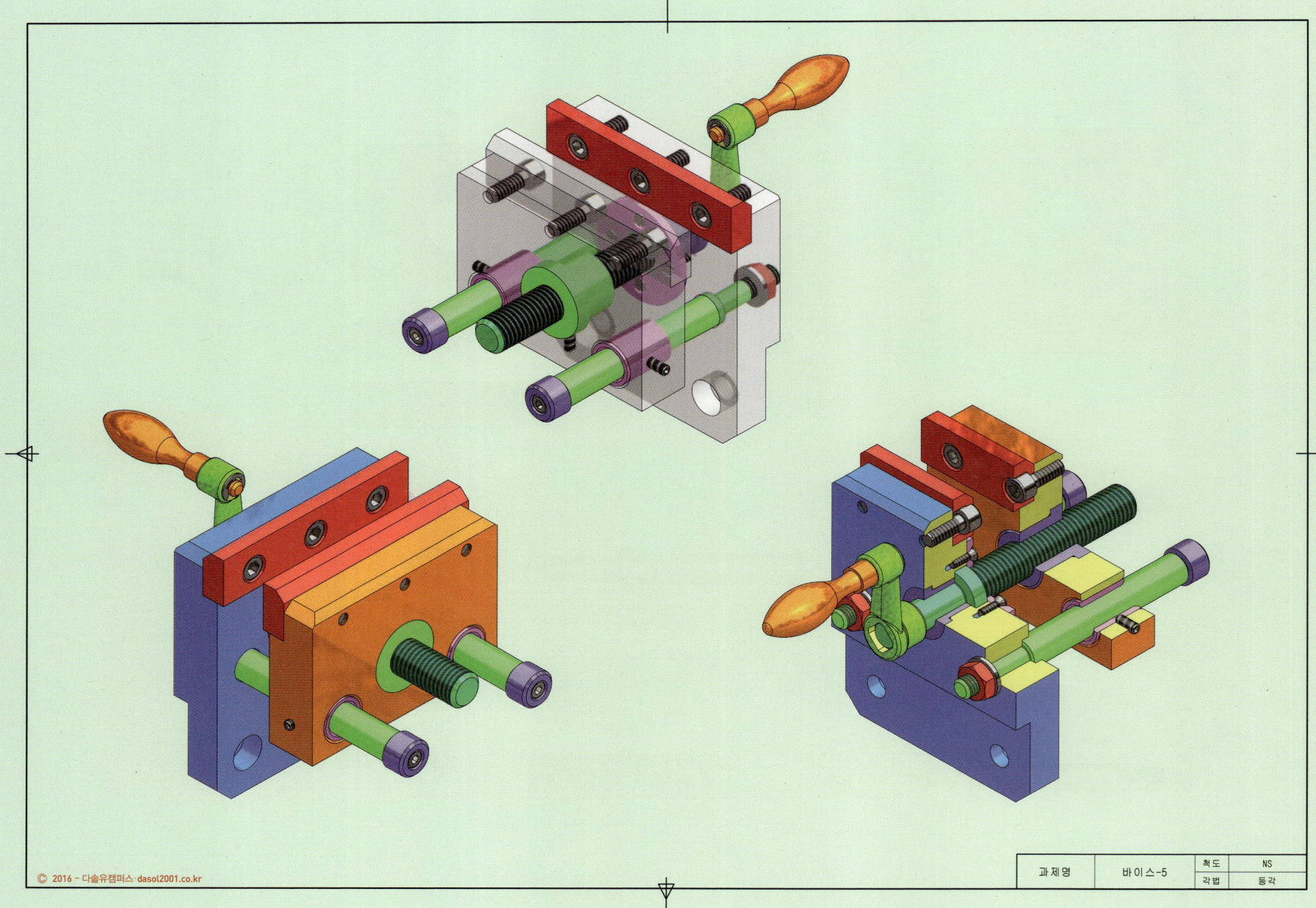

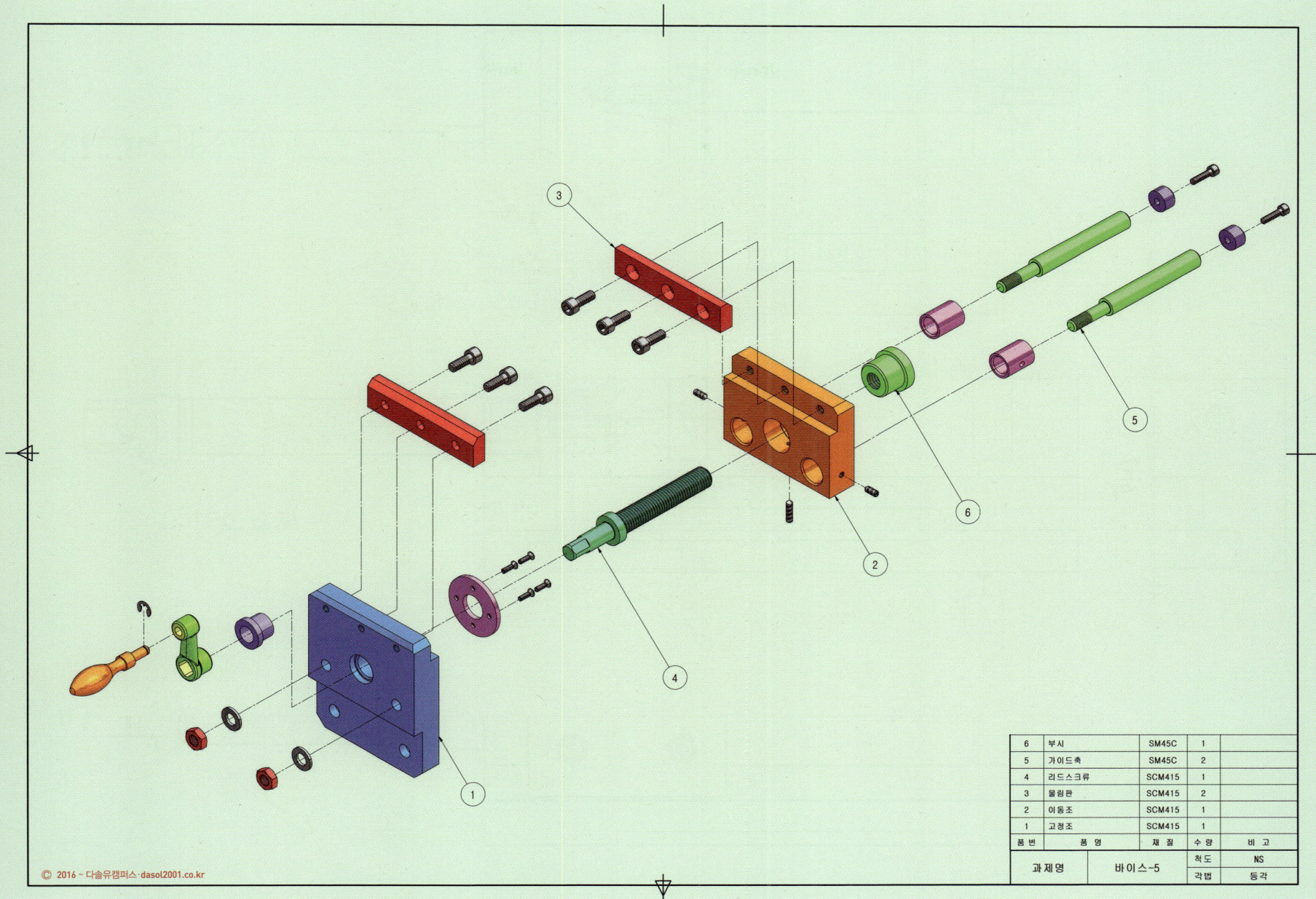

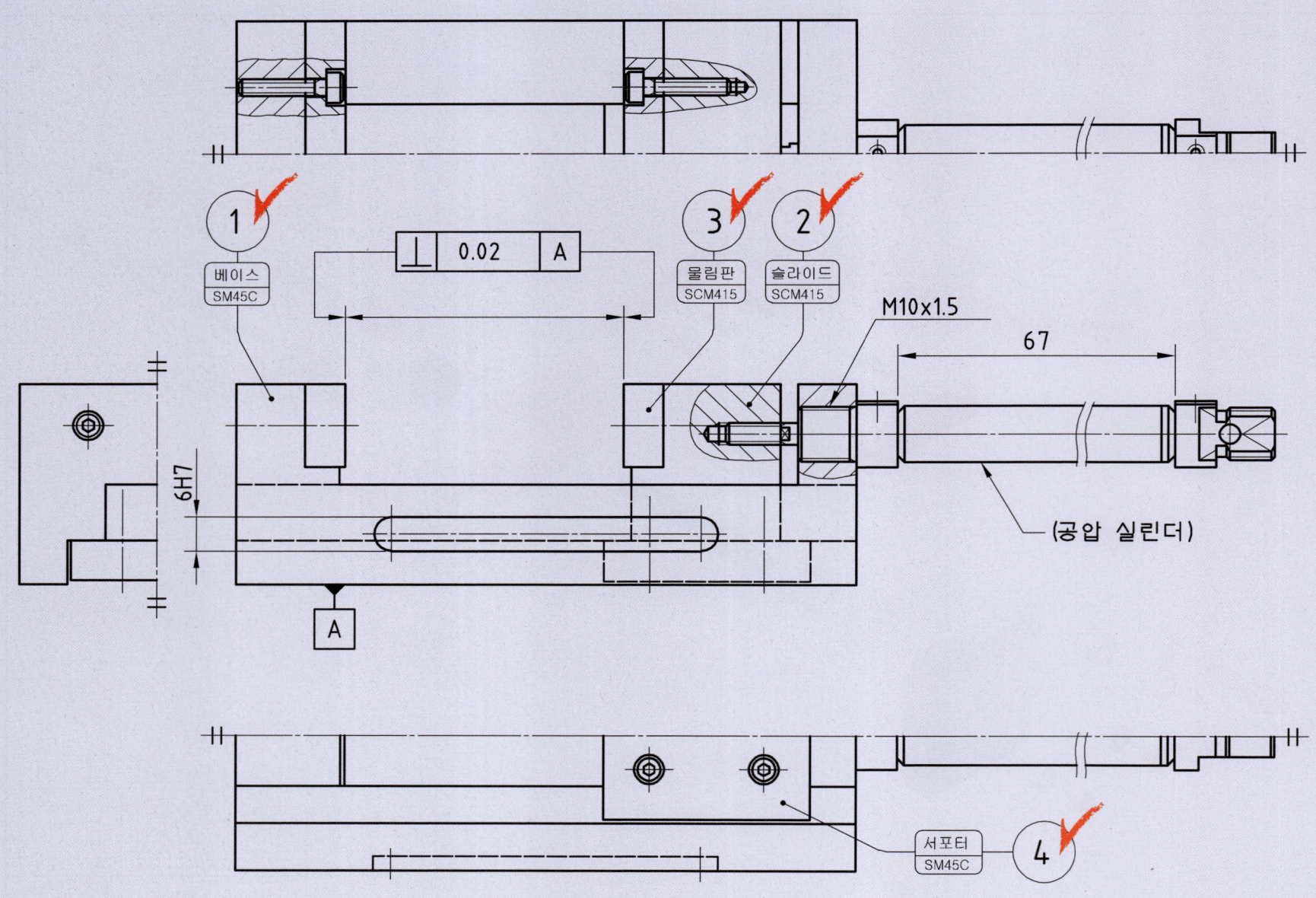

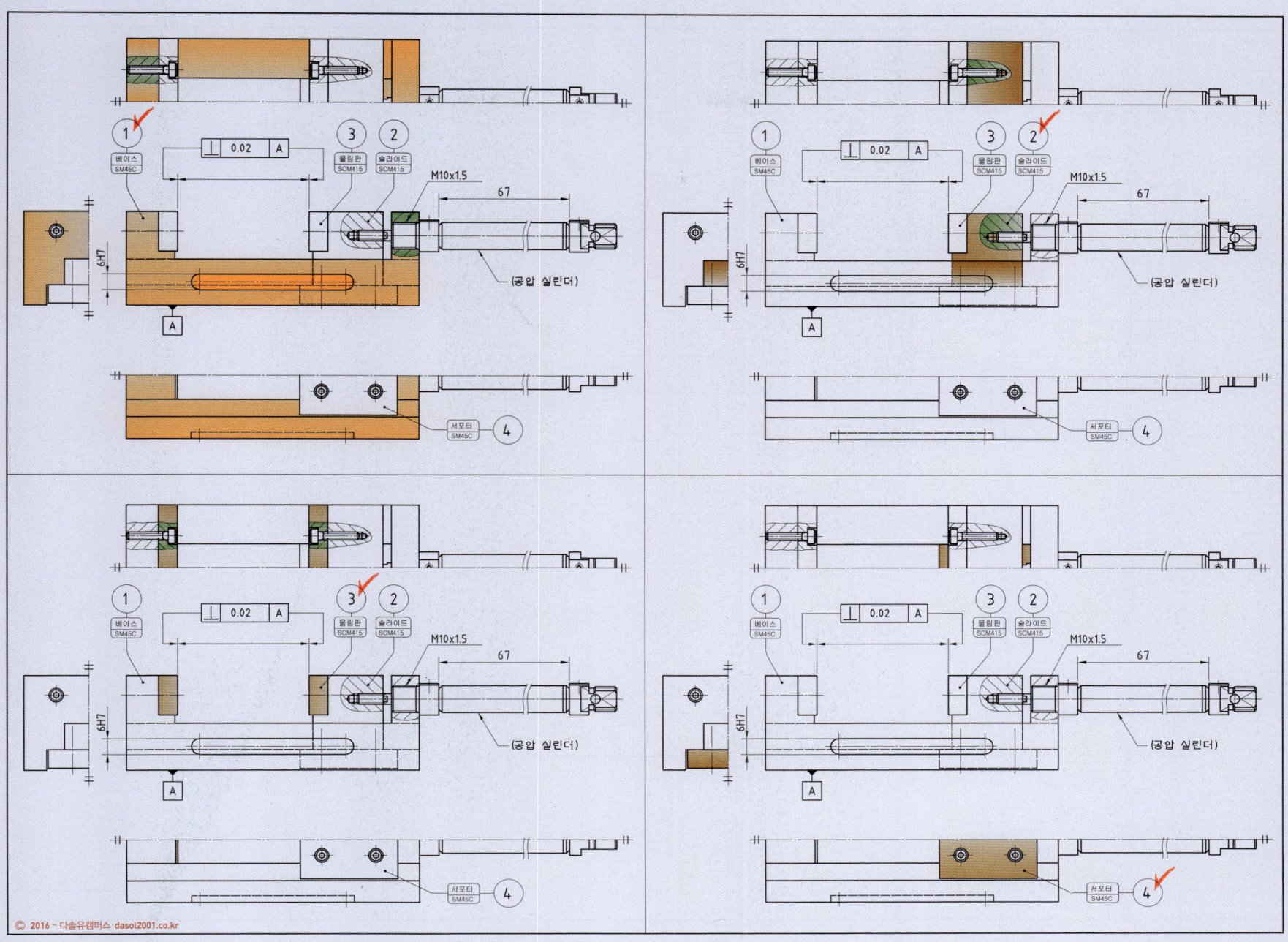

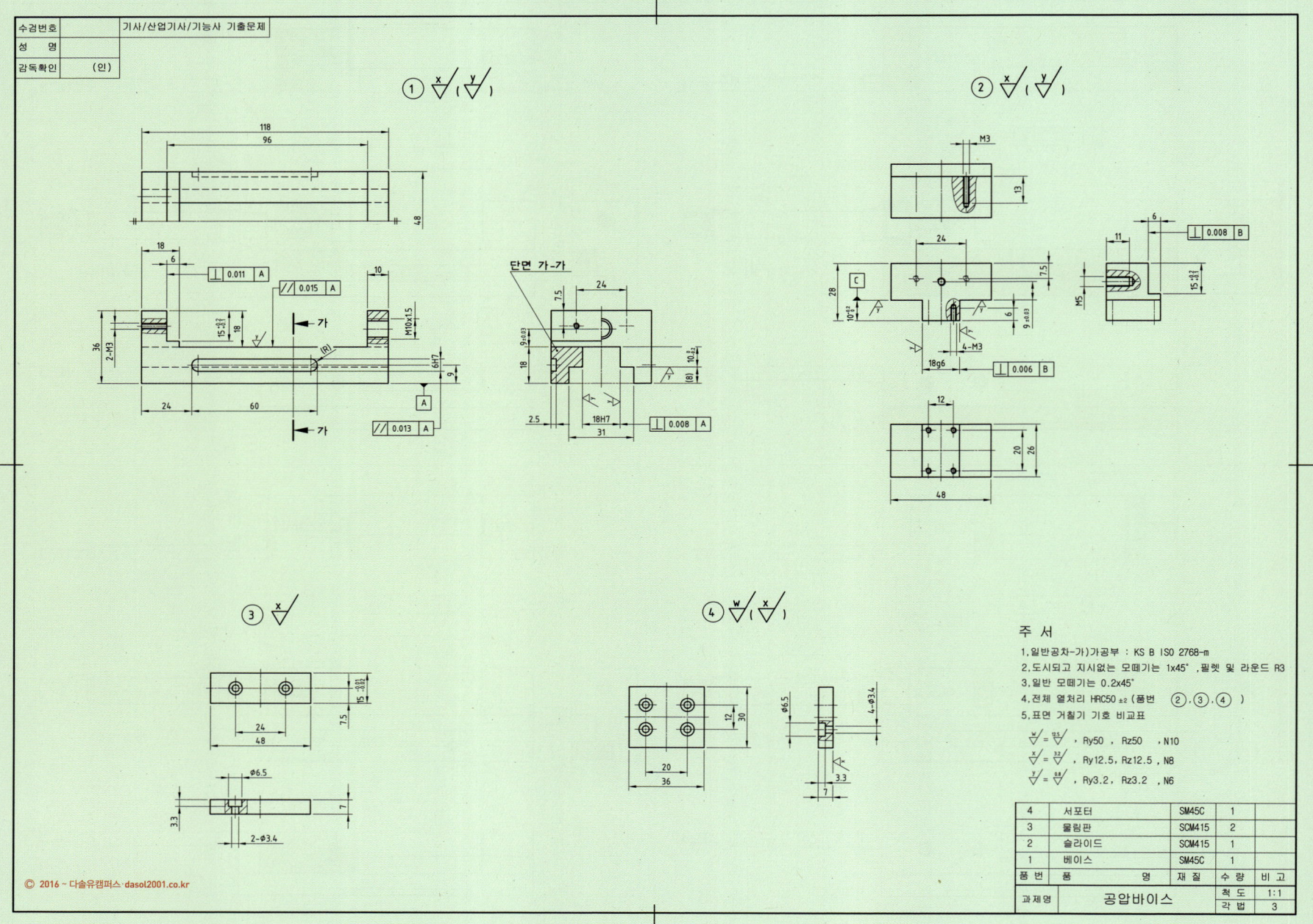

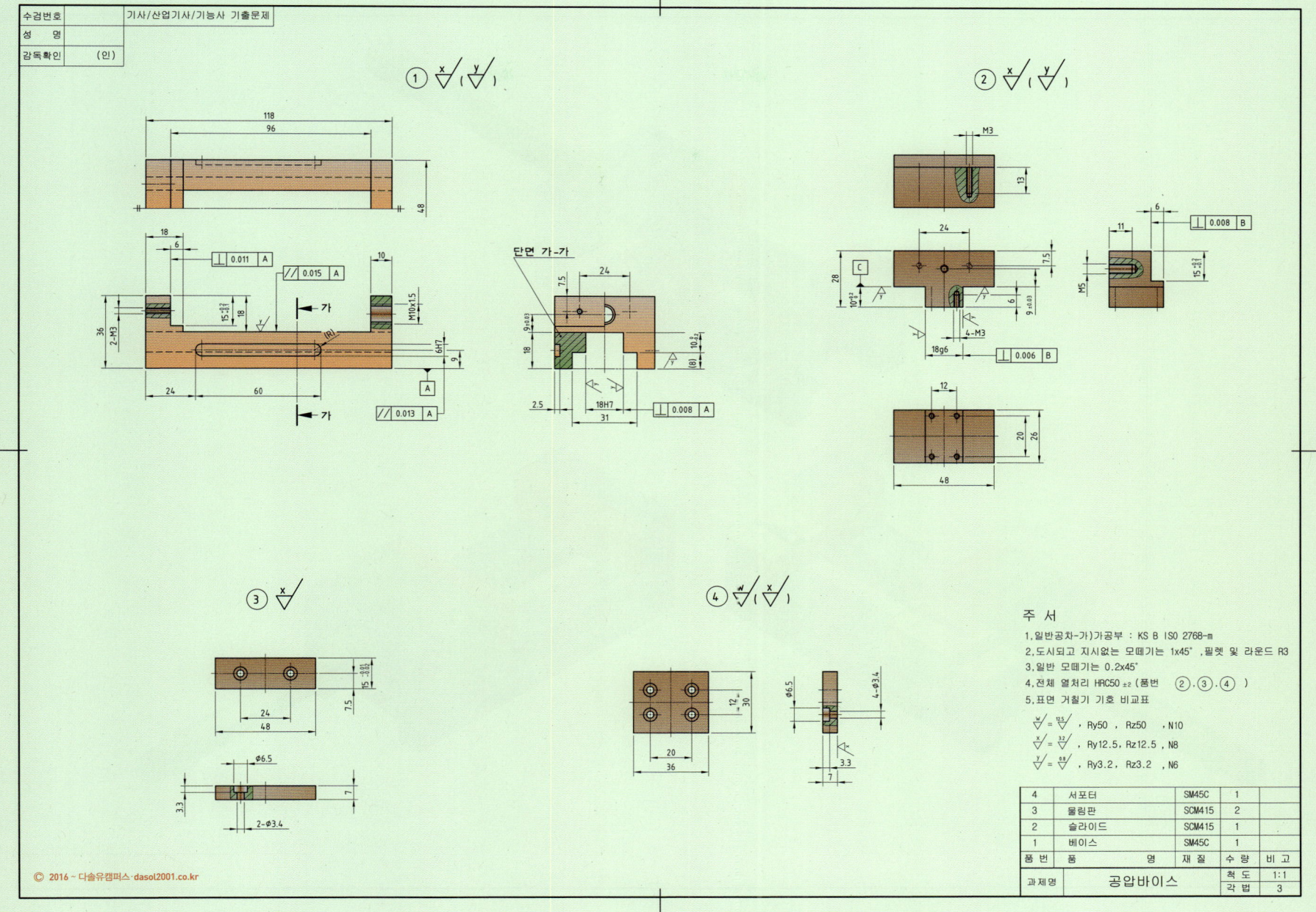

공압바이스

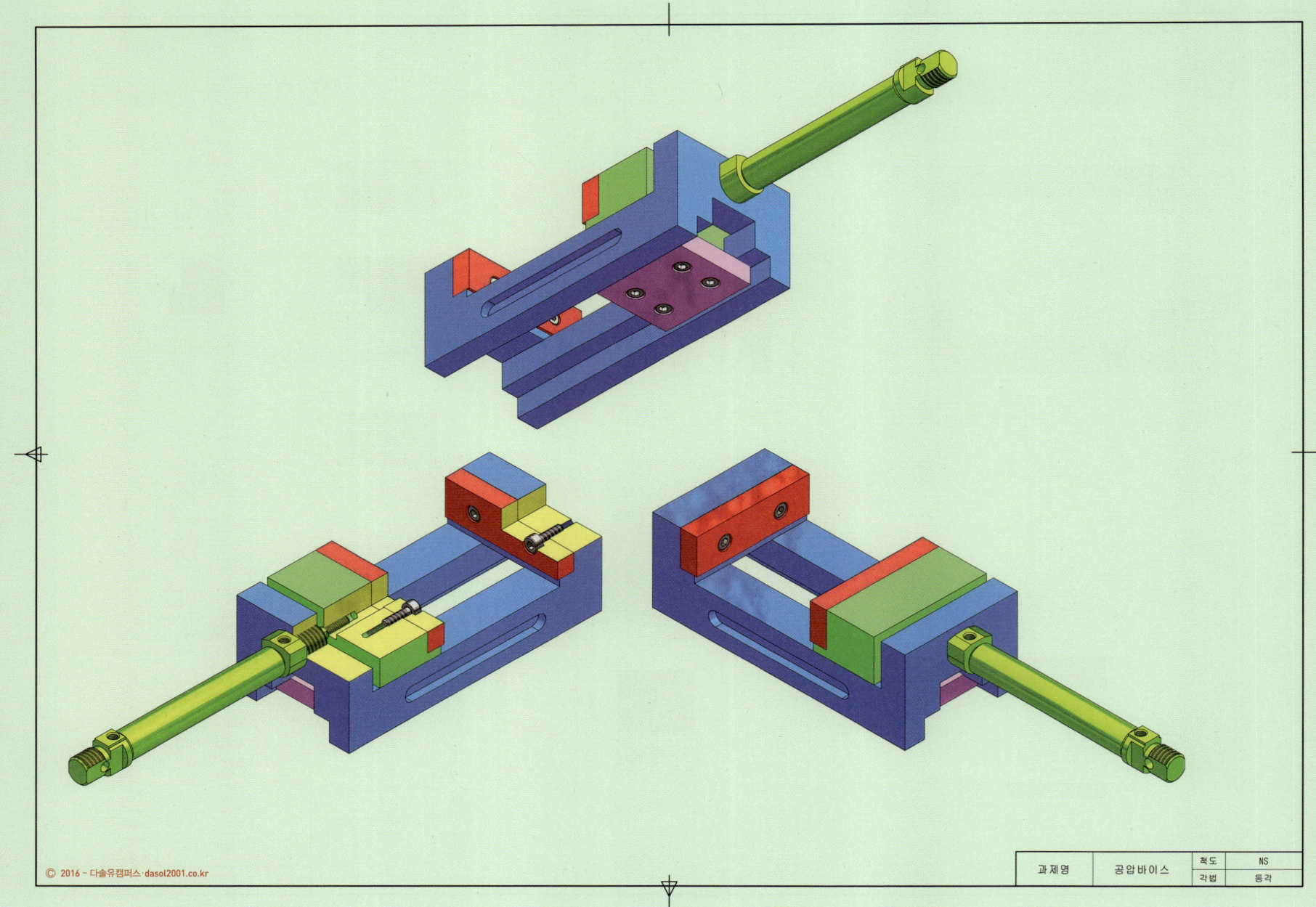

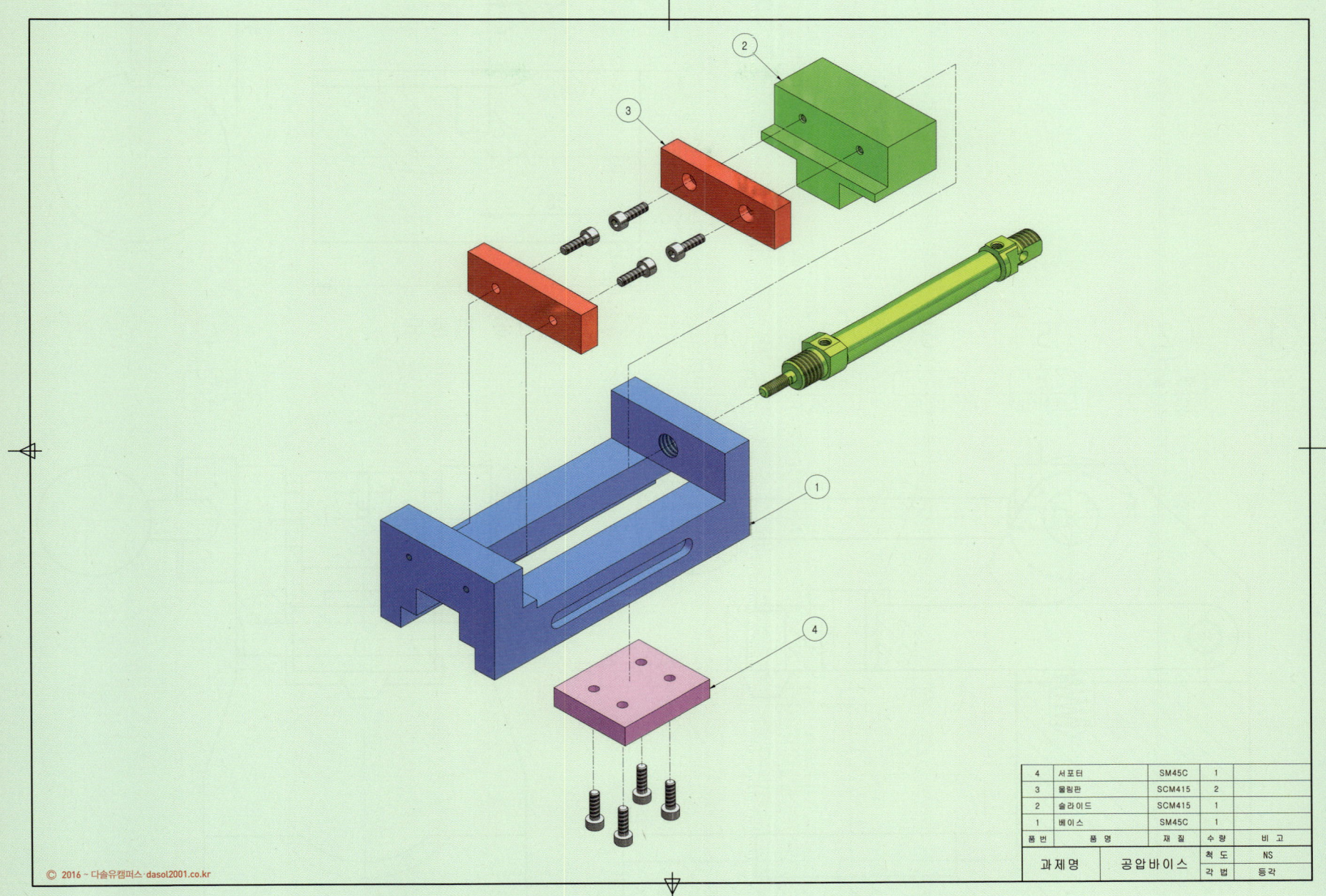

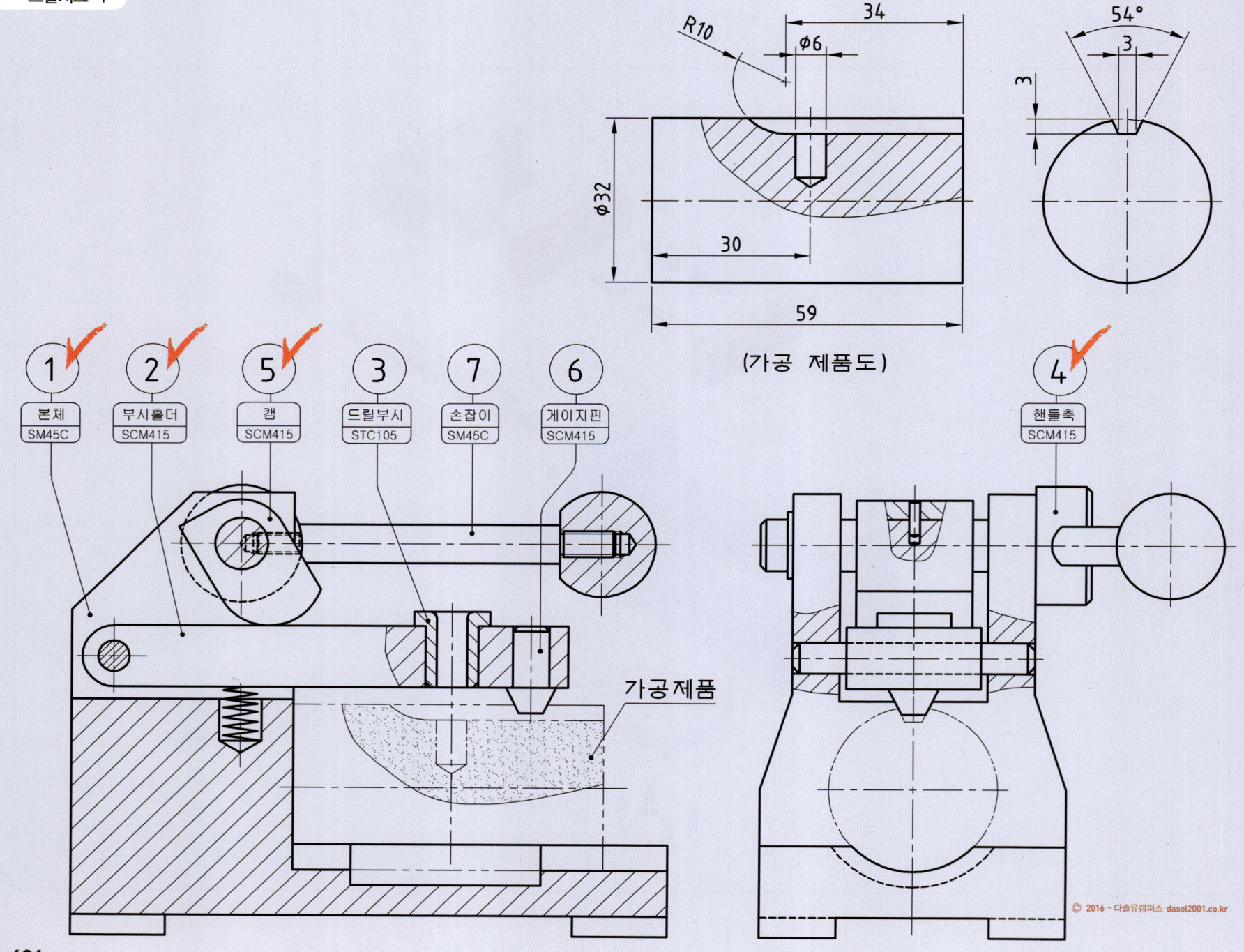

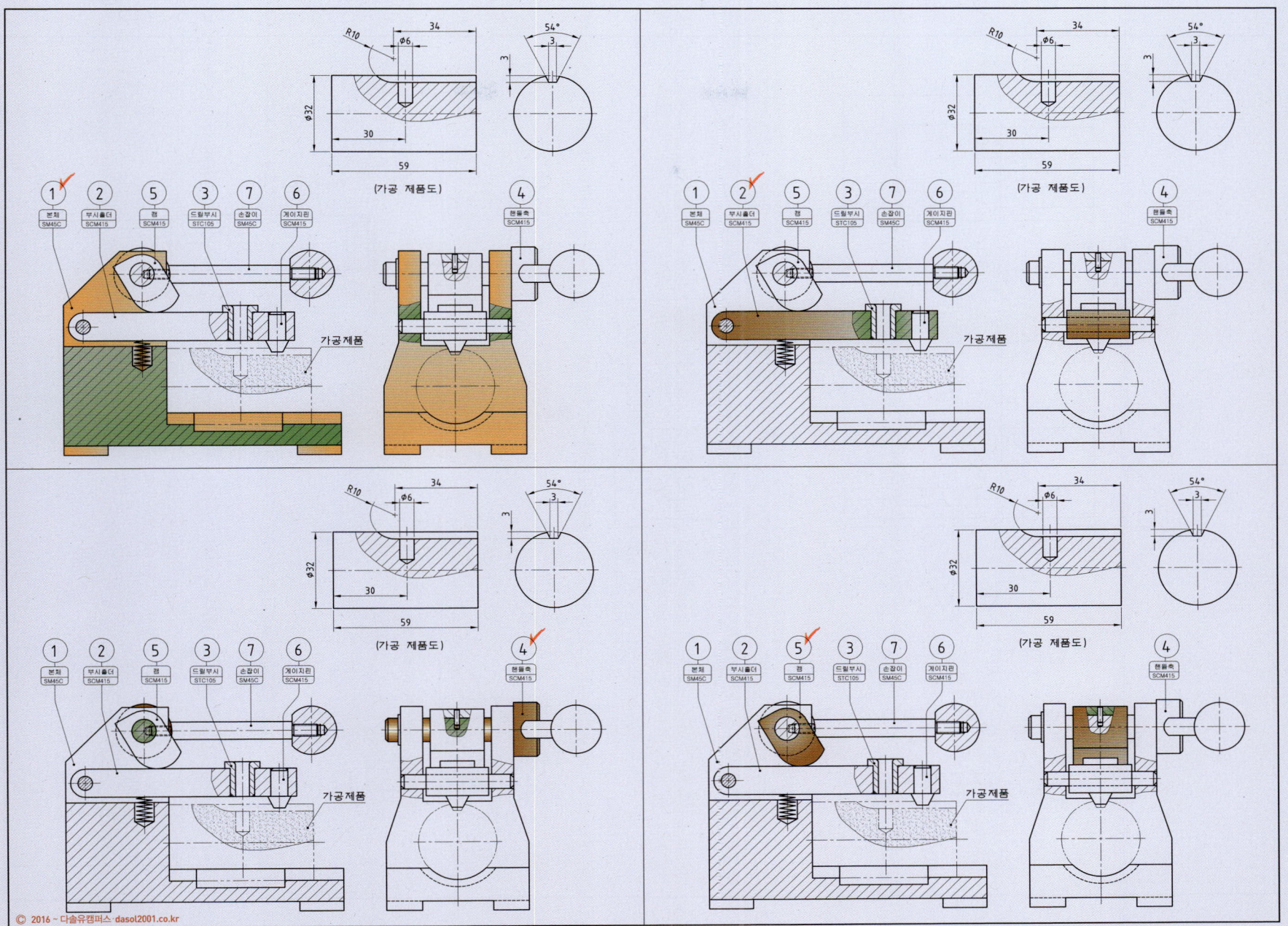

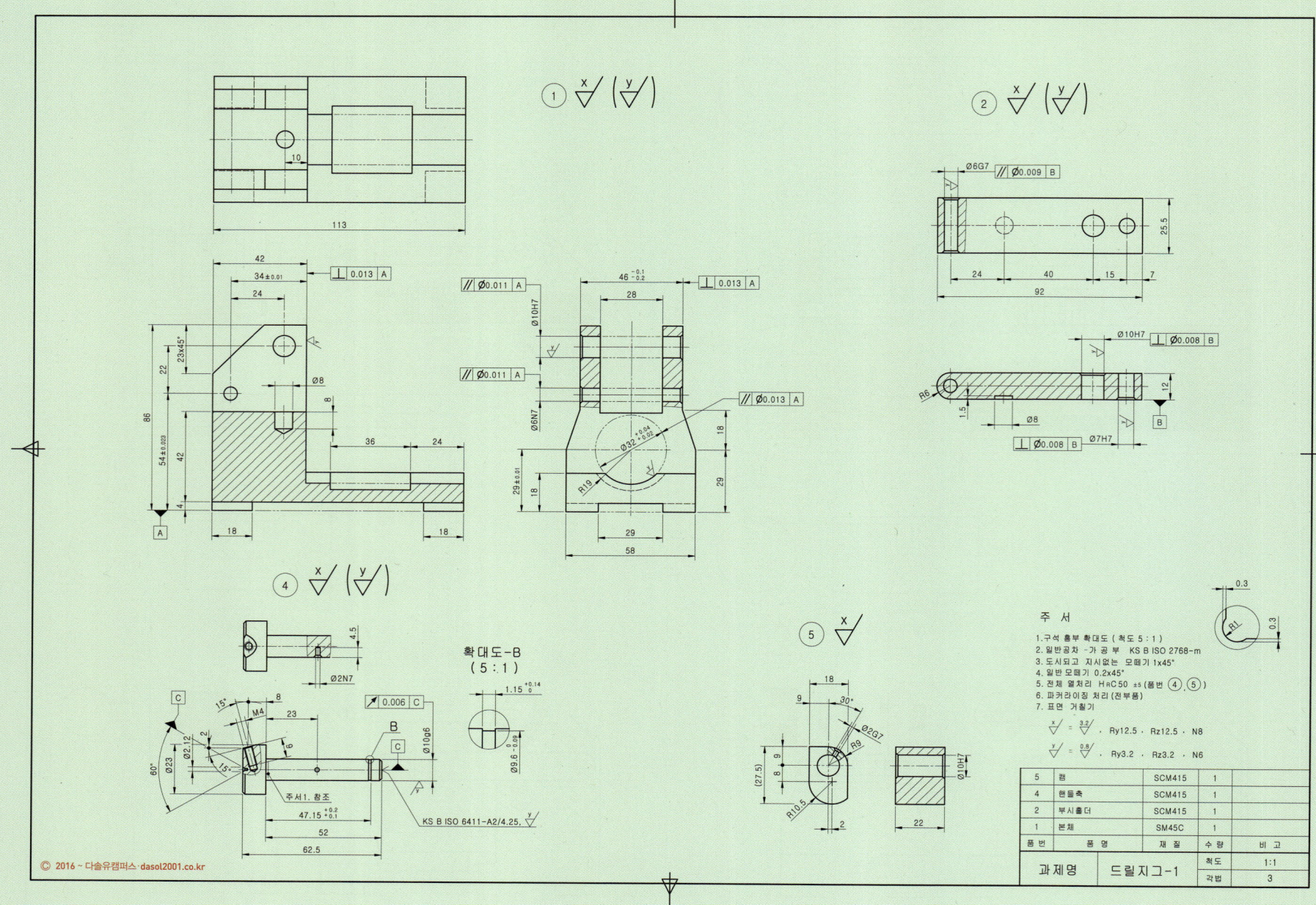

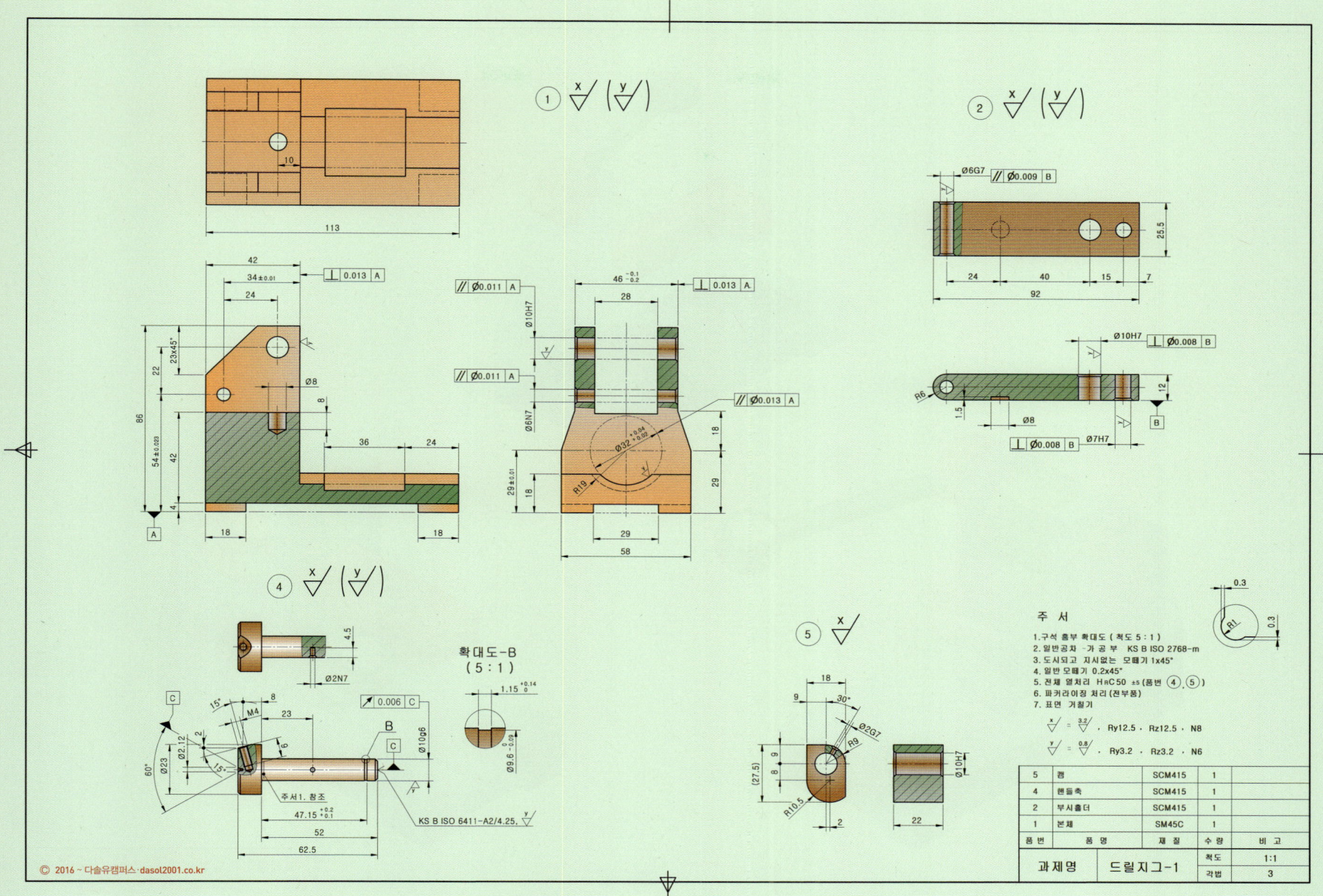

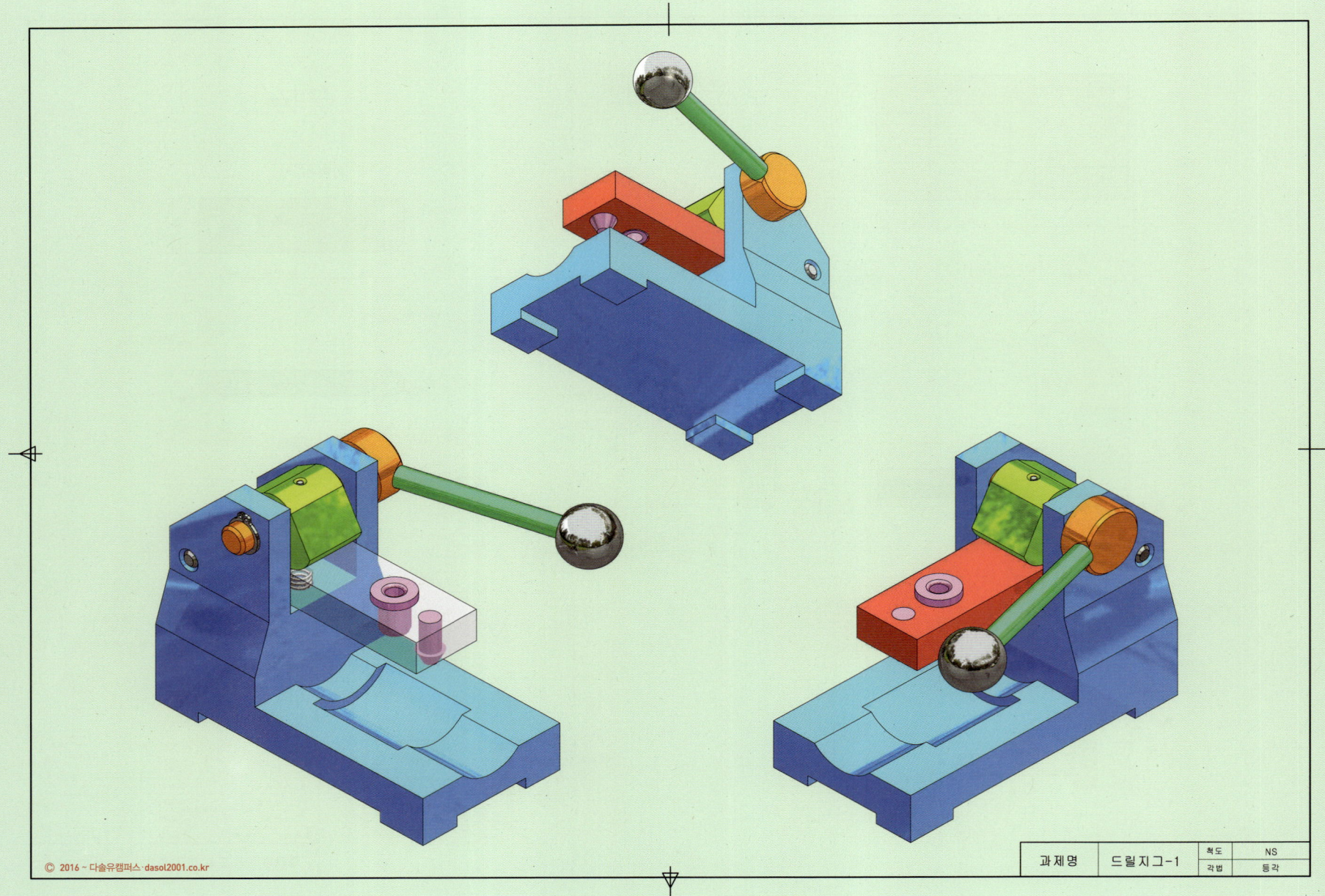

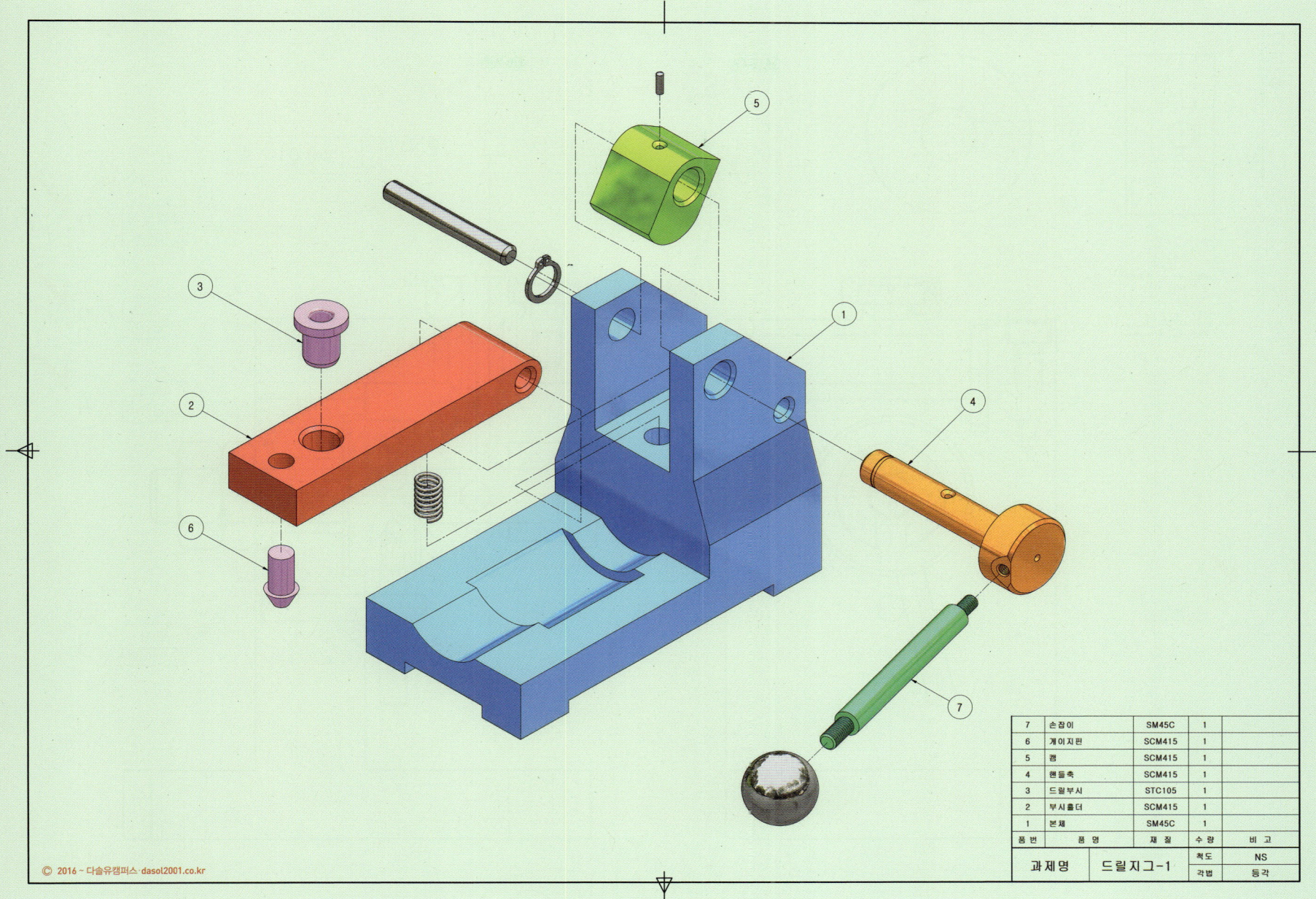

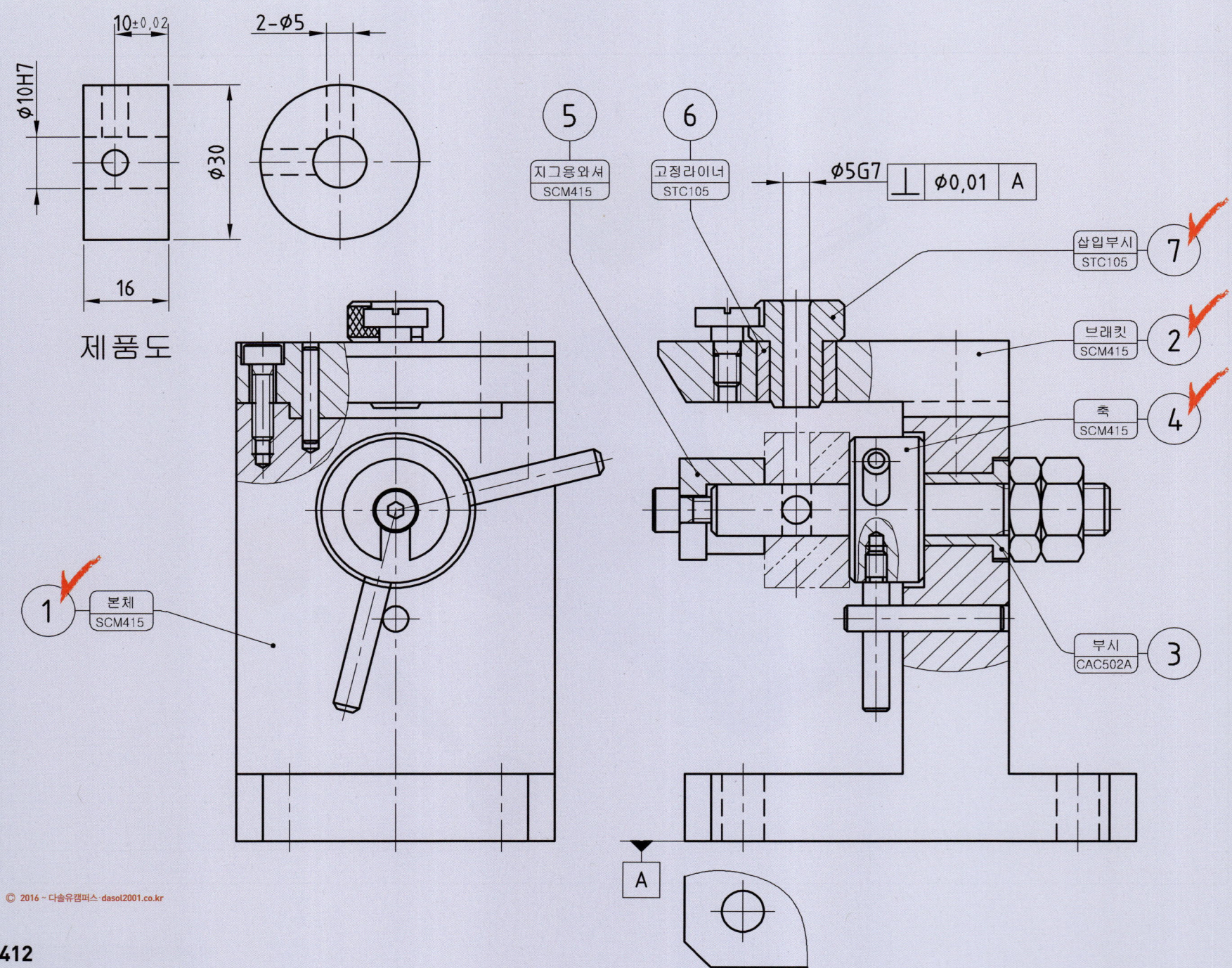

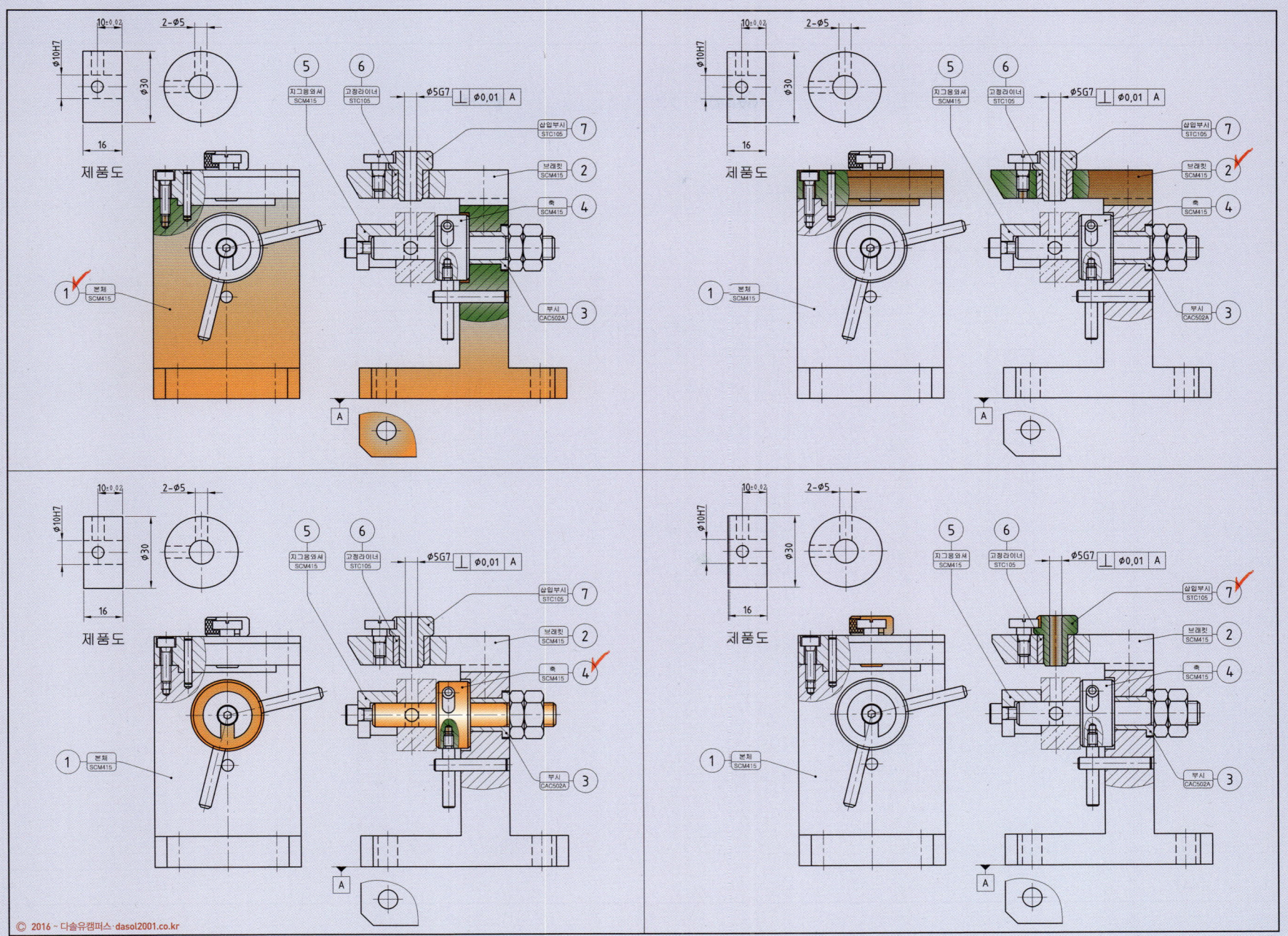

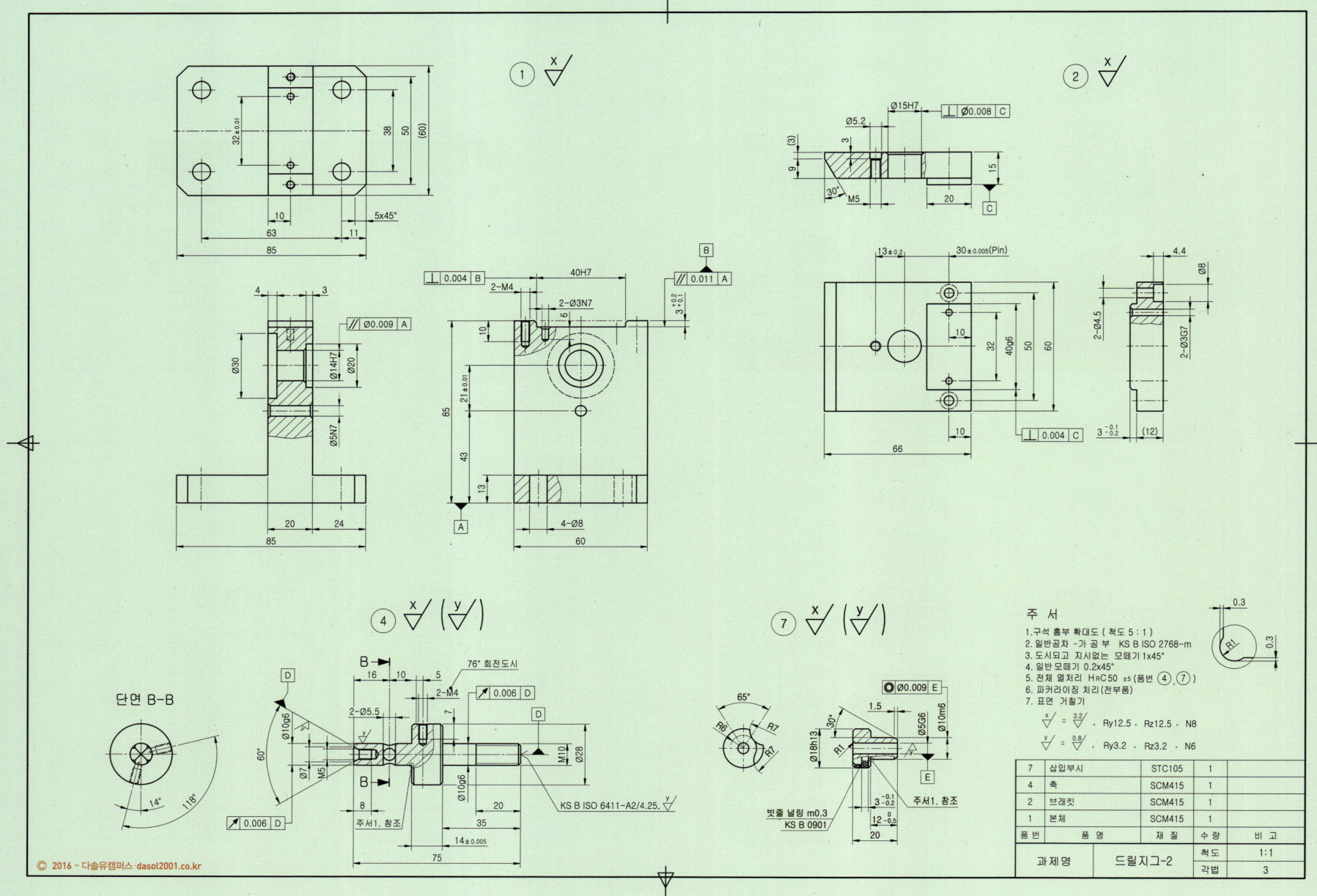

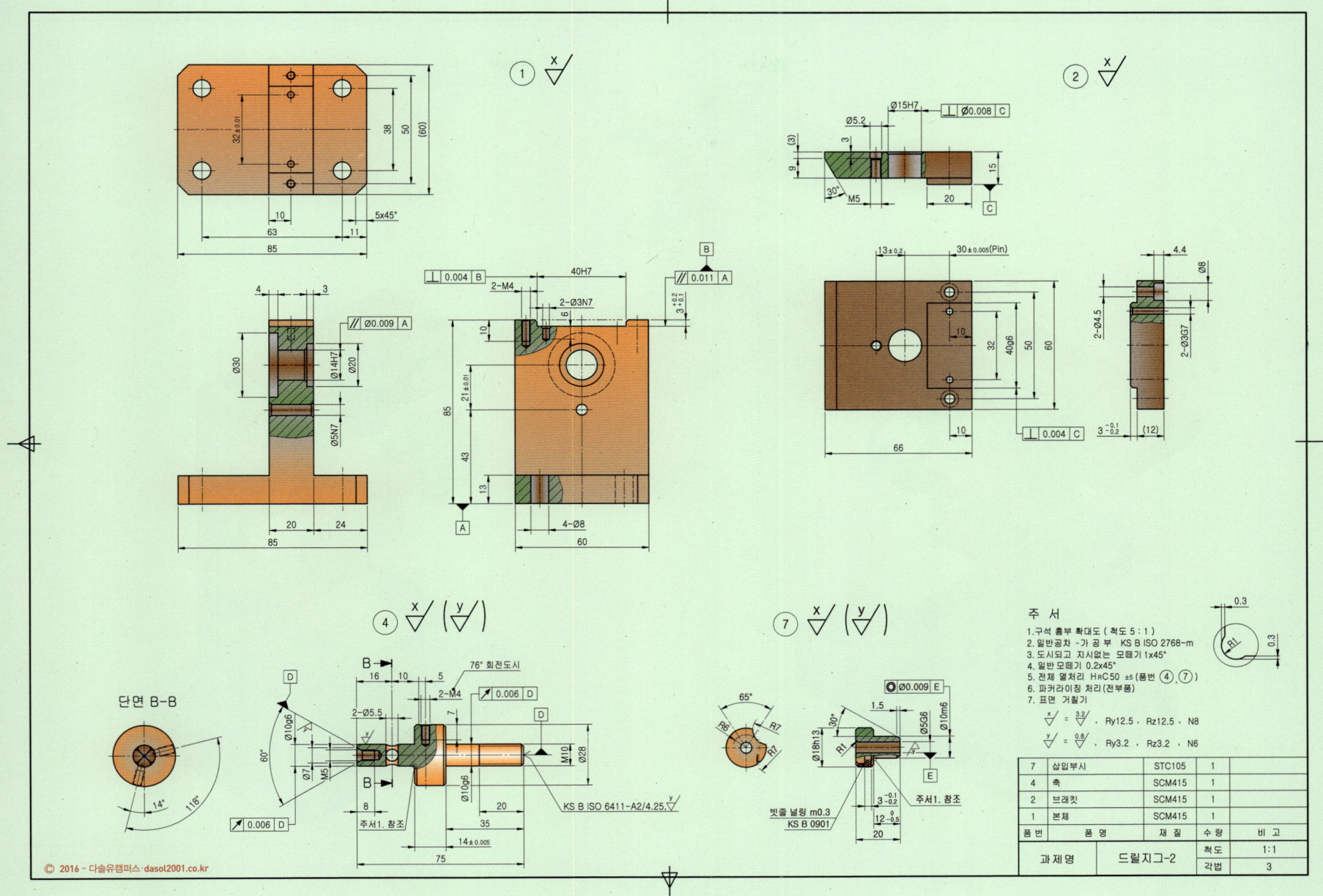

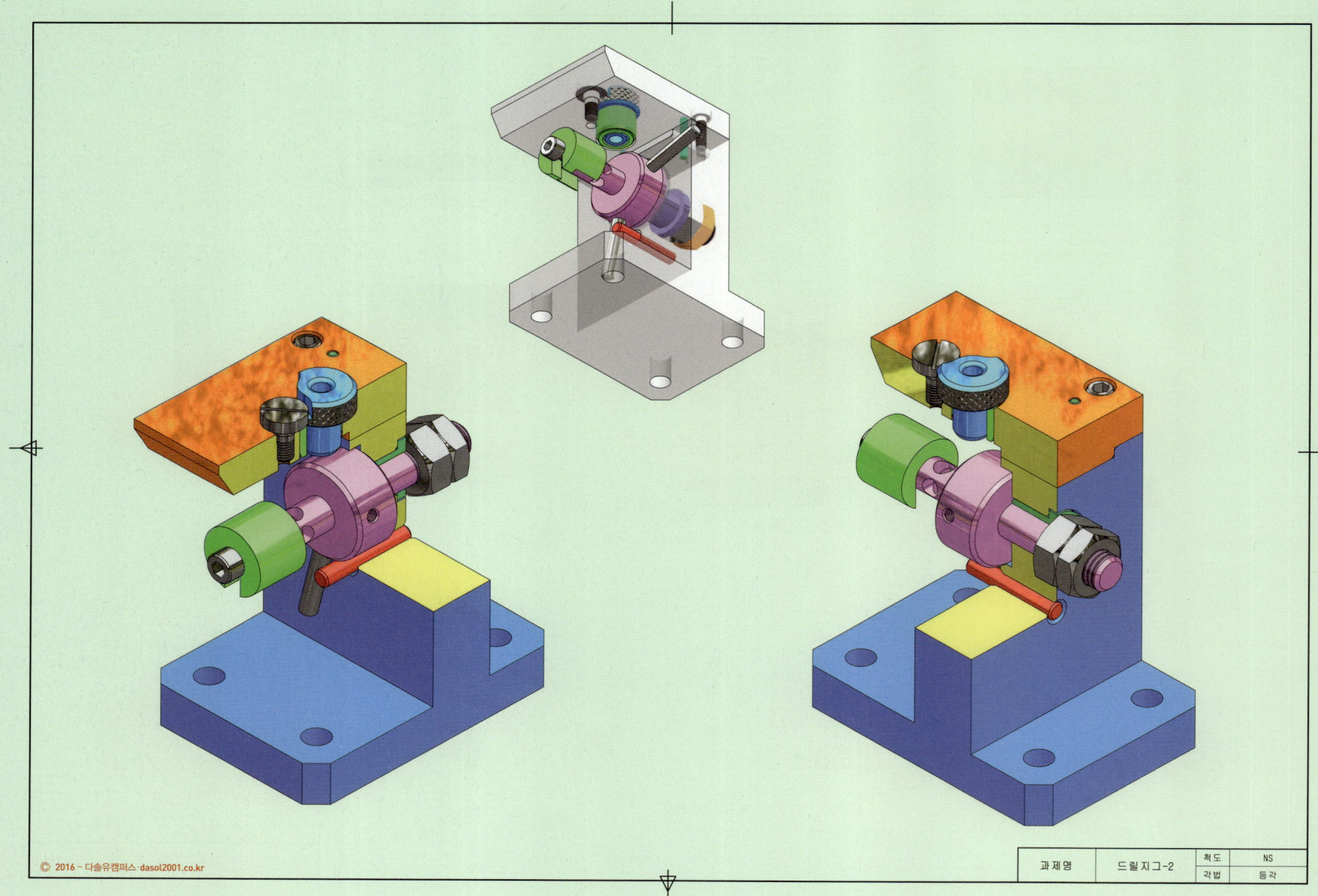

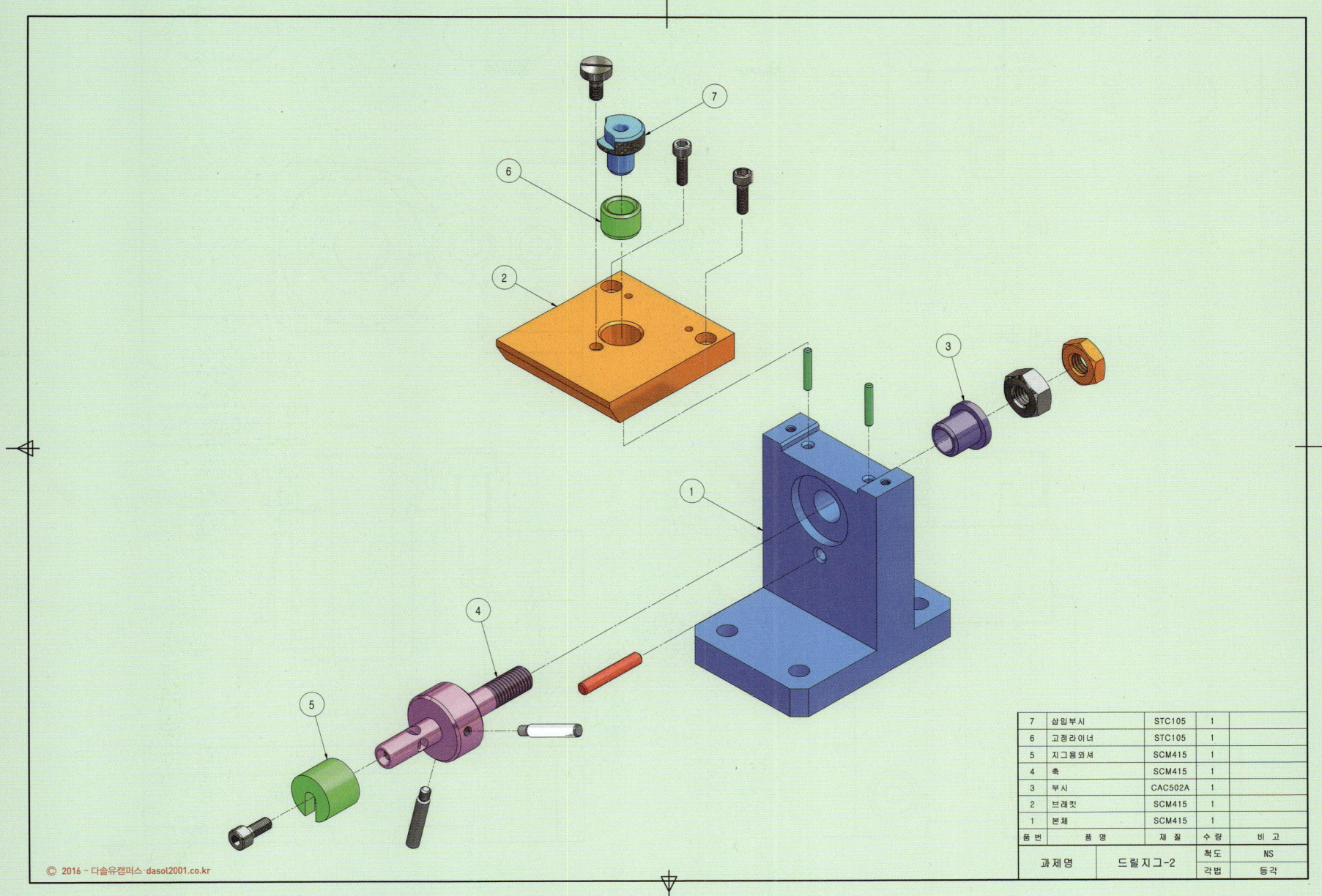

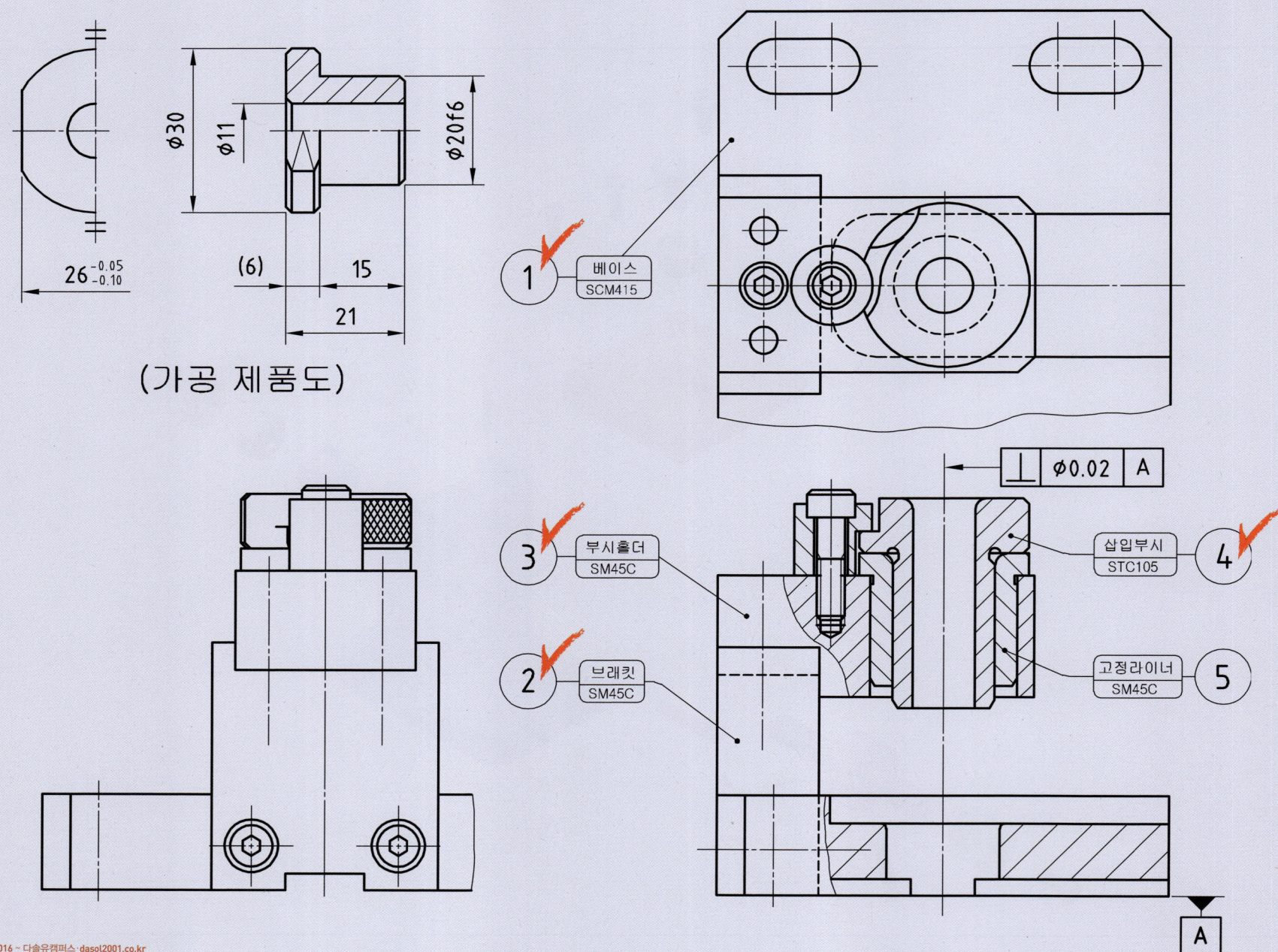

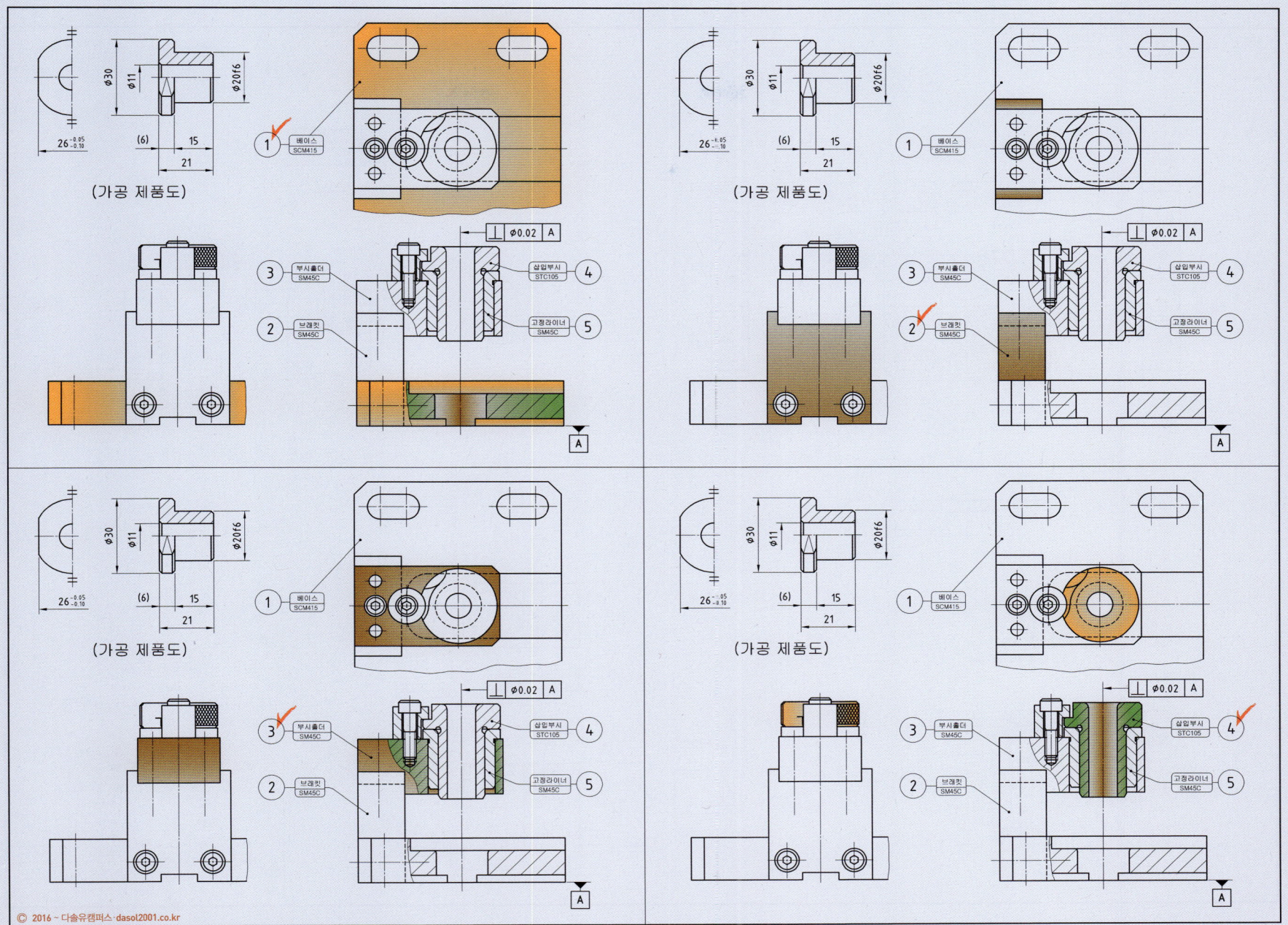

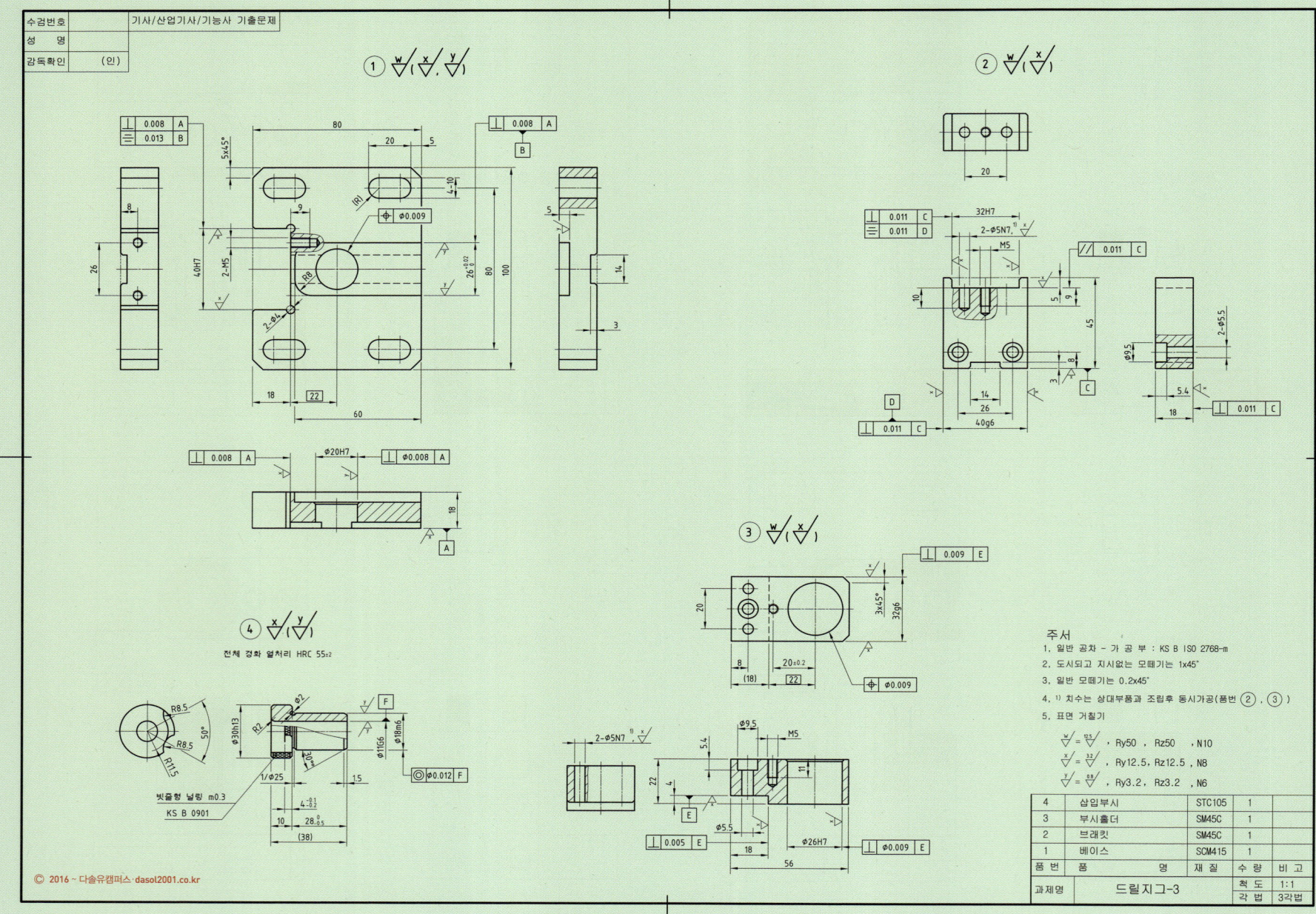

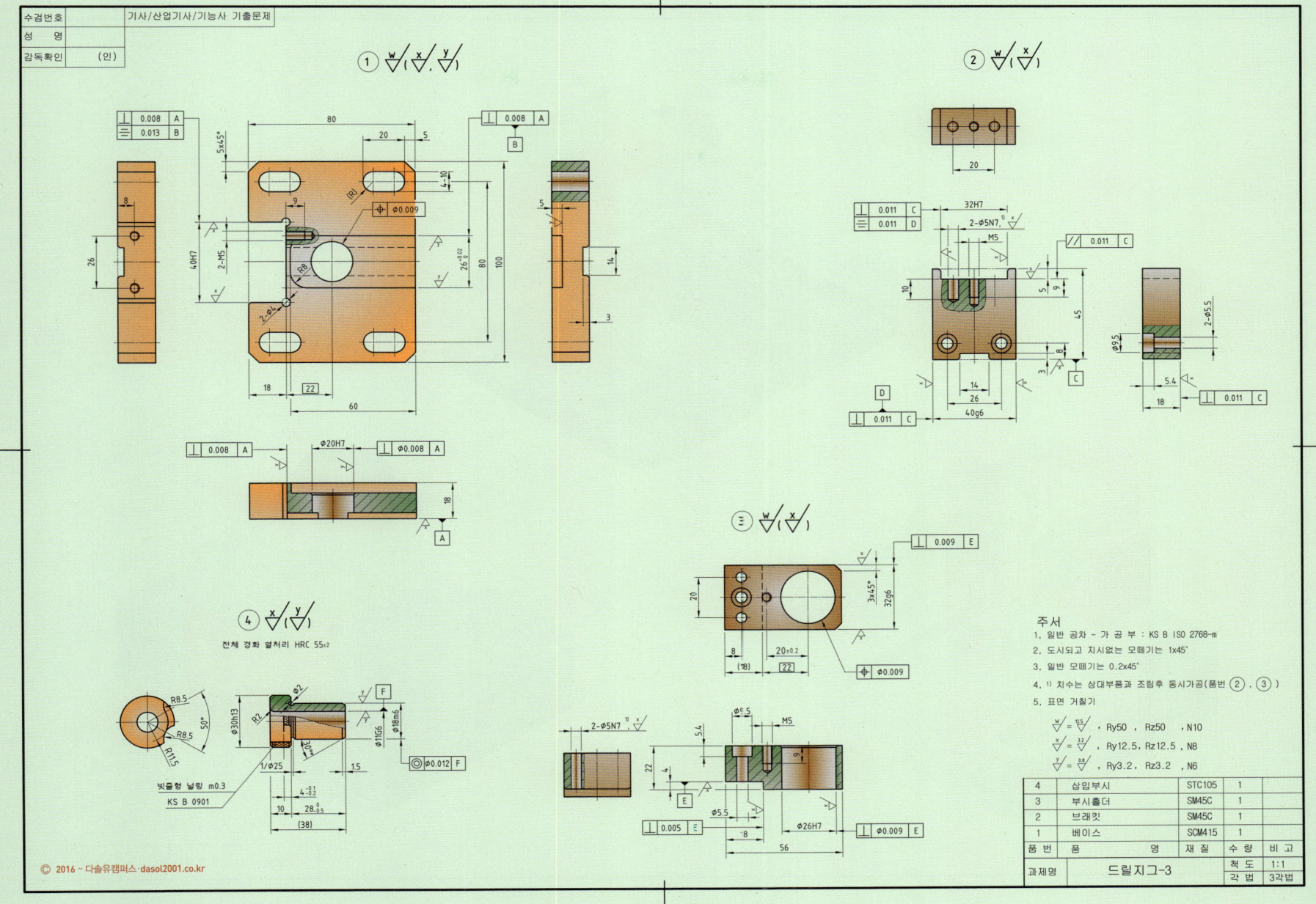

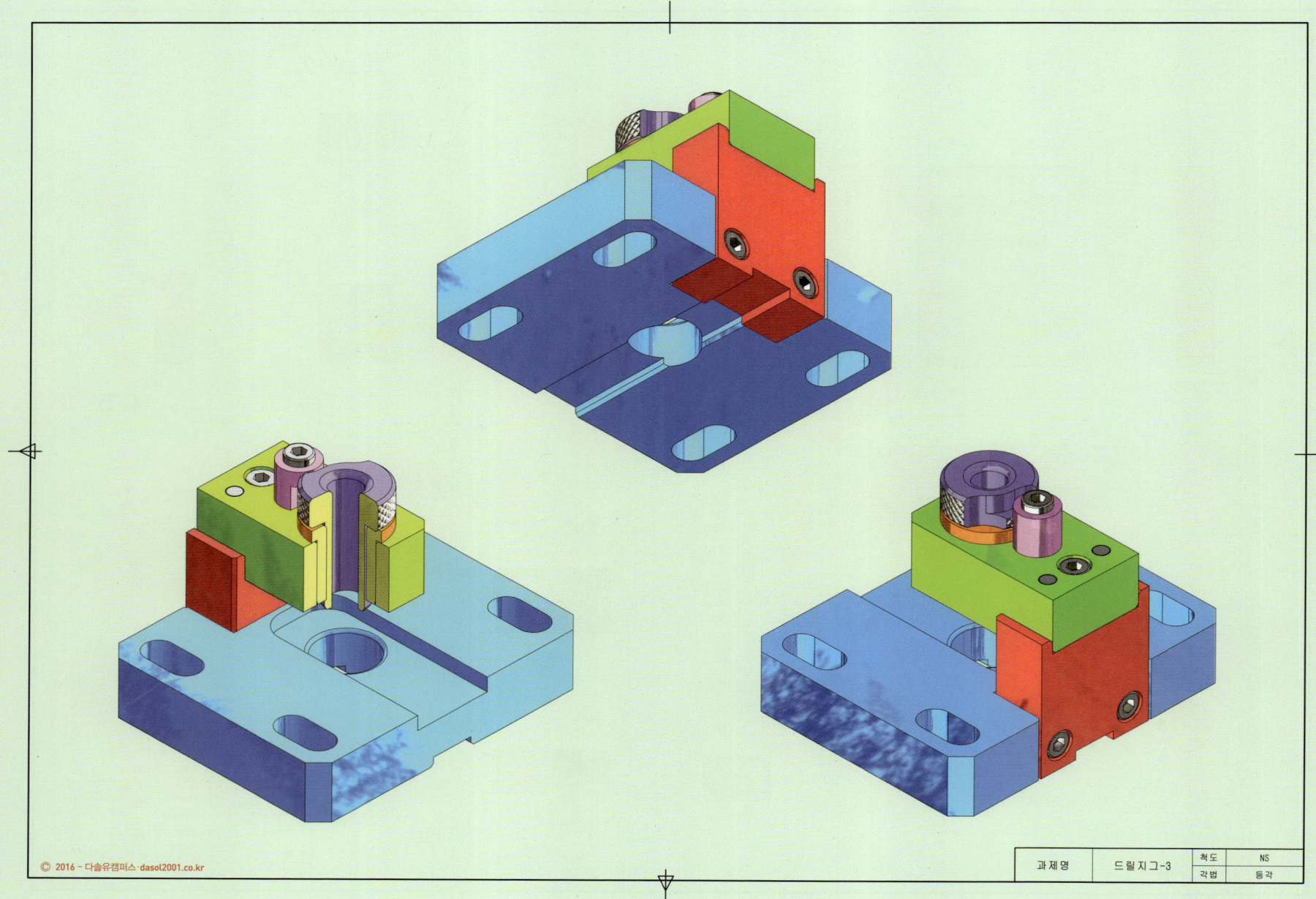

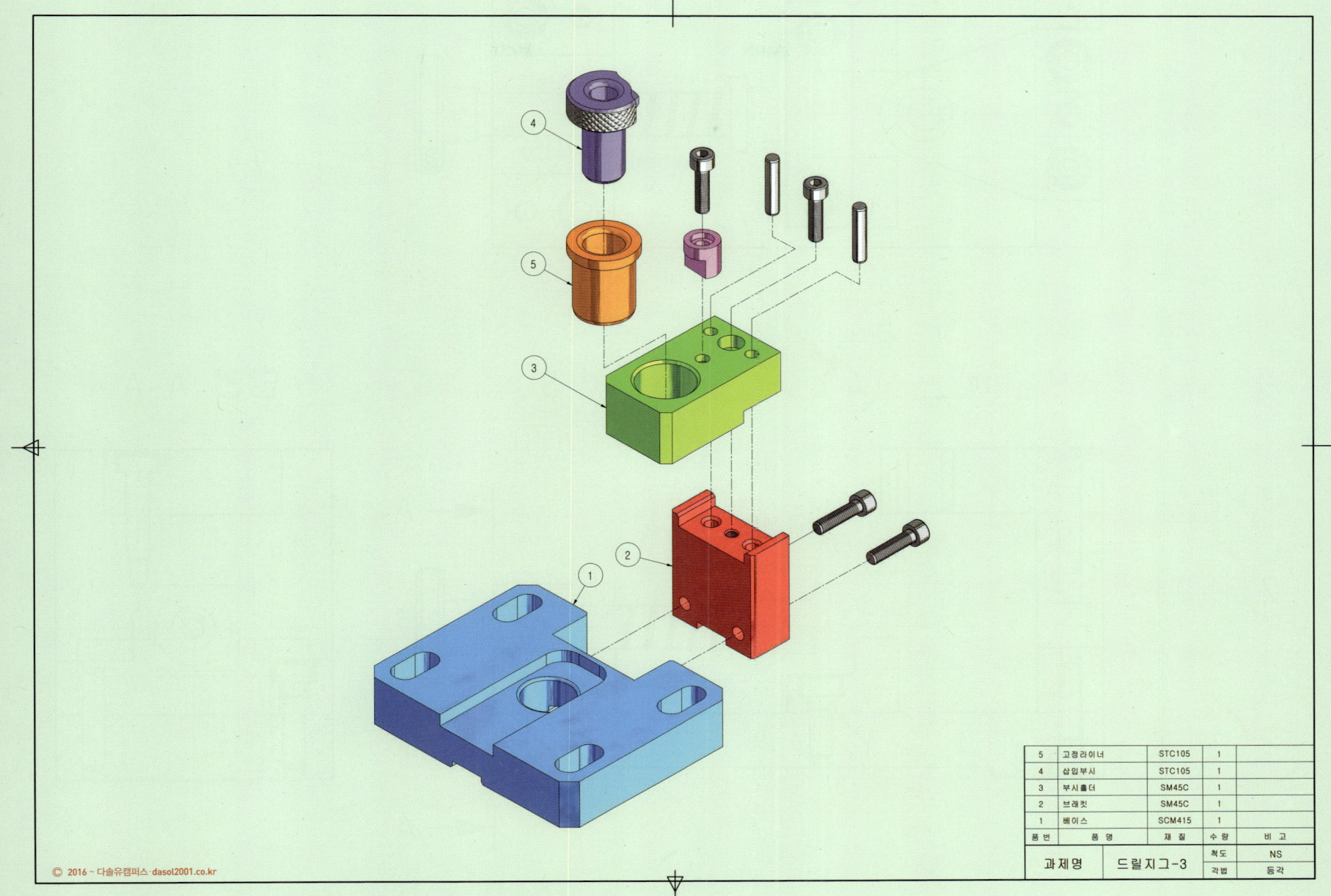

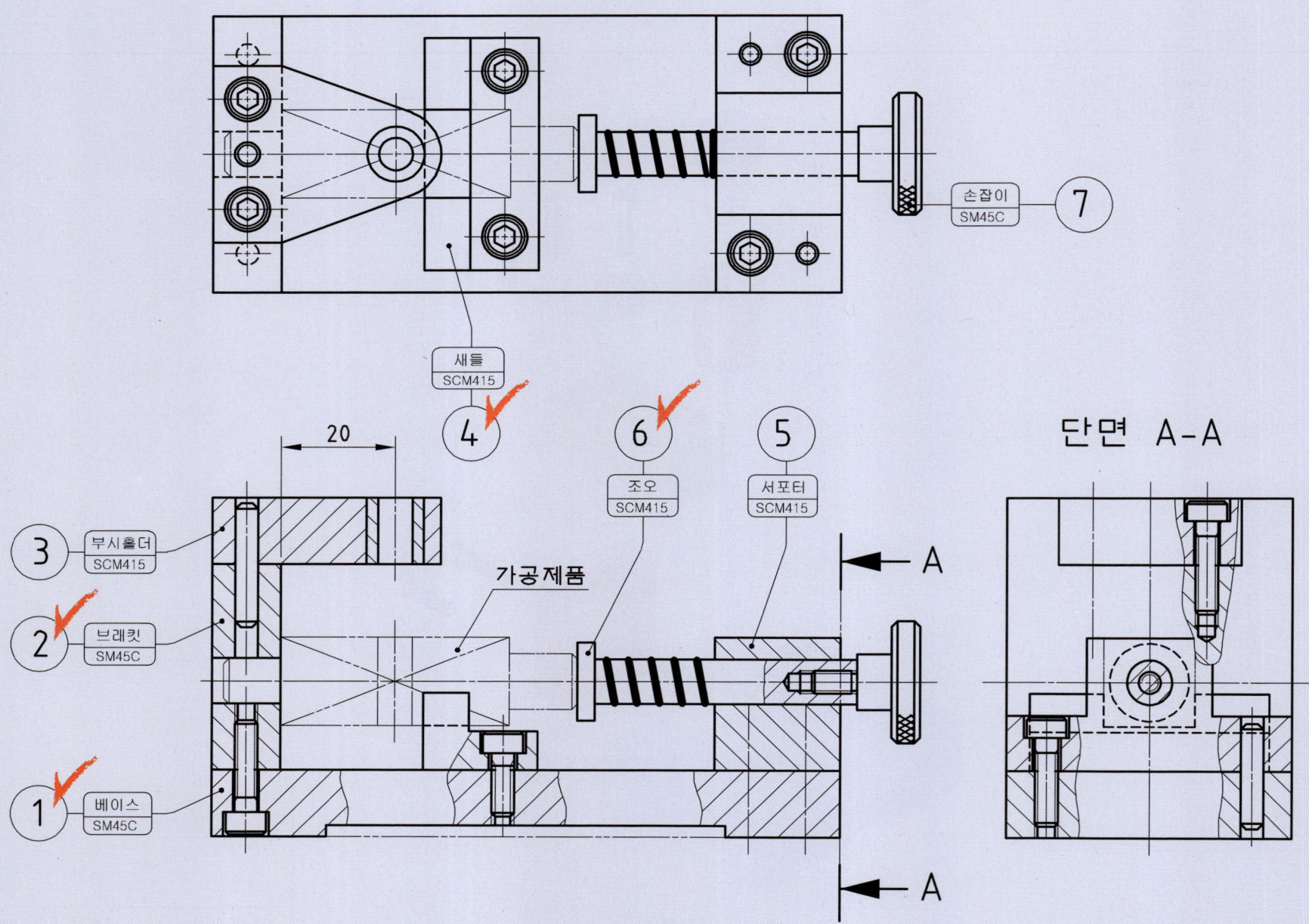

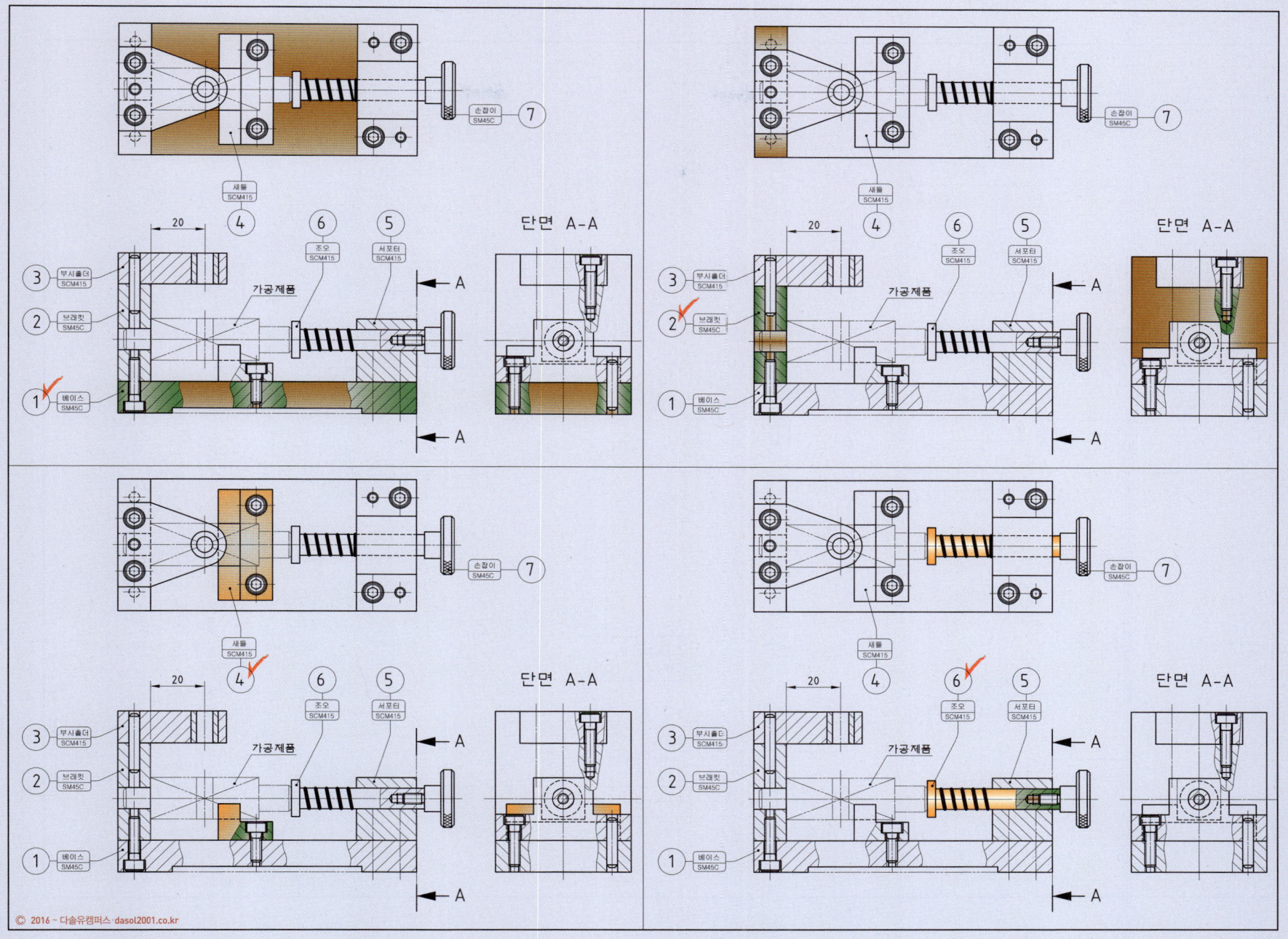

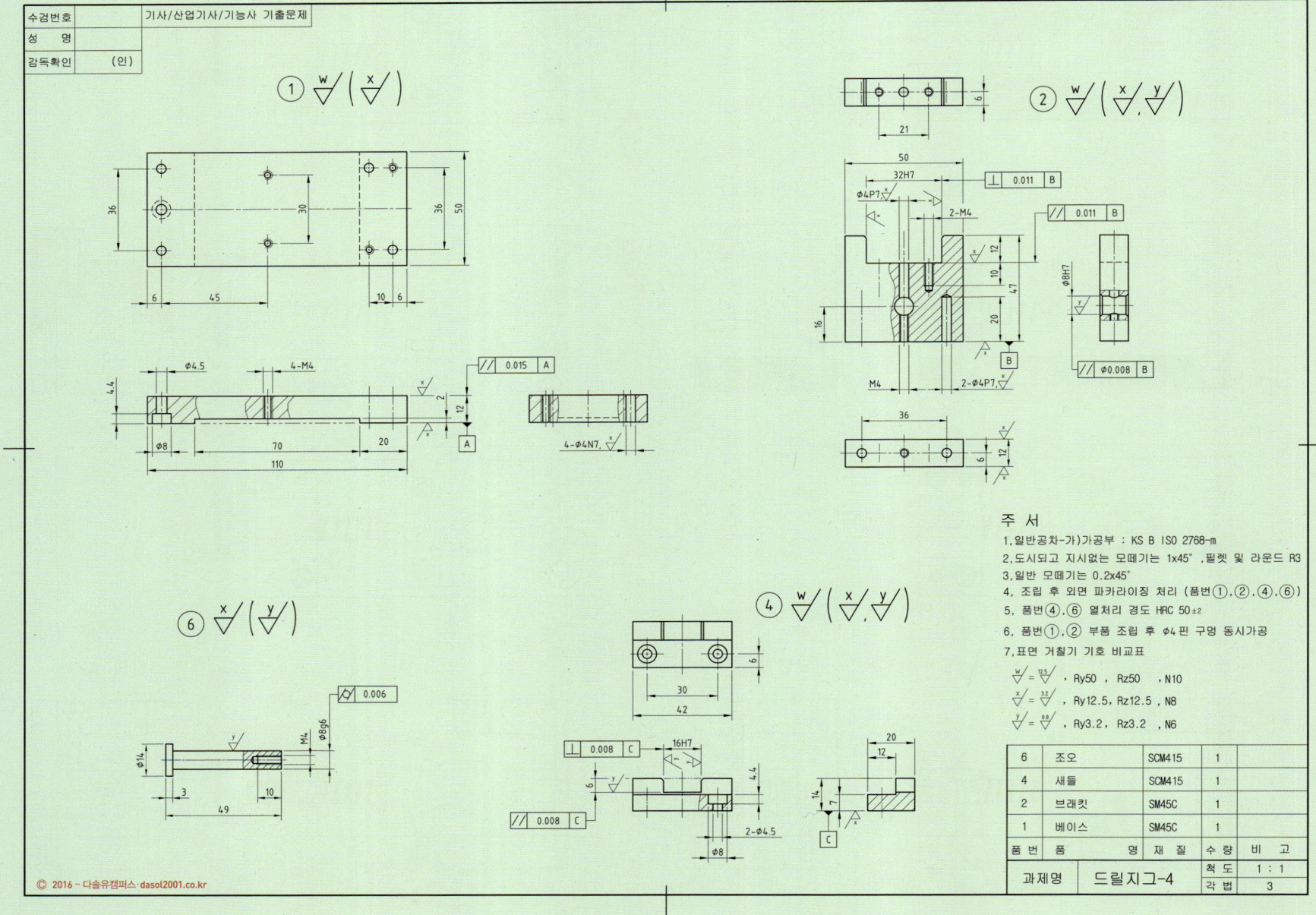

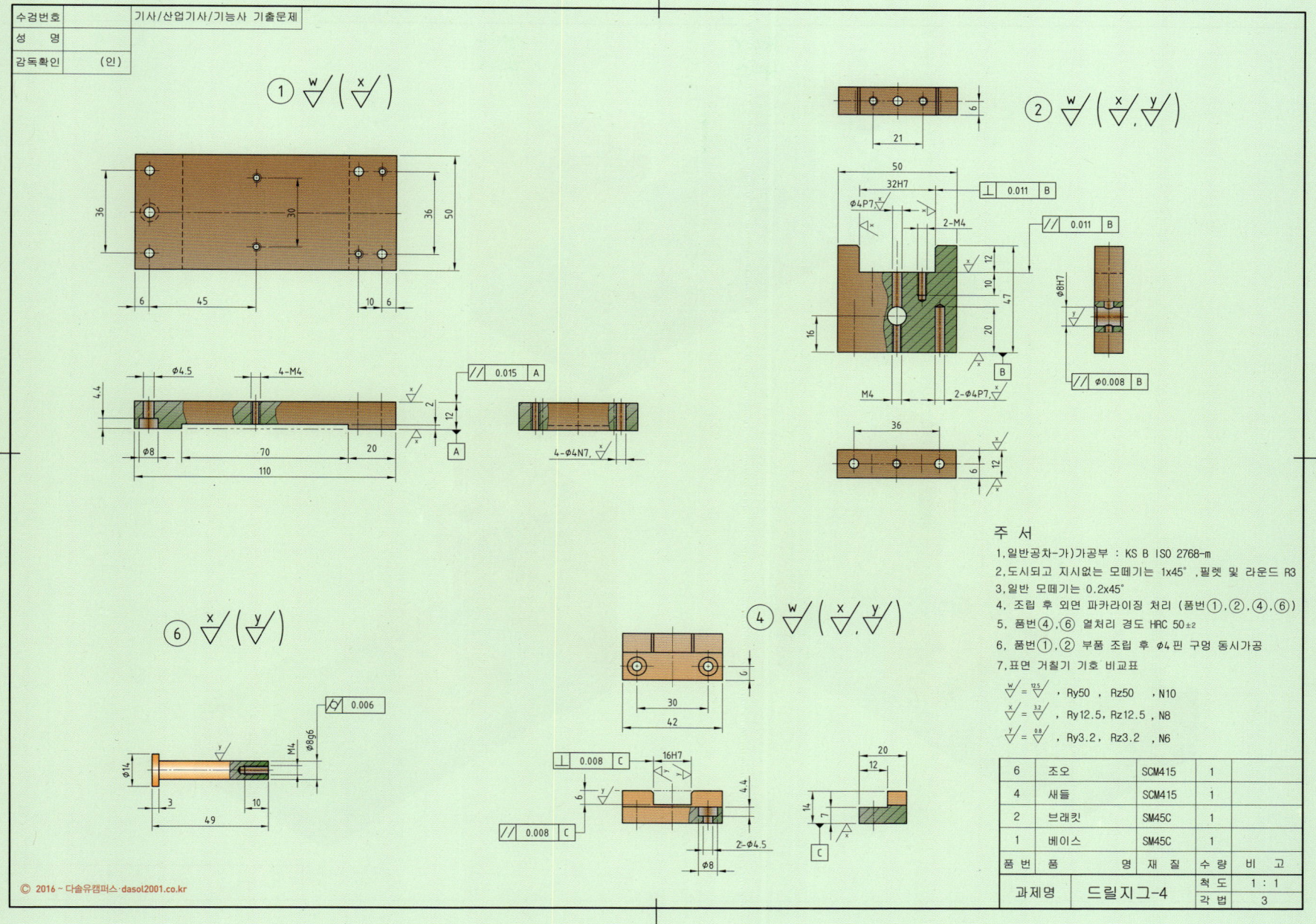

드릴지그-4

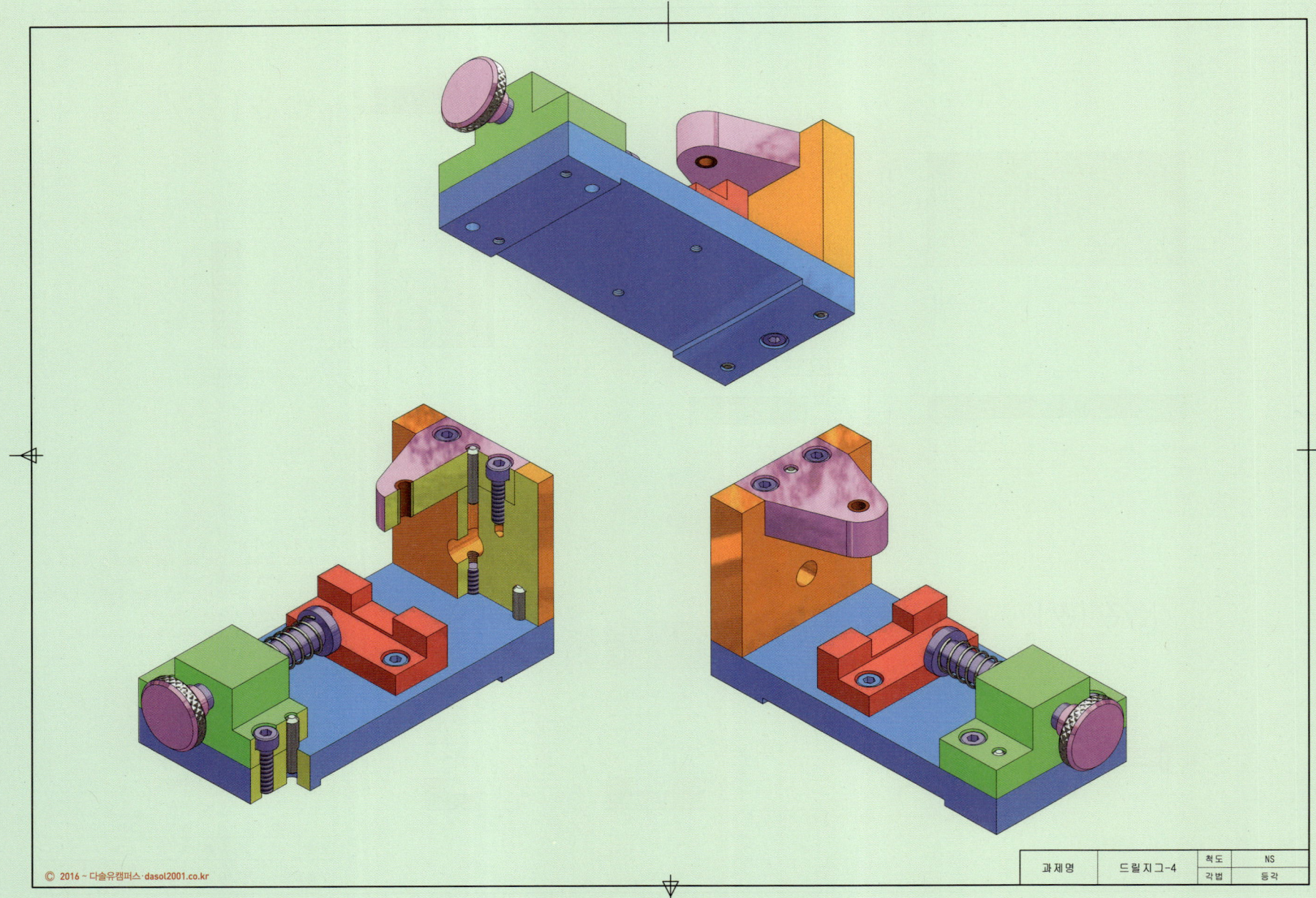

과제명	드릴지그-4	척도	NS
		각법	등각

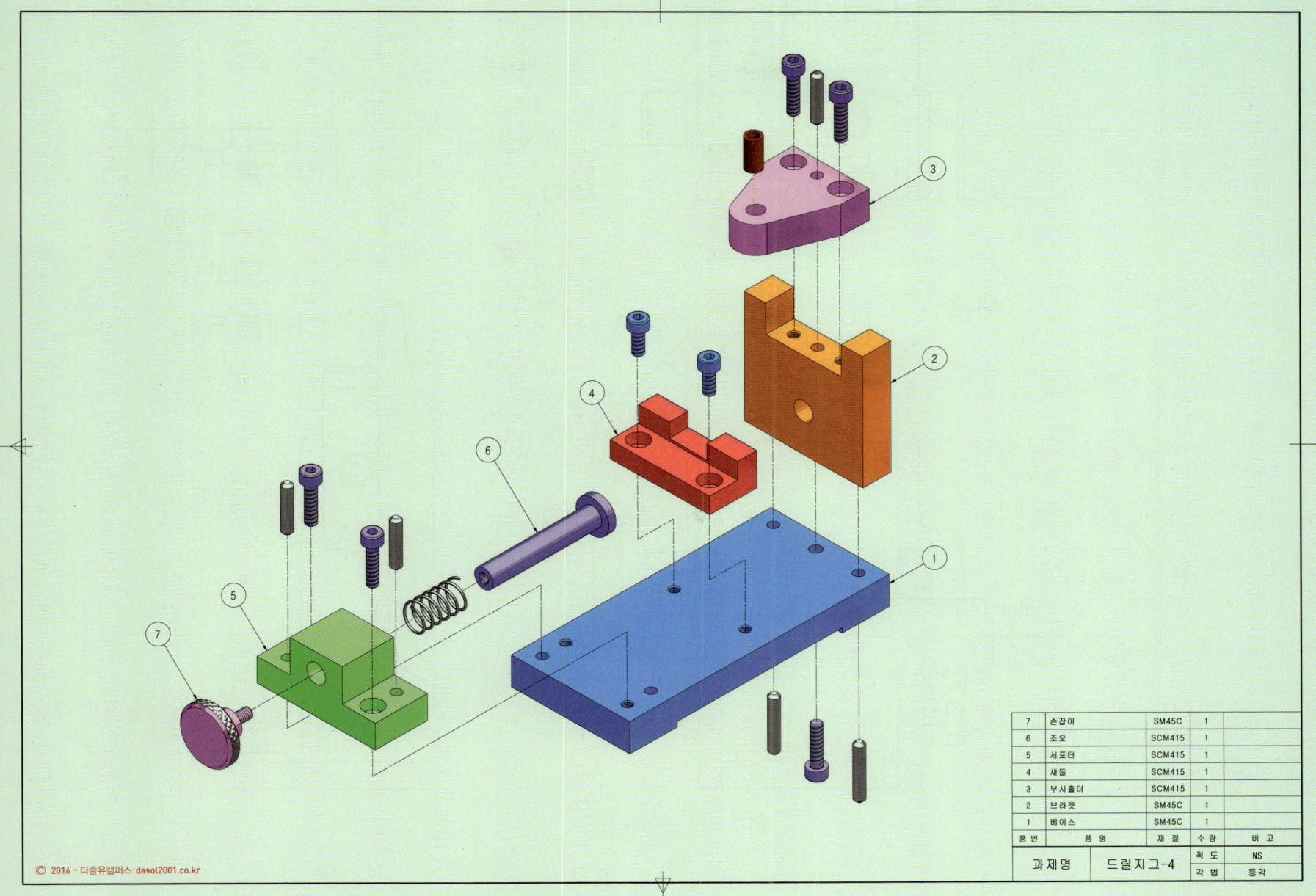

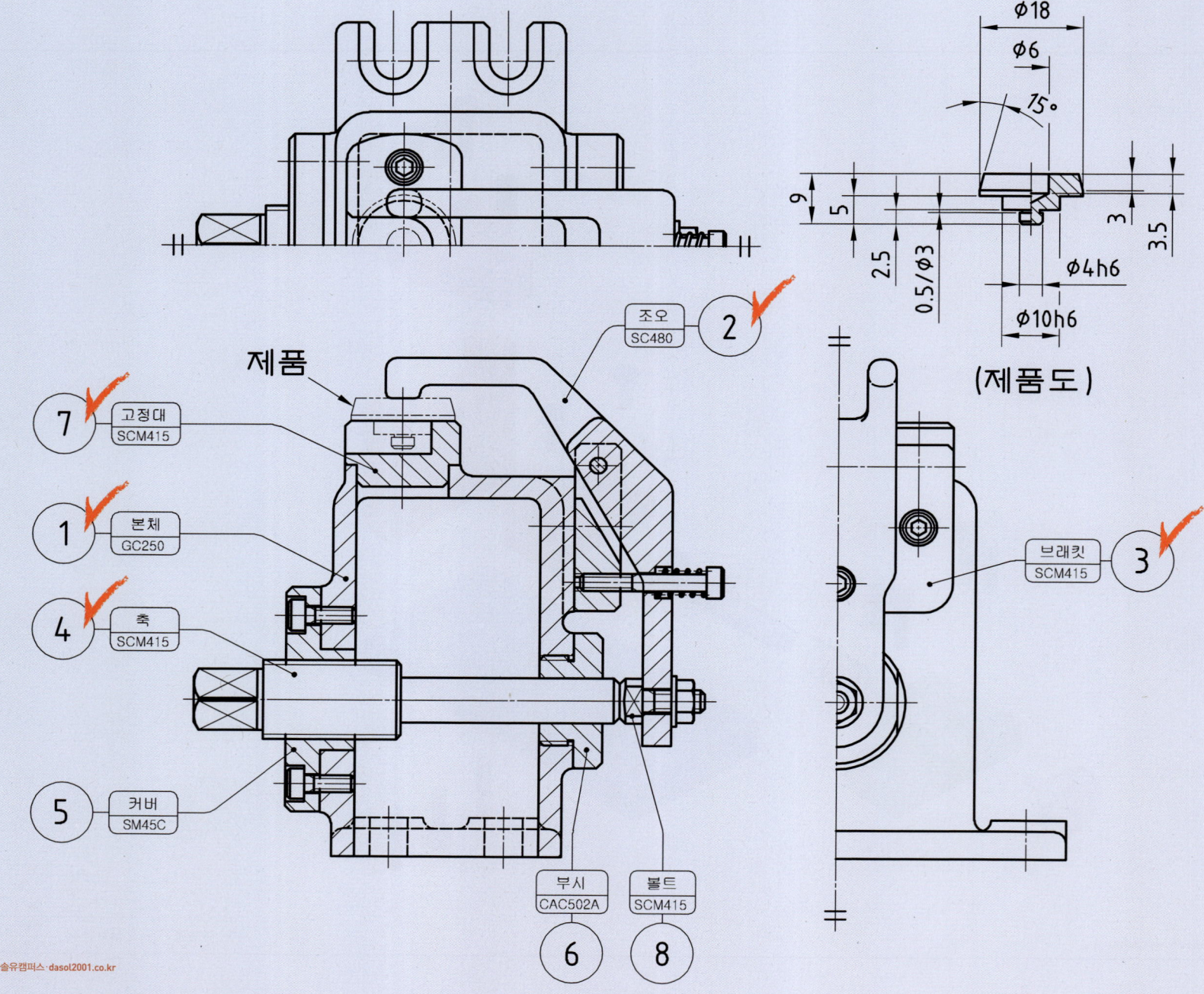

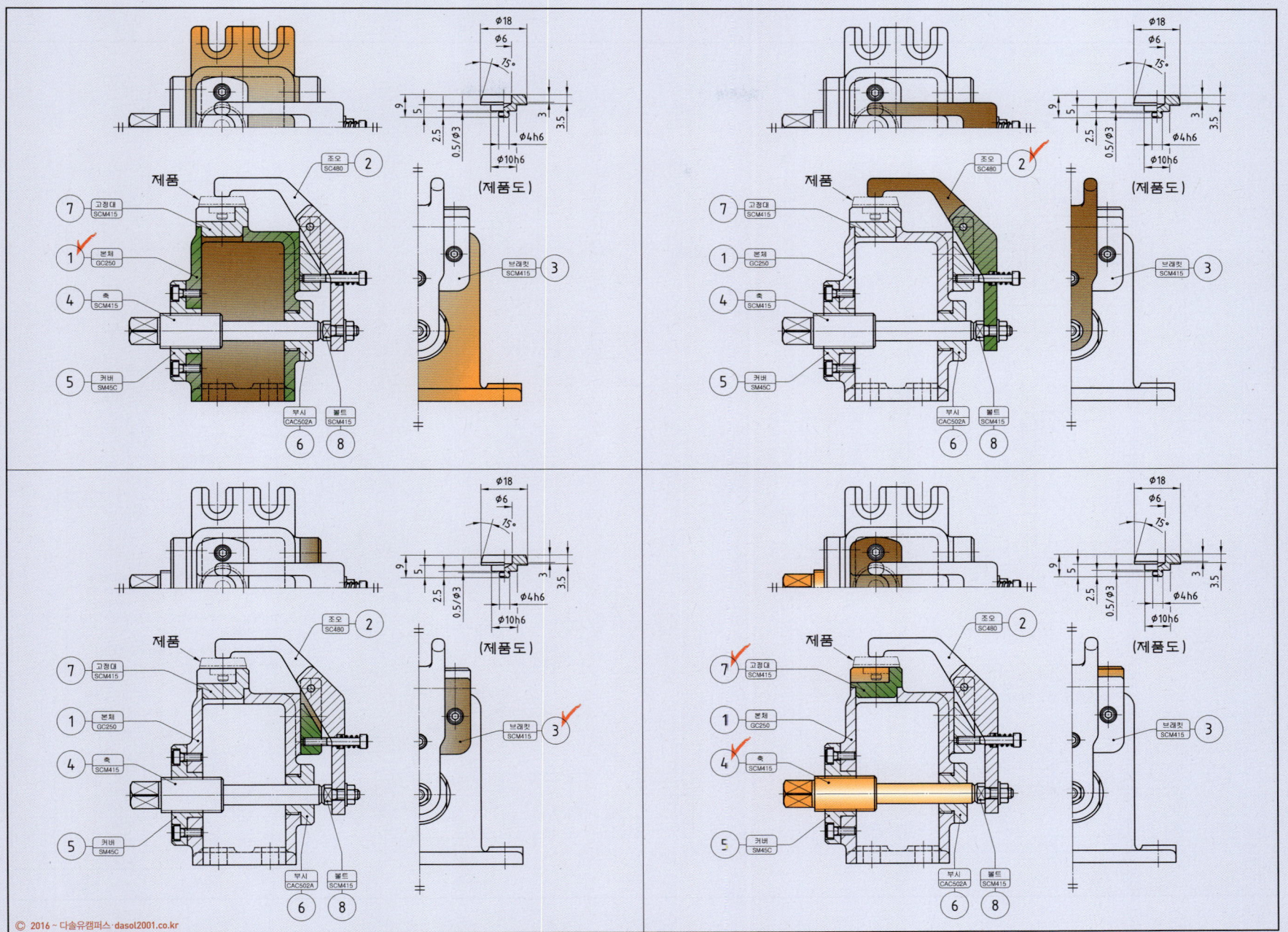

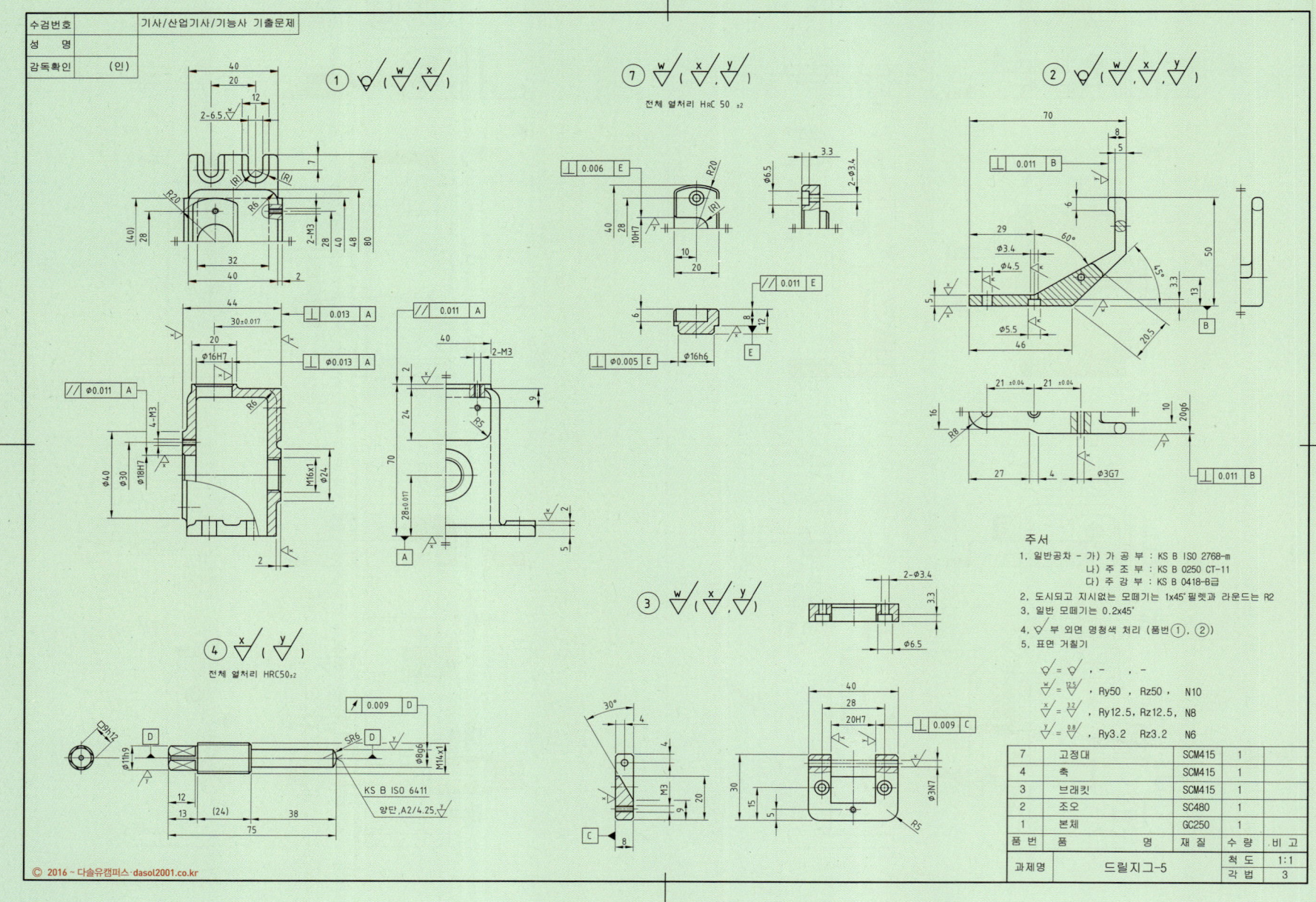

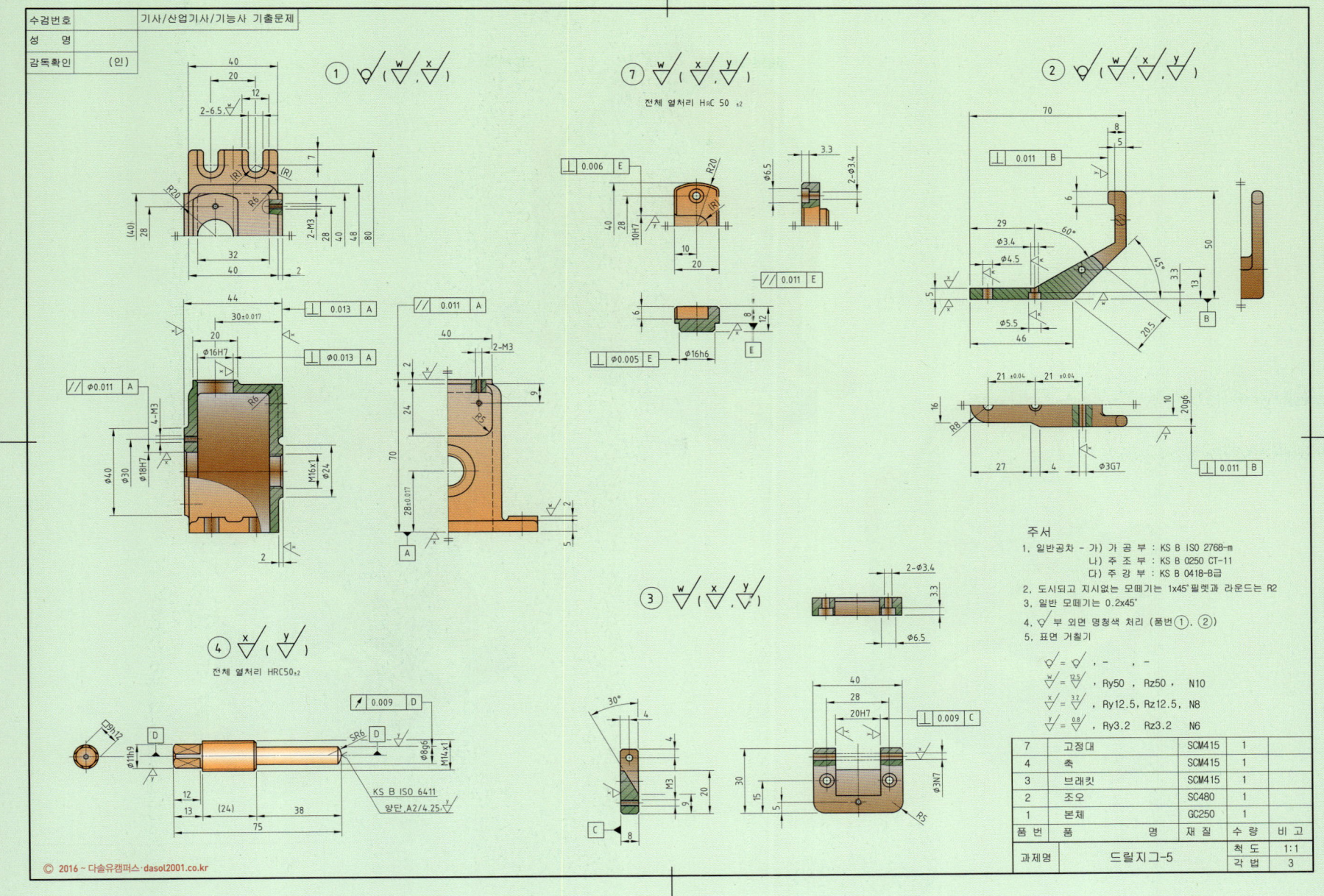

드릴지그-5

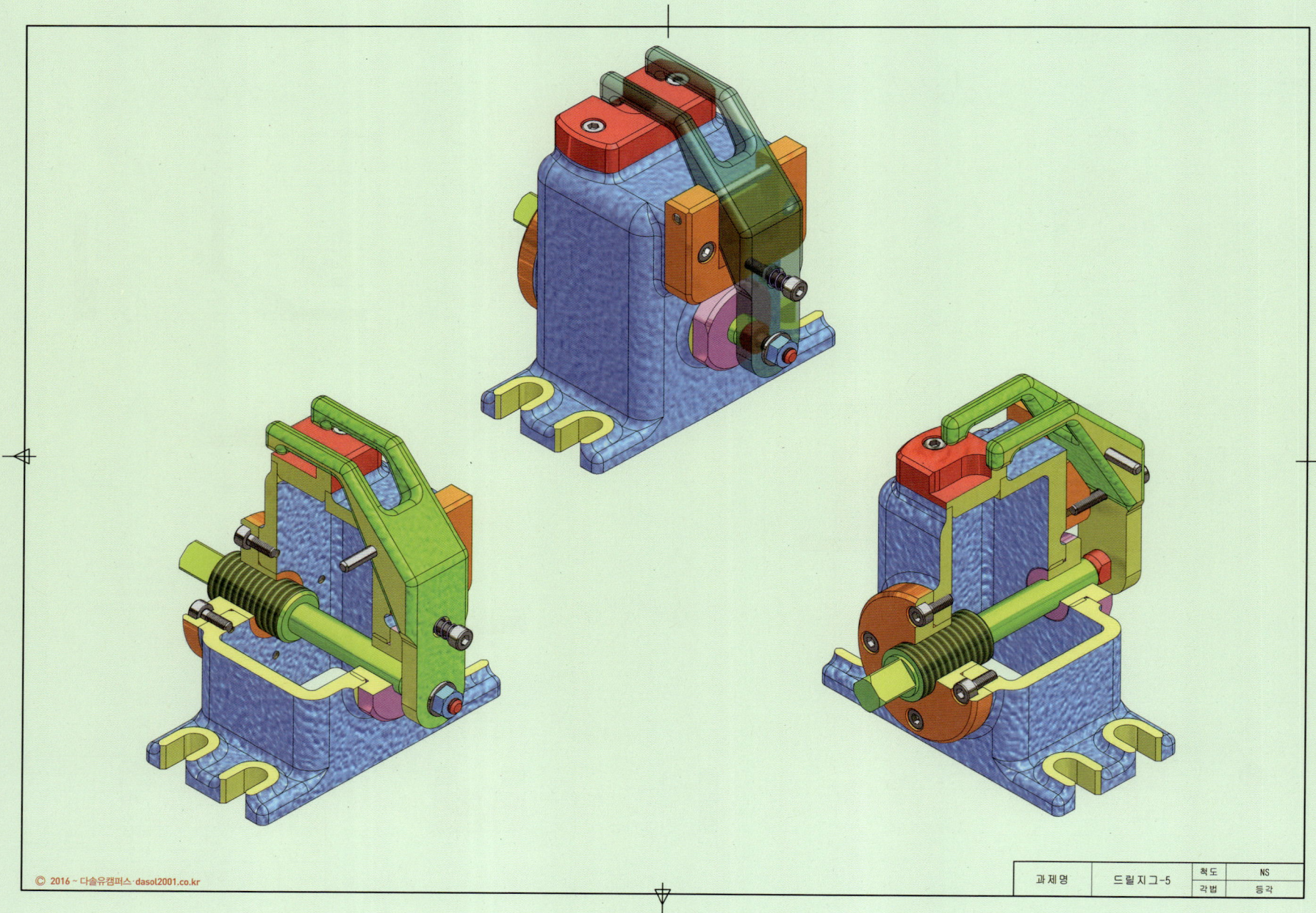

과제명	드릴지그-5	척도	NS
		각법	등각

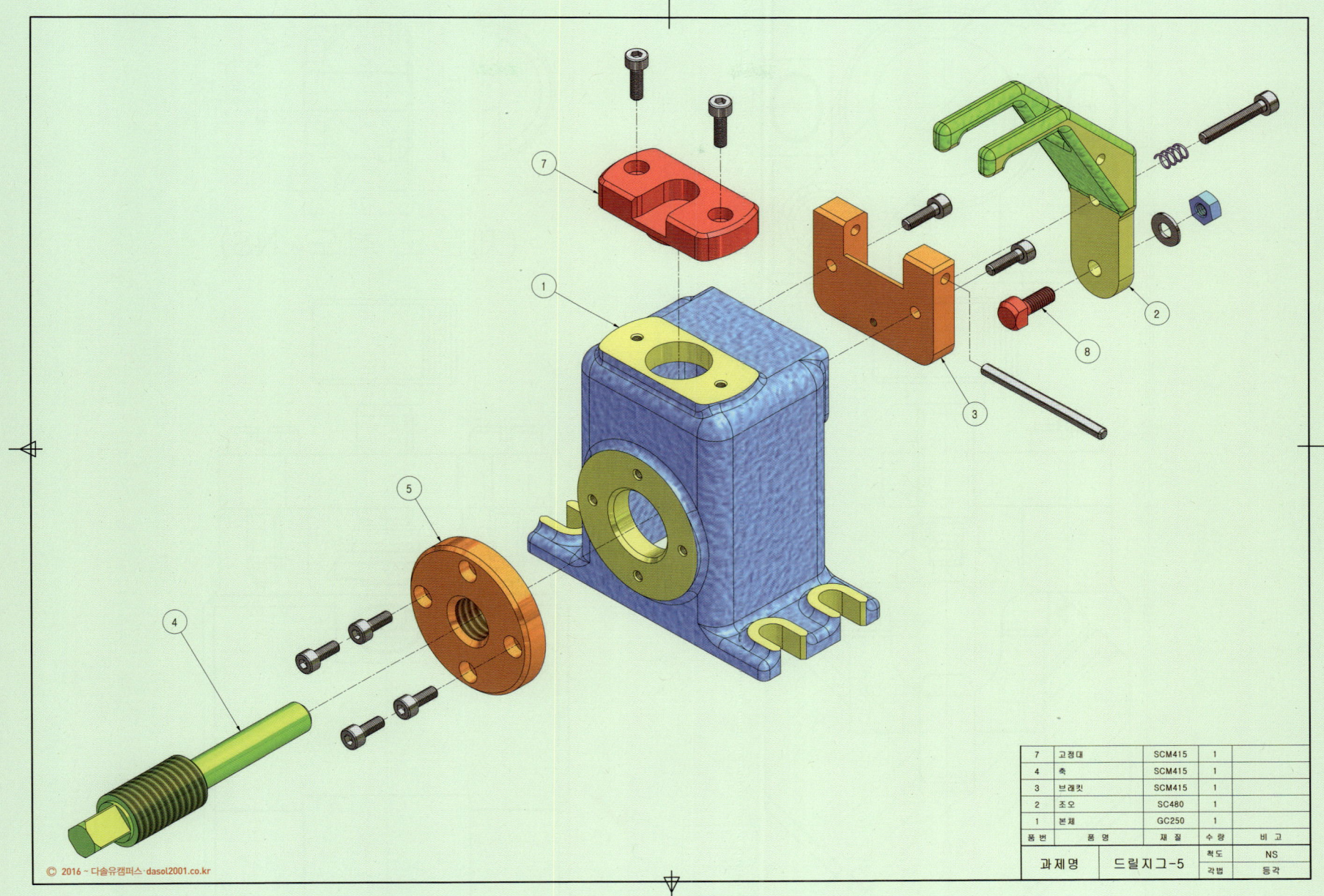

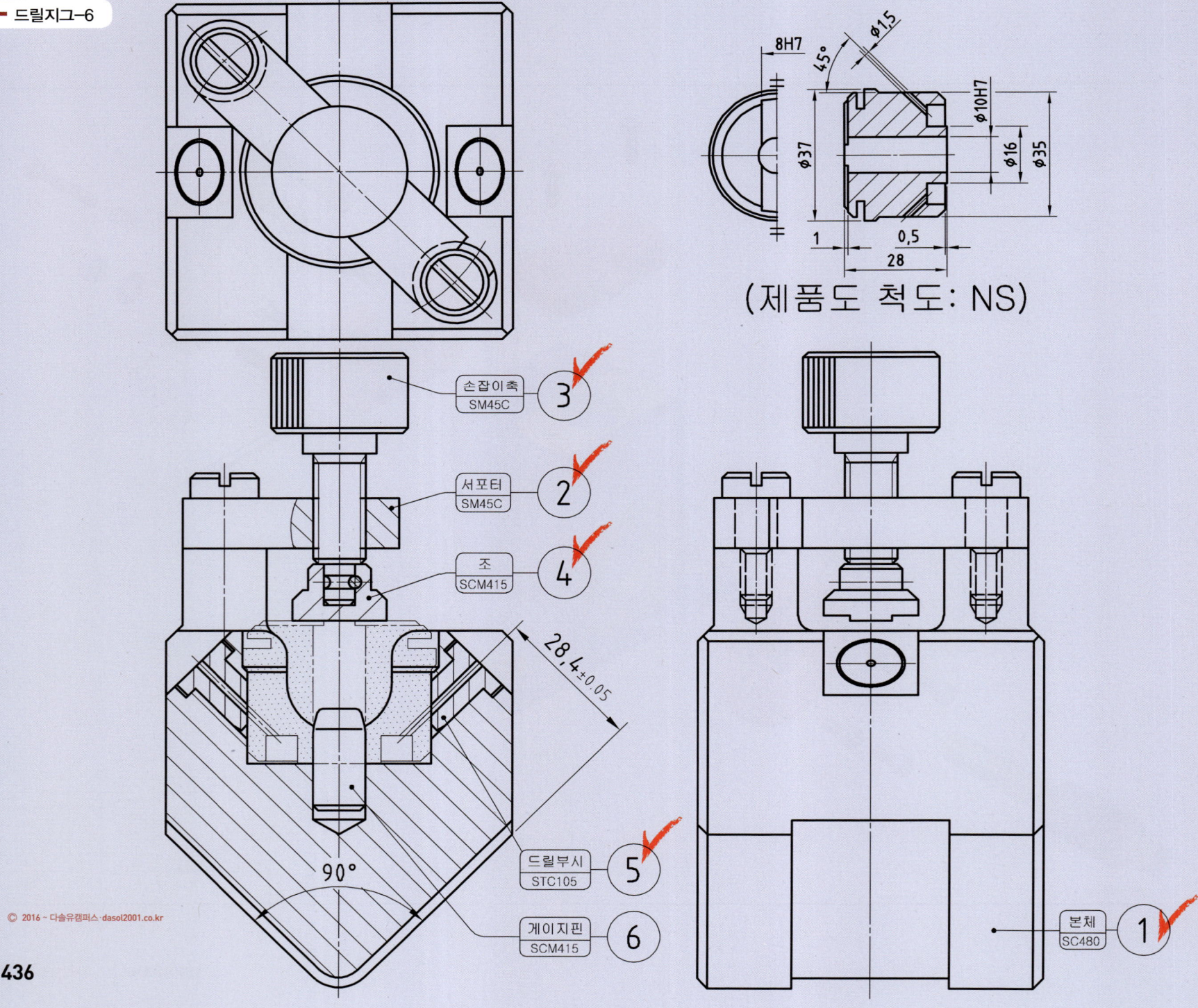

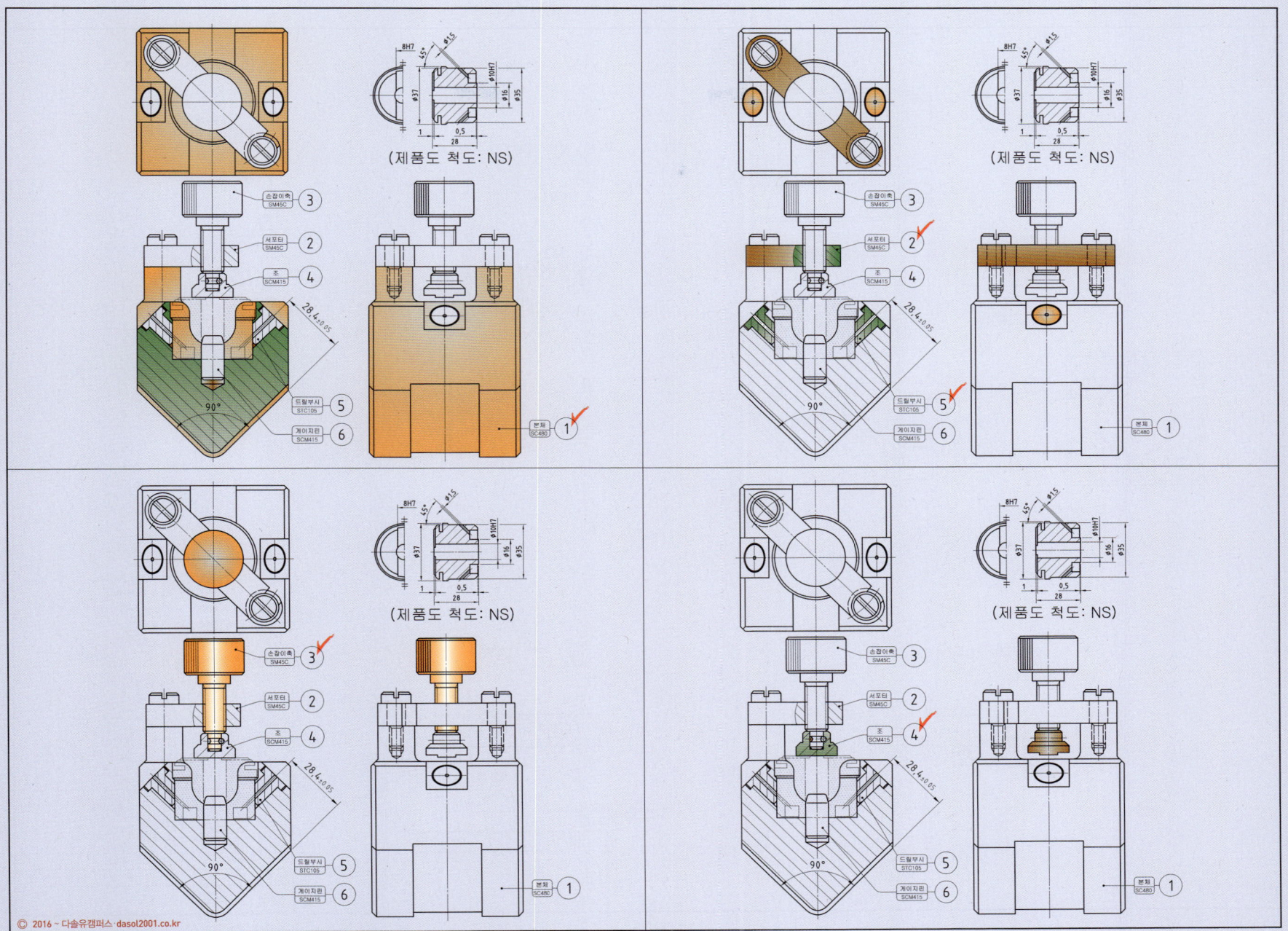

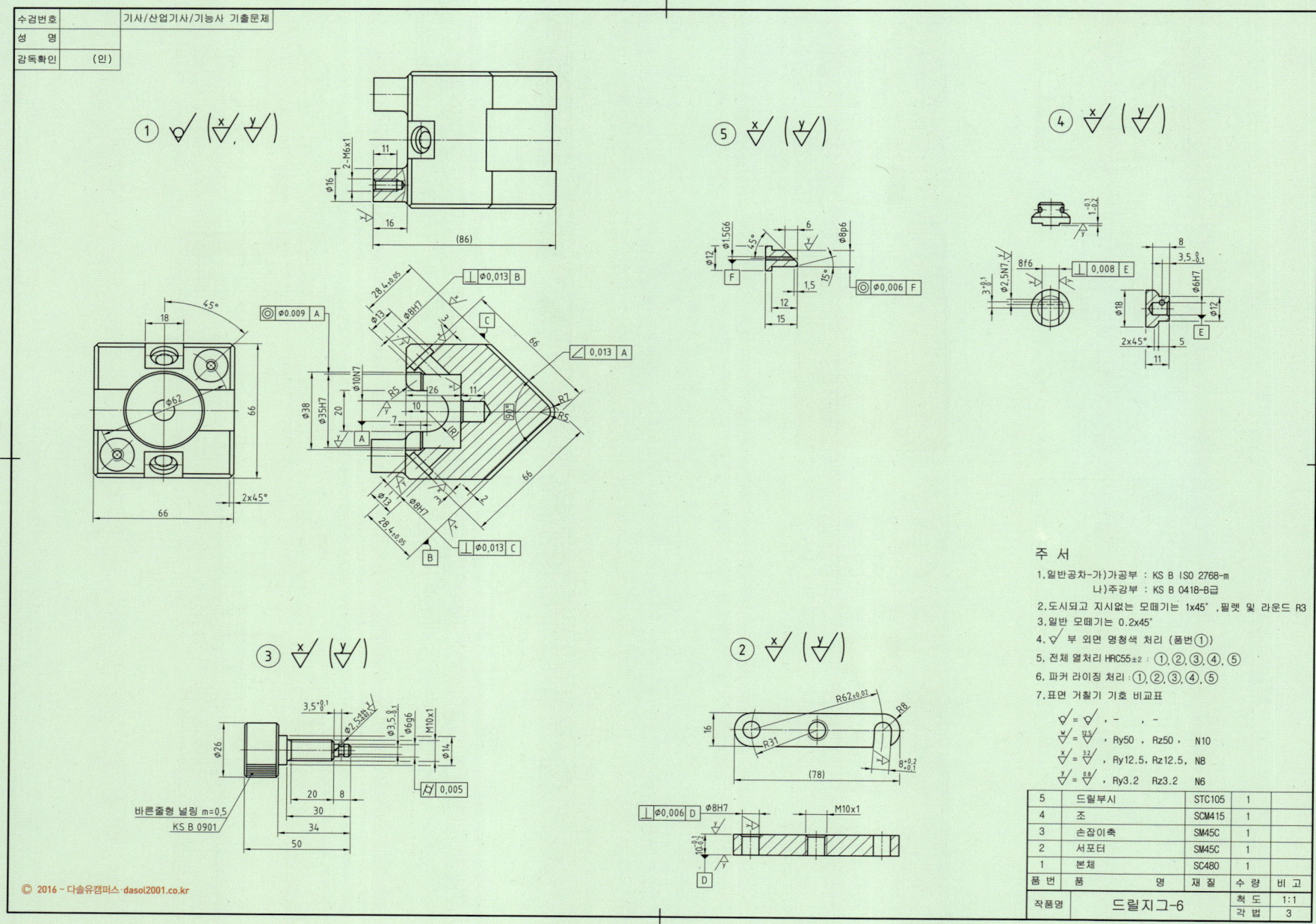

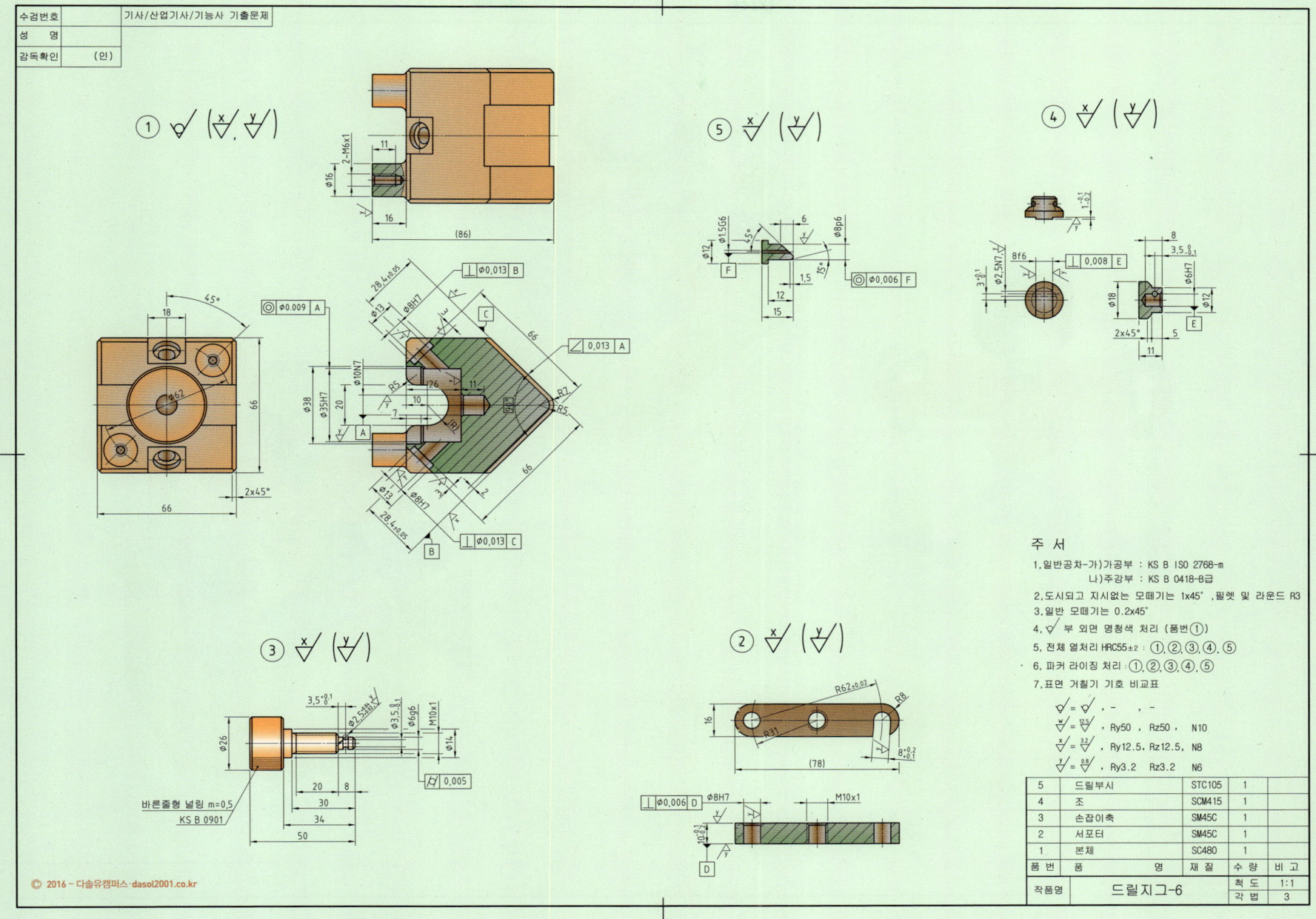

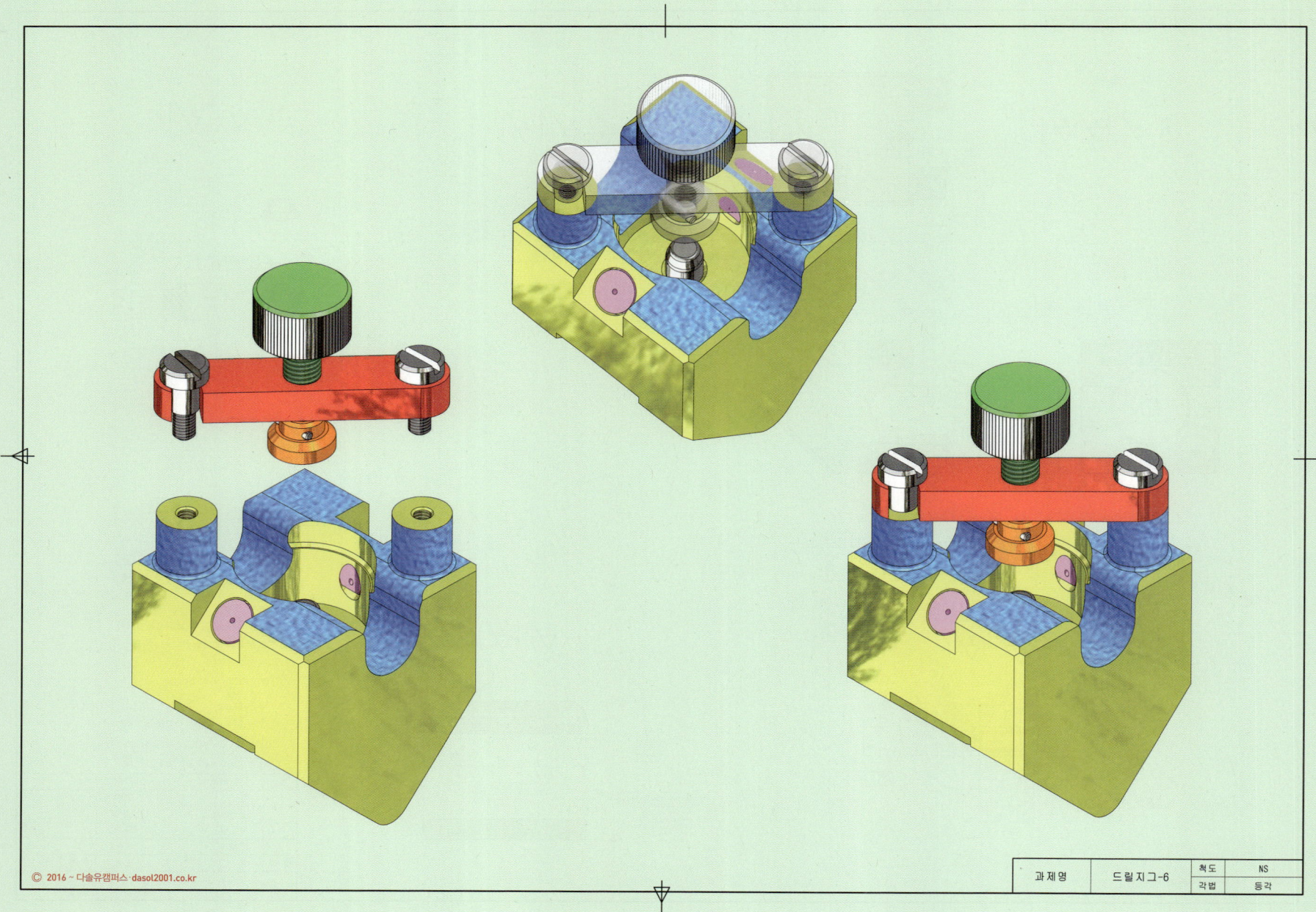

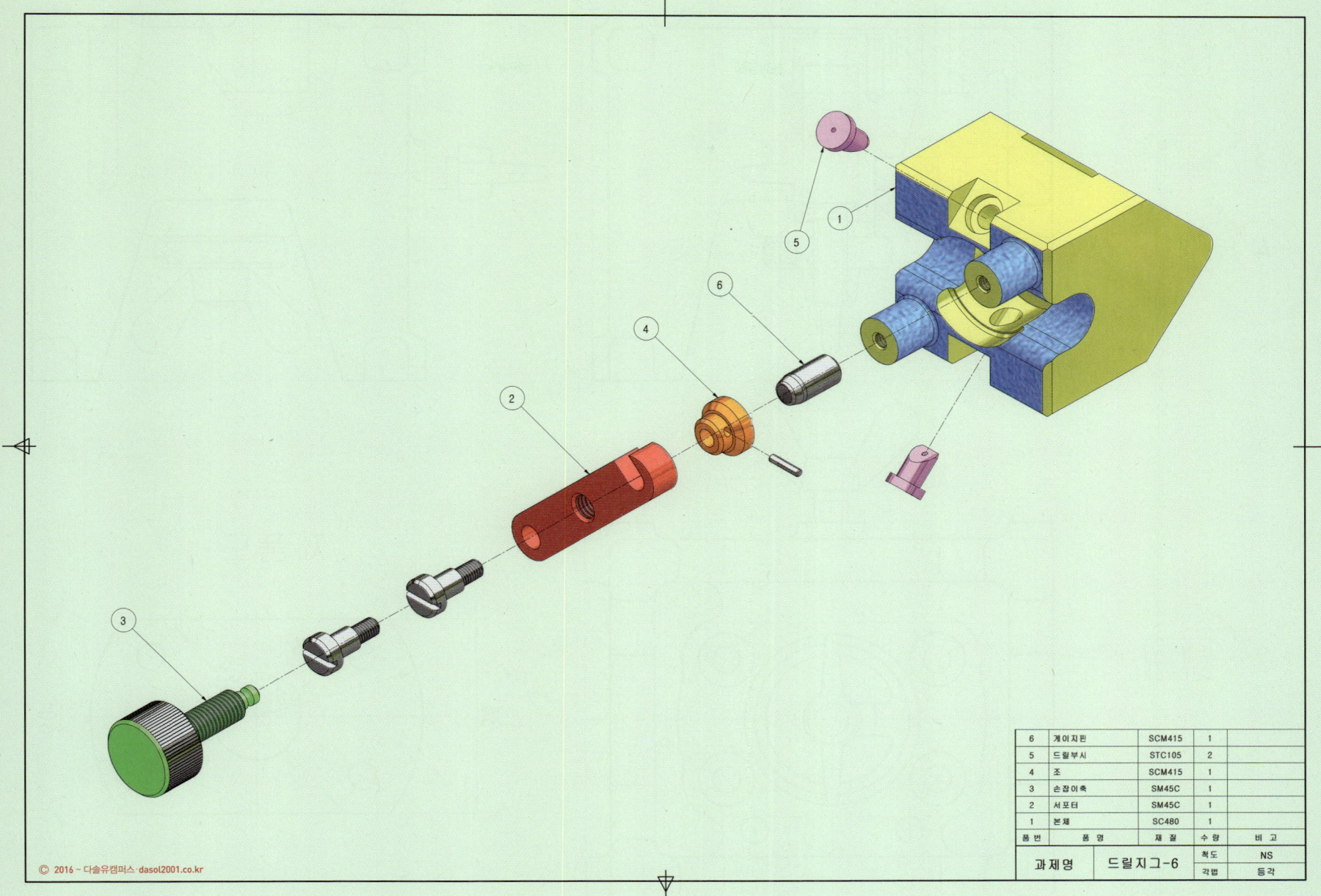

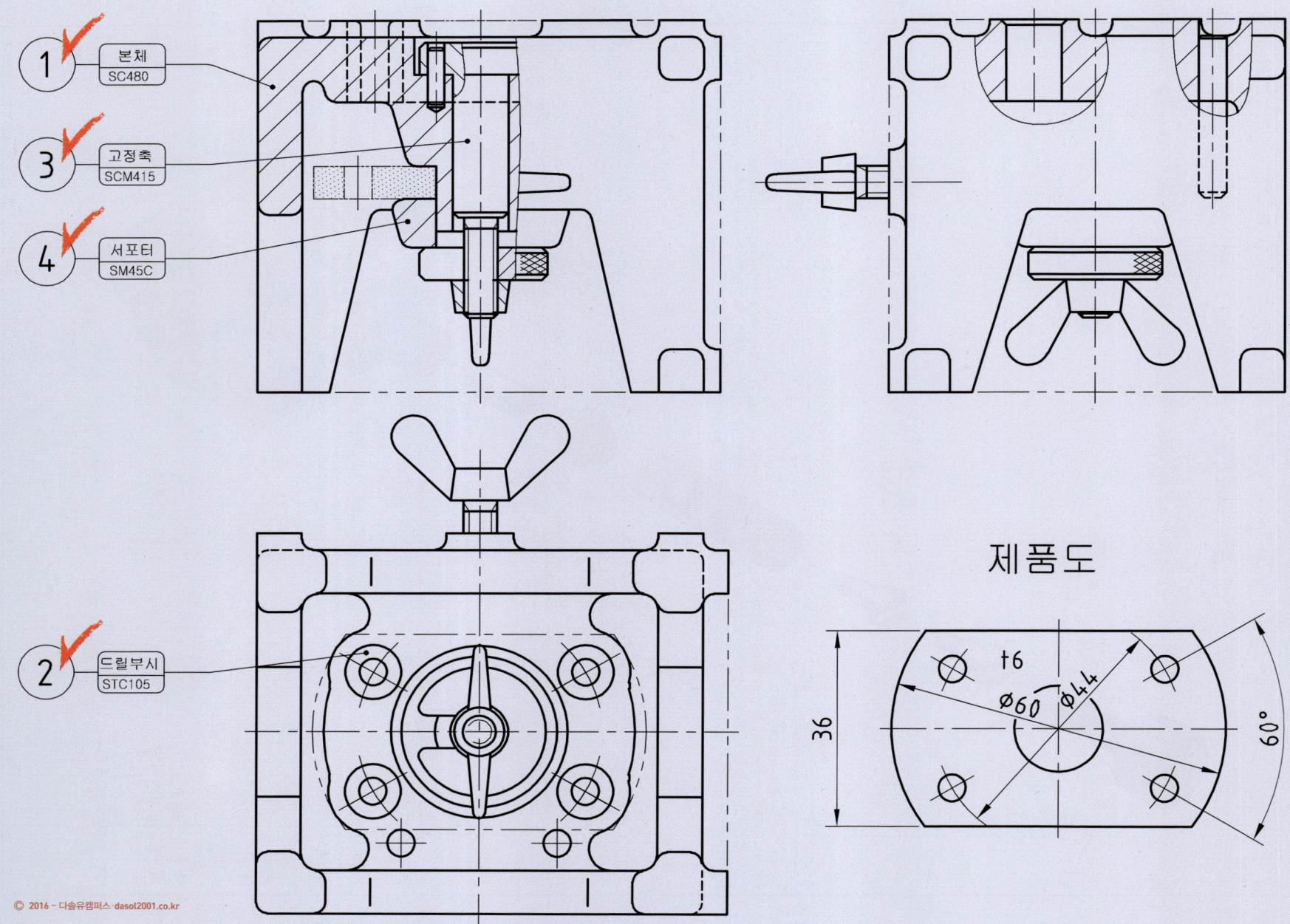

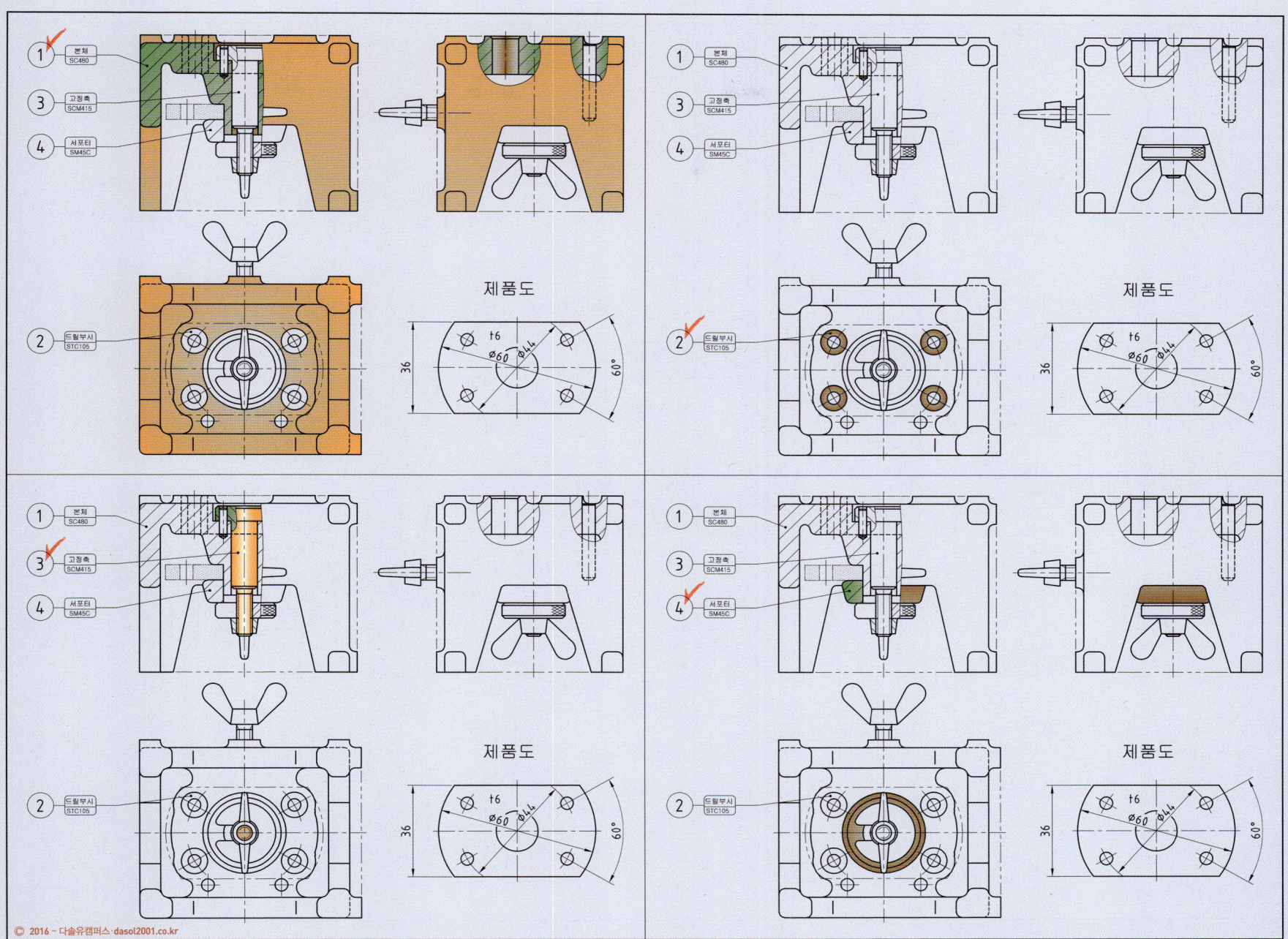

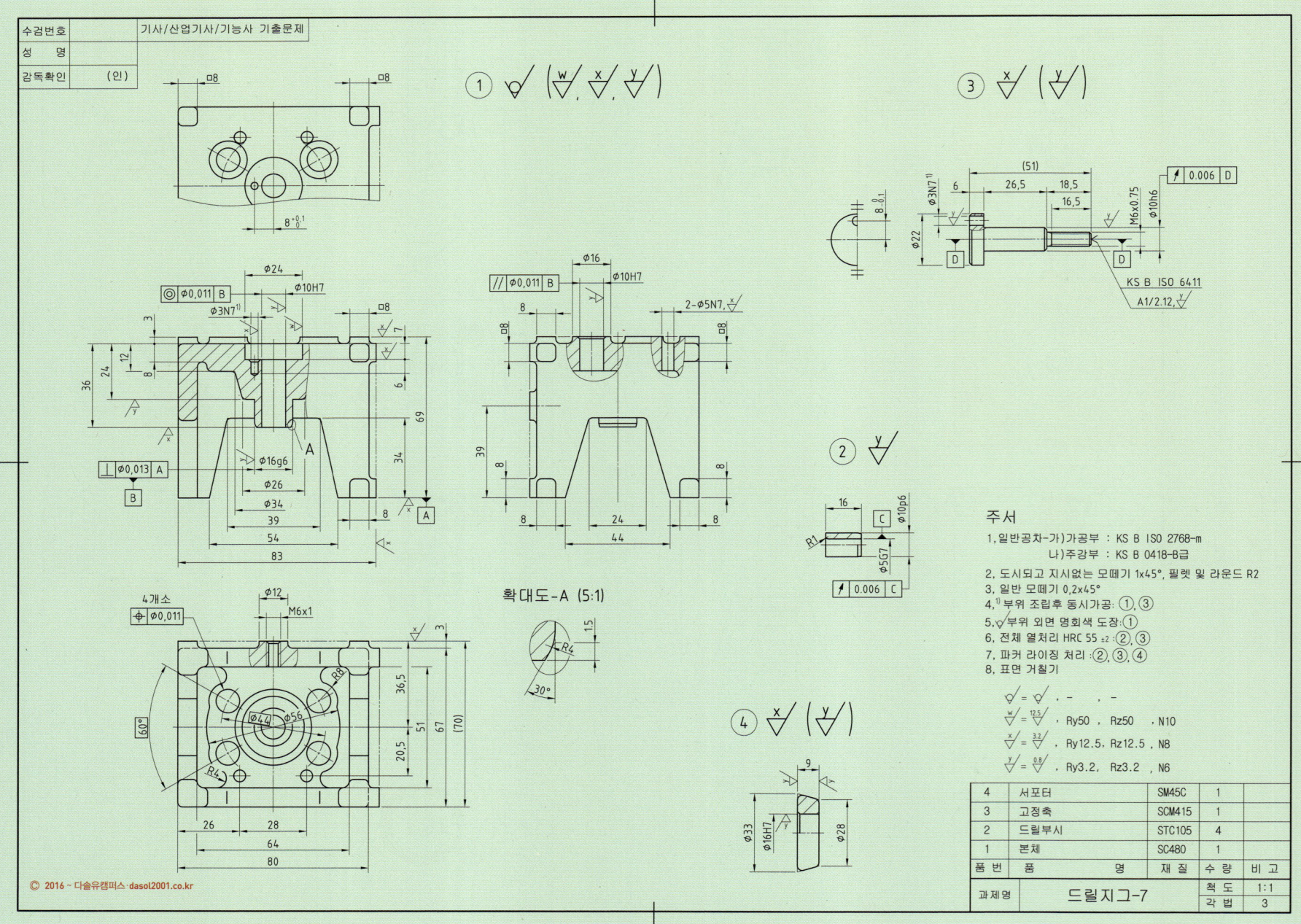

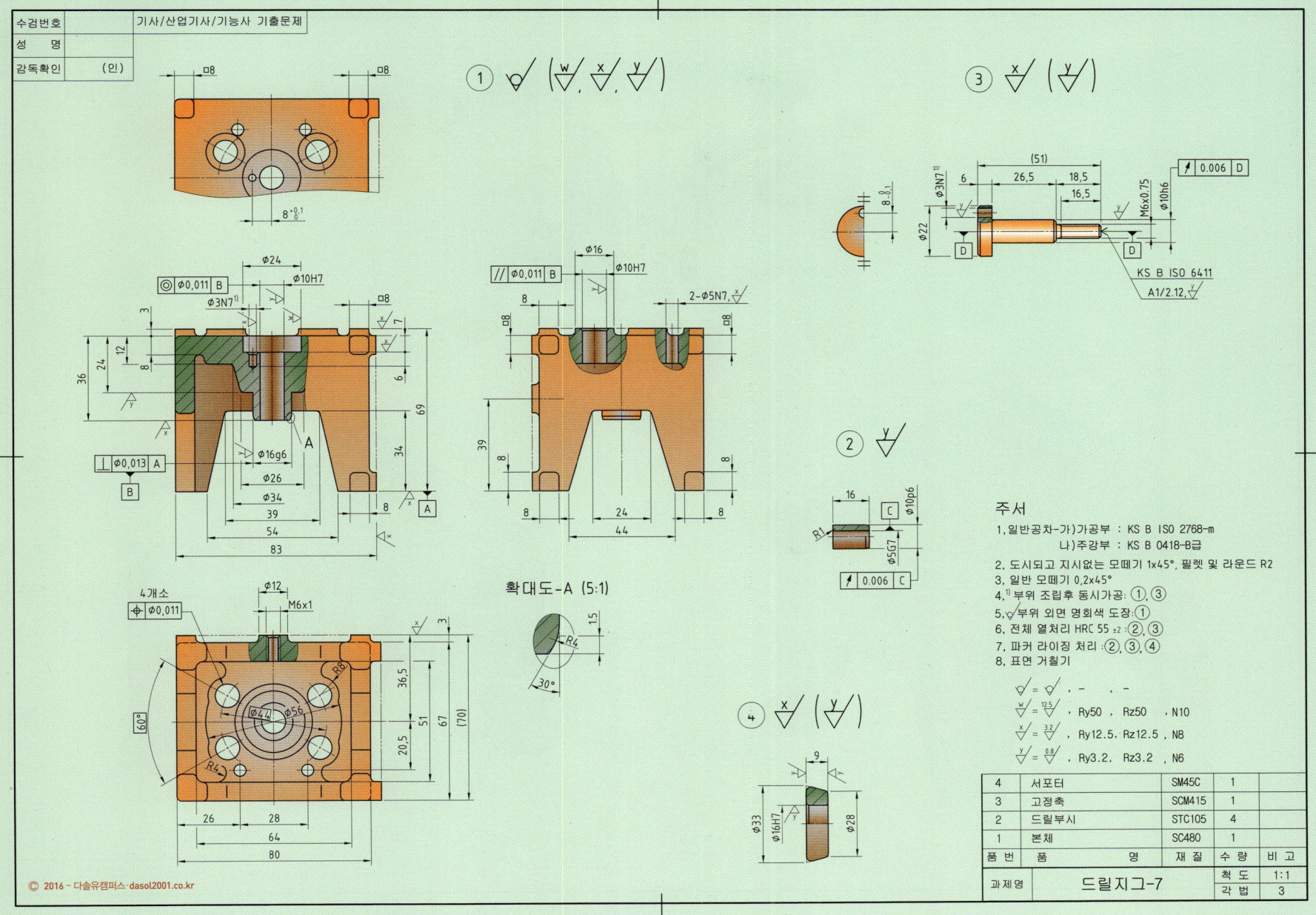

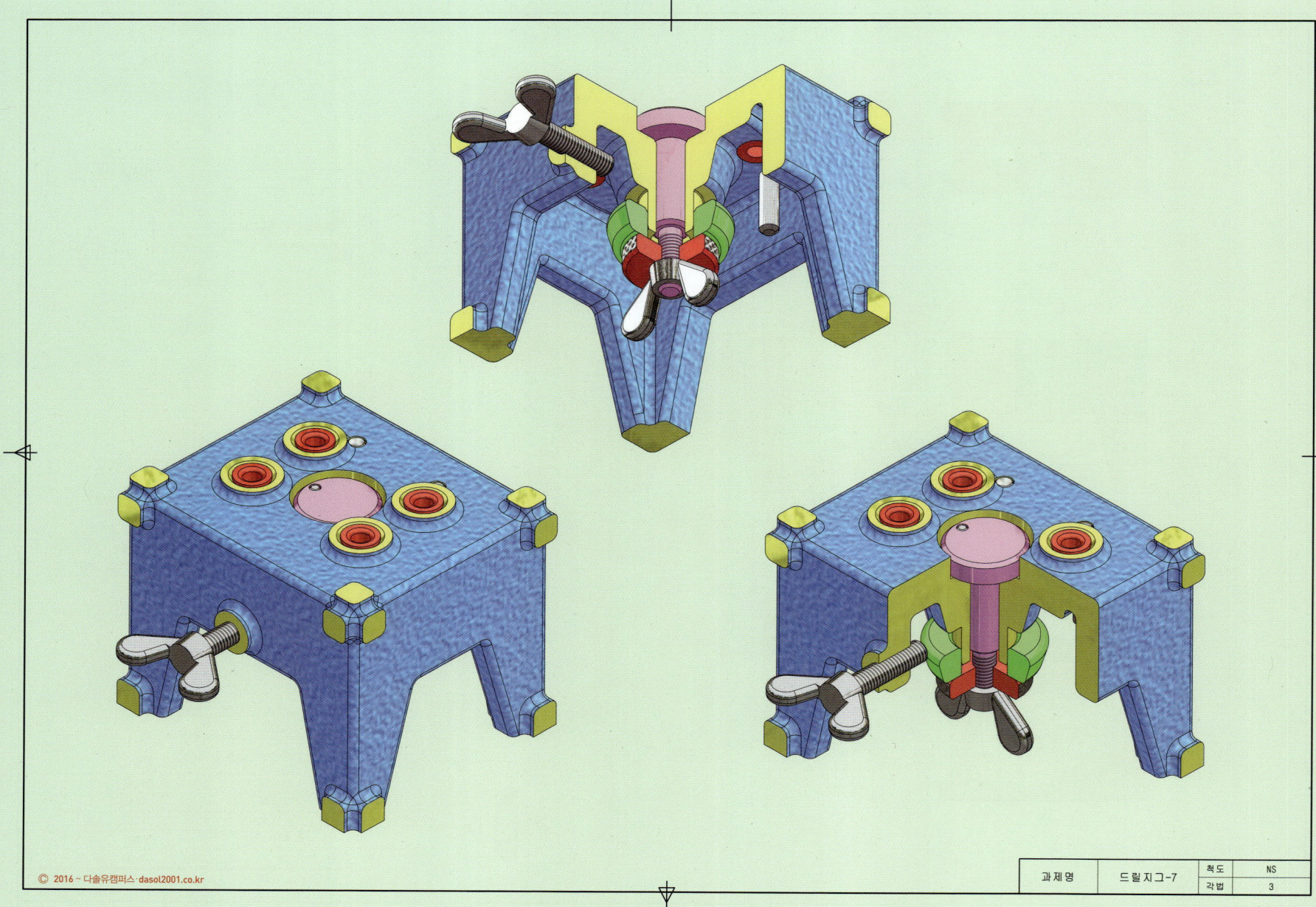

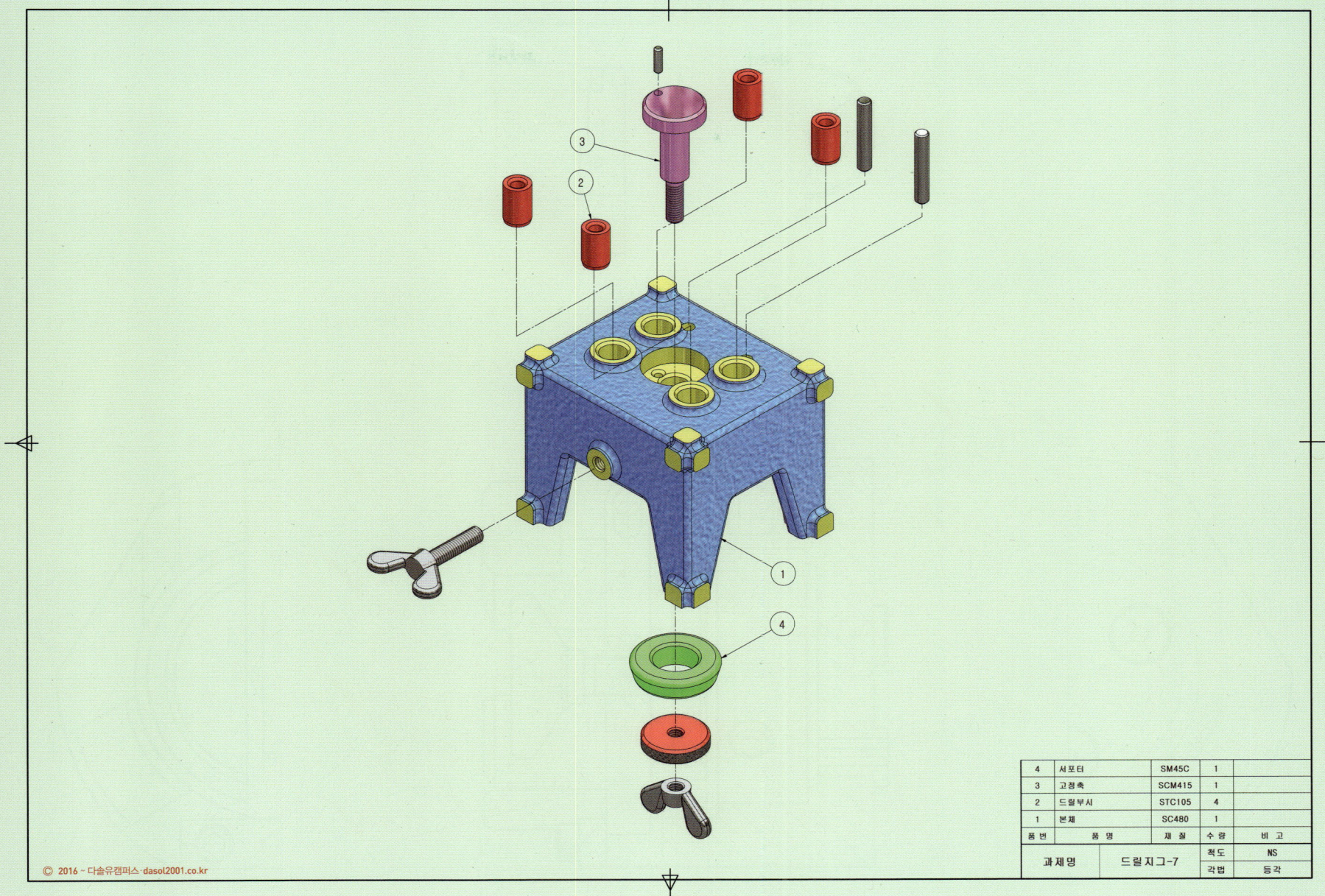

드릴지그-8

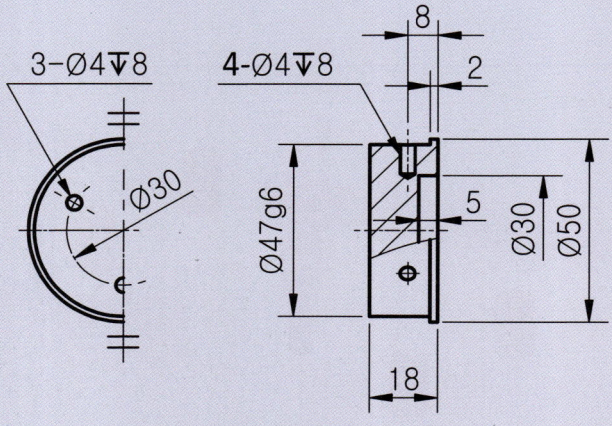

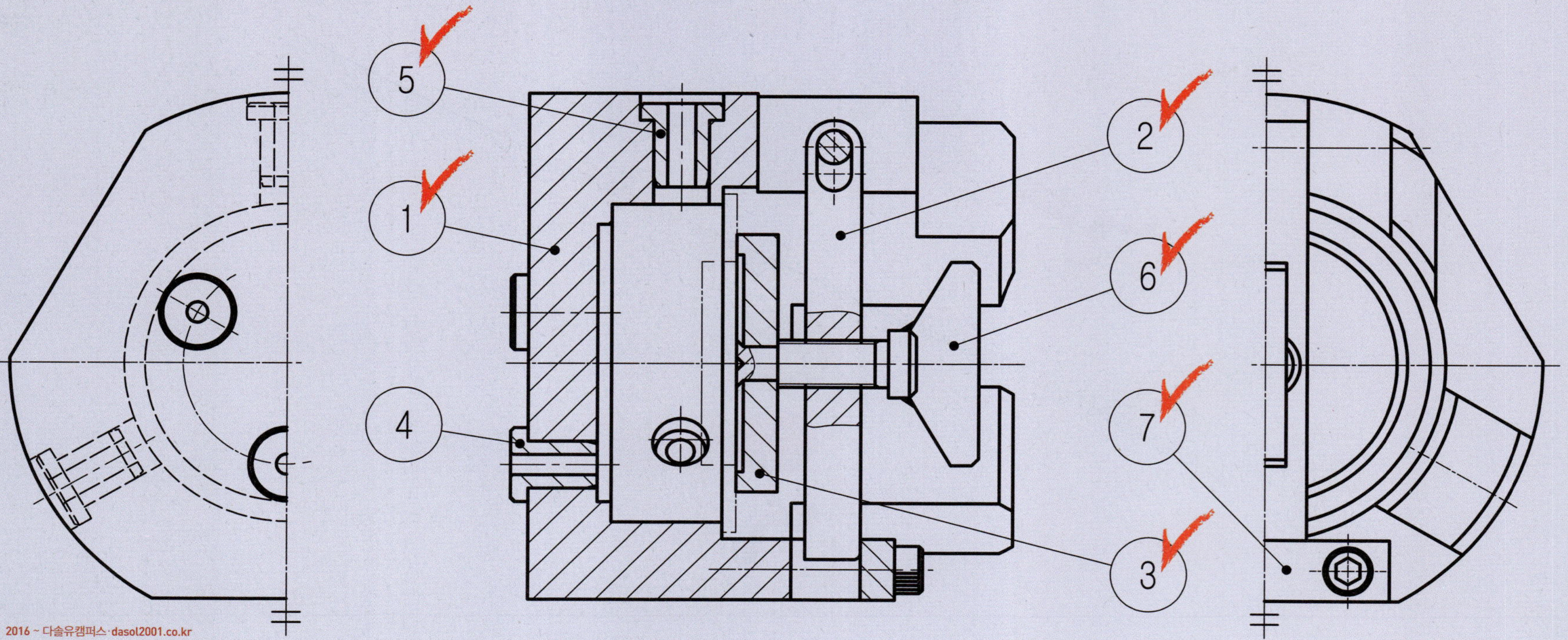

제품도(1:2)

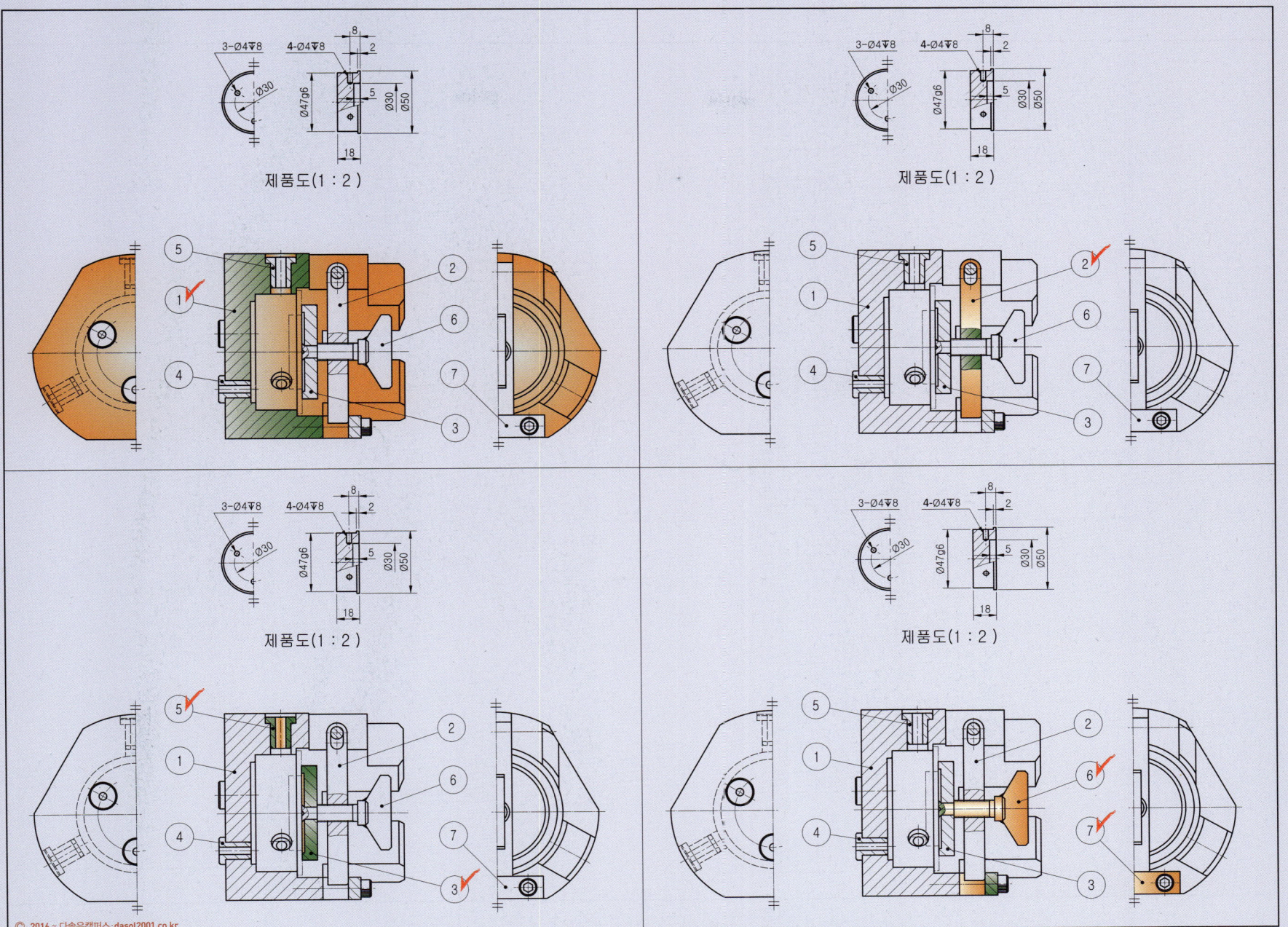

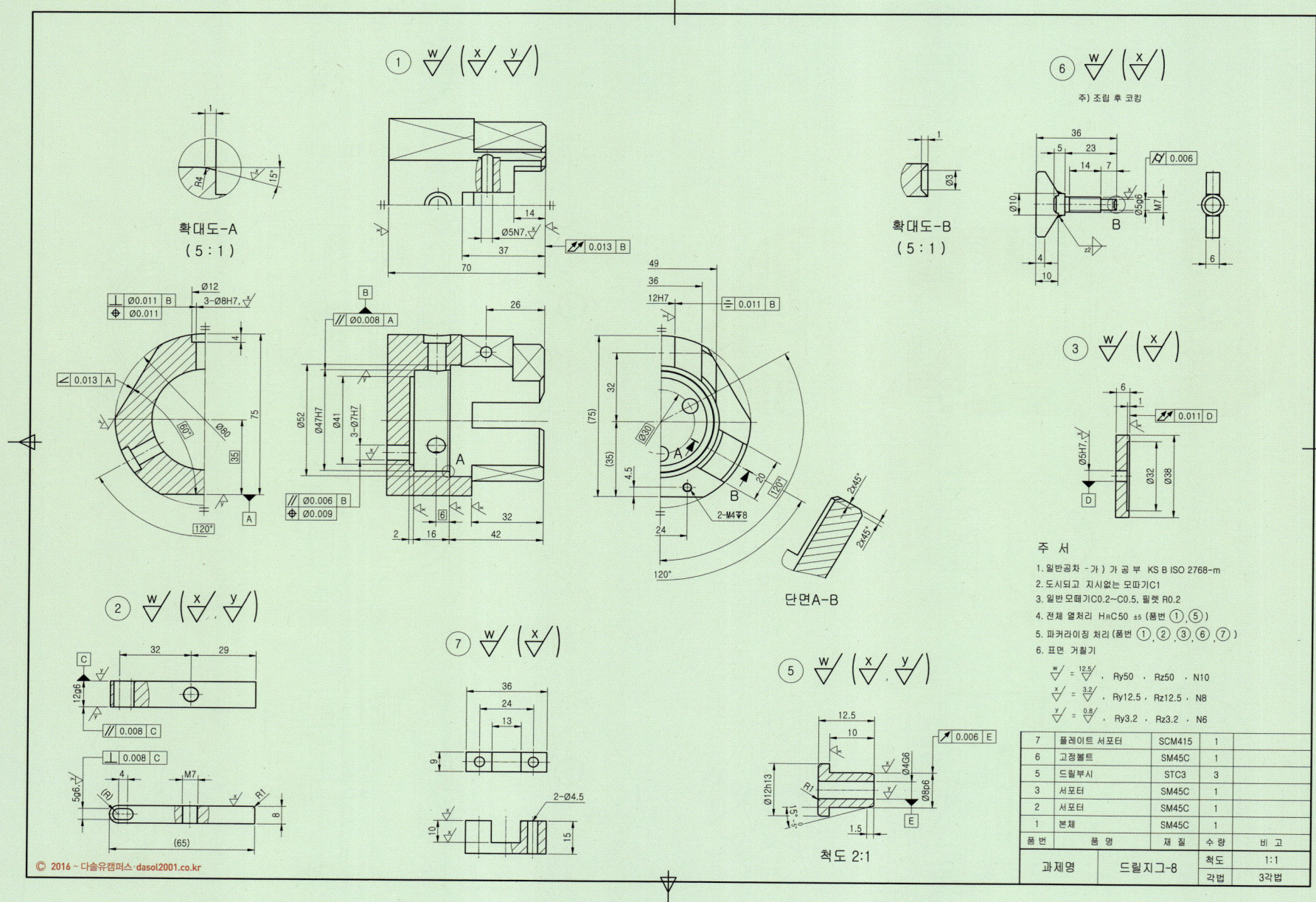

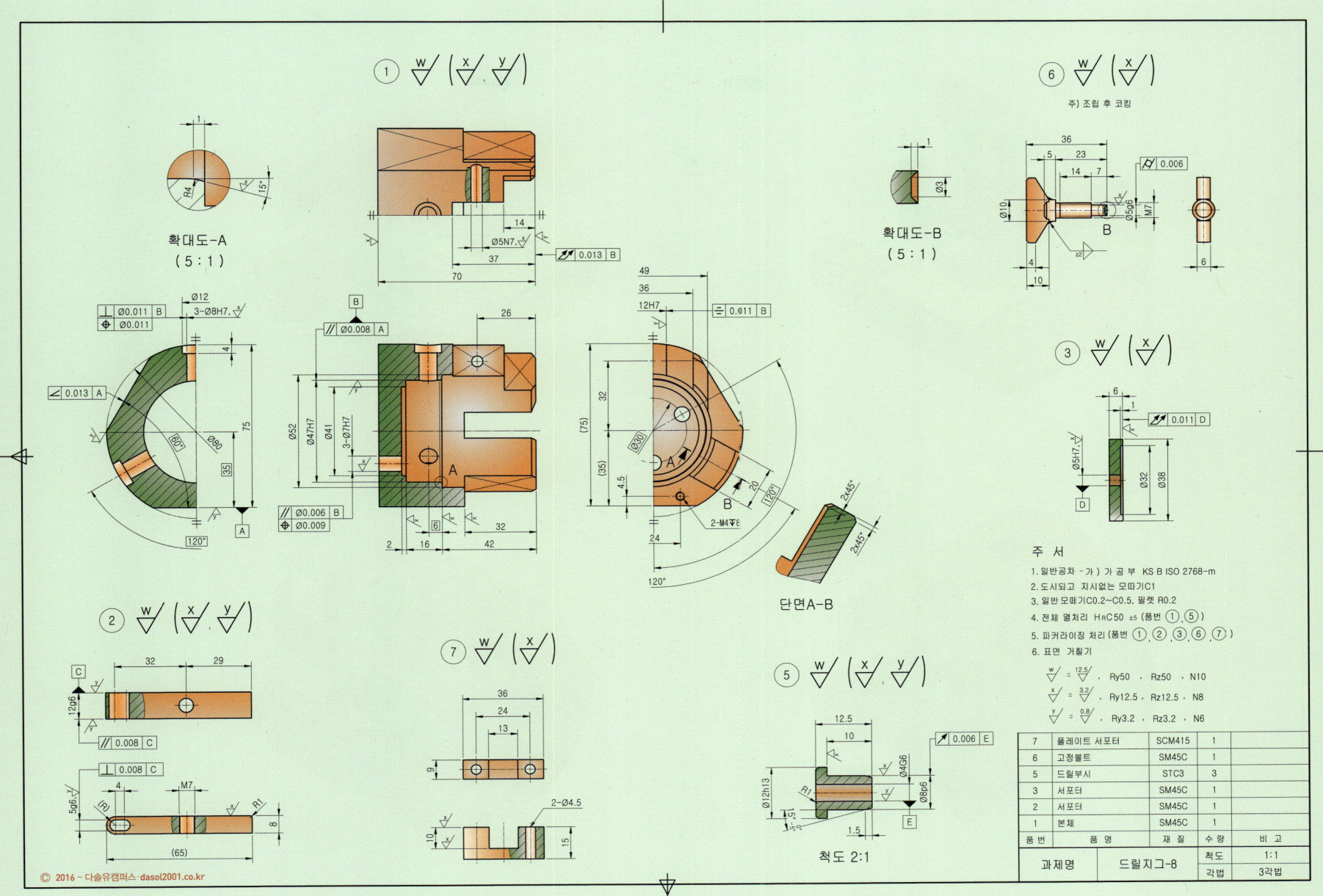

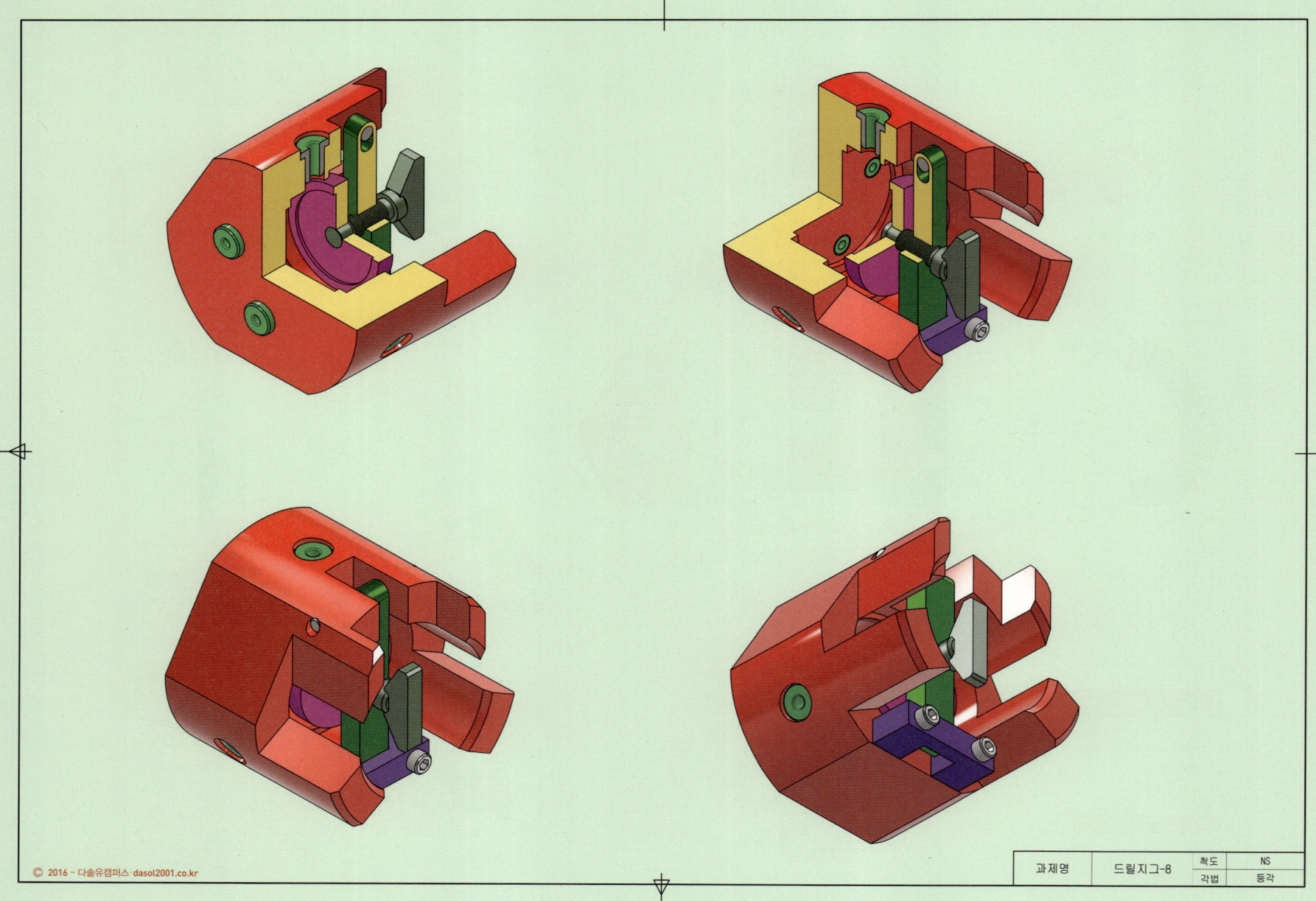

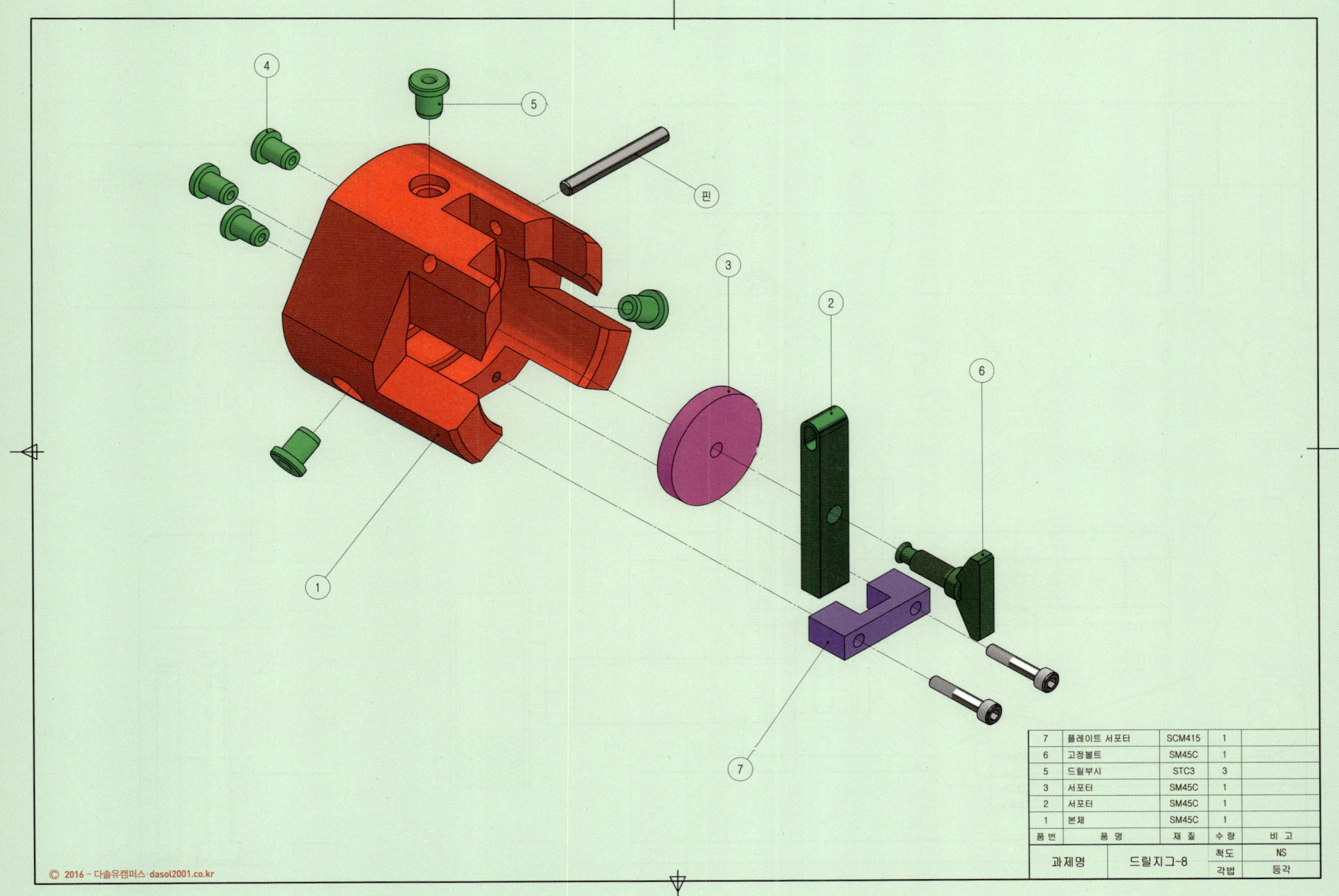

리밍지그-1

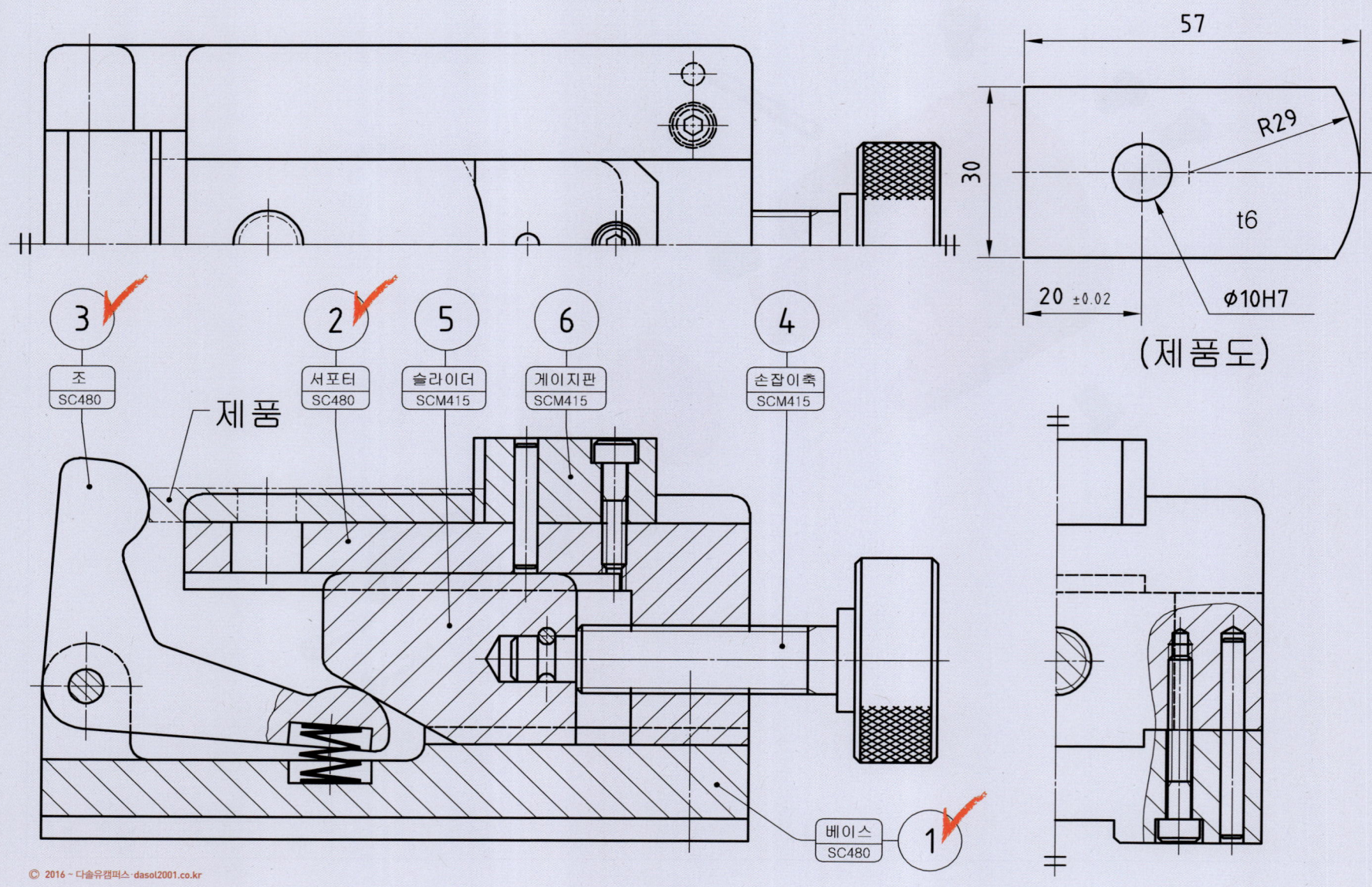

(제품도)

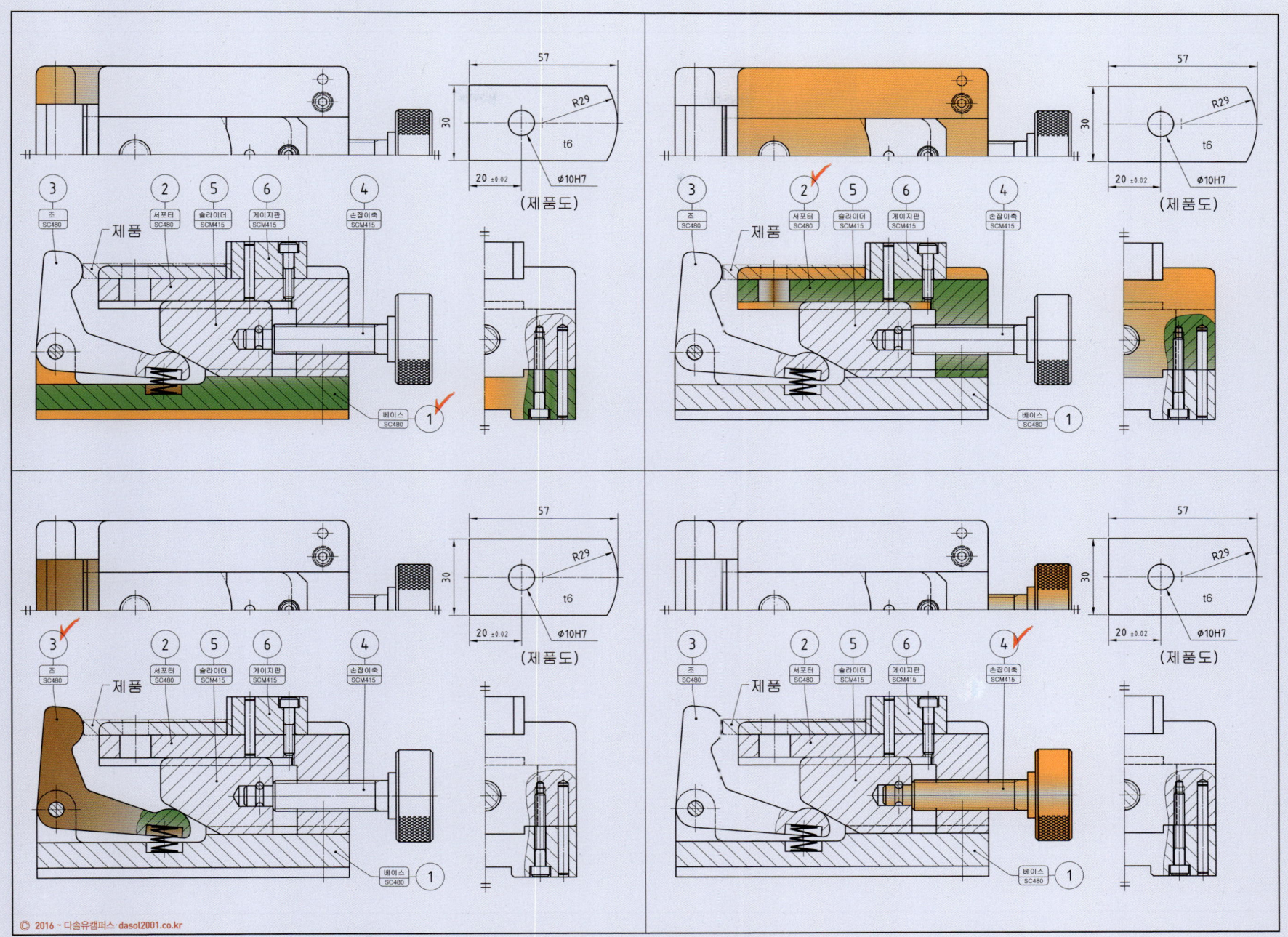

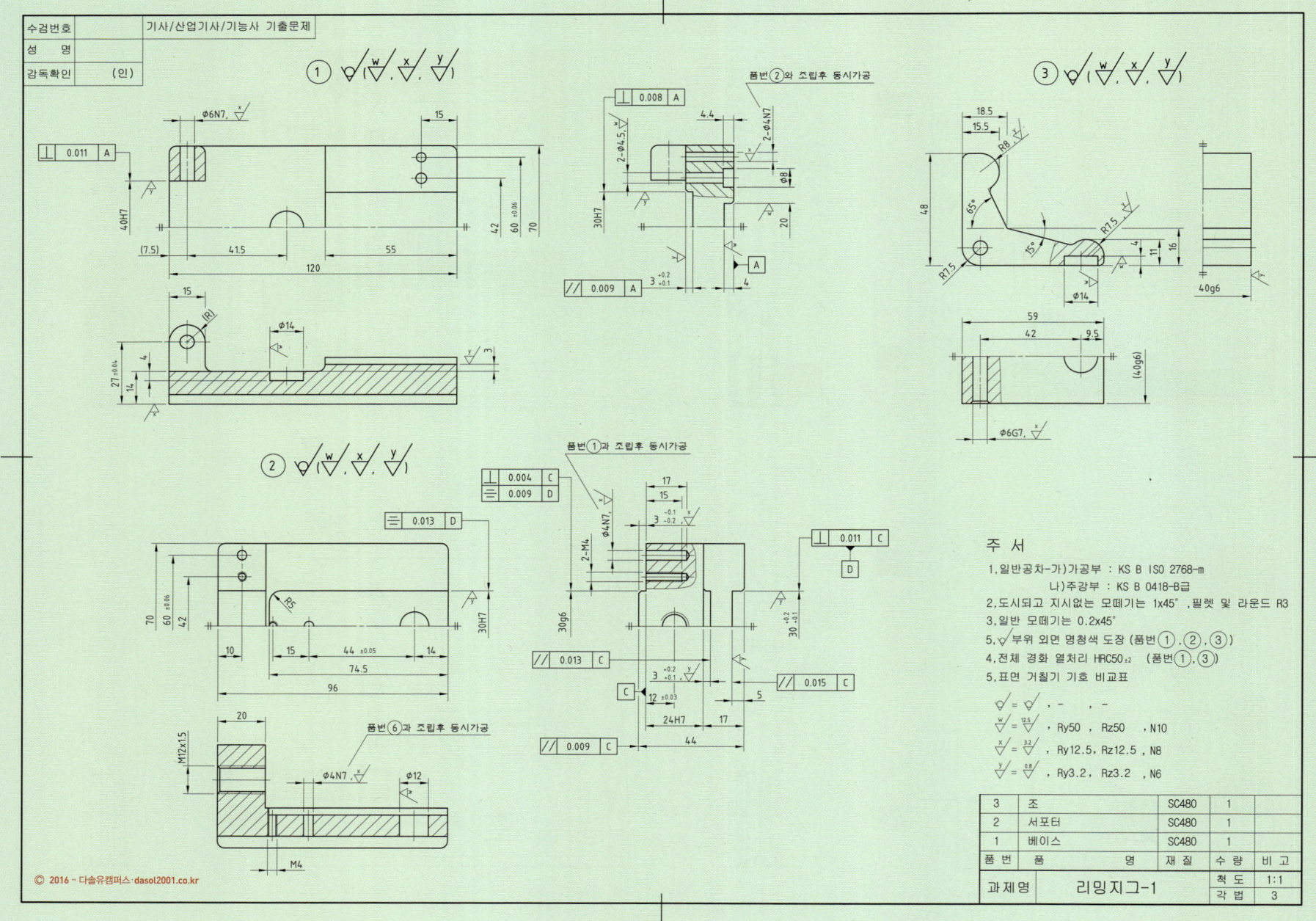

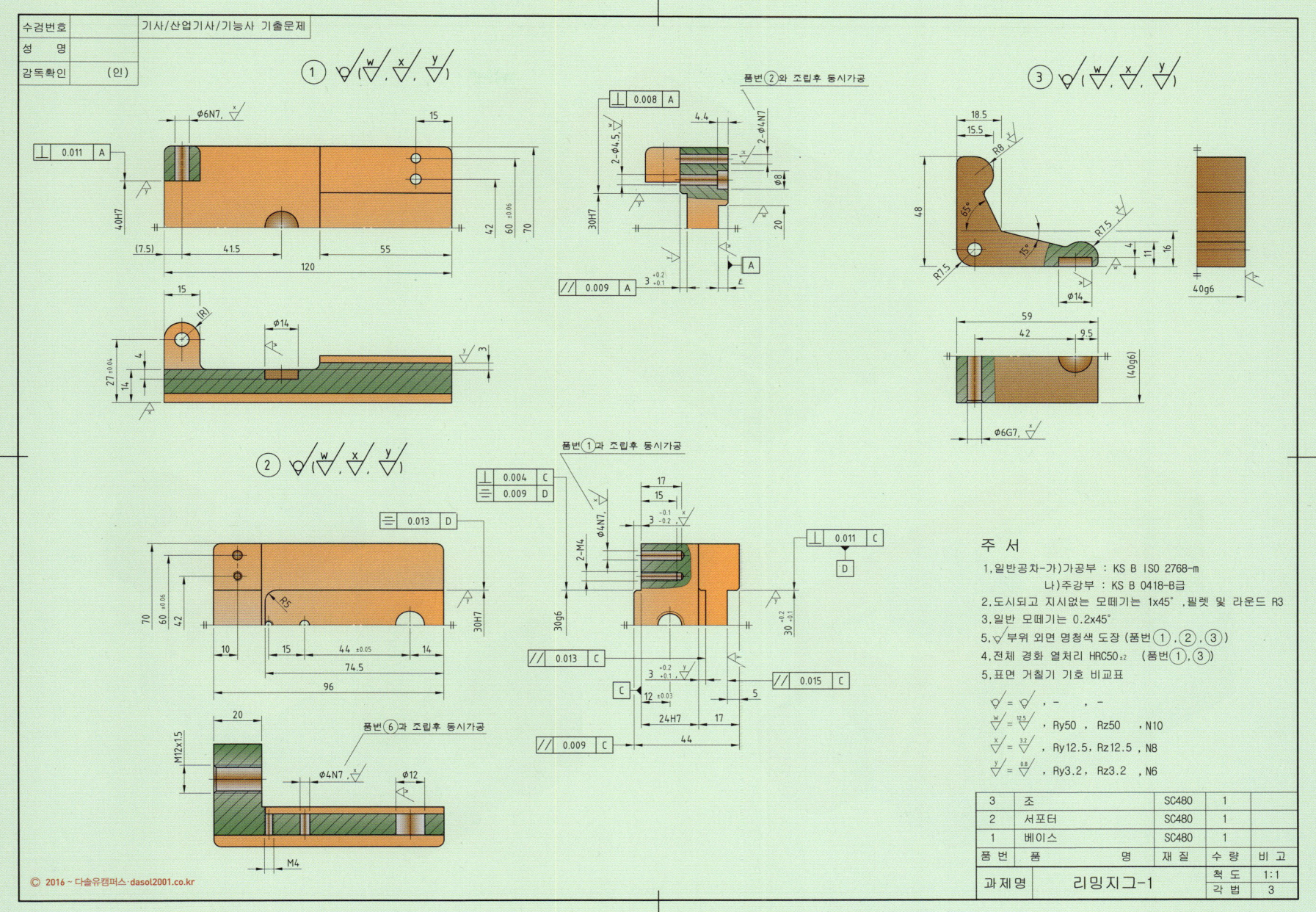

리밍지그-1

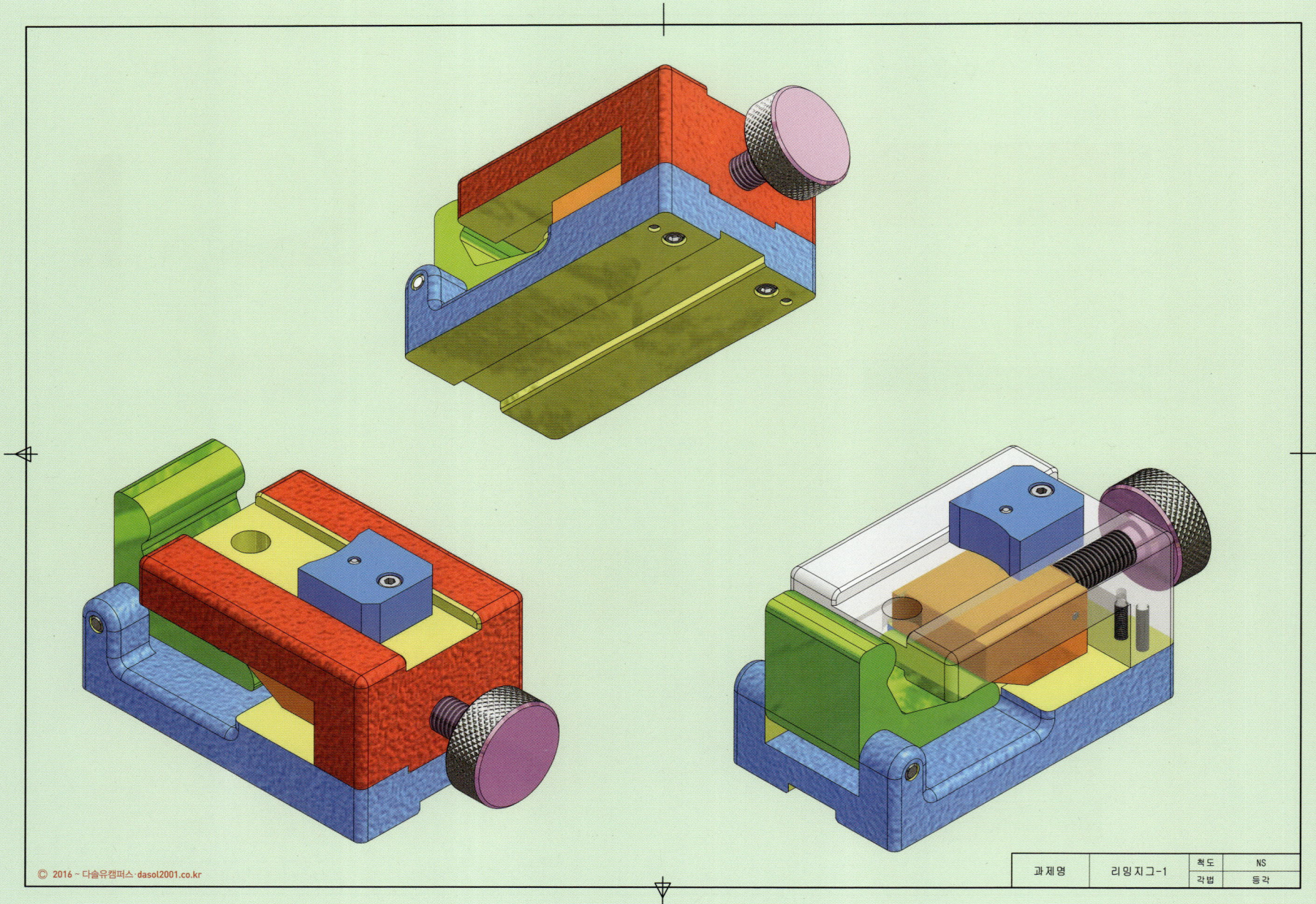

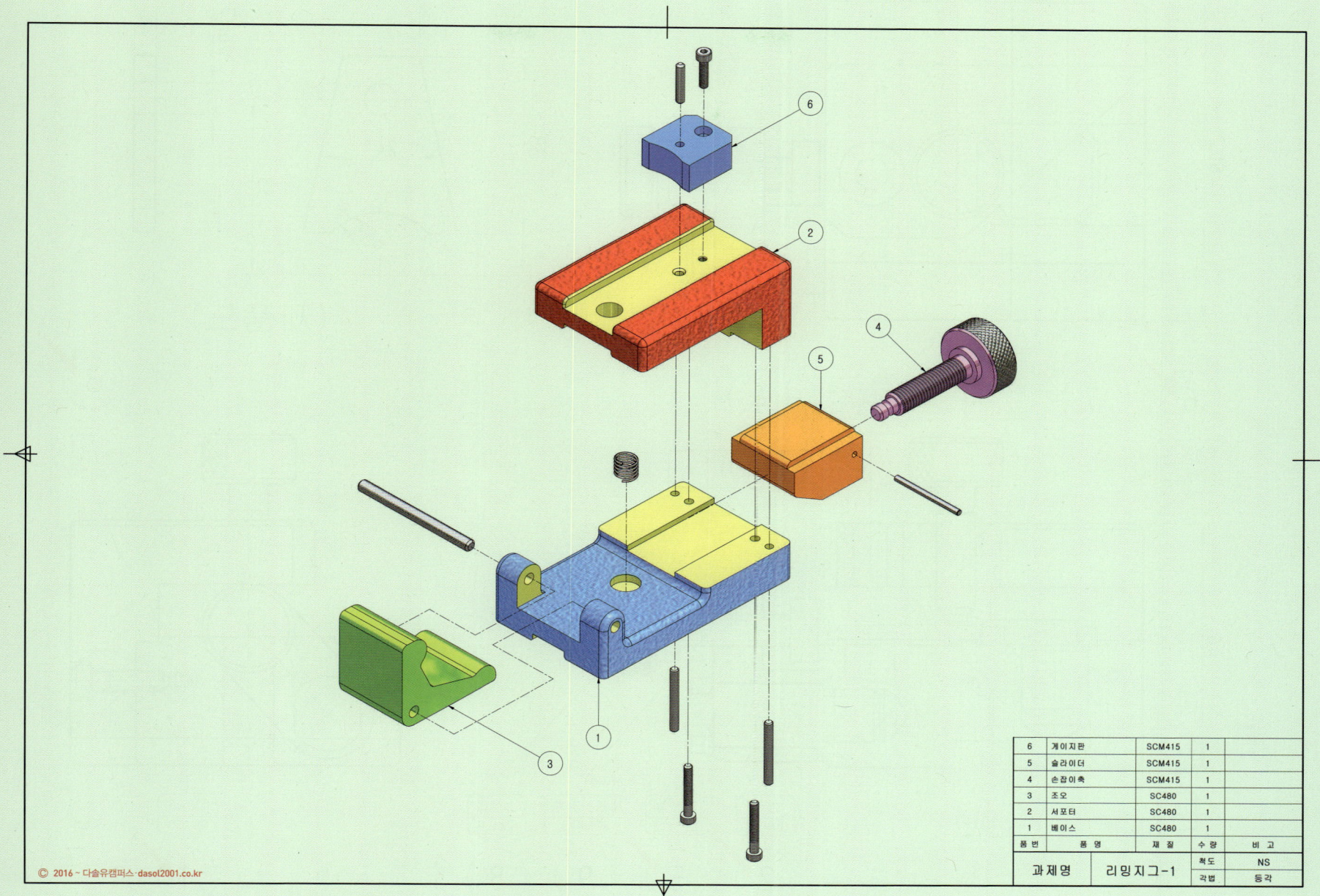

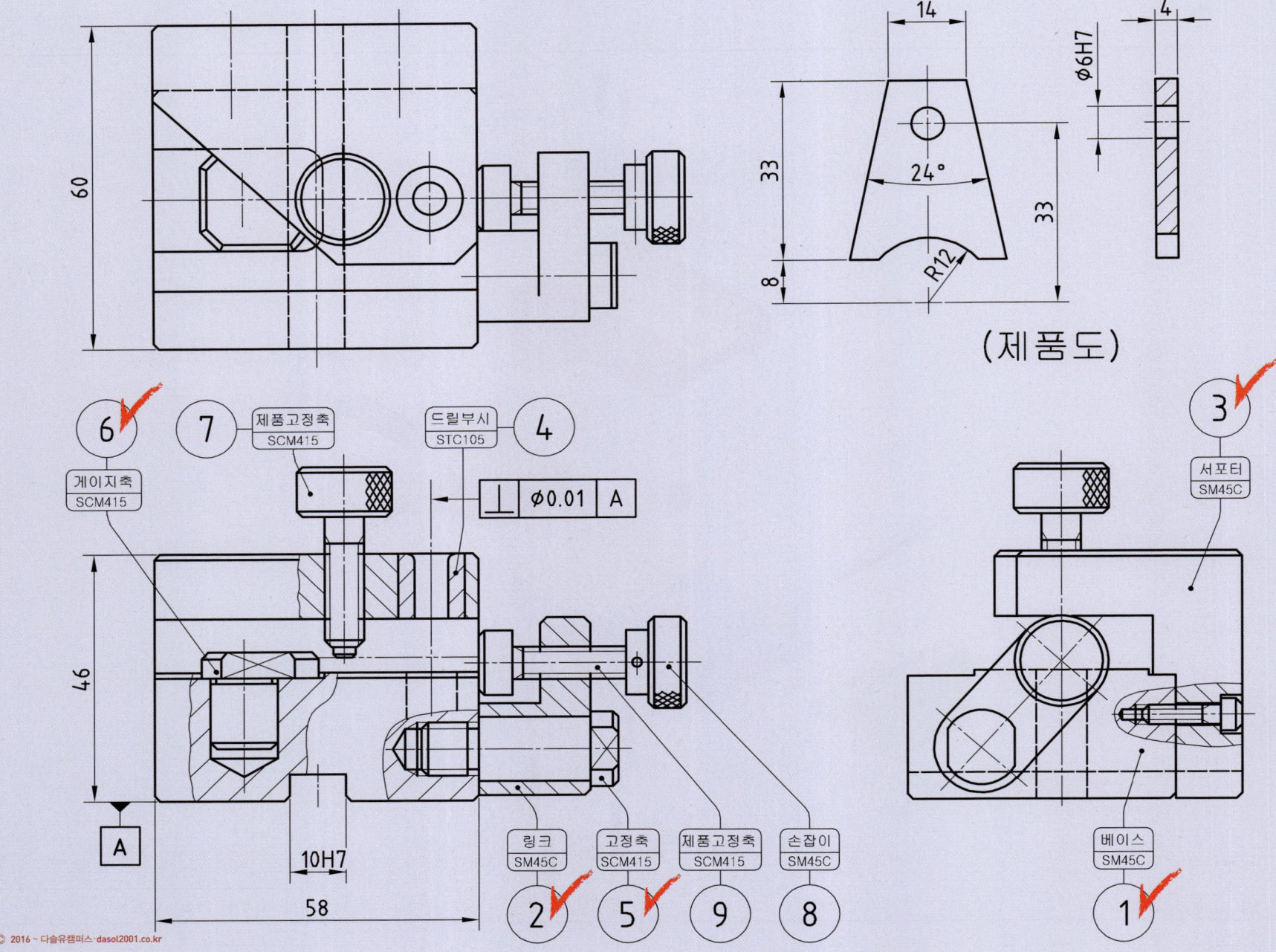

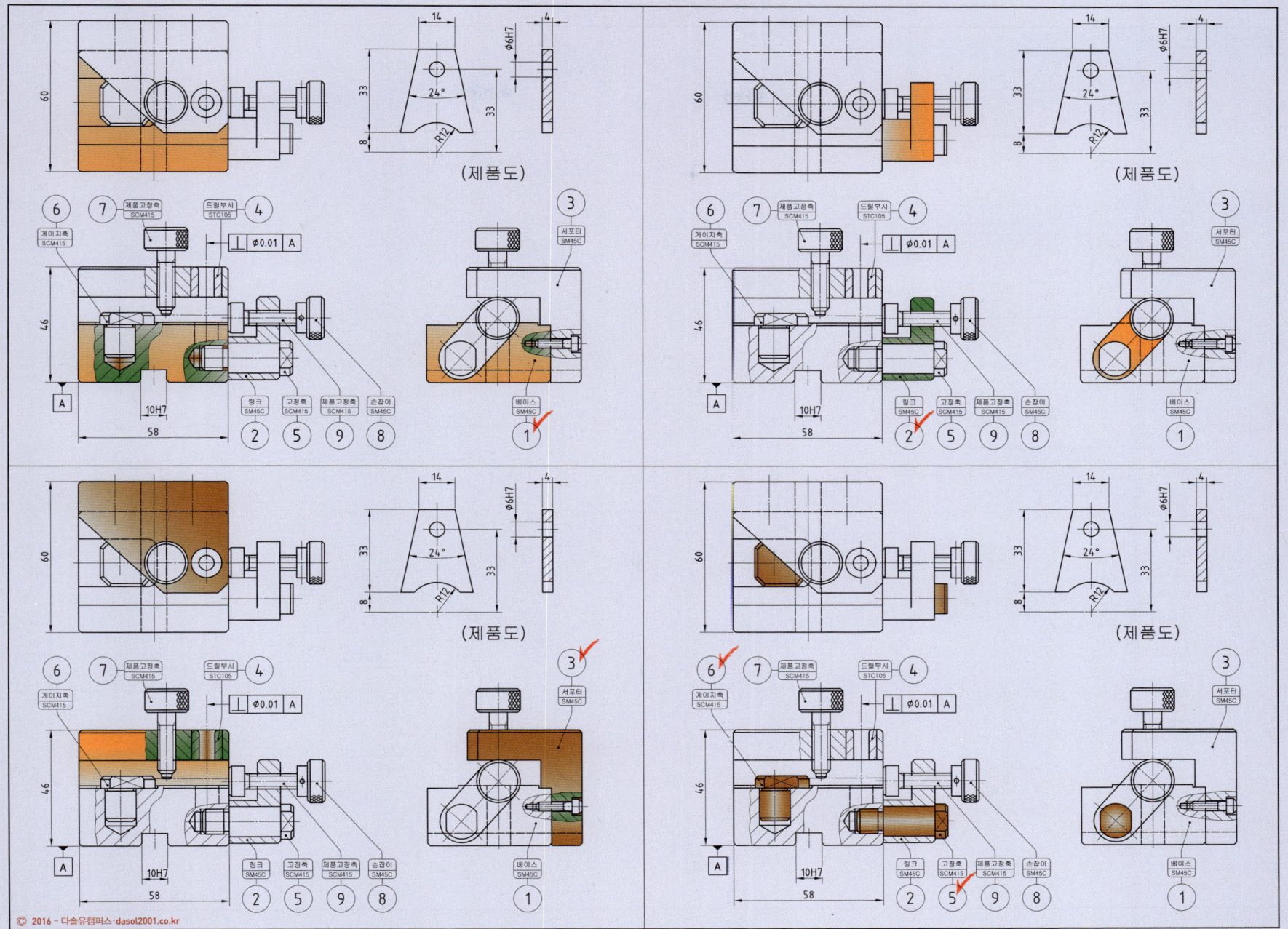

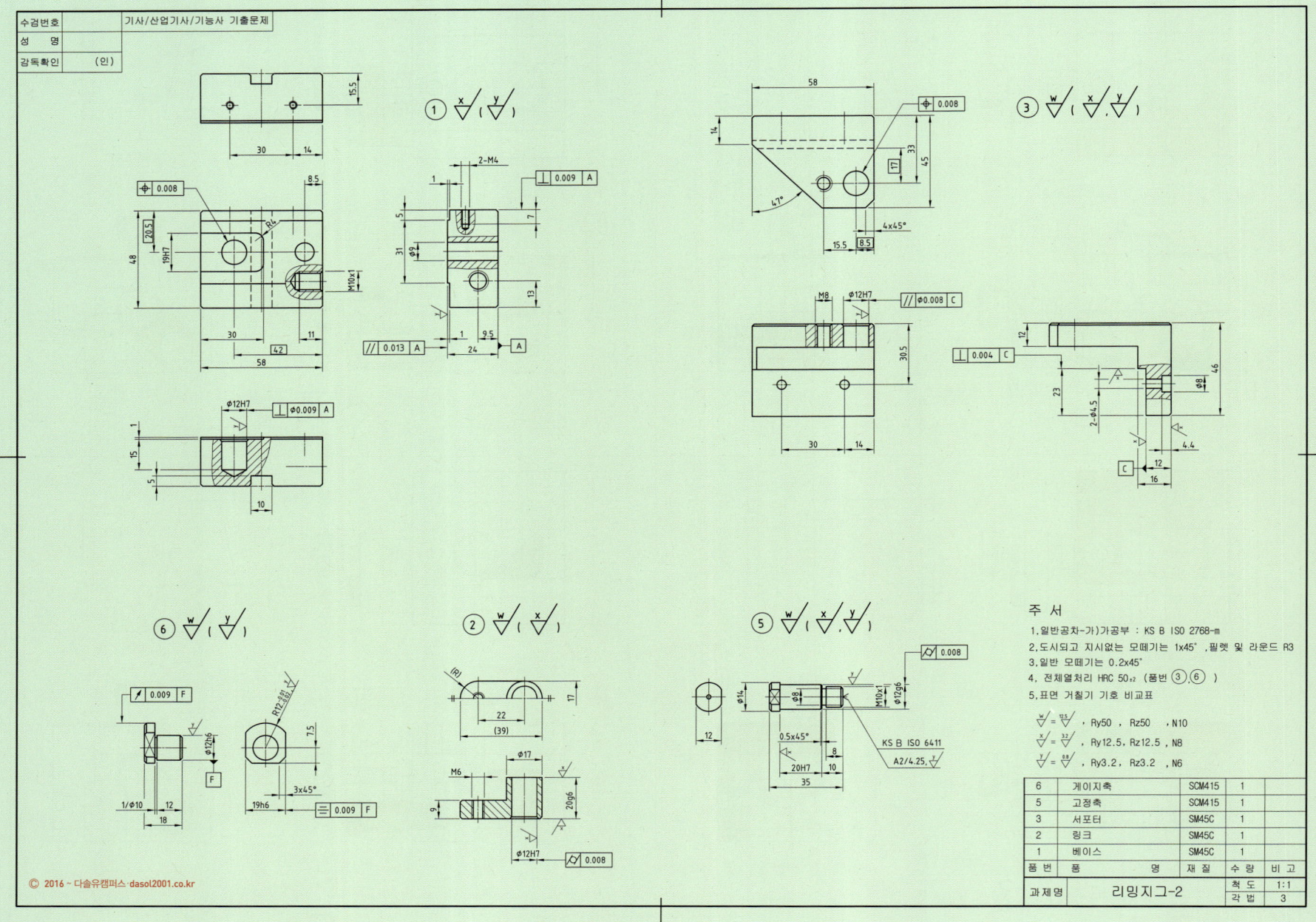

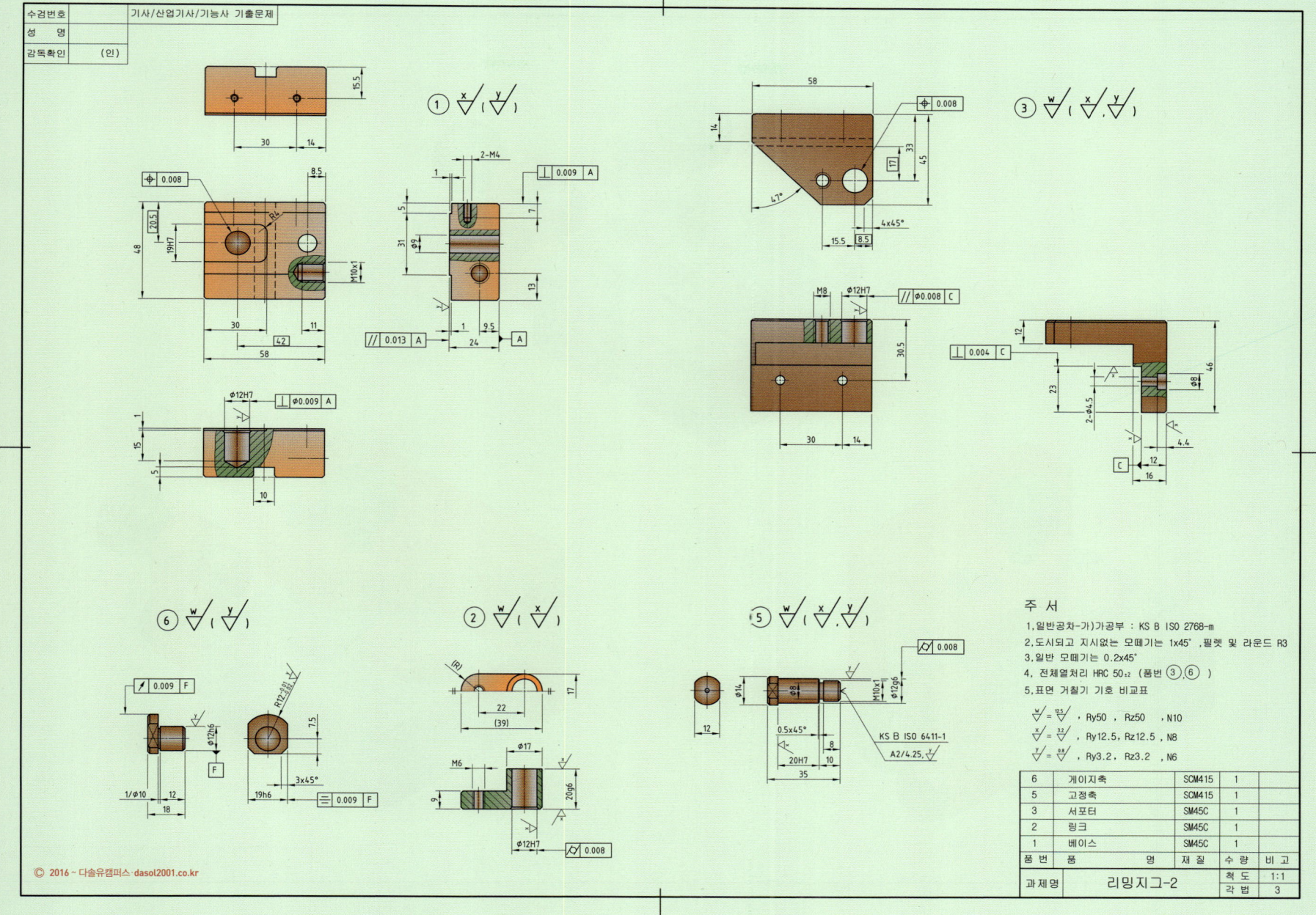

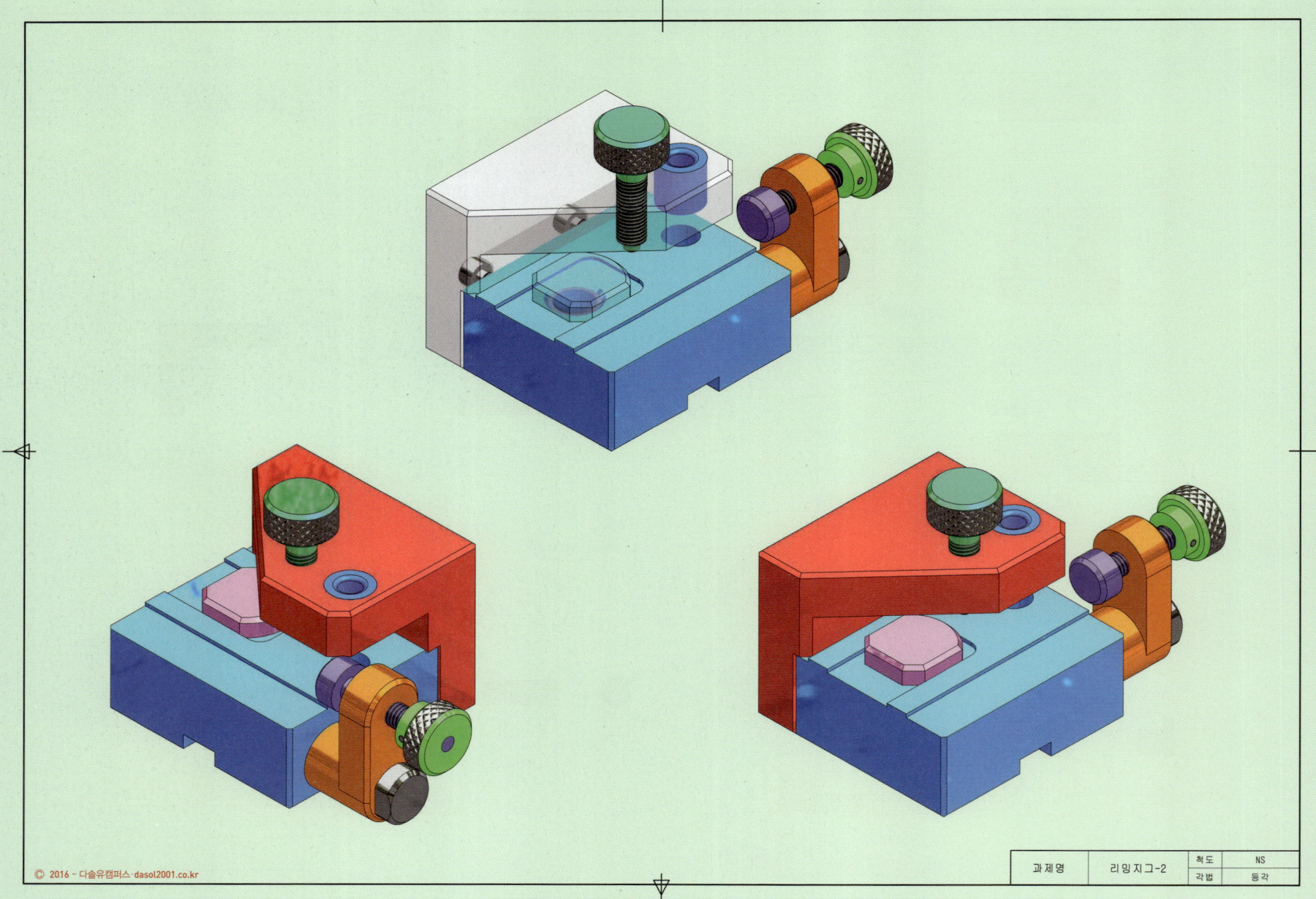

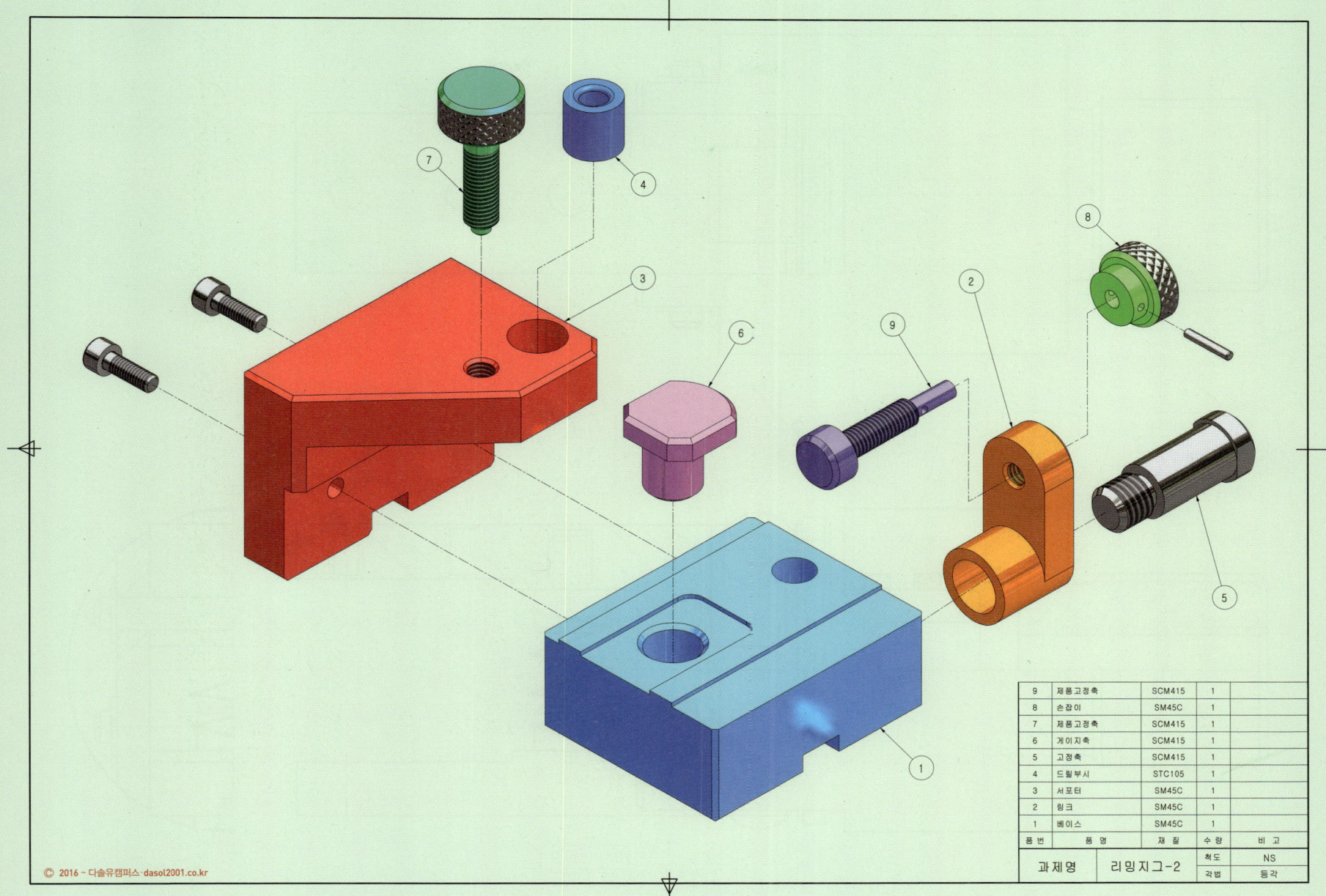

소형레버에어척

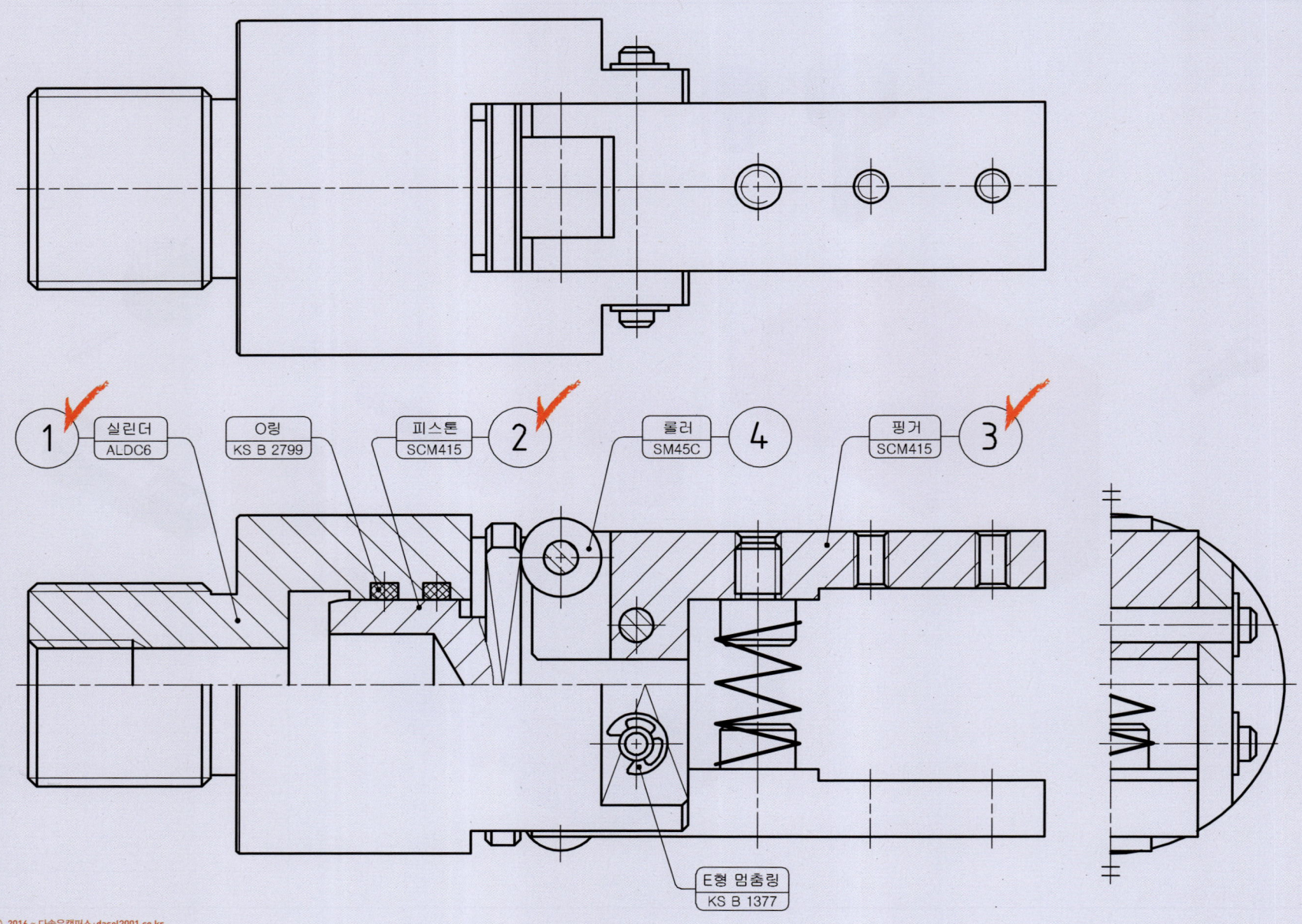

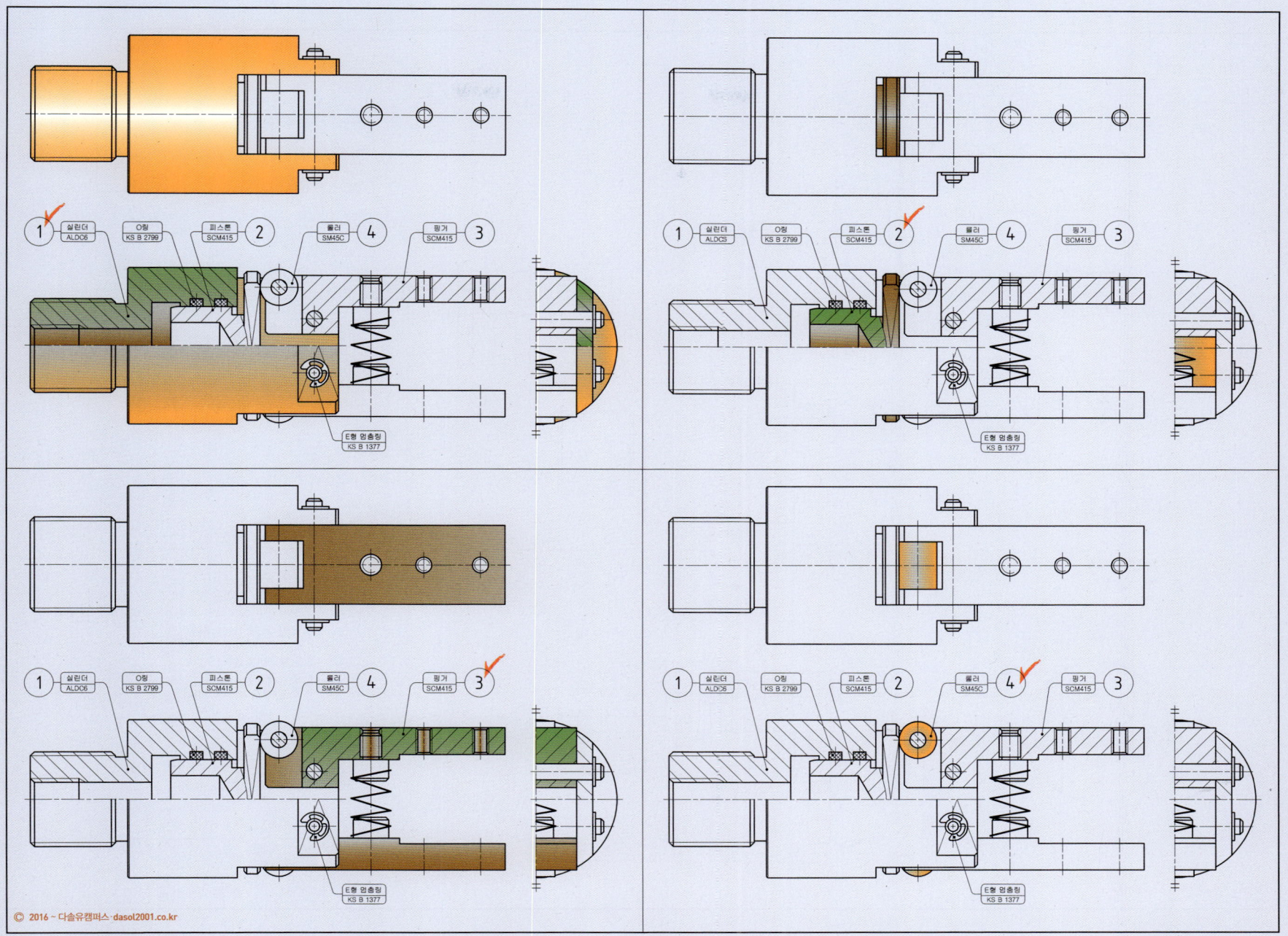

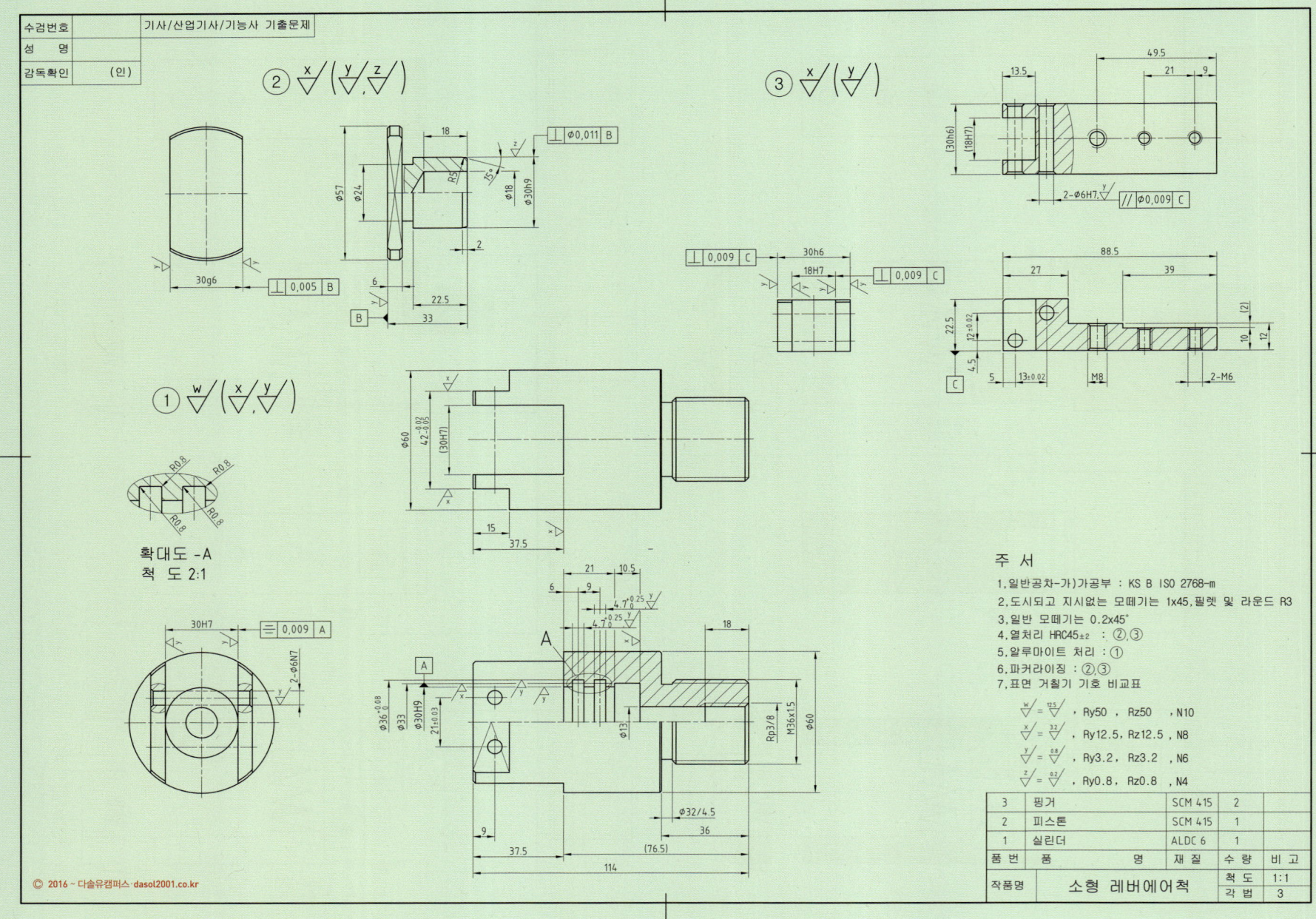

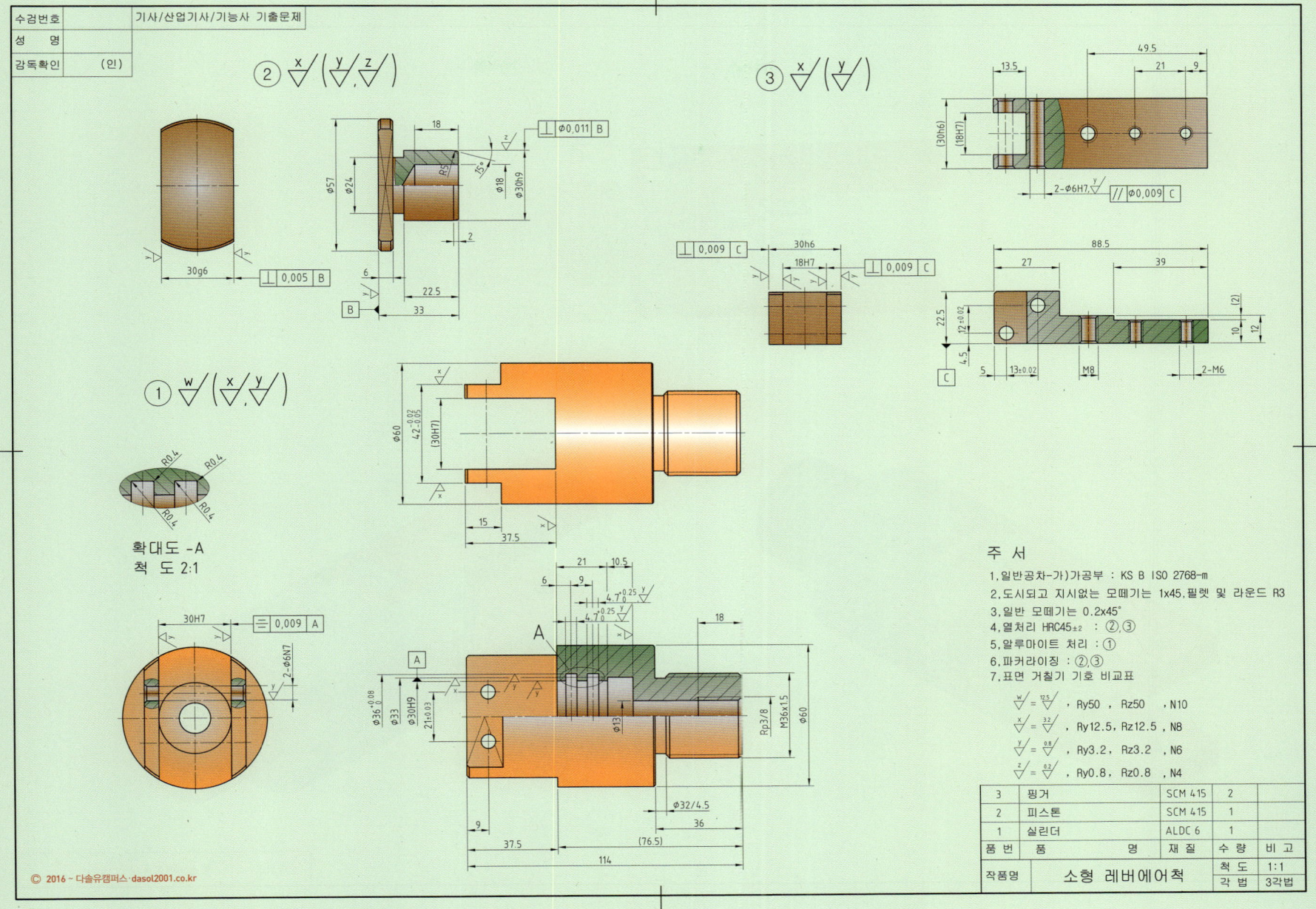

소형레버에어척

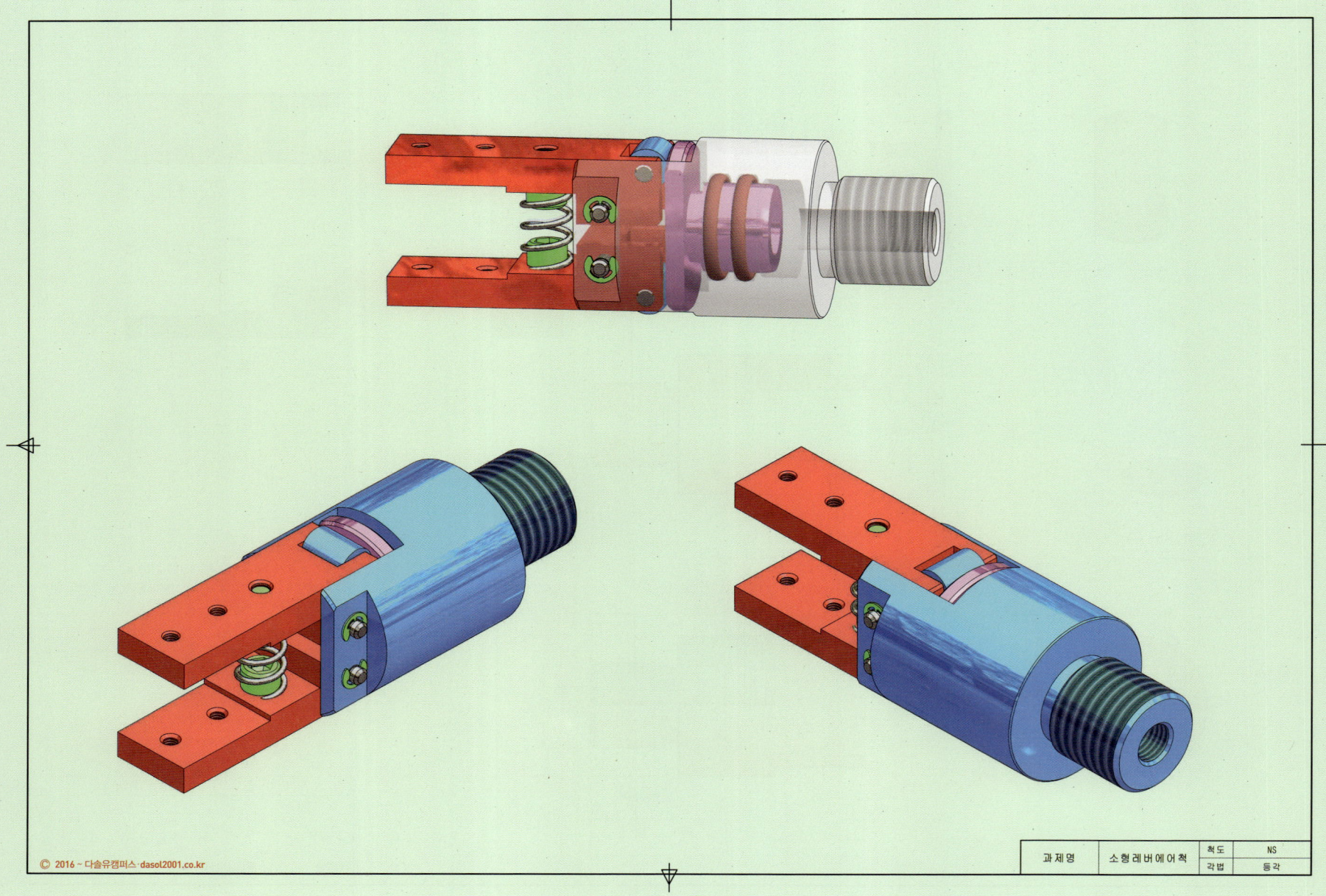

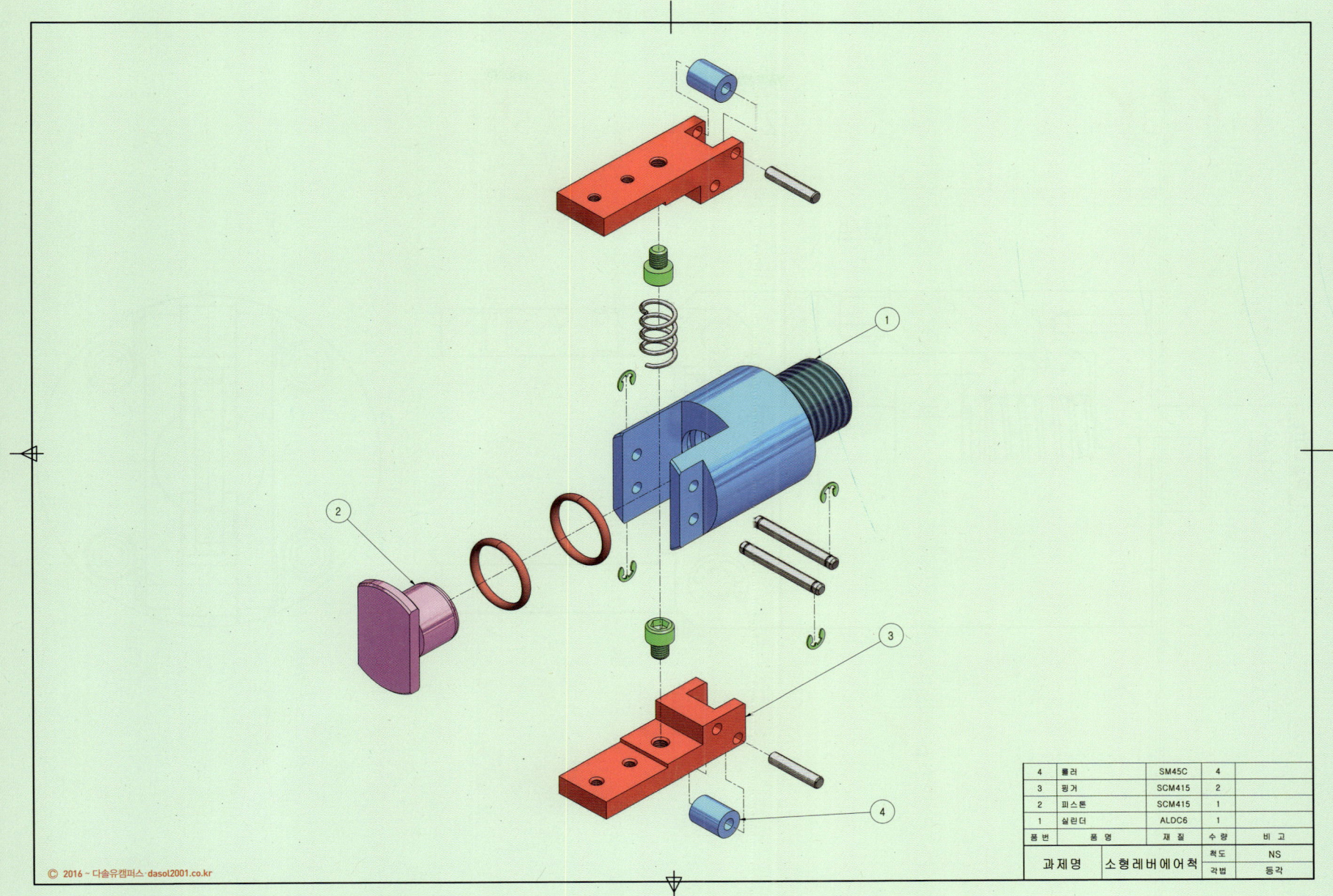

2지형 단동레버에어척

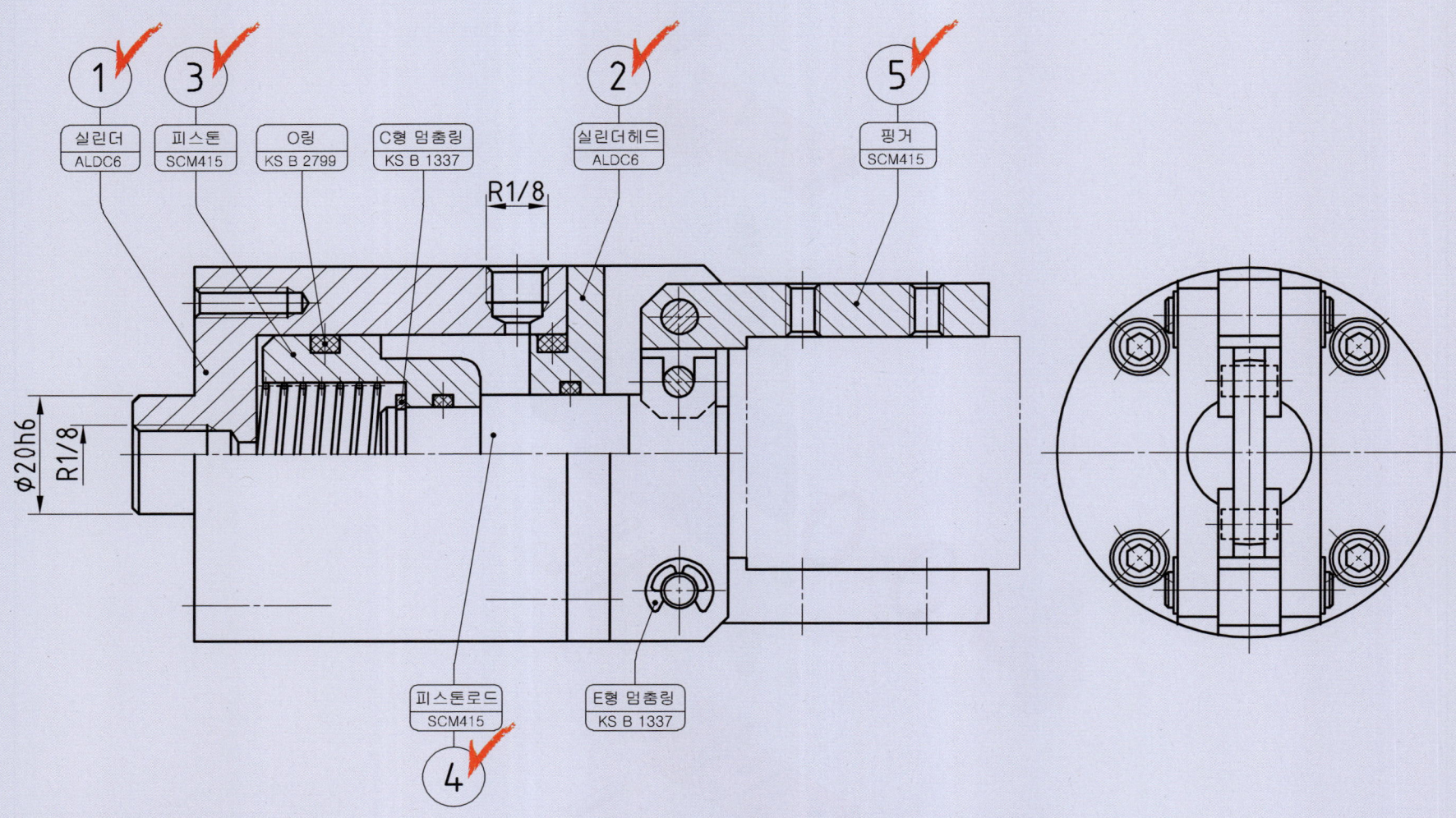

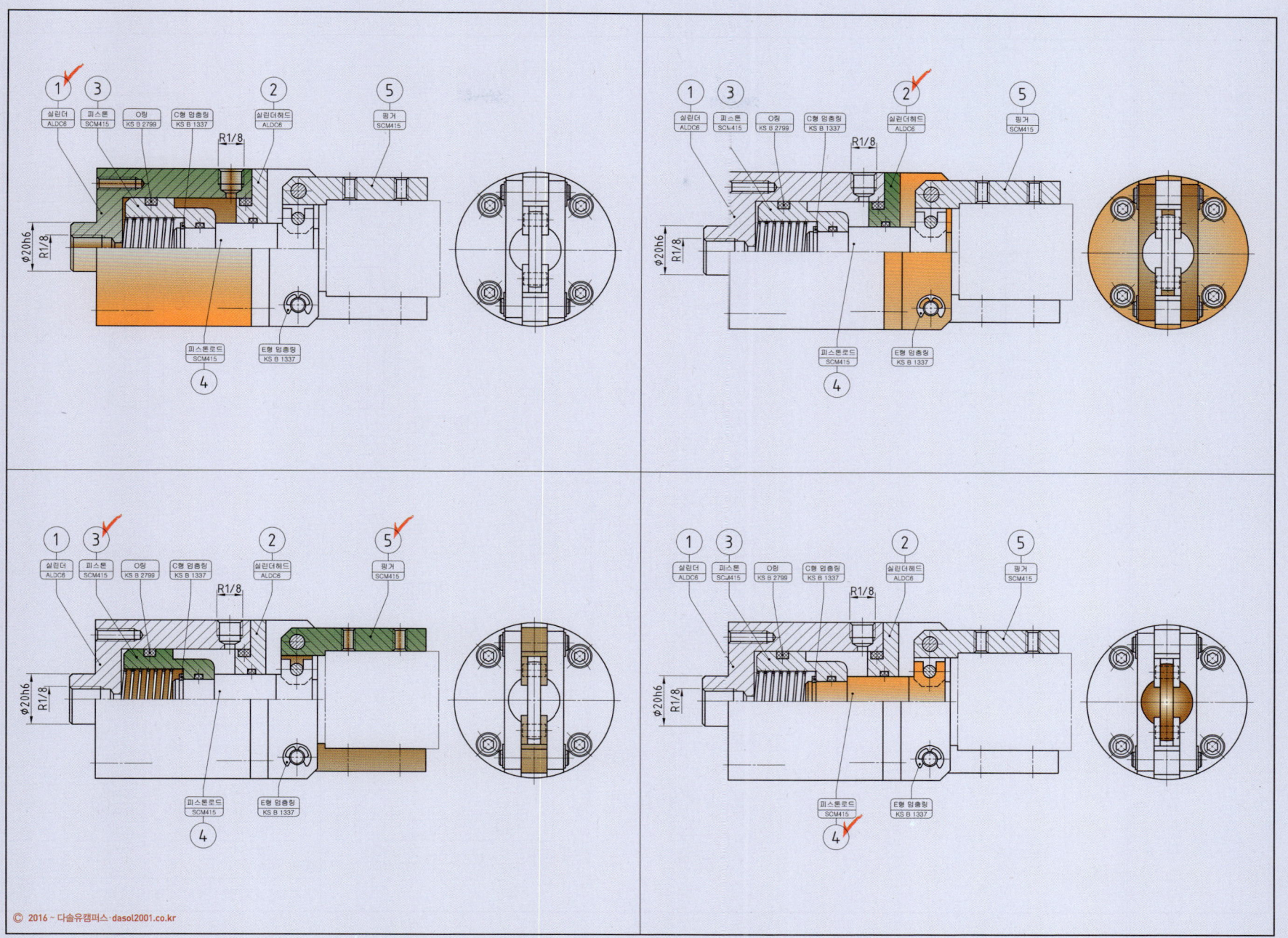

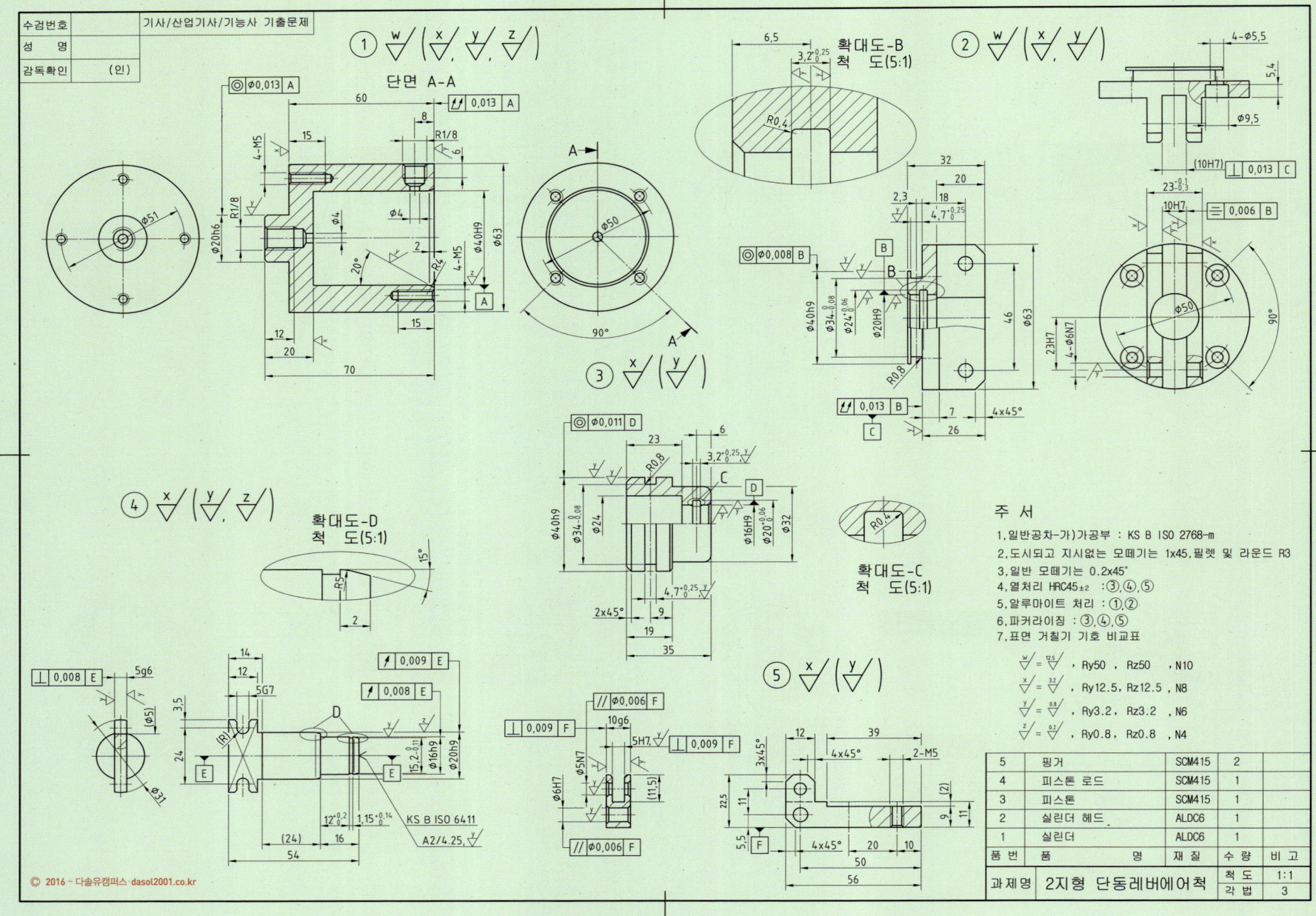

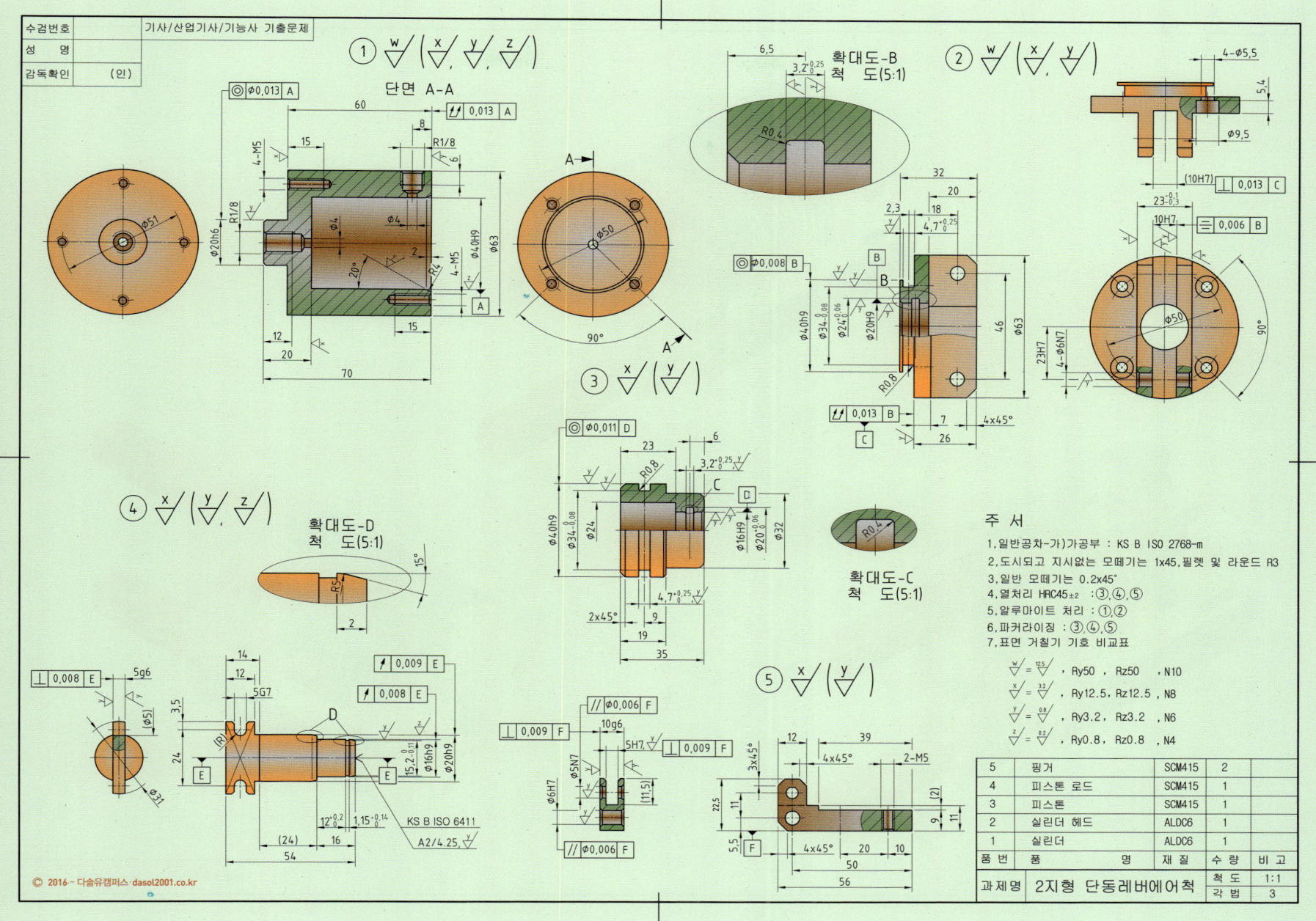

2지형 단동레버에어척

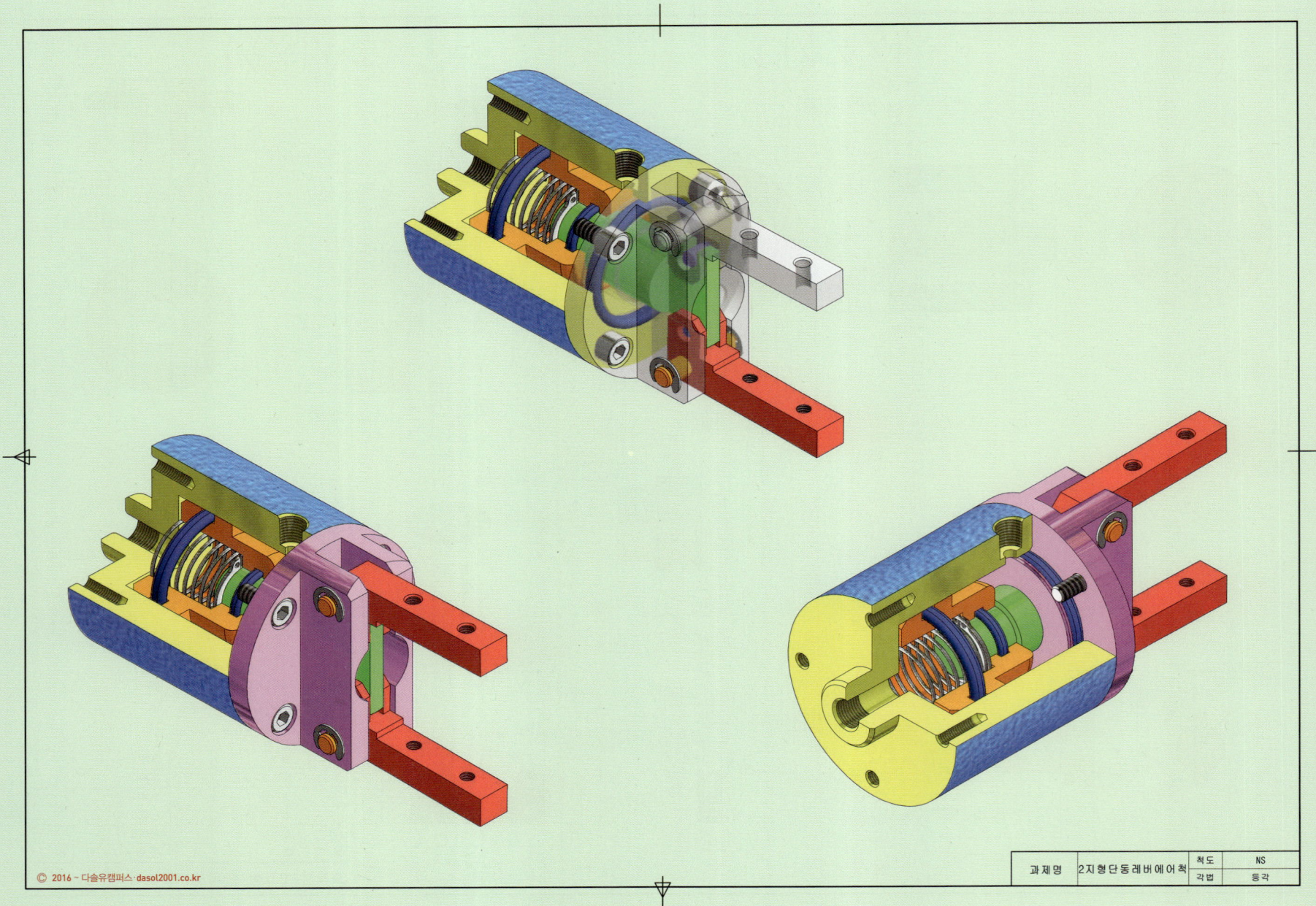

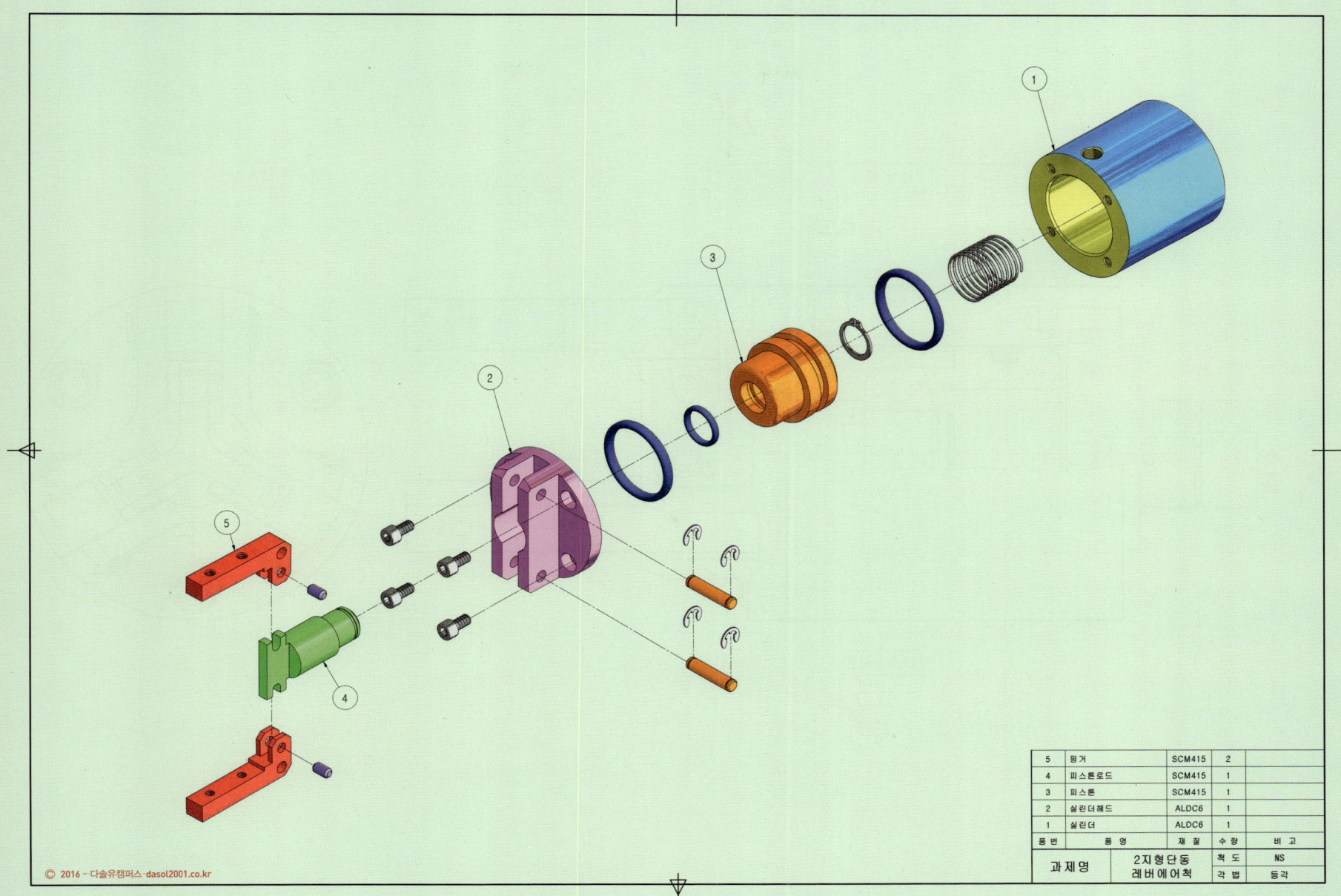

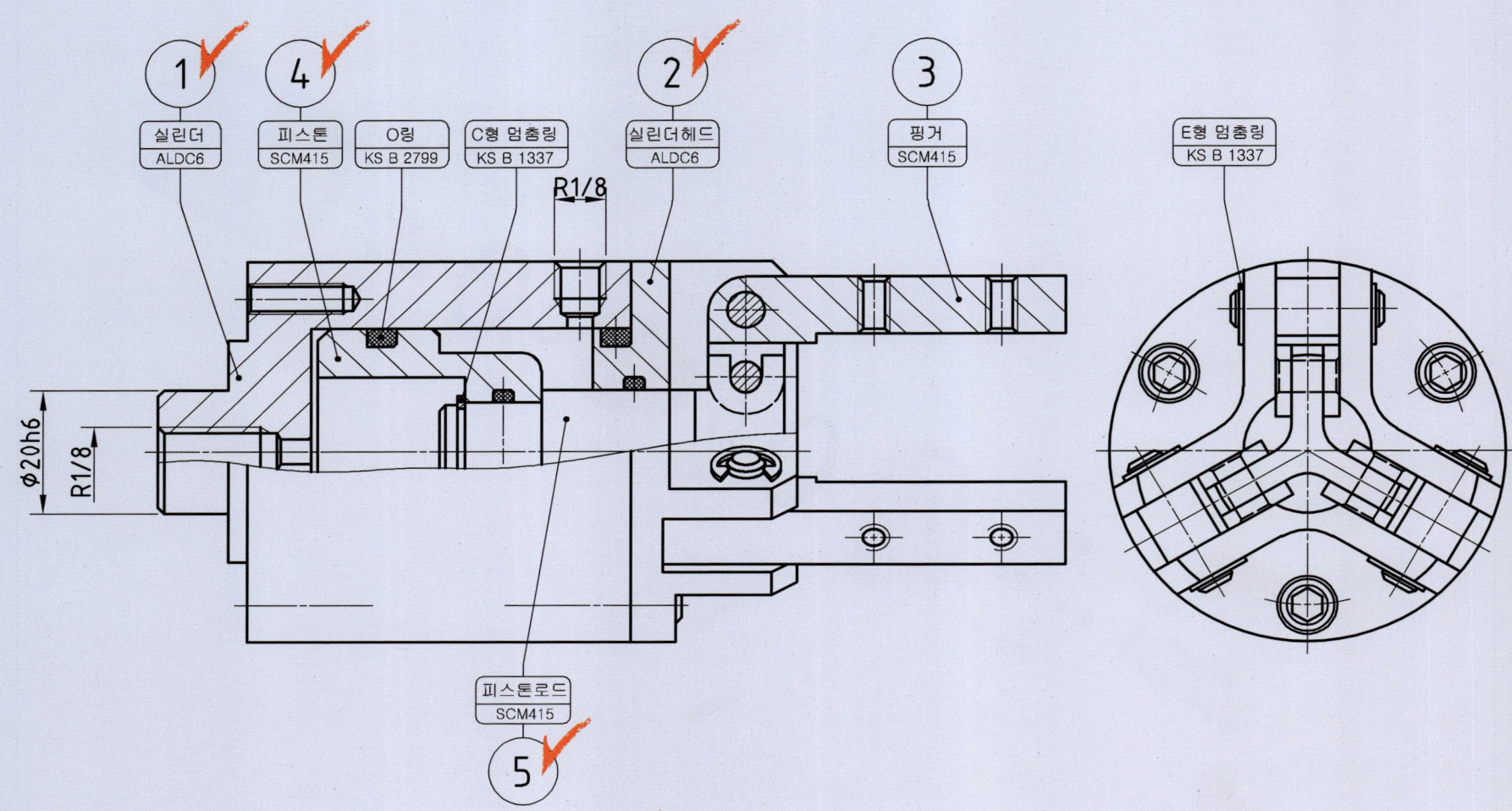

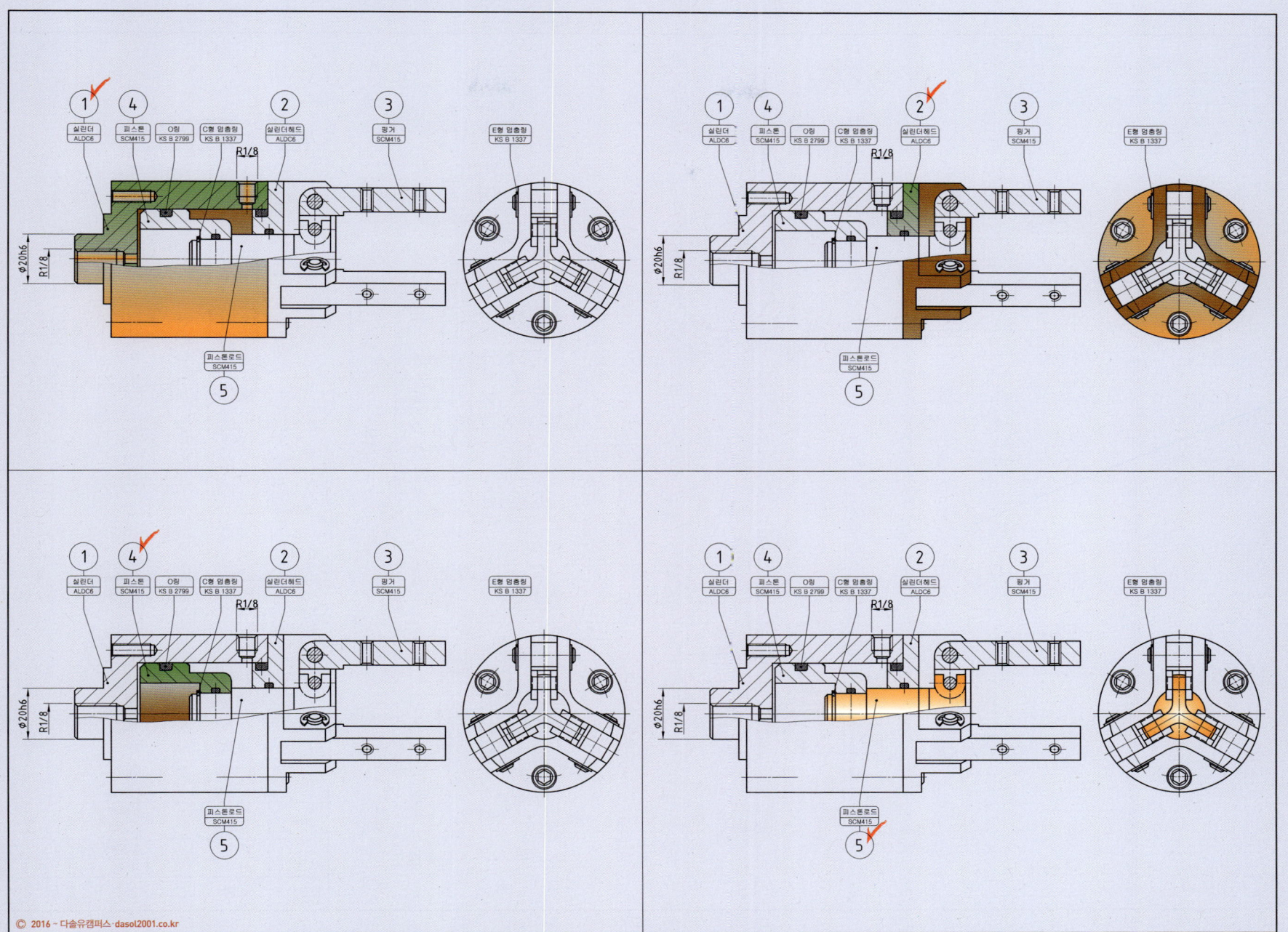

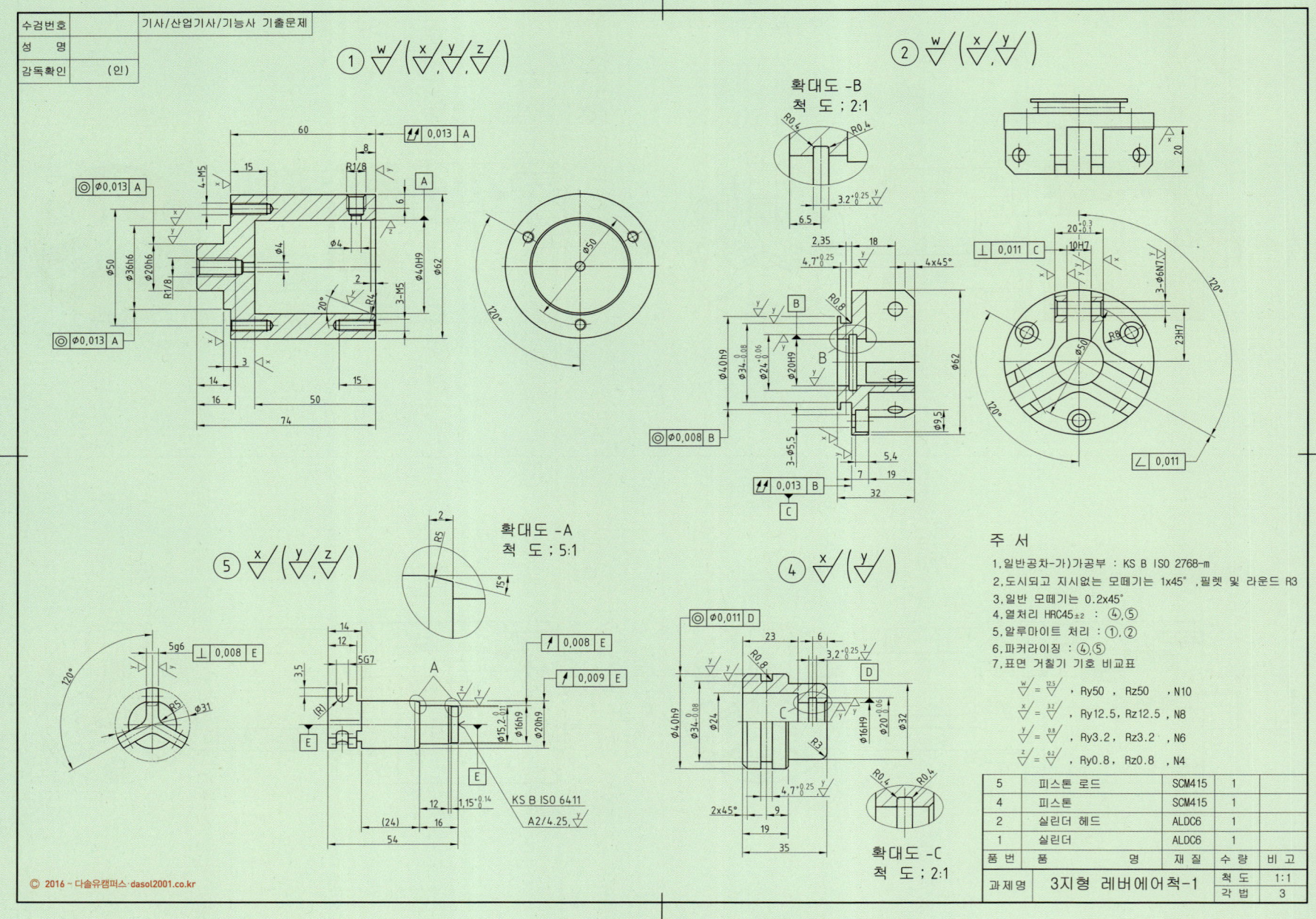

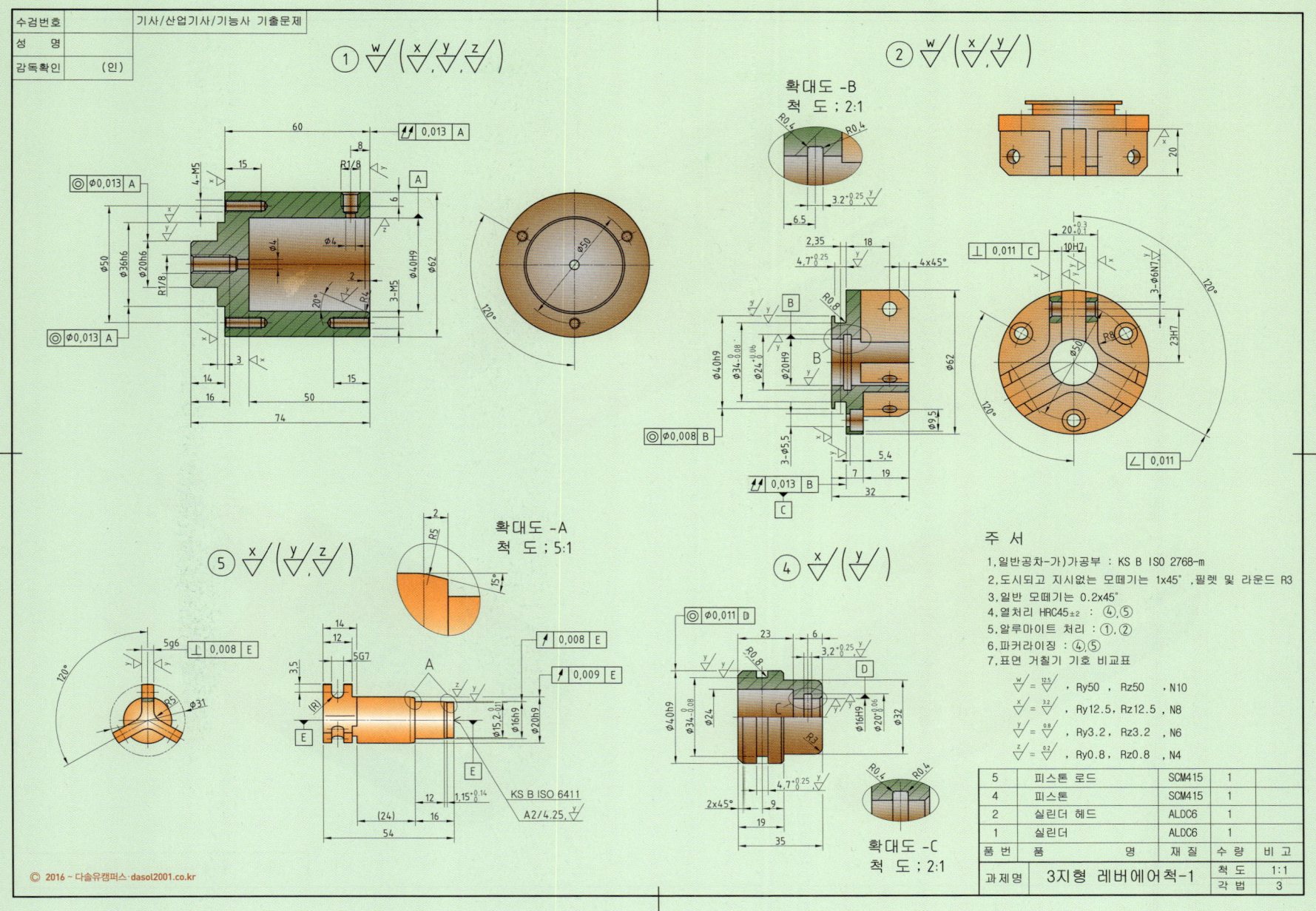

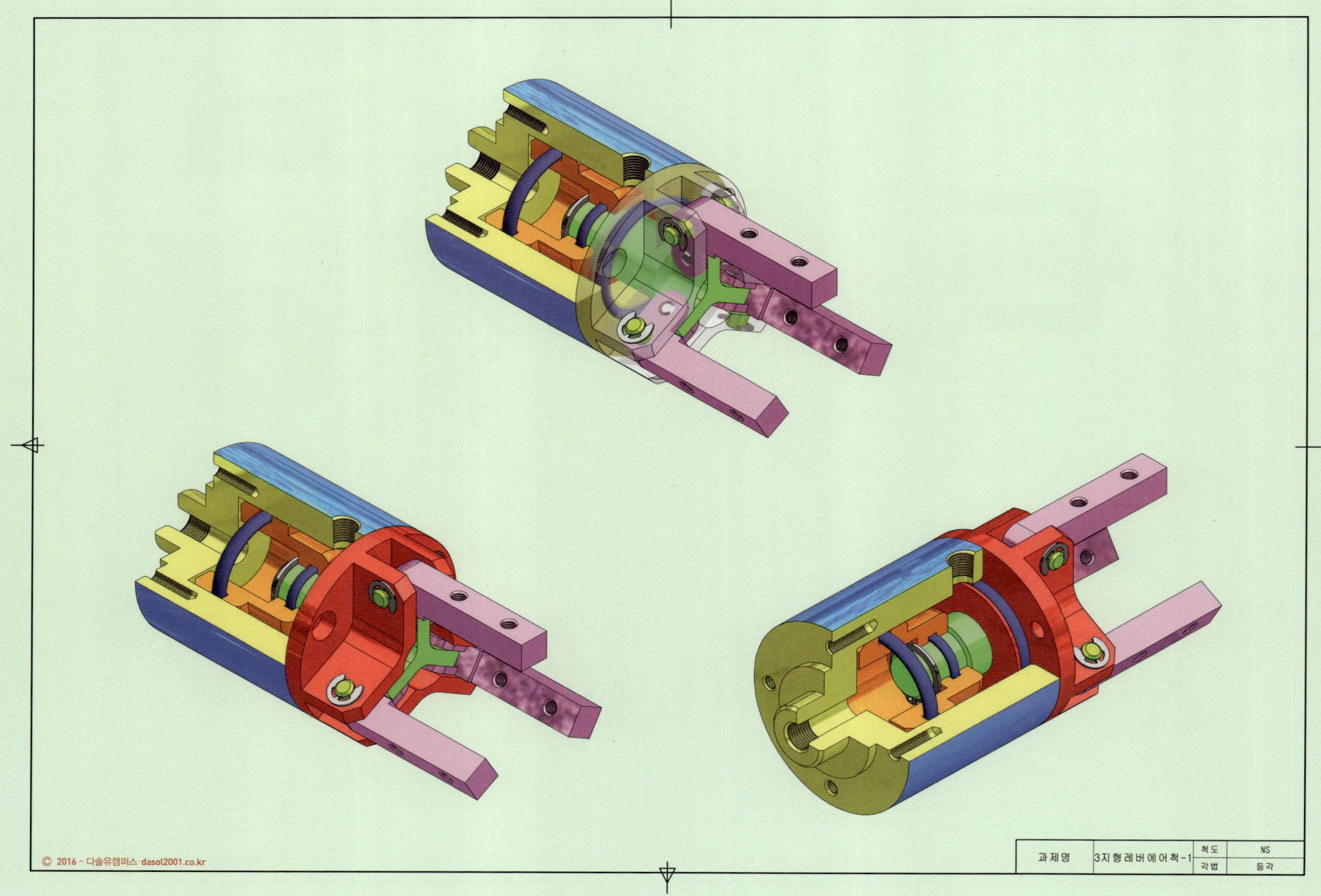

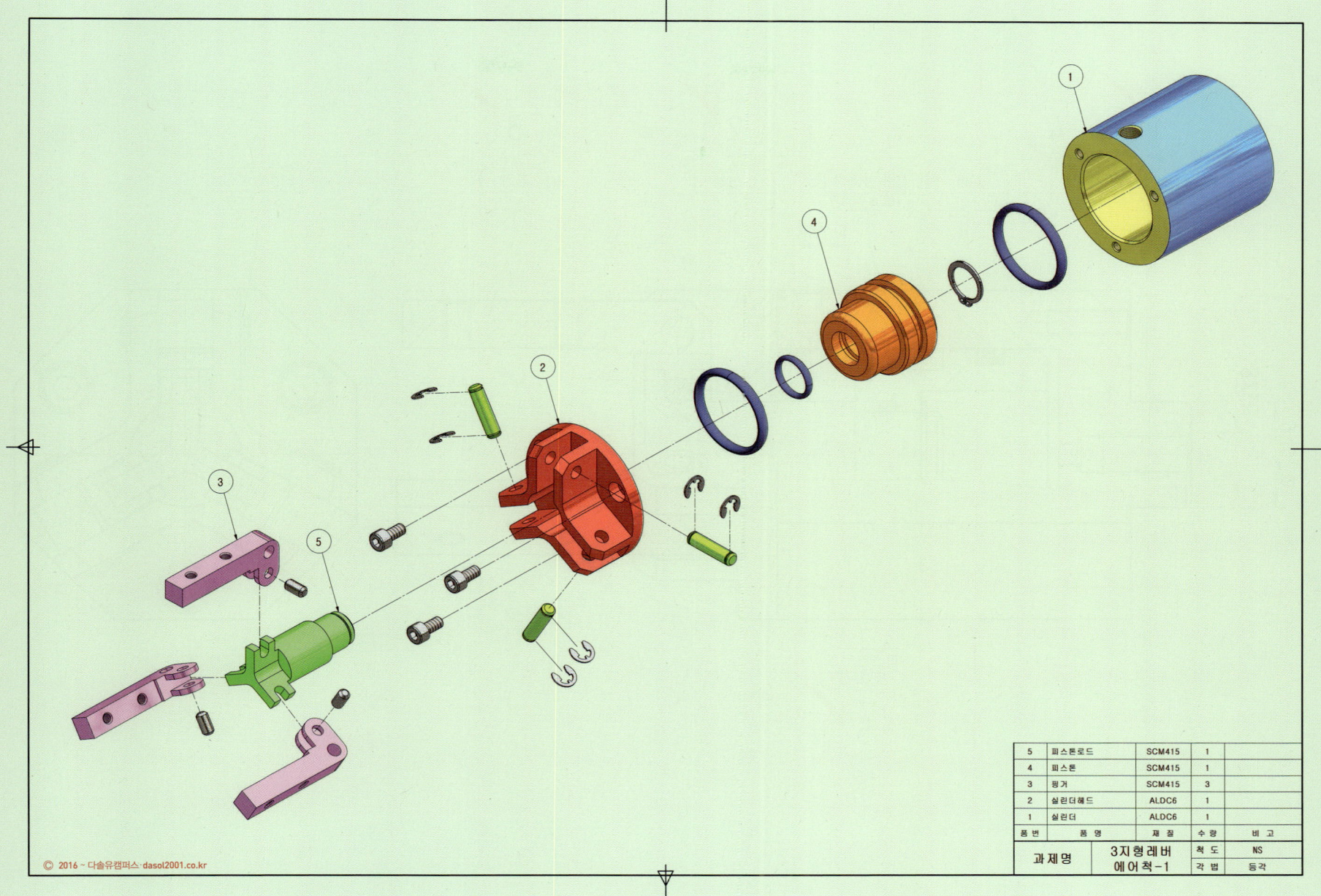

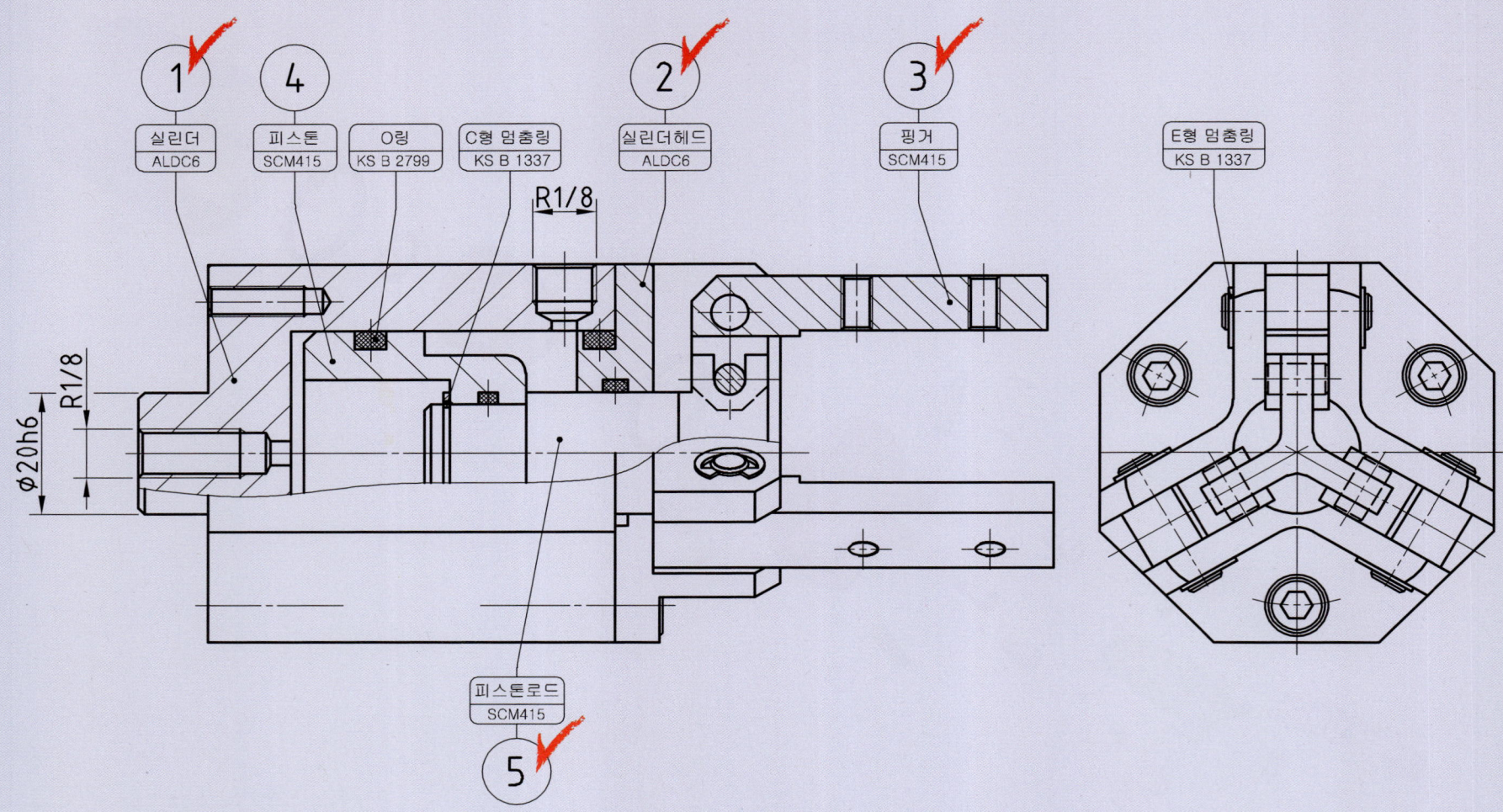

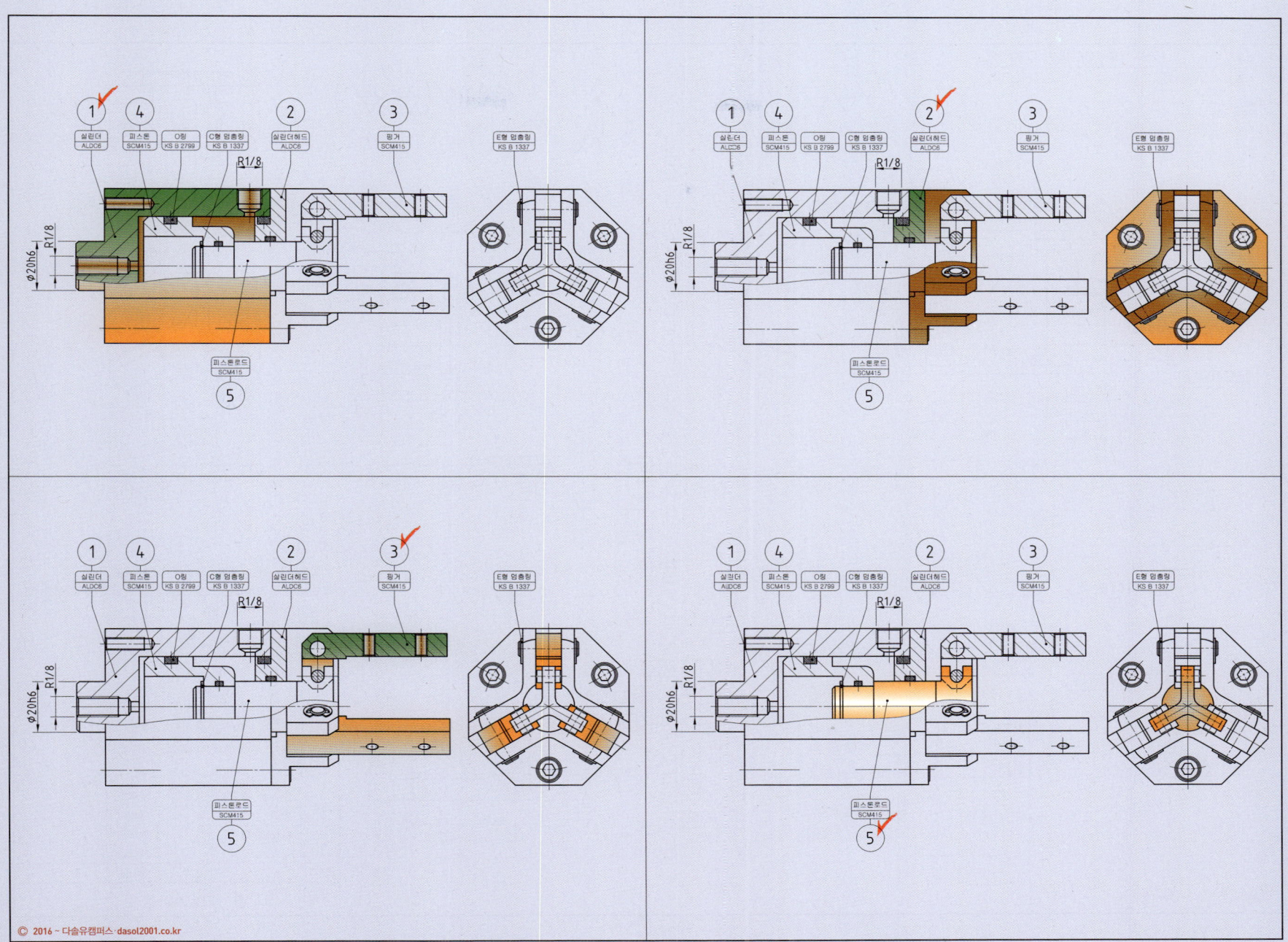

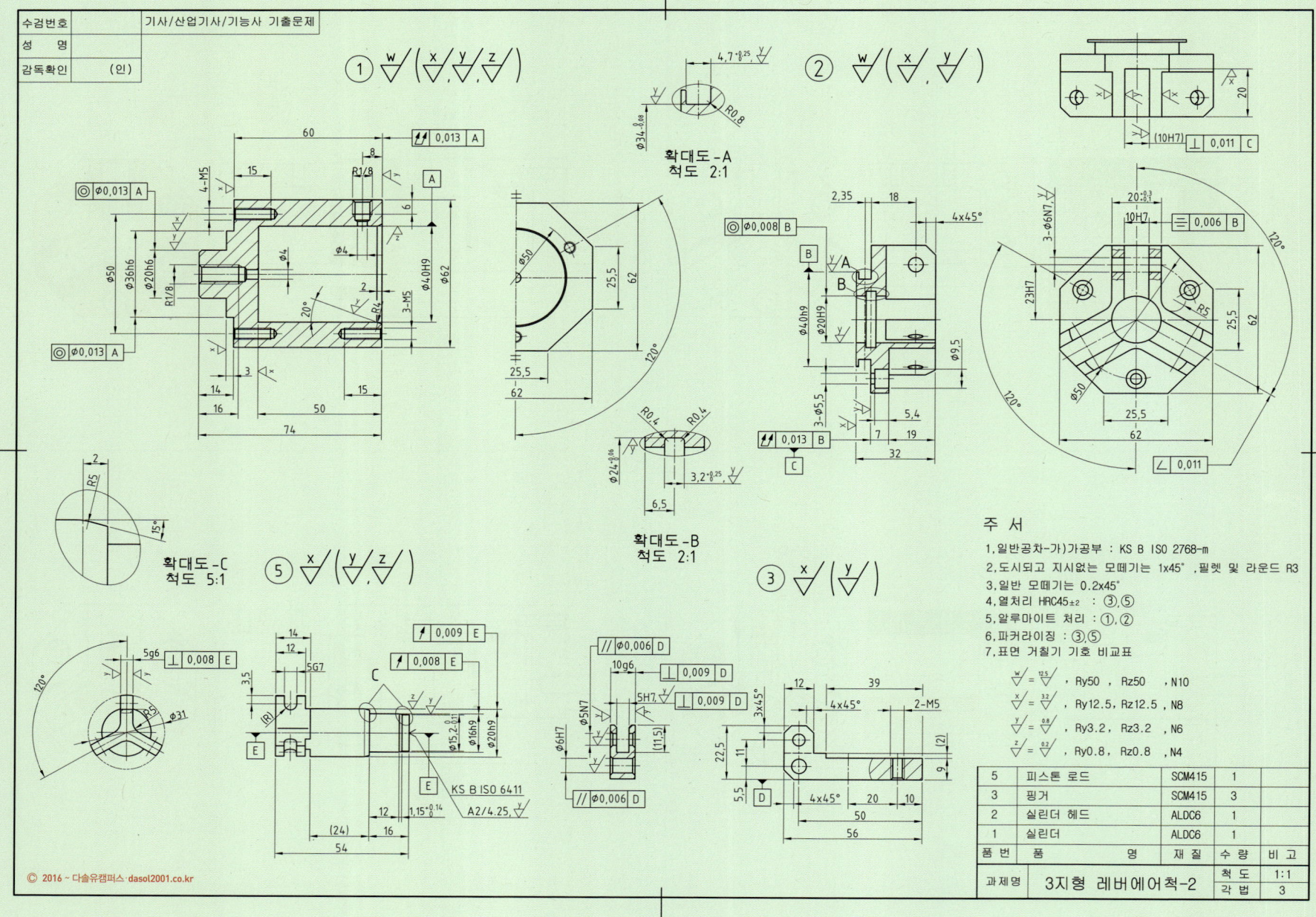

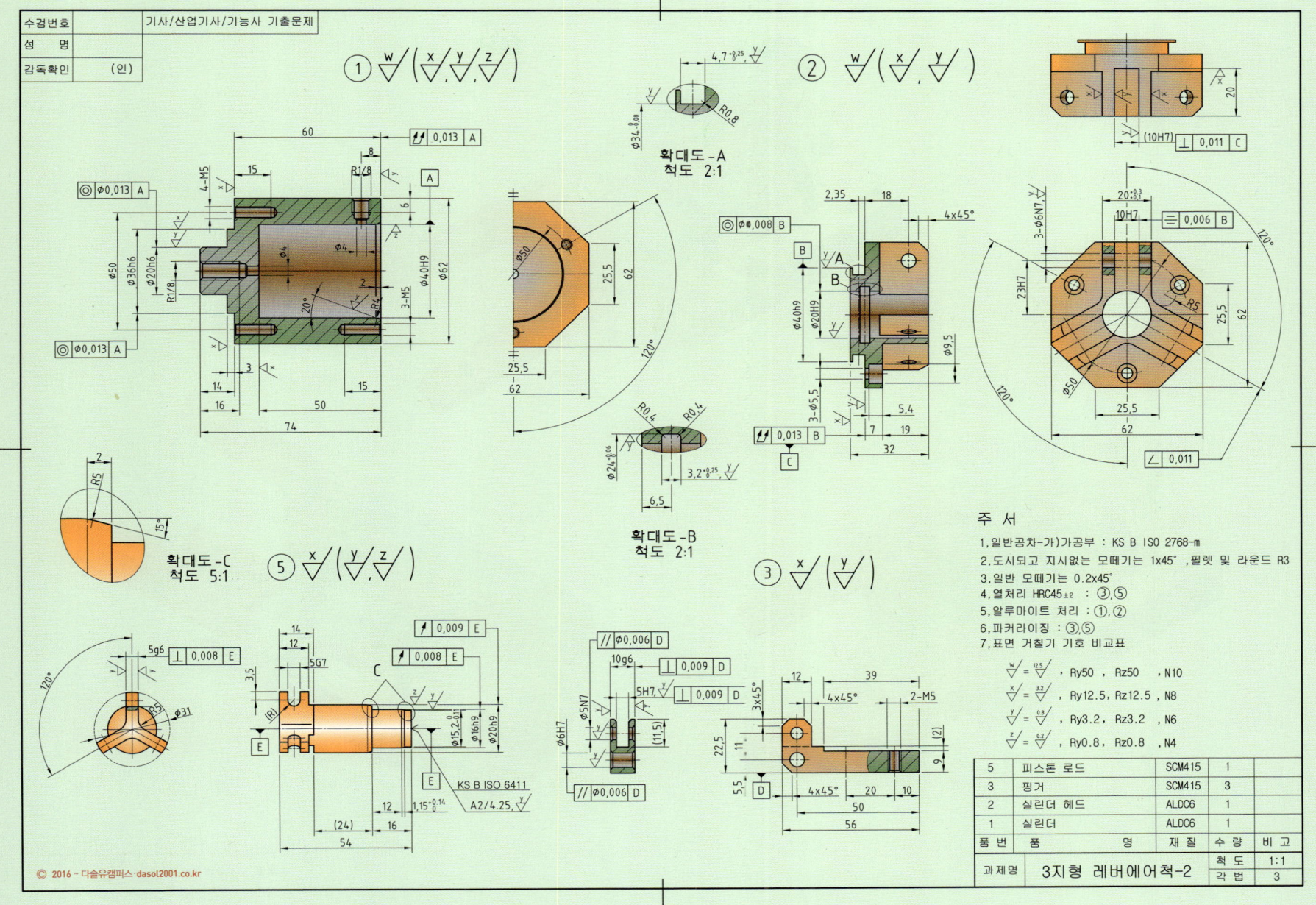

3지형 레버에어척-2

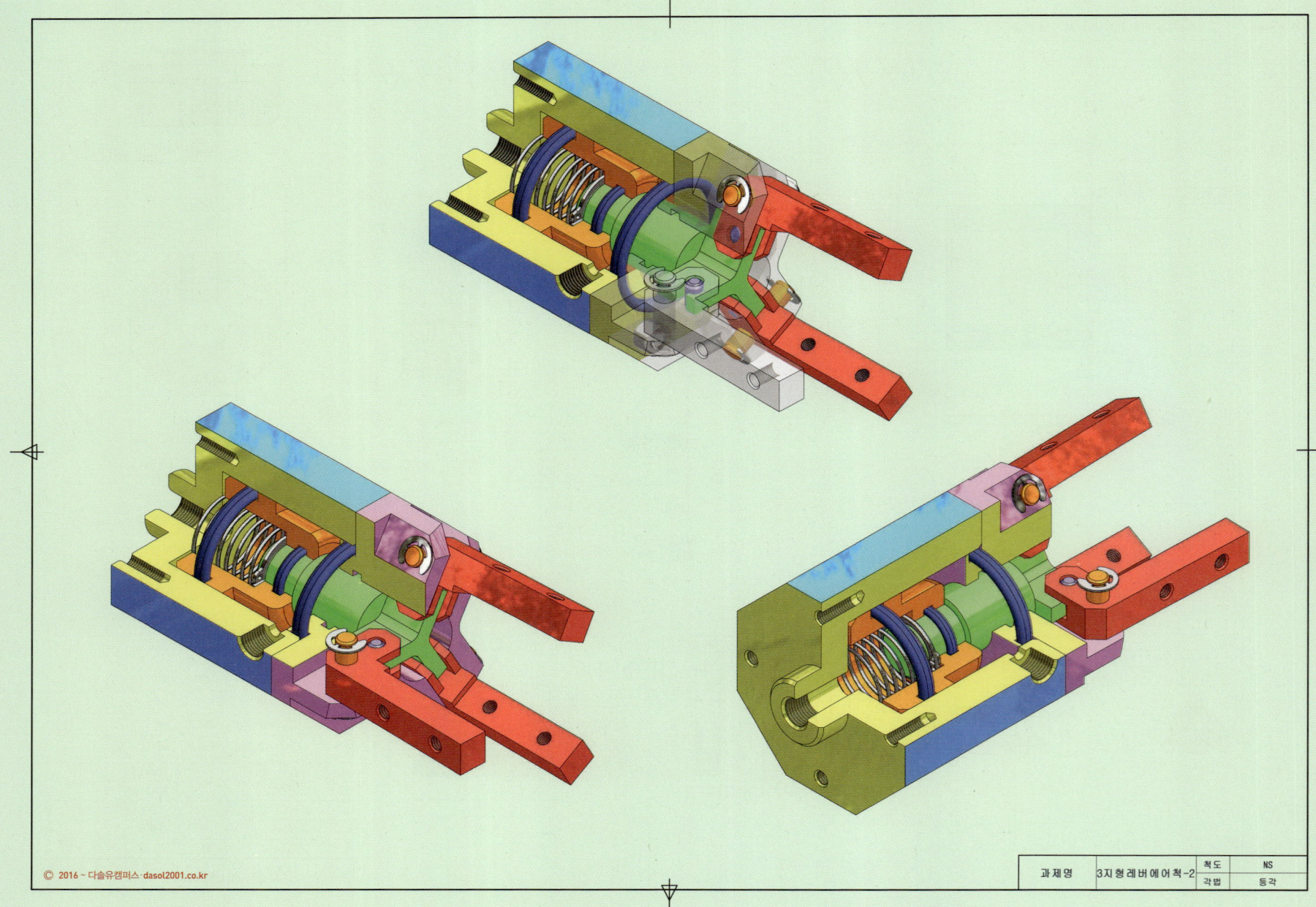

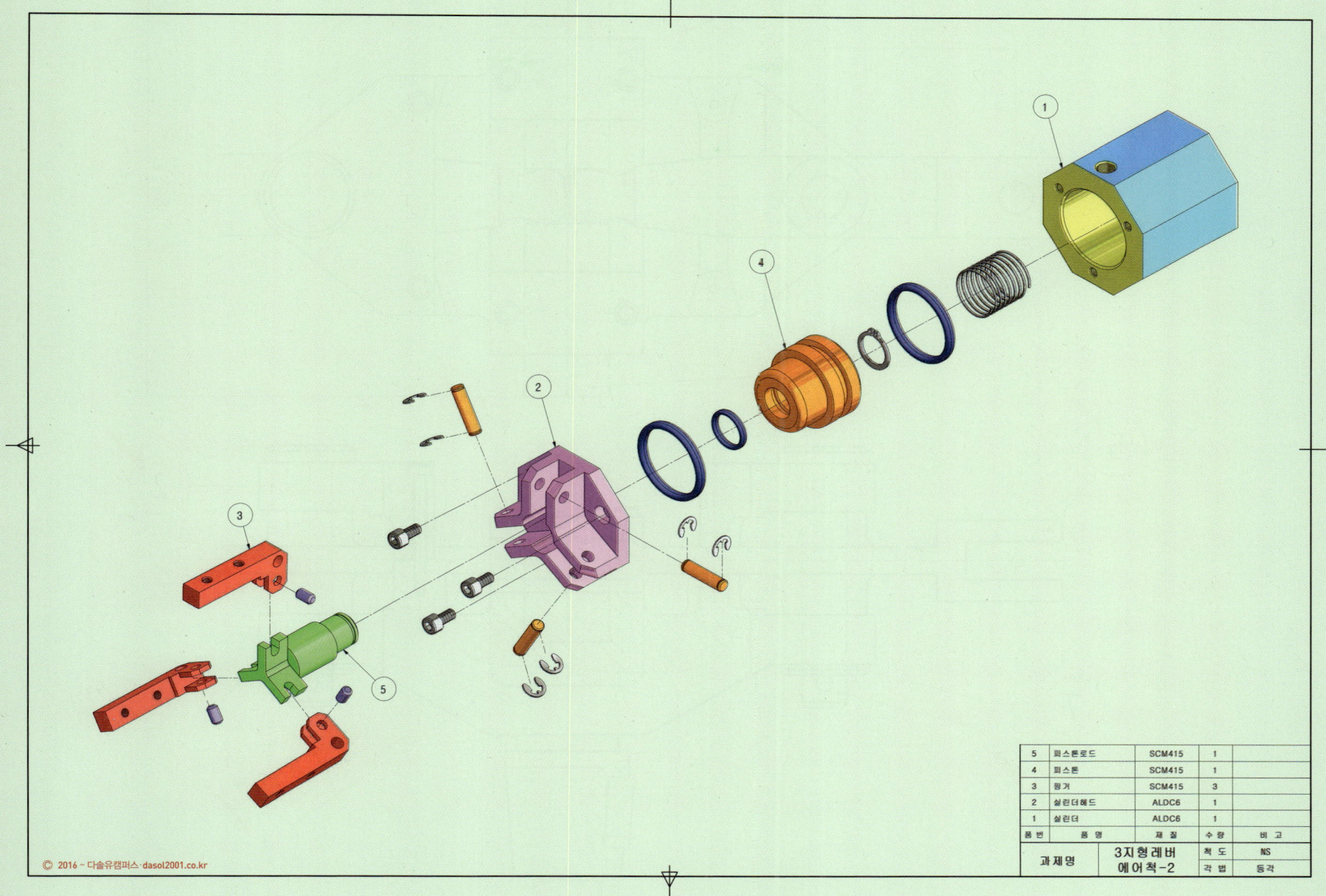

요동 장치

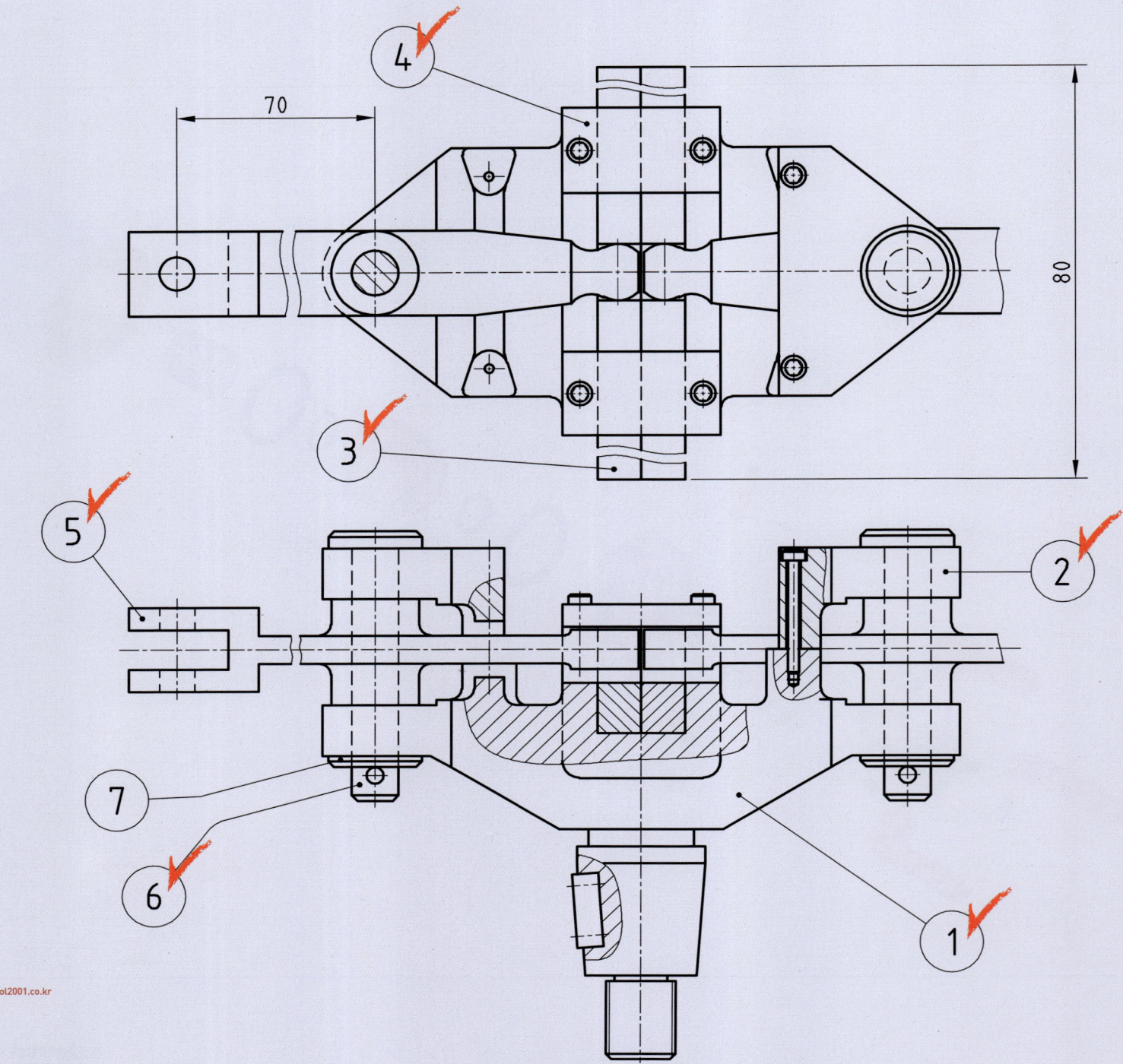

요동 장치

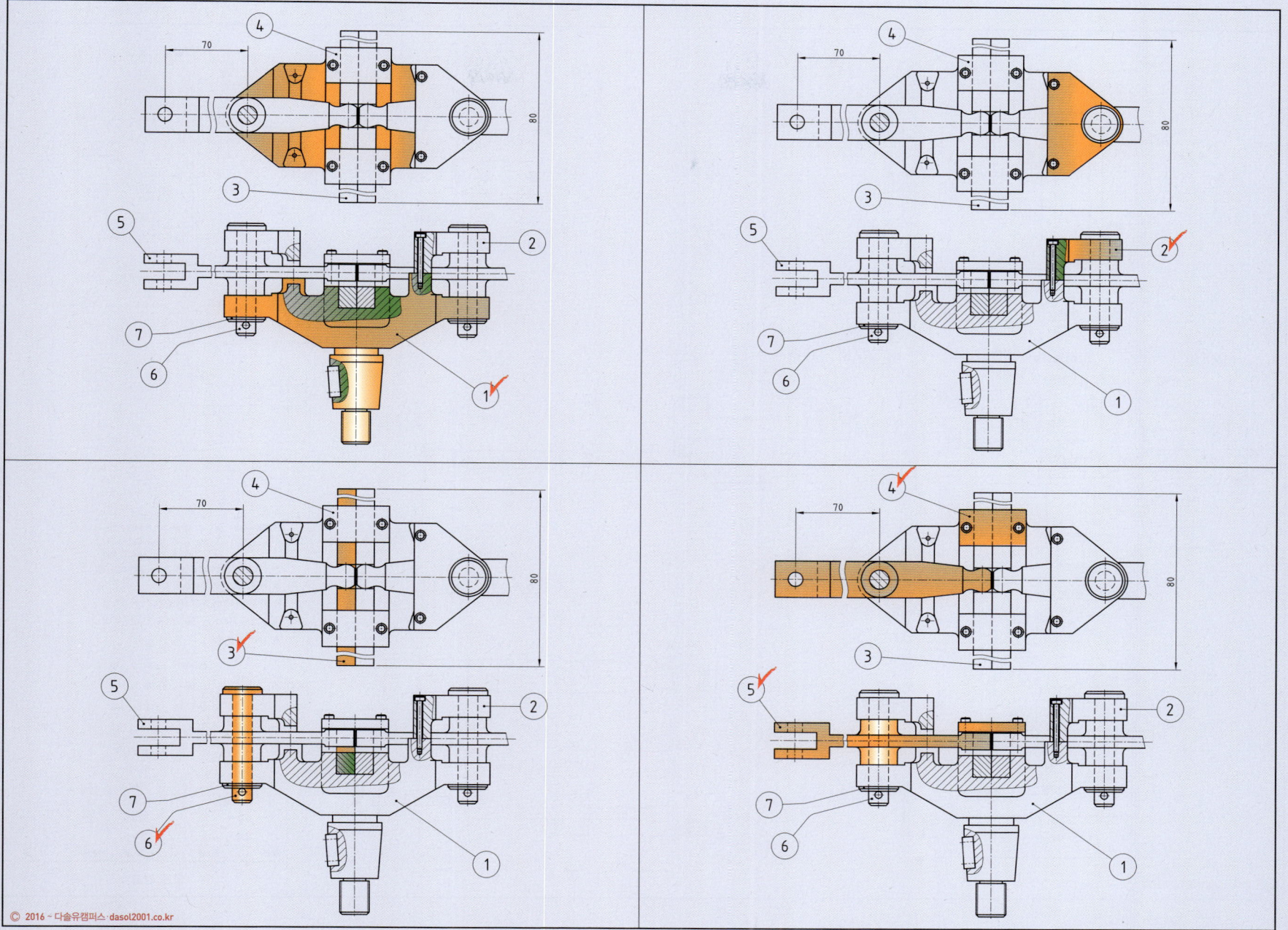

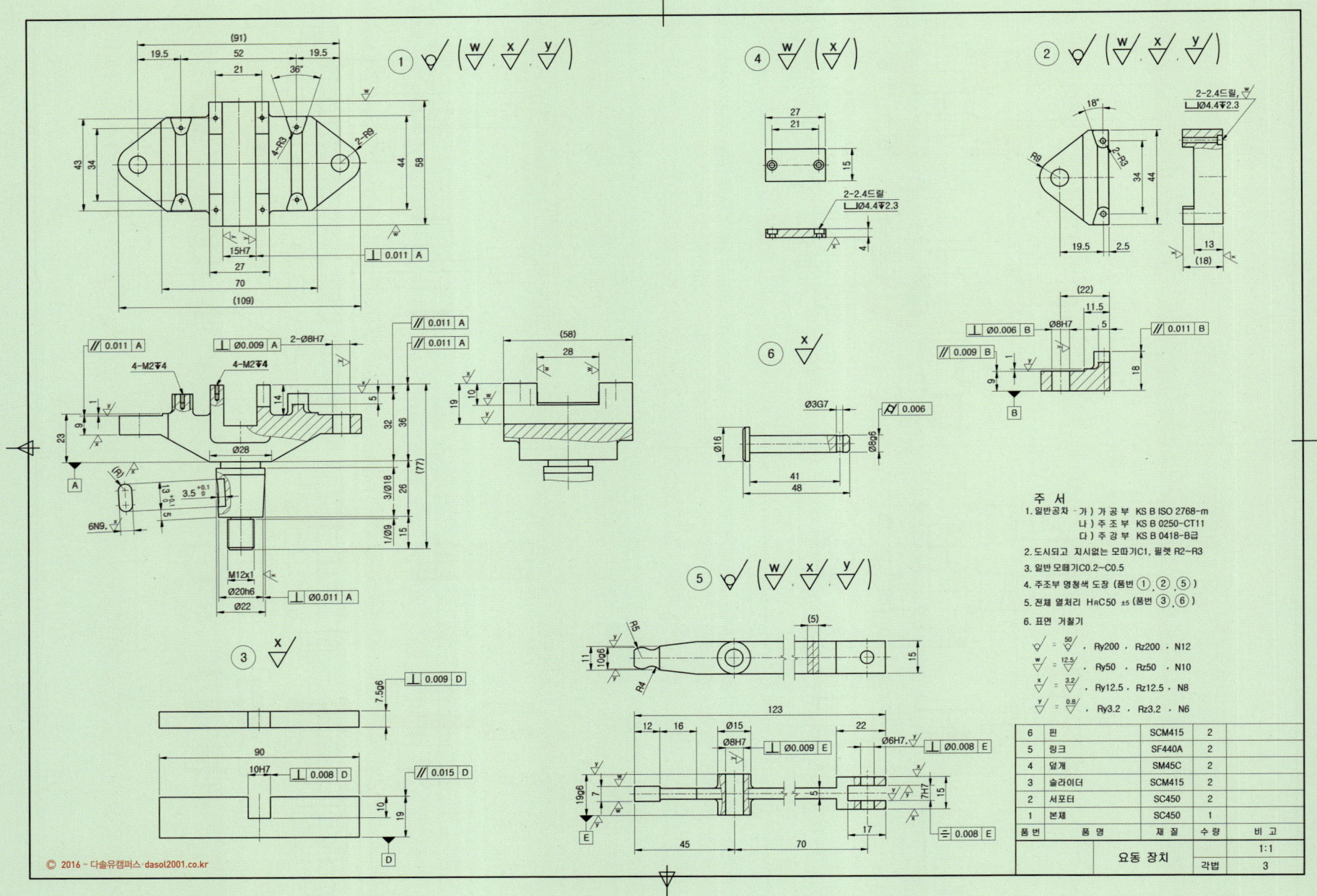

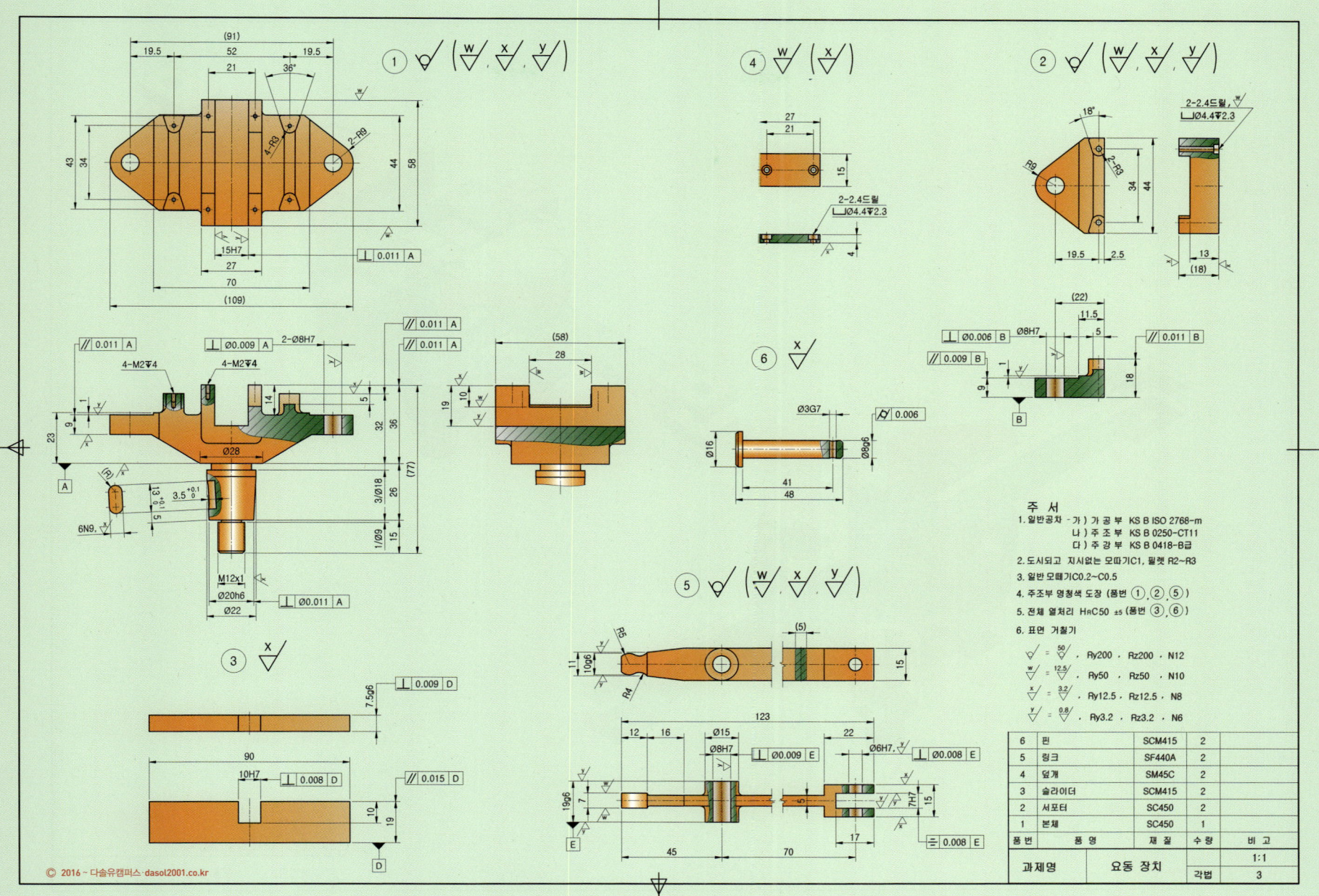

요동 장치

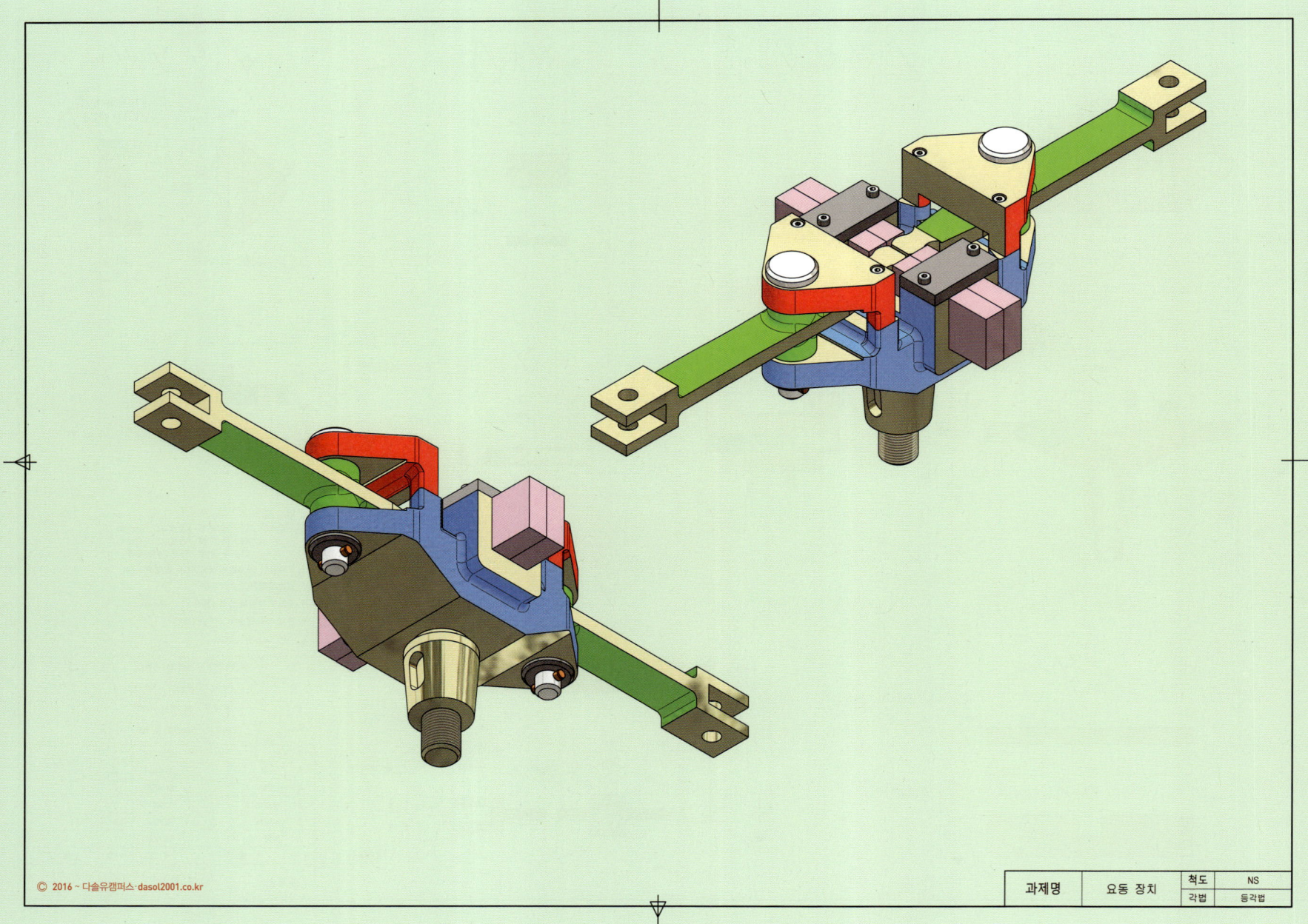

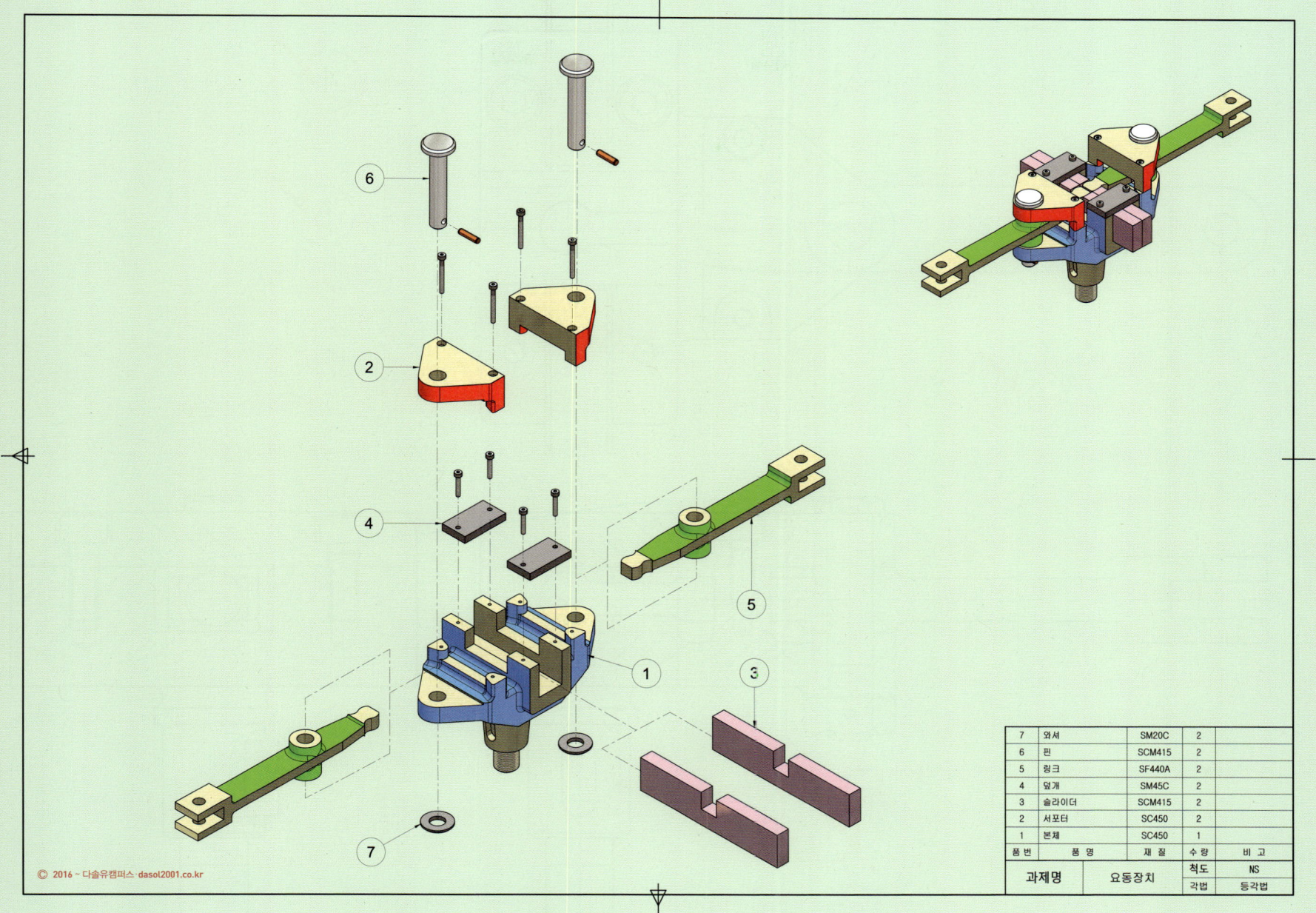

스윙 레버

$16^{-0.02}_{-0.05}$

90

스윙 레버

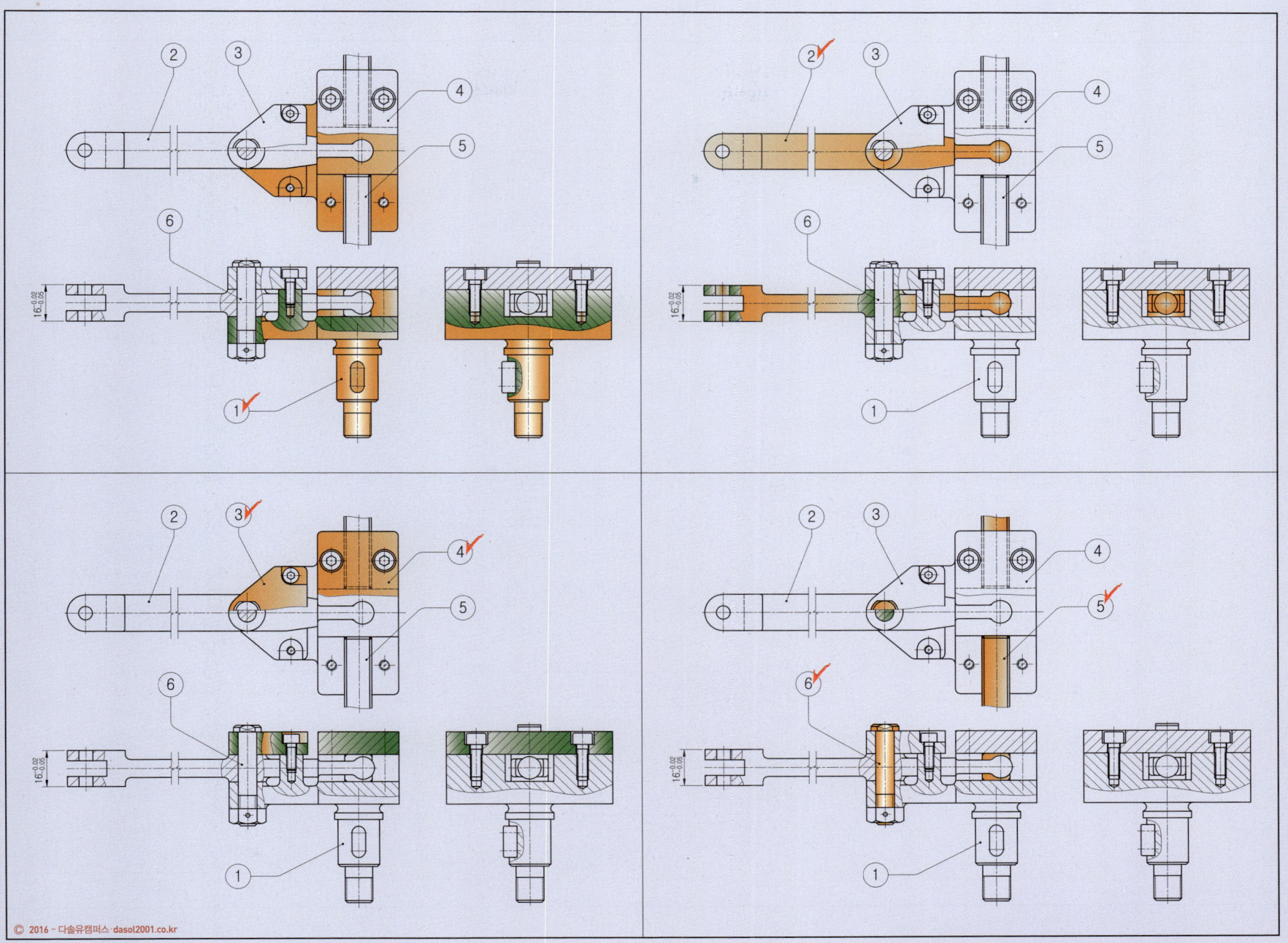

스윙 레버

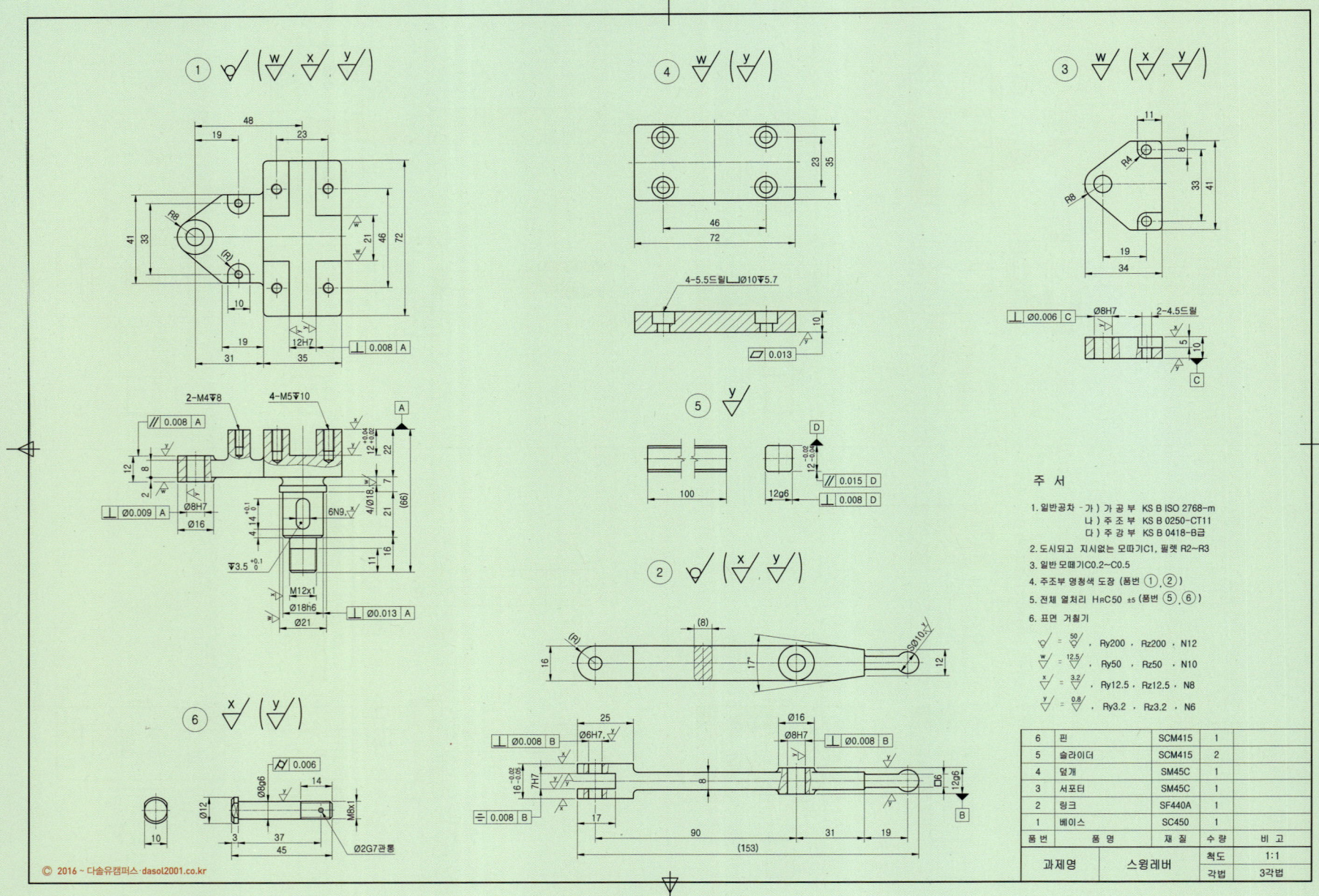

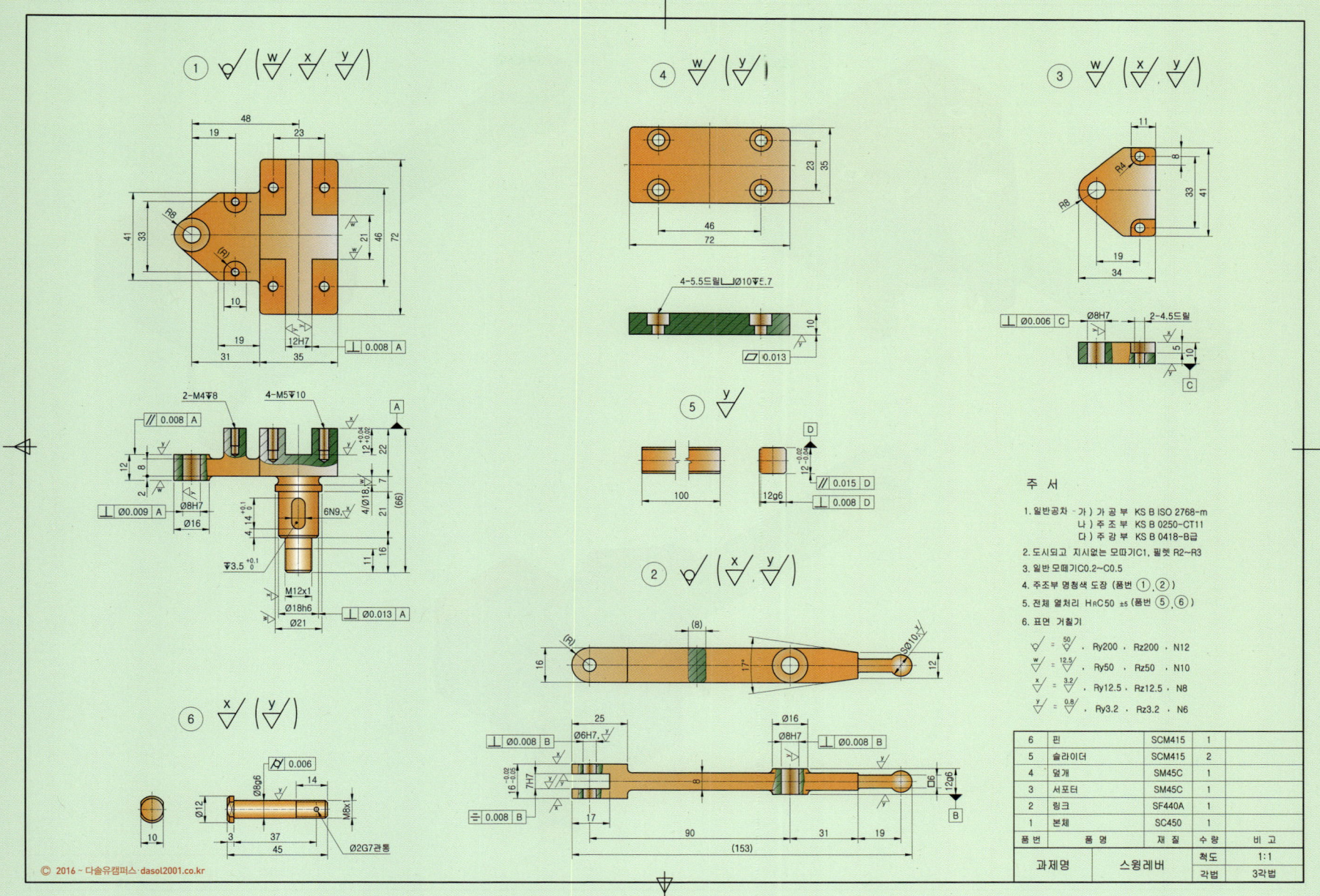

스윙 레버

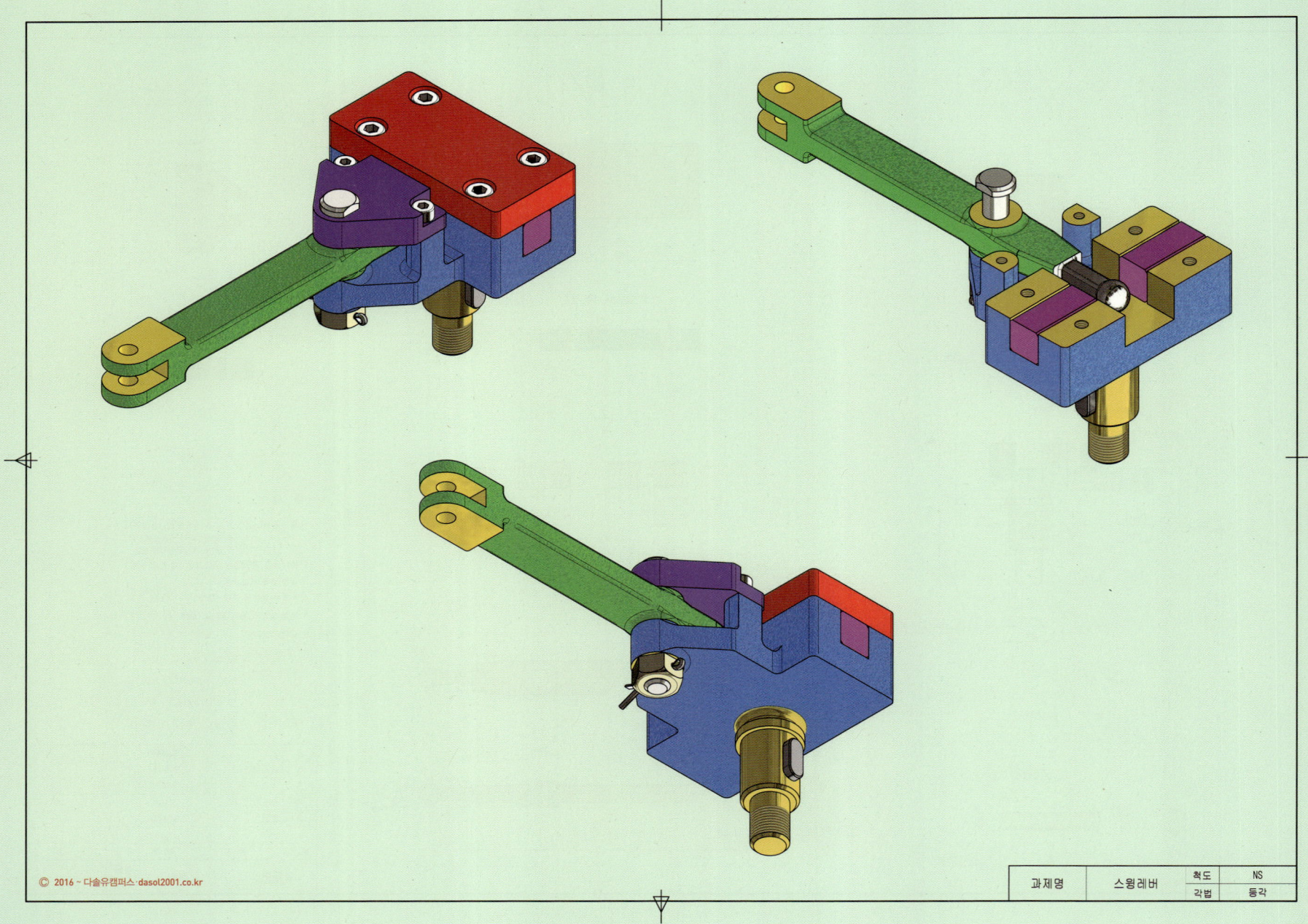

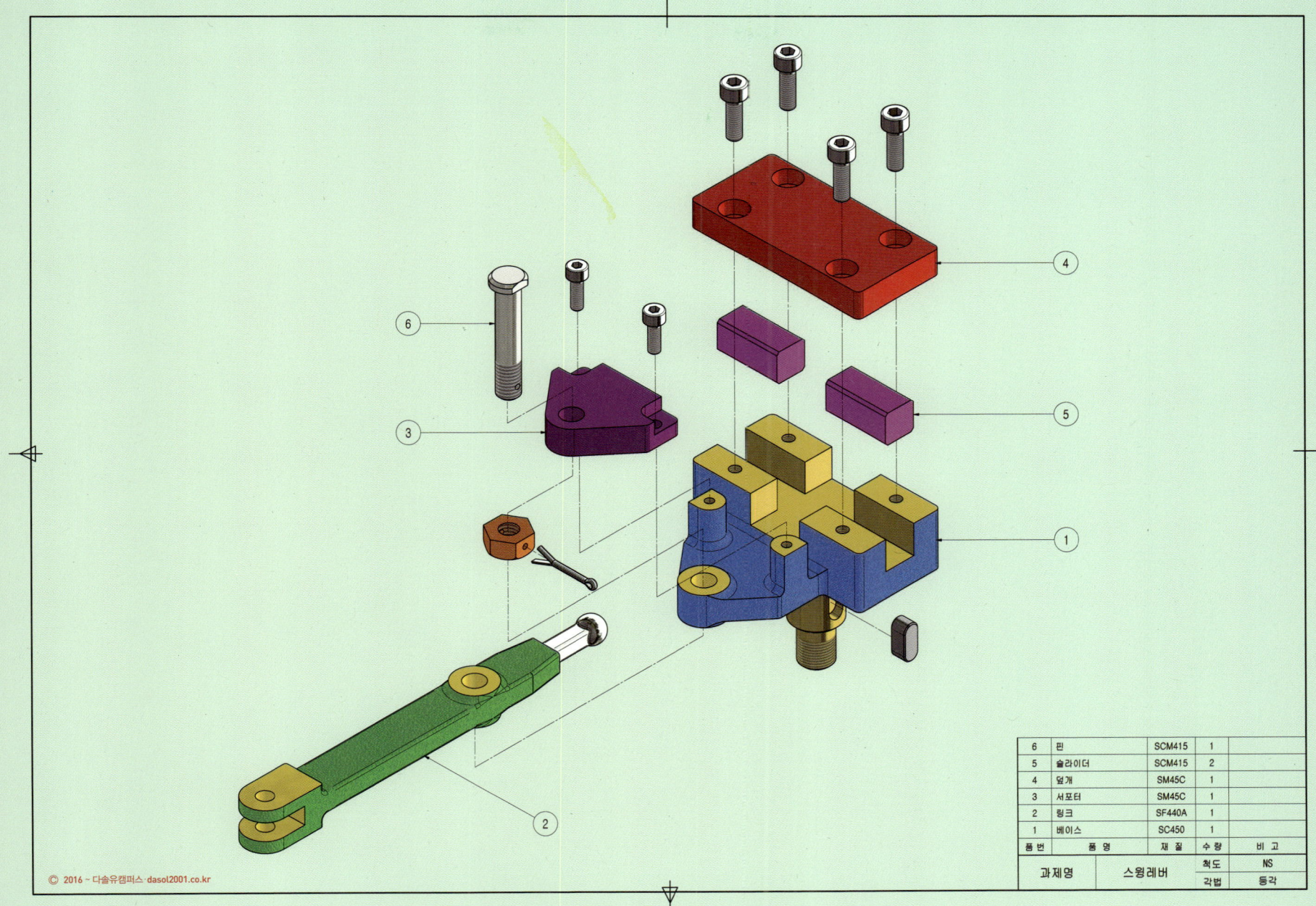

전산응용기계제도
실기 출제도면집

발행일 | 2007년 7월 16일 초판 발행
2008년 7월 10일 개정1판1쇄
2009년 7월 20일 개정2판1쇄
2010년 3월 15일 개정3판1쇄
2011년 1월 10일 개정4판1쇄
2012년 1월 5일 개정5판1쇄
2015년 1월 20일 개정6판1쇄
2019년 2월 10일 개정7판1쇄
2020년 7월 1일 개정8판1쇄
2021년 4월 10일 개정9판1쇄
2021년 10월 10일 개정10판1쇄
2022년 6월 10일 개정10판2쇄
2023년 9월 20일 개정11판1쇄
2024년 6월 10일 개정12판1쇄
2025년 6월 10일 개정13판1쇄

저 자 | 권신혁
발행인 | 정용수
발행처 | 예문사
주 소 | 경기도 파주시 직지길 460(출판도시) 도서출판 예문사
T E L | 031) 955-0550
F A X | 031) 955-0660
등록번호 | 11-76호

정가 : 33,000원

• 이 책의 어느 부분도 저작권자나 발행인의 승인 없이 무단 복제하여 이용할 수 없습니다.
• 파본 및 낙장은 구입하신 서점에서 교환하여 드립니다.

http://www.yeamoonsa.com

ISBN 978-89-274-5860-9 13550